"十二五"普通高等教育本科国家级规划教材

数学模型

（第六版）

姜启源　谢金星　叶　俊　编

中国教育出版传媒集团
高等教育出版社·北京

内容提要

本书第一版至第五版分别出版于 1987、1993、2003、2011、2018 年，编者长期从事数学建模和数学实验教学、数学建模竞赛组织和辅导，经常关注国内外建模案例的收集与研究，组织并参与数学建模案例精选的编译和编写。第六版在保持第五版基本内容、结构和风格的基础上，进行了增删与修订，特别是新增了全国大学生数学建模竞赛 5 道赛题和偏微分方程的案例。全书纸质内容与数字化资源一体设计、紧密配合，数字课程涵盖案例精讲、基础知识、拓展阅读、更多案例、程序文件、数据文件等教学资源，在提升课程教学效果的同时，为学生学习提供更广阔的思考与探索空间，便于学生自主学习。

本书可作为高等学校各专业数学建模课程的教材和参加数学建模竞赛的辅导材料，也可供科技工作者参考。

图书在版编目（CIP）数据

数学模型／姜启源，谢金星，叶俊编. --6 版.
北京：高等教育出版社，2024.8. --ISBN 978-7-04-062963-7

Ⅰ. O141.4

中国国家版本馆 CIP 数据核字第 2024TD7756 号

SHUXUE MOXING

策划编辑	李　茜	责任编辑	李　茜	封面设计	杨伟露	版式设计	童　丹
责任绘图	李沛蓉	责任校对	张　然	责任印制	存　怡		

出版发行	高等教育出版社	网　　址	http://www.hep.edu.cn
社　　址	北京市西城区德外大街 4 号		http://www.hep.com.cn
邮政编码	100120	网上订购	http://www.hepmall.com.cn
印　　刷	肥城新华印刷有限公司		http://www.hepmall.com
开　　本	787mm×1092mm　1/16		http://www.hepmall.cn
印　　张	28.75	版　　次	1987 年 4 月第 1 版
字　　数	620 千字		2024 年 8 月第 6 版
购书热线	010-58581118	印　　次	2024 年 12 月第 2 次印刷
咨询电话	400-810-0598	定　　价	60.00 元

本书如有缺页、倒页、脱页等质量问题，请到所购图书销售部门联系调换

物 料 号　62963-00

数学模型 （第六版）

主编 姜启源 谢金星 叶俊

计算机访问

1. 计算机访问https://abooks.hep.com.cn/12396213。
2. 注册并登录，点击页面右上角的个人头像展开子菜单，进入“个人中心”，点击“绑定防伪码”按钮，输入图书封底防伪码（20位密码，刮开涂层可见），完成课程绑定。
3. 在“个人中心”→“我的图书”中选择本书，开始学习。

手机访问

1. 手机微信扫描左方二维码。
2. 注册并登录后，点击“扫码”按钮，使用“扫码绑图书”功能或者输入图书封底防伪码（20位密码，刮开涂层可见），完成课程绑定。
3. 在“个人中心”→“我的图书”中选择本书，开始学习。

如有使用问题，请直接在页面点击答疑图标进行问题咨询。

扫描二维码
进入ABOOKS

李大潜院士
谈建模

案例精选

更多案例

拓展阅读

第 一 版 序

近十年来，我国高等理工科学校所设置的应用数学专业（系）在数量上有较大的增长，然而直到现在，在如何培养这个专业学生的问题上，却还没有来得及进行认真的研究。

通过一些传统的数学基础课对应用数学专业的学生进行比较严格的数学训练仍然是重要的。但如果要把他们培养成为"会应用"的应用数学工作者，似乎还应该在另外一些方面使他们得到训练。例如，第一，面对一个不太复杂的现象，经过一番初步分析后，能较快地抓住问题的主要方面；可以名之为洞察力。第二，能从两个表面看上去没有多少联系的现象中找出共同点而加以类比；这是一种想象力。在传统的大学数学基础课里面，并非没有对这些方面的要求，然而似乎还没有哪一门课程把进行这类训练作为自己的主要任务，只是近年来国外出现的"数学模型"一课也许不在此列。

为了在这方面进行探索，1982 年秋天我们（姜启源、谭泽光、葛玉安和我）组织了一个"数学模型"讨论班，围绕 E. A. Bender 的书："*An Introduction to Mathematical Modeling*"，搜集资料，进行分析讨论。1983 年春和暑假中，我分别为清华大学应用数学系三、四年级和大连的"数学模型讲习班"试讲了"数学模型"课。此后国内有些应用数学系也开设了这门课，其中姜启源同志在清华应用数学系讲了两次。他在讲授中又补充了一些新的材料，尤其是他花了很大的功夫把讲的这些材料以学生较易接受的形式编成讲义，成了这本书的基础。

要培养学生的洞察力和想象力，靠一本教科书当然是不够的，至少还需通过教师根据不同的背景和学生的实际情况来灵活运用书中的内容。因此，在多种不同风格的教材出现以前，一本教材的弹性是不可少的。编者在这方面也作了不少的努力，其中包括选了一批有趣的习题。它们除了可供学生动手练习（这是学习这门课必不可少的环节）以外，有一些也可以作为讲授或讨论的内容。

姜启源同志的这本书是一个很有益的尝试，希望通过它的出版，能促使更多这方面不同风格的教材出现。

萧树铁

1986 年 6 月于清华园

第二版序

第三版序

第四版序

前　言

半个多世纪以来，由于数学科学与计算机技术的紧密结合，形成了一种普遍的、可以实现的关键技术——数学技术，成为当代高新技术的一个重要组成部分和突出标志。"高技术本质上是一种数学技术"的提法，已经得到越来越多人们的认同，建模与算法正在成为数学这门基础学科从科学向技术转化的主要途径。与此同时，时代发展和科技进步的大潮推动数学科学迅速进入经济、人口、生物、医学、环境、地质等领域，一些交叉学科如计量经济学、人口控制论、生物数学、数学地质学等应运而生，为数学建模开拓了许多新的、广阔的用武之地。

将数学建模引入大学教育，为数学和外部世界的联系提供了一种有效的方式，让学生能亲自参加将数学用于实际的尝试，参与发现和创造的过程，取得在传统的课堂里和书本上无法获得的宝贵经验和切身感受，在知识、能力及素质等方面迅速成长，这是四十年来规模最大、最成功的一项数学教学改革实践。

数学建模课程于20世纪80年代初进入我国大学，四十年来数学建模教学和教材建设已从星星之火迅速发展成燎原之势，上千所院校开设了建模课程，数百本建模教材相继问世。特别是1992年开始由教育部高等教育司和中国工业与应用数学学会举办的、每年一届的全国大学生数学建模竞赛，得到了广大同学的热烈欢迎，以及教育部门和教师们的热情关心和支持，成为我国高校规模最大的课外科技活动之一。竞赛促进了数学建模教学的开展，教学又扩大了受益面，为竞赛奠定了坚实的基础。

本书第一版出版于1987年，是我国高校最早面世的数学建模教材。伴随着数学建模教学和竞赛活动的蓬勃发展，1993、2003、2011、2018年第二、三、四、五版陆续出版。本书编者长期从事数学建模和数学实验教学、数学建模竞赛的组织和辅导，经常关注国内外建模案例的收集与研究，组织并参与数学建模案例精选的编译和编写，为本书的各个版次既保持内容、结构和风格的基本稳定，又对案例的选取和编写与时俱进、精雕细琢，以及数字课程教学资源的创建和扩展，提供了充分的保障与实施能力。第六版进行了以下的增补、修订与删减：

1. 本书一直将精心选取并适时更新一些生动新颖、内涵丰富的案例作为新版的主要内容之一。第六版增加了12个新案例，包括全国大学生数学建模竞赛5道赛题，特别是，为了适应数学建模教学和竞赛的发展，新编了内容属于偏微分方程的2个案例。为保持全书容量基本不变，删减了第五版的12个案例，将其大部分放入数字课程的更多案例中。

2. 本书从第二版起几乎每节都编写评注，阐述编者对案例的认识、体会以及对读者的建议。为了提示读者予以关注，第五版将评注放到页边。编者从提高可读性出发，对第六版的全部评注作了精心打磨，力求内涵丰满、语言简练。

3. 为适应学生学习方式变化的新趋势，与数字化媒体进行有机结合，第五版引入数字课程，作为纸质教材内容的拓展和补充。第六版延续并改进了数字课程内容，包括案例精讲、基础知识、拓展阅读、更多案例、程序文件和数据文件(在正文中用标出),以及全部章节的教学课件 PPT 等教学资源。其中,案例精讲 10 篇,为相关教学案例的视频讲授;基础知识 10 篇,是学习本书一些案例所用到的数学原理、方法的简单介绍;拓展阅读 12 篇,是对书中相关案例的进一步研究;更多案例 38 篇,全部来自本书第四版、第五版被删减的内容;程序文件和数据文件为案例和习题中求解模型用到的部分计算程序,以及过于庞大的原始数据。

本书第 4 章、10.1 至 10.4 节及第 1、5、6 章的部分内容由谢金星编写,9.2、9.4 至 9.9 节由叶俊编写,其余各章节由姜启源编写,全书由姜启源统稿。

萧树铁先生 1983 年在清华大学首次为本科生讲授数学模型课,接着在 20 世纪 80 年代中期先后主持召开了 2 次数学建模教学、教材研讨会,主持举办了 3 届教师培训班,培养了我国最早一批数学建模骨干教师,是我国数学模型课程的开拓者和奠基人。萧先生直接筹划了本书第一版的出版,并为第一、二、三、四版作序。萧先生为我国教育事业的发展做出了重大贡献,为了表示对他的深切追思,这里将萧先生为本书第一版作的序言重新刊出。纵观四十年数学建模课程教学、教材建设和竞赛活动蓬勃发展的历程,我们从这篇序言可以清晰地看到,萧先生在将数学建模引进我国大学课堂的初创时期所展现出的远见卓识。李大潜院士十分关注数学建模课程建设和竞赛活动,多次就数学建模对推动科技发展和社会进步、促进教育改革的重要意义发表演讲。从第五版起,李先生将他在"走近数学——数学建模篇"MOOC 中的一段讲解赠予我们,作为本书数字课程的开篇。在此谨向李大潜院士致以谢意。

我们向在使用本书过程中提出宝贵建议的教师们致谢,向通过学习本书从而喜爱数学建模的同学们致意,希望大家共同为数学建模教学和竞赛活动取得更大成绩继续努力。

编　者

2024 年 2 月

目　录

第 1 章　建立数学模型

随着科学技术的迅速发展,数学模型这个词汇越来越多地出现在现代人的生产、工作和社会活动中.电气工程师必须建立所要控制的生产过程的数学模型,用这个模型对控制装置做出相应的设计和计算,才能实现有效的过程控制.气象工作者为了得到准确的天气预报,一刻也离不开根据气象站、气象卫星汇集的气压、雨量、风速等资料建立的数学模型.在新型冠状病毒感染疫情肆虐的那几年里,各种媒体经常报道,某机构研制的数学模型预测,若干天后将有多少人被感染,什么时候疫情蔓延将会出现拐点.城市规划工作者需要建立一个包括人口、经济、交通、环境等大系统的数学模型,为领导层对城市发展规划的决策提供科学根据.厂长经理们要是能够根据产品的需求状况、生产条件和成本、贮存费用等信息,筹划出一个合理安排生产和销售的数学模型,一定可以获得更大的经济效益.就是在日常活动如访友、采购当中,人们也会谈论找一个数学模型,优化一下出行的路线.对于广大的科学技术人员和应用数学工作者来说,建立数学模型是沟通摆在面前的实际问题与他们掌握的数学工具之间联系的一座必不可少的桥梁.

本章作为全书的导言和数学模型的概述,主要讨论建立数学模型的意义、方法和步骤,给读者以建立数学模型的全面的、初步的了解.1.1 节介绍现实对象和它的模型的关系,给出一些模型形式,说明什么是数学模型;1.2 节阐述建立数学模型的重要意义;1.3—1.5 节通过几个示例说明用数学语言和数学方法表述和解决实际问题,即建立数学模型的过程;1.6 节阐述建立数学模型的一般方法和步骤;1.7 节介绍数学模型的特点及数学模型的分类;1.8 节给出一些怎样学习数学建模的建议,并对正在蓬勃发展的大学生数学建模竞赛及如何参加竞赛作简要介绍.

1.1　从现实对象到数学模型

人类生活在丰富多彩、变化万千的现实世界里,无时无刻不在运用智慧和力量去认识、利用、改造这个世界,从而不断地创造出日新月异、五彩缤纷的物质文明和精神文明.博览会常常是集中展示这些成果的场所之一,那些五光十色、精美绝伦的展品给我们留下了深刻的印象.工业博览会上,豪华、舒适的新型汽车叫人赞叹不已;农业博览会上,硕大、娇艳的各种水果令人流连忘返;科技展览厅里,跨海大桥模型雄伟壮观,长征系列运载火箭模型高高耸立,清晰的数字和图表显示着电力工业的迅速发展,和整面墙壁一样大的地图上鲜明地标出了新建的高速铁路和新辟的航线,核电站工程的彩色巨照前,手持原子结构模型的讲解员深入浅出地介绍反应堆的运行机理;体验厅里,智能机器人不仅对答如流、出口成章,还能帮助人们完成各种生活服务活动;“数字故宫”让珍贵文物随着手指滑动屏幕,从沉睡中活了过来,实现 360 度全视角展示.

什么是数学建模

参观博览会,像汽车、水果那些原封不动地从现实世界搬到展厅里的物品固然给人以亲切真实的感受,可是从开阔眼界、丰富知识的角度看,火箭、电站、大桥、高铁……这些在现实世界被人们认识、建造、控制的对象,以它们的各种形式的模型——实物模型、照片、视频、图表、程序……汇集在人们面前，这些模型在短短几小时里所起的作用，恐怕是置身现实世界多少天也无法做到的.

与形形色色的模型相对应，它们在现实世界里的原始参照物通称为原型.本节先讨论原型和模型，特别是和数学模型的关系，再介绍数学模型的意义.

原型和模型 原型(prototype)和模型(model)是一对对偶体.**原型**指人们在现实世界里关心、研究或者从事生产、管理的实际对象.在科技领域通常使用系统(system)、过程(process)等词汇，如机械系统、电力系统、生态系统、生命系统、社会经济系统，又如钢铁冶炼过程、导弹飞行过程、化学反应过程、污染扩散过程、生产销售过程、计划决策过程等.本书所述的现实对象、研究对象、实际问题等均指原型.**模型**则指为了某个特定目的将原型的某一部分信息简缩、提炼而构造的原型替代物.

这里特别强调构造模型的目的性.模型不是原型原封不动的复制品，原型有各个方面和各种层次的特征，而模型只要求反映与某种目的有关的那些方面和层次.一个原型，为了不同的目的可以有许多不同的模型.如放在展厅里的飞机模型应该在外形上逼真，但是不一定会飞.而参加航模竞赛的模型飞机要具有良好的飞行性能，在外观上不必苛求.至于在飞机设计、试制过程中用到的数学模型和计算机模拟，则只要求在数量规律上真实反映飞机的飞行动态特性，毫不涉及飞机的实体.所以模型的基本特征是由构造模型的目的决定的.

我们已经看到模型有各种形式.按照模型替代原型的方式来分类，模型可以分为**物质模型(形象模型)**和**理想模型(抽象模型)**.前者包括直观模型、物理模型等，后者包括思维模型、符号模型、数学模型等.

直观模型 指那些供展览用的实物模型，以及玩具、照片等，通常是把原型的尺寸按比例缩小或放大，主要追求外观上的逼真.这类模型的效果是一目了然的.

物理模型 主要指科技工作者为了一定目的根据相似原理构造的模型，它不仅可以显示原型的外形或某些特征，而且可以用来进行模拟实验，间接地研究原型的某些规律.如波浪水箱中的舰艇模型用来模拟波浪冲击下舰艇的航行性能，风洞中的飞机模型用来试验飞机在气流中的空气动力学特性.有些现象直接用原型研究非常困难，更可借助于这类模型，如地震模拟装置、核爆炸反应模拟设备等.应注意验证原型与模型间的相似关系，以确定模拟实验结果的可靠性.物理模型常可得到实用上很有价值的结果，但也存在成本高、时间长、不灵活等缺点.

思维模型 指通过人们对原型的反复认识，将获取的知识以经验形式直接贮存于人脑中，从而可以根据思维或直觉做出相应的决策.如汽车司机对方向盘的操纵、一些技艺性较强的工种(如钳工)的操作，大体上是靠这类模型进行的.通常说的某些领导者凭经验作决策也是如此.思维模型便于接受，也可以在一定条件下获得满意的结果，但是它往往带有模糊性、片面性、主观性、偶然性等缺点，难以对它的假设条件进行检验，并且不便于人们的相互沟通.

符号模型 是在一些约定或假设下借助于专门的符号、线条等，按一定形式组合起来描述原型.如地图、电路图、化学结构式等，具有简明、方便、目的性强及非量化等特点.

本书要专门讨论的**数学模型**则是由数字、字母或其他数学符号组成的，描述现实对象数量规律的数学公式、图形或算法.

什么是数学模型　其实你早在学习初等代数的时候就已经碰到过数学模型了.当然其中许多问题是老师为了教会学生知识而人为设置的.譬如你一定解过这样的所谓"航行问题":

甲乙两地相距 750 km,船从甲到乙顺水航行需 30 h,从乙到甲逆水航行需 50 h,问船速、水速各若干?

用 x,y 分别代表船速和水速,可以列出方程

$$(x+y)\cdot 30=750,\quad (x-y)\cdot 50=750$$

实际上,这组方程就是上述航行问题的数学模型.列出方程,原问题已转化为纯粹的数学问题.方程的解 $x=20$ km/h,$y=5$ km/h,最终给出了航行问题的答案.

当然,真正实际问题的数学模型通常要复杂得多,但是建立数学模型的基本内容已经包含在解这个代数应用题的过程中了.那就是:根据建立数学模型的目的和问题的背景做出必要的简化假设(航行中设船速和水速为常数);用字母表示待求的未知量(x,y 代表船速和水速);利用相应的物理或其他规律(匀速运动的距离等于速度乘时间),列出数学式子(二元一次方程);求出数学上的解答($x=20,y=5$);用这个答案解释原问题(船速和水速分别为 20 km/h 和5 km/h);最后还要用实际现象来验证上述结果.

一般地说,数学模型可以描述为,对于现实世界的一个**特定对象**,为了一个**特定目的**,根据特有的**内在规律**,做出一些必要的**简化假设**,运用适当的**数学工具**,得到的一个**数学结构**.

需要指出,本书的重点不在于介绍现实对象的数学模型(mathematical model)是什么样子,而是要讨论建立数学模型(mathematical modelling)的全过程.建立数学模型下面简称为**数学建模**或**建模**.

复习题

怎样解决下面的实际问题,包括需要哪些数据资料,要做些什么观察、试验以及建立什么样的数学模型等[23,32].

(1) 估计一个人体内血液的总量.

(2) 为保险公司制定人寿保险金计划(不同年龄的人应缴纳的金额和公司赔偿的金额).

(3) 估计一批日光灯管的寿命.

(4) 确定火箭发射至最高点所需的时间.

(5) 决定十字路口黄灯亮的时间长度.

(6) 为汽车租赁公司制订车辆维修、更新和出租计划.

(7) 一高层办公楼有 4 部电梯,早晨上班时间非常拥挤,试制订合理的运行计划.

1.2　数学建模的重要意义

数学作为一门研究现实世界数量关系和空间形式的科学,在它产生和发展的历史长河中,一直是和人们生活的实际需要密切相关的.作为用数学方法解决实际问题的第一步,数学建模自然有着与数学同样悠久的历史.两千多年以前创立的 Euclid 几何,17

世纪 Newton 发现的万有引力定律,都是科学发展史上数学建模的成功范例.

半个多世纪以来,随着数学以空前的广度和深度向一切领域的渗透,以及电子计算机、信息技术和人工智能的飞速发展,数学建模越来越受到人们的重视,可以从以下几方面来看数学建模在现实世界中的重要意义.

1) 在一般工程技术领域,数学建模仍然大有用武之地.

在以声、光、热、力、电这些物理学科为基础的诸如机械、电机、土木、水利等工程技术领域中,数学建模的普遍性和重要性不言而喻.虽然这里的基本模型大多是已有的,但是由于新技术、新工艺的不断涌现,提出了许多需要用数学方法解决的新问题;计算机软硬件技术的飞速发展,信息通信和云计算技术的成熟普及,使得过去即便有了数学模型也很难求解的课题(如大型水坝的应力计算,电力、化工生产运行过程的控制,石油勘探数据处理等)迎刃而解;建立在数学模型和计算机技术基础上的计算机模拟(simulation,也称为仿真)技术,以其快速、经济、方便等优势,大量地替代了传统工程设计中的现场实验、物理模拟等手段.

2) 在高新技术领域,数学建模几乎是必不可少的工具.

无论是发展互联网通信、航天、微电子、人工智能等高新技术本身,还是将高新技术用于传统工业去创造新工艺、开发新产品,计算机技术支持下的建模和模拟都是经常使用的有效手段.数学建模、数值计算和计算机图形学等相结合形成的计算机软件,已经被固化于产品中,在许多高新技术领域起着核心作用,在临床医疗、无损探测、资源勘探等领域被广泛采用的 CT(计算机断层成像)技术就是典型的成功范例.在这个意义上,数学不再仅仅作为一门科学,是许多技术的基础,而且直接走向了技术的前台.国际上一位学者就提出了"高技术本质上是一种数学技术"的观点.

3) 数学迅速进入一些新领域,为数学建模开拓了许多新的处女地.

随着数学向诸如经济、人口、生态、地质等所谓非物理领域的渗透,一些交叉学科如计量经济学、人口控制论、数学生态学、数学地质学等应运而生.这里一般地说不存在作为支配关系的物理定律,当用数学方法研究这些领域中的定量关系时,数学建模就成为首要的、关键的步骤和这些学科发展与应用的基础.在这些领域里建立不同类型、不同方法、不同深浅程度的模型的余地相当大,为数学建模提供了广阔的新天地.马克思说过:"一门科学只有成功地运用数学时,才算达到了完善的地步".数学必将大踏步地进入所有学科,数学建模正在迎来蓬勃发展的新时期.

今天,在国民经济和社会活动的以下诸多方面,数学建模都有着非常具体的应用.

分析与设计　例如描述药物浓度在人体内的变化规律以分析药物的疗效;建立跨音速流和激波的数学模型,用数值模拟设计新的飞机翼型.

预报与决策　生产过程中产品质量指标的预报、气象预报、人口预报、经济增长预报,等等,都要有预报模型;使经济效益最大的价格策略、使费用最少的设备维修方案,都是决策模型的例子.

控制与优化　电力、化工生产过程的最优控制、零件设计中的参数优化,要以数学模型为前提.建立大系统控制与优化的数学模型,是迫切需要和十分棘手的课题.

规划与管理　生产计划、资源配置、运输网络规划、水库优化调度,以及网页排序、物流管理等,都可以用数学模型解决.

数学建模与计算机和人工智能技术的关系密不可分.一方面,万物互联和人工智能时代的到来,使数学建模逐步进入人们的日常活动.比如当客户在电商平台提出产品数量、质量等要求后,马上就会得到价格和最早交货期等反馈,因为平台可以利用部署在云端的由公司的各种资源、产品工艺流程及客户需求等数据研制的数学模型——快速报价系统和生产计划系统;成交后,客户可以通过手机等终端方便地实时跟踪订单执行进展、修改订单.另一方面,以数字化为特征的信息正以爆炸之势涌入计算机,去伪存真、归纳整理、分析现象、显示结果……计算机需要人们给它以思维的能力,这些当然要求助于数学模型.比如拥有超大规模参数和复杂计算结构的大模型(large model,也称基础模型或基石模型,即 foundation model),本质上是一个使用海量数据训练而成的深度神经网络模型,展现出类似人类的智能.所以把计算机和人工智能技术与数学建模在知识经济、数字经济中的作用比喻为如虎添翼,是恰如其分的.

美国国家科学院一位院士总结了将数学科学转化为生产力过程中的成功和失败,得出了“数学是一种关键的、普遍的、可以应用的技术”的结论,认为数学“由研究到工业领域的技术转化,对加强经济竞争力具有重要意义”,而“计算和建模重新成为中心课题,它们是数学科学技术转化的主要途径”.

复习题

举出两三个实例说明建立数学模型的必要性,包括实际问题的背景,建模目的,需要大体上什么样的模型以及怎样应用这种模型等.

1.3 建模示例之一 包饺子中的数学

不少人认为需要用数学方法解决的基本上是高新技术、科学研究或者生产建设、经济管理中的重大问题,带着一些神秘色彩的数学离人们的日常生活很远.其实,通过数学建模可以分析我们身边的许多现象和问题.为了让数学走进生活,使大家更容易地了解什么是数学建模,本节和下面两节展示日常生活中三个实例的建模过程,并简单介绍数学建模的方法和步骤.

在最平凡不过的包饺子当中还有什么数学问题吗?让我们从一个具体例子说起[76].

通常,你家用 1 kg 面和 1 kg 馅包 100 个饺子.某次,馅做多了而面没有变,为了把馅全包完,问应该让每个饺子小一些,多包几个,还是每个饺子大一些,少包几个?如果回答是包大饺子,那么如果 100 个饺子能包 1 kg 馅,问 50 个饺子可以包多少馅呢?

问题分析 很多人都会根据“大饺子包的馅多”的直观认识,觉得应该包大饺子.但是这个理由不足以令人信服,因为大饺子虽然包的馅多,但用的面皮也多,这就需要比较馅多和面多二者之间的数量关系.利用数学方法不仅可以确有道理地回答应该包大饺子,而且能够给出数量结果,回答比如“50 个饺子可以包多少馅”的问题.

首先,把包饺子用的馅和面皮与数学概念联系起来,那就是物体的体积和表面积.用 V 和 S 分别表示大饺子馅的体积和面皮面积, v 和 s 分别表示小饺子馅的体积和面皮面积,如果一个大饺子的面皮可以做成 n 个小饺子的面皮,那么我们需要比较的是,V 与 nv 哪个大? 大多少?

评注 有人对饺子数量减少一半就能多包约40%的馅这一结果表示怀疑,认为饺子越大面皮应该越厚,建模中关于面皮厚度不变的假设值得探讨,这是有道理的!(复习题2)

模型假设 容易想到,进行比较的前提是所有饺子的面皮一样厚,虽然这不可能严格成立,但却是一个合理的假定.在这个条件下,大饺子和小饺子面皮面积满足

$$S=ns \tag{1}$$

为了能比较不同大小饺子馅的体积,所需要的另一个假设是所有饺子的形状一样,这是又一个既近似又合理的假定.

模型建立 能够把体积和表面积联系起来的是半径.虽然球体的体积和表面积与半径才存在我们熟悉的数量关系,但是对于一般形状的饺子,仍然可以引入所谓"特征半径"R 和 r,使得

$$V=k_1R^3,\quad S=k_2R^2 \tag{2}$$

$$v=k_1r^3,\quad s=k_2r^2 \tag{3}$$

成立.注意:在所有饺子形状一样的条件下,(2)和(3)中的比例系数 k_1 相同,k_2 也相同.

在(2)和(3)中消去 R 和 r,得

$$V=kS^{\frac{3}{2}},\quad v=ks^{\frac{3}{2}} \tag{4}$$

其中 k 由 k_1 和 k_2 决定,并且两个 k 相同.现在只需在(1)和(4)的3个式子中消去 S 和 s,就得到

$$V=n^{\frac{3}{2}}v=\sqrt{n}\,(nv) \tag{5}$$

(5)式就是包饺子问题的数学模型.

小结 整个建模过程的关键如下:

1. 用数学语言(体积和表面积)表示现实对象(馅和面皮).

2. 做出简化、合理的假设(面皮厚度一样,饺子形状一样).

3. 利用问题蕴含的内在规律(体积、表面积与半径的几何关系).

通常以上几点是数学建模最基本、最关键的步骤.

结果解释 模型(5)不仅定性地说明 V 比 nv 大(对于 $n>1$),大饺子比小饺子包的馅多,而且给出了定量结果,即 V 是 nv 的 $\sqrt{n}$ 倍.由此能够回答前面提出的"100个饺子能包1 kg馅,50个饺子可以包多少馅"的问题,因为饺子数量由100变成50,所以50个饺子能包 $\sqrt{100/50}=\sqrt{2}$ (≈ 1.4) kg馅.不用数学建模,你想不到这个结果吧.

复习题

1. 利用模型(5)式说明:如果 n_1 个饺子包 m kg馅,那么 n_2 个饺子能包多少馅? 由此给出本节中 $\sqrt{2}$ 的结果.

2. 将所有饺子面皮一样厚的假设改为饺子越大面皮越厚,并对此给以简化、合理的数学描述,重新建模,得出 V 与 nv 之间的关系,讨论"饺子数量减少一半能多包多少馅"与什么因素有关.

1.4 建模示例之二 路障间距的设计

在校园、机关、居民小区的道路中间,常常设置用于限制汽车速度的路障.看到路障你会想到下面这个问题能够用数学解决吗?

路障之间相距太远,起不到限制车速的作用,相距太近又会引起行车的不便,所以应该有一个合适的间距.不妨向设计者提出这样的问题:如果要求限制车速不超过40 km/h,路障的间距应该是多少?[76]

问题分析 设计者可以设想，当汽车通过一个路障时，速度近乎为零，过了路障，司机就会加速，当车速达到 40 km/h 时，让司机因为前面有下一个路障而减速，至路障处车速又近乎零，如此循环，即可达到限速的目的.

按照这种分析，如果认为汽车在两个相邻路障之间一直在作等加速运动和等减速运动，那么只要确定了加速度和减速度这两个数值，根据基本的物理知识，就很容易算出两个相邻路障之间应有的间距.

收集数据 要得到汽车的加速度和减速度，一个办法是查阅资料，通常可以查到：某牌号的汽车在若干秒内可以从静止加速到 100 km/h，或者某牌号的汽车在若干秒内可从多大车速紧急刹车.由这样的数据推算出的是最大加速度和最大减速度，不能直接用于这里的问题.还有资料会给出加速度的一个范围，如从 1 m/s^2 到 10 m/s^2，也不方便使用.

比较实用的方法是进行测试，办法是请驾驶普通牌号汽车的司机在与设计路障的环境相似的道路上，模拟有路障的情况作加速行驶和减速行驶，记录行驶中的车速和对应的时间（需要坐在副驾位置的助手辅助）.假定我们已经得到了如表 1、表 2 的数据.

表 1 加速行驶的测试数据

速度/($km\cdot h^{-1}$)	0	10	20	30	40
时间/s	0	1.6	3.0	4.2	5.0

表 2 减速行驶的测试数据

速度/($km\cdot h^{-1}$)	40	30	20	10	0
时间/s	0	2.2	4.0	5.5	6.8

模型假设 汽车通过路障时车速为零，其后作等加速运动，当车速达到限速时立即作等减速运动，到达下一个路障时车速为零.

模型建立 记汽车加速行驶的距离为 s_1，时间为 t_1，加速度为 a_1，减速行驶的距离为 s_2，时间为 t_2，减速度为 a_2，限速为 $v_{\max}$.根据熟知的物理定律有

$$s_1=\frac{1}{2}a_1t_1^2,\quad s_2=\frac{1}{2}a_2t_2^2 \tag{1}$$

$$v_{\max}=a_1t_1,\quad v_{\max}=a_2t_2 \tag{2}$$

汽车在两相邻路障间行驶的总距离 $s=s_1+s_2$，从(1)(2)式中消去 t_1，t_2 得到

$$s=\frac{v_{\max}^2}{2}\left(\frac{1}{a_1}+\frac{1}{a_2}\right) \tag{3}$$

(3)式为路障间距设计的数学模型.对于某个给定限速 $v_{\max}$ 的具体问题，由测试数据估计出加速度 a_1 和减速度 a_2 后，即可计算路障间距 s.

模型计算 以速度 v 为横坐标、时间 t 为纵坐标，将表 1、表 2 的数据作散点图（图 1、图 2 中的圆点），可以看出速度与时间大致为线性关系，这也能用于验证汽车在路障间作等加速运动和等减速运动的假设是否基本正确.记等加速和等减速运动速度与时间的关系分别为 $t=c_1v+d_1$ 和 $t=c_2v+d_2$.作为粗略估计，不妨手工在图 1 上尽量靠近

数据点画一条直线，因为直线在 $v=0$ 和 $v=40$ 的 t 的坐标差约为 $5.3-0.3=5$，所以图 1 直线的斜率为 $c_1=\frac{5\times3.6}{40}=0.45(\mathrm{s^2/m})$①.类似地处理图 2，得到直线的斜率为 $c_2=-\frac{7\times3.6}{40}=-0.63(\mathrm{s^2/m})$.由图 1、图 2 可知 d_1,d_2 很小，视为 0，于是加速度 $a_1=1/c_1$，减速度 $a_2=-1/c_2$.又按问题要求 $v_{\max}=40\ \mathrm{km/h}=11.1\ \mathrm{m/s}$，将 $a_1,a_2,v_{\max}$ 代入(3)式计算得

$$s=\frac{11.1^2\times(0.45+0.63)}{2}\approx66.5(\mathrm{m})$$

可将路障间距设计为 67 m.

如果根据表 1、表 2 的数据利用最小二乘法编程计算，可得 $c_1=0.4536$，$c_2=-0.6084$，$s=65.5556$，与手算结果相差不大.

小结　建模过程的关键除了简化、合理的假设(等加速和等减速行驶)及利用内在规律(时间、距离、速度、加速度之间的物理关系)，还有根据观察、测试数据估计模型的参数(加速度和减速度)，这也是建模中常用的方法.

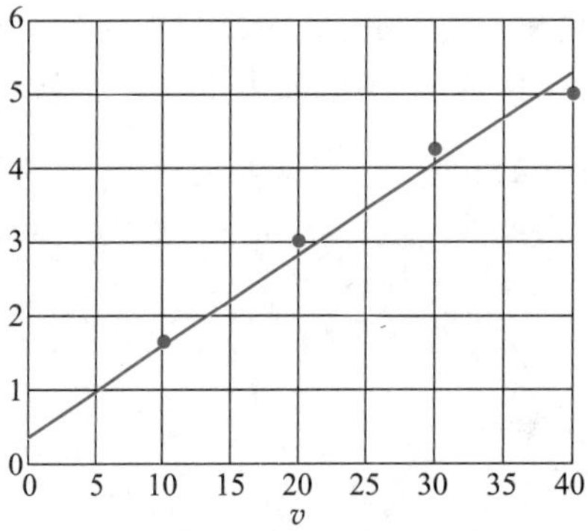

图 1　加速行驶测试数据图形

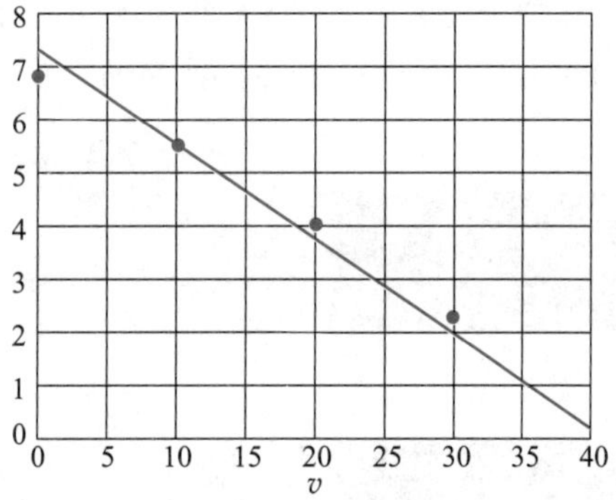

图 2　减速行驶测试数据图形

复习题

1. 通过资料调查或实地测试，自己获取汽车加速度和减速度的数据，用来求解模型.
2. 关于路障，你还能想到有哪些问题可以用数学建模分析和解决吗？

1.5　建模示例之三　椅子能在不平的地面上放稳吗

这个问题来源于日常生活中一个普通的事实：把四只脚的椅子往不平的地面上一放，通常只有三只脚着地，放不稳，然而只需稍挪动几次，就可以使四只脚同时着地，放稳了.这个看来似乎与数学无关的现象能用数学语言给以表述，并用数学工具来证实吗？让我们试试看[42].

模型假设　对椅子和地面应该做一些必要的假设：

1. 椅子四条腿一样长，椅脚与地面接触处可视为一个点，四脚的连线呈正方形.

2. 地面高度是连续变化的，沿任何方向都不会出现间断，即地面可视为数学上的

---

① 式中的 3.6 是速度单位由 km/h 换算成 m/s 的结果.

连续曲面.

3. 对于椅脚的间距和椅腿的长度而言,地面是相对平坦的,使椅子在任何位置至少有三只脚同时着地.

假设 1 是对椅子本身合理的简化.假设 2 相当于给出了椅子能放稳的条件,因为如果地面高度不连续,比如在有台阶的地方是无法使四只脚同时着地的.假设 3 是要排除这样的情况:地面上与椅脚间距和椅腿长度的尺寸大小相当的范围内,出现深沟或凸峰(即使是连续变化的),致使三只脚无法同时着地.

模型建立 中心问题是用数学语言把椅子四只脚同时着地的条件和结论表示出来.

首先要用变量表示椅子的位置.注意到椅脚连线呈正方形,以中心为对称点,正方形绕中心的旋转正好代表了椅子位置的改变,于是可以用旋转角度这一变量表示椅子的位置.在图 1 中椅脚连线为正方形$ABCD$,对角线 AC 与 x 轴重合,椅子绕中心点 O 旋转角度 θ 后,正方形 $ABCD$ 转至$A'B'C'D'$的位置,所以对角线 AC 与 x 轴的夹角 θ 表示了椅子的位置.

其次要把椅脚着地用数学符号表示出来.如果用某个变量表示椅脚与地面的竖直距离,那么当这个距离为零时就是椅脚着地了.椅子在不同位置时椅脚与地面的距离不同,所以这个距离是椅子位置变量 θ 的函数.

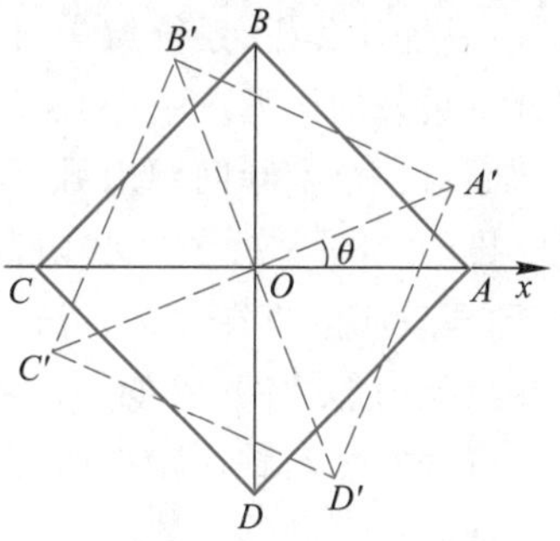

图 1 变量 θ 表示椅子的位置

虽然椅子有四只脚,因而有四个距离,但是由于正方形的中心对称性,只要设两个距离函数就行了.记 A,C 两脚与地面距离之和为 $f(\theta)$,B,D 两脚与地面距离之和为$g(\theta)$($f(\theta),g(\theta)\geqslant 0$).由假设 2,$f$ 和 g 都是连续函数.由假设 3,椅子在任何位置至少有三只脚着地,所以对于任意的 θ,$f(\theta)$ 和 $g(\theta)$ 中至少有一个为零.当 $\theta=0$ 时,不妨设 $g(0)=0,f(0)>0$,而当椅子旋转 90°后,对角线 AC 与 BD 互换,于是$f(\pi/2)=0,g(\pi/2)>0$.这样,改变椅子的位置使四只脚同时着地,就归结为证明如下的数学命题:

评注 这个模型的巧妙之处在于用一元变量 θ 表示椅子的位置,用 θ 的两个函数表示椅子四脚与地面的距离,进而把模型假设和椅脚同时着地的结论用简单、精确的数学语言表达出来,构成了这个实际问题的数学模型.

已知 $f(\theta)$ 和 $g(\theta)$ 是 θ 的连续函数,对任意 θ,$f(\theta)\cdot g(\theta)=0$,且 $g(0)=f(\pi/2)=0,f(0)>0,g(\pi/2)>0$.证明存在 θ_0,使 $f(\theta_0)=g(\theta_0)=0$.

模型求解 上述命题有多种证明方法,这里介绍其中比较简单,但是有些粗糙的一种.

令 $h(\theta)=f(\theta)-g(\theta)$,则 $h(0)>0$ 和 $h(\pi/2)<0$.由 f 和 g 的连续性知 h 也是连续函数.根据连续函数的基本性质,必存在 $\theta_0(0<\theta_0<\pi/2)$ 使 $h(\theta_0)=0$,即 $f(\theta_0)=g(\theta_0)$.

最后,因为 $f(\theta_0)\cdot g(\theta_0)=0$,所以 $f(\theta_0)=g(\theta_0)=0$.

由于这个实际问题非常直观和简单,模型解释和验证就略去了.

复习题

将假设条件 1 中的“四脚的连线呈正方形”改为“四脚的连线呈长方形”,试建立模型并求解.

评注 模型假设中“四脚连线呈正方形”不是本质的,如果四脚连线呈长方形呢?(复习题)

1.6 数学建模的基本方法和步骤

数学建模面临的实际问题是多种多样的，建模的目的不同、分析的方法不同、采用的数学工具不同，所得模型的类型也不同，我们不能指望归纳出若干条准则，适用于一切实际问题的数学建模方法.下面所谓基本方法不是针对具体问题而是从方法论的意义上讲的.

数学建模的基本方法

一般说来，数学建模主要有机理分析和数据驱动两类方法.**机理分析**是根据对研究对象特性的认识，找出反映内部机理的数量规律，建立的模型常有明确的物理或现实意义.前面几个示例都是用的机理分析方法.**数据驱动**基于对研究对象收集到的大量数据，通过统计分析、系统辨识、机器学习、人工智能等手段，按照一定的准则找出与数据拟合得最好的模型.

面对一个实际问题用哪一类方法建模，主要取决于人们对研究对象的了解程度和建模目的.如果掌握了一些内部机理的知识，模型也要求具有反映内在特征的物理意义，建模就应以机理分析方法为主.而如果对象的内部规律基本上不大清楚，模型也不需要反映内部特性(例如用于对输出作预报)，那么就可以用数据驱动方法.

有些实际问题还常把两种方法结合起来建模，如用机理分析建立模型的结构，用数据驱动确定模型的参数.

机理分析当然要针对具体问题来做，不可能有统一的方法，因而主要是通过实例研究(case studies)来学习.数据驱动则依据一些成熟的数学方法及不断研发的各类新的算法，基本上不在本书介绍范围之内，只有第 9 章统计模型可算作其中最基本的一部分.本书以后所说的数学建模主要指用机理分析方法建模.

数学建模的一般步骤

建模要经过哪些步骤并没有一定的模式，通常与问题性质、建模目的等有关.下面介绍的是机理分析方法建模的一般过程，如图 1 所示.

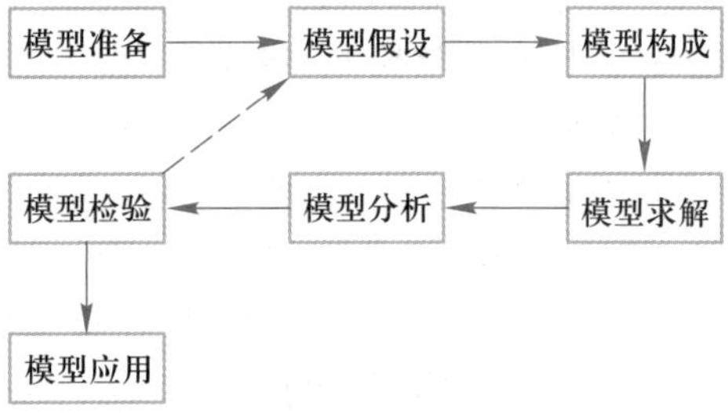

图 1 数学建模步骤示意图

模型准备 了解问题的实际背景，明确建模目的，搜集必要的信息如现象、数据等，尽量弄清对象的主要特征，形成一个比较清晰的“问题”，由此初步确定用哪一类模型.情况明才能方法对.在模型准备阶段要深入调查研究，虚心向实际工作者请教，尽量掌握第一手资料.

模型假设 根据对象的特征和建模目的，抓住问题的本质，忽略次要因素，做出必要的、合理的简化假设.对于建模的成败这是非常重要和困难的一步.假设做得不合理或太简单，会导致错误的或无用的模型；假设做得过分详细，试图把复杂对象的众多因素都考虑进去，会使你很难或无法继续下一步的工作.常常需要在合理与简化之间做出恰当的折中.通常，做假设的依据，一是出于对问题内在规律的认识，二是来自对现象、数据的分析,以及二者的综合.想象力、洞察力、判断力以及经验,在模型假设中起着重要作用.

模型构成　根据所做的假设,用数学的语言、符号描述对象的内在规律,建立包含常量、变量等的数学模型,如优化模型、微分方程模型、差分方程模型、概率模型、统计模型等.这里除了需要一些相关学科的专门知识外,还常常需要较为广阔的应用数学方面的知识.要善于发挥想象力,注意使用类比法,分析对象与熟悉的其他对象的共性,借用已有的模型.建模时还应遵循的一个原则是:尽量采用简单的数学工具,因为你的模型总是希望更多的人了解和使用,而不是只供少数专家欣赏.

模型求解　可以采用解方程、画图形、优化方法、数值计算、概率统计等各种数学方法,特别是数学软件和计算机技术.

模型分析　对求解结果进行数学上的分析,如结果的误差分析、统计分析、模型对数据的灵敏性分析、对假设的强健性分析等.

模型检验　把求解和分析结果翻译回到实际问题,与实际的现象、数据比较,检验模型的合理性和适用性.如果结果与实际不符,问题常常出在模型假设上,应该修改、补充假设,重新建模,如图 1 中的虚线所示.这一步对于模型是否真的有用非常关键,要以严肃认真的态度对待.有些模型要经过几次反复,不断完善,直到检验结果获得某种程度上的满意.

模型应用　应用的方式与问题性质、建模目的及最终的结果有关,一般不属于本书讨论的范围.

应当指出,并不是所有问题的建模都要经过这些步骤,有时各步骤之间的界限也不那么分明,建模不要拘泥于形式上的按部就班,本书的案例就采用了灵活的表述.

数学建模的全过程

从前面几个建模示例以及一般步骤的分析,可以将数学建模的过程分为表述、求解、解释、验证几个阶段,并且通过这些阶段完成从现实对象到数学模型,再从数学模型回到现实对象的循环,如图 2 所示.

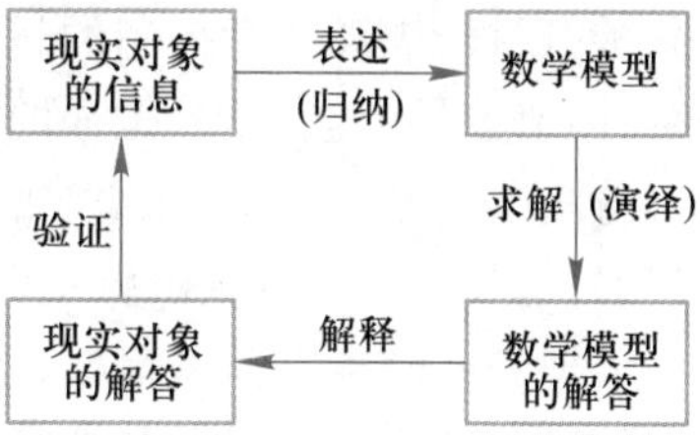

图 2　数学建模的全过程

表述是将现实问题"翻译"成抽象的数学问题,属于归纳法.数学模型的求解则属于演绎法.归纳是依据个别现象推出一般规律,演绎是按照普遍原理考察特定对象,导出结论.因为任何事物的本质都要通过现象来反映,必然要透过偶然来表露,所以正确的归纳不是主观、盲目的,而是有客观基础的,但也往往是不精细的、带感性的,不易直接检验其正确性.演绎则利用严格的逻辑推理,对解释现象、做出科学预见具有重要意义,但是它要以归纳的结论作为公理化形式的前提,只能在这个前提下保证其正确性.因此,归纳和演绎是辩证统一的过程:归纳是演绎的基础,演绎是归纳的指导[85].

解释是把数学模型的解答"翻译"回到现实对象,给出分析、预报、决策或者控制的结果.最后,作为这个过程的重要一环,这些结果需要用实际的信息加以验证.

图 2 也揭示了现实对象和数学模型的关系.一方面,数学模型是将现象加以归纳、抽象的产物,它源于现实,又高于现实;另一方面,只有当数学建模的结果经受住现实对

象的检验时，才可以用来指导实际，完成实践—理论—实践这一循环.

关于数学模拟

与数学建模有密切关系的数学模拟，主要指计算机模拟(computer simulation).它根据实际系统或过程的特性，按照一定的数学规律用计算机程序语言模拟实际运行状况，并依据大量模拟结果对系统或过程进行定量分析.例如通过各种工件在不同机器上按一定工艺顺序加工的模拟，能够识别生产过程中的瓶颈环节；通过高速公路上交通流的模拟，可以分析车辆在路段上的分布特别是堵塞的状况.与用物理模型的模拟实验相比，计算机模拟有明显的优点：成本低、时间短、重复性高、灵活性强.有人把计算机模拟作为建立数学模型的手段之一，但是数学模型在某种意义下描述了对象内在特性的数量关系，其结果容易推广，特别是得到了解析形式答案时.而计算机模拟则完全模仿对象的实际演变过程，难以从得到的数字结果分析对象的内在规律.当然，对于那些因内部机理过于复杂，目前尚难以建立数学模型的实际对象，用计算机模拟获得一些定量结果，可称是解决问题的有效手段.

复习题

对于1.1节的复习题，考虑建立模型的基本方法，并对建模的具体步骤做出计划.

1.7 数学模型的特点和分类

数学建模是利用数学工具解决实际问题的重要手段，得到的模型有许多优点，也有一些弱点.下面归纳出数学模型的若干特点，以期读者在学习过程中逐步领会[32].

数学模型的特点

模型的逼真性和可行性　一般说来总是希望模型尽可能逼近研究对象，但是一个非常逼真的模型在数学上常常是难以处理的，因而不容易达到通过建模对现实对象进行分析、预报、决策或者控制的目的，即实用上不可行.另一方面，越逼真的模型常常越复杂，即使数学上能处理，这样的模型应用时所需要的“费用”也相当高，而高“费用”不一定与复杂模型取得的“效益”相匹配.所以建模时往往需要在模型的逼真性与可行性，“费用”与“效益”之间做出折中和抉择.

模型的渐进性　稍微复杂一些的实际问题的建模通常不可能一次成功，要经过上一节描述的建模过程的反复迭代，包括由简到繁，也包括删繁就简，以获得越来越满意的模型.在科学发展过程中，随着人们认识和实践能力的提高，各门学科中的数学模型也存在着一个不断完善或者推陈出新的过程.从19世纪力学、热学、电学等许多学科由牛顿力学的模型主宰，到20世纪爱因斯坦相对论模型的建立，是模型渐进性的明显例证.

模型的强健性　模型的结构和参数常常是由模型假设及对象的信息(如观测数据)确定的，而假设不可能太准确，观测数据也是允许有误差的.一个好的模型应该具有下述意义的强健性：当模型假设改变时，可以导出模型结构的相应变化；当观测数据有微小改变时，模型参数也只有相应的微小变化.

模型的可转移性 模型是现实对象抽象化、理想化的产物，它不为对象的所属领域所独有，可以转移到另外的领域.在生态、经济、社会等领域内建模就常常借用物理领域中的模型.模型的这种性质显示了它的应用的极端广泛性.

模型的非预制性 虽然已经发展了许多应用广泛的模型，但是实际问题是各种各样、变化万千的，不可能要求把各种模型做成预制品供你在建模时使用.模型的这种非预制性使得建模本身常常是事先没有答案的问题(open-ended problem).在建立新的模型的过程中甚至会伴随着新的数学方法或数学概念的产生.

模型的条理性 从建模的角度考虑问题可以促使人们对现实对象的分析更全面、更深入、更具条理性，这样即使建立的模型由于种种原因尚未达到实用的程度，对问题的研究也是有利的.

模型的技艺性 建模的方法与其他一些数学方法如方程解法、规划问题解法等是根本不同的，无法归纳出若干条普遍适用的建模准则和技巧.建模是技艺性很强的技巧.经验、想象力、洞察力、判断力以及直觉、灵感等在建模过程中起的作用往往比一些具体的数学知识更大.

模型的局限性 这里有几方面的含义.第一，由数学模型得到的结论虽然具有通用性和精确性，但是因为模型是现实对象简化、理想化的产物，所以一旦将模型的结论应用于实际问题，就回到了现实世界，那些被忽视、简化的因素必须考虑，于是结论的通用性和精确性只是相对的和近似的.第二，由于人们认识能力和科学技术包括数学本身发展水平的限制，还有不少实际问题很难得到有着实用价值的数学模型.如一些内部机理复杂、影响因素众多、测量手段不够完善、技艺性较强的生产过程.专家系统是一种计算机软件系统，它总结专家的知识和经验，模拟人类的逻辑思维过程，建立若干规则和推理途径，主要是定性地分析各种实际现象并作出判断，是早期人工智能的一个重要方向，并在众多领域有着成功应用.第三，还有些领域中的问题今天尚未发展到用建模方法寻求数量规律的阶段，如中医诊断过程.目前大数据和人工智能技术日益成熟，在通用大模型基础上，通过微调得到善于完成特定领域任务的专用大模型，潜力巨大，但同时也面临包括数据安全、数据质量、模型解释、道德伦理等方面的诸多挑战.

数学模型的分类

数学模型可以按照不同的方式分类，下面介绍常用的几种.

1. 按照模型的应用领域(或所属学科)分.如人口模型、交通模型、环境模型、生态模型、城镇规划模型、水资源模型、再生资源利用模型、污染模型等.范畴更大一些则形成许多边缘学科，如生物数学、医学数学、地质数学、数量经济学、数学社会学等.

2. 按照建立模型的数学方法(或所属数学分支)分.如初等模型、几何模型、微分方程模型、统计回归模型、数学规划模型等.

3. 按照模型的表现特性又有几种分法：

确定性模型和随机性模型 取决于是否考虑随机因素的影响.近年来随着数学的发展，又有所谓突变性模型和模糊性模型.

静态模型和动态模型 取决于是否考虑时间因素引起的变化.

线性模型和非线性模型 取决于模型的基本关系，如微分方程是否是线性的.

离散模型和连续模型 指模型中的变量(主要是时间变量)取为离散还是连续的.

虽然从本质上讲大多数实际问题是随机性的、动态的、非线性的，但是由于确定性、静态、线性模型容易处理，并且往往可以作为初步的近似来解决问题，所以建模时常先考虑确定性、静态、线性模型.连续模型便于利用微积分方法求解析解，作理论分析，而离散模型便于在计算机上作数值计算，所以用哪种模型要看具体问题而定.在具体的建模过程中将连续模型离散化，或将离散变量视作连续的，也是常采用的方法.

4. 按照建模目的分.有描述模型、预报模型、优化模型、决策模型、控制模型等.

5. 按照对模型结构的了解程度分.有所谓白箱模型、灰箱模型、黑箱模型.这是把研究对象比喻成一只箱子里的机关，要通过建模来揭示它的奥妙.**白箱**主要包括用力学、热学、电学等一些机理相当清楚的学科描述的现象以及相应的工程技术问题，这方面的模型大多已经基本确定，还需深入研究的主要是优化设计和控制等问题了.**灰箱**主要指生态、气象、经济、交通等领域中机理尚不十分清楚的现象，在建立和改善模型方面都还不同程度地有许多工作要做.至于**黑箱**则主要指生命科学和社会科学等领域中一些机理（数量关系方面）很不清楚的现象.有些工程技术问题虽然主要基于物理、化学原理，但由于因素众多、关系复杂和观测困难等原因，也常作为灰箱或黑箱模型处理.当然，白、灰、黑之间并没有明显的界限，而且随着科学技术的发展，箱子的“颜色”必然是逐渐由暗变亮的.

1.8 怎样学习数学建模——学习课程和参加竞赛

怎样学习数学建模

有人说，数学建模与其说是一门技术，不如说是一门艺术.大家知道，技术一般是有章可循的，许多工程领域都有专门的技术规范，只要严格按照规范去做，事情就可以完成得八九不离十.而艺术通常无法归纳出几条一般的准则或方法，一位出色的艺术家需要大量的观摩和前辈的指教，更需要亲身的实践.从这样的意义上说，数学建模更接近艺术，其含义是，目前尚不能找到若干法则或规律，用以完成不同领域各种问题的建模.

这样看来，学习数学建模与学习一般的数学课程会有较大的不同.多数建模课程和建模教材主要讲解的是数学建模过程的一头一尾，即如何将实际问题表述成数学模型和如何用模型的结果分析、解释实际现象，至于建模过程的中段，即模型的求解部分，由于所用的数学方法基本上是大家已经学过的，就不会是讲授的重点.当然，如果用到数学公共课没有涉及的内容，则会有适当的补充.

培养数学建模的意识和能力

在学习数学建模的过程中，与掌握一些建模方法、补充一些数学知识相比，更为重要、也许更加困难的是培养数学建模的意识和能力.

所谓数学建模的意识是指，对于我们日常生活和工作中那些需要或者可以用数学工具分析、解决的实际问题，能够敏锐地发现并从建模的角度去积极地思考、研究.这些问题可能有几种不同的情况，一种是必须用数学方法才能解决的，需要做的大概就是如何建模了；第二种是虽然已经用工程的或经验的办法处理，但是再用上数学方法可能解决得更好，这就需要你勇于和善于利用数学建模这个工具了；第三种是依靠经验和常识就能得到满意的处理，不一定要用建模解决的问题，而你尝试从数学的角度去考虑，可以起到提高数学建模能力的作用，1.3 节中包饺子和 1.4 节中设计路障就是这样的问题.总之,希望你的头脑里时刻保持从数学建模角度对实际问题做定量分析的一根弦.

至于数学建模的能力,内容很广泛,大体上包含以下内容:

想象力 在已有形象的基础上,根据新的信息在头脑中创造出新形象的能力,是一种形象思维活动,可以通过细心观察、善于联想、勇于突破思维定式(如运用逆向思维、发散思维)等方式来培养.

洞察力 透过现象看到本质,对复杂事物进行分析和判断的能力,需要集中注意力、刻苦工作、勤于思考,适应和创造浓厚的学术环境,培养对科学研究敏锐的"感觉".

类比法 由一类事物具有的某种属性,推测类似事物也具有这种属性的推理方法.因为同一个数学模型可以描述不同领域的对象,所以联想、类比是建模中常用的方法.当然,类比的结果是否正确,需要由实践来检验.

较广博的数学知识 对于已经学过微积分、线性代数、概率论等基础课的大学生来说,还需要了解数值计算、数理统计、数学规划、数值模拟等学科中那些直接与应用相关的内容,如怎样用这些方法建模、怎样在计算机上用数学软件实现、怎样解释模型求解的结果等,并不需要深入了解这些学科的数学原理.

深入实际调查研究的决心和能力 与埋头撰写纯数学论文不同,做数学建模首先要有到实际中去的决心和勇气,并且善于调查研究,掌握第一手材料.

从培养意识、提高能力的角度来学习数学建模,基本上是"学别人的"和"做自己的"两条途径,下面给出一些具体建议.

案例研究——学习、分析、评价、改进和推广

案例研究是学习数学建模课程的主要方法之一,这与法学、管理学的学习方法有些相近.学习课堂上讲的和教材里写的别人做过的模型,不能听过、看过就算学了,应该通过学习、分析、评价、改进和推广几个步骤来逐步深化.首先是弄懂它,再分析它为什么这样做,哪些地方是关键,评价有什么优缺点,最后,如果可能的话,去尝试改进、推广它.

让我们以 1.5 节的案例"椅子能在不平的地面上放稳吗"为例,看看在学懂的基础上可以做哪些研究(有些是应该做的).

1. 对模型假设进行分析

假设 1 对椅子本身的要求大致是合理的,椅脚与地面点接触可看作几何抽象.假设 2 相当于要求地面高度是数学上的连续函数.假设 3 排除了三只脚不能着地的情况,对地面的要求更高.

由建模过程可以知道,假设 2 的地面连续性和假设 3 的三只脚着地是证明命题的必要条件,从常识看这对放稳椅子也是必需的,而假设 1 的椅脚正方形只是为了得到简单的中心对称,对证明命题不是必要的.事实上,很容易将这个条件放宽到椅脚连线为长方形或梯形的情况.还可以对椅子四脚连线的几何形状能放宽到什么程度进行讨论.

2. 对建模的关键进行分析

建模的关键是用数学符号、数学语言把椅子的位置及四只脚着地的条件和结论表示出来.利用椅脚的中心对称性,用单变量 θ 表示椅子的位置,用两个函数 $f(\theta)$, $g(\theta)$ 表示椅脚与地面的距离,从而得到四脚着地的条件和结论的数学关系.

3. 对建模过程做深入研究

如果读者对上面如此简单的建模过程仔细考虑一下,可能会发现不严谨之处.如椅子的旋转轴在哪里，它在旋转过程中怎样变化？

更严谨些的一种考虑如下：取 A,B,D 脚同时着地的位置为初始位置，经过 O 点且与 A,B,D 脚所在平面垂直的直线为初始旋转轴.此后将椅子沿该轴高高举起，并在与该轴垂直的平面内逆时针旋转后再慢慢放下.放下的过程中，首先保持旋转轴始终通过 O 点但允许发生倾斜，使得 A,D 脚先着地，然后再让 B,C 两脚中至少一个着地（此时保持 A,D 脚位置不变，但旋转轴可能不再通过 O 点）.

参加数学建模竞赛，做自己的模型

学习数学建模，如果只停留在学别人的模型上，是远远不够的，一定要亲自动手，踏踏实实地做几个实际题目.不妨从包饺子这样的简单问题开始，读者也可以利用本书训练题中提供的那些需要自己做出假设、构造模型的题目，我们更提倡读者在实际生活中发现、提出问题，建立模型.

参加数学建模竞赛为同学们通过亲手做课题，更快地提高用数学建模方法分析、解决实际问题的能力，搭建了广阔的平台.大学生数学建模竞赛是近年来我国高校蓬勃开展的一项学科竞赛活动，有全国性的、地区性的，更有院校自己组织的.各种层次建模竞赛的内容、组织方式、评判标准等都大致相同.下面对竞赛的特点、参赛的过程和收获作简单介绍.

竞赛内容 赛题由工程技术、管理科学及社会热点问题简化而成，要求用数学建模方法和计算机技术完成一篇包括模型的假设、建立和求解，结果的分析和检验以及自我评价优缺点等方面的学术论文.

竞赛方式 采取通信竞赛办法，三名大学生为一队，在三天时间内完成，可以使用任何资料和软件，唯一的限制是不能与队外的同学、老师讨论赛题（包括在网上）.

评判标准 赛题没有标准答案，评判以假设的合理性、建模的创造性、结果的正确性、表述的清晰性为标准.其中结果正确指的是与做出的假设和建立的模型相符合.

全国大学生数学建模竞赛从 1992 年开始举办，规模由最初的几十所学校、几百个队，发展到 2023 年的 1 600 多所院校、59 000 多个队，参加地区、院校竞赛的人数更多.数学建模竞赛之所以受到广大同学的欢迎，主要是由于它的内容、形式和评判标准具有明显区别于大家熟悉的数学等学科竞赛的特点，适合培养有创新精神和综合素质人才的需要.

参加数学建模竞赛的过程一般可以分为三个阶段：

赛前准备 通过教师讲授、学生自学、讨论等方式了解数学建模的基本概念、方法和步骤，学习求解模型的一些数学方法（数值计算、数理统计、数学规划、数值模拟等）及数学软件，还可以演练往年的赛题和模拟题.尽可能地选择不同专业、不同特质（认真踏实、思路灵活、写作好）的同学组队，并在准备过程中进行充分磨合.

三天竞赛 选定赛题既要抓紧时间又需充分讨论，一定要把题目的要求吃透，并拟定一个三人、三天工作的初步计划.开始时不要把目标定得过高，不妨考虑用多数时间、多数人力保证基本模型的完成，有余力再锦上添花.论文写作要尽早开始，用清晰、完整的文章结构指导全队分工合作、有条不紊地完成任务.

赛后继续 应该结合三天的参赛总结一下整个竞赛准备过程的收获及经验教训.如果有兴趣和精力对赛题作进一步钻研，或者对赛题进行扩展研究，可以寻求教师和其他同学共同参加.更希望通过竞赛激发同学参与数学建模相关实践活动的兴趣.

30 多年来的事实说明,只要认真参加竞赛,同学们的收获和提高是多方面的.

首先,运用数学建模方法分析和解决实际问题的能力会得到切实的锻炼.赛题通常要用到几门数学和计算机课程及多方面的知识,对于长期一门课一门课学习的同学来说,这种训练运用综合知识的机会是难得的,对于同学独立工作能力的培养有很大的好处.

其次,合作精神与团队意识会得到培养和提高.竞赛需要 3 个人相互启发、争辩和相互妥协、合作,与以后经常面临的集体工作方式十分相近,对于一直在读书、做题、考试等一系列个人奋斗的环境中成长起来的同学们来说,竞赛提供了一个既充分展示个人的智商,又有助于培养与人合作的情商的平台.

还有,竞赛需要快捷地搜集、整理、消化与题目有关的资料(主要依靠互联网),使之为我所用,对于尚处于学习阶段的同学来说,这是少有的机会;一篇清晰、通畅的阐明建模思路、假设、方法、结果等内容的论文,是参赛成果的集中体现,竞赛有益于文字表述能力的锻炼;赛题的实用性有助于培养同学们关注社会生活、理论联系实际的学风;既充分开放、又有规则约束的竞赛方式,可以培养慎独、自律的良好道德品质.

许多同学表示,不管三天竞赛的成绩如何,只要认真参加了培训、自学、讨论、竞赛的全过程,都会有丰硕的收获,他们用"一次参赛、终身受益"来总结竞赛经历.

复习题

为了培养想象力、洞察力和判断力,考察对象时除了从正面分析外,还常常需要从侧面或反面思考.试尽可能迅速地回答下面的问题:

(1) 某甲早 8 : 00 从山下旅店出发,沿一条路径上山,下午 5 : 00 到达山顶并留宿.次日早 8 : 00 沿同一路径下山,下午 5 : 00 回到旅店.某乙说,甲必在两天中的同一时刻经过路径中的同一地点.为什么?

(2) 37 支球队进行冠军争夺赛,每轮比赛中出场的每两支球队中的胜者及轮空者进入下一轮,直至比赛结束.问共需进行多少场比赛,共需进行多少轮比赛.如果是 n 支球队比赛呢?

(3) 甲乙两站之间有电车相通,每隔 10 min 甲乙两站相互发一趟车,但发车时刻不一定相同.甲乙之间有一中间站丙,某人每天在随机的时刻到达丙站,并搭乘最先经过丙站的那趟车,结果发现 100 天中约有 90 天到达甲站,约有 10 天到达乙站.问开往甲乙两站的电车经过丙站的时刻表是如何安排的.

(4) 某人家住 T 市在他乡工作,每天下班后乘火车于下午 6 : 00 抵达 T 市车站,他的妻子驾车准时到车站接他回家.一日他提前下班搭早一班火车于下午 5 : 30 抵达 T 市车站,随即步行回家,他的妻子像往常一样驾车前来,在半路上遇到他,随即接他回家,此时发现比往常提前了 10 min.问他步行了多长时间.

(5) 一男孩和一女孩分别在离家 2 km 和 1 km 且方向相反的两所学校上学,每天同时放学后分别以 4 km/h 和 2 km/h 的速度步行回家.一小狗以 6 km/h 的速度由男孩处奔向女孩,又从女孩处奔向男孩,如此往返直至回到家中.问小狗奔波了多少路程.

如果男孩和女孩上学时小狗也往返奔波在他们之间,问当他们到达学校时小狗在何处[42].

第1章训练题

1. 用宽 w 的布条缠绕直径 d 的圆形管道,要求布条不重叠,问布条与管道轴线的夹角 α 应多大(如右图).若知道管道长度,需用多长布条(不考虑或考虑两端的影响)? 如果管道是其他形状呢?[16]

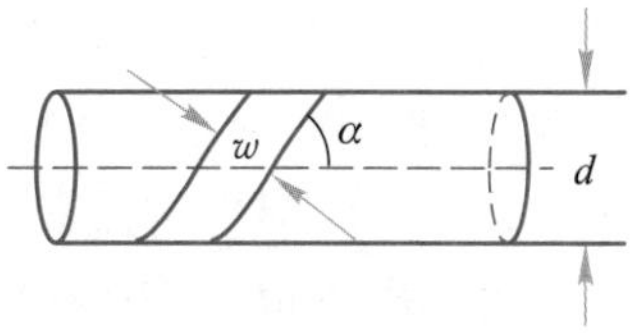

2. 雨滴匀速下降,假定空气阻力与雨滴表面积和速度平方的乘积成正比,试确定雨速与雨滴质量的关系.

3. 参考更多案例 1-1 商人们怎样安全过河中的状态转移模型,做下面这个众所周知的智力游戏:人带着猫、鸡、米过河,除需要人划船之外,船至多能载猫、鸡、米三者之一,而当人不在场时猫要吃鸡、鸡要吃米.试设计一个安全过河方案,并使渡河次数尽量地少.

4. 大包装商品比小包装商品便宜是人所共知的事实(当然指单位质量或体积),你能仅从包装成本的对比对此做出解释吗?

更多案例……

1-1 商人们怎样安全过河

第 2 章　初等模型

如果研究对象的机理比较简单，一般用静态、线性、确定性模型描述就能达到建模目的时，我们基本上可以用初等数学的方法来构造和求解模型.通过本章介绍的若干实例读者能够看到，用很简单的数学方法已经可以解决一些饶有兴味的实际问题，其中只有 2.5 节涉及简单的随机现象.

需要强调的是，衡量一个模型的优劣全在于它的应用效果，而不是采用了多么高深的数学方法.进一步说，如果对于某个实际问题我们用初等的方法和所谓高等的方法建立了两个模型，它们的应用效果相差无几，那么受到人们欢迎并采用的，一定是前者而非后者.

2.1　双层玻璃窗的功效

你是否注意到北方城镇的有些建筑物的窗户是双层的，即窗户上装两层玻璃且中间留有一定空隙，如图 1 左图所示，两层厚度为 d 的玻璃夹着一层厚度为 l 的空气.据说这样做是为了保暖，即减少室内向室外的热量流失.我们要建立一个模型来描述热量通过窗户的传导（即流失）过程，并将双层玻璃窗与用同样多材料做成的单层玻璃窗（如图 1 右图，玻璃厚度为 $2d$）的热量传导进行对比，对双层玻璃窗能够减少多少热量损失给出定量分析结果[48].

案例精讲 2-1
双层玻璃窗的功效

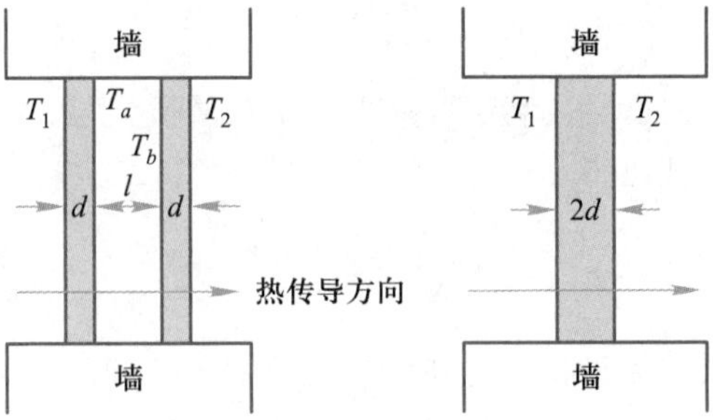

图 1　双层玻璃窗与单层玻璃窗

模型假设

1. 热量的传播过程只有传导，没有对流.即假定窗户的密封性能很好，两层玻璃之间的空气是不流动的.

2. 室内温度 T_1 和室外温度 T_2 保持不变，热传导过程已处于稳定状态，即沿热传导方向，单位时间通过单位面积的热量是常数.

3. 玻璃材料均匀，热传导系数是常数.

模型构成　在上述假设下热传导过程遵从下面的物理定律：

厚度为 d 的均匀介质，两侧温度差为 ΔT，则单位时间由温度高的一侧向温度低的

一侧通过单位面积的热量 Q 与 ΔT 成正比,与 d 成反比,即

$$Q=k\frac{\Delta T}{d} \tag{1}$$

k 为热传导系数.

记双层窗内层玻璃的外侧温度是 T_a,外层玻璃的内侧温度是 T_b,如图 1,玻璃的热传导系数为 k_1,空气的热传导系数为 k_2,由(1)式单位时间单位面积的热量传导(即热量流失)为

$$Q_1=k_1\frac{T_1-T_a}{d}=k_2\frac{T_a-T_b}{l}=k_1\frac{T_b-T_2}{d} \tag{2}$$

从(2)式中消去 T_a,T_b,可得

$$Q_1=\frac{k_1(T_1-T_2)}{d(s+2)},\quad s=h\frac{k_1}{k_2},\quad h=\frac{l}{d} \tag{3}$$

对于厚度为 $2d$ 的单层玻璃窗,容易写出其热量传导为

$$Q_2=k_1\frac{T_1-T_2}{2d} \tag{4}$$

二者之比为

$$\frac{Q_1}{Q_2}=\frac{2}{s+2} \tag{5}$$

显然 $Q_1<Q_2$.为了得到更具体的结果,我们需要 k_1 和 k_2 的数据.从有关资料可知,常用玻璃的热传导系数 $k_1=4\times10^{-3}\sim8\times10^{-3}$ J/(cm·s·K),不流通、干燥空气的热传导系数 $k_2=2.5\times10^{-4}$ J/(cm·s·K),于是

$$\frac{k_1}{k_2}=16\sim32$$

在分析双层玻璃窗比单层玻璃窗可减少多少热量损失时,我们作最保守的估计,即取 $k_1/k_2=16$,由(3)(5)式可得

$$\frac{Q_1}{Q_2}=\frac{1}{8h+1},\quad h=\frac{l}{d} \tag{6}$$

比值 Q_1/Q_2 反映了双层玻璃窗在减少热量损失上的功效,它只与 $h=l/d$ 有关,图 2 给出了 $(Q_1/Q_2)-h$ 的曲线,当 h 增加时,Q_1/Q_2 迅速下降,而当 h 超过一定值(比如 $h>4$)后 Q_1/Q_2 下降变缓,可见 h 不必选择过大.

模型应用 这个模型具有一定应用价值.制作双层玻璃窗虽然工艺复杂会增加一些费用,但它减少的热量损失却是相当可观的.通常,建筑规范要求 $h=l/d\approx4$.按照这个模型,$Q_1/Q_2\approx3\%$,即双层窗比用同样多的玻璃材料制成的单层窗节约热量 97%左右.不难发现,之所以有如此高的功效主要是由于层间空气的极低的热传导系数 k_2,而这要求空气是干燥、不流通的.作为模

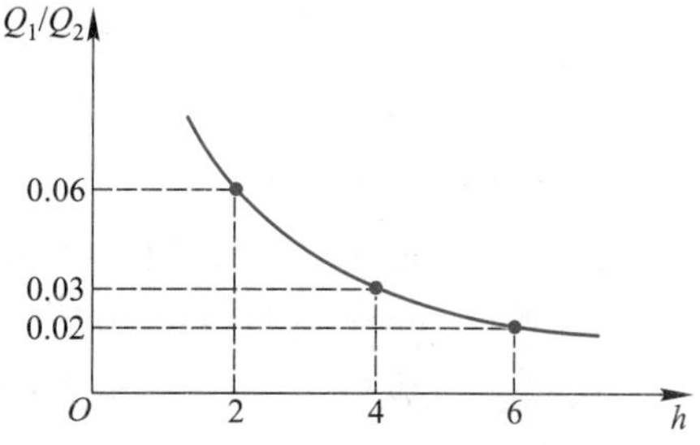

图 2 热量损失比 $\frac{Q_1}{Q_2}$ 与 $h=\frac{l}{d}$ 的关系

型假设的这个条件在实际环境下当然不可能完全满足，所以实际上双层窗户的功效会比上述结果差一些.另外，应该注意到，一个房间的热量散失，通过玻璃窗常常只占一小部分，热量还要通过天花板、墙壁、地面等流失.

复习题

北方旧宅改造时，为了增强保暖效果常用保温材料在外墙外面再加一层墙.假定仍然只考虑热传导，试通过建模对改造后减少的热量损失给出定量分析，并获取相关数据作简单计算.

2.2 划艇比赛的成绩

赛艇是一种靠桨手划桨前进的小船，分单人艇、双人艇、四人艇、八人艇四种.各种艇虽大小不同，但形状相似.T.A.McMahon 比较了各种赛艇 1964—1970 年四次 2 000 m 比赛的最好成绩(包括 1964 年和 1968 年的两次奥运会和两次世界锦标赛)，见表 1 第 1 至 6 列，发现它们之间有相当一致的差别，他认为比赛成绩与桨手数量之间存在着某种联系，于是建立了一个模型来解释这种关系[7].

表 1 各种赛艇的比赛成绩和规格

艇种	2 000 m 成绩 t/min					艇长 l /m	艇宽 b /m	l/b	艇的质量 w_0/kg / 桨手数 n
	1	2	3	4	平均				
单人	7.16	7.25	7.28	7.17	7.21	7.93	0.293	27.0	16.3
双人	6.87	6.92	6.95	6.77	6.88	9.76	0.356	27.4	13.6
四人	6.33	6.42	6.48	6.13	6.32	11.75	0.574	21.0	18.1
八人	5.87	5.92	5.82	5.73	5.84	18.28	0.610	30.0	14.7

问题分析　赛艇前进时受到的阻力主要是艇浸没部分与水之间的摩擦力.艇靠桨手的力量克服阻力保持一定的速度前进.桨手越多划艇前进的动力越大.但是艇和桨手总质量的增加会使艇浸没面积加大，于是阻力加大，增加的阻力将抵消一部分增加的动力.建模目的是寻求桨手数量与比赛成绩(航行一定距离所需时间)之间的数量规律.如果假设艇速在整个赛程中保持不变，那么只需构造一个静态模型，使问题简化为建立桨手数量与艇速之间的关系.注意到在实际比赛中桨手在极短的时间内使艇加速到最大速度，然后把这个速度保持到终点，那么上述假设也是合理的.

为了分析所受阻力的情况，调查了各种艇的几何尺寸和质量，表 1 第 7 至 10 列给出了这些数据.可以看出，桨手数 n 增加时，艇的尺寸 l,b 及艇质量 w_0 都随之增加，但比值 l/b 和 w_0/n 变化不大.若假定 l/b 是常数，即各种艇的形状一样，则可得到艇浸没面积与排水体积之间的关系.若假定 w_0/n 是常数，则可得到艇和桨手的总质量与桨手数之间的关系.此外还需对桨手质量、划桨功率、阻力与艇速的关系等方面做出简化且合理的假定，才能运用合适的物理定律建立需要的模型.

模型假设

1. 各种艇的几何形状相同，l/b 为常数；艇的质量 w_0 与桨手数 n 成正比. 这是艇的静态特性.

2. 艇速 v 是常数，前进时受的阻力 f 与 sv^2 成正比（s 是艇浸没部分面积）. 这是艇的动态特性.

3. 所有桨手的质量都相同，记作 w；在比赛中每个桨手的划桨功率 p 保持不变，且 p 与 w 成正比.

假设1是根据所给数据做出的必要且合理的简化. 根据物理学的知识，运动速度中等大小的物体所受阻力 f 符合假设2中 f 与 sv^2 成正比的情况. 假设3中 w,p 为常数属于必要的简化，而 p 与 w 成正比可解释为：p 与肌肉体积、肺的体积成正比，对于身材匀称的运动员，肌肉体积、肺的体积与质量 w 成正比.

模型构成 有 n 名桨手的艇的总功率 np 与阻力 f 和速度 v 的乘积成正比，即

$$np \propto fv \tag{1}$$

由假设2,3，

$$f \propto sv^2, \quad p \propto w$$

代入(1)式可得

$$v \propto \left(\frac{n}{s}\right)^{\frac{1}{3}} \tag{2}$$

由假设1，各种艇几何形状相同，若艇浸没面积 s 与艇的某特征尺寸 c 的平方成正比（$s \propto c^2$），则艇排水体积 A 必与 c 的立方成正比（$A \propto c^3$），于是有

$$s \propto A^{\frac{2}{3}} \tag{3}$$

评注　由于只关心各种赛艇间的相对速度，模型假设不太精细，建模也只用到比例方法. 这样做虽然不能得到艇速的完整的表达式，但是对于建模目的来说已经足够了.

又根据艇质量 w_0 与桨手数 n 成正比，所以艇和桨手的总质量 $w' = w_0 + nw$ 也与 n 成正比，即

$$w' \propto n \tag{4}$$

而由阿基米德定律，艇排水体积 A 与总质量 w' 成正比，即

$$A \propto w' \tag{5}$$

(3)(4)(5)式给出

$$s \propto n^{\frac{2}{3}} \tag{6}$$

将(6)式代入(2)式，当 w 是常数时得到

$$v \propto n^{\frac{1}{9}} \tag{7}$$

因为比赛成绩 t（时间）与 v 成反比，所以

$$t \propto n^{-\frac{1}{9}} \tag{8}$$

(8)式就是根据模型假设和几条物理规律得到的各种艇的比赛成绩与桨手数之间的关系.

模型检验 为了用表1中各种艇的平均成绩检验(8)式，设 t 与 n 的关系为

$$t = \alpha n^{\beta} \tag{9}$$

其中 α,β 为待定常数. 由(9)式

$$\ln t = \alpha' + \beta \ln n, \quad \alpha' = \ln\alpha \tag{10}$$

利用最小二乘法,根据所给数据拟合上式①,得到

$$t=7.21n^{-0.111} \tag{11}$$

可以看出(8)式与这个结果吻合得相当好.

评注 得到的结果与实际数据吻合得如此之好,恐怕有很大成分的巧合.

复习题

考虑八人艇分重量级组(桨手质量不超过 86 kg)和轻量级组(桨手质量不超过 73 kg),建立模型说明重量级组的成绩比轻量级组的大约好 5%.

2.3 实物交换

甲有面包若干,乙有香肠若干.二人共进午餐时希望相互交换一部分,达到双方满意的结果.这种实物交换问题可以出现在个人之间或国家之间的各种类型的贸易市场上.显然,交换的结果取决于双方对两种物品的偏爱程度,而偏爱程度很难给出确切的定量关系,我们用作图的方法对双方将如何交换实物建立一个模型[7].

设交换前甲占有物品 X 的数量为 x_0,乙占有物品 Y 的数量为 y_0,交换后甲占有物品 X 和 Y 的数量分别为 x 和 y.于是乙占有 X,Y 的数量为 x_0-x 和 y_0-y.这样在 xOy 坐标系中长方形 $0\leqslant x\leqslant x_0, 0\leqslant y\leqslant y_0$ 内任一点的坐标 (x,y) 都代表了一种交换方案(图 1).

用无差别曲线描述甲对物品 X 和 Y 的偏爱程度.如果占有 x_1 数量的 X 和 y_1 数量的 Y(图 1 中的 p_1 点)与占有 x_2 的 X 和 y_2 的 Y(p_2 点),对甲来说是同样满意的话,称 p_1 和 p_2 对甲是无差别的.或者说 p_2 与 p_1 相比,甲愿意以 Y 的减少 y_1-y_2 换取 X 的增加 x_2-x_1.所有与 p_1,p_2 具有同样满意程度的点组成一条甲的无差别曲线 MN,而比这些点的满意程度更高的点如 $p_3(x_3,y_3)$ 则位于另一条无差别曲线 M_1N_1 上.这样,甲有无数条无差别曲线,不妨将这族曲线记作

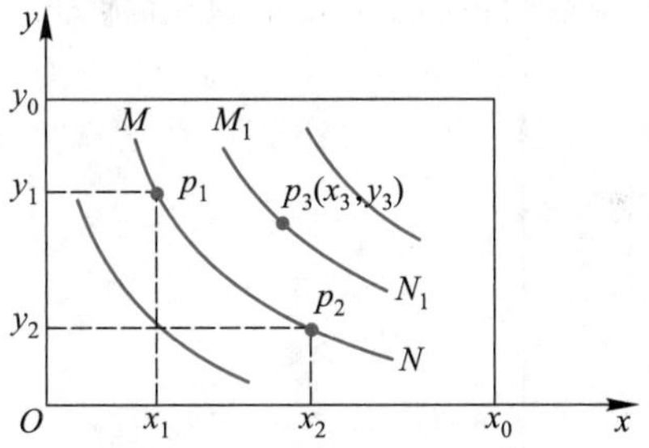

图 1 甲的无差别曲线

$$f(x,y)=c_1 \tag{1}$$

c_1 称满意度,随着 c_1 的增加,曲线向右上方移动.按照常识,无差别曲线应是下降的(x 增加时 y 减小)、下凸的(本节最后作解释)和互不相交的(否则交点处有不同的满意度).

同样,乙对物品 X 和 Y 也有一族无差别曲线,记作

$$g(x,y)=c_2 \tag{2}$$

不管无差别曲线 f,g 是否有解析表达式,每个人都可根据对两种物品的偏爱程度用曲线表示它们,为用图解法确定交换方案提供了依据.

为得到双方满意的交换方案,将双方的无差别曲线族画在一起.图 2 中甲的无差别曲线族 $f(x,y)=c_1$ 如图 1,而乙的无差别曲线族 $g(x,y)=c_2$ 原点在 O',x,y 轴均反向,于是当

① n 只有 4 个整数点,一般情况下不适宜作拟合,这只是非常粗糙的办法.

乙的满意度 c_2 增加时无差别曲线向左下移动.这两族曲线的切点连成一条曲线 AB,图中用点线表示.可以断言:**双方满意的交换方案应在曲线 AB 上,AB 称交换路径**.这是因为,假设交换在 AB 以外的某一点 p'进行,若通过 p'的甲的无差别曲线与 AB 的交点为 p,甲对 p 和 p'的满意度相同,而乙对 p 的满意度高于 p',所以双方满意的交换不可能在 p'进行.

有了双方的无差别曲线,交换方案的范围可从整个长方形缩小为一条曲线 AB,但仍不能确定交换究竟应在曲线 AB 上的哪一点进行.显然,越靠近 B 端甲的满意度越高而乙的满意度越低,靠近 A 端则反之.要想把交换方案确定下来,需要双方协商或者依据双方同意的某种准则,如等价交换准则.

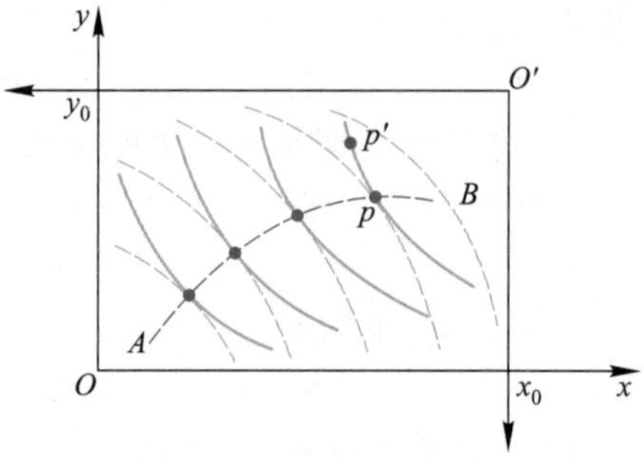

图 2 双方的无差别曲线和交换路径

等价交换准则是指:两种物品用同一种货币衡量其价值,进行等价交换.不妨设交换前甲占有的 x_0(物品 X)与乙占有的 y_0(物品 Y)具有相同的价值,x_0,y_0 分别相应于图 3 中 x 轴,y 轴上的 C,D 两点,那么在直线 CD 上的点进行交换,都符合等价交换准则(为什么?).那么,在等价交换准则下,双方满意的交换方案必是 CD 与 AB 的交点 p.

评注 提出无差别曲线的概念是用图形方法建立实物交换模型的基础,确定这种曲线需要收集大量的数据,还可以研究曲线的解析表达式,在 3.5 节我们将用微积分的方法再次讨论它.

最后,对无差别曲线呈下凸形状作如下解释:当人们占有的 x 较小时(p_1 点附近),他宁愿以较多的 Δy 交换较少的 Δx(图 4),而当占有的 x 较大时(p_2 点附近),就要用较多的 Δx 换取较少的 Δy,正是"物以稀为贵"这一哲理的写照.满足这种特性的曲线是下凸的.

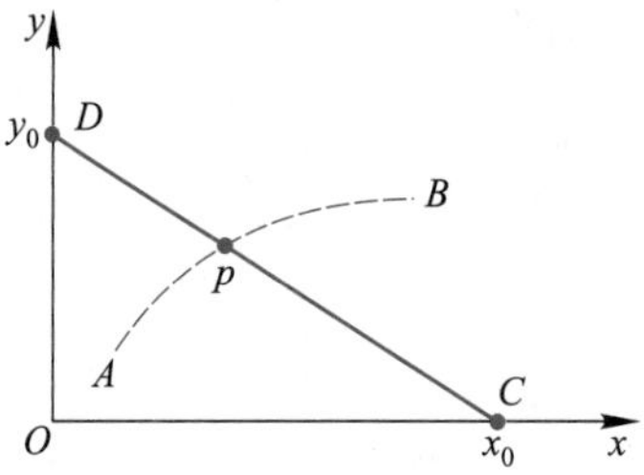

图 3 等价交换准则确定的交换方案

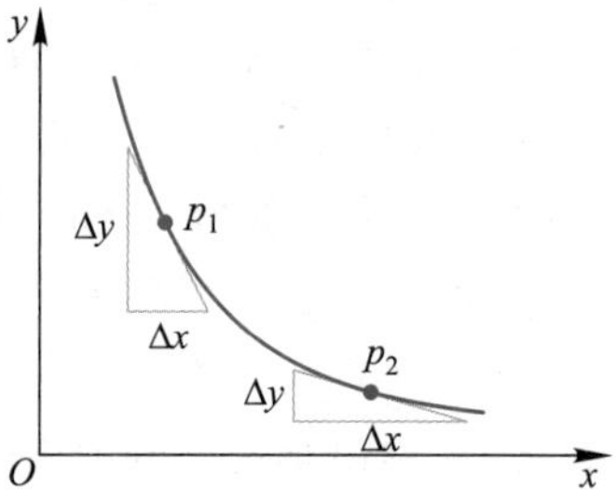

图 4 无差别曲线下凸形状的解释

复习题

用实物交换模型中介绍的无差别曲线的概念,讨论以下雇员和雇主之间的协议关系:

(1) 以雇员一天的工作时间 t 和工资 w 分别为横坐标和纵坐标,画出雇员无差别曲线族的示意图.解释曲线为什么是你画的那种形状.

(2) 如果雇主付计时工资,对不同的工资率(单位时间的工资)画出计时工资线族.根据雇员的无差别曲线族和雇主的计时工资线族,讨论双方将在怎样的一条曲线上达成协议.

(3) 雇员和雇主已经达成了一个协议(工作时间 t_1 和工资 w_1).如果雇主想使雇员的工作时间增加到 t_2,他有两种办法:一是提高计时工资率,在协议线的另一点(t_2, w_2)达成新的协议;二是实行超时工资制,即对工时 t_1 仍付原计时工资,对工时 t_2-t_1 付给更高的超时工资.试用作图方法分析哪种办法对雇主更有利,指出这个结果的条件[7].

2.4 汽车刹车距离与道路通行能力

在现代城市生活中,提高道路通行能力是城市交通工程面临的重要课题之一.常识告诉我们,车辆速度越高、密度越大,道路通行能力就越大.但是速度高了,刹车距离必然变大,车辆密度将受到制约,所以需要对影响通行能力的因素进行综合分析.本节首先引入交通流的主要参数及基本规律,然后介绍汽车刹车距离与道路通行能力两个模型[96].

交通流的主要参数及基本规律

为明确和简单起见,这里的交通流均指由标准长度的小型汽车在单向道路上行驶而形成的车流,没有外界因素如岔路、信号灯等的影响.

借用物理学的概念,将交通流近似看作一辆辆汽车组成的连续的流体,可以用流量、速度、密度这 3 个参数描述交通流的基本特性.

流量 q 指某时刻单位时间内通过道路指定断面的车辆数,通常以辆/h 为单位.

速度 v 指某时刻通过道路指定断面的车辆速度,通常以 km/h 为单位.

密度 k 指某时刻通过道路指定断面单位长度内的车辆数,通常以辆/km 为单位.

虽然一般说来流量、速度和密度都是时间和地点的函数,但是在讨论指定时段(如早高峰)、指定路段或路口的交通状况时,可以认为交通流是稳定的,即流量、速度和密度都是常数,与时间和地点无关.

根据物理学的基本常识,流量 q、速度 v 和密度 k 显然满足

$$q=vk \tag{1}$$

例如在高速公路上以 100 km/h 的车速、200 m 的车距行驶的车流,其流量为(100 km/h)×(1 辆/0.2 km)= 500 辆/h.(1)式是这 3 个参数之间的基本关系.

经验和观测告诉我们,速度与密度之间存在密切关系,当道路上车辆增多,车流密度加大时,司机考虑到刹车距离必然被迫降低车速.1935 年 Greenshields 通过对观测数据的统计分析,提出车速与密度之间的一个线性模型

$$v=v_f(1-k/k_j) \tag{2}$$

其中 v_f是密度 $k=0$ 时的车速,即理论上的最高车速,称畅行车速(自由流),k_j是速度 $v=0$ 时的密度,称阻塞密度.实际上,模型(2)可以在一些仔细的分析与合理的假设下推导出来.

将线性模型(2)代入(1)式,得到流量与密度的关系

$$q=v_f k(1-k/k_j) \tag{3}$$

这是一条抛物线,车流密度 k 由小变大时流量增加,当 $k=k_j/2$,即阻塞密度的一半时,流量最大,密度 k 继续变大,流量减小.

由(1)(2)式可以导出流量与车速之间的关系

$$q=k_j v(1-v/v_f) \tag{4}$$

也是一条抛物线,最大流量出现在车速 $v=v_f/2$,即畅行车速的一半处.

交通工程中常将由(2)—(4)式确定的流量、速度和密度之间的关系用图 1 表示,其中 q_{m}是最大流量,k_{m}, v_{m}分别是对应于最大流量的密度和速度.

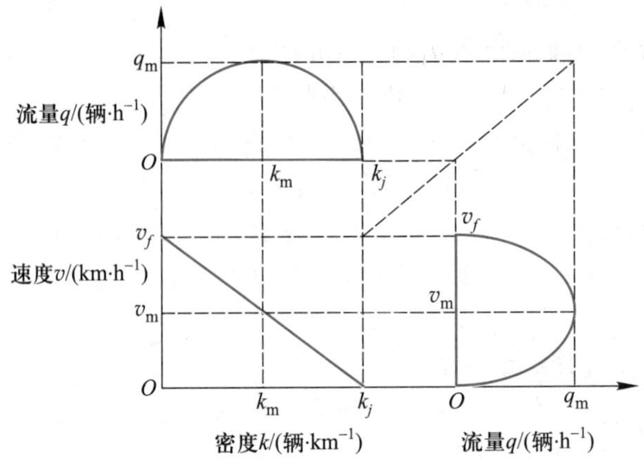

图1 交通流的流量、速度、密度关系图

汽车刹车距离模型

汽车司机在行驶过程中发现前方出现突发事件,会紧急刹车,人们把从司机决定刹车到车完全停止这段时间内汽车行驶的距离,称为刹车距离.车速越快,刹车距离越长.刹车距离与车速之间是线性关系吗?让我们先做一组实验:用固定牌子的汽车,由同一司机驾驶,在不变的道路、气候等条件下,对不同的车速测量其刹车距离,得到的数据如表1和图2所示.

表1 车速和刹车距离的一组数据

车速/(km·h^{-1})	20	40	60	80	100	120	140
刹车距离/m	6.5	17.8	33.6	57.1	83.4	118.0	153.5

从图2可以看到,刹车距离与车速之间并非简单的线性关系,需要对刹车过程的机理进行分析,建立刹车距离与车速之间的数学模型.

问题分析 刹车距离由反应距离和制动距离两部分组成,前者指从司机决定刹车到制动器开始起作用这段时间内汽车行驶的距离,后者指从制动器开始起作用到汽车完全停止所行驶的距离.

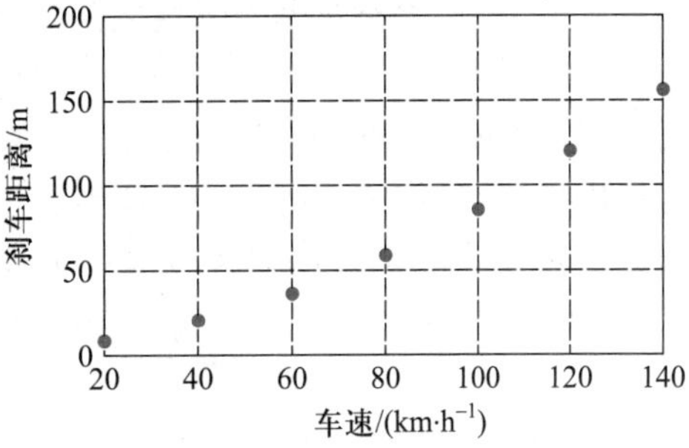

图2 表1的数据(实际刹车距离)

反应距离由反应时间和车速决定,反应时间取决于司机个人状况(灵巧、机警、视野等)和制动系统的灵敏性(从司机脚踏刹车板到制动器真正起作用的时间),对于固定牌子的汽车和同一类型的司机,反应时间可以视为常数,并且在这段时间内车速尚未改变.

制动距离与制动器作用力、车重、车速以及道路、气候等因素有关,制动器是一个能量耗散装置,制动力做的功被汽车动能的改变所抵消.设计制动器的一个合理原则是,最大制动力大体上与车的质量成正比,使汽车大致做匀减速运动,司机和乘客少受剧烈的冲击.这里不考虑道路、气候等因素.

模型假设 基于上述分析,作以下假设:

1. 刹车距离 d 等于反应距离 d_1 与制动距离 d_2 之和.

2. 反应距离 d_1 与车速 v 成正比,比例系数为反应时间.

3. 刹车时使用最大制动力 F,F 做的功等于汽车动能的改变,且 F 与车的质量 m 成正比.

模型建立 由假设 2,

$$d_1=c_1v \tag{5}$$

c_1 为司机反应时间.由假设 3,在 F 作用下行驶距离 d_2 做的功 Fd_2 使车速从 v 变成 0,动能的变化为 $mv^2/2$,有 $Fd_2=mv^2/2$,又 F 与 m 成正比,按照牛顿第二定律可知,刹车时的减速度 a 为常数,于是

$$d_2=c_2v^2 \tag{6}$$

c_2 为比例系数,实际上 $c_2=1/(2a)$.由假设 1,刹车距离为

$$d=c_1v+c_2v^2 \tag{7}$$

即刹车距离 d 与车速 v 之间是二次函数关系.

参数估计 估计模型(7)式中的参数 c_1,c_2 通常有两种方法,一是查阅交通工程学的相关资料,二是根据实测数据对(7)式作拟合.按照交通工程学提供的数据,司机反应时间 c_1 为 0.7~1 s,系数 c_2 约为 0.01 m·h²/km²①.数据拟合的方法将留作复习题 1.

道路通行能力模型

道路通行能力指单位时间内通过道路上指定断面的最大车辆数,是度量道路疏导交通能力的指标,由道路设施、交通服务、环境、气候等诸多条件决定,其数值是相对稳定的.通行能力表示道路的容量,交通流量表示道路的负荷,交通流量与通行能力的比值反映了道路的负荷程度,称饱和度或利用率.

按照流量、速度和密度的基本关系(1)式,当车辆以一定速度行驶时,道路通行能力应该在安全条件下车辆密度最大,即前后两车车头之间的距离(下称车头间隔)达到最小来计算,而车头的最小间隔主要由刹车距离决定.

记车速为 v (km/h),最小车头间隔为 D (m),道路通行能力为 N (辆/h),显然

$$N=1\,000v/D \tag{8}$$

交通工程学中通常将最小车头间隔分解为 $D=d+d_0$,其中 d(m)是刹车距离,由(7)式给出,d_0(m)是车身的标准长度与两车间的安全距离之和,取一固定值.于是

$$N=\frac{1\,000v}{c_1v+c_2v^2+d_0}=\frac{1\,000}{c_1+c_2v+\dfrac{d_0}{v}} \tag{9}$$

由(9)式可知,当车速 v 一定时道路通行能力 N 与 c_1,c_2 和 d_0,即道路、车辆、司机等的状况有关.那么,在道路等状况不变时多大的车速可以使通行能力 N 达到最大呢?显然只需(9)最后一个等号分式的分母最小.利用初等数学知识就能够得到,当车速 $v=$

① $c_2=0.01$ m·h²/km² 相当于次高级路面潮湿状态且车速 40 km/h 时的数值,当路面状态、车速改变时,c_2 的大小将有变化.

$\sqrt{\dfrac{d_0}{c_2}}$时，通行能力 N 达到最大值 N_m 为

$$N_m=\frac{1\ 000}{c_1+2\sqrt{c_2d_0}} \tag{10}$$

在利用(9)和(10)式计算时需注意 v,c_1,c_2,d_0的量纲和量纲单位.

复习题

1. 由表 1 的数据用最小二乘法拟合模型(7)，计算参数 c_1,c_2，对数据和拟合曲线作图，并估计刹车时的减速度.

2. 采用第 1 题得到的 c_1,c_2，或者按照交通工程学提供的数据，适当地设定 d_0(可取车身标准长度的 1.5~2 倍)，对于不同的车速(20~100 km/h)，利用(9)式计算道路通行能力，并由(10)式分析各参数对最大通行能力的影响.

2.5 估计出租车的总数

站在城市的街头，看着一辆辆汽车驶过身旁，眼疾手快地记下一些汽车号码，拿着这些杂乱无章的数字，有人用它来选择处于两难境地的决策(如看到第一辆车是单号今天就去炒股，是双号就不炒)，有人把它当作与朋友打赌的"骰子"(如单号你请客买单，双号朋友买单).做这样的事情人们脑子里想着的基本前提是：在这座城市的千万辆汽车中，出现任何一辆的机会都一样，所以看到的汽车号码是随机的.其实这也是大家的共识.

根据这样的共识，我们能做一些有一定意义的事情.例如，已经知道一座小城市出租车的牌号是从某一个数字 0101 开始按顺序发放的，你随意地记下了驶过的 10 辆出租车牌号：0421，0128，0702，0410，0598，0674，0712，0529，0867，0312，根据这些号码能否估计这座城市出租车的总数[30]？

问题分析 把随意记下的 10 个号码从小到大重新排列，记作 x_1，x_2，…，x_{10}，已知的起始号码记作 x_0，未知的终止号码记作 x，可以在数轴上表示出来(图 1).x_1，x_2，…，x_{10}可以看作是从$[x_0,\ x]$区间内全部整数值(称为总体)中取出的一个样本，问题是根据样本和 x_0 对总体的 x 做出估计.显然，出租车总数为 $x-x_0+1$.

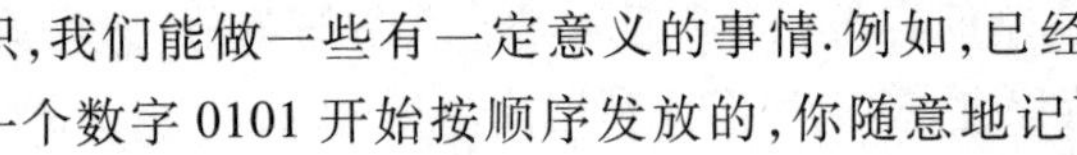

图 1 号码在数轴上的图示

模型建立 为了记号的简单、方便，将起始号码 x_0 设定为 0001，未知的终止号码仍记作 x，全部号码为模型的总体，记作$\{0001,\ 0002,\ \cdots,\ x\}$，$x$ 即是出租车总数.从总体中随机抽取的 n 个号码为模型的样本，从小到大排列后记作$\{x_1,\ x_2,\ \cdots,\ x_n\}$.需要建立由 x_1，x_2，…，x_n 估计 x 的模型，其基本假定是，样本中每个 $x_i(i=1,2,\cdots,n)$ 取自总体中任一号码的概率相等.由样本估计总体的方法有很多，下面给出几个简单的模型.

模型 1——平均值模型

记样本 x_1，x_2，…，x_n 的平均值为 $\bar{x}$，总体 0001，0002，…，x 的平均值为 $\overline{X}$，显然，

$\bar{x}=\frac{1}{n}\sum_{i=1}^{n}x_i$，$\bar{X}=\frac{1}{x}\sum_{j=1}^{x}j=\frac{x+1}{2}$，用 $\bar{x}$ 作为 $\bar{X}$ 的估计值即 $\bar{X}=\bar{x}$，于是得到

$$x=2\bar{x}-1 \tag{1}$$

$\bar{x}$较大时可以忽略(1)式右端的 1，所以总数 x 可近似用样本平均值$\bar{x}$的 2 倍来估计.

模型 2——中位数模型

记样本和总体的中位数分别为$\tilde{x}$，$\tilde{X}$，用$\tilde{x}$作为$\tilde{X}$的估计值，由于$\tilde{X}=\bar{X}=\frac{x+1}{2}$，所以

$$x=2\tilde{x}-1 \tag{2}$$

x 也可近似用样本中位数$\tilde{x}$的 2 倍估计.

模型 3——两端间隔对称模型

样本中最小号码与总体的起始号码的间隔是 x_1-1，样本中最大号码与总体的终止号码的间隔是 $x-x_n$，假定样本的最小值与最大值在总体中对称①，即 $x-x_n=x_1-1$，所以

$$x=x_n+x_1-1 \tag{3}$$

x 可近似用样本最大值 x_n 与最小值 x_1 之和来估计.

模型 4——平均间隔模型

将利用两端间隔的想法给以推广，把起始号码和样本排成数列：1, x_1, x_2, …, x_n，考察相邻两数之间的 n 个间隔 x_1-1, x_2-x_1-1, …, $x_n-x_{n-1}-1$，取这些间隔的平均值，作为 x_n 与终止号码 x 间隔 $x-x_n$ 的估计，即 $x-x_n=\frac{1}{n}\left[(x_1-1)+\sum_{i=2}^{n}(x_i-x_{i-1}-1)\right]=\frac{1}{n}(x_n-n)$，由此可得

$$x=\left(1+\frac{1}{n}\right)x_n-1 \tag{4}$$

x 可近似用样本最大值的 $1+\frac{1}{n}$倍来估计.

模型 5——区间均分模型

将总体所在区间[1, x]平均分成 n 份，每个小区间长度为$\frac{x-1}{n}$，假定样本中每个 x_i ($i=1,2,\cdots,n$)都位于小区间的中点，将区间均分，那么 x_n 与 x 的距离$x-x_n$应是小区间长度的一半，即 $x-x_n=\frac{x-1}{2n}$，由此可得

$$x=\left(1+\frac{1}{2n-1}\right)\left(x_n-\frac{1}{2n}\right) \tag{5}$$

x 可近似用样本最大值的 $1+\frac{1}{2n}$倍来估计.

评注 建模时将起始号码作为已知条件（5 个模型只适用于从 1 开始取整数值的总体），限制了应用范围. 考虑其中哪些建模方法可以推广到起始号码未知的情况（复习题 2）.

利用以上模型(1)—(5)计算后，都应取靠近的整数作为出租车总数 x 的估计值.

计算与分析 对于你最初随意地记下的 10 辆出租车牌号，将起始号码 x_0 由 0101 平移为0001 后，得到的样本（称第 1 样本）为{0321, 0028, 0602, 0310, 0498, 0574,

① 如图所示：

0612, 0429, 0767, 0212},用 5 个模型分别计算出的 x 列入表 1 第 2 行,估计的出租车总数最少是模型 3 得到的 794,最多是模型 2 得到的 926,差别很大.哪个准确呢?

让我们再随机记下 10 个牌号,平移 0001 后得到的第 2 样本为{0249, 0739, 0344, 0148, 0524, 0284, 0351, 0089, 0206, 0327},同样计算的 x 列入表 1 第 3 行,发现不仅各个模型估计的不同,而且与第 1 样本相比,同一模型估计的也相差较大.特别值得注意的是,模型 1、模型 2 估计出的 x 为 651 和 610,都小于样本中的最大值 739,显然是不合理的.

表 1 根据 2 个样本用 5 个模型估计的出租车总数

	模型 1	模型 2	模型 3	模型 4	模型 5
第 1 样本	870	926	794	843	807
第 2 样本	651	610	827	812	778

但是,因为不知道出租车总数实际上到底是多少,所以无法从这样的结果判断哪个模型更准确.并且,样本是从总体中随机抽取的,从少数几个样本得出的结果随意性很大.下面我们通过大量的数值模拟来对这些模型的准确度进行评价.

数值模拟 这里的数值模拟是指给定一个总体,从中抽取若干样本,根据 5 个模型分别对样本进行计算,估计总体,将估计结果与给定总体作对比,根据各个模型的估计值与总体比较的结果做出评价.

对于总体{1, 2, …, x},设定 $x=1\ 000$,从总体中随机取 $n=10$ 个数为一个样本,对每个样本用 5 个模型分别估计 x(估计值记作$\hat{x}$),如此取 $m=200$ 个样本,计算由 m 个样本估计的$\hat{x}$的平均值和标准差,以及平均值与真值(1 000)间的误差.为了进一步分析 m 个样本估计的$\hat{x}$的分布情况,可以画出$\hat{x}$的直方图.

这样的模拟做了 2 次,数值结果如表 2 和表 3,直方图如图 2 和图 3①.

表 2 第 1 次模拟的数值结果

	模型 1	模型 2	模型 3	模型 4	模型 5
$\hat{x}$的平均值	1 023.2	1 037.4	1 010.0	1 005.6	962.3
平均值的误差	23.2	37.4	10.0	5.6	-37.7
$\hat{x}$的标准差	170.1	261.0	126.3	90.9	87.0

表 3 第 2 次模拟的数值结果

	模型 1	模型 2	模型 3	模型 4	模型 5
$\hat{x}$的平均值	986.5	985.4	980.8	992.9	950.1
平均值的误差	-13.5	-14.6	-19.2	-7.1	-49.9
$\hat{x}$的标准差	181.4	271.1	107.9	86.6	82.8

① 由于模拟中的样本是通过伪随机数程序产生的,每次运行都会得到不同的样本,所以表 2、表 3、图 2、图 3 的结果是不可重复的.

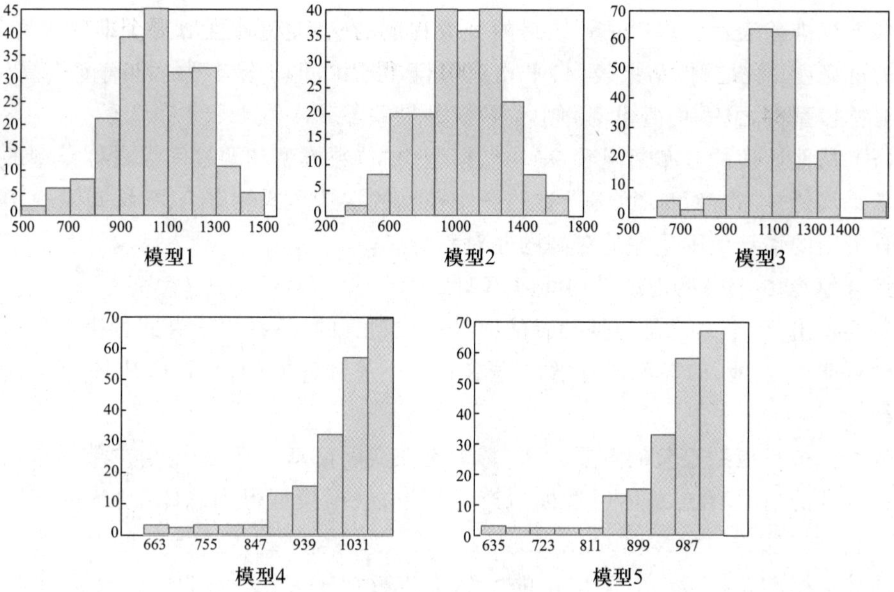

图 2 第 1 次模拟的直方图

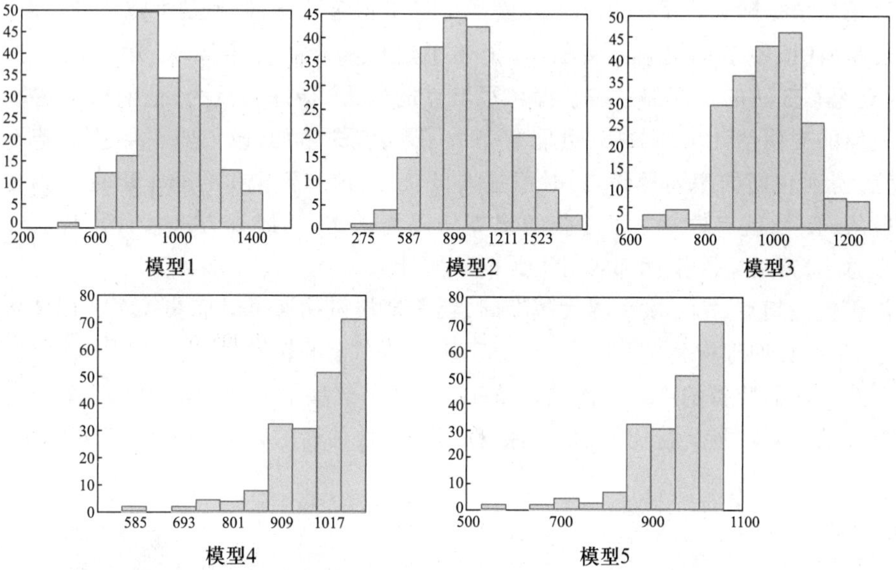

图 3 第 2 次模拟的直方图

根据两次模拟的结果可以得出以下的初步结论：

(1) 平均值模型和中位数模型是容易想到、容易理解的方法，并且从理论上讲，对于均匀分布的总体，样本平均值和中位数都是总体平均值和中位数的无偏估计.但是，从有限个样本得到的总体平均值的估计误差却很大.两端间隔对称模型是无偏的，估计误差也不小.区间均分模型不仅估计误差较大，而且有过低估计的趋势.平均间隔模型的估计误差最小,并且是无偏的①.

(2) 标准差表示了多次估计结果的分散程度,在一定意义上比估计误差更能反映模型的准确度.两次模拟结果表明,平均间隔模型和区间均分模型的准确度最高,两端间隔对称模型次之,平均值模型和中位数模型最差.

(3) 从估计值的分布情况看,平均值模型、中位数模型和两端间隔对称模型的估计值对于平均值是左右对称的,显然这与 3 个模型的构造形式相符合.平均间隔模型和区间均分模型的估计值则呈左低右高的非对称型.

综合地看,5 个模型中以平均间隔模型最优.

需要指出,以上结论是根据编者的两次模拟得到的,不排除读者通过模拟得出不同结论的可能.特别地,如果模拟时增加样本的大小 n 和样本的数量 m,应该能得到更可信的结论.

数值模拟是模型检验的重要方法,特别是在实际信息缺乏、需要由少数样本估计未知总体参数的情况.给定总体通过模拟产生样本,根据模型得到总体参数,进行比较和评价,很有些“实践检验真理”的味道.

估计值标准差的大小对于应用的实际价值影响较大,文献[30]给出了(1)—(4)式估计值的(理论)方差(标准差的平方),从大到小的顺序是:中位数模型、平均值模型、两端间隔对称模型、平均间隔模型.我们的模拟结果与此相符合.

后记 根据随意记下的几个汽车牌号估计出租车数量,似乎是个臆造的问题,而有意思的是,在编者查到的一篇文献中,记述了这样一个历史事实[19].第二次世界大战中,一支盟军部队的指挥部急需掌握德军坦克的数量,指挥官认为,他们根据德军的宣传和战俘的交代估计出的数字,可能被夸大了.随着战争的进展,盟军俘获了若干辆德军坦克,得到它们的序列号码,同时情报人员获知,这支标记 I 的德军坦克号码是按顺序编排的.于是,就有数学家以俘获的坦克号码为样本,用统计方法估计出标记 I 的德军坦克总量,帮助盟军指挥部修正了此前的估计.

小结 在 5 个估计出租车总数的模型中,除平均值模型和中位数模型用了一点统计学的知识外,其他 3 个大体上来自直观的常识,而有点出人意料的是,后者较前者更优.相信读者还会提出自己的模型,不一定需要充足的理由.

不仅仅是坦克,第二次世界大战期间,英美情报机构通过对捕获德军武器装备上序列编号、生产日期等资料的分析研究,对于从军用车辆的轮胎、枪支、装甲车,直到飞弹、火箭等众多武器装备的产量做出估计.战后,有人将这些估计值与从敌人档案中得到的这些装备的实际产量进行比较,令人惊讶的是,多数估计的误差竟然在 10%以内[58].

复习题

1. 对总体 $\{1, 2, \cdots, x\}$ 仍然设定 $x=1\ 000$,增加样本大小 n 和样本数量 m,用 5 个模型作模拟计算,估计总体,对估计结果进行分析研究.n 和 m 的增加对结果有什么影响.

2. 如果汽车的起始号码未知,5 种建模方法中有哪种方法可加以改进来解决这样的问题? 给出具体的估计模型并作模拟.

---

① 样本平均值是总体平均值的无偏估计是指,样本平均值的期望(意思是取无穷多个样本)等于总体平均值.因为现实应用中只能获取有限个(甚至少数几个)样本,所以无偏性没有多大实际意义.平均间隔模型无偏性的证明见文献[30].

2.6 评选举重总冠军

体育运动中有一些项目按照运动员的体重划分级别进行比赛，如举重、赛艇、拳击、摔跤等，因为这些项目在相当程度上依靠运动员全身的力量来完成，而人体的力量与体重有密切的关系，让体重大体相同的运动员相互比赛才能维护竞赛的公平.本节讨论大家比较熟悉、划分级别较多、规则较为简单的举重比赛.

男子举重比赛按照运动员体重(上限)分为 10 个级别(2018 年制定):55 kg,61 kg,67 kg,73 kg,81 kg,89 kg,96 kg,102 kg,109 kg 和 109 kg 以上，每个级别都设 3 个项目:抓举、挺举和总成绩(抓举与挺举成绩之和).每个级别、每个项目都产生一个冠军，所以一次比赛共有 30 个冠军.大级别冠军的成绩一般都高于小级别冠军，问题是，从同一项目(如抓举)的 10 个冠军中能评选出一个“总冠军”吗？当然不能直接比较他们的成绩，但是如果把不同级别冠军的成绩，都按照各自的体重合理地“折合”成某个标准级别的成绩，对折合成绩进行比较，选出最高的作为总冠军，应该是可以被人们接受的[76].

问题分析 构造折合成绩的前提是建立体重与举重成绩之间的数学模型.如果有了这样的模型，就可以计算出各个级别冠军举重成绩的理论值.当在一次比赛中得到了各个级别冠军成绩的实际值后，计算实际值与理论值的比值.再根据这个比值构造一个简单、合适的数量指标作为折合成绩，各个级别冠军中折合成绩最大者，即可评选为总冠军.

数据收集与分析 大家知道，举重成绩除了与体重有关以外，还在相当大程度上取决于运动员的选拔、训练等因素.在建立举重成绩的数学模型时，为了只保留体重而尽量排除其他因素的影响，一个合适的办法是利用举重比赛的世界纪录.因为作为世界顶级运动员，他们通过严格的选拔和艰苦的训练，在举重技巧的发挥方面已趋完善(当然是在目前的环境条件下，随着时代的发展，运动水平还将提高)，不同级别成绩的差别基本上是由运动员体重决定的.另外，多年积累下来的世界纪录与某一次比赛成绩(如奥运会、世锦赛等)相比，更能避免偶然性.

男子举重比赛世界纪录的情况如表 1 所示，可以看到，中国运动员在小级别比赛中占有很大的优势，保持着 14 项世界纪录.

表 1 男子举重比赛世界纪录(截至 2023 年)

级别	项目	世界纪录	世界纪录保持者	日期
55 kg 级	抓举	135 kg	世界标准	2018. 11. 1
	挺举	166 kg	欧云哲(朝鲜)	2019. 9. 18
	总成绩	294 kg	欧云哲(朝鲜)	2019. 9. 18
61 kg 级	抓举	145 kg	李发斌(中国)	2019. 9. 19
	挺举	175 kg	李发斌(中国)	2022. 12. 7
	总成绩	318 kg	李发斌(中国)	2019. 9. 19
67 kg 级	抓举	155 kg	黄闵豪(中国)	2019. 7. 6
	挺举	188 kg	朴正州(朝鲜)	2019. 9. 20
	总成绩	339 kg	谌利军(中国)	2019. 4. 21

续表

级别	项目	世界纪录	世界纪录保持者	日期
73 kg级	抓举	169 kg	石智勇(中国)	2021.4.20
	挺举	201 kg	阿卜杜拉(印度尼西亚)	2023.10.3
	总成绩	364 kg	石智勇(中国)	2021.7.28
81 kg级	抓举	175 kg	李大银(中国)	2021.4.21
	挺举	209 kg	阿卜杜拉(印度尼西亚)	2023.9.11
	总成绩	378 kg	吕小军(中国)	2019.9.22
89 kg级	抓举	180 kg	李大银(中国)	2023.5.10
	挺举	222 kg	田涛(中国)	2023.5.10
	总成绩	396 kg	李大银(中国)	2023.5.10
96 kg级	抓举	187 kg	帕雷德(哥伦比亚)	2021.12.14
	挺举	231 kg	田涛(中国)	2019.7.7
	总成绩	416 kg	莫拉迪(伊朗)	2018.11.7
102 kg级	抓举	191 kg	世界标准	2018.11.1
	挺举	231 kg	世界标准	2018.11.1
	总成绩	412 kg	世界标准	2018.11.1
109 kg级	抓举	200 kg	杨哲(中国)	2021.4.24
	挺举	241 kg	罗思兰(乌兹别克斯坦)	2021.4.24
	总成绩	435 kg	马特罗斯杨(亚美尼亚)	2018.11.9
109^+ kg级	抓举	225 kg	拉什(格鲁吉亚)	2021.12.17
	挺举	267 kg	拉什(格鲁吉亚)	2021.12.17
	总成绩	492 kg	拉什(格鲁吉亚)	2021.12.17

在处理世界纪录与体重数据时还应注意到,虽然我们不掌握创造纪录的运动员的实际体重,但是基于体重越大、举得越重的常识,比赛时运动员的体重都会调整到非常接近各级别的上限,所以可用每个级别的上限代表运动员的实际体重①.并且,由于109 kg以上级未设上限,更不知道运动员的实际体重,只好略去这个级别.再者,102 kg级的纪录是2018年制定的"世界标准",尚无人超越,也将这个级别略去.

在定量地研究举重成绩与运动员体重的模型之前,将表1中抓举、挺举和总成绩3个项目、8个级别的世界纪录与体重数据,以散点图形式用图1表示出来,直观地看一下二者之间大致呈现怎样的关系.图1(a)显示,世界纪录与体重大致上呈线性关系,但是大级别运动员成绩的增加有变慢的趋势.如果将世界纪录和体重先取对数,再用图1(b)表示,可以看出取对数后二者的线性关系有所改进,这启示我们,用幂函数(幂次小于1)比线性函数表示举重成绩与体重的关系可能更为合适.

---

① 虽然在同一级别比赛中获得相同最高成绩的运动员以体重最轻者为冠军,但是这与评选各个级别的总冠军无关.

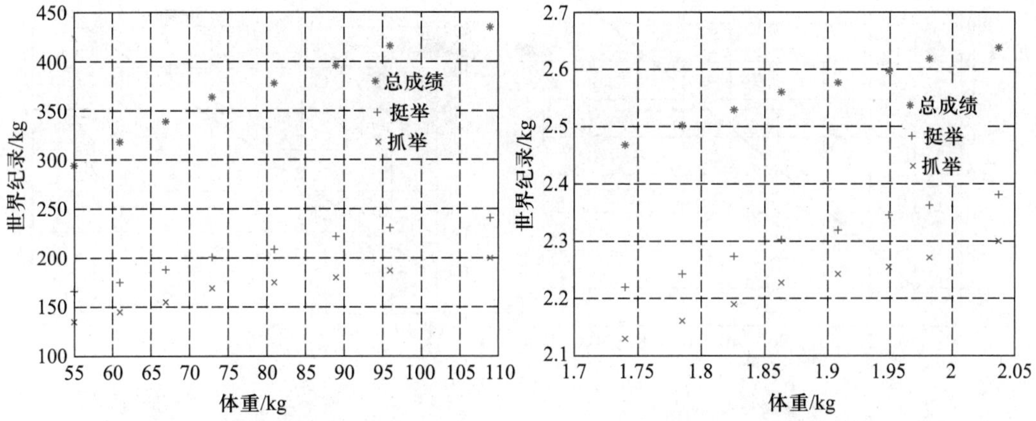

(a) 普通坐标　　(b) 对数坐标

图 1　抓举、挺举和总成绩世界纪录与体重数据图示

从表 1 和图 1 还可以知道,虽然举重总成绩世界纪录并不等于抓举和挺举世界纪录之和(由于是不同时间、不同运动员创造的),但只是略小一点,3 个纪录随体重变化的趋势相同.下面只利用举重总成绩的纪录来建立模型,其方法完全可用于抓举和挺举.

通过 3 个模型研究举重成绩与运动员体重的关系[13].

模型建立　记举重总成绩为 y,运动员体重为 w,建立 y 与 w 的线性模型、幂函数模型和幂函数改进模型.

模型一——线性模型

将举重总成绩 y 与体重 w 的数据重新画一个散点图(图 2,其中 8 个点与图 1 最上方 8 个点相同,只是坐标轴有别),然后尽量接近这些点作一条直线,发现直线与横坐标相交于-60 左右.据此建立如下的线性模型

$$y=k(w+60) \tag{1}$$

式中的系数 k 可以由图 2 直线的斜率粗略地估计:$k\approx 450/170=2.65$,也可由表 1 的数据利用最小二乘法编程计算:$k=2.645\,6$,于是(1)式表示为

$$y=2.645\,6(w+60) \tag{2}$$

模型二——幂函数模型

建立这个模型的关键是确定幂函数的幂次,可以从运动生理学的角度研究.

合理地假定举重成绩 y 与运动员身体肌肉的截面积 s 成正比,而 s 与身体的特定尺寸 l 的平方成正比,再假定体重 w 与 l 的立方成正比,即有

$$y=k_1 s,\quad s=k_2 l^2,\quad w=k_3 l^3 \tag{3}$$

k_1, k_2, k_3 为比例系数.从(3)式可以得到

$$y=kw^{\frac{2}{3}} \tag{4}$$

将举重总成绩 y 与 $w^{\frac{2}{3}}$ 的数据画在散点图(图 3)上,然后尽量接近这些点作一条直线,(4)式中的系数 k 可以由图 3 直线的斜率粗略地估计:$k\approx 140/9=15.56$,也可由表 1 数据利用最小二乘法编程计算出 $k=20.020\,6$,得到

$$y=20.020\,6w^{\frac{2}{3}} \tag{5}$$

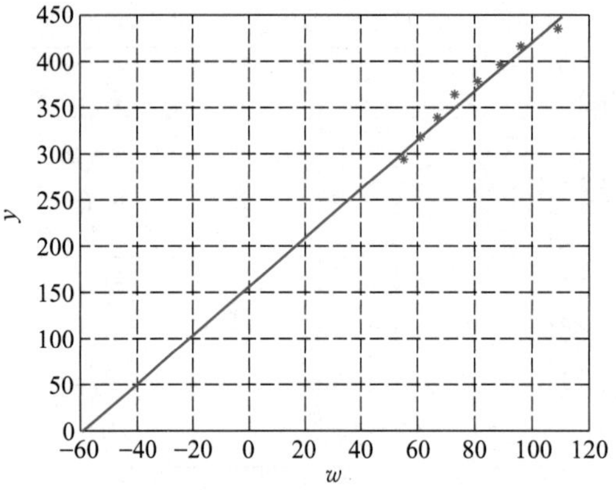

图 2 总成绩 y 与体重 w 及直线

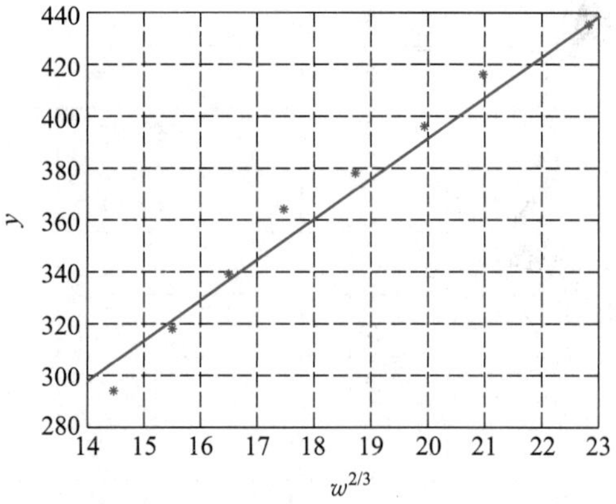

图 3 总成绩 y 与 $w^{2/3}$ 及直线

模型三——幂函数改进模型

1967 年，Carroll 对幂函数模型作了如下改进.首先，他从生理学的角度认为，考虑到举重过程中力量的损失以及身体尺寸的各种变化，(3)式中 y,s,l 之间的关系应改写为

$$y=k_1 s^{\alpha}\quad(\alpha<1),\qquad s=k_2 l^{\beta}\quad(\beta<2) \tag{6}$$

并且将体重 w 分为肌肉与非肌肉两部分，记非肌肉部分为 w_0，(3)式中 w 与 l 的关系改写为

$$w=k_3 l^3+w_0 \tag{7}$$

从(6)(7)两式得到

$$y=k(w-w_0)^{\gamma},\quad \gamma<2/3 \tag{8}$$

然后，Carroll 利用 1964 年以前世界范围内 50 名各级别顶尖运动员的成绩对(8)式作统计分析，得到 $w_0=35$ kg，$\gamma=1/3$，于是有

$$y=k(w-35)^{\frac{1}{3}} \tag{9}$$

略去作图粗略估计(9)式中系数 k 的方法，直接由表 1 数据利用最小二乘法编程计算，得到

$$y=105.909\ 7(w-35)^{\frac{1}{3}} \tag{10}$$

(2)(5)(10)式表示的曲线见图 4—图 6，图中圆点是实际纪录.

评注 举重成绩与体重之间的模型是评选总冠军方法的基础，线性模型(1)基于对世界纪录数据的观察，幂函数模型(4)及其改进模型(9)从机理分析出发，结合数据分析得到. 值得指出的是，3 个模型中都只有一个以因子形式出现的系数 k，这是构造折合成绩以评选总冠军的需要.

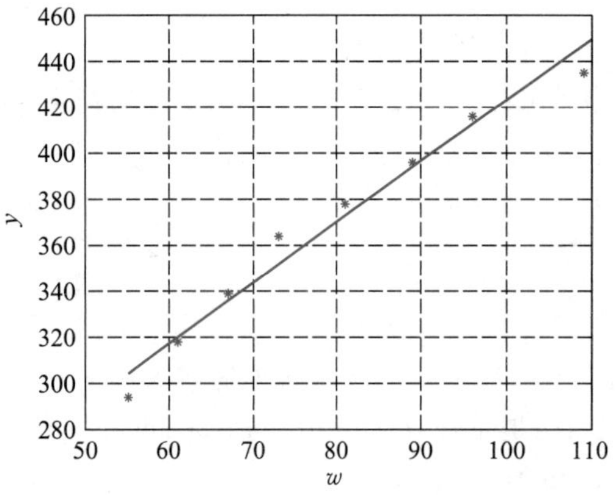

图 4 总成绩与体重的线性模型

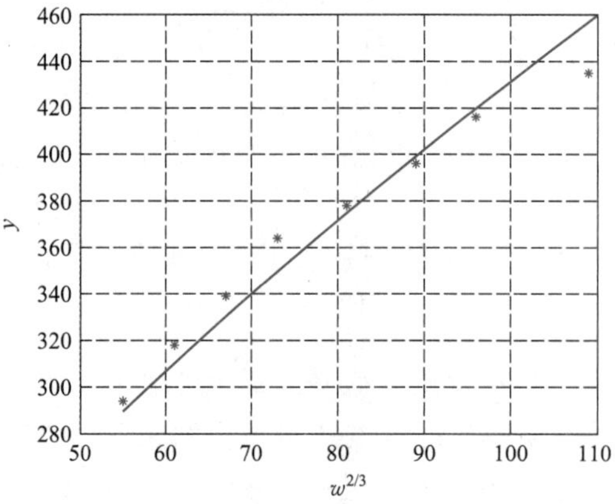

图 5 总成绩与体重的幂函数模型

为比较三个模型与实际记录的拟合程度，将每个模型 8 个级别的相对误差取绝对值后加以平均，称为总平均误差，计算得到：线性模型（2）、幂函数模型（5）、幂函数改进模型（10）的总平均误差依次为 1.71%、2.26%、1.32%.看来两个幂函数模型的结果比线性模型并没有多大改进.

观察图 5、图 6 可以发现，如果降低这两个幂函数的幂次，使曲线上升得更缓慢一点，有可能提高曲线与数据点的拟合程度（复习题 1）.

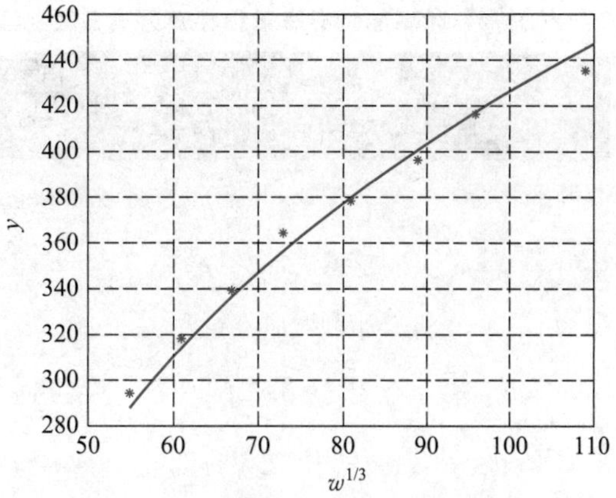

图 6 总成绩与体重的幂函数改进模型

评选总冠军 以上面的线性模型（1）、幂函数模型（4）和幂函数改进模型（9）为基础，建立评选总冠军的模型，并以模型（1）为例说明建模过程.

将 8 个级别从轻量级到重量级记作 $i=1,2,\cdots,8$，体重（上限）记作 w_i，按照模型（1）各个级别冠军的理论成绩应为$\hat{y}_i=k(w_i+60)$，在一次比赛中各个级别冠军的实际成绩记作 y_i，比值 $y_i/\hat{y}_i$ 表示第 i 级别冠军在评选总冠军中的实力.取与这个比值成正比（比例系数 λ）的数量指标 z_i 为

$$z_i=\frac{\lambda y_i}{\hat{y}_i}=\frac{\lambda y_i}{k(w_i+60)} \tag{11}$$

为了确定（11）式中的系数 λ/k，任意取一个级别如 73 kg 级（$i=4$）为标准，使$w_4=73$ 时 z_4 正好等于这个级别冠军的实际成绩 y_4，将这个关系代入（11）式得$\lambda/k=73+60=133$，于是（11）式化为

$$z_i=y_i\frac{133}{w_i+60} \tag{12}$$

z_i 是将体重折合成 73 kg 级后第 i 级别冠军的实际成绩，称为**折合成绩**.按照比赛中 8 个级别冠军的折合成绩排名，排名第一者为总冠军.

（12）式是以线性模型（1）为基础建立的评选总冠军的模型，可以注意到，（12）式的折合成绩 z_i 完全由第 i 级别冠军的实际成绩 y_i 决定（体重上限 w_i 对每个级别是固定的），与模型（1）中随着世界纪录的不断刷新而改变的系数 k（如（2）式那样）无关，所以（12）式是一个简单的、便于应用的模型.

从幂函数模型（4）和幂函数改进模型（9）出发，仍以 73 kg 级为标准，可以完全类似地推出相应的评选总冠军的模型

$$z_i=y_i\left(\frac{73}{w_i}\right)^{\frac{2}{3}} \tag{13}$$

$$z_i=y_i\left(\frac{38}{w_i-35}\right)^{\frac{1}{3}} \tag{14}$$

让我们用模型（12）（13）（14）评选 2023 年世界举重锦标赛男子比赛的总冠军.表 2 的前 3 列是各级别举重总成绩冠军的实际资料（109 kg 以上级未列入），后 3 列是用这 3 个模型计算的折合成绩及排名.综合 3 个模型的结果，可以评选出总冠军是 67 kg 级的谌利军（中国）.

表 2 2023 年世界举重锦标赛男子各级别总成绩冠军及由模型得到的折合成绩及排名

级别	冠军获得者	总成绩	折合成绩(名次)		
			线性模型	幂函数模型	幂函数改进模型
55 kg 级	莱加成(越南)	269 kg	311.104 3(7)	324.882 1(6)	333.173 3(7)
61 kg 级	李发斌(中国)	308 kg	338.545 5(4)	347.173 1(3)	349.532 4(2)
67 kg 级	谌利军(中国)	333 kg	348.732 3(2)	352.595 1(1)	352.632 3(1)
73 kg 级	韦拉蓬(泰国)	349 kg	349.000 0(1)	349.000 0(2)	349.000 0(3)
81 kg 级	奥斯卡(意大利)	356 kg	335.801 4(5)	332.155 8(5)	334.035 0(6)
89 kg 级	贾瓦迪(伊朗)	384 kg	342.765 1(3)	336.475 3(4)	341.555 4(4)
96 kg 级	卡里姆(埃及)	387 kg	329.942 3(8)	322.412 6(8)	330.518 3(9)
102 kg 级	刘焕华(中国)	404 kg	331.679 0(6)	323.243 5(7)	334.413 9(5)
109 kg 级	德优拉耶夫(乌兹别克斯坦)	415 kg	326.597 6(9)	317.672 0(9)	332.326 8(8)

评注 按照通常的建模方法,模型(1)(4)的一般形式为 $y=aw+b$, $y=aw^b$,系数 a, b 用最小二乘法由世界纪录确定,可以得到与实际数据拟合更好的模型.但是这样在构造折合成绩时难以将这些系数全部消去,而包含系数的总冠军模型不便应用,因为系数会随世界纪录的刷新而改变.

如果这届世锦赛男子各级别冠军都是顶级选手,那么他们的折合成绩应该相差不大.从表 2 看出,幂函数改进模型得到的第一名与最后一名的折合成绩相差约 22 kg,是 3 个模型中最少的,这也从一个方面说明幂函数改进模型更合理一些.

复习题

1. 将(4)式的幂次 2/3 降为 0.6,(9)式的幂次 1/3 降为 0.3,用同样的数据建模,并计算总平均误差,与(5)(10)式的结果比较.

2. 搜集下列举重比赛的实际数据,利用(12)—(14)式计算折合成绩及排名:

(1) 截至目前的男子举重比赛世界纪录.

(2) 最近一届奥运会男子举重比赛成绩.

(3) 截至目前的女子举重比赛世界纪录.

3. 研究一般形式的幂函数模型 $y=aw^b$,利用表 1 的男子举重比赛世界纪录或第 1 题搜集的数据,确定系数 a, b(提示:通过取对数将幂函数化为线性函数),与幂函数模型(5)式比较与实际纪录的拟合程度,再构造计算折合成绩的公式,对搜集的某次举重比赛各级别总成绩冠军进行排名.

2.7 核军备竞赛

案例精讲 2-2
核军备竞赛

在 20 世纪六七十年代的冷战时期,美苏两个核大国都声称为了保卫自己的安全,而实行所谓核威慑战略,核军备竞赛不断升级.随着苏联的解体和冷战的结束,双方通过了一系列的核裁军协议.2010 年 4 月 8 日,美国与俄罗斯领导人在捷克首都布拉格签署新的削减战略武器条约.根据这项新条约,美国和俄罗斯将在 7 年内将各自部署的战略核武器削减到不超过 1 550 枚,并把各自的战略核武器运载工具削减到不超过

700 枚.

在什么情况下双方的核军备竞赛才不会无限扩张而存在暂时的平衡状态，处于这种平衡状态下双方拥有最少的核武器数量是多大，这个数量受哪些因素影响，当一方采取诸如加强防御、提高武器精度、发展多弹头导弹等措施时，平衡状态会发生什么变化？本节将介绍一个定性的模型，在给核威慑战略做出一些合理、简化的假设下，对双方核武器的数量给以图形（结合式子）的描述，粗略地回答上述问题[7,23].

模型假设 以双方的（战略）核导弹数量为对象，描述双方核军备的大小，假定双方采取如下同样的核威慑战略：

1. 认为对方可能发起所谓第一次核打击，即倾其全部核导弹攻击己方的核导弹基地.

2. 己方在经受第一次核打击后，应保存有足够的核导弹，给对方的工业、交通中心等目标以毁灭性的打击.

3. 在任一方实施第一次核打击时，一枚核导弹只能攻击对方的一个核导弹基地，且未摧毁这个基地的概率是常数，它由一方的攻击精度和另一方的防御能力所决定.

图的模型 记 $y=f(x)$ 为甲方拥有 x 枚核导弹时，乙方采取核威慑战略所需的最小核导弹数，$x=g(y)$ 为乙方拥有 y 枚核导弹时，甲方采取核威慑战略所需的最小核导弹数，不妨让我们看看曲线 $y=f(x)$ 应该具有什么性质.

当 $x=0$ 时 $y=y_0$，y_0 是甲方在实施第一次核打击后已经没有核导弹时，乙方为毁灭甲方的工业、交通中心等目标所需的核导弹数，以下简称乙方的**威慑值**；当 x 增加时 y 应随之增加，并且由于甲方的一枚核导弹最多只能摧毁乙方的一个核导弹基地，所以 $y=f(x)$ 不会超过直线

$$y=y_0+x \tag{1}$$

这样，曲线 $y=f(x)$ 应在图 1 所示的范围内，可以猜想它的大致形状如图 2.

曲线 $x=g(y)$ 应有类似的性质（$y=0$ 时 $x=x_0$，$x=g(y)$ 不超过直线 $x=x_0+y$），图 2 中将两条曲线画在一起，可以知道它们会相交于一点，记交点为 $P(x_m,y_m)$，我们讨论 P 点的含义.

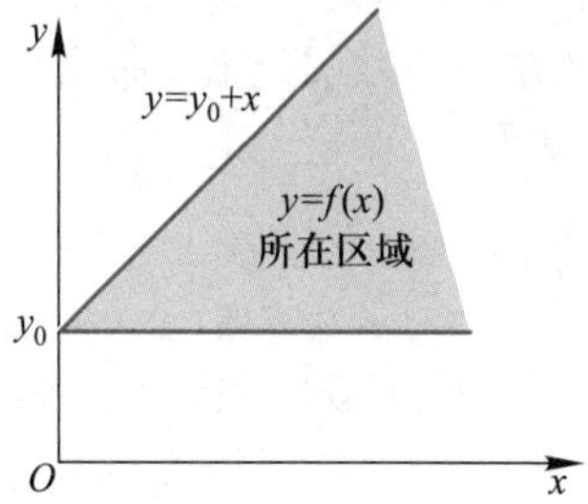

图 1 曲线 $y=f(x)$ 的范围

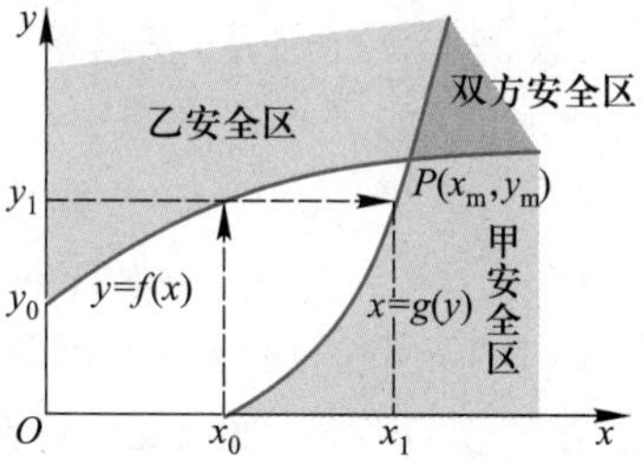

图 2 安全区、安全线和平衡点

根据 $y=f(x)$ 的定义，当 $y\geqslant f(x)$ 时乙方是安全的（在核威慑战略意义下），不妨称该区域为乙安全区，曲线 $y=f(x)$ 为（临界情况下的）**乙安全线**.类似地，$x\geqslant g(y)$ 的区域为甲安全区，$x=g(y)$ 为**甲安全线**.两个安全区的公共部分即为**双方安全区**，是核军备竞赛的稳定区域，而 P 点的坐标 x_m 和 y_m 则为稳定状态下甲乙双方分别拥有的最小核导弹数，P 点是**平衡点**.

评注 核军备竞赛初看起来似乎与数学无缘，但是如果把所谓核威慑战略作一些合理、简化的假设，就能够用一个简单的图的模型，来描述双方核武器数量相互制约、达到平衡的过程.

平衡点怎样达到呢？不妨假定甲方最初只有 x_0 枚导弹(威慑值)，乙方为了自己的安全至少要拥有 y_1 枚导弹，见图2，而甲方为了安全需要将导弹数量增加到 x_1，如此下去双方的导弹数量就会趋向 x_m, y_m.

模型的精细化 为了研究 x_m 和 y_m 的大小与哪些因素有关，这些因素改变时平衡点如何变动，我们尝试寻求 $y=f(x)$ 和 $x=g(y)$ 的具体形式.

若 $x<y$，当甲方以全部 x 枚核导弹攻击乙方的 y 个核基地中的 x 个时，记每个基地未被摧毁的概率为 s，以下简称乙方的**残存率**，则乙方(平均)有 sx 个基地未被摧毁，且有 $y-x$ 个基地未被攻击，二者之和即为乙方经受第一次核打击后保存下来的核导弹数，它应该就是图的模型中的威慑值 y_0，即 $y_0=sx+y-x$，于是

$$y=y_0+(1-s)x \tag{2}$$

由 $0<s<1$ 知直线(2)的斜率小于直线(1)的斜率，如图3.

当 $x=y$ 时显然有 $y_0=sy$，所以有

$$y=\frac{y_0}{s} \tag{3}$$

若 $y<x<2y$，当甲方以全部 x 枚核导弹攻击乙方的 y 个核基地时，乙方的 $x-y$ 个将被攻击2次，其中 $s^2(x-y)$ 个未被摧毁，且有 $y-(x-y)=2y-x$ 个被攻击1次，其中 $s(2y-x)$ 个未被摧毁，二者之和即为图的模型中的 y_0，即 $y_0=s^2(x-y)+s(2y-x)$，于是

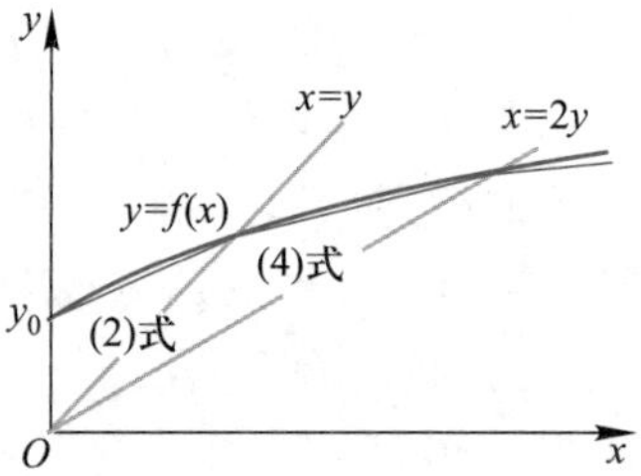

图3 曲线 $y=f(x)$ 的形成

$$y=\frac{y_0}{s(2-s)}+\frac{1-s}{2-s}x \tag{4}$$

直线(4)的斜率小于直线(2)的斜率，如图3.

当 $x=2y$ 时显然有 $y_0=s^2y$，所以有

$$y=\frac{y_0}{s^2} \tag{5}$$

虽然上述过程可以继续下去，但是如果我们允许 x,y 取连续值，考察 $x=ay$，a 为大于零的任意实数，表示乙(临界)安全条件下甲乙双方导弹数量之比，那么由 $x=y$ 时的(3)式和 $x=2y$ 时的(5)式可以设想 $y=f(x)$ 的形式为①

$$y=\frac{y_0}{s^a}=\frac{y_0}{s^{x/y}},\quad 0<s<1 \tag{6}$$

它应该是图3中的光滑曲线，利用微积分的知识可以证明这是一条上凸的曲线.

$x=g(y)$ 有类似的形式，曲线是向右凸的，当然，其中的 s 应为甲方的残存率.

由此可知，这样两条曲线 $y=f(x)$ 和 $x=g(y)$ 必定相交，并且交点唯一.

进一步研究可知，(6)式表示的乙安全线 $y=f(x)$ 具有如下性质：(复习题1)

若威慑值 y_0 变大，则曲线整体上移，且变陡；若残存率 s 变大，则曲线变平.

甲安全线 $x=g(y)$ 有类似的性质.利用这些性质可以用上述模型解释核军备竞赛中平衡点 $P(x_m,y_m)$ 的变化.

评注 通过更精细的分析找到影响安全曲线的参数：威慑值和残存率，给出了曲线的表达式，并由此对核军备竞赛中的一些现象做出解释，这种由粗及细、从定性到定量的建模方法是值得借鉴的.

① 用它近似代替(2)(4)式等表示的分段直线，虽然由下面的(6)式并无法解出显函数 $y=f(x)$ 的形式.

模型解释

1. 若甲方增加经费保护及疏散工业、交通中心等目标，则乙方的威慑值 y_0 将变大，而其他因素不变，那么乙安全线 $y=f(x)$ 的上移会使平衡点变为 $P'(x'_m,y'_m)$，如图 4.显然有 $x'_m>x_m$，$y'_m>y_m$，说明虽然甲方的防御是被动的，但也会使双方的军备竞赛升级.

2. 若甲方将原来的固定核导弹基地改进为可移动发射架，则乙安全线 $y=f(x)$ 不变（试说明其威慑值 y_0、残存率 s 均不变），而甲方的残存率变大（威慑值 x_0 不变），于是甲安全线 $x=g(y)$ 向 y 轴靠近，平衡点变为 $P'(x'_m,y'_m)$，如图 5.显然有 $x'_m<x_m$，$y'_m<y_m$，说明甲方的这种单独行为，会使双方的核导弹减少.

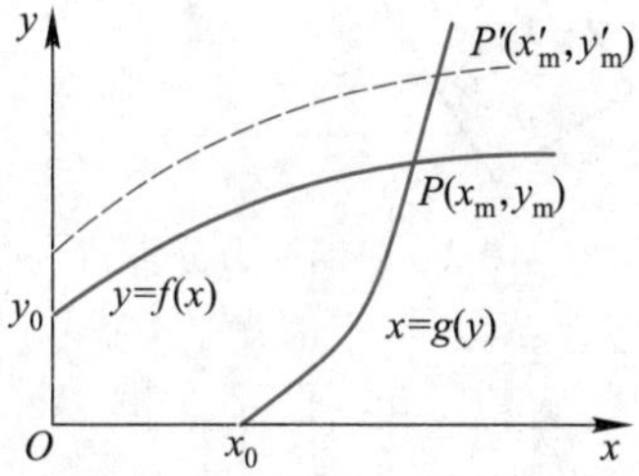

图 4 模型解释 1 的示意图

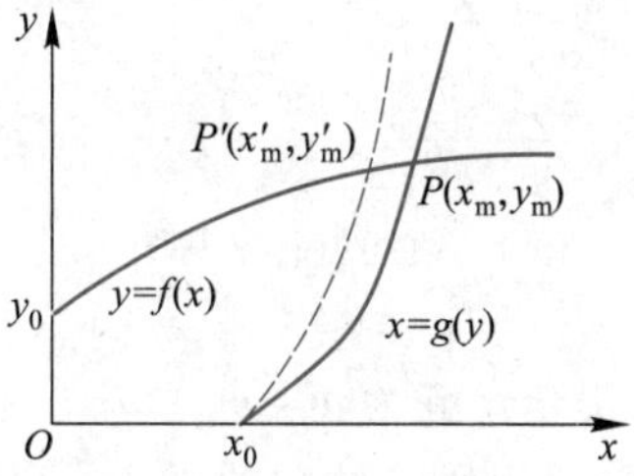

图 5 模型解释 2 的示意图

3. 若双方都发展多弹头导弹，每个弹头可以独立地摧毁目标，设 x,y 仍为双方核导弹的数量，则双方的威慑值 x_0,y_0 和残存率均减小.乙安全线由于 y_0 的减小而下移且变平，又由于残存率的变小，使曲线变陡.甲安全线有类似的变化，二者的综合影响则可能使平衡点变为 $P'(x'_m,y'_m)$ 或 $P''(x''_m,y''_m)$，出现图 6 所示的两种情况，究竟会使双方的核导弹增加还是减少，需要更多的信息及更详细的分析.

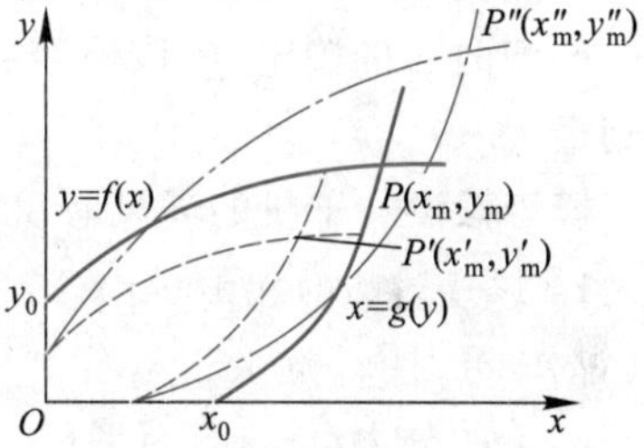

图 6 模型解释 3 的示意图

复习题

1. 在核军备竞赛模型中，证明由(6)式表示的乙方安全线 $y=f(x)$ 的性质.

2. 在核军备竞赛模型中，讨论以下因素引起的平衡点的变化[23]：

(1) 甲方提高导弹导航系统的性能.

(2) 甲方增加导弹爆破的威力.

(3) 甲方发展电子干扰系统.

(4) 双方建立反导弹系统.

2.8 扬帆远航

海面上东风劲吹，帆船要从 A 点驶向正东方的 B 点（图 1）.常识告诉我们，为了借助风力，船应该先朝东北方向前进，然后再转向东南方，才能到达 B 点.这里要解决的问题是，确定起航时的航向 θ（与正东方向的夹角）及帆的朝向 α（帆面与航向的夹角）[87].

模型分析 帆船在航行过程中既受到风通过帆对船的推力，又受到风对船体的阻力，需要对这两种力作合理、简化的分解，找出它们在航向的分力(图 2).下面用黑体字母表示向量,白体字母表示它的标量.

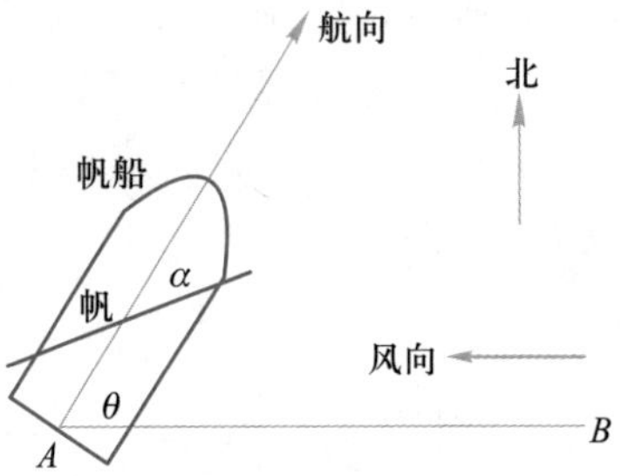

图 1 帆船航行示意图

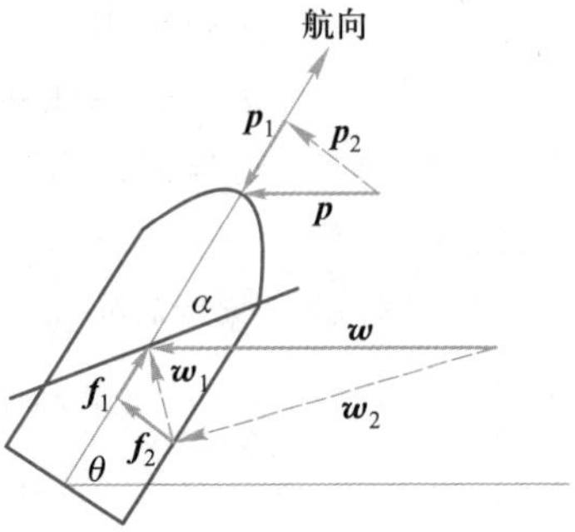

图 2 帆船受力分析图

风的推力$\boldsymbol{w}$分解为$\boldsymbol{w}=\boldsymbol{w}_1+\boldsymbol{w}_2$，其中$\boldsymbol{w}_1$垂直于帆，$\boldsymbol{w}_2$平行于帆. $\boldsymbol{w}_1$又分解为$\boldsymbol{w}_1=\boldsymbol{f}_1+\boldsymbol{f}_2$,$\boldsymbol{f}_1$即为风在航向的推力.风的阻力$\boldsymbol{p}$分解为$\boldsymbol{p}=\boldsymbol{p}_1+\boldsymbol{p}_2$，其中$\boldsymbol{p}_1$为风在航向的阻力.船在航向受到的净推力为$\boldsymbol{f}=\boldsymbol{f}_1+\boldsymbol{p}_1$,其中$\boldsymbol{f}_1$和$\boldsymbol{p}_1$的方向相反.

按照流体力学的知识,在航行速度不大的情况下,航速与净推力成正比.于是航向θ和帆的朝向α的确定,应该使船在正东方向的速度,相当于净推力在正东方向的分力达到最大.

模型假设 记帆的迎风面积为s_1,船的迎风面积为s_2.

1. 风通过帆对船的推力w与s_1成正比,风对船体的阻力p与s_2成正比,比例系数相同(记作k),且s_1远大于s_2.

2. $\boldsymbol{w}$的分力$\boldsymbol{w}_2$与帆面平行,可以忽略.

3. 分力$\boldsymbol{f}_2$和$\boldsymbol{p}_2$垂直于船身,可以被船舵抵消,不予考虑.

4. 航速$\boldsymbol{v}$与净推力$\boldsymbol{f}$同向,v与$f=f_1-p_1$成正比,比例系数记作k_1.

模型建立 根据模型假设和图 2 表示的各个力之间的几何关系,容易得到

$$w=ks_1,\quad p=ks_2 \tag{1}$$

$$w_1=w\sin(\theta-\alpha),\quad f_1=w_1\sin\alpha=w\sin(\theta-\alpha)\sin\alpha \tag{2}$$

$$p_1=p\cos\theta \tag{3}$$

$$v=k_1(f_1-p_1) \tag{4}$$

记船在正东方向的速度分量为v_1，则

$$v_1=v\cos\theta=k_1(f_1-p_1)\cos\theta \tag{5}$$

问题是确定θ和α,使v_1最大.

模型求解 这本来是一个二元函数的极值问题,但是由(3)(5)式知,p_1与α无关,首先只需在θ固定时使f_1最大,解出α,然后再求θ使v_1最大.用初等数学的办法即可求解.

由(2)式,f_1可化为

$$f_1=w[\cos(\theta-2\alpha)-\cos\theta]/2 \tag{6}$$

所以当

$$\alpha=\theta/2 \tag{7}$$

时

$$f_1=w(1-\cos\theta)/2 \tag{8}$$

最大.

将(7)(8)(3)式代入(5)式得

$$\begin{aligned} v_1 &= k_1[w(1-\cos\theta)/2-p\cos\theta]\cos\theta \\ &=(k_1w/2)[1-(1+2p/w)\cos\theta]\cos\theta \end{aligned} \tag{9}$$

注意到(1)式,记

$$k_2=k_1w/2,\quad t=1+2p/w=1+2s_2/s_1 \tag{10}$$

则(9)式为

$$v_1=k_2(1-t\cos\theta)\cos\theta=k_2t\left[\frac{1}{4t^2}-\left(\cos\theta-\frac{1}{2t}\right)^2\right] \tag{11}$$

显然

$$\cos\theta=1/2t \tag{12}$$

时 v_1 最大.由(10)式,且 s_1 远大于 s_2,可知

$$1/4<\cos\theta<1/2,\quad 60^\circ<\theta<75^\circ \tag{13}$$

结果分析 航向 θ 角应在 60°和 75°之间(具体数值取决于 s_1 和 s_2 的比值),帆的朝向 α 角为 θ 的一半,这是从 A 点出发时的航向及帆的朝向.行驶中 B 点将不在船的正东方,上述结论不再成立,所以应该不断调整 θ 和 α,才能尽快地到达 B 点.

复习题

若风向不变,行驶中 B 点将不在船的正东方,应该如何确定航向及帆的朝向.

2.9 抢渡长江

才饮长沙水,又食武昌鱼.万里长江横渡,极目楚天舒.不管风吹浪打,胜似闲庭信步,……这是 1956 年毛主席在武汉畅游长江后写下的著名诗词,横渡长江因之闻名于世.2003 年全国大学生数学建模竞赛以“抢渡长江”作为 D 题(以下略有删节).

问题提出 “渡江”是武汉城市的一张名片.1934 年 9 月 9 日,武汉警备旅官兵与体育界人士联手,在武汉第一次举办横渡长江游泳竞赛活动,起点为武昌汉阳门码头,终点设在汉口三北码头,全程约 5 000 m,有 44 人参加横渡,40 人达到终点.2001 年“武汉抢渡长江挑战赛”重现江城.

2002 年 5 月 1 日,抢渡起点设在武昌汉阳门码头,终点设在汉阳南岸嘴,江面宽约 1 160 m.据报载,江水平均流速为 1.89 m/s.参赛的 186 人中仅 34 人到达终点,第一名成绩为 14 分 8 秒.大部分人由于路线选择错误,被滚滚江水冲到下游,未能到达终点.

假设在竞渡区域两岸为平行直线,垂直距离为 1 160 m,从起点的正对岸到终点的水平距离为 1 000 m,见图 1.请你们通过数学建模分析上述情况,并回答以下问题:

(1) 假定在竞渡过程中游泳者的速度和方向不变,且竞渡区域每点的流速均为

1.89 m/s.试说明 2002 年第一名是沿着怎样的路线前进的,求其速度的大小和方向.游泳者如何根据自己的速度选择游泳方向,试为一个速度能保持在 1.5 m/s 的人选择游泳方向,并估计他的成绩.

(2) 在(1)的假设下,如果游泳者始终以和岸边垂直的方向游,能否到达终点？根据你们的数学模型说明为什么 1934 年和 2002 年能游到终点的人数的百分比有如此大的差别;给出游泳者能够成功到达终点的条件.

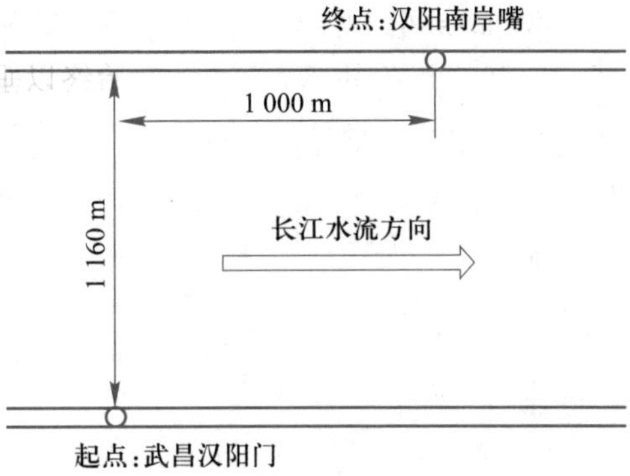

图 1 抢渡长江示意图

(3) 若流速沿离岸边距离的分布为(设从武昌汉阳门垂直向上为 y 轴正向)

$$v(y)=\begin{cases}1.47, & 0\leqslant y\leqslant 200\\ 2.11, & 200<y<960\\ 1.47, & 960\leqslant y\leqslant 1\,160\end{cases}$$

游泳者速度(1.5 m/s)仍全程保持不变,试为他选择游泳方向和路线,估计他的成绩.

(4) 若流速沿离岸边距离为连续分布, 例如

$$v(y)=\begin{cases}\dfrac{2.28}{200}y, & 0\leqslant y\leqslant 200\\ 2.28, & 200<y<960\\ \dfrac{2.28}{200}(1\,160-y), & 960\leqslant y\leqslant 1\,160\end{cases}$$

或你们认为合适的连续分布,如何处理这个问题.

本节将参考发表在《工程数学学报》第 20 卷第 7 期(2003)上的 3 篇优秀论文以及叶其孝教授的文章[95], 对问题作分析研究.

问题分析 当竞渡区域内每处的江水流速固定时,用初等数学方法即可回答问题(1)(2),让我们先对图形作简单分析.

由图 1 画出图 2(a),已知起点 O 与正对岸 A 点的距离 H、A 到终点 B 的距离 L,以及流速 $\boldsymbol{v}$(用黑体表示向量,下同),$\boldsymbol{v}$ 的数值 v 不变,方向始终与岸边 AB 平行.若竞渡过程中游泳者能保持一个固定速度 $\boldsymbol{u}$(数值是在静水中的速度 u,方向角待定),那么他在江水中的实际运动速度,即合速度 $\boldsymbol{w}=\boldsymbol{u}+\boldsymbol{v}$ 就不会改变.于是只要 $\boldsymbol{w}$ 的方向始终指向终点 B,即他前进中任一点 P 的轨迹一直位于直线 OB 上,就一定能够到达终点,成功参赛.实际上,为了取得尽可能好的成绩,游泳者会根据自己的体力,采用能保持游完全程的最大速度 u.从图 2(a)可以直观地看到,游泳者的速度 u 越大,$\boldsymbol{u}$ 的方向角(由 $\boldsymbol{v}$ 逆时针转到 $\boldsymbol{u}$)就应该越小,反之亦然.解决问题的关键是按照速度 $\boldsymbol{u}$ 的大小确定 $\boldsymbol{u}$ 的方向角.

观察由向量 $\boldsymbol{u},\boldsymbol{v},\boldsymbol{w}$ 构成的三角形,如图 2(b),确定 $\boldsymbol{u}$ 的方向角相当于已知三角形的 2 个边长 u,v 以及 $\boldsymbol{v}$ 与 $\boldsymbol{w}$ 的夹角(数值由 H,L 决定),求 $\boldsymbol{u}$ 与 $\boldsymbol{v}$ 的夹角.显然,一般情况下,如果解存在的话,应该有 2 个解 $\boldsymbol{u}$ 和 $\boldsymbol{u}'$ ($u=u'$),从而得到 2 个合速度 $\boldsymbol{w}$ 和 $\boldsymbol{w}'$ ($w>w'$),取得好成绩的当然是其中方向角较小的那个 $\boldsymbol{u}$ 及相应的 $\boldsymbol{w}$.

图 2(b)还给出只有唯一解 $\boldsymbol{u}_{\min}$ 的情况(图中虚线),它垂直于直线 OB,利用 H,L 和

$v=1.89\ \mathrm{m/s}$ 可以算出 $u_{\min}=1.43\ \mathrm{m/s}$.若游泳者速度小于 $u_{\min}$,则无论朝着哪个方向游都无法到达终点.再者,若游泳者始终以垂直于岸边(即流速 $\boldsymbol{v}$)的方向游,$\boldsymbol{u},\boldsymbol{v},\boldsymbol{w}$ 将构成直角三角形,同样地用 H,L 和 v 可以算出这个速度,记作 $u_{\top}=2.19\ \mathrm{m/s}$.

下面建模过程中将通过求解方程给出以上结果的数学表达式.

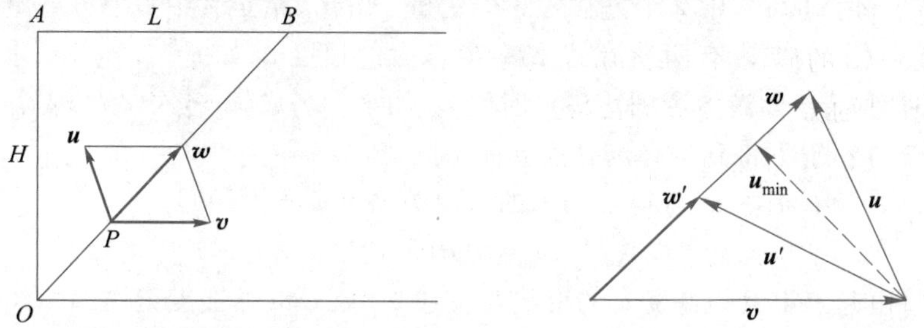

(a) 水流速度固定时游泳者速度示意图　　(b) 向量 $\boldsymbol{u},\boldsymbol{v},\boldsymbol{w}$ 三角形示意图

图 2

模型一引入时间变量,建立坐标系,写出游泳者的运动方程,求解方程可以得到速度 $\boldsymbol{u}$ 的数值、方向及到达终点的时间与各个已知量之间的关系,全面、准确地回答问题(1)(2).

模型二研究竞渡区域内流速随离岸边距离的不同而分段变化的情况,仍假定游泳者速度 $\boldsymbol{u}$ 的数值不变,方向角随流速而改变.可以按照离岸边的距离将竞渡区域分成若干平行的带状,每个带中各处的流速不变,相应地,游泳者在整个游程中的路线,由若干条直线相连而成的折线构成.对于问题(3)游泳者在 3 段游程中的速度 $\boldsymbol{u}_1$, $\boldsymbol{u}_2$, $\boldsymbol{u}_3$ 和路线 $OPQB$ 的示意图如图 3,建模的关键是确定 $\boldsymbol{u}_1$, $\boldsymbol{u}_2$, $\boldsymbol{u}_3$ 的方向角(其数值相同),使得游泳者沿折线 $OPQB$ 最快地到达终点.

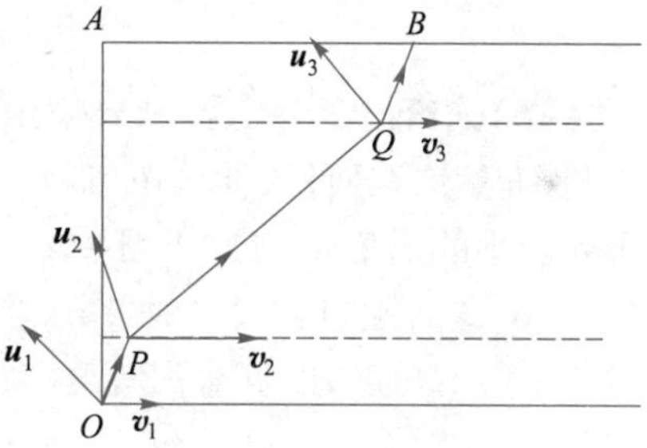

图 3　水流速度分段变化时游泳者速度示意图

问题(4)中流速随离岸边距离的变化是连续的,理论上游泳者速度 $\boldsymbol{u}$ 的方向角也要随之连续变化,但实际上游泳者总会游一段距离(做几个打水动作)才调整方向,所以仍可分成若干平行带状区域,取区域中线的流速近似代表该区域各处的流速,用问题(3)的方法处理.

模型一　水流速度固定时游泳者的速度方向和路线

以长江南岸由西向东为 x 轴正向、起点 O 为原点,建立直角坐标系如图 4.A 点位于 y 轴上,O 与 A 相距 $H=1\,160\ \mathrm{m}$, A 与 B 相距 $L=1\,000\ \mathrm{m}$,任一点流速 $\boldsymbol{v}$ 平行于 x 轴,其数值 $v=1.89\ \mathrm{m/s}$ 不变.

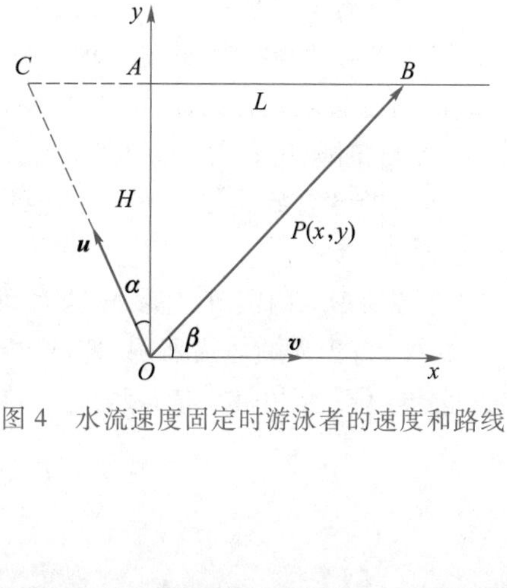

图 4　水流速度固定时游泳者的速度和路线

为方便起见,将图 4 中从 y 轴逆时针转到速度 $\boldsymbol{u}$ 方向的角度记作 α,以下简称偏角,是游泳者可以控制的、前进方向与他正对岸那一点连线的夹角.记起点出发时刻 $t=0$,时刻 t 游泳者位于直线 OB 上的 $P(x,y)$ 点,其运动方程为

$$x=(v-u\sin\alpha)t,\quad y=(u\cos\alpha)t \tag{1}$$

消去 t 得到一次函数 $y=y(x)$,即游泳者的路线——直线 OB 的方程.记到达终点 $B(L,H)$ 的时间为 t_0,则

$$(v-u\sin\alpha)t_0=L,\quad (u\cos\alpha)t_0=H \tag{2}$$

当 v,H,L 已知时,(2)式中 2 个方程含 3 个变量 u,α,t_0,给定其中 1 个可解出其他 2 个.按照问题(1)(2)的要求有两种情况:给定游泳者的速度 u,如 $u=1.5$ m/s,求偏角 α 及到达终点时间 t_0;已知游泳者到达终点时间 t_0,如第一名成绩 14 分 8 秒即 $t_0=848$ s,求速度 u 及偏角 α.以下将到达终点时间 t_0称为成绩.

首先,从(2)式消去 u,可得 α 与 t_0的简单关系

$$vt_0=L+H\tan\alpha \tag{3}$$

在图 4 中将由起点出发的速度 $\boldsymbol{u}$ 的射线与直线 BA 延长线的交点记作 C, (3)式显示直线 CB 的长度是 vt_0, 你能解释这个结果吗?

其次,对游泳者来说最重要的是,根据自己能够全程保持的速度 u 确定偏角 α,这需要由(2)式消去 t_0, 得到

$$Lu\cos\alpha=H(v-u\sin\alpha) \tag{4}$$

利用 $\sin^2\alpha+\cos^2\alpha=1$,可将(4)式化为 $\sin\alpha$ 的二次方程

$$(H^2+L^2)u^2\sin^2\alpha-2H^2uv\sin\alpha+(H^2v^2-L^2u^2)=0 \tag{5}$$

其解为

$$\sin\alpha=\frac{H^2v\pm L\sqrt{(H^2+L^2)u^2-H^2v^2}}{(H^2+L^2)u} \tag{6}$$

(6)式给出 2 个 α,游泳者采用这 2 个偏角都可以沿直线 OB 到达终点,但是成绩 t_0 不同,显然应取使得 t_0较小的那个 α,根据(3)式可知(6)式右端分子第 2 项应取负号,得到较小的偏角 α,对应于图 2(b)中的 $\boldsymbol{u}$ 而非 $\boldsymbol{u}'$.

(6)式右端包含太多的参数,将图 4 中直线 OB 与 x 轴夹角记作 β,是游泳者路线倾斜于岸边的角度,以下简称斜角,利用斜角 β 可将(6)式表为

$$\sin\alpha=\frac{v\sin^2\beta}{u}-\cos\beta\sqrt{1-\left(\frac{v\sin\beta}{u}\right)^2} \tag{7}$$

已知流速 v、斜角 β,给定游泳者速度 u 后偏角 α 由(7)式确定.进一步,若记流速与泳速之比为 $p=v/u$,则偏角 α 只取决于 p 和 β.

解出偏角 α 后可由(3)式计算成绩 t_0.从(7)式得到以下结论:

1. α 有解的必要条件是(7)式右端根号内式子非负,令此式等于零可给出游泳者能够到达终点的最小速度 $u_{\min}$,即

$$u\geqslant v\sin\beta,\quad u_{\min}=v\sin\beta \tag{8}$$

且当 $u=u_{\min}$时偏角 α 等于斜角 β.

2. 若游泳者始终以垂直于岸边的方向游($\alpha=0$),则可到达终点的条件是速度 $u=u_{\top}=v\tan\beta$.

3. 当流速 v 固定时,速度 u 越大,偏角 α 越小,再由(3)式可知,α 越小,成绩 t_0越好.

此外,由于人的体力所限,速度 u 并不会太大.根据竞渡全程的长度,参考 1 500 m 游泳世界纪录,u 的最大值可取 $u_{\max}=1.7$ m/s[95].应该注意到,速度 u 较大时(相对于流

评注 从模型一的(7)式得到(8)(9)式,与问题分析中从图 2(b)得到的数值 $u_{\min}$, $u_{\top}$ 是一致的.通过不同方法得出相同的结果,可以作为验证建模过程的途径.

速 v)偏角 α 可能为负值,表示 y 轴顺时针转到速度 $\boldsymbol{u}$ 的方向角.

根据以上结果容易回答赛题中(1)(2)提出的问题:

1. 给定游泳者速度 $u=1.5\ \text{m/s}$,由(7)式得偏角 $\alpha=31.9°$,代入(3)式算出成绩 $t_0=910.5\ \text{s}$.

2. 已知第 1 名成绩 $t_0=848\ \text{s}$,由(3)式得偏角 $\alpha=27.5°$,代入(2)式算出速度 $u=1.54\ \text{m/s}$.

3. 如果游泳者始终以垂直于岸边的方向游,能够到达终点的速度应为 $u_{\perp}=2.19\ \text{m/s}$,远大于 $u_{\max}=1.7\ \text{m/s}$,是目前人们无法达到的.

4. 解释"1934 年和 2002 年能游到终点的人数的百分比有如此大的差别".按照题目所述,1934 年竞渡的终点比 2002 年远得多,使得 1934 年和 2002 年渡江全程(图 4 中直线 OB 长度)分别约 5 000 m 和 1 500 m.假定两次渡江的垂直距离 $H=1\ 160\ \text{m}$ 和水速 $v=1.89\ \text{m/s}$ 都相同,1934 年渡江的斜角 β 远小于 2002 年的 β,可以算出游到终点的最小速度约为 0.44 m/s,远小于 2002 年的 1.43 m/s,能游到终点人数的比例自然就大了.

最后,图 5 在 3 个不同水速 v 下,给出偏角 α 和成绩 t_0 对游泳者速度 u 的变化曲线,可以直观地看出随着 u 的增加 α 和 t_0 减小的趋势,以及流速 v 的影响.

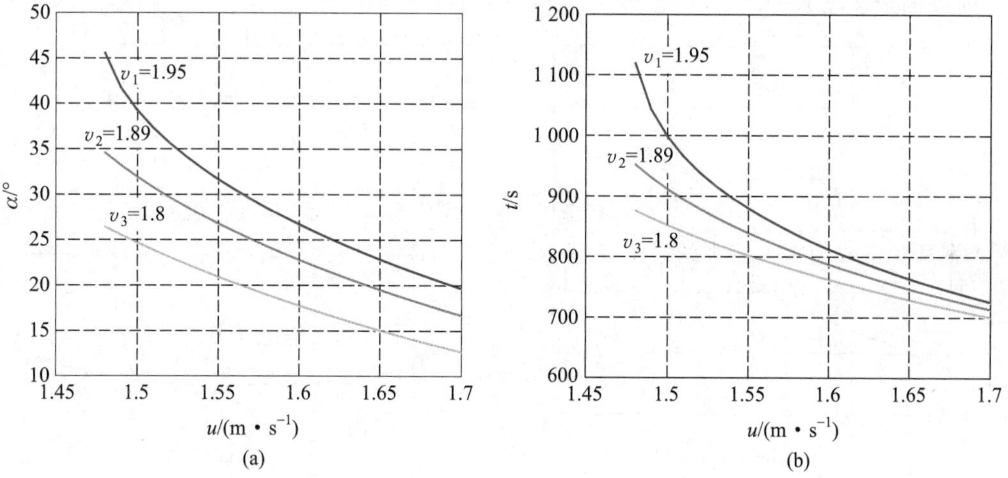

图 5 流速固定时偏角和成绩对游泳者速度的变化曲线

模型讨论

据互联网报道:2023 年 7 月 16 日第 48 届武汉渡江节分集体横渡与个人抢渡两部分,横渡从武昌汉阳门下水,至汉口江滩三阳广场起水,游程约 6 000 m,1 800 多名选手参加.抢渡从武昌汉阳门下水,至汉阳南岸嘴起水,游程约 1 800 m,75 人参赛有 66 人成功登岸,完赛率在近年来看是非常高的.男子冠军成绩为 12 分 35 秒 23,比往年成绩稍慢.今年水流较缓,当天武汉关平均流速只有 0.99 m/s,而往年最快流速曾达 2.30 m/s.水流较缓意味着抢渡难度降低,有助于提高完赛率,但高水平选手失去了水流的"助力",游动的速度自然也会变慢.

尝试利用模型一对这段报道中个人抢渡部分进行解读.

2023 年抢渡起点和终点与 2002 年完全相同,可认为距离 H,L 和斜角 β 没有变化,只是流速 $v=0.99\ \text{m/s}$ 远小于 2002 年的 $v=1.89\ \text{m/s}$.按照 2023 年冠军成绩 $t_0=755\ \text{s}$,

由(3)式得偏角 $\alpha=-12.3°$,与 2002 年冠军的 $\alpha=27.5°$相差很大,显然是 2023 年流速 v 太小的缘故.代入(2)式算出冠军的速度 $u=1.57$ m/s,与 2002 年冠军的 $u=1.54$ m/s 基本相同,这也是合乎情理的.

为了分析报道中流速对抢渡的影响,研究当游泳者速度 u 固定时,流速 v 的改变引起偏角 α 和成绩 t_0的变化.由(7)式可知,流速 v 越小偏角 α 越小,并可推出当 $v=u/\tan\beta=Lu/H$ 时 $\alpha=0$(这个结果可从图 4 直观地得到),且若 $v<Lu/H$,$\alpha<0$.图 6(a)对不同速度 u 给出偏角 α 对流速 v 的变化曲线,当 v 较小时 α 为负.

流速 v 的改变对成绩 t_0的影响难以从(3)(7)式解析地得出,图 6(b)在不同速度 u 下画出 t_0对 v 的变化曲线,可以看出,随着 v 的增加 t_0先减后增,有一最小值,对于那些固定速度为 u 的游泳者,如 2002 和 2023 年冠军的速度 $u=1.5\sim1.6$ m/s,他们会在流速 $v=1.3\sim1.4$ m/s 时游出最好成绩.

不妨假定过去某年武汉关的平均流速 $v=1.35$ m/s,2023 年那位冠军仍以速度 $u=1.57$ m/s 游完全程,由(7)(3)式可得 $t_0=739$ s,相比之下 2023 年的成绩(755 s)慢了 16 s.回顾报道中"冠军成绩比往年稍慢""高水平选手失去了水流的'助力',游动的速度自然也会变慢",模型一的结果可以算作一种解读吧(这里"游动的速度"应该指游泳者前进的合速度).

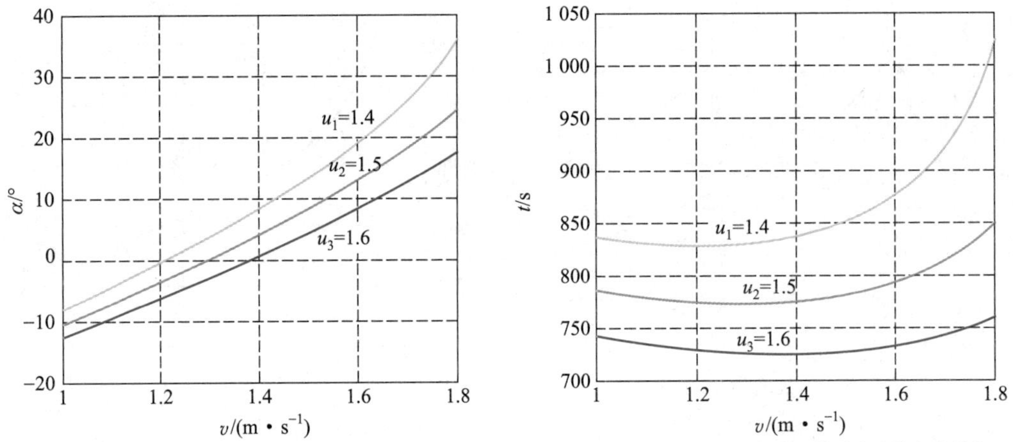

(a) 游泳者速度固定时偏角对流速的变化曲线　　(b) 游泳者速度固定时成绩对流速的变化曲线

图 6

模型二　流速分段变化时游泳者的速度方向和路线

按照问题分析中所述,为了取得最佳成绩研究竞渡区域内流速随着离岸边距离的不同而分段变化时,游泳者在每个分段应该采取的偏角.

作为一般问题的讨论,设流速随着离岸边距离的不同而分为 n 段,记第 i 段宽度 h_i,流速 v_i,游泳者的偏角 α_i,所用时间 t_i,前进的水平距离 l_i $(i=1,2,\cdots,n)$,将游泳者成绩记作 T,满足

$$T=\sum_{i=1}^{n} t_i,\quad \sum_{i=1}^{n} l_i=L,\quad \sum_{i=1}^{n} h_i=H \tag{9}$$

由(2)式,对第 i 段有

$$(v_i-u\sin\alpha_i)t_i=l_i,\quad (u\cos\alpha_i)t_i=h_i,\quad i=1,2,\cdots,n \tag{10}$$

将(10)第 2 式的 t_i代入(9)式 T 得

$$T=\sum_{i=1}^{n}\frac{h_i}{u\cos\alpha_i} \tag{11}$$

对(10)式消去 t_i 并将 l_i 代入(9)式 L 得

$$\sum_{i=1}^{n}\frac{h_i(v_i-u\sin\alpha_i)}{u\cos\alpha_i}=L \tag{12}$$

于是流速分段变化时求解游泳者速度方向和路线的问题为,给定 h_i,v_i 和 u,确定偏角 α_i 使得在满足(12)式的条件下,(11)式的 T 最小,这是一个条件极值模型.题目中问题(3)能够直接利用该模型求解,问题(4)可先将连续变化的流速离散化,再应用这个模型.

由于(11)(12)式中未知量 α_i 非线性表达式的复杂性,难以得到解析解.常用的求解方法是直接借助数学软件计算数值解,几篇优秀论文基本上都是这样做的,得到了相同或相近的数值结果.

下面引入拉格朗日乘子求解条件极值,看看能否得到某些简化的解析表达式[81].对(11)(12)式构造新的函数

$$F=\sum_{i=1}^{n}\frac{h_i}{u\cos\alpha_i}+\lambda\left[\sum_{i=1}^{n}\frac{h_i(v_i-u\sin\alpha_i)}{u\cos\alpha_i}-L\right] \tag{13}$$

其中 λ 是拉格朗日乘子,将条件极值化为函数 F 的无条件极值,成绩 T 必在 F 对 α_i 的导数等于零处取得最小值.计算

$$\frac{\partial F}{\partial\alpha_i}=\frac{h_i\sin\alpha_i}{u\cos^2\alpha_i}+\lambda\frac{h_i(v_i\sin\alpha_i-u)}{u\cos^2\alpha_i},\quad i=1,2,\cdots,n \tag{14}$$

令该导数等于零,可得

$$\frac{1}{\sin\alpha_i}-\frac{v_i}{u}=c,\quad c=\frac{1}{\lambda u},\quad i=1,2,\cdots,n \tag{15}$$

式中 c 是与 i 无关的常数.由此,对于任意 2 个偏角 α_i,α_j 有

$$\frac{1}{\sin\alpha_i}-\frac{1}{\sin\alpha_j}=\frac{v_i-v_j}{u},\quad i,j=1,2,\cdots,n,i\neq j \tag{16}$$

(16)式给出偏角 α_i,α_j 与流速 v_i,v_j 之间的关系,且当 $v_i>v_j$ 时 $\alpha_i<\alpha_j$.

要得到 n 个偏角 α_i 的数值,需将(16)式中的 $n-1$ 个独立方程与(12)式联立求解.

问题(3)形式上流速分为 3 段,但其相对于距离 H 的中线呈对称分布,使得游泳者的速度方向和路线也相对于这条中线对称,所以只需讨论起点至半程终点的速度方向和路线问题,即已知 $h_1=200$,$h_2=380$,$L=500$,$v_1=1.47$,$v_2=2.11$,$u=1.5$,求 α_1,α_2 使 $T=t_1+t_2$ 最小.

根据(16)(12)式得到关于 α_1,α_2 的非线性方程组:

$$\begin{cases}\dfrac{1}{\sin\alpha_1}-\dfrac{1}{\sin\alpha_2}=\dfrac{v_1-v_2}{u} & (17)\\[2ex] \dfrac{h_1(v_1-u\sin\alpha_1)}{u\cos\alpha_1}+\dfrac{h_2(v_2-u\sin\alpha_2)}{u\cos\alpha_2}=L & (18)\end{cases}$$

可以采用试探法求解(复习题 3).

问题(4)的流速分布同样对于 H 的中线对称,也只需讨论半程问题.可将流速连续变化的 $0\leqslant y\leqslant 200$ 等分为 n 段,每段宽度 $\Delta h=200/n$,取中点流速为该段的流速.如 $n=10$,相当于游泳者在垂直方向每前进 20 m 调整一次方向.由于题目给出的 $v(y)$ $(0\leqslant$

$y \leqslant 200$) 对 y 是线性的，所以相邻两段的流速之差为常数，第 i 段流速为

$$v_i = v_1 + (i-1)\Delta v, \quad v_1 = \frac{2.28}{2n}, \quad \Delta v = \frac{2.28}{n}, \quad i = 2,3,\cdots,n \tag{19}$$

n 设定后 v_i 是完全确定的.

在(16)式中取 $j=1$，得

$$\frac{1}{\sin \alpha_i} = \frac{1}{\sin \alpha_1} + \frac{(i-1)\Delta v}{u}, \quad i = 2,3,\cdots,n \tag{20}$$

对于问题(4)中 $200<y\leqslant 580$ 这一段，记宽度 $h_+ = 380$，流速 $v_+ = 2.28$，待定偏角 α_+，按照(16)式，对于 α_+ 和 α_1 有

$$\frac{1}{\sin \alpha_+} = \frac{1}{\sin \alpha_1} + \frac{v_+ - v_1}{u} \tag{21}$$

约束条件(12)式表示为

$$\sum_{i=1}^{n} \frac{(v_i - u\sin \alpha_i)\Delta h}{u\cos \alpha_i} + \frac{(v_+ - u\sin \alpha_+)h_+}{u\cos \alpha_+} = L \tag{22}$$

偏角 $\alpha_i (i=1,2,\cdots,n)$ 和 α_+ 由求解(20)—(22)式构成的 $n+1$ 个方程得到.

实际上，对(20)(21)式中的三角函数作变量代换

$$\frac{1}{\sin \alpha_i} = x_i = x_1 + \frac{(i-1)\Delta v}{u} (i=1,2,\cdots,n), \quad \frac{1}{\sin \alpha_+} = x_+ = x_1 + \frac{v_+ - v_1}{u} \tag{23}$$

再代入(22)式可得

$$\sum_{i=1}^{n} \frac{(v_i x_i - u)\Delta h}{\sqrt{x_i^2 - 1}} + \frac{(v_+ x_+ - u)h_+}{\sqrt{x_+^2 - 1}} = Lu \tag{24}$$

如果将(23)式的 x_i 和 x_+ 代入(24)式，就得到只含一个未知量 x_1 的非线性方程，可以很方便地用试探法求解(复习题4).

实际问题中当江河流速随着离岸边距离呈连续变化时，为了最快到达终点，游泳者的最佳路线应该是连续曲线，可以连续控制方向角的游船就是这种情况.理论上，给定流速函数，最佳路线函数可以利用变分法求解[81].

评注 由(11)(12)式给出的优化模型虽然可以采用现成的软件计算数值解，但在变量很多的情况下可能陷入局部极小.利用拉格朗日乘子法化为非线性方程组(12)(16)式，是模型求解的更好选择.

复习题

1. 经查我国男子 1 500 m 自由泳 1 级、2 级、3 级运动员标准分别为 17 分 20 秒、20 分 15 秒、24 分 45 秒(50 m 池)，据此可设他们在江水中的泳速分别为 $u_1 = 1.4$ m/s、$u_2 = 1.2$ m/s、$u_3 = 1.0$ m/s，假定每年抢渡时的流速 v 在 1.0~1.9 m/s 变化，距离 H, L 仍为题目所给，计算这些运动员在不同流速下的成绩，说明当流速达到多大他们就无法到达终点.

2. 据报道，一年一度的"7·16"武汉渡江节都吸引了众多好手参加抢渡，但是每年的完赛率相差较大，如 2023 年为 66/75，而 2002 年为 34/156(完赛与参赛者之比)，一个重要原因是江水流速 v 变化很大，而起、终点一直是武昌汉阳门、汉阳南岸嘴，距离 H, L 如题目所给.从模型一可知，当流速 v 较大时，为了使多数参赛者能够完赛，应该将终点推远一些，即加大 L.试设计一两个备用终点.

3. 利用(17)(18)式求解问题(3)，与几篇优秀论文求解优化模型(11)(12)得到的数值解 $\alpha_1 = 36.1°$，$\alpha_2 = 28.1°$，$T = 904$ s 作比较.

4. 利用(23)(24)式求解问题(4).

第 2 章训练题

1. 在超市购物时你注意到大包装商品比小包装商品便宜这种现象了吗？比如佳洁士牙膏 120 g 装的每支 10.80 元，200 g 装的每支 15.80 元，二者单位质量的价格比是 1.14 : 1. 试用比例方法构造模型解释这个现象.

(1) 分析商品价格 C 与商品质量 w 的关系. 价格由生产成本、包装成本和其他成本等决定，这些成本中有的与质量 w 成正比，有的与表面积成正比，还有与 w 无关的因素.

(2) 给出单位质量价格 c 与 w 的关系，画出它的简图，说明 w 越大 c 越小，但是随着 w 的增加 c 减小的程度变小. 解释实际意义是什么.

2. 一垂钓俱乐部鼓励垂钓者将钓上的鱼放生，打算按照放生的鱼的质量给予奖励，俱乐部只准备了一把软尺用于测量，请你设计按照测量的长度估计鱼的质量的方法. 假定鱼池中只有一种鲈鱼，并且得到 8 条鱼的如下数据（胸围指鱼身的最大周长）：

身长/cm	36.8	31.8	43.8	36.8	32.1	45.1	35.9	32.1
质量/g	765	482	1 162	737	482	1 389	652	454
胸围/cm	24.8	21.3	27.9	24.8	21.6	31.8	22.9	21.6

先用机理分析建立模型，再用数据确定参数[23].

3. 用已知尺寸的矩形板材加工半径一定的圆盘，给出几种简便、有效的排列方法，使加工出尽可能多的圆盘[16].

4. 动物园里的成年热血动物靠饲养的食物维持体温基本不变，在一些合理、简化的假设下建立动物的饲养食物量与动物的某个尺寸之间的关系[23].

5. 生物学家认为，对于休息状态的热血动物，消耗的能量主要用于维持体温，能量与从心脏到全身的血流量成正比，而体温主要通过身体表面散失，建立一个动物质量（单位：g）与心率（单位：次/min）之间关系的模型，并用下面的数据加以检验[23].

动物	质量/g	心率/(次 · min^{-1})
田鼠	25	670
家鼠	200	420
兔	2 000	205
小狗	5 000	120
大狗	30 000	85
羊	50 000	70
人	70 000	72
马	450 000	38

6. 你能针对估计出租车数量问题提出自己的模型吗？如果有，通过模拟与 2.5 节 5 个模型作比较.

更多案例……

2-1 光盘的数据容量

2-2 污水均流池的设计

2-3 信号灯控制的十字路口的通行能力与车速线性模型

2-4 天气预报的评价

2-5 解读 CPI

2-6 节水洗衣机

第 3 章 简单的优化模型

优化问题可以说是人们在工程技术、经济管理和科学研究等领域中最常遇到的一类问题.设计师要在满足强度要求等条件下选择材料的尺寸,使结构总质量最轻;公司经理要根据生产成本和市场需求确定产品价格,使所获利润最高;调度人员要在满足物资需求和装载条件下安排从各供应点到各需求点的运量和路线,使运输总费用最低;投资者要选择一些股票、债券“下注”,使收益最大,而风险最小.

有些人习惯于依赖过去的经验解决面临的优化问题,认为这样切实可行,并且没有太大的风险.但是这种处理过程常常会融入决策者太多的主观因素,从而无法确认结果的最优性.也有些人习惯于作大量的试验反复比较,认为这样真实可靠.但是显然需要花费很多资金和人力,而且得到的最优结果基本上跑不出原来设计的试验范围.

第 3,4 两章讨论的是用数学建模的方法来处理优化问题,即建立和求解所谓优化模型.虽然由于建模时要作适当的简化,可能使得结果不一定完全可行或达到实际上的最优,但是它基于客观规律和数据,又不需要多大的费用.如果在建模的基础上再辅之以适当的经验和试验,就可以期望得到实际问题的一个比较圆满的回答.在决策科学化、定量化的呼声日益高涨的今天,这无疑是符合时代潮流和形势发展需要的.

本章介绍较简单的优化模型,归结为微积分中的函数极值问题,可以直接用微分法求解.

当你打算用数学建模方法来处理一个优化问题的时候,首先要确定优化的目标是什么,寻求的决策是什么,决策受到哪些条件的限制(如果有限制的话),然后用数学工具(变量、常数、函数等)表示它们.当然,在这个过程中要对实际问题作若干合理的简化假设.最后,在用微分法求出最优决策后,要对结果作一些定性、定量的分析和必要的检验.让我们通过下面的实例说明建立优化模型的过程.

3.1 存贮模型

工厂定期订购原料,存入仓库供生产之用;车间一次加工出一批零件,供装配线每天生产之需;商店成批购进各种商品,放在货柜里以备零售;水库在雨季蓄水,用于旱季的灌溉和发电.显然,这些情况下都有一个贮存量多大才合适的问题.贮存量过大,贮存费用太高;贮存量太小,会导致一次性订购费用增加,或不能及时满足需求.

案例精讲 3-1
存贮模型

本节在需求量稳定的前提下讨论两个简单的存贮模型:不允许缺货模型和允许缺货模型.前者适用于一旦出现缺货会造成重大损失的情况(如炼铁厂对原料的需求),后者适用于像商店购货之类的情形,缺货造成的损失可以允许和估计[68,97].

不允许缺货的存贮模型

先考察这样的问题:配件厂为装配线生产若干种部件,轮换生产不同的部件时因更换设备要付生产准备费(与生产数量无关),同一部件的产量大于需求时因积压资金、占用仓库要付贮存费.今已知某一部件的日需求量 100 件,生产准备费 5 000 元,贮存费每日每件 1 元.如果生产能力远大于需求,并且不允许出现缺货,试安排该产品的生产计划,即多少天生产一次(称为生产周期),每次产量多少,可使平均每天总费用最小.

问题分析 让我们试算一下:

若每天生产一次,每次 100 件,无贮存费,生产准备费 5 000 元,每天费用 5 000 元;

若 10 天生产一次,每次 1 000 件,贮存费 900+800+⋯+100=4 500 元,生产准备费 5 000 元,总计 9 500 元,平均每天费用 950 元;

若 50 天生产一次,每次 5 000 件,贮存费 4 900+4 800+⋯+100=122 500 元,生产准备费 5 000 元,总计 127 500 元,平均每天费用 2 550 元.

虽然从以上结果看,10 天生产一次比每天和 50 天生产一次的费用少,但是,要得到准确的结论,应该建立生产周期、产量与需求量、生产准备费、贮存费之间的关系,即数学建模.

从上面的计算看,生产周期短、产量少,会使贮存费小,准备费大;而周期长、产量多,会使贮存费大,准备费小.所以必然存在一个最佳的周期,使平均每天总费用最小.显然,应该建立一个优化模型.

一般地,考察这样的不允许缺货的存贮模型:产品需求稳定不变,生产准备费和产品贮存费为常数、生产能力无限、不允许缺货,确定生产周期和产量,使每天费用最小.

模型假设 为了处理的方便,考虑连续模型,即设生产周期 T 和产量 Q 均为连续量.根据问题性质作如下假设:

1. 产品每天的需求量为常数 r.
2. 每次生产准备费为 c_1,每天每件产品贮存费为 c_2.
3. 生产能力为无限大(相对于需求量),当贮存量降到零时,Q 件产品立即生产出来供给需求,即不允许缺货.

模型建立 将贮存量表示为时间 t 的函数 $q(t)$,$t=0$ 生产 Q 件,贮存量 $q(0)=Q$,$q(t)$ 以需求速率 r 递减,直到 $q(T)=0$,如图 1.显然有

$$Q=rT \tag{1}$$

一个周期内的贮存费是 $c_2\int_0^T q(t)\,\mathrm{d}t$,其中积分恰等于图 1 中三角形 A 的面积 $QT/2$.因为一个周期的准备费是 c_1,再注意到(1)式,得到一个周期的总费用为

$$\bar{C}=c_1+\frac{c_2QT}{2}=c_1+\frac{c_2rT^2}{2} \tag{2}$$

于是每天的平均费用是

$$C(T)=\frac{\bar{C}}{T}=\frac{c_1}{T}+\frac{c_2rT}{2} \tag{3}$$

(3) 式为这个优化模型的目标函数.

模型求解 求 T 使(3)式的 C 最小.容易得到

$$T=\sqrt{\frac{2c_1}{c_2r}} \tag{4}$$

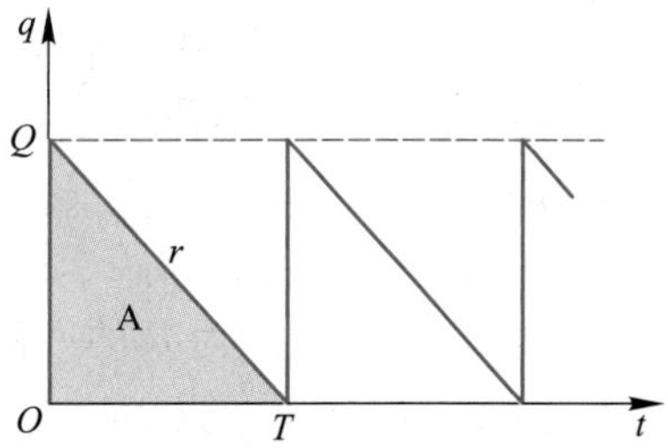

图 1 不允许缺货模型的贮存量 $q(t)$

代入(1)式可得

$$Q=\sqrt{\frac{2c_1r}{c_2}} \tag{5}$$

由(3)式算出最小的每天费用为

$$C=\sqrt{2c_1c_2r} \tag{6}$$

(4)(5)式是经济学中著名的**经济订货批量公式(EOQ公式)**.

评注　EOQ公式是大约一百年前得到的,至今仍是研究批量生产计划问题的理论基础之一,也还有一些实际应用.

结果解释　由(4)(5)式可以看到,当准备费 c_1 增加时,生产周期和产量都变大;当贮存费 c_2 增加时,生产周期和产量都变小;当需求量 r 增加时,生产周期变小而产量变大.这些定性结果都是符合常识的.当然,(4),(5)式的定量关系(如平方根、系数2等)凭常识是无法猜出的,只能由数学建模得到.

用得到的模型计算本节开始的问题:以 $c_1=5\ 000, c_2=1, r=100$ 代入(4),(6)式可得 $T=10$ 天,$C=1\ 000$ 元.这里得到的费用 C 与前面计算的950元有微小的差别,你能解释吗?

敏感性分析　讨论参数 c_1, c_2, r 有微小变化时对生产周期 T 的影响.

用相对改变量衡量结果对参数的敏感程度,T 对 c_1 的敏感度记作$S(T,c_1)$,定义为

$$S(T,c_1)=\frac{\Delta T/T}{\Delta c_1/c_1}\approx\frac{\mathrm{d}T}{\mathrm{d}c_1}\frac{c_1}{T} \tag{7}$$

由(4)式容易得到 $S(T,c_1)=1/2$.做类似的定义并可得到 $S(T,c_2)=-1/2, S(T,r)=-1/2$.即 c_1 增加1%,T 增加0.5%,而 c_2 或 r 增加1%,T 减少0.5%.c_1, c_2, r 的微小变化对生产周期 T 的影响是很小的.

思考

1. 建模中未考虑生产费用(这应是最大的一笔费用),在什么条件下才可以不考虑它(复习题1)?

2. 建模时作了"生产能力为无限大"的简化假设,如果生产能力有限,是大于需求量的一个常数,如何建模(复习题2)?

允许缺货的存贮模型

在某些情况下用户允许短时间的缺货,虽然这会造成一定的损失,但是如果损失费不超过不允许缺货导致的准备费和贮存费的话,允许缺货就应该是可以采取的策略.

模型假设　下面讨论一种较简单的允许缺货模型:不允许缺货模型的假设1,2不变,假设3改为:

3a. 生产能力为无限大(相对于需求量),允许缺货,每天每件产品缺货损失费为 c_3,但缺货数量需在下次生产(或订货)时补足.

模型建立　因贮存量不足造成缺货时,可认为贮存量函数 $q(t)$ 为负值,如图2.周期仍记作 T,Q 是每周期初的贮存量,当 $t=T_1$ 时 $q(t)=0$,于是有

$$Q=rT_1 \tag{8}$$

在 T_1 到 T 这段缺货时段内需求率 r 不变,$q(t)$ 按原斜率继续下降.由于规定缺货量需补足,所以在 $t=T$ 时数量为 R 的产品立即到达,使下周期初的贮存量恢复到 Q.

与建立不允许缺货模型时类似,一个周期内的贮存费是 c_2 乘图2中三角形A的面积,缺货损失费则是 c_3 乘图2中三角形B的面积.计算这两块面积,并加上准备费 c_1,

得到一个周期的总费用为

$$\bar{C}=c_1+c_2QT_1/2+c_3r(T-T_1)^2/2 \tag{9}$$

利用(8)式将模型的目标函数——每天的平均费用——记作 T 和 Q 的二元函数

$$C(T,Q)=\frac{c_1}{T}+\frac{c_2Q^2}{2rT}+\frac{c_3(rT-Q)^2}{2rT} \tag{10}$$

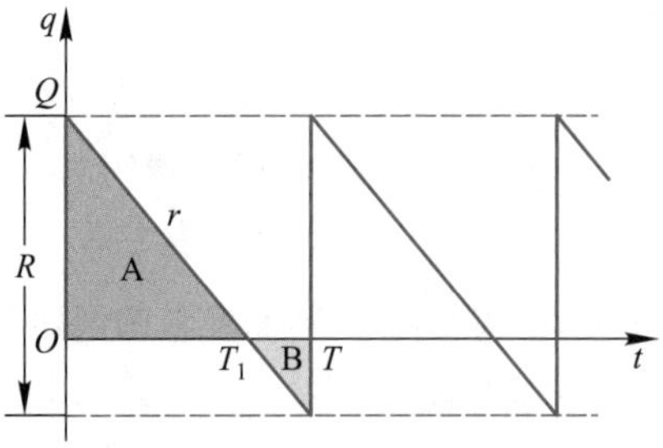

图 2 允许缺货模型的贮存量 $q(t)$

模型求解 利用微分法求 T 和 Q 使 $C(T,Q)$ 最小,令 $\partial C/\partial T=0,\partial C/\partial Q=0$,可得(为了与不允许缺货模型相区别,最优解记作 T',Q')

$$T'=\sqrt{\frac{2c_1}{c_2r}\frac{c_2+c_3}{c_3}},\quad Q'=\sqrt{\frac{2c_1r}{c_2}\frac{c_3}{c_2+c_3}} \tag{11}$$

注意到每个周期的供货量 $R=rT'$,有

$$R=\sqrt{\frac{2c_1r}{c_2}\frac{c_2+c_3}{c_3}} \tag{12}$$

记

$$\lambda=\sqrt{\frac{c_2+c_3}{c_3}} \tag{13}$$

与不允许缺货模型的结果(4)(5)式比较不难得到

$$T'=\lambda T,\quad Q'=Q/\lambda,\quad R=\lambda Q \tag{14}$$

结果解释 由(13)式,$\lambda>1$,故(14)式给出 $T'>T,Q'<Q,R>Q$,即允许缺货时周期及供货量应增加,周期初的贮存量减少.缺货损失费 c_3 越大(相对于贮存费 c_2),λ 越小,T'越接近 T,Q',R 越接近 Q.当 $c_3\to\infty$ 时 $\lambda\to1$,于是 $T'\to T,Q'\to Q,R\to Q$.这个结果合理吗(考虑 $c_3\to\infty$ 的意义)? 由此不允许缺货模型可视为允许缺货模型的特例.

评注 EOQ 公式可用于订货模型:订货费(类比于生产准备费)、贮存费和需求量的假设与存贮模型一样,并且当贮存量降到零时订货立即到达,则订货周期和订货量由(4)(5)式给出.允许缺货的情况也有类似结果.

复习题

1. 在存贮模型的总费用中增加购买货物本身的费用,重新确定最优订货周期和订货批量.证明在不允许缺货模型和允许缺货模型中结果都与原来的一样.

2. 建立不允许缺货的生产销售存贮模型.设生产速率为常数 k,销售速率为常数 $r,k>r$.在每个生产周期 T 内,开始的一段时间($0<t<T_0$)一边生产一边销售,后来的一段时间($T_0<t<T$)只销售不生产,画出贮存量 $q(t)$ 的图形.设每次生产准备费为 c_1,单位时间每件产品贮存费为 c_2,以平均每天总费用最小为目标确定最优生产周期.讨论 $k\gg r$ 和 $k\approx r$ 的情况.

3.2 森林救火

森林失火了!消防站接到报警后派多少消防队员前去救火呢?派的队员越多,森林的损失越小,但是救援的开支会越大,所以需要综合考虑森林损失费和救援费与消防队员人数之间的关系,以总费用最小来决定派出队员的数目[7].

问题分析 损失费通常正比于森林烧毁的面积,而烧毁面积与失火、灭火(指火被扑灭)的时间有关,灭火时间又取决于消防队员数目,队员越多灭火越快.救援费既与消防队员人数有关,又与灭火时间长短有关.记失火时刻为 $t=0$,开始救火时刻为 $t=t_1$,灭火时刻为 $t=t_2$.设在时刻 t 森林烧毁面积为 $B(t)$,则造成损失的森林烧毁面积为 $B(t_2)$.建模要对函数 $B(t)$ 的形式作出合理的简单假设.

研究$\frac{\mathrm{d}B}{\mathrm{d}t}$比 $B(t)$ 更为直接和方便.$\frac{\mathrm{d}B}{\mathrm{d}t}$是单位时间烧毁面积,表示火势蔓延的程度.在消防队员到达之前,即 $0\leqslant t\leqslant t_1$,火势越来越大,即$\frac{\mathrm{d}B}{\mathrm{d}t}$随 t 的增加而增加;开始救火以后,即 $t_1<t<t_2$,如果消防队员救火能力足够强,火势会越来越小,即$\frac{\mathrm{d}B}{\mathrm{d}t}$应减小,并且当 $t=t_2$ 时$\frac{\mathrm{d}B}{\mathrm{d}t}=0$.

救援费可分为两部分:一部分是灭火器材的消耗及消防队员的薪金等,与队员人数及灭火所用的时间均有关;另一部分是运送队员和器材等的一次性支出,只与队员人数有关.

模型假设 需要对烧毁森林的损失费、救援费及火势蔓延程度$\frac{\mathrm{d}B}{\mathrm{d}t}$的形式做出假设.

1. 损失费与森林烧毁面积 $B(t_2)$ 成正比,比例系数 c_1 为烧毁单位面积的损失费.

2. 从失火到开始救火这段时间($0\leqslant t\leqslant t_1$)内,火势蔓延程度$\frac{\mathrm{d}B}{\mathrm{d}t}$与时间 t 成正比,比例系数 β 称火势蔓延速度.

3. 派出消防队员 x 名,开始救火以后($t>t_1$)火势蔓延速度降为 $\beta-\lambda x$,其中 λ 可视为每个队员的平均灭火速度.显然应有 $\beta<\lambda x$.

4. 每个消防队员单位时间的费用为 c_2,于是每个队员的救火费用是 $c_2(t_2-t_1)$;每个队员的一次性支出是 c_3.

第 2 条假设可作如下解释:火势以失火点为中心,以均匀速度向四周呈圆形蔓延,所以蔓延的半径 r 与时间 t 成正比.又因为烧毁面积 B 与 r^2 成正比,故 B 与 t^2 成正比,从而$\frac{\mathrm{d}B}{\mathrm{d}t}$与 t 成正比.这个假设在风力不大的条件下是大致合理的.

评注 对 $\mathrm{d}B/\mathrm{d}t$ 的简化假设是建模的关键.若考虑风向、风力的影响,应考虑另外的假定.

模型构成 根据假设条件 2,3,火势蔓延程度$\frac{\mathrm{d}B}{\mathrm{d}t}$在 $0\leqslant t\leqslant t_1$ 线性地增加,在 $t_1<t<t_2$ 线性地减小.$\frac{\mathrm{d}B}{\mathrm{d}t}-t$ 的图形如图 1 所示.记 $t=t_1$ 时$\frac{\mathrm{d}B}{\mathrm{d}t}=b$.烧毁面积$B(t_2)=\int_0^{t_2}\frac{\mathrm{d}B}{\mathrm{d}t}\mathrm{d}t$ 恰是图中三角形的面积,显然有 $B(t_2)=\frac{1}{2}bt_2$,而 t_2 满足

$$t_2-t_1=\frac{b}{\lambda x-\beta}=\frac{\beta t_1}{\lambda x-\beta} \tag{1}$$

于是

$$B(t_2)=\frac{\beta t_1^2}{2}+\frac{\beta^2 t_1^2}{2(\lambda x-\beta)} \tag{2}$$

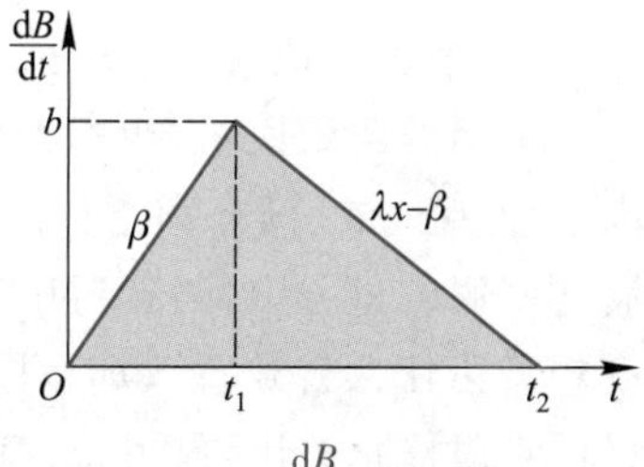

图 1 $\frac{\mathrm{d}B}{\mathrm{d}t}-t$ 关系

根据假设条件 1,4,森林损失费为 $c_1B(t_2)$,救援费为 $c_2x(t_2-t_1)+c_3x$.将(1)(2)式代入,得到救火总费用为

$$C(x)=\frac{c_1\beta t_1^2}{2}+\frac{c_1\beta^2t_1^2}{2(\lambda x-\beta)}+\frac{c_2\beta t_1x}{\lambda x-\beta}+c_3x \tag{3}$$

$C(x)$即为这个优化模型的目标函数.

模型求解 为求 x 使 $C(x)$达到最小,令$\frac{\mathrm{d}C}{\mathrm{d}x}=0$,可以得到应派出的队员人数为

$$x=\frac{\beta}{\lambda}+\beta\sqrt{\frac{c_1\lambda t_1^2+2c_2t_1}{2c_3\lambda^2}} \tag{4}$$

评注 有人对平均灭火速度 λ 是常数的假设提出异议,认为 λ 应与开始救火时的火势 b 有关,b 越大 λ 越小.这时要对函数 $\lambda(b)$ 做出合理的假设,再得到进一步的结果(复习题).

结果解释 首先,应派出队员数目由两部分组成,其中一部分 β/λ 是为了把火扑灭所必需的最少队员数.因为 β 是火势蔓延速度,而 λ 是每个队员的平均灭火速度,所以这个结果是明显的.从图 1 也可以看出,只有当 $x>\beta/\lambda$ 时,斜率为 $\lambda x-\beta$ 的直线才会与 t 轴有交点 t_2.

其次,派出队员数的另一部分,即在最低限度之上的队员数,与问题的各个参数有关.当队员灭火速度 λ 和救援费用系数 c_3 增大时,队员数减少;当火势蔓延速度 β、开始救火时刻 t_1 及损失费用系数 c_1 增加时,队员数增加.这些结果与常识是一致的.(4)式还表明,当救援费用系数 c_2 变大时队员数也增加,请读者考虑为什么会有这样的结果.

实际应用这个模型时,c_1,c_2,c_3 是已知常数,β,λ 由森林类型、消防队员素质等因素决定,可以预先制成表格以备查用.由失火到救火的时间 t_1 则要根据现场情况估计.

复习题

在森林救火模型中,如果考虑消防队员的灭火速度 λ 与开始救火时的火势 b 有关,试假设一个合理的函数关系,重新求解模型.

3.3 倾倒的啤酒杯

一个春意盎然的午后,你和家人来到郊野公园的草地上,铺下一领凉席,打开带来的食品袋,斟满一杯啤酒随手放到席子上,哎哟,啤酒杯倾倒了,金黄色的啤酒洒了一摊.又一个夏日炎炎的傍晚,你和朋友来到碧沙起伏的海边,朋友刚要把从吧台买来的啤酒撴在沙滩上,你突然想起那次在草地上的教训,赶紧接过来一口气把啤酒喝得只剩下不多,才放心地放下,哎呀,啤酒杯又倒了.满杯也倒,空杯也倒,怎么回事?

上面的场景说明,在不大平坦的地方盛着啤酒的杯子不容易放稳,这是因为质心太高了.直观地看,满杯和空杯的质心都大约在杯子中央稍下一点的位置.而在你饮用一满杯啤酒的过程中,随着杯中啤酒液面的下降,质心应该先降低,后又升高(从常识角度想想为什么会升高),那么质心必然有一个最低点.如果你在啤酒杯的质心大致处于最低点时停止饮用,放下来,就是最不容易倾倒的情况.

饮酒时啤酒杯质心的变化过程与倒酒时的正好相反,质心的最低点是一样的,而讨

论倒酒过程比较方便.本节要建立一个数学模型,描述啤酒杯的质心随啤酒液面上升而变化的规律,找出质心最低点的位置,并讨论最低点由哪些因素决定[75].

模型分析与假设　将最简单的啤酒杯的形状看作一个圆柱体,杯子的高度可以假定为1(个单位).由于在啤酒液面上升过程中,质心始终在杯子的中轴线上变化,故以中轴线的底端为坐标原点,沿中轴线建立坐标轴 x,倒酒时液面高度从 $x=0$ 增加到 $x=1$,而质心是 x 的函数,记作 $s(x)$,见图1.

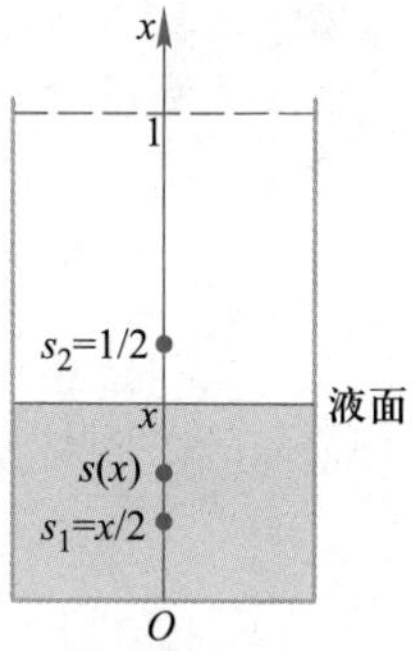

图1　啤酒杯及其质心坐标

装着酒的啤酒杯的质心位置由啤酒和空杯的质量和质心决定.假设啤酒和杯子材料都是均匀的,一满杯啤酒(不计杯子)的质量记作 w_1,空杯侧壁的质量记作 w_2,空杯底面的质量记作 w_3.因为啤酒杯是高度为1的圆柱,所以液面高度为 x 的啤酒质量是 w_1x,其质心记作 s_1,是高度的一半,即 $s_1=x/2$.倒酒过程中空杯的质量不变,其质心与 x 无关,只由 w_2 和 w_3 的大小决定.为简化起见,下面先忽略 w_3,建立啤酒杯质心 $s(x)$ 的模型,求解质心最低点的位置,并讨论其性质,然后再将 w_3 加入模型.

模型一的建立与求解　在忽略空杯底面质量而只考虑侧壁的情况下,空杯的质心位置记作 s_2,显然 $s_2=1/2$,如图1所示.

液面高度为 x 时啤酒杯的质量为 w_1x+w_2,其质心 $s=s(x)$ 由啤酒质量 w_1x、质心 s_1 与空杯质量 w_2、质心 s_2 的力矩平衡关系得到,根据物理学关于质心的计算公式,有

$$(w_1x+w_2)s=w_1xs_1+w_2s_2 \tag{1}$$

将 $s_1=x/2$,$s_2=1/2$ 代入,并记 $a=w_2/w_1$,由(1)式可解出 s 得

$$s(x)=\frac{x^2+a}{2(x+a)} \tag{2}$$

(2)式表明啤酒杯的质心随液面高度的变化规律 $s(x)$ 只与空杯和满杯啤酒(不计杯子)的质量比 a 有关.当 a 取不同数值0.1, 0.3, 0.5, 1时,s 随 x 的变化曲线如图2.由图可见对于每一个 a,s 都有一最小值.如若 $a=0.3$,则液面 x 在0.35左右 s 最小,即质心最低.

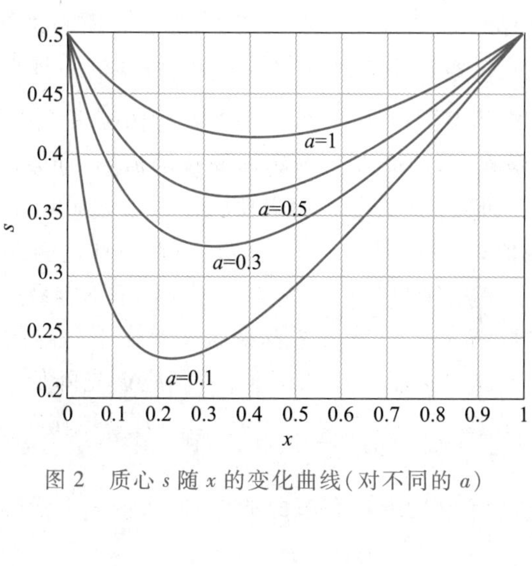

图2　质心 s 随 x 的变化曲线(对不同的 a)

函数 s 的极值问题可以用微分法求解.对(2)式求导数得

$$\frac{\mathrm{d}s}{\mathrm{d}x}=\frac{4x(x+a)-2(x^2+a)}{4(x+a)^2} \tag{3}$$

令 $\frac{\mathrm{d}s}{\mathrm{d}x}=0$ 得到 $x^2+2ax-a=0$,这个二次代数方程的正根是 $s(x)$ 的最小点,记作 x^*,有

$$x^*=\sqrt{a^2+a}-a \tag{4}$$

当液面高度为 x^* 时,啤酒杯质心处于最低位置.由(4)式表示的曲线如图3,给出了 x^* 与质量比 $a=w_2/w_1$ 之间的关系.将(4)代入(2)即可得到质心的最低点.

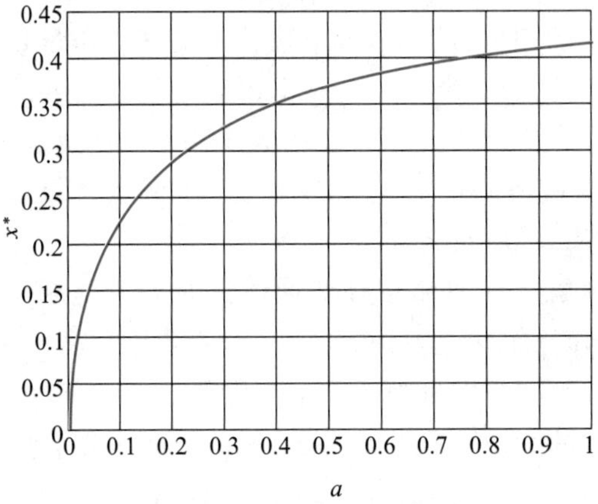

图3 质心最低时的液面位置随 a 的变化曲线

模型一结果分析 由(4)式可知,啤酒杯质心最低时的液面高度只取决于空杯和满杯啤酒的质量比 a.如果考察半升啤酒的杯子,啤酒的密度与水差不多,满杯啤酒的质量是 500 g,空杯的质量则依材料的不同(纸制品、化学制品、玻璃制品等)可在相当大的范围(如从 50 g 到 500 g)内变化,于是质量比 a 取 0.1 到 1 的数值.若将 $a=0.3$(空杯质量150 g)代入(4)式可算出 $x^*=0.324\,5$,表明一杯啤酒喝到差不多只剩 1/3 时质心最低,最不容易倾倒.

由图2、图3可以看出,随着质量比 a 的变大,啤酒杯质心最低时的液面高度 x^* 在升高.对于固定的 w_1 而言,空杯质量越大,质心最低时的液面越高,这显然是符合常识的.比如你用质量 500 g、半升装的厚玻璃杯饮酒时 $a=1$,按照(4)式质心最低的液面高度应为 $\sqrt{2}-1=0.414$.

从数学角度还可以研究,质量比 a 无限变大时质心最低的液面高度变化趋势,即(4)式中 $a\to\infty$ 的极限值,可如下计算:

$$\lim_{a\to\infty}(\sqrt{a^2+a}-a)=\lim_{a\to\infty}\frac{a}{\sqrt{a^2+a}+a}=\lim_{a\to\infty}\frac{1}{\sqrt{1+\frac{1}{a}}+1}=\frac{1}{2}$$

说明用(与啤酒质量相比)非常重的杯子饮酒,喝到一半($x=\frac{1}{2}$)质心最低.还可注意到,此时啤酒杯的质心也是 $s=1/2$,正好在液面的位置.显然是由于啤酒质量可以忽略,啤

酒杯质心与空杯质心相合.

意料之外与情理之中 将(4)式的 x^* 代入质心 s 随 x 的变化规律(2)式,得到

$$s(x^*)=\frac{(\sqrt{a^2+a}-a)^2+a}{2[(\sqrt{a^2+a}-a)+a]}=\frac{2(a^2+a-a\sqrt{a^2+a})}{2\sqrt{a^2+a}}=\sqrt{a^2+a}-a \tag{5}$$

与(4)式的 x^* 完全相同,表明当啤酒杯质心与液面高度相重合时质心最低.这是否在你的意料之外呢?

这个结果其实也在情理之中.考察向杯中倒酒的过程,液面高度 $x=0$ 时质心 $s=s_2=1/2$,随着 x 的升高,由于啤酒质心 $s_1=x/2$ 的“向下作用”,质心 s 下降,直至 x 与 s 重合.此后,x 继续升高,$s_1=x/2$ 起“向上作用”,质心 s 上升,直到 $x=1$ 时 $s=1/2$.

评注 啤酒杯质心与液面高度相重合时质心最低,这个既在意料之外又在情理之中的结果,不通过建模大概是难以想象的.从数学角度看,相当于函数 $s=s(x)$ 由 $s'(x^*)=0$ 得到的最小点 x^*,也是函数的不动点,即 $x^*=s(x^*)$.

上述过程可以通过数学模型给以清晰的表示.对(2)(3)两式作代数运算可得

$$\frac{\mathrm{d}s}{\mathrm{d}x}=\frac{x-s}{x+a} \tag{6}$$

表示 s 对 x 的导数与差 $x-s$ 同号,且当 $x=s$ 时导数为 0.这说明,随着 x 变大,$x<s$ 时,s 对 x 的导数为负,s 下降;$x>s$ 时,s 对 x 的导数为正,s 上升;$x=s$ 时,s 达到最小值.

将图 2 的坐标范围稍加改动,画成图 4,可以看出,对于任意的 a,直线 $s=x$ 通过每条曲线 $s(x,a)$ 的最低点,这是上述结果的图示.

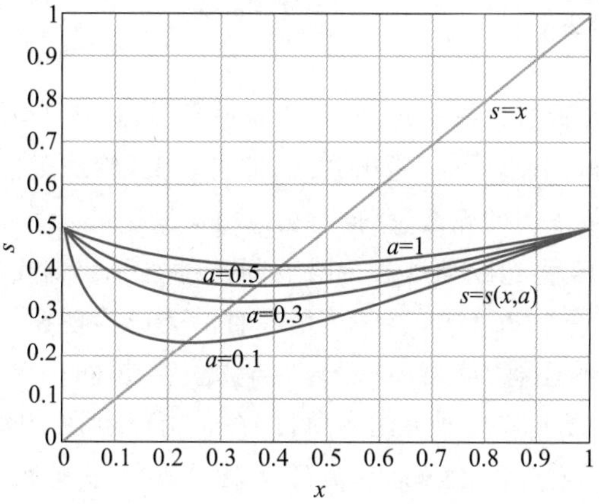

图 4 直线 $s=x$ 通过曲线 $s(x,a)$ 的最低点

模型二的建立与求解 考虑空杯底面的质量 w_3,质心记作 s_3,由于与杯子高度相比底面的厚度很小,可以忽略,所以可认为 $s_3=0$.仍然利用质心的计算公式,与模型一(1)式类似地有

$$(w_1x+w_2+w_3)s=w_1xs_1+w_2s_2+w_3s_3 \tag{7}$$

将 $s_1=x/2, s_2=1/2, s_3=0$ 代入,仍记 $a=w_2/w_1$,再记 $b=w_3/w_1$,由(7)式可解出 s 得

$$s(x)=\frac{x^2+a}{2(x+a+b)} \tag{8}$$

$b=0$ 时,与模型一(2)式相同.

用与模型一相同的方法求解,得到(2)式的最小点与最小值为

$$x^*=s(x^*)=\sqrt{(a+b)^2+a}-(a+b) \tag{9}$$

小结 对于一个虽然实际意义不大、却饶有生活情趣的现象,通过建模给以表述,对得到的结果给予解释.在适当的简化假设下,根据物理学的基本知识,建立函数极值问题的优化模型,通过求导、极限、作图等手段,得到了精确的数量关系.

再次出现与模型一同样的结果：当啤酒杯质心与液面高度相重合时质心最低.

粗略估计一下考虑空杯底面的质量对最低质心位置的影响.设杯子侧壁和底面的厚度和材质相同，记侧壁高度和底面直径分别为 h, d，且不妨假定 $h=2d$，则容易得到 $\frac{w_3}{w_2}=\frac{d}{4h}=\frac{1}{8}$.若设 $a=\frac{w_2}{w_1}=0.3$（空杯质量 150 g），则 $b=\frac{w_3}{w_1}=\frac{1}{8}\times 0.3=0.037\,5$.将 a, b 代入(9)式得 $x^*=0.305\,9$.与模型一在 $a=0.3$ 时的结果 $x^*=0.324\,5$ 相比，相差不到6%.

模型推广 由于设定啤酒杯是最简单的圆柱形，所以建立的模型及求解的结果也非常简明.如果啤酒杯呈圆台或球台等形状，建模的方法是一样的，但是推导会比较复杂.一个有趣的现象是，只要啤酒杯是旋转体（侧壁由任意曲线绕中轴线旋转而成），那么上面那个意料之外、情理之中的结果就会成立.

复习题

设啤酒杯的侧壁是由任意曲线绕中轴线旋转形成的，建立啤酒杯质心随啤酒液面上升而变化的数学模型，证明啤酒杯质心与液面高度相重合时质心最低.

3.4 铅球掷远

你投掷过铅球或者看过投掷铅球吧.运动员手指握球、置于颌下、上体微屈、背对投向，左腿摆动、右腿蹬伸、滑步向前、送出右髋，伸直右臂，将球迅速、有力地推出，极大的爆发力使铅球画出一条优美的弧线，落向远方.

铅球掷远起源于14世纪欧洲炮兵闲暇期间推掷炮弹的游戏和比赛，当时炮弹是圆形铁球，质量为16磅（合7.26 kg），这一质量一直沿袭成为现在男子铅球正式比赛的标准.见证这一历史渊源的还有，英语中“铅球”与“炮弹”是同一单词“shot”.男子铅球早在1896年第一届奥运会上就被列为比赛项目，女子铅球也在1948年进入奥运会.

虽然运动会上我们看到的铅球运动员都是人高马大、胳膊粗壮，但并不是只要有力气就能把铅球掷得远.从常识判断，运动员能够对铅球施加作用的因素只有初始速度和出手角度，显然初始速度越大掷得越远，出手角度则存在一个使投掷距离最远的最佳值.另外，教练员在挑选运动员时还会注意他（她）的身高，因为出手高度越大也会让铅球掷得越远.本节要通过数学建模，定量地分析投掷距离与铅球的初始速度、出手角度、出手高度等因素的关系，找出最佳出手角度，并研究初始速度、出手角度、出手高度的微小改变对投掷距离的影响[76].

问题分析 男子铅球的直径只有11 cm至13 cm，在短暂的飞行中所受的阻力可以忽略.于是可将铅球视为一个质点，以一定的初始速度和出手角度投出后，在重力作用下作斜抛运动.中学物理知识告诉我们，飞行轨迹是一条抛物线，如图1，投掷距离除了取决于铅球的初始速度 v、出手角度 θ 外，还与出手高度 h 有关.下面先暂不考虑出手高度，建立一个简单模型，分析初始速度 v 和出手角度 θ 对投掷距离的影响，再将出手高度 h 加入，改进原来的模型[13].

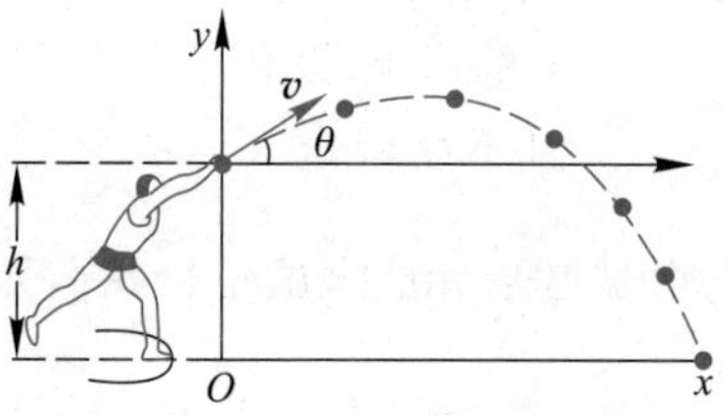

图 1 铅球飞行轨迹示意图

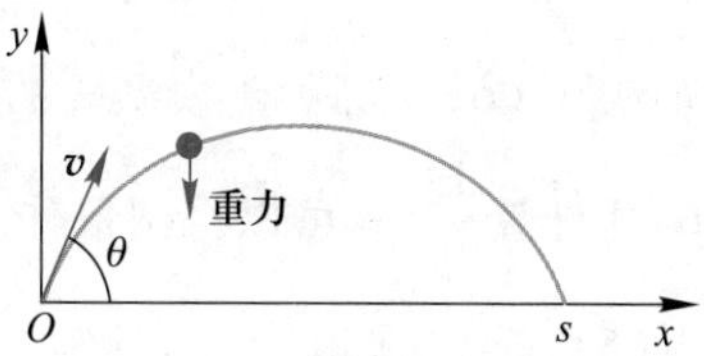

图 2 不考虑出手高度的简单模型

模型一 不考虑铅球出手高度,建立坐标系如图 2,初始速度 v 方向与 x 轴的夹角为 θ.v 在 x 轴和 y 轴上的投影分别为 $v_x=v\cos\theta$,$v_y=v\sin\theta$.忽略空气阻力,铅球飞行过程中在 x 轴方向不受力,在 y 轴方向只受重力作用(与 y 轴反向),记重力加速度为 g.设铅球在时刻 $t=0$ 从坐标原点投出,按照运动的基本规律,铅球在任意时刻 t 的位置坐标 (x, y) 满足

$$x=vt\cos\theta,\quad y=vt\sin\theta-\frac{gt^2}{2} \tag{1}$$

记投掷距离为 s,注意到铅球落地即 $y=0$,此时的 x 坐标等于 s,(1)式化为

$$s=vt\cos\theta,\quad 0=vt\sin\theta-\frac{gt^2}{2} \tag{2}$$

消去 t 得到

$$s=\frac{v^2\sin 2\theta}{g} \tag{3}$$

(3)式给出投掷距离 s 与铅球初始速度 v 和出手角度 θ 的关系.对模型一可作以下初步分析:

1. 当出手角度 $\theta=\frac{\pi}{4}$时 ,$\sin 2\theta=1$,投掷距离 $s=\frac{v^2}{g}$达到最大,最佳出手角度$\frac{\pi}{4}$与初始速度无关,这也就是大家熟知的"物体以 45 度角抛出的距离最远".

2. 对任何出手角度 θ,投掷距离 s 与铅球初始速度 v 的平方成正比,表明初始速度的提高能使投掷距离大幅度地增加.

模型二 设铅球出手高度为 h,建立坐标系如图 3, 铅球在时刻 $t=0$ 从坐标 $(0, h)$ 投出,(1)式改为

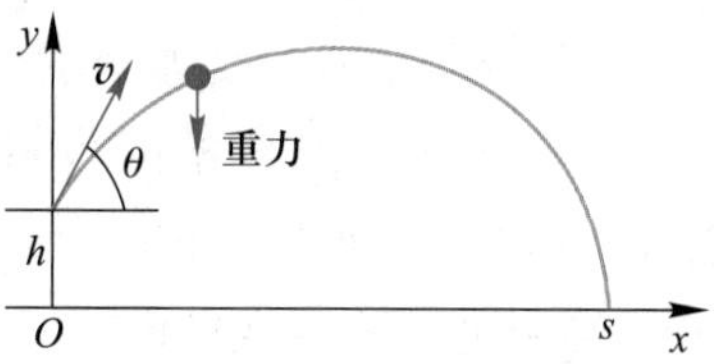

图 3 考虑出手高度的改进模型

$$x=v_x t,\quad y=h+v_y t-\frac{gt^2}{2} \tag{4}$$

将 $y=0$,$x=s$ 代入(4)式得到

$$s=vt\cos\theta,\quad 0=h+vt\sin\theta-\frac{gt^2}{2} \tag{5}$$

消去 t 解出

$$s=\frac{v^2\sin\theta\cos\theta}{g}+\frac{v\cos\theta}{g}\sqrt{v^2\sin^2\theta+2hg} \tag{6}$$

显然,当 $h=0$ 时(6)式等同于模型一的(3)式.

由(6)式计算$\frac{\mathrm{d}s}{\mathrm{d}\theta}=0$ 可以得到最佳出手角度,但是这个计算太繁了！我们另辟一条捷径:先由(5)式消去 t 得

$$h+s\tan\theta-\frac{gs^2}{2v^2\cos^2\theta}=0 \tag{7}$$

对(7)式求导数并令$\frac{\mathrm{d}s}{\mathrm{d}\theta}=0$ 得

$$\frac{s}{\cos^2\theta}-\frac{gs^2\sin\theta}{v^2\cos^3\theta}=0 \tag{8}$$

由此解出

$$s=\frac{v^2}{g\tan\theta} \tag{9}$$

将(9)式代入(7)式有

$$h+\frac{v^2}{g}-\frac{v^2}{2g\sin^2\theta}=0 \tag{10}$$

于是

$$\sin\theta=\frac{v}{\sqrt{2(v^2+gh)}} \tag{11}$$

(11)式的 θ 为最佳出手角度.将(11)式代入(9)式得

$$s=\frac{v}{g}\sqrt{v^2+2gh} \tag{12}$$

容易验证,当 $h=0$ 时,(11)(12)式给出与模型一相同的结果.

(6)式表示的是投掷距离 s 与铅球初始速度 v、出手角度 θ 和出手高度 h 之间的一般关系,(11)(12)式则给出了由初始速度 v、出手高度 h 决定的最佳出手角度和最远投掷距离.对模型二可作以下初步分析:

1. 最佳出手角度 $\theta<\frac{\pi}{4}$,且 θ 与 v 和 h 有关,v 越大 θ 越大,h 越大 θ 越小.

2. 以最佳角度 θ 投出的最远距离 s 与 v 和 h 有关,v 越大 s 越大,h 越大 s 越大.由于大致上 s 与 v 为2次方关系,与 h 为1/2次方关系,所以提高 v 远比提高 h 对 s 的增加有效.

表1是出手高度为1.8~2.2 m、初始速度为8~15 m/s下的最佳出手角度及最远投掷距离.出手高度可以按照身高加20 cm左右估计,对普通人初始速度大概在8~10 m/s,一般运动员可达10~13 m/s,最佳出手角度应在40°左右.目前男子铅球(质量为7.26 kg)世界纪录为23.56 m(克鲁瑟,美国,2023年).按照这个模型,他投掷的初始速度应接近15 m/s.

表 1 按照模型二计算的最佳出手角度及最远投掷距离

		初始速度/(m·s⁻¹)							
		8	9	10	11	12	13	14	15
最佳角度/°	$h=1.8$ m	38.76	39.85	40.69	41.35	41.87	42.29	42.63	42.92
	$h=2.0$ m	38.22	39.38	40.28	40.99	41.56	42.02	42.39	42.70
	$h=2.2$ m	37.70	38.93	39.89	40.65	41.26	41.75	42.16	42.49
最远距离/m	$h=1.8$ m	8.13	9.90	11.87	14.03	16.40	18.96	21.73	24.69
	$h=2.0$ m	8.29	10.07	12.04	14.21	16.57	19.14	21.91	24.88
	$h=2.2$ m	8.45	10.23	12.21	14.38	16.75	19.32	22.09	25.06

根据表 1 中模型二的计算结果,设 $h=2.0$ m, $v=10$ m/s 时 $s=12.04$ m, $v=12$ m/s 时 $s=16.57$ m.按照模型一中 $\theta=\frac{\pi}{4}$的 $s=\frac{v^2}{g}$计算,得 $v=10$ m/s 时 $s=10.20$ m,$v=12$ m/s 时 $s=14.69$ m.对比发现,模型二的最远投掷距离 s 比模型一大约增加了 2 m,差不多正是一个出手高度 h.这个结果可以由(12)式近似地推出(复习题 1).

敏感性分析 研究铅球初始速度 v、出手角度 θ 和出手高度 h 的微小改变对投掷距离 s 的影响.让我们先看数值计算结果,再利用微分法作理论分析.

模型一的数值计算 若 v 提高 5%,用 $1.05v$ 代替(3)式中的 v,则 s 将变为 $1.1025\,s$,即 s 增加约 10%,表明初始速度微小的提高能使投掷距离成倍地增加.

如果出手角度 θ 变化 5%,由最佳角度 45°变为 42.75°(或 47.25°),则(3)式中 $\sin 2\theta=\sin 85.5°=0.9969$,投掷距离 s 仅减少约 0.3%,说明出手角度在最佳角度处的微小改变对投掷距离的影响很小.

模型一的理论分析 可以用$\frac{\Delta s}{s}$,$\frac{\Delta v}{v}$分别表示 s 和 v 的相对微小改变量,并用微分 $\mathrm{d}s$,$\mathrm{d}v$ 代替增量 Δs,Δv,由(3)式计算 s 的微分,得到

$$\frac{\mathrm{d}s}{s}=2\,\frac{\mathrm{d}v}{v} \tag{13}$$

即 s 的相对(微小)改变是 v 的相对(微小)改变的两倍.

> **评注** 当一个实际问题归结为自变量与因变量之间函数形式的数学模型时,由于自变量不易精确控制到预先设定或理想的数值(甚至根本不能控制),常常需要研究自变量在这个数值附近的微小改变对因变量的影响,因此敏感性分析是数学建模的重要环节之一.

类似的计算可得

$$\frac{\mathrm{d}s}{s}=\frac{2\theta}{\tan 2\theta}\,\frac{\mathrm{d}\theta}{\theta} \tag{14}$$

这个结果不能分析 θ 正好等于 $\pi/4$ 时的情况,不妨取略小于 $\pi/4$ 的角度如 42.75°,可得$\frac{\mathrm{d}s}{s}=0.12\,\frac{\mathrm{d}\theta}{\theta}$,所以 θ 的微小改变对 v 的影响很小.

模型二的数值计算 从表 1 可以看出,出手高度增加 0.2 m(约 10%),最佳出手角度减小不到 0.5°,最远投掷距离增加近 0.2 m(约 1.5%),对于激烈的比赛来说这个数值还是相当可观的,所以运动员选材时应该对身高给予关注.

初始速度提高 1 m/s(约 10%),最佳出手角度增加稍多于 0.5°,最远投掷距离可提高 2 m 以上(15%以上),这是一个非常重要的结果,说明在注重运动员身高与出手角度的基

础上，训练中应调动全身力量，形成巨大的投掷爆发力，使铅球达到尽可能大的初始速度.

模型二的理论分析 根据(12)式计算 s 的微分 ds 与 v 的微分 dv（h 视为常数），及 ds 与 h 的微分 dh（v 视为常数），

$$ds=\frac{2(v^2+gh)}{g\sqrt{v^2+2gh}}dv,\quad ds=\frac{v}{\sqrt{v^2+2gh}}dh \tag{15}$$

再由(15)式和(12)式计算出

$$\frac{ds}{s}=\left(1+\frac{v^2}{v^2+2gh}\right)\frac{dv}{v},\qquad \frac{ds}{s}=\frac{gh}{v^2+2gh}\frac{dh}{h} \tag{16}$$

可以看出，$\frac{ds}{s}>\frac{dv}{v}$，而$\frac{ds}{s}<\frac{dh}{h}$，且因通常 v^2 比 $2gh$ 大许多，所以 v 的微小改变对投掷距离 s 的影响比 h 的微小改变对 s 的影响显著得多.

若以 $v=12$ m/s，$h=2.0$ m 代入(16)式，可得$\frac{ds}{s}=1.78\frac{dv}{v}$，$\frac{ds}{s}=0.11\frac{dh}{h}$，说明在 $v=12$ m/s，$h=2.0$ m 附近，v 的 1%改变可引起 s 多达 1.78%的变化，而 h 的 1%改变只引起 s 有 0.11%的变化.

小结 投掷铅球大概是体育运动中最适于用数学模型描述的项目之一，我们应用简单的物理知识建立了两个模型，对影响投掷距离的主要因素——初始速度、出手角度和出手高度进行定性和定量研究.

理论上严格分析出手角度 θ 的微小改变对 s 的影响需计算(6)式的微分，因过于烦琐不作推导，不过根据(6)式的近似(3)式及模型一的(14)式可以估计到，θ 的微小改变对 s 的影响也会很小.

本节利用微分对模型一、二所做的敏感性分析方法可以一般地表示如下：

已知函数 $y=f(x)$，计算微分 $dy=f'(x)dx$，在 $x=x_0$ 有

$$\frac{dy}{y}=g(x_0)\frac{dx}{x},\quad g(x_0)=\frac{x_0f'(x_0)}{f(x_0)} \tag{17}$$

式中 $g(x_0)$ 是 $x=x_0$ 处函数的相对(微小)改变$\frac{dy}{y}$与自变量的相对(微小)改变$\frac{dx}{x}$之比，$g(x_0)$越大，x 的变化对 y 的影响越大，即 y 对 x 越敏感.

对多元函数用(17)式计算时，应将其他自变量作为常数处理.

复习题

1. 从(12)式出发，利用近似关系 $(1+x)^{\frac{1}{2}}\approx1+\frac{x}{2}$ 说明，模型二的最远投掷距离比模型一大约增加了一个出手高度.

2. 根据(6)式，用类似的方法说明，对任意出手角度，模型二的投掷距离比模型一大约增加了多少，并从图 3 与图 2 给以几何解释.

3.5 不买贵的只买对的

作为一个消费者，你在琳琅满目的市场里徘徊，如何花掉口袋里的钱，选择购买若干件商品."不买贵的，只买对的"！买哪些商品、买多少才是"对的"？当然应该买最需

要的、最有用的."消费者追求最大效用"是经济学最优化原理中的一条,可以根据这条原理,用数学建模的方法帮助你决定在市场里的选择.让我们从商品的效用说起[76].

效用函数 刚打完一场篮球,你又累又饿.朋友买来一袋切片面包,你狼吞虎咽地吃下一片又一片.开始的几片使饥饿感得到极大的缓解,生理上和心理上都很满足,继续吃下去,每一片面包产生的快感会逐渐减少,饱胀以后就不想再吃了.

为了定量地研究随着吃下越来越多的面包,所得到的满足感的变化趋势,用 $U(x)$ 表示吃了 x 片面包后获得的满足程度,可看作面包产生的效用,如表 1 中吃一片面包的效用为 10(单位),2 片面包的效用为 20,3 片的效用为 28……9 片的效用为 46,与 8 片相同,等于白吃,再吃,效用反而减少,说明你吃到第 8 片、最多第 9 片面包就应该停止了.以下我们就不再考虑 $x=10$ 的情况. 表 1 中 $\Delta U(x)$ 表示每多吃一片面包所产生效用的增量,即 $\Delta U(x)= U(x) -U(x-1)$.图 1 是 $U(x)$ 和 $\Delta U(x)$ 的图形.由表 1、图 1 可以看到,$U(x)$ 是递增的,但是增长越来越慢,曲线呈上凸形状;$\Delta U(x)$ 大于或等于零,但它是递减的.

表 1 x 片面包产生的效用 $U(x)$ 及其增量 $\Delta U(x)$

	面包数量 x										
	0	1	2	3	4	5	6	7	8	9	10
$U(x)$	0	10	20	28	35	40	43	45	46	46	44
$\Delta U(x)$		10	10	8	7	5	3	2	1	0	

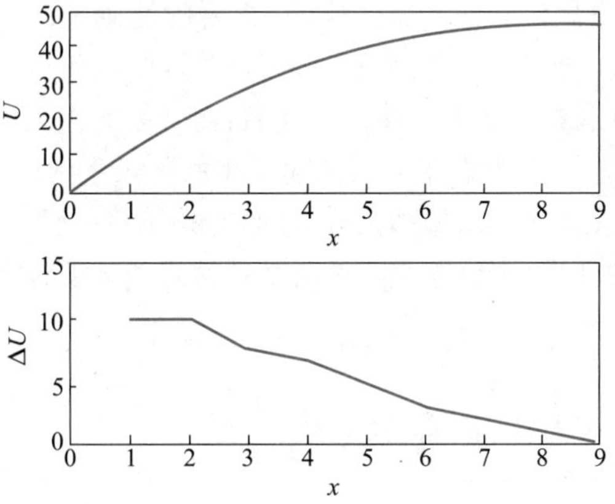

图 1 面包的 $U(x)$ 及 $\Delta U(x)$ 图形

像购买面包以满足人们生活需要这样的例子,在经济社会里比比皆是.经济学中把人们商品消费、服务消费所获得的生理、心理上的满足程度称为效用,引入**效用函数**(utility function) $U(x)$,表示数量为 x 的某种商品产生的效用,用约定的某个单位来度量①.为了数学研究的方便,将 $U(x)$ 视为连续、可微函数,其变化率 $\frac{\mathrm{d}U(x)}{\mathrm{d}x}$ 表示商品数量 x 增加 1 个单位时效用函数 $U(x)$ 的增量,称为**边际效用**(marginal utility).一种典型的效用函数数学表达式为

① 有些文献用 util, utils(复数)作为效用函数的单位,中文译名"尤特尔".

$$U(x)=ax^{\alpha},\quad a>0,0<\alpha<1 \tag{1}$$

图 2 是(1)式中 $a=2$, $\alpha=1/3$ 的 $U(x)$ 和$\dfrac{\mathrm{d}U(x)}{\mathrm{d}x}$的曲线.在理性消费情况(指消费增加导致效用也增加)下效用函数和边际效用具有以下性质:

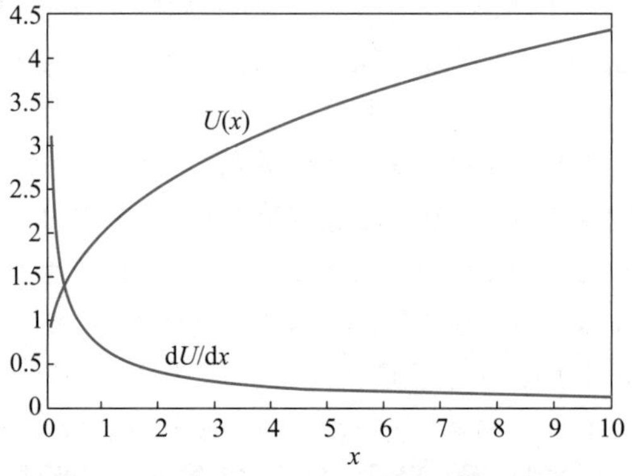

图 2　$U(x)=ax^{\alpha}(a=2,\alpha=1/3)$ 及 $\mathrm{d}U(x)/\mathrm{d}x$ 的曲线

1. 效用函数 $U(x)>0$,随着 x 的增加 $U(x)$ 递增,但增量越来越小.

2. 边际效用$\dfrac{\mathrm{d}U(x)}{\mathrm{d}x}>0$,随着 x 的增加$\dfrac{\mathrm{d}U(x)}{\mathrm{d}x}$递减,即边际效用的变化率$\dfrac{\mathrm{d}}{\mathrm{d}x}\left(\dfrac{\mathrm{d}U}{\mathrm{d}x}\right)$为负值.

“边际效用递减”是经济学中一条普遍的、重要的法则.除了人们的商品消费、服务消费以外,还可以举出一些用这条法则解释的例子.月收入 5 000 元的职员拿到 500 元的奖金,会十分高兴地盘算给亲人买些什么礼品,而月入 5 万元的小老板对于 500 元的外快就不会有多大兴趣.一些中老年人回忆起童年的困难生活时,常常对一碗红烧肉带来的满足和快感津津乐道,而当前餐桌上再好的美味佳肴也引不起太大兴趣.

效用函数和边际效用的这种特性可用两个数学式子简明地表示为

$$\frac{\mathrm{d}U}{\mathrm{d}x}>0,\quad \frac{\mathrm{d}^2U}{\mathrm{d}x^2}<0 \tag{2}$$

容易验证(1)式的效用函数 $U(x)$ 满足(2)式.

当消费者面对两种商品时效用函数会是什么样子呢?

无差别曲线　这次朋友买来的除了面包还有香肠,你可以搭配着吃.如果 1 片面包加 4 根香肠,或者 4 片面包加 1 根半香肠,又或者 7 片面包加 1 根香肠,都能使你获得同样的满足,那么这几种面包加香肠组合的效用函数相等.用$U(x, y)$表示 x 片面包和 y 根香肠组合的效用函数.在图 3 的 $x-y$ 平面中,上面 3 种组合分别用坐标点 A_1, A_2, A_3 表示,将它们连接成一条曲线,线上所有点(如 2 片面包加 2 根半香肠)对应的效用函数都等于某常数 u_1,记作 $U(x, y)=u_1$, 这条连线称为**无差别曲线**(指效用相同)或**等效用线**,与 2.3 节实物交换中介绍的曲线一样.

如果你拿取更多的面包和香肠(吃不完留下次吃),像图 3 的点 B_1(2 片面包加 5 根香肠)以及与 B_1 有同样效用函数值的 B_2, B_3,这 3 个点连成另一条无差别曲线,记作 $U(x, y)=u_2$,显然 $u_2>u_1$.可以画出更多的无差别曲线,例如由点 C_1(1 片面包加 2 根香肠), C_2 连成的 $U(x, y)=u_3$,有 $u_3<u_1$.

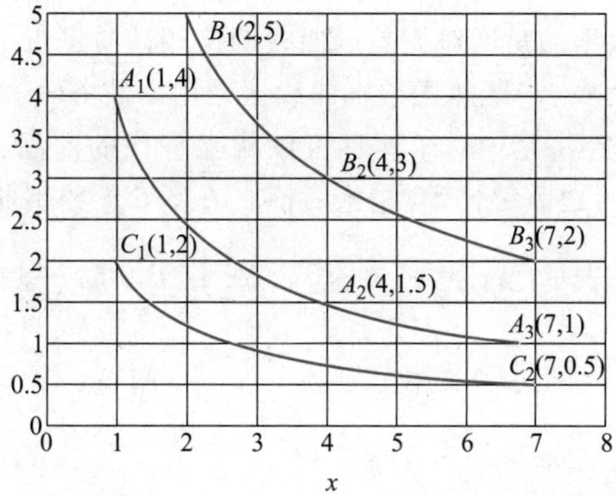

图 3 面包和香肠的无差别曲线

两种商品的效用函数 $U(x, y)$ 是二元函数，当 $U(x, y)$ 的一个变量 y（或 x）固定时，看作另一个变量 x（或 y）的一元函数，所以 $U(x, y)$ 仍然具有前面关于 $U(x)$ 的"边际效用递减"性质，与(2)式相应，对二元函数 $U(x, y)$ 应该用偏导数表示为

$$\frac{\partial U}{\partial x}>0, \quad \frac{\partial U}{\partial y}>0, \quad \frac{\partial^2 U}{\partial x^2}<0, \quad \frac{\partial^2 U}{\partial y^2}<0 \tag{3}$$

作为(1)式 $U(x)$ 形式的推广，一种典型的两种商品效用函数的数学表达式为

$$U(x,y)=ax^{\alpha}y^{\beta}, \quad a>0,0<\alpha,\beta<1 \tag{4}$$

图 4 是(4)式中 $a=1$，$\alpha=1/3$，$\beta=1/2$ 的无差别曲线 $U(x, y)=u(u=1, 2, 3)$.

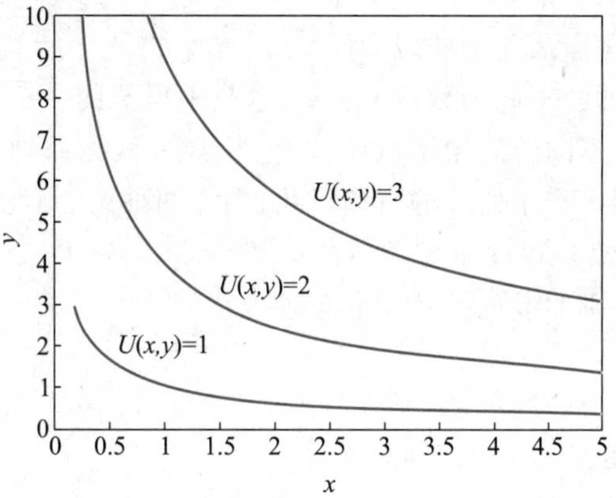

图 4 $U(x,y)=ax^{\alpha}y^{\beta}(a=1,\alpha=1/3,\beta=1/2)$ 的无差别曲线

无差别曲线 $U(x, y)=u$（u 为常数）在 $x-y$ 平面上表示为 y 对 x 的函数关系 $y=y(x)$，数学上 $U(x, y)=u$ 是 $y=y(x)$ 的隐函数，即有 $U(x, y(x))=u$. 如(4)式中 $U(x, y)=u$ 可表示为

$$y=y(x)=\left(\frac{u}{a}\right)^{\frac{1}{\beta}}x^{-\frac{\alpha}{\beta}} \tag{5}$$

图 4 的 3 条曲线正是按照(5)式画出的.

无差别曲线是效用函数的几何表示. 由图 3、图 4 的几何直观可以看出，无差别曲线是下降(斜率为负)、下凸(凸向原点)、互不相交的,2.3 节实物交换中曾给出简单解释,现在从经济学和数学的角度对无差别曲线的这些性质进行论证.

(1) **下降(斜率为负)** 既然无差别曲线上效用函数 $U(x, y)=u$ 不变,那么 x 的增加必导致 y 的减少.在经济学中对于两种可以相互替代的商品,x 增加 1 个单位引起 y 的减少量称为 x 对 y 的**边际替代率**(指绝对值),在图 5 无差别曲线 $U(x, y)=u$ 上的 P_1 点,边际替代率用 $-\frac{\Delta y}{\Delta x}$ 表示($\Delta x>0$ 时 $\Delta y<0$),Δx 趋于 0 时 $\frac{\Delta y}{\Delta x}$ 趋于曲线斜率 $\frac{\mathrm{d}y}{\mathrm{d}x}$,边际替代率为 $-\frac{\mathrm{d}y}{\mathrm{d}x}$.注意到 x, y 的边际效用分别为 $\frac{\partial U}{\partial x}, \frac{\partial U}{\partial y}$,用 Δx 替代 $-\Delta y$ 后效用不变,即有 $\frac{\partial U}{\partial x}\Delta x=-\frac{\partial U}{\partial y}\Delta y$,于是有

$$\frac{\mathrm{d}y}{\mathrm{d}x}=-\frac{\partial U/\partial x}{\partial U/\partial y}<0 \tag{6}$$

即边际替代率 $-\frac{\mathrm{d}y}{\mathrm{d}x}$ 等于边际效用 $\frac{\partial U}{\partial x}$ 与 $\frac{\partial U}{\partial y}$ 之比.

其实,在数学上,(6)式可以由隐函数 $U(x, y(x))=u$ 的求导公式直接得到.

(2) **下凸(凸向原点)** 随着 x 增加,x 对 y 的"边际替代率递减",也是经济学中一条重要法则,其数学意义为边际替代率 $-\frac{\mathrm{d}y}{\mathrm{d}x}$ 对 x 的导数是负值,即 $\frac{\mathrm{d}}{\mathrm{d}x}\left(-\frac{\mathrm{d}y}{\mathrm{d}x}\right)<0$,于是

$$\frac{\mathrm{d}^2y}{\mathrm{d}x^2}>0 \tag{7}$$

这正是曲线下凸(凸向原点)的条件.

(3) **互不相交** 两条无差别曲线 $U(x, y)=u_1$, $U(x, y)=u_2$ ($u_1\neq u_2$) 如果相交,交点的效用函数将取两个不同的数值 u_1, u_2,这是不可能的.

当 $U(x, y)=u$ 取不同的效用函数值 u 时,得到一族无差别曲线.随着 u 的增加曲线向右上方移动,如图 5.至于曲线的具体形状,则由两种商品对消费者带来的效用以及消费者对两种商品的偏爱程度决定.如对(4)式表示的效用函数,无差别曲线的具体形状取决于参数 α, β 的大小.

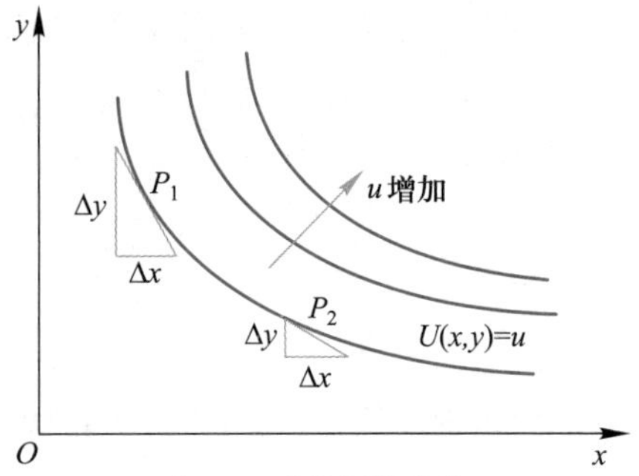

图 5 无差别曲线族

效用最大化模型

如果消费者已经确定了对甲乙两种商品效用函数 $U(x, y)$ 和无差别曲线,那么他用一定数额的钱会购买多少数量的商品甲和乙呢? 从效用最大化的角度出发,当然应该使 $U(x, y)$ 达到最大.

设甲乙两种商品的单价分别为 p_1, p_2,消费者准备付出的钱为 s,则他购买甲乙两种商品的数量 x, y 应满足

$$\begin{aligned} &\max\ U(x,y) \\ &\text{s.t.}\quad p_1x+p_2y=s \end{aligned} \tag{8}$$

式中 s.t.是受约束于(subject to)的符号.这就是效用最大化模型.

先从几何图形上分析、求解这个模型.在图 6 中,模型(8)的目标函数值由一族下

降、下凸、互不相交的无差别曲线 $U(x, y)=u$ 给出,而由钱 s 和商品单价 p_1, p_2 构成的约束条件是直线 AB,称**消费线**,在 x 轴、y 轴上的截距分别为 s/p_1, s/p_2. 直线 AB 与某一条无差别曲线 l 相切,记切点为 $Q(x, y)$,称**消费点**,当购买甲乙两种商品的数量为 x, y 时,效用函数达到最大. 因为在 AB 与其他无差别曲线 l_1 的交点 Q_1,其效用函数值小于 Q 点的效用函数值.

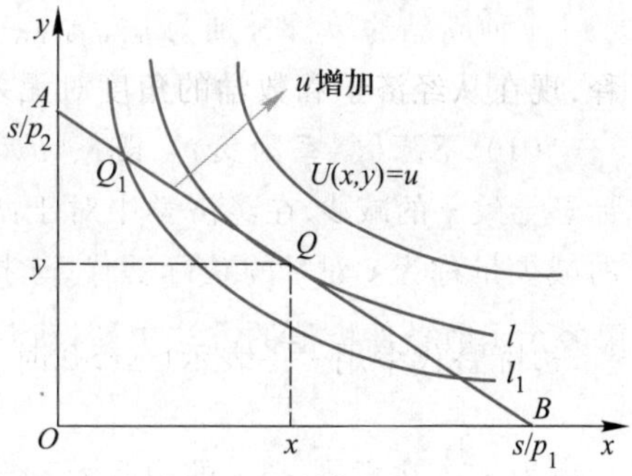

图 6 效用最大化模型的几何解法

如果知道效用函数 $U(x, y)$ 的数学表达式(如(4)式),可以按照二元函数条件极值的方法求解模型(8). 引入拉格朗日乘子 λ,构造函数

$$L(x,y,\lambda)=U(x,y)+\lambda(s-p_1x-p_2y)$$

由 $L(x, y, \lambda)$ 对 x, y 的偏导数等于 0,即

$$\frac{\partial L}{\partial x}=\frac{\partial U}{\partial x}-\lambda p_1=0,\quad \frac{\partial L}{\partial y}=\frac{\partial U}{\partial y}-\lambda p_2=0$$

可得

$$\frac{\partial U/\partial x}{p_1}=\frac{\partial U/\partial y}{p_2}=\lambda \tag{9}$$

即最优解在甲乙两种商品的边际效用与二者价格之比相等时取得. (9)式又可记作

$$\frac{\partial U/\partial x}{\partial U/\partial y}=\frac{p_1}{p_2} \tag{10}$$

(10)式表明,当两种商品的边际效用之比等于它们的价格之比时,效用函数达到最大,称**效用最大化原理**,是经济学中又一条重要法则. 这个结果与总钱数 s 无关,但可以给出购买商品甲和乙的数量之比 $\frac{x}{y}$ 或钱数之比 $\frac{p_1x}{p_2y}$.

几何解法得到的 $Q(x, y)$ 点与(10)式是一致的. 因为消费线 AB 的斜率是 $-\frac{p_1}{p_2}$,而由(6)式无差别曲线 $U(x, y)=u$ 的斜率是 $-\frac{\partial U/\partial x}{\partial U/\partial y}$.

如果某消费者对甲乙两种商品的效用函数如(4)式所示,则 $\frac{\partial U}{\partial x}=a\alpha x^{\alpha-1}y^{\beta}$, $\frac{\partial U}{\partial y}=a\beta x^{\alpha}y^{\beta-1}$,由(10)式,最优解 x, y 应满足 $\frac{\alpha y}{\beta x}=\frac{p_1}{p_2}$,或记作

$$\frac{p_1x}{p_2y}=\frac{\alpha}{\beta} \tag{11}$$

这表示按照效用最大化原理,他购买两种商品的钱数之比,等于效用函数(4)中的参数 α 与 β 之比,与商品价格无关,说明 α 与 β 分别是甲乙两种商品对消费者效用的度量,或者代表消费者对两种商品的偏爱.

模型(8)可以推广到购买 n 种商品的情况. 记消费者的效用函数为 $U(x_1, x_2,\cdots,$

x_n)，n 种商品的单价分别为 $p_1, p_2, \cdots, p_n$，消费者准备付出的钱为 s,则他购买 n 种商品的数量 $x_1, x_2, \cdots, x_n$ 满足

$$\max \quad U(x_1, x_2, \cdots, x_n)$$
$$\text{s.t.} \quad \sum_{i=1}^{n} p_i x_i = s \tag{12}$$

用多元函数条件极值的方法求解模型(12),其结果是(9)式或(10)式的推广,即

$$\frac{\partial U/\partial x_1}{p_1} = \frac{\partial U/\partial x_2}{p_2} = \cdots = \frac{\partial U/\partial x_n}{p_n} \tag{13}$$

式中边际效用与价格比值的含义是单位价格的边际效用.于是效用最大化原理又可表述为,当每种商品单位价格的边际效用均相等时,效用函数达到最大.

怎样才能“不买贵的,只买对的”!

市场上有草莓、芒果和橘子 3 种水果,每千克价格依次为 15 元、10 元和 5 元,李君准备花 100 元从中选择、采购.他应该怎样分配这笔钱呢?

按照效用最大化原理,李君应该先确定自己对这 3 种水果的效用函数或边际效用,然后根据(13)式决定 100 元钱的采购方案.记 3 种水果的价格分别为 p_1, p_2, p_3,购买数量分别为 x_1, x_2, x_3.有两种办法确定效用函数或边际效用.

第一种办法是采用现成的效用函数数学表达式,如(4)式类型的 $U(x_1, x_2, x_3) = ax_1^{\alpha}x_2^{\beta}x_3^{\gamma}, a>0, 0<\alpha, \beta, \gamma<1$,李君需根据 3 种水果带来的效用或他对 3 种水果的偏爱程度确定参数 α, β, γ,然后计算边际效用 $\frac{\partial U}{\partial x_1}, \frac{\partial U}{\partial x_2}, \frac{\partial U}{\partial x_3}$,由(13)式得到效用函数达到最大的条件为 $p_1x_1 : p_2x_2 : p_3x_3 = \alpha : \beta : \gamma$,即按照 $\alpha : \beta : \gamma$ 的比例分配100 元钱.若李君认定 $\alpha = 6/10$, $\beta = 1/10, \gamma = 3/10$,则他应该用 60 元买 4 kg 草莓、10 元买 1 kg 芒果、30 元买 6 kg 橘子.

采用这样的效用函数购买量 x_1, x_2, x_3 可以是连续的(若实际情况允许),如果李君准备只花 60 元,那么他应该用 36 元买 2.4 kg 草莓、6 元买 0.6 kg 芒果、18 元买 3.6 kg 橘子.

第二种办法是李君根据 3 种水果带来的效用或他对 3 种水果的偏爱程度,分别给出每多购买 1 kg 草莓、1 kg 芒果和 1 kg 橘子时效用函数的增加,即边际效用,如他给出表 2 的数据,相当于 $\frac{\partial U}{\partial x_1}, \frac{\partial U}{\partial x_2}, \frac{\partial U}{\partial x_3}$ 在 $x_1, x_2, x_3 = 1, 2, 3, \cdots$ 的取值.为了应用(13)式,先计算 3 种水果单位价格的边际效用(应将边际效用分别除以 $p_1 = 15$, $p_2 = 10$, $p_3 = 5$,由于比例关系,等价于分别除以 3, 2, 1),如此得到表 3.

表 2 草莓、芒果和橘子的边际效用

水果	数量/kg							
	1	2	3	4	5	6	7	8
草莓	24	21	20	18	16	15	13	10
芒果	12	10	9	8	6	5	3	2
橘子	15	12	10	9	7	6	5	5

表 3　草莓、芒果和橘子单位价格的边际效用

水果	数量/kg							
	1	2	3	4	5	6	7	8
草莓	8	7	20/3	6	16/3	5	13/3	10/3
芒果	6	5	9/2	4	3	5/2	3/2	1
橘子	15	12	10	9	7	6	5	5

根据表 3,可以按照 3 种水果单位价格边际效用从大到小的顺序,每次增加 1 kg 的购买量,直到花完准备付出的钱.如果李君准备花 100 元,那么第一笔钱买 1 kg 橘子(表 3 中 15 最大),第二笔钱又买 1 kg 橘子(表 3 中 12 次大),如此下去,结果仍是一共买 4 kg 草莓、1 kg 芒果和 6 kg 橘子(表 3 中大于或等于 6);而若他准备只花 70 元,那么将只能买 3 kg 草莓和 5 kg 橘子,不买芒果.

在第二种办法中,由于表 2 的边际效用是在离散点 $x_1, x_2, x_3=1, 2, 3, \cdots$得到的,所以隐含了购买量也是离散值的假定,这样,准备付出的钱(假如是 60 元)就不一定恰好花完.当然,可以先将边际效用拟合为适当的连续函数,再按第一种办法处理.

在这个例子中,芒果比橘子贵,但芒果买的比橘子少(钱不多时甚至不买芒果),这是因为芒果对李君的效用比橘子小,效用最大化的结果正是“不买贵的,只买对的”!

评注　通过无差别曲线可以直观、定性地讨论效用最大化原理以及实际应用中的问题,效用函数的数学表达式则能给出一些定理结果.但是表达式的形式,包括其中的参数,都与商品本身的特性及消费者的需要和偏爱密切相关,是很难确定的.

复习题

1. 检验(4)式表示的效用函数是否满足(6)(7)式.

2. 如果商品甲的单价 p_1 下降,而商品乙单价 p_2、消费者准备付出的钱 s 和两种商品的效用函数 $U(x, y)$ 均不变,讨论效用最大化模型的最优解如何变化.

3. 如果收入 s 增加,而两种商品的单价 p_1,p_2 和效用函数 $U(x, y)$ 均不变,讨论效用最大化模型的最优解如何变化.

3.6　血管分支

血液在动物的血管中一刻不停地流动,为了维持血液循环,动物的机体要提供能量.能量的一部分用于供给血管壁以营养,另一部分用来克服血液流动受到的阻力.消耗的总能量显然与血管系统的几何形状有关.在长期的生物进化过程中,高级动物血管系统的几何形状应该已经达到消耗能量最小原则下的优化标准了.

我们不可能讨论整个血管系统的几何形状,这会涉及太多的生理学知识.下面的模型只研究血管分支处粗细血管半径的比例和分叉角度,在消耗能量最小原则下应该取什么样的数值[7,69].

案例精讲 3-2
血管分支

模型假设

1. 一条粗血管在分支点处分成两条细血管,分支点附近三条血管在同一平面上,有一对称轴.因为如果不在一个平面上,血管总长度必然增加,导致能量消耗增加,不符合最优原则.这是一条几何上的假设.

2. 在考察血液流动受到的阻力时，将这种流动视为黏性流体在刚性管道中的运动.这当然是一种近似，实际上血管是有弹性的，不过这种近似的影响不大.这是一条物理上的假设.

3. 血液对血管壁提供营养的能量随管壁内表面积及管壁所占体积的增加而增加.管壁所占体积又取决于管壁厚度，而厚度近似地与血管半径成正比.这是一条生理上的假设.

根据假设 1，血管分支示意图如图 1 所示.一条粗血管与两条细血管在 C 点分叉，并形成对称的几何形状.设粗细血管半径分别是 r 和 r_1，分叉处夹角是 θ.考察长度为 l 的一段粗血管 AC 和长度为 l_1 的两条细血管 CB 和 CB'，$ACB(ACB')$ 的水平和竖直距离为 L 和 H，如图所示.再设血液在粗细血管中单位时间的流量分别为 q 和 q_1，显然 $q=2q_1$.

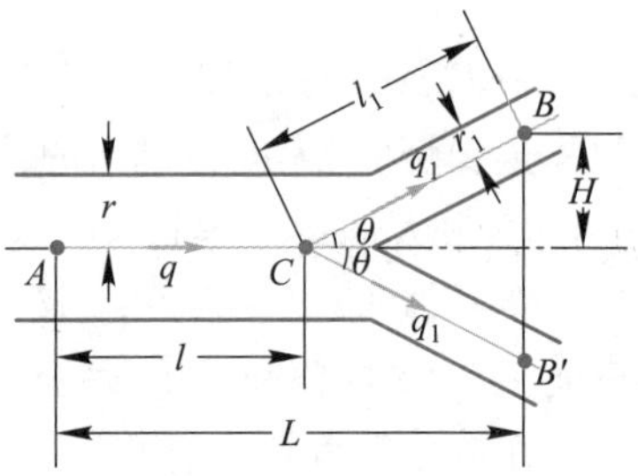

图 1 血管分支示意图

假设 2 使我们可以利用流体力学关于黏性流体在刚性管道中流动时能量消耗的定律.按照 Poiseuille 定律，血液流过半径 r、长 l 的一段血管 AC 时，流量

$$q=\frac{\pi r^4\Delta p}{8\mu l} \tag{1}$$

其中 Δp 是 A,C 两点的压力差，μ 是血液的黏性系数.在血液流动过程中，机体克服阻力所消耗能量为 $E_1=q\cdot\Delta p$，将(1)式中的 Δp 代入，得

$$E_1=\frac{8\mu q^2 l}{\pi r^4} \tag{2}$$

假设 3 比较复杂，需要作进一步简化.对于半径为 r、长度为 l 的血管，管壁内表面积 $s=2\pi rl$，管壁所占体积 $v=s'l$，其中 s'是管壁截面积.记壁厚为 d，则$s'=\pi[(r+d)^2-r^2]=\pi(d^2+2rd)$.设壁厚 d 近似地与半径 r 成正比，可知 v 近似地与 r^2 成正比.又因为 s 与 r 成正比，综合考虑管壁内表面积 s 和管壁所占体积 v 对能量消耗的影响，可设血液流过长度 l 的血管的过程中，为血管壁提供营养消耗的能量为

$$E_2=br^{\alpha}l \tag{3}$$

其中 $1\leqslant\alpha\leqslant2$，$b$ 是比例系数.

模型建立 根据上述假设及对假设的进一步分析得到的(2)(3)式，血液从粗血管 A 点流动到细血管 B,B' 两点的过程中，机体为克服阻力和供养管壁所消耗的能量为 E_1,E_2 两部分之和，即有

$$E=\left(\frac{kq^2}{r^4}+br^{\alpha}\right)l+\left(\frac{kq_1^2}{r_1^4}+br_1^{\alpha}\right)2l_1 \tag{4}$$

由图 1 所示的几何关系不难得到

$$l=L-\frac{H}{\tan\theta},\quad l_1=\frac{H}{\sin\theta} \tag{5}$$

将(5)式代入(4)式，并注意到 $q_1=q/2$，能量 E 可表示为 r,r_1 和 θ 的函数，即

$$E(r,r_1,\theta)=\left(\frac{kq^2}{r^4}+br^\alpha\right)\left(L-\frac{H}{\tan\theta}\right)+\left(\frac{kq^2}{4r_1^4}+br_1^\alpha\right)\frac{2H}{\sin\theta} \tag{6}$$

按照最优化原则，r/r_1 和 θ 的取值应使(6)式表示的 $E(r,r_1,\theta)$ 达到最小.

由$\frac{\partial E}{\partial r}=0$ 和$\frac{\partial E}{\partial r_1}=0$ 可以得到

$$\begin{cases}-\frac{4kq^2}{r^5}+b\alpha r^{\alpha-1}=0\\ -\frac{kq^2}{r_1^5}+b\alpha r_1^{\alpha-1}=0\end{cases} \tag{7}$$

从方程(7)可解出

$$\frac{r}{r_1}=4^{\frac{1}{\alpha+4}} \tag{8}$$

再由$\frac{\partial E}{\partial \theta}=0$，并利用(8)式可得

$$\cos\theta=2\left(\frac{r}{r_1}\right)^{-4} \tag{9}$$

将(8)代入(9)式，则

$$\cos\theta=2^{\frac{\alpha-4}{\alpha+4}} \tag{10}$$

(8)(10)两式就是在能量消耗最小原则下血管分叉处几何形状的结果，由$1\leqslant\alpha\leqslant2$，可以算出$\frac{r}{r_1}$和 θ 的大致范围为

$$1.26\leqslant\frac{r}{r_1}\leqslant1.32,\quad 37^\circ\leqslant\theta\leqslant49^\circ \tag{11}$$

结果解释 生物学家认为，上述结果与经验观察吻合得相当好.由此还可以导出一个有趣的推论.

记动物的大动脉和最细的毛细血管的半径分别为 $r_{\max}$ 和 $r_{\min}$，设从大动脉到毛细血管共有 n 次分叉，将(8)式反复利用 n 次可得

$$\frac{r_{\max}}{r_{\min}}=4^{\frac{n}{\alpha+4}} \tag{12}$$

$r_{\max}/r_{\min}$的实际数值可以测出，例如对狗而言有 $r_{\max}/r_{\min}\approx1\ 000\approx4^5$，由(12)式可知 $n\approx5(\alpha+4)$.因为 $1\leqslant\alpha\leqslant2$，所以按照这个模型，狗的血管应有 25~30 次分叉.又因为当血管有 n 次分叉时血管总条数为 2^n，所以估计狗应约有 $2^{25}\sim2^{30}$，即 $3\times10^7\sim10^9$ 条血管.这个估计不可过于认真看待，因为血管分支很难是完全对称的.

复习题

如果模型假设中不作(3)式的简化，而是在消耗的能量中既有与 r^2 成正比、又有与 r 成正比的部分，试分析对建模和求解有什么影响.

3.7 篮球罚球命中

在激烈的篮球比赛中，提高投篮命中率对于获胜无疑起着决定作用，而篮球能否命中既取决于运动员的出手角度、出手速度及其所在位置，还与对手的防守态势密切相关，问题非常复杂.本节讨论的是比赛中最简单、但对于胜负也很重要的一种投篮方式——罚球，这里没有对手干扰，运动员出手的位置、高度基本上是固定的.

问题提出 比赛时为了罚球命中，篮球中心的飞行轨迹通常会保持在通过出手点和篮筐中心且垂直于地面的竖直平面内，示意图如图 1.按照比赛场地的标准尺寸，出手点 P 与篮筐中心 Q 点的水平距离 $s=4.2$ m，Q 点的高度 $b=3.05$ m，篮球直径 $d=24.6$ cm（成年男子比赛用球），篮筐内径 $D=45.0$ cm，出手高度 h 基本上由运动员的身高决定.罚球时要解决的基本问题是，当出手高度 h 确定后，应该选择怎样的出手速度 v 与出手角度 $\theta(0°<\theta<90°)$ 才能顺利命中？[78]

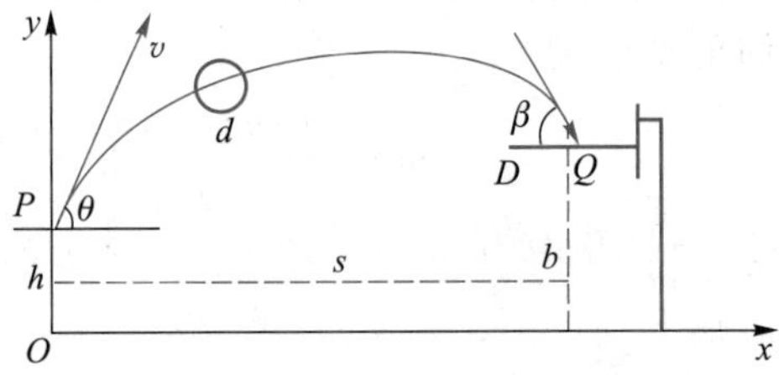

图 1 篮球罚中的飞行轨迹示意图

如果你参加过正规的篮球训练，或者经常观看比赛转播，就会注意到运动员罚球时的动作：微曲双腿，稳定重心，屏住呼吸，注视篮筐，靠手指与前臂的力量以一定的速度和角度将球投出，篮球划过一条优美的曲线，刷网命中.仔细观察还可发现，即使身高相同的运动员，有的习惯以较大的角度出手，有的则经常采取较小的角度，都可以罚中，当然你很难辨别他们的出手速度有没有差别.那么，运动员应该如何控制出手速度与出手角度呢？

问题分析 正式的篮球比赛通常在室内进行，球的飞行时间很短，可以忽略空气对球的阻力.为了简化问题，不考虑球的旋转对飞行轨迹的影响，也排除罚球出现球先碰篮板或者篮筐再命中的情况.

最顺利的罚球命中是篮球入筐时球心正好命中筐心，如果将篮球视为集中在球心的质点，罚球时篮球的飞行轨迹应该和铅球掷远一样（参见本书 3.4 节）都是抛物线.不同的是，篮球罚中要把球投入篮筐，而非求远.运动员在选择出手速度与出手角度时，通常希望速度较低、角度合适，以便于掌控.更复杂的问题在于，篮球和篮筐是有大小的（直径 d 和 D），罚球命中需要考虑篮球入筐时的入射角 β（见图 1，$0°<\beta<90°$），显然，β 太小篮球将被篮筐撞出而无法命中，β 太大需要的出手角度过大，致使飞行路线和飞行时间加长，干扰因素增多，也不利于命中.下面分几个步骤建立数学模型对罚球命中问题进行讨论.

1\. 不考虑篮球和篮筐的大小，将篮球视作位于球心的质点，讨论球心正好命中篮筐中心（以下简称筐心）的理想情况，确定出手高度 h、出手角度 θ 及出手速度 v 之间的关系.

2\. 考虑篮球和篮筐的大小，讨论球心命中筐心且罚球命中的条件，确定入射角 β 与出手高度 h、出手角度 θ 之间的关系.

3\. 考虑篮球和篮筐的大小，讨论容许球心向前或向后偏离筐心且罚球命中的情况.

模型建立

模型一 篮球视作位于球心的质点,球心正中筐心的理想情况

建立坐标系 xOy 如图 1,设球在时刻 $t=0$ 从 $x=0,y=h$ 点以出手速度 v 和出手角度 θ 投出.按照运动的基本规律,球心在任意时刻 t 的位置坐标 (x,y) 满足方程

$$x=vt\cos\theta,\quad y=h+vt\sin\theta-gt^2/2 \tag{1}$$

其中重力加速度 $g=9.8\ \mathrm{m/s^2}$.对(1)式消去 t 可得篮球飞行轨迹 $y=y(x)$ 的抛物线方程

$$y=h+x\tan\theta-gx^2/2v^2\cos^2\theta \tag{2}$$

显然,球心正中筐心 Q 的条件是(2)式满足

$$x=s,\quad y=b \tag{3}$$

图 2 显示的是从罚球出手点处对筐心的仰角 α,满足

$$\tan\alpha=\frac{b-h}{s} \tag{4}$$

对于固定的 b,s,仰角 α 随出手高度 h 的增加而减小.

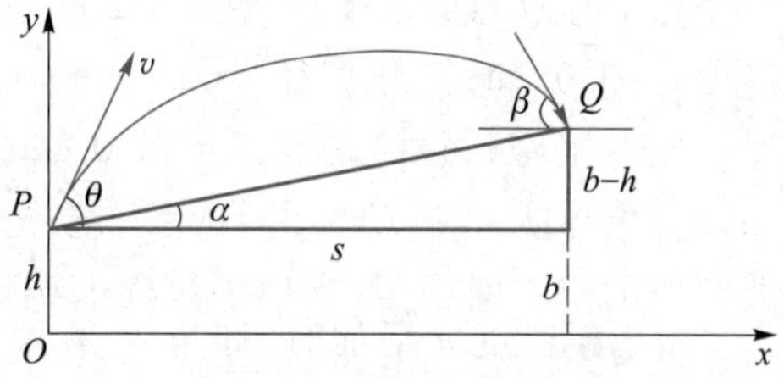

图 2 罚球出手点对筐心的仰角示意图

将(3)(4)式代入(2)式可得

$$\frac{gs}{2v^2\cos^2\theta}=\tan\theta-\tan\alpha,\quad \theta>\alpha \tag{5}$$

从(5)式出发,利用三角函数公式得到出手速度 v 对出手角度 θ 的函数 $v(\theta)$ 为(复习题 1)

$$v(\theta)=\sqrt{\frac{gs\cos\alpha}{\sin(2\theta-\alpha)-\sin\alpha}} \tag{6}$$

式中仰角 α 由出手高度 h 决定,见(4)式,取 $h=2.0\ \mathrm{m}, 2.2\ \mathrm{m}, 2.4\ \mathrm{m}$,对(6)式作图(如图 3).

评注 对比模型一与铅球掷远模型可知,二者的基本变量都是出手角度、速度和高度,反映运动规律的方程也一样.其差别在于,铅球以尽可能大的速度投出,寻求最佳出手角度使得投掷距离最远;篮球罚球则在出手高度给定后选择合适的出手角度与速度组合,使得球心正中筐心.

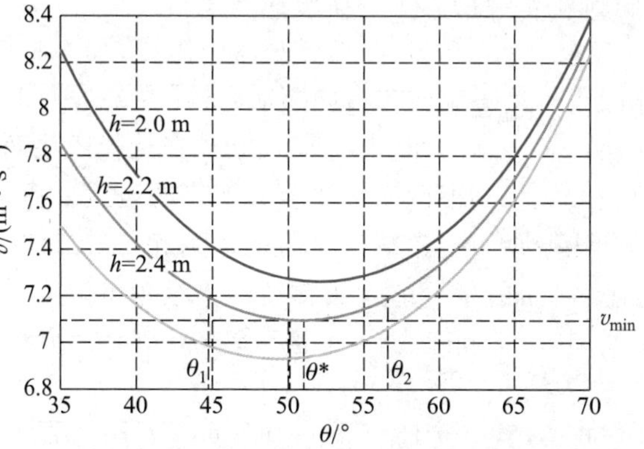

图 3 在不同的 h 下函数 $v(\theta)$ 的图形

由图 3 可以看出,已知出手高度,为了球心能够正中筐心,若先选定出手角度,可确定 1 个出手速度;而若先选定出手速度,却存在 2 个出手角度与之对应.当然,选定的出手速度应该不小于图中表示的速度最小值 $v_{\min}$.

例 1 已知出手高度 $h=2.2$ m,若先选定出手角度 $\theta=50°$,从图 3 粗略观察到出手速度应为 $v\approx7.1$ m/s;若先选定出手速度 $v=7.2$ m/s,则图 3 中有 2 个出手角度 $\theta_1\approx45°$ 和 $\theta_2\approx57°$ 都可使球心正中筐心,但是,它们都能让罚球命中吗？需看下面模型二的分析.

由图 3 还可看到,对于 $h=2.2$ m,在出手角度 $\theta=\theta^*\approx51°$ 处,出手速度取最小值 $v=v_{\min}$(略小于 7.1 m/s).显然,$\theta_1<\theta^*$,$\theta_2>\theta^*$. θ^* 和 $v_{\min}$ 是值得特别关注的一对出手角度和速度.

分析(6)式不难看出,对于给定的仰角 α,当分母中 $\sin(2\theta-\alpha)=1$ 时函数 $v(\theta)$ 取得最小值,于是 $v(\theta)$ 的最小点 θ^* 和最小值 $v_{\min}$ 分别为

$$\theta^*=\frac{\alpha+90°}{2} \tag{7}$$

$$v_{\min}=\sqrt{\frac{gs\cos\alpha}{1-\sin\alpha}}=\sqrt{\frac{gs(1+\sin\alpha)}{\cos\alpha}} \tag{8}$$

当出手高度 h 增加时,仰角 α 变小,由(7)(8)式可知,出手角度 θ^* 和最小出手速度 $v_{\min}$ 均减小.

对于球心正中筐心的情况,由图 3 可以分析 θ^* 及 $v_{\min}$ 对于罚球的实用意义:第一,出手高度 h 一定,以出手角度 $\theta=\theta^*$ 和速度 $v=v_{\min}$ 罚球,所需的动能能量 $E=mv^2/2$ 为最小(其中篮球质量 m 为定值),且当 θ 在 θ^* 附近变化时,v 只需在 $v_{\min}$ 附近作相对较小的改变,有利于运动员对出手速度的控制;第二,当出手高度 h 增加时,不仅 θ^* 及 $v_{\min}$ 均减小,而且在 θ^* 附近 v 随 θ 的变化更小,表明运动员身材越高,出手高度越大,罚球越有优势.基于这样的分析不妨将 θ^* 称为最佳出手角度.

例 2 设出手高度 $h=2.0$ m,2.2 m,2.4 m,由(4)式计算仰角 α,由(7)(8)式计算最佳出手角度 θ^* 和最小出手速度 $v_{\min}$,再按照方程(1)(3)式计算篮球到达筐心的飞行时间 t,如表 1,由此可画出篮球球心飞行曲线如图 4.

表 1 不同 h 下的 $\alpha,\theta^*,v_{\min}$ 及 t

h/m	2.0	2.2	2.4
α/°	14.037 3	11.441 9	8.798 1
θ^*/°	52.018 6	50.720 9	49.399 0
$v_{\min}$/(m·s^{-1})	7.260 6	7.094 0	6.929 6
t/s	0.939 9	0.935 1	0.931 3

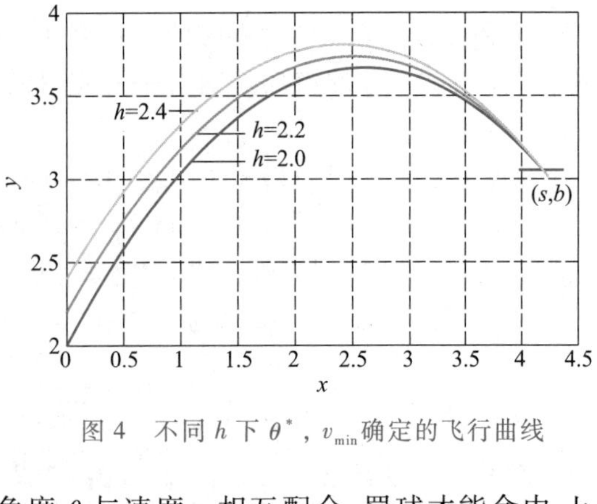

图 4 不同 h 下 θ^*, $v_{\min}$ 确定的飞行曲线

我们知道,给定出手高度 h,需要出手角度 θ 与速度 v 相互配合,罚球才能命中.上面是以 θ 为自变量、v 为因变量进行分析的,实际上可以作如下的反向推演.

由(5)式出发可以得到 $\tan\theta$ 的一个二次代数方程,从而解出(复习题 2)

$$\tan\theta=\frac{v^2}{gs}\left[1\pm\sqrt{1-\frac{2gs}{v^2}\left(\frac{gs}{2v^2}+\tan\alpha\right)}\right] \tag{9}$$

(9)式定义的 $\theta(v)$ 为(6)式所给 $v(\theta)$ 的反函数,是一个双值函数,对于给定的出手速度 $v(v>v_{\min})$ 存在 2 个出手角度 θ_1 和 θ_2.

(9)式有解的条件为根号内的式子 $1-\frac{2gs}{v^2}\left(\frac{gs}{2v^2}+\tan\alpha\right)\geqslant 0$,其等号成立时得到 v 的最小值 $v_{\min}$,结果与(8)式相同.

将 $v_{\min}$ 代入(9)式右端的 v,得到与(7)式等价的 θ^* 的另一表达式(复习题 2)

$$\tan\theta^*=\frac{1+\sin\alpha}{\cos\alpha} \tag{10}$$

评注 模型一出手高度 h 给定后出手角度 θ 与速度 v 是两个独立变量,在球心正中筐心条件下用初等数学方法导出互为反函数的 $\theta(v)$ 和 $v(\theta)$,并得到仰角 α(相当于 h)表示的最佳出手角度 θ^* 和最小出手速度 $v_{\min}$,具有一定的实用意义.

模型二 考虑篮球和篮筐的直径,球心正中筐心且罚球命中

问题分析中指出,考虑篮球和篮筐的直径时,球要顺利入筐需检查入射角 β 的大小(见图 1).在球心正中筐心 Q 的理想情况下,首先需要求出罚球命中时入射角 β 的最小值,为此图 5 给出了球刚好擦着框的内侧入筐命中的极限情形.已知篮球直径 $d=24.6$ cm 和篮筐内直径 $D=45.0$ cm,由图 5 容易得到最小入射角 $\beta_{\min}$ 为

$$\beta_{\min}=\arcsin(d/D)\approx 33.1° \tag{11}$$

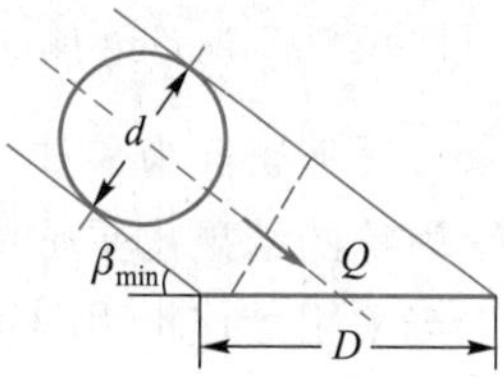

图 5 球心正中筐心且球可入筐的最小入射角

当入射角 $\beta<\beta_{\min}$ 时罚球将被篮筐阻挡,不能命中.怎样确定 β 的大小呢? 从常识看,入射角 β 应该与出手角度 θ 和高度 h(对应于仰角 α)有关,需要从球心正中筐心时篮球的飞行轨迹进行推导.

由图 1 看出,入射角 β 正好是篮球飞行曲线 $y(x)$ 在 $x=s$ 点的切线与 x 轴正向夹角的补角,利用函数 $y(x)$ 在 $x=s$ 点的导数可表为

$$\tan\beta=-y'_x(s) \tag{12}$$

其右端的导数可由方程(2)计算,再利用(5)式即得

$$\tan\beta=\tan\theta-2\tan\alpha \tag{13}$$

(13)式给出了球心正中筐心时的入射角 β、出手角度 θ 与仰角 α 之间的一般关系,表明在 α 一定时随着 θ 的增加 β 变大,θ 一定时随着 α 的增加(即 h 的减少)β 变小,与人们的直观认识是一致的.

为保证 β 不小于(11)式的 $\beta_{\min}$,由(13)式可得最小出手角度(记作 $\theta_{\min}$)应满足

$$\tan\theta_{\min}=2\tan\alpha+\tan\beta_{\min} \tag{14}$$

显示 $\theta_{\min}$ 随着 α 的减小(即 h 增加)而变小,表明运动员身材越高出手角度越小.

例 3 设出手高度 $h=2.2$ m,即仰角 $\alpha\approx 11.4°$,由(11)和(14)式算出 $\theta_{\min}\approx 46.5°$,如例 1 先设定出手速度 $v=7.2$ m/s,按照(9)式得到 2 个出手角度 $\theta_1\approx 44.5°$ 和 $\theta_2\approx 56.9°$ 都可使球心正中筐心.但是 $\theta_1<\theta_{\min}$,所以只能以出手角度 θ_2 罚球才能命中.由(13)式得入射角 $\beta_2\approx 48.5°$,由(1)和(3)式计算球到达筐心的飞行时间,并画出罚球的两条飞行曲线如图 6(a),其中出手角度 θ_1 的飞行曲线过低,入射角 $\beta_1\approx 30.1°<\beta_{\min}$,球不能入筐.

如果将出手速度降为 $v=7.1$ m/s,2 个出手角度 $\theta_1\approx 49.2°$ 和 $\theta_2\approx 52.2°$ 均大于 $\theta_{\min}$,同样地计算飞行时间并画出两条飞行曲线如图 6(b),罚球都可命中.

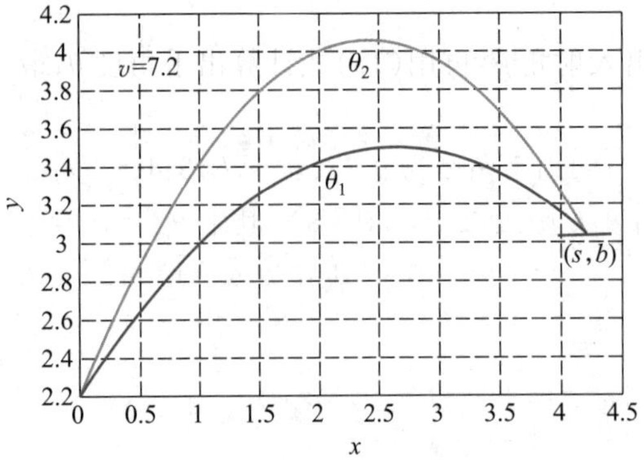

(a) $h=2.2$ m，$v=7.2$ m/s 的篮球飞行曲线

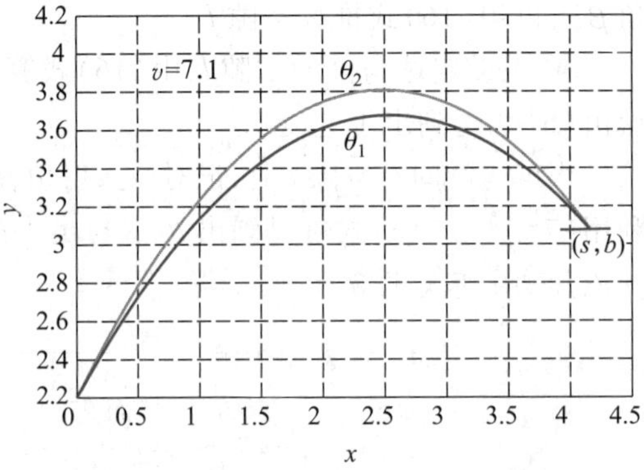

(b) $h=2.2$ m，$v=7.1$ m/s 的篮球飞行曲线

图 6

模型一(7)式给出了由仰角 α 确定的最佳出手角度 θ^*，将(7)式或(10)式代入(13)式，可以得到以 θ^* 为出手角度罚球的入射角(记作 β^*)满足

$$\tan\beta^*=1/\tan\theta^*,\quad \text{或}\quad \beta^*+\theta^*=90°,\quad \beta^*=\frac{90°-\alpha}{2} \tag{15}$$

表示 β^*(不妨称为最佳入射角)与最佳出手角度 θ^* 互为余角，且二者只取决于仰角 α. 这个简练的结果出乎你的意料吗？

当采用最佳出手角度 θ^* 时，只要 $\theta^*>\theta_{\min}$，必有 $\beta^*>\beta_{\min}$. 那么 θ^* 会小于 $\theta_{\min}$ 吗？由(10)(14)式可以推出，仅当 $h<1.2$(m)时才有 $\theta^*<\theta_{\min}$，如此小的出手高度在比赛中一般是不会出现的.

运动员当然要使球的入射角 β 大于 $\beta_{\min}$，这时球与筐之间会留有空隙，在球心正中筐心的情况下，空隙在球的两侧是对称的. 设每侧的空隙宽度为 l(cm)，如图 7，参考(11)式可将入射角 β 与空隙 l 的关系表示为

$$\beta(l)=\arcsin\frac{d}{D-2l} \tag{16}$$

β 随着 l 的增加而变大，如 $\beta(3)\approx 39°$，$\beta(6)\approx 48°$，由(16)式可算出空隙 l 最大为 10.2 cm.

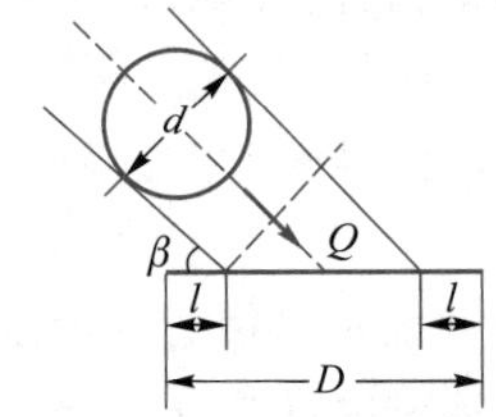

图 7　球心正中筐心且球与筐的空隙为 l 的入射角

例 4　设出手高度 $h=2.2$ m，即仰角 $\alpha\approx 11.4°$，按例 2 表 1 给出的最佳出手角度 $\theta^*\approx 50.7°$ 和最小出手速度 $v_{\min}\approx 7.09$ m/s，由(15)式得最佳入射角 $\beta^*\approx 39.3°$，再代入(16)式反向推算球与筐的空隙(记作 l^*)为 $l^*\approx 3.1$ cm.

若将空隙加大至 $l=5$ cm，利用(16)式可得入射角 $\beta(5)\approx 44.7°$，再代入(13)式反向计算出手角度为 $\theta\approx 54.3°$，θ 与 β 不再互为余角，需由(6)式得出对应的出手速度 $v\approx 7.13$ m/s.

由以上分析和例题可知，出手高度 h 给定后模型二在罚球命中的应用大致有以下几种情况：

- 先设定出手速度 v，按照(9)式得到 2 个出手角度 θ_1 和 θ_2，由(14)式算出 $\theta_{\min}$，检查 θ_1 是否大于 $\theta_{\min}$，由此确定存在 2 个角度 θ_1,θ_2 还是 1 个角度 θ_2，由(13)式算出对应的入射角 β，再代入(16)式推算球与筐的空隙 l.
- 按照(7)(8)式取最佳出手角度 θ^* 和最小出手速度 $v_{\min}$，由(15)式得最佳入射

评注　处理篮筐对篮球的约束是罚球命中建模的关键之一，模型二用最小入射角描述罚球命中的条件，得到入射角与出手角度和仰角的关系，将篮筐对入射角的约束转化为运动员对出手角度的控制，便于模型应用.

角 β^*,再用(16)式推算空隙 l^*.

• 先设定球与筐的空隙 l,由(16)式算出入射角 β,再用(13)式计算出手角度 θ,最后由(6)式得到出手速度 v.

当球与筐间有空隙 l 时,记对应入射角 $\beta(l)$ 的出手角度为 $\theta(l)$,对于 $l=3,4,5$(cm),利用(7)(13)(16)式可以画出 $\theta(l)$ 与出手高度 h 函数图形(如图 8),其中 $\theta_{\min}=\theta(0)$,并添加与 l 无关的 θ^*.

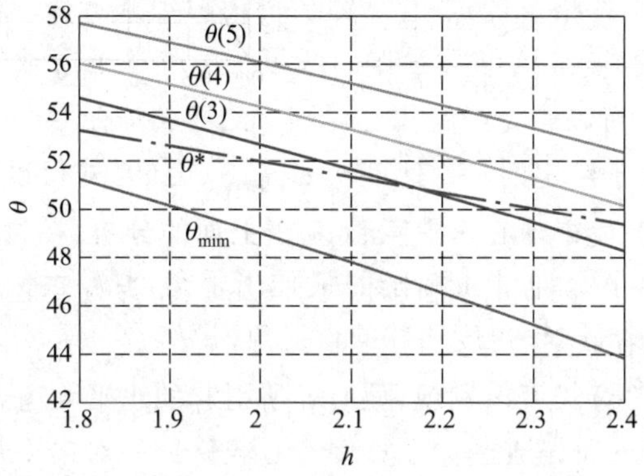

图 8 $\theta^*,\theta_{\min},\theta(l)$ 与出手高度 h 的函数图形

从图 8 看到,在通常的出手高度 $h=1.8\sim2.4$ m,曲线 $\theta(3)$ 与 θ^* 相交,交点坐标为 $h\approx2.17$ m,$\theta^*\approx51°$.这两条曲线交点坐标的含义是什么?你能导出 $\theta(l)$ 与 θ^* 交点坐标的一般公式吗?(复习题 3)

评注 为了更易罚中而在球与筐之间留有空隙,相当于篮筐直径的缩短,从而加大入射角,导致出手角度和速度增加.按照前面的分析,当出手角度变大时,出手速度的变化也较大,不利于准确控制,需要对具体情况平衡考虑.

模型三 考虑篮球和篮筐的直径,容许球心偏离筐心且罚球命中

模型一、二都是球心正中筐心的理想情形,实际上,运动员罚球时容许球心适当地偏离筐心,只要球能入筐.当然,球心飞行轨迹保持在图 1 所示平面内的假设不变,这样,球心偏离筐心是指球心进入篮筐时在筐心前后方向的偏移(以下简称偏心).

首先,偏心将导致篮球入筐条件下最小入射角的改变.图 9 给出了球心 Q_1 向前偏离筐心 Q 的长度为 p 且球可入筐的极限情况,将最小入射角记作 $\beta_{\min}(p)$.注意到图 9 球与筐后侧的空隙宽度为 $2p$,可得

$$\beta_{\min}(p)=\arcsin\frac{d}{D-2p} \tag{17}$$

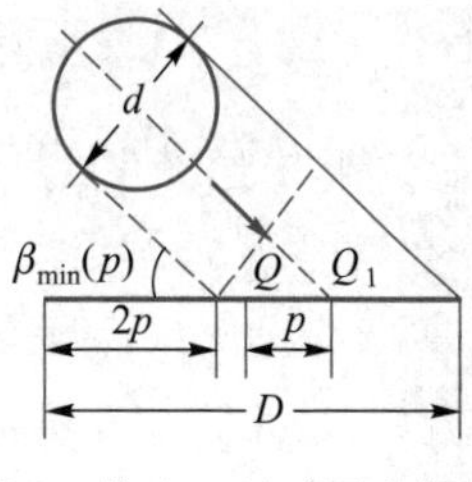

图 9 偏心 p 且球可入筐的最小入射角

若球心向后偏离筐心,则球与筐前侧的空隙宽度为 $2p$,(17)式仍然成立.将(17)与(16)式比较,$\beta_{\min}(p)$ 是偏心 p 的最小入射角,$\beta(l)$ 是球心正中筐心且球与筐间每侧空隙为 l 的入射角,二者含义有别,计算公式却相同,于是 $p=l$ 时 $\beta_{\min}(p)=\beta(l)$.

显然,$\beta_{\min}(p)$ 随着 p 的增加而变大,将 $\beta_{\min}(p)$ 代入(14)式计算最小出手角度,记作 $\theta_{\min}(p)$,显然 $\theta_{\min}(p)$ 也会随之变大.回顾例 4 当 $h=2.2$ m ($\alpha\approx11.4°$),$l=5$ cm 时,$\beta\approx44.7°$,$\theta\approx54.3°$,那么对于偏心 $p=5$ cm,也有 $\beta_{\min}(5)\approx44.7°$,$\theta_{\min}(5)\approx54.3°$.如果仍以例 2 给出的最佳出手角度 $\theta^*\approx50.7°$及最小出手速度 $v_{\min}\approx7.09$ m/s 罚球,由于 $\theta^*<\theta_{\min}(5)$,所以无法命中,必须提高出手角度和速度才行.

细心的读者可能会对上面的计算提出疑问：虽然 $p=l$ 时有 $\beta_{min}(p)=\beta(l)$，但是偏心 p 使出手点与筐心的水平距离 s 变成 $s_1=s+p$（向前偏移）或 $s_2=s-p$（向后偏移），按照(4)式将导致仰角 α 的改变，那么由(14)式计算 $\theta_{min}(p)$ 还会得到 $\theta_{min}(5)\approx 54.3°$ 吗？

问得有理！应该考虑偏心 p 引起的仰角 α 的变化.不过由于 p 远小于 $s=4.2$ m，如 $p=5$ cm 时 s 变为 $s_1=4.25$ m 或 $s_2=4.15$ m，仰角 $\alpha\approx 11.44°$将变为 $11.31°$或 $11.58°$（见下面表 2 第 2 行），变化仅约 $0.14°$，远小于 $\beta_{min}(5)\approx 44.7°$，由(14)式得到的还是 $\theta_{min}(5)\approx 54.3°$，所以可忽略 α 的这一点变化，仍用(14)式近似计算 $\theta_{min}(p)$.

这样，图 8 中的曲线 $\theta(l)$ 也可看作曲线 $\theta_{min}(p)$，对于通常的出手高度 $h=1.8\sim 2.4$ m，有 $\theta_{min}(4)>\theta^*$，所以若允许的偏心 $p=4$ cm，要罚球命中必须让出手角度 $\theta>\theta^*$.

模型一曾指出，对于给定的出手速度 $v(v>v_{min})$，由(9)式可以算出 2 个出手角度 θ_1 $(\theta_1<\theta^*)$ 和 $\theta_2(\theta_2>\theta^*)$ 使得球心正中筐心.基于上面的分析，在讨论偏心时（不妨设 $p>4$ cm）可不再涉及小于 θ^* 的 θ_1，只需考察大于 θ^* 的 θ_2，为方便起见将这个 θ_2 重新记作 θ.下面的 θ_1,θ_2 不再具有原来的含义.

实际上，回顾(9)(6)式可以发现，偏心 p 所引起的水平距离 s 的变化，还会影响到出手角度 θ 和速度 v，下面先通过一个算例看看容许偏心对出手角度有多大影响，即 θ 在怎样的范围内变化仍能罚球命中，其理论分析见后面的模型讨论.

例 5 设出手高度 $h=2.2$ m，偏心 $p=5$ cm，得最小入射角 $\beta_{min}(5)\approx 44.7°$.参考图 3 选定出手速度 $v=7.2$ m/s，由(4)(9)和(13)式分别计算与 s,s_1,s_2 相应的仰角 α,α_1,α_2，以及罚球命中的出手角度 θ,θ_1,θ_2 和入射角 β,β_1,β_2，再计算篮球的飞行时间 t,t_1,t_2，并画出篮球的飞行曲线，得到表 2 和图 10.

表 2 $h=2.2$ m，$p=5$ cm，$v=7.2$ m/s 下的 α,θ,β,t

s/m	$s=4.2$	$s_1=4.25$	$s_2=4.15$
α/°	11.441 9	11.310 8	11.576 0
θ/°	56.939 1	55.799 0	57.917 3
β/°	48.528 4	46.971 6	49.850 4
t/s	1.069 2	1.050 0	1.085 1

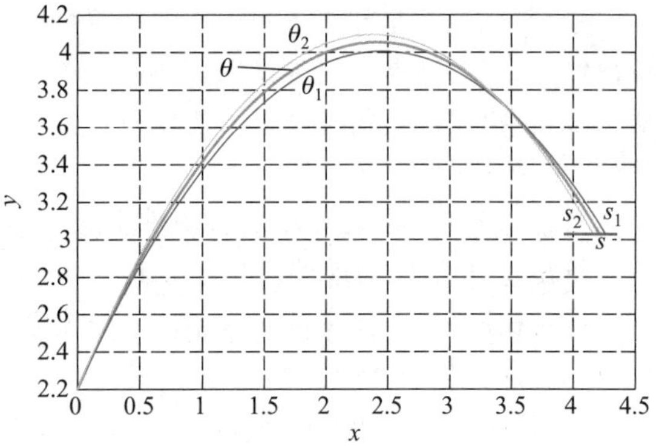

图 10 $h=2.2$ m，$p=5$ cm，$v=7.2$ m/s 下的篮球飞行曲线

评注 允许偏心与留有空隙一样，都相当于篮筐直径的缩短，由于偏心或空隙与篮筐直径相比并不算小，对最小入射角的影响不容忽视.偏心还导致仰角改变，不过偏心与出手点到筐心水平距离相比太小了，仰角的变化可以忽略.

表 2 显示 β,β_1,β_2 均大于 $\beta_{min}(5)$，与 s,s_1,s_2 相应的出手角度 θ,θ_1,θ_2 均可使罚球命中.图 10 显示，出手角度 $\theta_1<\theta$ 将导致球心向前偏心$(s_1>s)$，$\theta_2>\theta$ 则导致向后偏心$(s_2<s)$，由表 2 可知罚球命中的出手角度区间为 $[\theta_1\approx 55.8°,\theta_2\approx 57.9°]$，区间长度约 $2.1°$.

若容许偏心且选定出手角度，可以同样地讨论罚球命中的出手速度变化范围（复习题 4）.

模型讨论——敏感性分析

例 5 给定出手高度 h、容许偏心 p 及出手速度 v，通过数值计算讨论出手角度 θ 的变化范围.理论上,可将 θ 作为距离 s 的函数,v 是给定参数,如(9)式,偏心 p 视为 s 的微小变化 Δs(Δs 取 p 或 $-p$),讨论 Δs 引起的 θ 的变化 $\Delta\theta$.也可将出手角度 θ 和出手速度 v 在模型中的位置对调,如(6)式,讨论 Δs 引起的 v 的变化 Δv.这些内容属于模型的敏感性分析.

(6)(9)式源于(5)式,将(5)式表示为包含 s,θ,v 的多元函数

$$\frac{gs^2}{2v^2\cos^2\theta}-s\tan\theta+b-h=0 \tag{18}$$

其中 h,b 为常数.从(18)式出发寻求微分 $\mathrm{d}\theta,\mathrm{d}v$ 与 $\mathrm{d}s$ 之间的关系,可得

$$\mathrm{d}\theta=\frac{gs-v^2\sin\theta\cos\theta}{s(v^2-gs\tan\theta)}\mathrm{d}s \tag{19}$$

$$\mathrm{d}v=v\frac{gs-v^2\sin\theta\cos\theta}{gs^2}\mathrm{d}s \tag{20}$$

用 $\Delta s,\Delta\theta,\Delta v$ 代替(19)(20)式的微分,给定 v 后可以计算 Δs 引起的 θ 的变化 $\Delta\theta$.如对例 5 的 $h=2.2$ m,给定 $v=7.2$ m/s 得到 $\theta\approx56.9°$,再由(19)式估计 $\Delta\theta$,得 $\Delta\theta\approx-0.37\Delta s$,若取 $\Delta s=p=0.05$(m),得 $\Delta\theta\approx-1.05°$(注意弧度与度的换算),负号表示 Δs 为正时 θ 减小,与表 2 的结果相合.如果给定 θ 得到 v,则可用(20)式估计 Δs 引起的 v 的变化 Δv(复习题 5).

从罚球命中模型的应用出发,还可以利用敏感性分析,讨论出手高度 h 的改变对出手角度 θ 和速度 v 的影响.设 h 有微小变化 Δh,给定 v 后估计 Δh 引起的 θ 的变化 $\Delta\theta$,以及给定 θ 后估计 Δh 引起 v 的变化 Δv,将这个问题的理论分析和数值计算留给读者(本章训练题 7).

评注　篮球罚球是很多人熟悉的体育活动.在合理的简化假设下,运用基本的数学、物理知识建立模型,从理想情况到实用情景、由浅入深地表述了罚球命中需要的条件,有些结果非常简单,出人意料,是数学建模应用于体育领域的一个典型案例.

复习题

1. 推导(6)式,由(7)(8)式画出最佳出手角度 θ^* 和最小出手速度 $v_{\min}$ 随出手高度 h 变化的曲线.
2. 推导(9)式,证明(10)式与(7)式等价.
3. 以出手高度 h 为自变量,推导曲线 $\theta_{\min}(l)$ 与 θ^* 交点坐标的公式,解释这个交点有什么实际意义.
4. 设出手高度 $h=2.0$ m,容许偏心 $p=6$ cm,计算最小入射角,参考图 3 选定一个出手角度(如 $\theta=60°$),计算与 s,s_1,s_2 相应的仰角 α,α_1,α_2,出手速度 v,v_1,v_2,入射角 β,β_1,β_2,确定出手速度的变化范围.计算篮球的飞行时间 t,t_1,t_2,并画出篮球的飞行曲线.
5. 推导(19)和(20)式,并利用(20)式估计出手速度的变化 Δv,与复习题 4 的计算结果作比较.

3.8　影院里的视角和仰角

到影院看电影时有人愿意坐在前排,有人愿意坐在后面,更多的人选择中间的座位.除了个人的原因之外,前后排的主要差别在于视角和仰角.视角是观众眼睛到屏幕上、下边缘视线的夹角,视角大画面看起来饱满;仰角是观众眼睛到屏幕上边缘视线与水平线的夹角,仰角太大会使人的头部过分上仰,引起不舒适感.从影院设计者的角度

出发，应该在总体上使观众的视角尽可能大①，仰角则应有一定限制.这个模型简单地讨论影院屏幕和座位设计中的一些问题，对于观众选择座位也有一定意义[76].

作为一种简化情况，图1是垂直于屏幕和地面的影院纵向剖面示意图，即只考虑前后座位观看屏幕的差别，不管左右座位及屏幕横向方面的因素.影院座位的地板线与水平面有一个角度 θ，主要是避免前排观众遮挡后排的视线.

图1中画出了某一排观众的视角 α 和仰角 β，可以看到，影响视角 α 和仰角 β 的因素很多，除了观众在第几排座位，还有屏幕高度 h、屏幕下边缘距地面高度 b、第一排座位与屏幕水平距离 d、座位地板线与地面夹角 θ、两排座位间距② q、观众眼睛到地板的距离 c 等，其中 h,q,c 基本上是固定的，如果总排数一定，d 的改变余地也不大，于是在影院设计时只有 b 和 θ 可以在一定范围内调整.本节将 h,d,q,c 的数值以及座位总排数 n 固定，只讨论 b 和 θ 的变化对观众满意程度的影响，研究 b 和 θ 取什么数值时(在设定范围内)全体观众的满意程度最高.

从设计者的角度，按照以下几个方面考虑观众的满意程度：

1. 全体观众视角的平均值尽量大，而各排座位视角的分散程度尽量小.
2. 各排座位的仰角基本上不要超过30°，可以允许1~2排的例外.
3. 前排观众不应遮挡后排观众的视线.

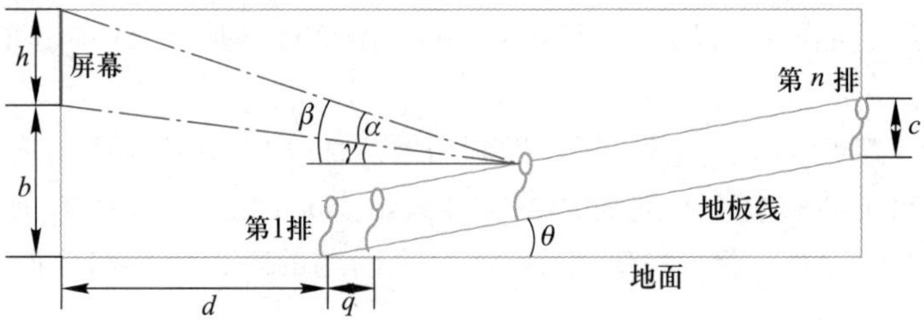

图1 影院纵向剖面示意图

问题分析 记影院各排座位序号为 $k=1,2,\cdots,n$，从图1可以直观地看出，随着座位序号 k 的增加，视角 α 和仰角 β 均在减小.全体观众视角的平均值为 $k=1$ 到 n 排视角的均值，各排座位视角的分散程度不妨借用概率统计中这 n 个视角的均方差来度量.因为均值越大且均方差越小，全体观众满意程度就越高，所以观众的满意程度可以定义为各排视角的均值与均方差之比，概率统计中称为变异系数③.这个优化问题的目标函数就取作各排座位视角的变异系数.

问题的第一个约束条件是仰角 $\beta \leqslant 30°$，且允许1—2排不满足.因为 β 随着 k 的增加而减小，所以只需检查前3排仰角 β 的数值即可.

第二个约束条件是前排观众不遮挡后排的视线，需要在观众眼睛到地板距离 c 之上设定眼睛到头顶的高度，使后排观众眼睛到屏幕下边缘的视线，在前排观众头顶之上.直观地看，只要最后一排满足这个条件，所有座位都会满足.

---

① 虽然视角 α 也不宜过大，但实际上还远未到过大的情况，所以在一定范围内仍是越大越好.

② 虽然地板线是倾斜的，但座椅放在台阶形成的平面上，所以排间距仍为水平间距.

③ 均方差和变异系数在概率统计中都是对随机变量而言，不过这里的变量是确定性的.

目标函数的自变量即设计者的控制变量，是屏幕下边缘距地面高度 b 及座位地板线与地面夹角 θ.

模型假设　作为固定参数，设屏幕高度 $h=2.5$ m，第 1 排座位与屏幕水平距离 $d=6$ m，两排座位间距 $q=0.8$ m，观众眼睛到地板的距离 $c=1.1$ m，观众眼睛到头顶的高度 $c_1=0.1$ m，座位总排数 $n=16$. 作为控制变量，设屏幕下边缘距地面高度 b 在 2 m 至 3 m 变化，座位地板线与地面夹角 θ 在 10°至 20°变化.

记观众眼睛到屏幕下边缘的视线与水平线的夹角为 γ，称下仰角，由图 1 可见，视角 $\alpha=\beta-\gamma$. 需要注意的是，当这条视线在水平线之下时（可能有这种情况）下仰角 γ 应取负值. 对仰角 β（以下称上仰角）也应作此规定，不过实际上不大可能出现 β 为负的情况.

模型建立　截取图 1 的一部分如图 2，计算第 k 排座位的下仰角 γ_k、上仰角 β_k 和视角 α_k. 利用三角关系容易得到

$$\tan\gamma_k=\frac{b-c-(k-1)q\tan\theta}{d+(k-1)q} \tag{1}$$

$$\tan\beta_k=\frac{b-c-(k-1)q\tan\theta+h}{d+(k-1)q} \tag{2}$$

$$\alpha_k=\beta_k-\gamma_k \tag{3}$$

记各排视角的均值为 $m(\alpha)$，均方差为 $s(\alpha)$，变异系数为 $v(\alpha)$，则

$$m(\alpha)=\frac{1}{n}\sum_{k=1}^{n}\alpha_k,\ s(\alpha)=\sqrt{\frac{1}{n-1}\sum_{k=1}^{n}[\alpha_k-m(\alpha)]^2},\ v(\alpha)=\frac{m(\alpha)}{s(\alpha)} \tag{4}$$

$v(\alpha)$ 是这个优化模型的目标函数，其中 h，d，q，c 和 n 为常数，要确定 b 和 θ（在设定区间内）使 $v(\alpha)$ 最大.

按照前面的分析，模型对于仰角 β 的约束条件为

$$\beta_k\leqslant 30^\circ,\quad k=3,\cdots,n \tag{5}$$

对于前排不遮挡后排视线的约束条件可作以下计算. 图 3 表示的是最后一排与前一排之间的遮挡关系，图中 γ_n 是从第 n 排观众眼睛 A 点到屏幕下边缘视线的下仰角，δ 是连接 A 点和第 $n-1$ 排观众头顶 B 点连线与水平线的夹角，当连线在水平线以下时 δ 为负. 视线不被遮挡的条件是 $\gamma_n>\delta$，或者

$$\tan\gamma_n>\tan\delta \tag{6}$$

其中 $\tan\gamma_n$ 由（1）式以 $k=n$ 代入得到，$\tan\delta$ 可根据图 3 写出

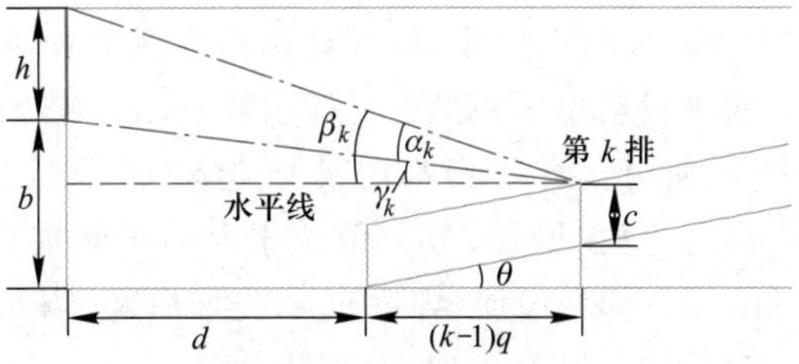

图 2　仰角和视角的计算

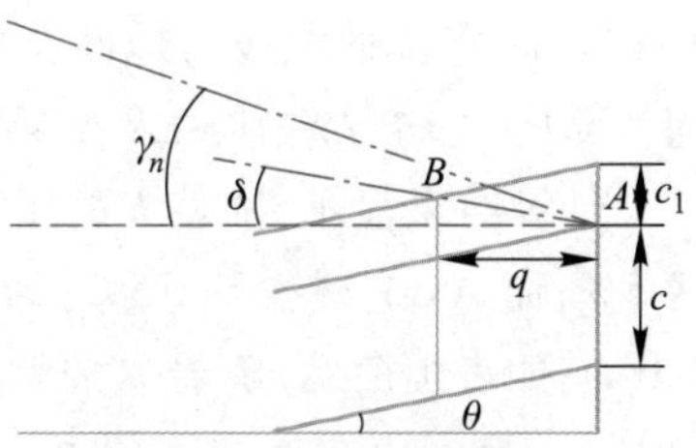

图 3　前排不遮挡后排视线的计算

小结 影院屏幕和座位设计中要考虑的因素很多，作为初步的简化，只选取视角和仰角为控制目标，屏幕下边缘距地面高度及地板线与地面夹角为控制变量，用各排座位的视角均值和均方差之比构造目标函数，根据对仰角大小和视线遮挡的限制设定约束条件，建立了完整的优化模型.

$$\tan \delta=\frac{c_1-q\tan \theta}{q} \tag{7}$$

于是(6)式等价于

$$\frac{b-c-(n-1)q\tan \theta}{d+(n-1)q}>\frac{c_1-q\tan \theta}{q} \tag{8}$$

不难看出，由于 γ_k 是 k 的减函数，而 δ 是与 k 无关的常数，所以(6)式或(8)式就是全体观众视线不被遮挡的条件.

综上，建立了以(1)—(4)式为目标函数、(5)式和(6)式为约束条件、b 和 θ 为自变量的优化模型.

模型分析 在求解之前，让我们对模型作一个定性分析，讨论 b 和 θ 的变化对目标函数和约束条件会有什么影响.

由(1)式和(2)式容易知道，b 增加使 γ_k 和 β_k 均增加，而 θ 增加使 γ_k 和 β_k 均减少，这也可以从图2上直观地看出.视角 α_k 是 γ_k 与 β_k 之差((3)式)，b 和 θ 的增加对 α_k 的影响如何呢？根据三角公式 $\tan(\beta-\gamma)=\frac{\tan\beta-\tan\gamma}{1+\tan\beta\tan\gamma}$，从(1)—(3)式可得

$$\tan \alpha_k=\frac{h[d+(k-1)q]}{[d+(k-1)q]^2+[b-c+h-(k-1)q\tan \theta][b-c-(k-1)q\tan \theta]} \tag{9}$$

对(9)式分析，b 增加会使 α_k 减少，而 θ 增加会使 α_k 增加.你的直观感觉是这样吗？

再看(4)式，各排视角 α_k 的增减当然导致均值 $m(\alpha)$ 的增减.多数情况下，均方差 $s(\alpha)$ 也会有同样的增减.但是变异系数 $v(\alpha)$ 作为二者之比，将有什么样的变化就无法作定性分析了.

评注 在定性分析中，研究控制变量的变化对目标函数和约束条件的影响，所得结论与直观和常识符合，可作为检验模型正确性的一个方面，是建模过程的重要环节之一.

对于仰角的约束条件(5)式，只能说 b 越小、θ 越大，越容易满足.

对于遮挡的约束条件(8)式，作代数运算可化为

$$b+d\tan \theta>c+c_1(n-1)+\frac{c_1 d}{q} \tag{10}$$

可知，b 和 θ 越大，这个条件越容易满足，并且当模型的已知常数 c, c_1, n 变小及 q 变大时，也会使条件(10)容易满足，这些都是与直观相符的.

模型求解 用导数为零的解析方法求解上述模型显然是难以实现的，我们转向数值搜索方法，在 b 和 θ 的设定区间内取一系列离散值，先按照(1)—(4)式计算目标函数 $v(\alpha)$，找出最优解，再检验约束条件(5)式和(6)式是否满足，如果不满足，将最优解放宽后再作检验，直到找出满足约束条件的最优解.

根据(1)—(4)式和给定的 h, d, q, c, n 数值，对屏幕下边缘距地面高度 b 在2 m至3 m区间、座位地板线与地面夹角 θ 在10°至20°区间离散化，编程计算得到视角 α_k 的均值 $m(\alpha)$、均方差 $s(\alpha)$ 及变异系数 $v(\alpha)$，表1只给出了模型的目标函数 $v(\alpha)$ 的结果.

计算结果显示，随着 b 的增加，均值 $m(\alpha)$ 和均方差 $s(\alpha)$ 都在减少，但 $m(\alpha)$ 只减少约5%，而 $s(\alpha)$ 减少约15%，结果导致 $v(\alpha)$ 一直在增加，最大值位于 b 的区间端点3.0 m，如表1所示；随着 θ 的增加，$m(\alpha)$ 和 $s(\alpha)$ 都在增加，导致 $v(\alpha)$ 先增后减(当 $b>2.3$ m)，最大值在 θ 区间[10°, 20°]内部，表1中 $b=3.0$ m时 $v(\alpha)$ 最大值在 $\theta=13°$ 达到(表中黑体数字).

表 1　各排座位视角变异系数的计算结果

b/m	θ										
	10°	11°	12°	13°	14°	15°	16°	17°	18°	19°	20°
2.0	3.145 2	3.144 3	3.142 3	3.139 2	3.135 1	3.130 0	3.123 7	3.116 3	3.107 7	3.098 1	3.087 2
2.2	3.215 4	3.215 2	3.213 9	3.211 5	3.208 1	3.203 4	3.197 7	3.190 7	3.182 6	3.173 2	3.162 6
2.4	3.292 4	3.293 0	3.292 5	3.290 8	3.288 0	3.284 0	3.278 7	3.272 2	3.264 5	3.255 4	3.245 1
2.6	3.376 7	3.378 2	3.378 5	3.377 5	3.375 4	3.372 0	3.367 3	3.361 3	3.353 9	3.345 2	3.335 1
2.8	3.468 6	3.471 0	3.472 2	3.472 0	3.470 6	3.467 9	3.463 8	3.458 3	3.451 3	3.443 0	3.433 1
3.0	3.568 6	3.572 0	3.574 1	**3.574 8**	3.574 2	3.572 1	3.568 6	3.563 7	3.557 2	3.549 2	3.539 6

接着需要检查在 $b=3.0$ m，$\theta=13°$处的约束条件是否满足.仰角 β_k 的计算结果如表 2，可知除 β_1，β_2 外均满足(5)式.按照(1)式计算出 $\tan\gamma_n=-2.768\,5$，按照(7)式计算出 $\tan\delta=-6.043\,3$，可知满足(6)式.于是 $b=3.0$ m，$\theta=13°$确是整个模型的最优解.

表 2　在 $b=3.0$ m，$\theta=13°$处各排座位仰角的计算结果

k	1	2	3	4	5	6	7	8
β_k	36.253 8	31.794 7	27.939 0	24.600 5	21.700 5	19.170 1	16.951 2	14.995 1
k	9	10	11	12	13	14	15	16
β_k	13.261 5	11.717 3	10.335 0	9.091 6	7.968 4	6.949 4	6.021 4	5.173 0

表 3 是在最优解 $b=3.0$ m，$\theta=13°$处视角 α_k 及均值 $m(\alpha)$、均方差 $s(\alpha)$ 的计算结果.表 2、表 3 的仰角 β_k 和视角 α_k 还表示在图 4 中.

表 3　在 $b=3.0$ m，$\theta=13°$处各排座位视角的计算结果

k	1	2	3	4	5	6	7	8	9
α_k	18.682 6	17.637 1	16.552 1	15.497 5	14.506 7	13.592 7	12.757 9	11.999 0	11.310 3
k	10	11	12	13	14	15	16	$m(\alpha)$	$s(\alpha)$
α_k	10.685 5	10.117 8	9.601 2	9.130 1	8.699 3	8.304 4	7.941 5	12.313 5	3.444 5

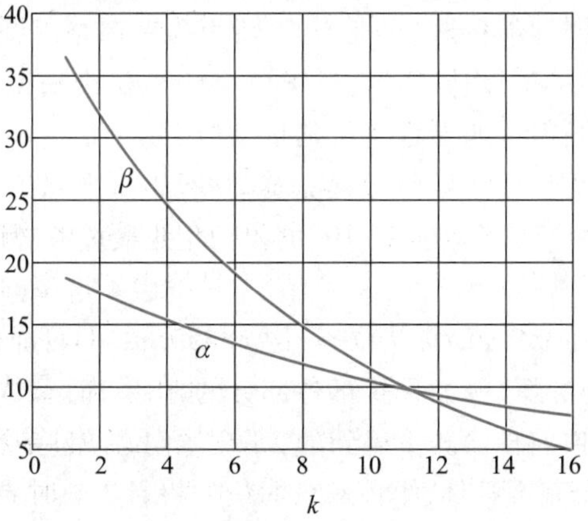

图 4　最优解处各排座位的仰角 β 和视角 α

结果分析 首先根据表1作敏感性分析.在最优解 $b=3.0$ m,当 $\Delta b=0.1$ m 即 $\frac{\Delta b}{b}\approx 3.3\%$ 时,$\frac{\Delta v}{v}\approx 1.5\%$,相当于自变量 b 的1%的改变引起目标函数不到0.5%的变化.在最优解 $\theta=13°$,当 $\Delta\theta=1°$ 即 $\frac{\Delta\theta}{\theta}\approx 8\%$ 时,$\frac{\Delta v}{v}\approx 0.2\%$,相当于自变量 θ 的1%的改变引起目标函数不到0.03%的变化.b 对目标函数的影响比 θ 的影响大十几倍.

由表2看到,在最优解 $b=3.0$ m,$\theta=13°$ 处,第1,2排座位的仰角大于30°,刚刚满足约束(5)式.如果对仰角的要求更严格,需要调整 b 和 θ(复习题1).

由表3看到,最优解处各排视角都在8°到19°之间,相邻两排视角相差不到1°.

图4直观地给出各排座位仰角和视角的变化情况,观众可以据此选择适合自己的座位.从图上看,仰角下降很快,而视角变化不大,所以建议一般观众可以选择仰角下降变缓的第10排左右.

评注 定量结果与定性分析的相互印证、控制变量的敏感性分析,以及对各排座位仰角和视角的讨论,更丰富了建模的成果,拓广了模型的应用.

从结果分析看出,地板线与地面夹角的变化对目标函数的影响较小,不妨在设定范围内固定某个数值,而将其他因素如第1排座位与屏幕水平距离作为新的控制变量,重新研究这个优化问题.

在影院屏幕和座位设计中,控制变量、目标函数、约束条件都可以因考虑问题的目的不同、角度不同而改变.此外,这个模型仅仅讨论了影院座位的纵向设计,读者不妨拓宽眼界和思路,研究座位的横向设计,甚至座位的二维平面设计.

复习题

1. 如果严格限制各排座位的仰角不超过30°(误差0.5°),如何调整 b 和 θ?

2. 将 θ 设定在15°,而第一排座位与屏幕水平距离 d 可在5 m至7 m间调整,先定性分析 d 的变化对仰角和视角的影响,再重新求解模型,得出 b 和 d 的最优解.

3.9 易拉罐形状和尺寸的最优设计

我们只要稍加留意就会发现销量很大的饮料(例如饮料量为355 mL的可口可乐、青岛啤酒等)的饮料罐(即易拉罐)的形状和尺寸几乎都是一样的.看来,这并非偶然,这应该是某种意义下的最优设计.当然,对于单个的易拉罐来说,这种最优设计可以节省的钱可能是很有限的,但是如果是生产几亿,甚至几十亿个易拉罐的话,可以节约的钱就很可观了(引自全国大学生数学建模竞赛2006年C题).

现在就请你们小组来研究易拉罐的形状和尺寸的最优设计问题.具体说,请你们完成以下的任务:

1. 取一个饮料量为355 mL的易拉罐,例如355 mL的可口可乐饮料罐,测量你们认为验证模型所需要的数据,例如易拉罐各部分的直径、高度、厚度等,并把数据列表加以说明;如果数据不是你们自己测量得到的,那么你们必须注明出处.

2. 设易拉罐是一个正圆柱体.什么是它的最优设计?其结果是否可以合理地说明你们所测量的易拉罐的形状和尺寸?例如说,半径和高之比,等等.

3. 设易拉罐的中心纵断面如图 1 所示，即上面部分是一个正圆台，下面部分是一个正圆柱体.什么是它的最优设计？其结果是否可以合理地说明你们所测量的易拉罐的形状和尺寸？

4. 利用你们对所测量的易拉罐的洞察和想象力，做出你们自己的关于易拉罐形状和尺寸的最优设计.

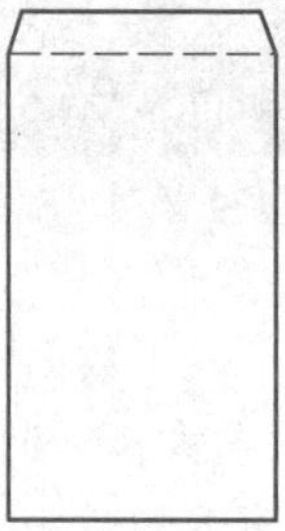

图 1 易拉罐纵断面

本节以发表在《工程数学学报》2006 年增刊上参赛学生的优秀论文和评述文章为基本材料，加以整理、归纳和提高，介绍建模的全过程.

问题分析 很多微积分教材在导数应用的章节中都有这样的极值问题：设计一个容积固定的、有盖的圆柱形容器，若侧壁及底、盖的厚度都相同，问容器高度与底面半径之比为多少时，所耗的材料最少？

其求解过程简述如下：由于侧壁及底、盖的厚度相同，容器所耗材料可用总面积表示.记容器底面半径为 r，高度为 h，侧壁及盖、底的总面积为 S，容器容积为 V，则

$$S=2\pi rh+2\pi r^2 \tag{1}$$

$$V=\pi r^2 h \tag{2}$$

问题化为在 V 固定的条件下求 r,h 满足什么关系可使 S 最小.

从(2)式解出 h 代入(1)式右端，有

$$S=\frac{2V}{r}+2\pi r^2 \tag{3}$$

S 对 r 求导并令其等于 0，得

$$\frac{\mathrm{d}S}{\mathrm{d}r}=-\frac{2V}{r^2}+4\pi r=0 \tag{4}$$

不必解出 r 与 V 的关系，可以直接从(4)式得到 $\frac{V}{\pi r^2}=2r$，代入 $h=\frac{V}{\pi r^2}$ 即得

$$h=2r \tag{5}$$

表明容器高度与底面直径相等时所耗材料最少.

当用这个结果审视日常所见的易拉罐时，不相符合之处十分明显.通常易拉罐的高度比底面直径大得多.究其原因，抛开设计美学等因素的考虑，单纯从节省材料的角度分析，如果罐底、盖的厚度比侧壁大，就应该增加高度、减少底面直径.本题要求先测量易拉罐的直径、高度、厚度等数据，正是让大家在实际的感性认识的基础上，注意到易拉罐各个表面的材料厚度的不同，建模时应考虑这个因素的影响.

粗略地看，易拉罐是一个正圆柱体.利用简单的几何知识，容易写出它的体积和表面积，在各表面厚度不同的情况下，建立类似于(1)(2)式的模型.精细一些，易拉罐的形状是圆柱体上面有一个小的圆台，由于独立变量数量的增加，建立的模型是多元函数，求解会复杂一些.至于如何发挥洞察力和想象力，做出易拉罐形状和尺寸的最优设计，容易想到又比较符合实际的是将顶部的小圆台改为球台，看看能否有所改进.

数据测量 对形如图 1 的易拉罐的各项尺寸用适当的仪器进行测量，为精确起见，取 5 只罐子测量后计算平均值，得表 1[①].

① 《工程数学学报》2006 年增刊上郭文飞等的论文给出的结果.从操作的方便出发，认为是从罐的外部进行测量的(原文未注明).

表1 易拉罐(可口可乐)的各项尺寸

罐高 /mm	圆柱高 /mm	圆柱直径 /mm	圆台高 /mm	顶盖直径 /mm	罐壁厚 /mm	顶盖厚 /mm	罐底厚 /mm	罐内容积 /cm^3
120.6	110.5	66.1	10.1	60.1	0.103	0.306	0.300	364.8

评注 从易拉罐尺寸这样司空见惯的日常事物中,发现与教科书类似问题的结果不同,并在亲自实践(测量数据)的基础上,用数学方法给以分析和解决,对于培养数学建模的意识和能力是大有益处的.

表1数据中值得注意的有两点:一是易拉罐底、盖的厚度约为罐壁的3倍,相差很大,这大概是制作工艺和使用方便的需要,正因为这样,易拉罐尺寸的优化设计才与前面简述的微积分中的极值问题有差别;二是圆台高不到圆柱体高度的10%,顶盖与圆柱的直径相差也是10%,所以把圆台近似作圆柱处理误差很小.另外,表中罐内容积是用量筒测出的,不妨用罐的各项尺寸粗略地核算一下:罐内圆柱直径为 $66.1-0.1\times2=65.9$(mm),罐内高度为 $120.6-0.3\times2=120$(mm),所以罐内体积应是 $\pi\times33^2\times120=410.3\times10^3(mm^3)$, 比测量数据大12%,这大概是测量误差造成的.

下面按照对题目中第2, 3, 4个问题的分析,依次讨论圆柱模型、圆台模型和球台模型.

圆柱模型 将易拉罐顶部的小圆台近似于圆柱,与下面圆柱体的直径相同.

记圆柱半径为 r,高度为 h,侧壁厚度为 b,底、盖的厚度分别为 kb 和 k_1b.在罐壁与盖、底厚度不同的情况下,假定所耗材料用侧壁、底、盖的面积乘以厚度得到的体积表示,记作 SV_1,罐的容积记作 V_1,则

$$SV_1=2\pi rhb+\pi r^2(kb+k_1b) \tag{6}$$

$$V_1=\pi r^2h \tag{7}$$

其中 b, k 和 k_1 为已知常数.易拉罐尺寸的最优设计是在 V_1 固定的条件下,求 r,h 满足什么关系可使 SV_1 最小.经过与(3)式至(5)式完全相似的推导可得

$$h=(k+k_1)r \tag{8}$$

这个结果表明,易拉罐高度是底面半径的多少倍,取决于罐底和罐盖的厚度比侧壁厚度大多少.显然,这与人们的直观认识是一致的.

如果根据表1中的测量数据,k 和 k_1 都接近3,按照(8)式将有 $h=6r$,圆柱高度为直径的3倍②.但是表1的数据又显示,罐高大致是直径的2倍,这比较符合我们日常看到的情景.对于这里出现的矛盾,编者认为可能有两种原因:一是表1中侧壁及底、盖厚度的测量存在较大误差③,二是罐的实际加工制作还有除节省材料外的其他考虑.

圆台模型 实际生活中多数易拉罐顶部有一个小圆台,圆台下面与圆柱相接.设圆柱半径、高度、侧壁和底部厚度仍采用圆柱模型的记号 r, h, b 和 kb,圆台上底面(即罐盖)的半径、高度和厚度分别记作 r_1, h_1 和 k_1b,再设圆台侧壁的厚度与圆柱相同,由圆

---

① 若半径 r、高度 h 为罐内尺寸,下式中侧壁体积 $2\pi rhb$ 的精细表示是 $[\pi(r+b)^2-\pi r^2][h+k_1b+kb]$,展开后,$b$ 的一次项即 $2\pi rhb$,而由于 b 比 r,h 小得多,b 的二次、三次项可略去.

② 《工程数学学报》2006年增刊上郭文飞等的论文中,假设侧壁和罐底的厚度均为 b,顶盖厚度为 $3b$,得到 $h=4r$,圆柱高度为直径的2倍.但是这样做与测量数据不统一.

③ 《工程数学学报》2006年增刊上叶其孝教授的评论文章中,也提供了侧壁、底、盖厚度的数据,其中 k 和 k_1 都比3小一些.

柱和圆台组成的易拉罐所耗材料的体积记作 SV_2，罐的容积记作 V_2，则①

$$SV_2=2\pi rhb+\pi r^2kb+\pi r_1^2k_1b+\pi\sqrt{(r-r_1)^2+h_1^2}(r+r_1)b \tag{9}$$

$$V_2=\pi r^2h+\frac{\pi h_1(r^2+r_1^2+rr_1)}{3} \tag{10}$$

其中 b, k 和 k_1 为已知常数.易拉罐尺寸的最优设计是在 V_2 固定的条件下，求 r,h, r_1, h_1 满足什么关系可使 SV_2 最小，这个模型实际上只有 3 个独立变量.

这是一个多元函数的条件极值问题，理论上可用拉格朗日乘子法求解.令

$$F(r,h,r_1,h_1,\lambda)=SV_2(r,h,r_1,h_1)+\lambda V_2(r,h,r_1,h_1) \tag{11}$$

(9)(10)式的最优解由

$$\frac{\partial F}{\partial r}=0,\frac{\partial F}{\partial h}=0,\frac{\partial F}{\partial r_1}=0,\frac{\partial F}{\partial h_1}=0,\frac{\partial F}{\partial \lambda}=0 \tag{12}$$

确定.但是由于这些方程的复杂性，由(11)(12)式难以求出解析解，转而根据(9)(10)式直接求如下约束极小问题的数值解：

$$\begin{aligned} \min\quad & SV_2(r,h,r_1,h_1) \\ \text{s.t.}\quad & V_2(r,h,r_1,h_1)=V_0 \\ & r,h,r_1,h_1\geqslant 0 \end{aligned} \tag{13}$$

其中 b, k,k_1 和容积 V_0 可由测量数据给出.

对(13)式用 LINGO 软件编程计算，得到的结果是 $r=31.43$, $h=108.34$, $r_1=0$, $h_1=28.10$(单位:mm,下同)，即易拉罐的顶部从圆台退化为一个圆锥.分析出现这种结果的原因，是因为假定圆台侧壁与下面圆柱的厚度 b 一样，而圆台上底面的厚度是 k_1b，为 b 的 3 倍，从节省材料的角度，自然要尽量减少圆台上底面的面积.

评注　经过从圆柱到圆台和球台、从材料厚度相同到不同、从解析解到数值解的建模过程，对于学习建模方法有启示和指导意义.

由于罐盖要安装拉环以及工艺、美观等方面的考虑，圆台上底面的半径 r_1 应该有一个下限，不妨设 $r_1\geqslant 20$.将(13)式中的 $r_1>0$ 改成这个约束后，得到的结果是 $r=31.62$, $h=104.52$, $r_1=20$, $h_1=17.29$，目标函数值(材料体积)为3 732(mm^3).

另外，圆台侧壁的厚度可能与圆柱侧壁厚度不同，圆台的高度也应该有所限制，这些问题留作复习题 2.

球台模型　将圆台模型中顶部的小圆台改为球台，可以与下面的圆柱连接得更为光滑，并且符合体积一定下球体表面积最小的原则.设圆柱半径、高度、侧壁和底部厚度仍采用圆柱模型的记号 r, h, b 和 kb，球台上底面(即罐盖)的半径、高度和厚度分别记作 r_1, h_1 和 k_1b，再设球台侧壁的厚度与圆柱相同，由圆柱和圆台组成的易拉罐所耗材料的体积记作 SV_3，罐的容积记作 V_3，则

评注　即使像易拉罐形状和尺寸设计这样看来简单的问题，单靠数学手段也不能得到圆满解决，必须考虑工艺、美观以及使用方便等方面的因素，才能满足人们的需要.

$$SV_3=2\pi rhb+\pi r^2kb+\pi r_1^2k_1b+\pi b\sqrt{4r^2h_1^2+(r^2-r_1^2-h_1^2)^2} \tag{14}$$

$$V_3=\pi r^2h+\frac{\pi h_1(3r^2+3r_1^2+h_1^2)}{6} \tag{15}$$

---

① 圆台以及下面用到的球台的侧面积和体积公式，都可以在数学手册上查到.

② 《工程数学学报》2006 年增刊上郭文飞等的论文中，用圆台侧壁与底面的夹角 θ 代替高度 h_1，这样做是等价的.

其中 b, k 和 k_1 为已知常数. 易拉罐尺寸的最优设计是在 V_3 固定的条件下, 求 r, h, r_1, h_1 满足什么关系可使 SV_3 最小, 这个模型实际上仍然是 3 个独立变量.

可以像圆台模型那样, 对球台上底面的半径 r_1 加以限制, 求类似于(13)式的约束极小问题数值解. 由于易拉罐顶部只占整个罐体的一小部分, 估计求解结果不会有太大变动.

复习题

1. 对于圆柱和圆台形状的易拉罐, 在容积一定的情况下要求焊缝最短, 建立数学模型确定易拉罐的尺寸.

2. 实际测量易拉罐的尺寸, 特别注意上盖、下底、圆柱和圆台侧壁的厚度, 并考虑对上盖和圆台侧壁高度的限制, 按照圆柱模型重新计算.

第 3 章训练题

1. 一饲养场每天投入 a 元资金用于饲料、设备、人力, 估计可使一头质量为 w_0 kg 的生猪每天增加 b kg. 目前生猪出售的市场价格为 c 元/kg, 但是预测每天会降低 d 元, 建立最佳出售生猪时间的模型. 若 $a=4, b=2, c=8, d=0.1, w_0=80$, 问应饲养几天后出售. 如果上面估计和预测的 b 和 d 有出入, 对结果有多大影响?

2. 研究生入学考试科目为数学、外语和专业课三门, 王君已经报考, 尚有 12 周复习时间. 下表是他每门课的复习时间和预计得分, 问在下面两种情况下他应该如何分配 12 周的复习时间? 预计最高可得多少分?

(1) 只考虑总分最多.

(2) 在三门课都及格的条件下总分最多.

科目	周数										
	0	1	2	3	4	5	6	7	8	9	10
数学	20	40	55	65	72	77	80	82	83	84	85
外语	30	45	53	58	62	65	68	70	72	74	75
专业课	50	70	85	90	93	95	96	96	96	96	96

3. 要在雨中从一处沿直线跑到另一处, 若雨速为常数且方向不变, 试建立数学模型讨论是否跑得越快, 淋雨量越少.

将人体简化成一个长方体, 高 $a=1.5$ m(颈部以下), 宽 $b=0.5$ m, 厚 $c=0.2$ m. 设跑步距离 $d=1\ 000$ m, 跑步最大速度 $v_m=5$ m/s, 雨速 $u=4$ m/s, 降雨量 $w=2$ cm/h, 记跑步速度为 v. 按以下步骤进行讨论[16]:

(1) 不考虑雨的方向, 设降雨淋遍全身, 以最大速度跑步, 估计跑完全程的总淋雨量.

---

① 《工程数学学报》2006 年增刊上郭文飞等的论文中, 用球台半径和两个夹角代替 h_1, 又增加了约束, 这样做虽然等价, 但是表达较繁.

（2）雨从迎面吹来，雨线方向与跑步方向在与地面垂直的同一平面内，且与人体的夹角为 θ，如下左图.建立总淋雨量与速度 v 及参数 a,b,c,d,u,w,θ 之间的关系，问速度 v 多大，总淋雨量最少.计算 $\theta=0°$，$\theta=30°$ 时的总淋雨量.

（3）雨从背面吹来，雨线方向与跑步方向在与地面垂直的同一平面内，且与人体的夹角为 α，如下右图.建立总淋雨量与速度 v 及参数 a,b,c,d,u,w,α 之间的关系，以总淋雨量为纵轴，速度 v 为横轴作图（考虑 α 的影响），问速度 v 多大，总淋雨量最少.计算 $\alpha=30°$ 时的总淋雨量，并解释结果的实际意义.

（4）若雨线方向与跑步方向不在同一平面内，模型会有什么变化？

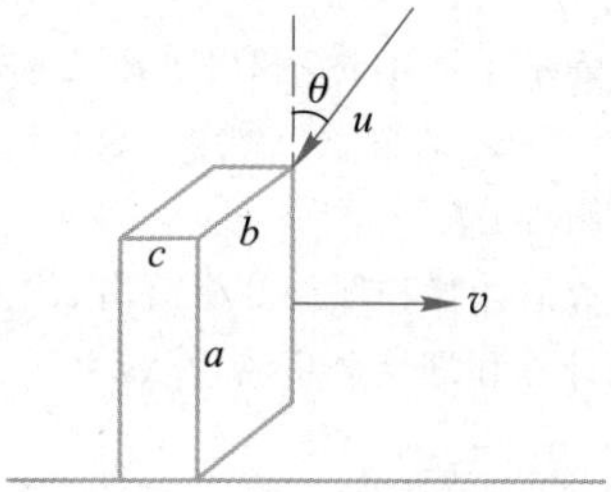

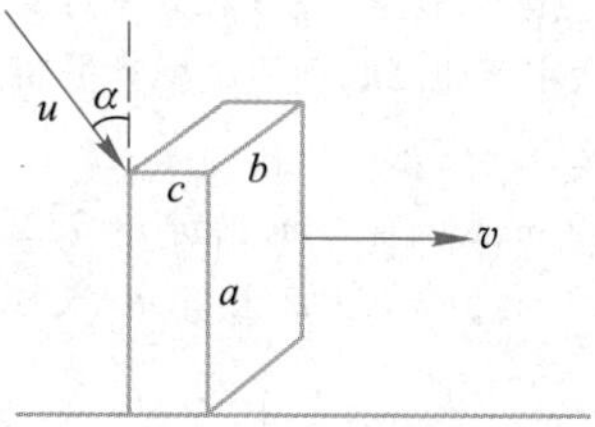

4. 甲乙两公司通过广告来竞争销售商品的数量，广告费分别是 x 和 y.设甲乙公司商品的销售量在两公司总销售量中占的份额，是他们的广告费在总广告费中所占份额的函数 $f\left(\frac{x}{x+y}\right)$ 和 $f\left(\frac{y}{x+y}\right)$.又设公司的收入与销售量成正比，从收入中扣除广告费后即为公司的利润.试构造模型的图形，并讨论甲公司怎样确定广告费才能使利润最大.

（1）令 $t=\frac{x}{x+y}$，则 $f(t)+f(1-t)=1$.画出 $f(t)$ 的示意图.

（2）写出甲公司利润的表达式 $p(x)$.对于一定的 y，使 $p(x)$ 最大的 x 的最优解应满足什么关系？用图解法确定这个最优解[7].

5. 人行走时做的功是抬高人体重心所需势能与两腿运动所需动能之和.试建立模型讨论在做功最小的准则下每秒走几步最合适（匀速行走）.

（1）设腿长 l，步长 s，且 $s<l$.证明人体重心在行走时升高 $\delta\approx s^2/(8l)$.

（2）将腿看作均匀直杆，行走看作腿绕腰部的转动.设腿的质量 m，行走速度 v，证明单位时间所需动能为 $mv^3/(6s)$.

（3）设人体质量 M，证明在速度 v 一定时每秒行走 $n=\sqrt{\frac{3Mg}{4ml}}$ 步做功最小.实际上，$\frac{M}{m}\approx 4$，$l\approx 1\ \text{m}$，分析这个结果合理吗？

（4）将（2）的假设修改为：腿的质量集中在脚部，行走看作脚的直线运动.证明结果应为 $n=\sqrt{\frac{Mg}{4ml}}$ 步.分析这个结果是否合理[62].

6. 观察鱼在水中的运动发现，它不是水平游动，而是突发性、锯齿状地向上游动和向下滑行.可以认为这是在长期进化过程中鱼类选择的消耗能量最小的运动方式.

（1）设鱼总是以常速 v 运动，鱼在水中净重 w，向下滑行时的阻力是 w 在运动方向的分力；向上游动时所需的力是 w 在运动方向分力与游动所受阻力之和，而游动的阻力是滑行阻力的 k 倍.水平方向游动时的阻力也是滑行阻力的 k 倍.写出这些力.

（2）证明当鱼要从 A 点到达处于同一水平线上的 B 点时（见下图），沿折线 ACB 运动消耗的能量与沿水平线 AB 运动消耗的能量之比为（向下滑行不消耗能量）$\frac{k\sin\alpha+\sin\beta}{k\sin(\alpha+\beta)}$.

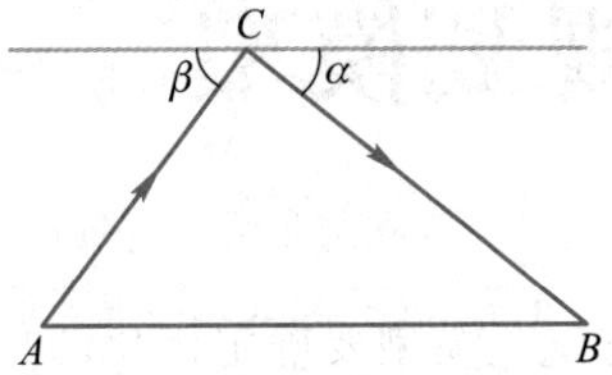

（3）据实际观察 $\tan\alpha\approx 0.2$，试对不同的 k 值（1.5，2，3），根据消耗能量最小的准则估计最佳的 β 值[7].

7. 对于篮球罚球命中模型，讨论出手高度 h 的改变对出手角度 θ 和出手速度 v 的影响.

（1）设 h 有微小变化 Δh，利用敏感性分析推导 $\Delta\theta$ 与 Δh 的关系（v 给定），以及 Δv 与 Δh 的关系（θ 给定）.

（2）设 $h=2.2$ m，$\Delta h=0.1$ m，给定 $v=7.2$ m/s，用数值计算和理论分析给出 $\Delta\theta$ 并进行比较.

（3）设 $h=2.2$ m，$\Delta h=0.1$ m，给定 $\theta=55°$，用数值计算和理论分析给出 Δv 并进行比较.

更多案例……

3-1 生产者的决策

3-2 生猪的出售时机

3-3 效用函数的构造及应用

3-4 冰山运输

第 4 章 数学规划模型

在上一章中我们看到，建立优化模型要确定优化的目标和寻求的决策.用 x 表示决策变量，$f(x)$ 表示目标函数.实际问题一般对决策变量 x 的取值范围有限制，不妨记作 $x\in\Omega$，Ω 称为可行域.优化问题的数学模型可表示为

$$\min(\text{或}\ \max)f(x),\quad x\in\Omega$$

在第 3 章，x 通常是 1 维或 2 维变量，Ω 通常是 1 维或 2 维的非负域.

实际中的优化问题通常有多个决策变量，用 n 维向量 $\boldsymbol{x}=(x_1,x_2,\cdots,x_n)^{\mathrm{T}}$ 表示，目标函数 $f(\boldsymbol{x})$ 是多元函数，可行域 Ω 比较复杂，常用一组不等式(也可以有等式) $g_i(\boldsymbol{x})\leqslant 0(i=1,2,\cdots,m)$ 来界定，称为约束条件.一般地，这类模型可表述成如下形式

$$\min_{x} z=f(\boldsymbol{x})$$

$$\text{s.t.}\quad g_i(\boldsymbol{x})\leqslant 0, i=1,2,\cdots,m$$

显然，上述模型属于多元函数的条件极值问题的范围，然而许多实际问题归结出的这种形式的优化模型，其决策变量个数 n 和约束条件个数 m 一般较大，并且最优解往往在可行域的边界上取得，这样就不能简单地用微分法求解，数学规划是解决这类问题的有效方法.

需要指出的是，本章无意涉及数学规划(或运筹学)的具体计算方法，仍然着重于从数学建模的角度，介绍如何建立若干实际优化问题的模型，并且在用现成的数学软件求解后，对结果作一些分析.

4.1 奶制品的生产与销售

企业内部的生产计划有各种不同的情况.从空间层次看，在工厂级要根据外部需求和内部设备、人力、原料等条件，以最大利润为目标制订产品的生产计划，在车间级则要根据产品生产计划、工艺流程、资源约束及费用参数等，以最小成本为目标制订生产作业计划.从时间层次看，若在短时间内认为外部需求和内部资源等不随时间变化，可制订单阶段生产计划，否则就要制订多阶段生产计划.

基础知识 4-1
线性规划的基本原理和解法

本节选择几个单阶段生产计划的实例，说明如何建立这类问题的数学规划模型，利用软件求解并对输出结果作一些分析.

例 1 加工奶制品的生产计划

问题 一奶制品加工厂用牛奶生产 A_1，A_2 两种奶制品，1 桶牛奶可以在甲类设备上用 12 h 加工成 3 kg A_1，或者在乙类设备上用 8 h 加工成 4 kg A_2.根据市场需求，生产的 A_1，A_2 全部能售出，且每千克 A_1 获利 24 元，每千克 A_2 获利 16 元.现在加工厂每天能得到 50 桶牛奶的供应，每天正式工人总的劳动时间为 480 h，并且甲类设备每天至多能加工 100 kg A_1，乙类设备的加工能力没有限制.试为该厂制订一个生产计划，使每天获利最大，并进一步讨论以下 3 个附加问题：

1）若用 35 元可以买到 1 桶牛奶，应否作这项投资？若投资，每天最多购买多少桶牛奶？

2）若可以聘用临时工人以增加劳动时间，付给临时工人的工资最多是每小时几元？

3）由于市场需求变化，每千克 A_1 的获利增加到 30 元，应否改变生产计划？

问题分析　这个优化问题的目标是使每天的获利最大，要做的决策是生产计划，即每天用多少桶牛奶生产 A_1，用多少桶牛奶生产 A_2（也可以是每天生产多少千克 A_1，多少千克 A_2），决策受到 3 个条件的限制：原料（牛奶）供应、劳动时间、甲类设备的加工能力.按照题目所给，将决策变量、目标函数和约束条件用数学符号及式子表示出来，就可得到下面的模型.

基本模型

决策变量：设每天用 x_1 桶牛奶生产 A_1，用 x_2 桶牛奶生产 A_2.

目标函数：设每天获利为 z 元.x_1 桶牛奶可生产 $3x_1$ kg A_1，获利 $24\times3x_1$，x_2 桶牛奶可生产 $4x_2$ kg A_2，获利 $16\times4x_2$，故 $z=72x_1+64x_2$.

约束条件：

原料供应　生产 A_1，A_2 的原料（牛奶）总量不得超过每天的供应，即 $x_1+x_2\leqslant50$；

劳动时间　生产 A_1，A_2 的总加工时间不得超过每天正式工人总的劳动时间，即 $12x_1+8x_2\leqslant480$；

设备能力　A_1 的产量不得超过甲类设备每天的加工能力，即 $3x_1\leqslant100$；

非负约束　x_1，x_2 均不能为负值，即 $x_1\geqslant0$，$x_2\geqslant0$.

综上可得

小结　在产品利润、加工时间等参数均可设为常数的情况下，建立了线性规划模型.线性规划模型的三要素是：决策变量、目标函数和约束条件.

$$\max z=72x_1+64x_2 \tag{1}$$

$$\text{s.t.}\quad x_1+x_2\leqslant50 \tag{2}$$

$$12x_1+8x_2\leqslant480 \tag{3}$$

$$3x_1\leqslant100 \tag{4}$$

$$x_1\geqslant0,x_2\geqslant0 \tag{5}$$

这就是该问题的基本模型.由于目标函数和约束条件对于决策变量而言都是线性的，所以称为**线性规划**（linear programming，简记作 LP）.

模型分析与假设　从本章下面的实例可以看到，许多实际的优化问题的数学模型都是线性规划（特别是在像生产计划这样的经济管理领域），这不是偶然的.让我们分析一下线性规划具有哪些特征，或者说，实际问题具有什么性质，其模型才是线性规划.

- **比例性**　每个决策变量对目标函数的“贡献”，与该决策变量的取值成正比；每个决策变量对每个约束条件右端项的“贡献”，与该决策变量的取值成正比.
- **可加性**　各个决策变量对目标函数的“贡献”，与其他决策变量的取值无关；各个决策变量对每个约束条件右端项的“贡献”，与其他决策变量的取值无关.
- **连续性**　每个决策变量的取值是连续的.

比例性和可加性保证了目标函数和约束条件对于决策变量的线性性，连续性则允许得到决策变量的实数最优解.

对于本例，能建立上面的线性规划模型，实际上是事先做了如下的假设：

1. A_1, A_2 两种奶制品每千克的获利是与它们各自产量无关的常数，每桶牛奶加工出 A_1, A_2 的数量和所需的时间是与它们各自的产量无关的常数；

2. A_1, A_2 每千克的获利是与它们相互间产量无关的常数，每桶牛奶加工出 A_1, A_2 的数量和所需的时间是与它们相互间产量无关的常数；

3. 加工 A_1, A_2 的牛奶的桶数可以是任意实数.

这 3 条假设恰好保证了上面的 3 条性质.当然，在现实生活中这些假设只是近似成立的，比如，A_1, A_2 的产量很大时，自然会使它们每千克的获利有所减少.

由于这些假设对于书中给出的、经过简化的实际问题是如此明显地成立，本章下面的例题就不再一一列出类似的假设了.不过，读者在打算用线性规划模型解决现实生活中的实际问题时，应该考虑上面 3 条性质是否近似地满足.

模型求解

图解法　这个线性规划模型的决策变量为 2 维，用图解法既简单，又便于直观地把握线性规划的基本性质.

将约束条件(2)—(5)中的不等号改为等号，可知它们是 x_1Ox_2 平面上的 5 条直线，依次记为 L_1—L_5，如图 1.其中 L_4, L_5 分别是 x_1 轴和 x_2 轴，并且不难判断，(2)—(5)式界定的可行域是 5 条直线上的线段所围成的 5 边形 $OABCD$.容易算出，5 个顶点的坐标为：$O(0,0)$，$A(0,50)$，$B(20,30)$，$C(100/3,10)$，$D(100/3,0)$.

目标函数(1)中的 z 取不同数值时，在图 1 中表示一组平行直线（虚线），称等值线族.如 $z=0$ 是过 O 点的直线，$z=2\ 400$ 是过 D 点的直线，$z=3\ 040$ 是过 C 点的直线…….可以看出，当这族平行线向右上方移动到过 B 点时，$z=3\ 360$，达到最大值，所以 B 点的坐标(20,30)即为最优解：$x_1=20, x_2=30$.

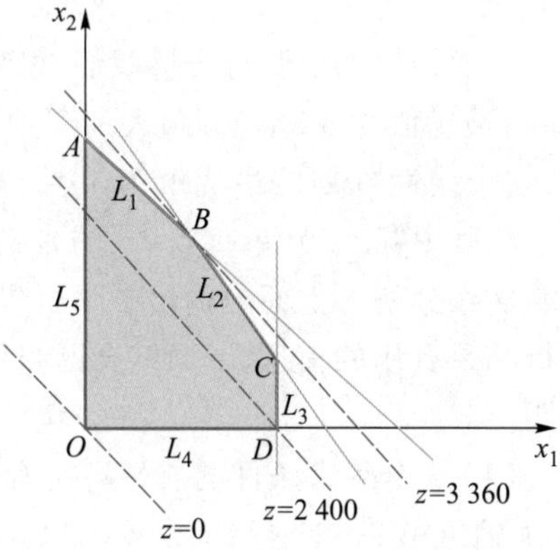

图 1　模型的图解法

我们直观地看到，由于目标函数和约束条件都是线性函数，在 2 维情形，可行域为直线段围成的凸多边形，目标函数的等值线为直线，于是最优解一定在凸多边形的某个顶点取得.

推广到 n 维情形，可以猜想，最优解会在约束条件所界定的一个凸多面体（可行域）的某个顶点取得.线性规划的理论告诉我们，这个猜想是正确的.

软件实现　求解线性规划有不少现成的数学软件，比如用 LINGO 软件就可以很方便地实现.在 LINGO 下新建一个模型文件（即 LINGO 程序，一般以“lg4”为后缀名），像书写模型(1)—(5)一样，直接输入：

```
model:
max=72*x1+64*x2;
[milk]  x1+x2<50;
[time]  12*x1+8*x2<480;
[cpct]  3*x1<100;
end
```

程序文件 4-1
加工奶制品生产计划
prog0401a.lg4

注:LINGO程序总是以“model:”开始,最后以“end”结束(也可以省略不写);字母不区分大小写;每个语句都必须以分号“;”结束(注意必须是英文的分号).LINGO中已规定所有决策变量均为非负,故(5)式不必输入;模型中符号≤、≥用“<=”“>=”形式输入,它们与“<”“>”等效.输入模型中第1行为目标函数,[milk]、[time]、[cpct]是为了对各约束条件命名,便于从输出结果中查找相应信息(也可以不对约束命名,此时LINGO会自动用数字按顺序对约束条件命名).

将文件存储并命名后,选择菜单“LINGO|Solve”执行,即可得到如下输出:

```
Global optimal solution found.
Objective value:                    3360.000
Total solver iterations:                   2
          Variable        Value      Reduced Cost
                X1     20.00000         0.000000
                X2     30.00000         0.000000
               Row   Slack or Surplus    Dual Price
                 1       3360.000         1.000000
              MILK       0.000000         48.00000
              TIME       0.000000         2.000000
              CPCT       40.00000         0.000000
```

上面结果的前3行告诉我们,LINGO求出了模型的全局最优解(global optimal solution),最优值为3 360(即最大利润为3 360元),迭代次数为2次.接下来的3行告诉我们,这个线性规划的最优解为 $x_1=20, x_2=30$(即用20桶牛奶生产 A_1,30桶牛奶生产 A_2).对其中“Reduced Cost”的含义,将在例2中结合问题3)的讨论进行说明.

结果分析 上面的输出中除了告诉我们问题的最优解和最优值以外,还有许多对分析结果有用的信息,下面结合题目中提出的3个附加问题,并利用图解法的直观给予说明.

(1) 3个约束条件的右端不妨看作3种“资源”:原料、劳动时间、甲类设备的加工能力.输出第8—11行 Slack or Surplus 给出这3种资源在最优解下是否有剩余:原料[MILK]、劳动时间[TIME]的剩余均为0,甲类设备[CPCT]尚余40 kg加工能力.这与图解法的如下结果一致:最优解在 B 点(图1中约束条件2,3所定义的直线 L_1 和 L_2 的交点)取得,表明原料、劳动时间已用完,而甲类设备的能力有余.一般称“资源”剩余为0的约束为**紧约束(有效约束)**.

(2) 目标函数可以看作“效益”,成为紧约束的“资源”一旦增加,“效益”必然跟着增长.输出第8—11行 Dual Price 给出这3种资源在最优解下“资源”增加1个单位时“效益”的增量:原料[MILK]增加1个单位(1桶牛奶)时利润增长48元,劳动时间[TIME]增加1个单位(1 h)时利润增长2元,而增加非紧约束[CPCT]甲类设备的能力显然不会使利润增长.这里,“效益”的增量可以看作“资源”的潜在价值,经济学上称为**影子价格**,即1桶牛奶的影子价格为48元,1 h劳动的影子价格为2元,甲类设备的影子价格为0.

读者可以用直接求解的办法验证上面的结论,即将输入文件中原料约束[MILK]

右端的 50 改为 51,看看得到的最优值(利润)是否恰好增长 48 元.

用影子价格的概念很容易回答附加问题 1):用 35 元可以买到 1 桶牛奶,低于 1 桶牛奶的影子价格,当然应该做这项投资.类似地,可以回答附加问题 2):聘用临时工人以增加劳动时间,付给的工资低于劳动时间的影子价格才可以增加利润,所以工资最多是每小时 2 元.

(3) 目标函数的系数发生变化时(假定约束条件不变),最优解和最优值会改变吗?这个问题不能简单地回答.从图 1 看,目标函数的系数决定了等值线族的斜率,原题中该斜率(取绝对值,下同)为 72/64=9/8,介于直线 L_1 的斜率 1 与 L_2 的斜率 3/2 之间,最优解自然在 L_1 和 L_2 的交点 B 取得.并且只要目标函数系数的变化使得等值线族的斜率仍然在(1,3/2)范围内,这个最优解就不会改变.而当目标函数系数的变化使得等值线族的斜率小于 1 时,最优解将在 A 点取得,大于 3/2 时,最优解将在 C 点取得.

这种对目标函数系数变化的影响的讨论,通常称为对目标函数系数的敏感性分析. LINGO 在缺省设置中不会给出这种敏感性分析结果,但可以通过修改 LINGO 选项得到.具体做法是:选择“LINGO|Options”菜单,在弹出的选项卡中选择“General Solver”,然后找到选项“Dual Computations”,在下拉框中选中“Prices & Ranges”,应用或保存设置.重新运行“LINGO|Solve”,然后选择“LINGO|Ranges”菜单,则得到如下输出:

```
Ranges in which the basis is unchanged:
                        Objective Coefficient Ranges
               Current         Allowable        Allowable
   Variable    Coefficient     Increase         Decrease
        X1     72.00000        24.00000         8.000000
        X2     64.00000        8.000000         16.00000
                          Righthand Side Ranges
        Row      Current       Allowable        Allowable
                 RHS           Increase         Decrease
        MILK     50.00000       10.00000         6.666667
        TIME     480.0000       53.33333         80.00000
        CPCT     100.0000       INFINITY         40.00000
```

上面输出的第 2—6 行“`Current Coefficient`”(当前系数)对应的“`Allowable Increase`”和“`Allowable Decrease`”给出了最优解不变条件下目标函数系数的允许变化范围:x_1 的系数为(72-8,72+24),即(64,96);x_2 的系数为(64-16,64+8),即(48,72).注意:x_1 系数的允许范围需要 x_2 系数 64 不变,反之亦然.

用这个结果很容易回答附加问题 3):若每千克 A_1 的获利增加到 30 元,则 x_1 系数变为 30×3=90,在允许范围内,所以不应改变生产计划.

(4) 对“资源”的影子价格作进一步的分析.从图 1 看,随着原料(牛奶)的增加,直线 L_1 向右上方平移,L_1 与 L_2 的交点 B(它仍是最优解)向 A 点靠近,在这个过程中,每增加 1 桶牛奶利润增长 48 元(影子价格).但是,当 B 点与 A 点重合后再增加牛奶就不可能使利润增长了.这就是说,影子价格的作用(即在最优解下“资源”增加 1 个单位时“效益”的增量)是有限制的.这种对影子价格在什么条件下才有意义的讨论,通常称为对资源约束右端项的敏感性分析.上面输出的第 7～12 行“Current RHS”(当前右端项)对应的“Allowable Increase”和“Allowable Decrease”给出了影子价格有意义条件下约束右端项的限制范围:原料[MILK]最多增加 10 桶牛奶,劳动时间[TIME]最多增加 53.3 h.

现在可以回答附加问题 1)的第 2 问:虽然应该批准用 35 元买 1 桶牛奶的投资,但每天最多购买 10 桶牛奶.类似地,可以用低于 2 元/h 的工资聘用临时工人以增加劳动时间,但最多增加 53.3 h.

评注 线性规划模型可以方便地用 LINGO 软件求解,得到内容丰富的输出,利用其中的影子价格和敏感性分析,可对模型结果作进一步的研究,对实际问题常常是十分有益的.

需要注意的是:一般情况下 LINGO 给出的敏感性分析结果只是充分条件,如上述“最多增加 10 桶牛奶”应理解为“增加 10 桶牛奶”一定是有利可图的,但并不意味着“增加 10 桶以上的牛奶”一定不是有利可图的(对最大可增加的劳动时间也应该类似地理解),只是此时无法通过敏感性分析直接得到结论,而需要重新求解新的模型进行判断.以后我们对此不再特别进行说明(同样,对目标函数系数给出的敏感性分析结果也只是充分条件).

例 2 奶制品的生产销售计划

问题 例 1 给出的 A_1,A_2 两种奶制品的生产条件、利润及工厂的“资源”限制全都不变.为增加工厂的获利,开发了奶制品的深加工技术:用 2 h 和 3 元加工费,可将 1 kg A_1 加工成 0.8 kg 高级奶制品 B_1,也可将 1 kg A_2 加工成 0.75 kg 高级奶制品 B_2,每千克 B_1 能获利 44 元,每千克 B_2 能获利 32 元.试为该厂制订一个生产销售计划,使每天的净利润最大,并讨论以下问题:

1) 若投资 30 元可以增加供应 1 桶牛奶,投资 3 元可以增加 1 h 劳动时间,应否作这些投资?若每天投资 150 元,可赚回多少?

2) 每千克高级奶制品 B_1,B_2 的获利经常有 10%的波动,对制订的生产销售计划有无影响?若每千克 B_1 的获利下降 10%,计划应该变化吗?

3) 若公司已经签订了每天销售 10 kg A_1 的合同并且必须满足,该合同对公司的利润有什么影响?

问题分析 要求制订生产销售计划,决策变量可以像例 1 那样,取作每天用多少桶牛奶生产 A_1,A_2,再添上用多少千克 A_1 加工 B_1,用多少千克 A_2 加工 B_2,但是由于问题要分析 B_1,B_2 的获利对生产销售计划的影响,所以决策变量取作 A_1,A_2,B_1,B_2 每天的销售量更方便.目标函数是工厂每天的净利润——A_1,A_2,B_1,B_2 的获利之和扣除深加工费用.约束条件基本不变,只是要添上 A_1,A_2 深加工时间的约束.在与例 1 类似的假定下用线性规划模型解决这个问题.

基本模型

决策变量:设每天销售 x_1 kg A_1,x_2 kg A_2,x_3 kg B_1,x_4 kg B_2,用 x_5 kg A_1 加工 B_1,x_6 kg A_2 加工 B_2(增设 x_5,x_6 可使下面的模型简单).

目标函数:设每天净利润为 z,容易写出 $z=24x_1+16x_2+44x_3+32x_4-3x_5-3x_6$.

约束条件:

原料供应 每天生产 x_1+x_5 kg A_1,用牛奶 $(x_1+x_5)/3$ 桶,每天生产 x_2+x_6 kg A_2,用牛奶$(x_2+x_6)/4$ 桶,二者之和不得超过每天的供应量 50 桶;

劳动时间 每天生产 A_1,A_2 的时间分别为 $4(x_1+x_5)$ 和 $2(x_2+x_6)$,加工 B_1,B_2 的

时间分别为 $2x_5$ 和 $2x_6$，二者之和不得超过总的劳动时间 480 h；

设备能力 A_1 的产量 x_1+x_5 不得超过甲类设备每天的加工能力 100 kg；

非负约束 $x_1,x_2,\cdots,x_6$ 均为非负；

附加约束 1 kg A_1 加工成 0.8 kg B_1，故 $x_3=0.8x_5$，类似地 $x_4=0.75x_6$.

由此得基本模型：

$$\max z=24x_1+16x_2+44x_3+32x_4-3x_5-3x_6 \tag{6}$$

$$\text{s.t.} \quad \frac{x_1+x_5}{3}+\frac{x_2+x_6}{4}\leqslant 50 \tag{7}$$

$$4(x_1+x_5)+2(x_2+x_6)+2x_5+2x_6\leqslant 480 \tag{8}$$

$$x_1+x_5\leqslant 100 \tag{9}$$

$$x_3=0.8x_5 \tag{10}$$

$$x_4=0.75x_6 \tag{11}$$

$$x_1,x_2,x_3,x_4,x_5,x_6\geqslant 0 \tag{12}$$

评注 这里多了产品 B_1,B_2，其销售量与 A_1,A_2 之间满足等式(10)(11)，虽然可由此消掉 2 个变量，但是会增加人工计算，并使模型复杂化.建模的原则是尽可能利用原始的数据信息，而把尽量多的计算让计算机去做.

这仍然是一个线性规划模型.

模型求解 用 LINGO 软件求解，输入文件时为方便起见将(7)式改写为

$$4x_1+3x_2+4x_5+3x_6\leqslant 600 \tag{7'}$$

(8)式改写为

$$4x_1+2x_2+6x_5+4x_6\leqslant 480 \tag{8'}$$

输入并求解，可得如下输出：

程序文件 4-2
奶制品生产销售计划
prog0401b.lg4

```
Global optimal solution found.
Objective value:              3460.800
Total solver iterations:                 2
                    Variable        Value       Reduced Cost
                      X1          0.000000      1.680000
                      X2          168.0000      0.000000
                      X3          19.20000      0.000000
                      X4          0.000000      0.000000
                      X5          24.00000      0.000000
                      X6          0.000000      1.520000
                    Row     Slack or Surplus     Dual Price
                      1           3460.800      1.000000
                      MILK        0.000000      3.160000
                      TIME        0.000000      3.260000
                      CPCT        76.00000      0.000000
                      5           0.000000      44.00000
                      6           0.000000      32.00000
Ranges in which the basis is unchanged:
                           Objective Coefficient Ranges
                       Current        Allowable     Allowable
```

```
Variable    Coefficient   Increase      Decrease
      X1     24.00000     1.680000      INFINITY
      X2     16.00000     8.150000      2.100000
      X3     44.00000     19.75000      3.166667
      X4     32.00000     2.026667      INFINITY
      X5    -3.000000     15.80000      2.533333
      X6    -3.000000     1.520000      INFINITY
                  Righthand Side Ranges
     Row     Current      Allowable     Allowable
               RHS        Increase      Decrease
     MILK    600.0000     120.0000      280.0000
     TIME    480.0000     253.3333      80.00000
     CPCT    100.0000     INFINITY      76.00000
        5     0.0         INFINITY      19.20000
        6     0.0         INFINITY      0.0
```

最优解为 $x_1=0,x_2=168,x_3=19.2,x_4=0,x_5=24,x_6=0$,最优值为$z=3\ 460.8$,即每天生产销售 168 kg A_2 和 19.2 kg B_1(不出售 A_1,B_2),可获净利润 3 460.8 元.为此,需用 8 桶牛奶加工成 A_1,42 桶加工成 A_2,并将得到的 24 kg A_1 全部加工成 B_1.

和例 1 一样,原料(牛奶)、劳动时间为紧约束.

结果分析 利用输出中的影子价格和敏感性分析讨论以下问题:

(1) 上述结果给出,约束[MILK]、[TIME]的影子价格分别为 3.16 和 3.26,注意到约束[MILK]的影子价格为(7′)右端增加 1 个单位时目标函数的增量,由(7)式可知,增加 1 桶牛奶可使净利润增长 $3.16\times12=37.92$ 元,约束[TIME]的影子价格则说明:增加 1 h 劳动时间可使净利润增长 3.26 元.所以应该投资 30 元增加供应 1 桶牛奶,或投资 3 元增加 1 h 劳动时间.若每天投资 150 元,增加供应 5 桶牛奶,可赚回 $37.92\times5=189.6$ 元.但是通过投资增加牛奶的数量是有限制的,输出结果表明,约束[MILK]右端的允许变化范围为$(600-280,600+120)$,相当于(7)式右端的允许变化范围为$(50-23.3,50+10)$,即最多增加供应 10 桶牛奶.

(2) 上述结果给出,最优解不变条件下目标函数系数的允许变化范围:x_3 的系数为$(44-3.17,44+19.75)$;x_4 的系数为$(32-\infty,32+2.03)$.所以当 B_1 的获利向下波动 10%,或 B_2 的获利向上波动 10%时,上面得到的生产销售计划将不再一定是最优的,应该重新制订.如若每千克 B_1 的获利下降 10%,应将原模型(6)式中 x_3 的系数改为 39.6,重新计算,得到的最优解为 $x_1=0,x_2=160,x_3=0,x_4=30,x_5=0,x_6=40$,最优值为 $z=3\ 400$,即 50 桶牛奶全部加工成 200 kg A_2,出售其中 160 kg,将其余 40 kg 加工成 30 kg B_2 出售,获净利润 3 400 元,可见计划变化很大,这就是说,(最优)生产计划对 B_1 或 B_2 获利的波动是很敏感的.

(3) 上述结果给出,变量 x_1 对应的“Reduced Cost”严格大于 0(为 1.68),首先表明目前最优解中 x_1 的取值一定为 0;其次,如果限定 x_1 的取值大于等于某个正数,则 x_1 从 0 开始增加一个单位时,(最优的)目标函数值将减少 1.68.因此,若公司已经签订了每天销售 10 kg A_1 的合同并且必须满足，该合同将会使公司利润减少 $1.68\times10=16.8$ 元，即最优利润为 $3\ 460.8-16.8=3\ 444$ 元.也可以反过来理解：如果将目标函数中 x_1 对应的费用系数增加不小于 1.68，则在最优解中 x_1 将可以取到严格大于 0 的值.

有两点需要注意：一是与敏感性分析结果类似，这只是一个充分条件，即如果一个变量对应的"Reduced Cost"大于 0，则当前最优解中 x_1 的取值一定为 0；反之不成立，如上面最优解中 x_4 的取值为 0，对应的"Reduced Cost"也等于 0 而不是大于 0（此时的"Reduced Cost"就不能按上面的解释来理解）.二是"Reduced Cost"有意义也是有条件的，但条件不能通过上述结果直接得到，例如，如果将 x_1 限定为不小于 100，则问题的最优值为 3 040，而不再是 $3\ 460.8-1.68\times100=3\ 292.8$.

复习题

考虑以下"食谱问题"[78]：某学校为学生提供营养套餐，希望以最小费用来满足学生对基本营养的需求.按照营养学家的建议，一个人一天对蛋白质、维生素 A 和钙的需求如下：50 g 蛋白质、4 000 IU（国际单位）维生素 A 和 1 000 mg 钙.我们只考虑以下食物构成的食谱：苹果、香蕉、胡萝卜、枣汁和鸡蛋，其营养含量见下表.确定每种食物的用量，以最小费用满足营养学家建议的营养需求，并考虑：

（1）对维生素 A 的需求增加 1 个单位时，是否需要改变食谱？成本增加多少？如果对蛋白质的需求增加 1 g 呢？如果对钙的需求增加 1 mg 呢？

（2）胡萝卜的价格增加 1 角时，是否需要改变食谱？成本增加多少？

食物	单位	蛋白质/g	维生素 A/IU	钙/mg	价格/角
苹果	138 g/个（中等大小）	0.3	73	9.6	10
香蕉	118 g/个（中等大小）	1.2	96	7	15
胡萝卜	72 g/个（中等大小）	0.7	20 253	19	5
枣汁	178 g/杯	3.5	890	57	60
鸡蛋	44 g/个（中等大小）	5.5	279	22	8

4.2 自来水输送与货机装运

钢铁、煤炭、水电等生产、生活物资从若干供应点运送到一些需求点，怎样安排输送方案使运费最小，或者利润最大？各种类型的货物装箱，由于受体积、质量等的限制，如何相互搭配装载，使获利最高，或者装箱数量最少？本节将通过两个例子讨论用数学规划模型解决这类问题的方法.

例 1　自来水输送问题

问题　某市有甲、乙、丙、丁四个居民区，自来水由 A，B，C 三个水库供应.四个区每天必须得到保证的基本生活用水量（单位：10^3 t）分别为 30，70，10，10，但由于水源紧张，三个水库每天最多只能分别供应自来水 50，60，50.由于地理位置的差别，自来水公司从各水库向各区送水所需付出的引水管理费不同（见表 1，其中 C 水库与丁区之间没有输水管道），其他管理费用（单位：元/10^3 t）都是 450. 根据公司规定，各区用户按照统一标准 900 收费. 此外，四个区都向公司申请了额外用水量，分别为每天 50，70，20，40. 该公司应如何分配供水量，才能获利最多？

为了增加供水量，自来水公司正在考虑进行水库改造，使三个水库每天的最大供水量都提高一倍，问那时供水方案应如何改变？公司利润可增加到多少？

表 1　从水库向各区送水的引水管理费　　单位：元/（10^3t）

	甲	乙	丙	丁
A	160	130	220	170
B	140	130	190	150
C	190	200	230	/

问题分析　分配供水量就是安排从三个水库向四个区送水的方案，目标是获利最多. 而从题目给出的数据看，A，B，C 三个水库的供水量 160，不超过四个区的基本生活用水量与额外用水量之和 300，因而总能全部卖出并获利，于是自来水公司每天的总收入是 900×（50+60+50）= 144 000 元，与送水方案无关. 同样，公司每天的其他管理费用 450×（50+60+50）= 72 000 元也与送水方案无关. 所以，要使利润最大，只需使引水管理费最小即可. 另外，送水方案自然要受三个水库的供应量和四个区的需求量的限制.

模型建立　很明显，决策变量为 A，B，C 三个水库（$i=1,2,3$）分别向甲、乙、丙、丁四个区（$j=1,2,3,4$）的供水量. 设水库 i 向 j 区的日供水量为 x_{ij}. 由于 C 水库与丁区之间没有输水管道，即 $x_{34}=0$，因此只有 11 个决策变量.

由上分析，问题的目标可以从获利最多转化为引水管理费最少，于是有

$$\min z=160x_{11}+130x_{12}+220x_{13}+170x_{14}+140x_{21}+130x_{22}+190x_{23}+150x_{24}+190x_{31}+200x_{32}+230x_{33} \tag{1}$$

约束条件有两类：一类是水库的供应量限制，另一类是各区的需求量限制.

由于供水量总能卖出并获利，水库的供应量限制可以表示为

$$x_{11}+x_{12}+x_{13}+x_{14}=50 \tag{2}$$

$$x_{21}+x_{22}+x_{23}+x_{24}=60 \tag{3}$$

$$x_{31}+x_{32}+x_{33}=50 \tag{4}$$

考虑到各区的基本生活用水量与额外用水量，需求量限制可以表示为

$$30\leqslant x_{11}+x_{21}+x_{31}\leqslant 80 \tag{5}$$

$$70\leqslant x_{12}+x_{22}+x_{32}\leqslant 140 \tag{6}$$

$$10\leqslant x_{13}+x_{23}+x_{33}\leqslant 30 \tag{7}$$

$$10\leqslant x_{14}+x_{24}\leqslant 50 \tag{8}$$

程序文件 4-3
自来水输送
prog0402a.lg4

模型求解　（1）—（8）构成一个线性规划模型（当然，要加上 x_{ij} 的非负约束）. 求解得到送水方案为（输出结果略）：A 水库向乙区供水 50，B 水库向乙、丁区分别供水 50，10，C 水库向甲、丙分别供水 40，10. 引水管理费为 24 400 元，利润为 144 000－72 000－

24 400=47 600 元.

讨论 如果 A,B,C 三个水库每天的最大供水量都提高一倍,则公司总供水能力为 320,大于总需求量 300,水库供水量不能全部卖出,因而不能像前面那样,将获利最多转化为引水管理费最少.此时我们首先需要计算 A,B,C 三个水库分别向甲、乙、丙、丁四个区供应每 10^3 t 水的净利润,即从收入 900 元中减去其他管理费 450 元,再减去表 1 中的引水管理费,得表 2.

表 2 从水库向各区送水的净利润 单位:元

净利润	甲	乙	丙	丁
A	290	320	230	280
B	310	320	260	300
C	260	250	220	/

于是决策目标为

$$\max z=290x_{11}+320x_{12}+230x_{13}+280x_{14}+310x_{21}+320x_{22}+260x_{23}+300x_{24}+260x_{31}+250x_{32}+220x_{33} \quad (9)$$

由于水库供水量不能全部卖出,所以上面约束(2)—(4)的右端增加一倍的同时,应将=改成≤,即

$$x_{11}+x_{12}+x_{13}+x_{14}\leqslant 100 \quad (10)$$

$$x_{21}+x_{22}+x_{23}+x_{24}\leqslant 120 \quad (11)$$

$$x_{31}+x_{32}+x_{33}\leqslant 100 \quad (12)$$

约束(5)—(8)不变.将(5)—(12)构成的线性规划模型输入 LINGO 求解得到送水方案为(详细程序和输出结果略):A 水库向乙区供水 100,B 水库向甲、乙、丁区分别供水 30,40,50,C 水库向甲、丙区分别供水 50,30,总利润为88 700元.

其实,由于每个区的供水量都能完全满足,所以上面(5)—(8)每个式子左边的约束可以去掉,右边的≤可以改写成=.作这样的简化后得到的解没有任何变化.

评注 将一种物品从供应点运往需求点,在供需量约束下使总费用最小或总利润最大.这类运输问题是线性规划应用最广泛的领域之一.

在标准的运输问题中供需平衡,即总供应量等于总需求量,本例中供需不平衡,但这并不会引起本质的区别,仍可建立线性规划模型求解.

例 2 货机装运

问题 某架货机有三个货舱:前仓、中仓、后仓.三个货舱所能装载的货物的最大质量和体积都有限制,如表 3 所示.并且为了保持飞机的平衡,三个货舱中实际装载货物的质量必须与其最大容许质量成比例.

表 3 三个货舱装载货物的最大容许质量和体积

	前仓	中仓	后仓
质量限制/t	10	16	8
体积限制/m^3	6 800	8 700	5 300

现有四类货物供该货机本次飞行装运,其有关信息如表 4,最后一列指装运后所获得的利润.

表 4 四类装运货物的信息

	质量/t	体积/($m^3 \cdot t^{-1}$)	利润/(元 · t^{-1})
货物 1	18	480	3 100
货物 2	15	650	3 800
货物 3	23	580	3 500
货物 4	12	390	2 850

应如何安排装运,使该货机本次飞行获利最大?

模型假设 问题中没有对货物装运提出其他要求,我们可作如下假设:

1. 每种货物可以分割到任意小.
2. 每种货物可以在一个或多个货舱中任意分布.
3. 多种货物可以混装,并保证不留空隙.
4. 所给出的数据都是精确的,没有误差.

模型建立

决策变量:用 x_{ij} 表示第 i 种货物装入第 j 个货舱的质量(单位:t),货舱 $j=1,2,3$ 分别表示前仓、中仓、后仓.

已知参数:货舱 j 的质量限制 WET_j,体积限制 VOL_j;第 i 种货物的质量 w_i,单位质量的体积 v_i,利润 p_i.用行向量表示,即 $WET=(10,16,8)$,$VOL=(6\ 800,8\ 700,5\ 300)$;$\boldsymbol{w}=(18,15,23,12)$,$\boldsymbol{v}=(480,650,580,390)$,$\boldsymbol{p}=(3\ 100,3\ 800,3\ 500,2\ 850)$.

决策目标是最大化总利润,即

$$\max z=\sum_{i=1}^{4} p_i\left(\sum_{j=1}^{3} x_{ij}\right) \tag{13}$$

程序文件 4-4
货机装运
prog0402b.lg4

评注 如果把货物看成供应点,货舱看成需求点,那么就与前面的运输问题相似.但这里对供需量有质量限制和空间限制,且有装载平衡要求,因此是运输问题的一种变形和扩展.

约束条件包括以下四个方面(除对 x_{ij} 的非负约束外):

1. 供装载的四种货物的总质量约束,即

$$\sum_{j=1}^{3} x_{ij} \leqslant w_i, \quad i=1,2,3,4 \tag{14}$$

2. 三个货舱的质量限制,即

$$\sum_{i=1}^{4} x_{ij} \leqslant WET_j, \quad j=1,2,3 \tag{15}$$

3. 三个货舱的空间限制,即

$$\sum_{i=1}^{4} v_i x_{ij} \leqslant VOL_j, \quad j=1,2,3 \tag{16}$$

4. 三个货舱装入质量的平衡约束,即

$$\sum_{i=1}^{4} x_{ij}/WET_j=\sum_{i=1}^{4} x_{ik}/WET_k, \quad j,k=1,2,3;j\neq k \tag{17}$$

模型求解 将以上模型输入 LINGO,不妨将所得最优解作四舍五入,结果为货物 2 装入前仓7 t、装入后仓 8 t;货物 3 装入前仓 3 t、装入中仓 13 t;货物 4 装入中仓 3 t.最大利润约121 516元.(注意:这个问题的最优解并不唯一,但 LINGO 只能给出一个解.)

复习题

考虑以下“运输问题”[78]：某公司有 6 个建筑工地要开工，每个工地的位置（用平面坐标 x, y 表示，距离单位：km）及水泥日用量 d（单位：t）由下表给出.目前有两个临时料场位于 A（5, 1），B（2, 7），日储量各有 20 t.假设从料场到工地之间均有直线道路相连，试制定每天的供应计划，即从 A，B 两料场分别向各工地运送多少吨水泥，使总运输量最小.

	1	2	3	4	5	6
x/km	1.25	8.75	0.5	5.75	3	7.25
y/km	1.25	0.75	4.75	5	6.5	7.75
d/t	3	5	4	7	6	11

4.3 汽车生产与原油采购

在 4.1 节和 4.2 节的例题中研究的对象都是连续可分的，于是决策变量是连续的，建立的模型是线性规划.在本节的例子中将会遇到不同的情况.

基础知识 4-2 非线性规划的基本原理和解法

例 1 汽车厂生产计划

问题 一汽车厂生产小、中、大三种类型的汽车，已知各类型每辆车对钢材、劳动时间的需求，利润以及每月工厂钢材、劳动时间的现有量如表 1 所示.试制订月生产计划，使工厂的利润最大.

基础知识 4-3 整数规划的基本原理和解法

进一步讨论：由于各种条件限制，如果生产某一类型汽车，则至少要生产 80 辆，那么最优的生产计划应作何改变？

表 1 汽车厂的生产数据

	小型	中型	大型	现有量
钢材/t	1.5	3	5	600
劳动时间/h	280	250	400	60 000
利润/万元	2	3	4	

模型建立与求解 设每月生产小、中、大型汽车的数量分别为 x_1, x_2, x_3，工厂的月利润为 z，在题目所给参数均不随生产数量变化的假设下，立即可得线性规划模型：

$$\max z=2x_1+3x_2+4x_3 \tag{1}$$

$$\text{s.t.}\quad 1.5x_1+3x_2+5x_3\leqslant 600 \tag{2}$$

$$280x_1+250x_2+400x_3\leqslant 60\ 000 \tag{3}$$

$$x_1,x_2,x_3\geqslant 0 \tag{4}$$

用 LINGO 求解，可得最优解 $x_1=64.516\ 129$, $x_2=167.741\ 928$, $x_3=0$，出现小数，显然不合适.通常的解决办法有以下几种：

（1）简单地舍去小数，取 $x_1=64, x_2=167$，它会接近最优的整数解，可算出相应的目标函数值 $z=629$，与 LP 得到的最优值 $z=632.2581$ 相差不大.

（2）在上面这个解的附近试探：如取 $x_1=65, x_2=167$；$x_1=64, x_2=168$ 等.因为从输出可知，约束都是紧的，所以若试探的 x_1, x_2 大于 LP 最优解时，必须检验它们是否满足约束条件（2）（3），然后计算函数值 z，通过比较可能得到更优解.

（3）在线性规划模型中增加约束条件：

$$x_1, x_2, x_3 \quad \text{均为整数} \tag{5}$$

这样得到的（1）—（5）式称为**整数规划**（integer programming，简记作 IP），可以用 LINGO 直接求解，输入文件中需要用“@ gin”函数将变量限定为整数.

程序文件 4-5
汽车生产
prog0403a.lg4

最优解 $x_1=64, x_2=168, x_3=0$，最优值 $z=632$，即问题要求的月生产计划为生产小型车 64 辆、中型车 168 辆，不生产大型车.

讨论 对于问题中提出的“如果生产某一类型汽车，则至少要生产 80 辆”的限制，上面得到的 IP 的最优解不满足这个条件.这种类型的要求是实际生产中经常提出的.下面以本问题为例说明解决这类要求的办法.

对于原 LP 模型（1）—（4），需将（4）式改为

$$x_1, x_2, x_3 = 0 \text{ 或} \geqslant 80 \tag{6}$$

下面是求解模型（1）—（3），（6）的 3 种方法：

1）分解为多个 LP 子模型

（6）式可分解为 8 种情况：

$$x_1=0, x_2=0, x_3 \geqslant 80 \tag{6-1}$$

$$x_1=0, x_2 \geqslant 80, x_3=0 \tag{6-2}$$

$$x_1=0, x_2 \geqslant 80, x_3 \geqslant 80 \tag{6-3}$$

$$x_1 \geqslant 80, x_2=0, x_3=0 \tag{6-4}$$

$$x_1 \geqslant 80, x_2 \geqslant 80, x_3=0 \tag{6-5}$$

$$x_1 \geqslant 80, x_2=0, x_3 \geqslant 80 \tag{6-6}$$

$$x_1 \geqslant 80, x_2 \geqslant 80, x_3 \geqslant 80 \tag{6-7}$$

$$x_1, x_2, x_3=0 \tag{6-8}$$

（6-8）显然不可能是问题的解.可以检查，（6-3）和（6-7）不满足约束条件（2），也不可能是问题的解.对其他 5 个 LP 子模型逐一求解，比较目标函数值，可知最优解在（6-5）情形得到：$x_1=80, x_2=150.399994, x_3=0$，最优值 $z=611.2$.若加上对 x_1, x_2, x_3 的整数约束，可得：$x_1=80, x_2=150, x_3=0$，最优值 $z=610$.

注：可以不检查是否满足约束条件，解所有 LP 子模型，结果同上.

2）引入 0-1 变量，化为整数规划

程序文件 4-6
汽车生产（加产量限制）0-1 规划
prog0403b.lg4

设 y_1 只取 0，1 两个值，则“$x_1=0$ 或 $\geqslant 80$”等价于

$$80y_1 \leqslant x_1 \leqslant My_1, y_1 \in \{0,1\} \tag{7-1}$$

其中 M 为相当大的正数，本例可取 1 000（x_1 不可能超过 1 000）.类似地有

$$80y_2 \leqslant x_2 \leqslant My_2, y_2 \in \{0,1\} \tag{7-2}$$

$$80y_3 \leqslant x_3 \leqslant My_3, y_3 \in \{0,1\} \tag{7-3}$$

于是（1）—（3），（5），（7-1）—（7-3）构成一个特殊的整数规划模型（既有一般的整数

变量,又有 0-1 变量),用 LINGO 直接求解时,输入的最后要加上 0-1 变量的限定语句:

```
@bin(y1);@bin(y2);@bin(y3);
```

求解可得到与第 1 种方法同样的结果.

程序文件 4-7
汽车生产(加产量限制)非线性规划
prog0403c.lg4

3) 化为非线性规划

条件(4)(6)可表示为

$$x_1(x_1-80)\geqslant 0 \tag{8-1}$$

$$x_2(x_2-80)\geqslant 0 \tag{8-2}$$

$$x_3(x_3-80)\geqslant 0 \tag{8-3}$$

式子左端是决策变量的非线性函数,(1)—(4),(8-1)—(8-3)构成**非线性规划**(nonlinear programming,简记作 NLP).求解可得到与第 2 种方法同样的结果.

一般来说,非线性规划的求解比线性规划困难得多,特别是问题规模较大或者要求得到全局最优解时更是如此.为了考虑(6)式这样的条件,通常是引入0-1变量,建立整数规划模型,而一般尽量不用非线性规划.

评注 像汽车这样的对象自然是整数变量,应该建立整数规划模型,但是求解整数规划比线性规划要难得多(即使使用数学软件),所以当整数变量取值很大时,常作为连续变量用线性规划处理.

例 2 原油采购与加工

问题 某公司用两种原油(A 和 B)混合加工成两种汽油(甲和乙).甲、乙两种汽油含原油 A 的最低比例分别为 50%和 60%,售价分别为 4 800 元/t 和5 600 元/t.该公司现有原油 A 和 B 的库存量分别为 500 t 和 1 000 t,还可以从市场上买到不超过 1 500 t 的原油 A.原油 A 的市场价为:购买量不超过 500 t 时的单价为 10 000 元/t;购买量超过 500 t 但不超过 1 000 t 时,超过 500 t 的部分8 000元/t;购买量超过 1 000 t 时,超过 1 000 t的部分 6 000 元/t.该公司应如何安排原油的采购和加工?[66]

问题分析 安排原油采购、加工的目标只能是利润最大,题目中给出的是两种汽油的售价和原油 A 的采购价,利润为销售汽油的收入与购买原油 A 的支出之差.这里的难点在于原油 A 的采购价与购买量的关系比较复杂,是分段函数关系,能否以及如何用线性规划、整数规划模型加以处理是关键所在.

模型建立 设原油 A 的购买量为 x,根据题目所给数据,采购的支出 $c(x)$ 可表为如下的分段线性函数(以下价格以千元/t 为单位):

$$c(x)=\begin{cases}10x, & 0\leqslant x\leqslant 500\\ 1\,000+8x, & 500\leqslant x\leqslant 1\,000\\ 3\,000+6x, & 1\,000\leqslant x\leqslant 1\,500\end{cases} \tag{9}$$

设原油 A 用于生产甲、乙两种汽油的数量分别为 x_{11} 和 x_{12},原油 B 用于生产甲、乙两种汽油的数量分别为 x_{21} 和 x_{22},则总的收入为 $4.8(x_{11}+x_{21})+5.6(x_{12}+x_{22})$.于是本例的目标函数——利润为

$$\max z=4.8(x_{11}+x_{21})+5.6(x_{12}+x_{22})-c(x) \tag{10}$$

约束条件包括加工两种汽油用的原油 A、原油 B 库存量的限制,和原油 A 购买量的限制,以及两种汽油含原油 A 的比例限制,分别表示为

$$x_{11}+x_{12}\leqslant 500+x \tag{11}$$

$$x_{21}+x_{22}\leqslant 1\,000 \tag{12}$$

$$x\leqslant 1\,500 \tag{13}$$

$$\frac{x_{11}}{x_{11}+x_{21}} \geqslant 0.5 \tag{14}$$

$$\frac{x_{12}}{x_{12}+x_{22}} \geqslant 0.6 \tag{15}$$

$$x_{11}, x_{12}, x_{21}, x_{22}, x \geqslant 0 \tag{16}$$

由于(9)式中的 $c(x)$ 不是线性函数,(9)—(16)给出的是一个非线性规划.而且,对于这样用分段函数定义的 $c(x)$,一般的非线性规划软件也难以输入和求解.能不能想办法将该模型化简,从而用现成的软件求解呢?

模型求解　下面介绍3种解法.

第1种解法　一个自然的想法是将原油A的采购量 x 分解为三个量,即用 x_1, x_2, x_3 分别表示以价格10千元/t、8千元/t、6千元/t采购的原油A的数量,总支出为 $c(x)=10x_1+8x_2+6x_3$,且

$$x=x_1+x_2+x_3 \tag{17}$$

这时目标函数(10)变为线性函数:

$$\max z=4.8(x_{11}+x_{21})+5.6(x_{12}+x_{22})-(10x_1+8x_2+6x_3) \tag{18}$$

应该注意到,只有当以10千元/t的价格购买 $x_1=500$ t时,才能以8千元/t的价格购买 $x_2(x_2>0)$,这个条件可以表示为

$$(x_1-500)x_2=0 \tag{19}$$

同理,只有当以8千元/t的价格购买 $x_2=500$ t时,才能以6千元/t的价格购买 $x_3(x_3>0)$,于是

$$(x_2-500)x_3=0 \tag{20}$$

此外,x_1, x_2, x_3 的取值范围是

$$0 \leqslant x_1, x_2, x_3 \leqslant 500 \tag{21}$$

由于有非线性约束(19)和(20),(11)—(21)构成非线性规划模型.

最优解是用库存的500 t原油A、500 t原油B生产1 000 t汽油甲,不购买新的原油A,利润为4 800 000元.

程序文件4-8
原油采购与加工
第1种解法
prog0403d.lg4

但是LINGO得到的结果只是一个局部最优解(local optimal solution),还能得到更好的解吗?除线性规划外,LINGO在缺省设置下一般只给出局部最优解,但可以通过修改LINGO选项要求计算全局最优解.具体做法是:选择“LINGO|Options”菜单,在弹出的选项卡中选择“General Solver”,然后找到选项“Use Global Solver”将其选中,并应用或保存设置.重新运行“LINGO|Solve”,可得到全局最优解是购买1 000 t原油A,与库存的500 t原油A和1 000 t原油B一起,共生产2 500 t汽油乙,利润为5 000 000元,高于局部最优解对应的利润.

第2种解法　引入0-1变量将(19)和(20)转化为线性约束.

程序文件4-9
原油采购与加工
第2种解法
prog0403e.lg4

令 $y_1=1, y_2=1, y_3=1$ 分别表示以10千元/t、8千元/t、6千元/t的价格采购原油A,则约束(19)和(20)可以替换为

$$500y_2 \leqslant x_1 \leqslant 500y_1 \tag{22}$$

$$500y_3 \leqslant x_2 \leqslant 500y_2 \tag{23}$$

$$x_3 \leqslant 500y_3 \tag{24}$$

$$y_1, y_2, y_3 = 0 \text{ 或 } 1 \tag{25}$$

(11)—(18),(21)—(25)构成整数(线性)规划模型,最优解与第 1 种解法得到的结果(全局最优解)相同.

第 3 种解法 直接处理分段线性函数 $c(x)$.(9)式表示的 $c(x)$ 如图 1.

记 x 轴上的分点为 $b_1=0, b_2=500, b_3=1\ 000, b_4=1\ 500$. 当 x 在第 1 个小区间 $[b_1, b_2]$ 时,记 $x=z_1b_1+z_2b_2, z_1+z_2=1, z_1, z_2 \geqslant 0$,因为 $c(x)$ 在 $[b_1, b_2]$ 是线性的,所以 $c(x)=z_1c(b_1)+z_2c(b_2)$. 同样,当 x 在第 2 个小区间 $[b_2, b_3]$ 时,$x=z_2b_2+z_3b_3, z_2+z_3=1, z_2, z_3 \geqslant 0$, $c(x)=z_2c(b_2)+z_3c(b_3)$. 当 x 在第 3 个小区间 $[b_3, b_4]$ 时,$x=z_3b_3+z_4b_4$, $z_3+z_4=1$, z_3, $z_4 \geqslant 0$, $c(x)=z_3c(b_3)+z_4c(b_4)$.

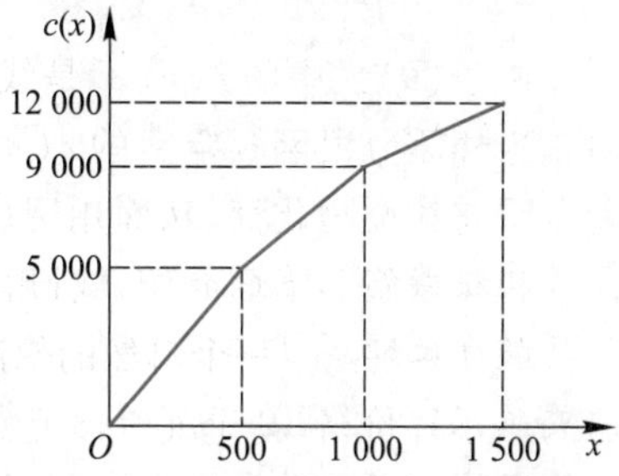

图 1 分段线性函数 $c(x)$ 图形

为了表示 x 在哪个小区间,引入 0-1 变量 $y_k(k=1,2,3)$,当 x 在第 k 个小区间时,$y_k=1$,否则,$y_k=0$. 这样,$z_1, z_2, z_3, z_4, y_1, y_2, y_3$ 应满足

$$z_1 \leqslant y_1, z_2 \leqslant y_1+y_2, z_3 \leqslant y_2+y_3, z_4 \leqslant y_3 \tag{26}$$

$$z_1+z_2+z_3+z_4=1, \quad z_k \geqslant 0(k=1,2,3,4) \tag{27}$$

$$y_1+y_2+y_3=1, \quad y_1, y_2, y_3=0 \text{ 或 } 1 \tag{28}$$

此时 x 和 $c(x)$ 可以统一地表示为

$$x=z_1b_1+z_2b_2+z_3b_3+z_4b_4=500z_2+1\ 000z_3+1\ 500z_4 \tag{29}$$

$$\begin{aligned} c(x) &= z_1c(b_1)+z_2c(b_2)+z_3c(b_3)+z_4c(b_4) \\ &= 5\ 000z_2+9\ 000z_3+12\ 000z_4 \end{aligned} \tag{30}$$

程序文件 4-10
原油采购与加工
第 3 种解法
prog0403f.lg4

(10)—(16),(26)—(30)也构成一个整数规划模型,将它输入 LINGO 软件求解,得到的结果与第 2 种解法相同.

设一个 n 段线性函数 $f(x)$ 的分点为 $b_1 \leqslant \cdots \leqslant b_n \leqslant b_{n+1}$,引入 z_k,将 x 和 $f(x)$ 表示为

$$x=\sum_{k=1}^{n+1} z_k b_k \tag{31}$$

$$f(x)=\sum_{k=1}^{n+1} z_k f(b_k) \tag{32}$$

z_k 和 0-1 变量 y_k 满足

$$z_1 \leqslant y_1, z_2 \leqslant y_1+y_2, \cdots, z_n \leqslant y_{n-1}+y_n, z_{n+1} \leqslant y_n \tag{33}$$

$$y_1+y_2+\cdots+y_n=1, \quad y_k=0 \text{ 或 } 1 \tag{34}$$

$$z_1+z_2+\cdots+z_{n+1}=1, \quad z_k \geqslant 0\ (k=1,2,\cdots,n+1) \tag{35}$$

评注 这个问题的关键是处理分段线性函数,我们推荐化为整数规划模型的第 2,3 种解法,第 3 种解法更具一般性.

复习题

1. 考虑 4.2 节的复习题,为了进一步减少运输量,打算舍弃两个临时料场,改建两个新的,日储量仍各为 20 t,应建在何处? 节省的运输量有多大?[78]

2. 某公司将 4 种不同含硫量的液体原料(分别记为甲、乙、丙、丁)混合生产两种产品(分别记为 A,B).按照生产工艺的要求,原料甲、乙、丁必须首先倒入混合池中混合,混合后的液体再分别与原料丙混合生产 A,B.已知原料甲、乙、丙、丁的含硫量分别是 3%,1%,2%,1%,进货价格(单位:千元/t)分

别为 6,16,10,15;产品 A,B 的含硫量分别不能超过 2.5%,1.5%,售价分别为 9,15.根据市场信息,原料甲、乙、丙的供应没有限制,原料丁的供应量最多为 50 t;产品 A,B 的市场需求量分别为 100 t,200 t.问应如何安排生产[20]?

4.4 接力队的选拔与选课策略

实际生活中可能遇到这样的分派问题:若干项任务分给一些候选人来完成,因为每个人的专长不同,他们完成每项任务取得的效益或需要的资源就不一样,如何分派这些任务使获得的总效益最大,或付出的总资源最少?也会遇到这样的选择问题:有若干种策略供你选择,不同的策略得到的收益或付出的成本不同,各个策略之间可以有相互制约关系,如何在满足一定条件下做出抉择,使得收益最大或成本最小?本节将通过几个实例说明怎样用数学规划模型解决这种问题.

例 1 混合泳接力队的选拔

问题 某班准备从 5 名游泳队员中选择 4 人组成接力队,参加学校的 4×100 m 混合泳接力比赛.5 名队员 4 种泳姿的百米平均成绩如表 1 所示,问应如何选拔队员组成接力队?

如果最近队员丁的蛙泳成绩有较大退步,只有 1′15″2;而队员戊经过艰苦训练自由泳成绩有所进步,达到 57″5,组成接力队的方案是否应该调整?

表 1 5 名队员 4 种泳姿的百米平均成绩

	甲	乙	丙	丁	戊
蝶泳	1′06″8	57″2	1′18″	1′10″	1′07″4
仰泳	1′15″6	1′06″	1′07″8	1′14″2	1′11″
蛙泳	1′27″	1′06″4	1′24″6	1′09″6	1′23″8
自由泳	58″6	53″	59″4	57″2	1′02″4

问题分析 从 5 名队员中选出 4 人组成接力队,每人一种泳姿,且 4 人的泳姿各不相同,使接力队的成绩最好.容易想到的一个办法是穷举法,组成接力队的方案共有 5!=120 种,逐一计算并作比较,即可找出最优方案.显然这不是解决这类问题的好办法,随着问题规模的变大,穷举法的计算量将是无法接受的.

可以用 0-1 变量表示一个队员是否入选接力队,从而建立这个问题的0-1规划模型,借助现成的数学软件求解.

模型的建立与求解 记甲乙丙丁戊分别为队员 $i=1,2,3,4,5$;记蝶泳、仰泳、蛙泳、自由泳分别为泳姿$j=1,2,3,4$.记队员 i 的第 j 种泳姿的百米最好成绩为 c_{ij}(单位:s),即有

	c_{ij}				
	$i=1$	$i=2$	$i=3$	$i=4$	$i=5$
$j=1$	66.8	57.2	78	70	67.4
$j=2$	75.6	66	67.8	74.2	71

续表

	c_{ij}				
	$i=1$	$i=2$	$i=3$	$i=4$	$i=5$
$j=3$	87	66.4	84.6	69.6	83.8
$j=4$	58.6	53	59.4	57.2	62.4

引入 0-1 变量 x_{ij}，若选择队员 i 参加泳姿 j 的比赛，记 $x_{ij}=1$，否则记 $x_{ij}=0$. 根据组成接力队的要求，x_{ij} 应该满足两个约束条件：

第一，每人最多只能入选 4 种泳姿之一，即对于 $i=1,2,3,4,5$，应有 $\sum\limits_{j=1}^{4} x_{ij} \leqslant 1$；

第二，每种泳姿必须有 1 人而且只能有 1 人入选，即对于 $j=1,2,3,4$，应有 $\sum\limits_{i=1}^{5} x_{ij}=1$.

当队员 i 入选泳姿 j 时，$c_{ij}x_{ij}$ 表示他(她)的成绩，否则 $c_{ij}x_{ij}=0$. 于是接力队的成绩可表示为 $z=\sum\limits_{j=1}^{4}\sum\limits_{i=1}^{5} c_{ij}x_{ij}$，这就是该问题的目标函数.

程序文件 4-11
接力队选拔
prog0404a.lg4

综上，这个问题的 0-1 规划模型可写作

$$\min z=\sum_{j=1}^{4}\sum_{i=1}^{5} c_{ij}x_{ij} \tag{1}$$

$$\text{s.t.} \sum_{j=1}^{4} x_{ij} \leqslant 1, i=1,2,3,4,5 \tag{2}$$

$$\sum_{i=1}^{5} x_{ij}=1, j=1,2,3,4 \tag{3}$$

$$x_{ij} \in \{0,1\} \tag{4}$$

求解得到结果为：$x_{14}=x_{21}=x_{32}=x_{43}=1$，其他变量为 0，成绩为 253.2 s $=4'13''2$. 即应当选派甲乙丙丁 4 人组成接力队，分别参加自由泳、蝶泳、仰泳、蛙泳的比赛.

讨论　考虑到丁、戊最近的状态，c_{43} 由原来的 69.6 s 变为 75.2 s，c_{54} 由原来的 62.4 s 变为 57.5 s，讨论对结果的影响. 这类似于 4.1 节中的敏感性分析，但是对于整数规划模型，一般没有与线性规划相类似的理论，此时 LINGO 中所输出的敏感性分析结果通常是没有意义的. 于是我们只好用 c_{43}，c_{54} 的新数据重新输入模型，用 LINGO 求解得到：$x_{21}=x_{32}=x_{43}=x_{54}=1$，其他变量为 0，成绩为 257.7 s $=4'17''7$. 即应当选派乙丙丁戊 4 人组成接力队，分别参加蝶泳、仰泳、蛙泳、自由泳的比赛.

评注　典型的指派问题中，任务的数量与能够承担的人员数量相等，但是二者不相等的情况也常见，本例是人数多于任务数，如果任务数多于人数呢？这时虽然不是上述意义下的指派问题，但能建立类似的模型.

例 1 属于这样一类分派问题：有若干项任务，每项任务必须有一人且只能有一人承担，每人也只能承担其中一项，不同人员承担不同任务的收益(或成本)不同，问题是怎样分派各项任务使总收益最大(或总成本最小). 它又称为**指派问题**(assignment problem). 建立0-1 规划模型是解决这类问题的常用方法.

例 2　选课策略

某学校规定，运筹学专业的学生毕业时必须至少学习过两门数学课、三门运筹学课和两门计算机课. 这些课程的编号、名称、学分、所属类别和先修课要求如表 2 所示. 那么，毕业时学生最少可以学习这些课程中的哪些课程？

如果某个学生既希望选修课程的数量少,又希望所获得的学分多,他可以选修哪些课程?

表2 课程情况

课程编号	课程名称	学分	所属类别	先修课要求
1	微积分	5	数学	
2	线性代数	4	数学	
3	最优化方法	4	数学;运筹学	微积分;线性代数
4	数据结构	3	数学;计算机	计算机编程
5	应用统计	4	数学;运筹学	微积分;线性代数
6	计算机模拟	3	计算机;运筹学	计算机编程
7	计算机编程	2	计算机	
8	预测理论	2	运筹学	应用统计
9	数学实验	3	运筹学;计算机	微积分;线性代数

模型的建立与求解 用 $x_i=1$ 表示选修表2中按编号顺序的9门课程($x_i=0$ 表示不选;$i=1,2,\cdots,9$).问题的目标为选修的课程总数最少,即

$$\min z=\sum_{i=1}^{9} x_i \tag{5}$$

约束条件包括两个方面:

第一,每人最少要学习2门数学课、3门运筹学课和2门计算机课.根据表中对每门课程所属类别的划分,这一约束可以表示为

$$x_1+x_2+x_3+x_4+x_5\geqslant 2 \tag{6}$$

$$x_3+x_5+x_6+x_8+x_9\geqslant 3 \tag{7}$$

$$x_4+x_6+x_7+x_9\geqslant 2 \tag{8}$$

第二,某些课程有先修课程的要求.例如"数据结构"的先修课是"计算机编程",这意味着如果 $x_4=1$,必须 $x_7=1$,这个条件可以表示为 $x_4\leqslant x_7$(注意:$x_4=0$ 时对 x_7 没有限制)."最优化方法"的先修课是"微积分"和"线性代数"的条件可表为 $x_3\leqslant x_1, x_3\leqslant x_2$,而这两个不等式可以用一个约束表示为 $2x_3-x_1-x_2\leqslant 0$.这样,所有课程的先修课要求可表为如下的约束:

评注 用0-1变量表示选择策略是常用的方法,对约束"要选甲必选乙"可以类似 $x_4\leqslant x_7$ 表述.有些选择问题如选拔上场队员时,由于相互配合或制约关系,还会遇到诸如"甲乙二人至多选一人""甲乙二人至少选一人""要选甲必不能选乙"等约束,如何表述呢?

$$2x_3-x_1-x_2\leqslant 0 \tag{9}$$

$$x_4-x_7\leqslant 0 \tag{10}$$

$$2x_5-x_1-x_2\leqslant 0 \tag{11}$$

$$x_6-x_7\leqslant 0 \tag{12}$$

$$x_8-x_5\leqslant 0 \tag{13}$$

$$2x_9-x_1-x_2\leqslant 0 \tag{14}$$

由上得到以(5)为目标函数、以(6)—(14)为约束条件的0-1规划模型.将这一模型输入LINGO(注意加上 x_i 为0-1的约束),求解得到结果为 $x_1=x_2=x_3=x_6=x_7=x_9=1$,其他变量为0.对照课程编号,它们是微积分、线性代数、最优化方法、计算机模拟、计算机编程、数学实验,共6门课程,总学分为21.

程序文件4-12
选课策略
prog0404b.lg4

下面将会看到,这个解并不是唯一的,还可以找到与以上不完全相同的6门课程,也满足所给的约束.

讨论 如果一个学生既希望选修课程数少,又希望所获得的学分数尽可能多,则除了目标(5)之外,还应根据表2中的学分数写出另一个目标,即

$$\max\ w=5x_1+4x_2+4x_3+3x_4+4x_5+3x_6+2x_7+2x_8+3x_9 \tag{15}$$

基础知识4-4
多目标规划和目标规划的基本原理与解法

我们把只有一个优化目标的规划问题称为**单目标规划**,而将多于一个目标的规划问题称为**多目标规划**.多目标规划的目标函数相当于一个向量,如目标(5)和(15)可以表示为对一个向量进行优化:

$$\text{V-min}(z,-w) \tag{16}$$

上面符号"V-min"是"向量最小化"的意思,注意其中已经通过对 w 取负号而将(15)中的最大化变成了最小化问题.

要得到多目标规划问题的解,通常需要知道决策者对每个目标的重视程度,称为偏好程度.下面通过几个例子讨论处理这类问题的方法.

1. 同学甲只考虑获得尽可能多的学分,而不管所修课程的多少,那么他可以以(15)为目标,不用考虑(5),这就变成了一个单目标优化问题.显然,这个问题不必计算就知道最优解是选修所有9门课程.

2. 同学乙认为选修课程数最少是基本的前提,那么他可以只考虑目标(5)而不管(15),这就是前面得到的,最少为6门.如果这个解是唯一的,则他已别无选择,只能选修上面的6门课,总学分为21.但是LINGO无法告诉我们一个优化问题的解是否唯一,所以他还可能在选修6门课的条件下,使总学分多于21.为探索这种可能,应在上面的规划问题中增加约束

程序文件4-13
两目标选课策略
prog0404c.lg4

$$\sum_{j=1}^{9} x_i=6 \tag{17}$$

得到以(15)为目标函数、以(6)—(14)和(17)为约束条件的另一个0-1规划模型.求解后发现会得到不同于前面6门课程的最优解 $x_1=x_2=x_3=x_5=x_7=x_9=1$,其他变量为0,即3学分的"计算机模拟"换成了4学分的"应用统计",总学分由21增至22.注意这个模型的解仍然不是唯一的,如 $x_1=x_2=x_3=x_5=x_6=x_7=1$,其他变量为0,也是最优解.

3. 同学丙不像甲、乙那样,只考虑学分最多或以课程最少为前提,而是觉得学分数和课程数这两个目标大致上应该三七开.这时可以将目标函数 z 和 $-w$ 分别乘以0.7和0.3,组成一个新的目标函数 y,有

$$\begin{aligned}\min\ y&=0.7z-0.3w\\&=-0.8x_1-0.5x_2-0.5x_3-0.2x_4-0.5x_5-0.2x_6+0.1x_7+0.1x_8-0.2x_9\end{aligned} \tag{18}$$

得到以(18)为目标、以(6)~(14)为约束的0-1规划模型.输入LINGO求解得到结果为:$x_1=x_2=x_3=x_4=x_5=x_6=x_7=x_9=1$,即只有"预测理论"不需要选修,共28学分.

评注 处理多目标规划的基本思路是通过加权组合形成新的单一目标,从而化为单目标规划.优先考虑一个目标是它的一种极端情况.把一个目标作为约束条件如(17)式,解另一个目标的规划模型,也是一种处理方法(更多例子见4.7和4.8节).

实际上,0.7和0.3是 z 和 $-w$ 的权重.一般地,将权重记作 λ_1,λ_2,且令 $\lambda_1+\lambda_2=1$,

$0\leqslant\lambda_1,\lambda_2\leqslant 1$，则 0-1 规划模型的新目标为

$$\min\ y=\lambda_1 z-\lambda_2 w \tag{19}$$

前面同学甲的考虑相当于 $\lambda_1=0,\lambda_2=1$，同学乙的考虑相当于 $\lambda_1=1,\lambda_2=0$，是两种极端情况.通过选取许多不同的 λ_1,λ_2 进行计算，可以发现当 $\lambda_1<2/3$ 时，结果与同学甲相同；而当 $\lambda_1>3/4$ 时，结果与同学乙相同.这是偶然的吗？我们根据给出的数据分析一下.

当 $\lambda_1<2/3$ 时，(19)式中 x 的所有系数都小于 0，因此为了使 y 取最小值，所有决策变量应尽可能取 1，这与 $\lambda_1=0,\lambda_2=1$ 的情况，即学分数最多是一样的.

当 $\lambda_1>3/4$ 时，(19)式中 x 的系数中至少有 5 个大于 0，它们分别是 x_4,x_6,x_7,x_8,x_9 的系数，因此为了使 y 取最小值，x_4,x_6,x_7,x_8,x_9 应尽可能取 0，而根据前面的计算知道约束条件已经保证至少要选修 6 门课，所以 x_4,x_6,x_7,x_8,x_9 中最多只能有 3 个同时取 0，这与 $\lambda_1=1,\lambda_2=0$ 的情况，即选修的课程数最少是一样的.

复习题

某公司指派 n 个员工到 n 个城市工作（每个城市单独一人），希望使所花费的总电话费用尽可能少.n 个员工两两之间每个月通话的时间表示在下面的矩阵的上三角形部分（假设通话的时间矩阵是对称的，没有必要写出下三角形部分），n 个城市两两之间通话费率表示在下面的矩阵的下三角形部分（同样道理，假设通话的费率矩阵是对称的，没有必要写出上三角形部分）. 试求解该二次指派问题.（如果你的软件解不了这么大规模的问题，那就只考虑最前面的若干员工和城市.）[20]

$$\begin{pmatrix}
0 & 5 & 3 & 7 & 9 & 3 & 9 & 2 & 9 & 0\\
7 & 0 & 7 & 8 & 3 & 2 & 3 & 3 & 5 & 7\\
4 & 8 & 0 & 9 & 3 & 5 & 3 & 3 & 9 & 3\\
6 & 2 & 10 & 0 & 8 & 4 & 1 & 8 & 0 & 4\\
8 & 6 & 4 & 6 & 0 & 8 & 8 & 7 & 5 & 9\\
8 & 5 & 4 & 6 & 6 & 0 & 4 & 8 & 0 & 3\\
8 & 6 & 7 & 9 & 4 & 3 & 0 & 7 & 9 & 5\\
6 & 8 & 2 & 3 & 8 & 8 & 6 & 0 & 5 & 5\\
6 & 3 & 6 & 2 & 8 & 3 & 7 & 8 & 0 & 5\\
5 & 6 & 7 & 6 & 6 & 2 & 8 & 8 & 9 & 0
\end{pmatrix}$$

4.5 饮料厂的生产与检修

在 4.1 节的例子中我们讨论的是单阶段的生产销售计划，实际上由于生产、需求在时间上的连续性，从长期效益出发，应该制订多阶段生产计划.

实际生产中要考虑的除了成本费、存贮费等与产量有关的费用外，有时还要考虑与产量无关的固定费用，如生产准备费，这会给优化模型的求解带来新的困难.

本节通过两个实例研究以上问题.

例 1 饮料厂的生产与检修计划

问题 某饮料厂生产一种饮料用以满足市场需求.该厂销售科根据市场预测，已经

确定了未来 4 周该饮料的需求量.计划科根据本厂实际情况给出了未来 4 周的生产能力和生产成本,如表 1 所示.每周当饮料满足需求后有剩余时,要支出存贮费,为每周每千箱饮料 0.2 千元.问应如何安排生产计划,在满足每周市场需求的条件下,使四周的总费用(生产成本与存贮费之和)最小?

如果工厂必须在未来四周的某一周中安排一次设备检修,检修将占用当周 15 千箱的生产能力,但会使检修以后每周的生产能力提高 5 千箱,则检修应该安排在哪一周?

表 1 饮料的生产和需求数据

周次	需求量/千箱	生产能力/千箱	每千箱成本/千元
1	15	30	5.0
2	25	40	5.1
3	35	45	5.4
4	25	20	5.5
合计	100	135	

问题分析 从表 1 的数据看,除第 4 周外每周的生产能力都超过每周的需求,且总生产能力超过总需求,故可以满足每周市场需求.如果第 1 周、第 2 周按需生产,第 3 周多生产 5 千箱以弥补第 4 周生产能力对需求的不足,就可以使总的存贮费最小.但是我们注意到:生产成本在逐周上升,所以从总费用最小的角度考虑,前几周多生产一些备用,可能是更好的生产方案.于是应该建立数学规划模型来寻找最优的生产与存贮策略.

模型假设 设饮料厂在第 1 周开始时没有库存;从费用最小考虑,自然地假定第 4 周末也不能有库存;周末有库存时需支出一周的存贮费;每周末的库存量就是下周初的库存量.

模型建立与求解 显然,问题的决策变量是未来 4 周饮料的生产量,分别记作 x_1, x_2, x_3, x_4;由于存贮费取决于库存量,记第 1,2,3 周末的库存量分别为 y_1, y_2, y_3;4 周的总费用生产成本与存贮费之和(记作 z)是问题的目标函数,如下面模型中的(1)式.

每周的产量、需求与库存之间存在着平衡关系,比如对第 2 周有 $y_1+x_2-25=y_2$,再注意到第 1 周初和第 4 周末的库存为 0,就得到下面模型的约束条件(2-1)—(2-4).(3)(4)则分别是产量限制和非负约束.综上可得如下的线性规划模型

$$\min z=5.0x_1+5.1x_2+5.4x_3+5.5x_4+0.2(y_1+y_2+y_3) \tag{1}$$

$$\text{s.t.}\quad x_1-y_1=15 \tag{2-1}$$

$$x_2+y_1-y_2=25 \tag{2-2}$$

$$x_3+y_2-y_3=35 \tag{2-3}$$

$$x_4+y_3=25 \tag{2-4}$$

$$x_1\leqslant 30, x_2\leqslant 40, x_3\leqslant 45, x_4\leqslant 20 \tag{3}$$

$$x_1, x_2, x_3, x_4, y_1, y_2, y_3\geqslant 0 \tag{4}$$

将以上模型输入 LINGO 求解,可以得到最优解$(x_1,x_2,x_3,x_4,y_1,y_2,y_3)=(15,40,25,20,0,15,5)$,即四周的产量分别为 15 千箱、40 千箱、25 千箱、20 千箱,这样第 1 周没有库存,第 2,3 周各有 15 千箱、5 千箱库存.这个生产计划的总费用为 528 千元,达到

程序文件 4-14
饮料厂生产计划
prog0405a.lg4

最小.

程序文件 4-15
饮料厂生产与检修计划
prog0405b.lg4

讨论　在需要安排检修时,如果希望以上生产计划保持不变,可以看出:第 1 周和第 2 周都有不小于 15 千箱的生产能力剩余,因此这两周都可以安排检修:究竟将检修安排在哪一周呢?

实际上,由于检修后生产能力发生变化,把检修安排在第 1 或第 2 周不一定是最佳选择.从题目给的条件来看,将检修安排在任何一周都是可以的.我们引入 0-1 变量 w_1, w_2, w_3, w_4,用 $w_t=1$ 表示检修安排在第 t 周($t=1,2,3,4$).由于检修将占用当周 15 千箱的生产能力,但会使检修以后每周的生产能力提高 5 千箱,所以上面模型中关于产量限制的约束条件(3)需要修改为

评注　根据各阶段的产量、需求与库存之间的关系.直接得到了模型(2-1)—(2-4),虽然由此可以解出库存量 y_1, y_2, y_3,代入(1)式得到只有产量 x_1, x_2, x_3, x_4 的目标函数,但是我们宁愿增加库存量为决策变量.使模型清晰和便于检查,而尽可能地把计算工作都留给计算机去做.

$$x_1+15w_1\leqslant 30 \tag{3-1}$$

$$x_2+15w_2-5w_1\leqslant 40 \tag{3-2}$$

$$x_3+15w_3-5w_2-5w_1\leqslant 45 \tag{3-3}$$

$$x_4+15w_4-5w_1-5w_2-5w_3\leqslant 20 \tag{3-4}$$

同时,由于四周中只有一次检修,模型中还需要增加关于 w_1, w_2, w_3, w_4 的约束

$$w_1+w_2+w_3+w_4=1 \tag{5}$$

$$w_1,w_2,w_3,w_4\in\{0,1\} \tag{6}$$

用 LINGO 对修改的模型直接求解,应当将检修安排在第 1 周,每周的生产量分别为 15 千箱、45 千箱、15 千箱、25 千箱,最小总费用从 528 千元下降为 527 千元.

为安排检修计划引入 0-1 变量,得到混合整数规划模型,求解的结果总费用只下降了一点,是由于检修导致的生产能力的提高,在短短的 4 周内其作用远未得到充分体现.

例 2　饮料的生产批量问题

问题　某饮料厂使用同一条生产线轮流生产多种饮料以满足市场需求.如果某周开工生产其中一种饮料,就要清洗设备和更换部分部件,于是需支出生产准备费 8 千元.现在只考虑一种饮料的生产,假设其未来四周的需求量、生产能力、生产成本和存贮费与例 1 给出的完全相同.问应如何安排这种饮料的生产计划,在按时满足市场需求的条件下,使生产该种饮料的总费用最小?

问题分析　这一问题与例 1 的主要差别在于:除了考虑随产品数量变化的费用(如生产成本和存贮费)外,还要考虑与产品数量无关的费用,即生产准备费,只要某周开工生产时就有这项费用.

模型建立与求解　我们先用一般的数学符号表述这类问题.设需要考虑的时间跨度为 T 个时段(在本例中为 4 个时段,1 周是 1 个时段),第 t 时段的市场需求为 d_t,生产能力为 $M_t(t=1,2,\cdots,T)$.如果第 t 时段开工生产,则需付出生产准备费为 $s_t\geqslant 0$,单件产品的生产成本为 $c_t\geqslant 0$.在 t 时段末,如果有产品库存,单件产品 1 个时段的存贮费为 $h_t\geqslant 0$.目标函数是生产准备费、生产成本和存贮费之和.

假设在 t 时段,产品的生产量为 $x_t(x_t\geqslant 0)$,t 时段末产品的库存(即下一个时段的初始库存)为 $y_t(y_t\geqslant 0)$,合理地假设 $y_0=y_T=0$.产量、需求与库存之间的平衡关系同前.

为了表述在 t 时段是否生产这种饮料,从而确定是否要支付生产准备费,引入 0-1 变量 w_t,$w_t=1$ 表示生产,$w_t=0$ 表示不生产.于是这一问题可以用如下的数学规划模型

描述：

程序文件 4-16
饮料厂生产批量计划
prog0405c.lg4

$$\min z = \sum_{t=1}^{T} (s_t w_t + c_t x_t + h_t y_t) \tag{7}$$

$$\text{s.t.} \quad y_{t-1} + x_t - y_t = d_t, \quad t = 1, 2, \cdots, T \tag{8}$$

$$w_t = \begin{cases} 1, x_t > 0, \\ 0, x_t = 0, \end{cases} \quad t = 1, 2, \cdots, T \tag{9}$$

$$x_t \leqslant M_t, t = 1, 2, \cdots, T \tag{10}$$

$$y_0 = y_T = 0, \tag{11}$$

$$x_t, y_t \geqslant 0, \quad t = 1, 2, \cdots, T \tag{12}$$

(9) 式不便于计算，可以将(9)(10)式合并地表为 $x_t \leqslant M_t w_t$，或用下面的线性不等式代替

$$x_t - M_t w_t \leqslant 0, \quad t = 1, 2, \cdots, T \tag{13}$$

将本题所给参数代入这一模型，求解得到生产计划为：4 周的生产量分别为 15 千箱、40 千箱、45 千箱、0 千箱，最小总费用为 554.0 千元. 与例 1 每周都有生产的结果相比，这里只在前 3 周生产，虽然存贮费增加了，但是节省了生产准备费.

如果把对每周生产能力的限制去掉，则将约束(13)中的 M_t 换成一个充分大的常数(比如 4 周的总需求量)就可以了. 读者不妨解一下这个问题，会发现其最优解为，4 周的生产量分别为 15 千箱、85 千箱、0 千箱、0 千箱. 与上面生产能力有限制的结果相比，这里只有第 1，2 周生产，生产准备费会更加节省.

评注 既包含可变费用(生产成本、存贮费)又包含固定费用(生产准备费)的多阶段生产计划问题称为生产批量(lot-sizing)问题，通常引入 0-1 变量处理. 如果对产量和库存量没有整数要求，那么这种模型包含了连续变量和整数变量，称为**混合整数规划**.

复习题

某储蓄所每天的营业时间是上午 9：00 到下午 5：00. 根据经验，每天不同时间段所需要的服务员数量如下表：

时间段	9—10	10—11	11—12	12—13	13—14	14—15	15—16	16—17
服务员数量	4	3	4	6	5	6	8	8

储蓄所可以雇佣全时和半时两类服务员. 全时服务员每天报酬 100 元，从上午 9：00 到下午 5：00 工作，但中午 12：00 到下午 2：00 之间必须安排 1 h 的午餐时间. 储蓄所每天可以雇佣不超过 3 名的半时服务员，每个半时服务员必须连续工作 4 h，报酬 40 元. 问该储蓄所应如何雇佣全时和半时两类服务员？如果不能雇佣半时服务员，每天至少增加多少费用？如果雇佣半时服务员的数量没有限制，每天可以减少多少费用？

4.6 钢管和易拉罐下料

生产中常会遇到通过切割、剪裁、冲压等手段，将原材料加工成所需尺寸这种工艺过程，称为原料下料问题. 按照进一步的工艺要求，确定下料方案，使用料最省或利润最大，是典型的优化问题. 本节通过两个实例讨论用数学规划模型解决这类问题的方法.

例1 钢管下料

问题 某钢管零售商从钢管厂进货,将钢管按照顾客的要求切割后售出,从钢管厂进货时得到的原料钢管都是19 m.

(1) 现有一客户需要50根4 m、20根6 m和15根8 m的钢管.应如何下料最节省?

(2) 零售商如果采用的不同切割模式太多,将会导致生产过程的复杂化,从而增加生产和管理成本,所以该零售商规定采用的不同切割模式不能超过3种.此外,该客户除需要(1)中的三种钢管外,还需要10根5 m的钢管.应如何下料最节省[21]?

问题(1)的求解

问题分析 首先,应当确定哪些切割模式是可行的.所谓一个切割模式,是指按照客户需要在原料钢管上安排切割的一种组合.例如:我们可以将19 m的钢管切割成3根4 m的钢管,余料为7 m;或者将19 m的钢管切割成4 m、6 m和8 m的钢管各1根,余料为1 m.显然,可行的切割模式是很多的.

其次,应当确定哪些切割模式是合理的.通常假设一个合理的切割模式的余料不应该大于或等于客户需要的钢管的最小尺寸.例如:将19 m的钢管切割成3根4 m的钢管是可行的,但余料为7 m,可以进一步将7 m的余料切割成4 m钢管(余料为3 m),或者将7 m的余料切割成6 m钢管(余料为1 m).在这种合理性假设下,切割模式一共有7种,如表1所示.

表1 钢管下料的合理切割模式

	4 m钢管根数	6 m钢管根数	8 m钢管根数	余料/m
模式1	4	0	0	3
模式2	3	1	0	1
模式3	2	0	1	3
模式4	1	2	0	3
模式5	1	1	1	1
模式6	0	3	0	1
模式7	0	0	2	3

问题化为在满足客户需要的条件下,按照哪些合理的模式,切割多少根原料钢管,最为节省.而所谓节省,可以有两种标准:一是切割后剩余的总余料量最小,二是切割原料钢管的总根数最少.下面将对这两个目标分别讨论.

模型建立

决策变量 用x_i表示按照第i种模式($i=1,2,\cdots,7$)切割的原料钢管的根数,显然它们应当是非负整数.

评注 下料问题建模的关键是确定下料模式,尚无通用的方法.对于钢管下料这样的一维问题,当需要的材料规格不太多时,可以枚举出下料模式,建立整数线性规划模型.

决策目标 以切割后剩余的总余料量最小为目标,则由表1可得

$$\min z_1=3x_1+x_2+3x_3+3x_4+x_5+x_6+3x_7 \tag{1}$$

以切割原料钢管的总根数最少为目标,则有

$$\min z_2=x_1+x_2+x_3+x_4+x_5+x_6+x_7 \tag{2}$$

下面分别在这两种目标下求解.

约束条件 为满足客户的需求,按照表 1 应有

$$4x_1+3x_2+2x_3+x_4+x_5\geqslant 50 \tag{3}$$

$$x_2+2x_4+x_5+3x_6\geqslant 20 \tag{4}$$

$$x_3+x_5+2x_7\geqslant 15 \tag{5}$$

模型求解

程序文件 4-17
钢管下料问题 1
prog0406a.lg4

1. 将(1)(3)(4)(5)式构成的整数线性规划模型(加上整数约束)输入 LINGO 求解,可以得到最优解如下:$x_2=12,x_5=15$(其余变量为 0).即按照模式 2 切割 12 根原料钢管,按照模式 5 切割 15 根原料钢管,共 27 根,总余料量为27 m.显然,在总余料量最小的目标下,最优解将是使用余料尽可能小的切割模式(模式 2 和 5 的余料为 1 m),这会导致切割原料钢管的总根数较多.

2. 将(2)—(5)式构成的整数线性规划模型(加上整数约束)输入 LINGO 求解,可以得到最优解如下:$x_2=15,x_5=x_7=5$(其余变量为 0).即按照模式 2 切割 15 根原料钢管、按照模式 5 切割 5 根、按照模式 7 切割 5 根,共 25 根,可算出总余料量为 35 m.与上面得到的结果相比,总余料量增加了8 m,但是所用的原料钢管的总根数减少了 2 根.在余料没有什么用途的情况下,通常选择总根数最少为目标.

问题(2)的求解

问题分析 按照问题(1)的思路,可以通过枚举法首先确定哪些切割模式是可行的.但由于需求的钢管规格增加到 4 种,所以枚举法的工作量较大.下面介绍的整数非线性规划模型,可以同时确定切割模式和切割计划,是带有普遍性的方法.

同问题(1)类似,一个合理的切割模式的余料不应该大于或等于客户需要的钢管的最小尺寸(本题中为 4 m),切割计划中只使用合理的切割模式,而由于本题中参数都是整数,所以合理的切割模式的余量不能大于 3 m.此外,这里我们仅选择总根数最少为目标进行求解.

模型建立

决策变量 由于不同切割模式不能超过 3 种,可以用 x_i 表示按照第 i 种模式($i=1,2,3$)切割的原料钢管的根数,显然它们应当是非负整数.设所使用的第 i 种切割模式下每根原料钢管生产 4 m,5 m,6 m 和 8 m 的钢管数量分别为 $r_{1i},r_{2i},r_{3i},r_{4i}$(非负整数).

决策目标 切割原料钢管的总根数最少,目标为

$$\min z=x_1+x_2+x_3 \tag{6}$$

约束条件 为满足客户的需求,应有

$$r_{11}x_1+r_{12}x_2+r_{13}x_3\geqslant 50 \tag{7}$$

$$r_{21}x_1+r_{22}x_2+r_{23}x_3\geqslant 10 \tag{8}$$

$$r_{31}x_1+r_{32}x_2+r_{33}x_3\geqslant 20 \tag{9}$$

$$r_{41}x_1+r_{42}x_2+r_{43}x_3\geqslant 15 \tag{10}$$

每一种切割模式必须可行、合理,所以每根原料钢管的成品量不能超过19 m,也不能少于 16 m(余量不能大于 3 m),于是

$$16\leqslant 4r_{11}+5r_{21}+6r_{31}+8r_{41}\leqslant 19 \tag{11}$$

$$16\leqslant 4r_{12}+5r_{22}+6r_{32}+8r_{42}\leqslant 19 \tag{12}$$

$$16\leqslant 4r_{13}+5r_{23}+6r_{33}+8r_{43}\leqslant 19 \tag{13}$$

模型求解 在(7)—(10)式中出现决策变量的乘积，是一个整数非线性规划模型，虽然用 LINGO 软件可以直接求解，但也可以增加一些显然的约束条件，从而缩小可行解的搜索范围，有可能减少运行时间.

例如，由于 3 种切割模式的排列顺序是无关紧要的，所以不妨增加以下约束

$$x_1\geqslant x_2\geqslant x_3 \tag{14}$$

又例如，我们注意到所需原料钢管的总根数有着明显的上界和下界.首先，无论如何，原料钢管的总根数不可能少于$\left(\dfrac{4\times50+5\times10+6\times20+8\times15}{19}\right)+1=26$ 根.其次，考虑一种非常特殊的生产计划：第一种切割模式下只生产 4 m 钢管，一根原料钢管切割成 4 根 4 m 钢管，为满足 50 根 4 m 钢管的需求，需要 13 根原料钢管；第二种切割模式下只生产 5 m、6 m 钢管，一根原料钢管切割成 1 根 5 m 钢管和 2 根 6 m 钢管，为满足 10 根 5 m 和 20 根 6 m 钢管的需求，需要 10 根原料钢管；第三种切割模式下只生产 8 m 钢管，一根原料钢管切割成 2 根 8 m 钢管，为满足 15 根 8 m 钢管的需求，需要 8 根原料钢管.于是满足要求的这种生产计划共需 13+10+8=31 根原料钢管，这就得到了最优解的一个上界.所以可增加以下约束

评注 对于下料问题的整数非线性规划模型，增加约束条件是将原来的可行域"割去"一部分以简化求解，这样做应保证剩下的可行域中仍存在原问题的最优解.

$$26\leqslant x_1+x_2+x_3\leqslant 31 \tag{15}$$

将(6)—(15)式构成的模型输入 LINGO 求解得到：按照模式 1,2,3 分别切割 10,10,8 根原料钢管，使用原料钢管总根数为 28 根.第一种切割模式下一根原料钢管切割成 3 根 4 m 钢管和 1 根 6 m 钢管；第二种切割模式下一根原料钢管切割成 2 根 4 m 钢管、1 根 5 m 钢管和 1 根 6 m 钢管；第三种切割模式下一根原料钢管切割成 2 根 8 m 钢管.但这个模型的解并不唯一，你能找出一个与此不同的解吗？

程序文件 4-18
钢管下料问题 2
prog0406b.lg4

例 2 易拉罐下料

问题 某公司采用一套冲压设备生产一种罐装饮料的易拉罐，这种易拉罐是用镀锡板冲压制成的.易拉罐为圆柱形，包括罐身、上盖和下底，罐身高10 cm，上盖和下底的直径均为 5 cm.该公司使用两种不同规格的镀锡板原料：规格 1 的镀锡板为正方形，边长 24 cm；规格 2 的镀锡板为长方形，长、宽分别为 32 cm 和 28 cm.由于生产设备和生产工艺的限制，对于规格 1 的镀锡板原料，只可以按照图 1 中的模式 1、模式 2 或模式 3 进行冲压；对于规格 2 的镀锡板原料只能按照模式 4 进行冲压.使用模式 1、模式 2、模式 3、模式 4 进行每次冲压所需要的时间分别为 1.5 s、2 s、1 s、3 s.

该工厂每周工作 40 h，每周可供使用的规格 1、规格 2 的镀锡板原料分别为 5 万张和 2 万张.目前每只易拉罐的利润为 0.10 元，原料余料损失为0.001 元/cm^2（如果周末有罐身、上盖或下底不能配套组装成易拉罐出售，也看作是原料余料损失）.

问工厂应如何安排每周的生产？

问题分析 与钢管下料问题不同的是，这里的切割模式已经确定，只需计算各种模式下的余料损失.已知上盖和下底的直径 $d=5$ cm，可得其面积为$s=\pi d^2/4\approx 19.6\ \text{cm}^2$，周长为 $L=\pi d\approx 15.7$ cm；已知罐身高 $h=10$ cm，可得其面积为 $S=hL\approx 157.1\ \text{cm}^2$.于是模式 1 下的余料损失为 $24^2\ \text{cm}^2-10s-S\approx 222.6\ \text{cm}^2$.同理计算其他模式下的余料损失，并可将 4 种冲压模式的特征归纳如表 2.

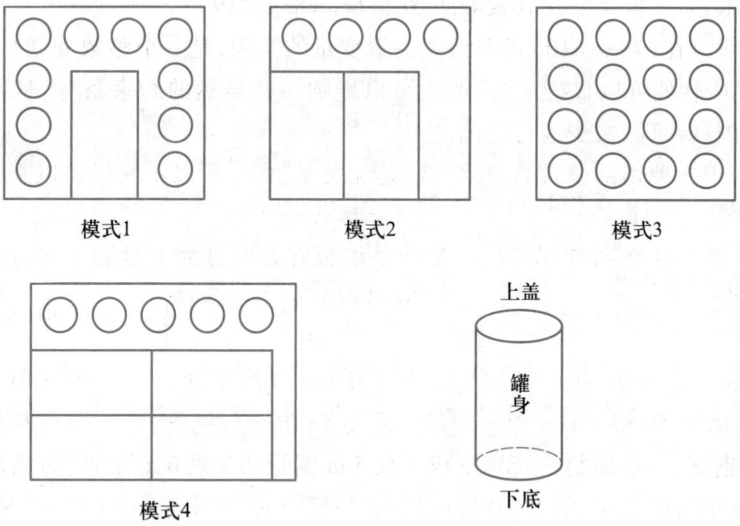

图 1 易拉罐下料模式

表 2 4 种冲压模式的特征

	罐身个数	底、盖个数	余料损失/cm^2	冲压时间/s
模式 1	1	10	222.6	1.5
模式 2	2	4	183.3	2
模式 3	0	16	261.8	1
模式 4	4	5	169.5	3

问题的目标显然应是易拉罐的利润扣除原料余料损失后的净利润最大,约束条件除每周工作时间和原料数量外,还要考虑罐身和底、盖的配套组装.

模型建立

决策变量 用 x_i 表示按照第 i 种模式的冲压次数($i=1,2,3,4$),y_1 表示一周生产的易拉罐个数.为计算不能配套组装的罐身和底、盖造成的原料损失,用 y_2 表示不配套的罐身个数,y_3 表示不配套的底、盖个数.虽然实际上 x_i 和 y_1,y_2,y_3 应该是整数.但是由于生产量相当大,可以把它们看成是实数,从而用线性规划模型处理.

决策目标 假设每周生产的易拉罐能够全部售出,公司每周的销售利润是 $0.1y_1$.原料余料损失包括两部分:4 种冲压模式下的余料损失和不配套的罐身和底、盖造成的原料损失.按照前面的计算及表 2 的结果,总损失为$0.001(222.6x_1+183.3x_2+261.8x_3+169.5x_4+157.1y_2+19.6y_3)$.

于是,决策目标为

$$\max z=0.1y_1-0.001(222.6x_1+183.3x_2+261.8x_3+169.5x_4+157.1y_2+19.6y_3) \quad (16)$$

约束条件

程序文件 4-19
易拉罐下料
prog0406c.lg4

时间约束:每周工作时间不超过 40 h=144 000 s,由表 2 最后一列得

$$1.5x_1+2x_2+x_3+3x_4 \leqslant 144\ 000 \quad (17)$$

原料约束：每周可供使用的规格 1、规格 2 的镀锡板原料分别为 50 000 张和 20 000 张，即

$$x_1+x_2+x_3\leqslant 50\ 000 \tag{18}$$

$$x_4\leqslant 20\ 000 \tag{19}$$

配套约束：由表 2 一周生产的罐身个数为 $x_1+2x_2+4x_4$，一周生产的底、盖个数为 $10x_1+4x_2+16x_3+5x_4$，因为应尽可能将它们配套组装成易拉罐销售. 所以 y_1 满足

$$y_1=\min\{x_1+2x_2+4x_4,(10x_1+4x_2+16x_3+5x_4)/2\} \tag{20}$$

这时不配套的罐身个数 y_2 和不配套的底、盖个数 y_3 应为

$$y_2=x_1+2x_2+4x_4-y_1 \tag{21}$$

$$y_3=10x_1+4x_2+16x_3+5x_4-2y_1 \tag{22}$$

(16)—(22) 就是我们得到的模型，其中 (20) 是一个非线性关系，不易直接处理，但是它可以等价为以下两个线性不等式

$$y_1\leqslant x_1+2x_2+4x_4 \tag{23}$$

$$y_1\leqslant(10x_1+4x_2+16x_3+5x_4)/2 \tag{24}$$

评注 像易拉罐下料这样的二维问题，确定下料模式要复杂多了，还有没有比图 1 更好的模式呢？至于构造优化模型，应特别注意配套组装的情况.

模型求解 模型 (16)—(19) 和 (21)—(24) 可以直接输入 LINGO 求解，但注意到约束 (17)—(19) 中右端项的数值过大（与左端的系数相比较），模型中数据之间的数量级不匹配，此时 LINGO 在计算中容易产生比较大的误差. 我们可以先进行预处理，缩小数据之间的差别，例如可以将所有决策变量扩大 10 000 倍（相当于 x_i 以万次为单位，y_i 以万件为单位）. 此时，目标 (16) 可以保持不变（记住得到的结果单位为万元就可以了），而约束 (17)—(19) 改为

$$1.5x_1+2x_2+x_3+3x_4\leqslant 14.4 \tag{25}$$

$$x_1+x_2+x_3\leqslant 5 \tag{26}$$

$$x_4\leqslant 2 \tag{27}$$

将模型 (16) 和 (21)—(27) 输入 LINGO 求解得到：模式 1 不使用，模式 2 使用 40 125 次，模式 3 使用 3 750 次，模式 4 使用 20 000 次，可生产易拉罐 160 250 个，罐身和底、盖均无剩余，净利润为 4 298 元.

复习题

某钢管零售商从钢管厂进货，将钢管按照顾客的要求切割后售出. 从钢管厂进货时得到的原料钢管长度都是 1 850 mm. 现有一客户需要 15 根 290 mm、28 根 315 mm、21 根 350 mm 和 30 根 455 mm 的钢管. 为了简化生产过程，规定所使用的切割模式的种类不能超过 4 种，使用频率最高的一种切割模式按照一根原料钢管价值的 1/10 增加费用，使用频率次之的切割模式按照一根原料钢管价值的 2/10 增加费用. 以此类推，且每种切割模式下的切割次数不能太多（一根原料钢管最多生产 5 根产品）. 此外，为了减少余料浪费，每种切割模式下的余料浪费不能超过 100 mm. 为了使总费用最小，应如何下料[20]？

4.7 广告投入与升级调薪

从 4.4 节中的例 2 可以看出，很多实际决策问题往往需要考虑多个目标，本节例 1 再给出一个多目标规划的例子. 在本节的例 2 中，决策者不仅要考虑多个目标，而且这

些目标以“软约束”的形式出现且有优先顺序，这时可以建立目标规划模型.

例 1 广告投入

问题 某公司计划在某地通过 5 种媒体（手机、网络、电视、报纸、电台）对公司产品做广告，并将目标人群分为 7 类（如按年龄分为小孩、老人、青年人、中年人，某些年龄段的人再按性别细分，等等）.根据过去的经验以及当前的市场预测，每花费 1 万元广告费，能够新吸引到的目标人群的数量（万人）如表 1 的 2—6 行所示（空格处为 0），反映不同媒体对不同人群的吸引能力，表 1 最后两行还分别列出了公司希望吸引到的目标人群的最小数量，和可能吸引到的目标人群的最大数量.问公司应该在 5 种媒体上分别花费多少广告费？如果公司还希望吸引到尽可能多的目标人群，并得到花费的广告费与所能吸引的目标人群之间的数量关系，应该怎么做呢？[64]

表 1 广告与目标人群的信息

	人群 1	人群 2	人群 3	人群 4	人群 5	人群 6	人群 7
手机		10	4	50	5		2
网络		10	30	5	12		
电视	20					5	3
报纸	8					6	10
电台		6	5	10	11	4	
最小数量	25	40	60	120	40	11	15
最大数量	60	70	120	140	80	25	55

模型建立 公司当然希望花费尽量少的广告费而吸引到尽可能多的目标人群，这是两个互相冲突的目标.这个问题仅给出了希望吸引到和可能吸引到的目标人群的最小数量和最大数量，并没有给出公司所能花费的广告费的上下限，我们首先在满足吸引到的目标人群的最低要求的情况下，建立使广告费最少的模型.

将 5 种媒体依次记为 $i=1,2,\cdots,5$，7 类目标人群依次记为 $j=1,2,\cdots,7$，表 1 中 2~6 行的目标人群数量记为 a_{ij}，最后 2 行的数据分别记为 l_j 和 u_j.

用 x_i 表示投入第 i 种媒体的广告费（万元），则总的广告费投入为

$$z_1=x_1+x_2+x_3+x_4+x_5 \tag{1}$$

记通过广告吸引到的 7 类目标人群的数量分别为 y_j，$j=1,2,\cdots,7$，则由表 1 第 2 列数据可知

$$y_1=\min(20x_3+8x_4,60) \tag{2}$$

类似地，可得 $y_j(j=2,3,\cdots,7)$ 的表达式.一般可表为

$$y_j=\min\left(\sum_{i=1}^{5}a_{ij}x_i,u_j\right),\quad j=1,2,\cdots,7 \tag{3}$$

由于吸引到的目标人群最小数量为 l_j（最大数量限制 u_j 已列在(3)中），所以

$$y_j\geqslant l_j,\quad j=1,2,\cdots,7 \tag{4}$$

还有对广告费的非负约束

$$x_i \geqslant 0, \quad i=1,2,\cdots,5 \tag{5}$$

因此，如果仅考虑广告费最少，问题归结为在约束(3)—(5)下求(1)的最小值，是一个单目标的线性规划模型.按照这个模型，虽然花费的广告费最少，但可以预见，吸引到的人群在满足最低要求的条件下也会比较少.

现在考虑公司的第二个目标——吸引到尽可能多的目标人群，目标函数为

$$z_2=y_1+y_2+\cdots+y_7 \tag{6}$$

如果直接在约束(3)—(5)下求(6)的最大值，也是一个单目标的线性规划模型，但显然最优解是将所有潜在的目标人群(最大数量 u_j)全部吸引过来，这时花费的总广告费相应地也会很高.

综合考虑两个目标(1)和(6)，我们可以把这个问题表示为一个多目标规划模型：

$$\min \quad z=(z_1,-z_2) \tag{7}$$

$$\text{s.t.} \quad (3)—(5)$$

注意到 z_1 希望最小，而 z_2 希望最大，所以(7)中对 z_2 取了负号.利用求解多目标规划的方法，可以得到花费的广告费与所能吸引的目标人群的数量关系.

模型求解 如果公司希望在吸引到最小数量目标人群的条件下使广告费最少，可直接在约束(3)—(5)下求(1)的最小值，得到最少广告费为 6.327 万元，吸引到 328.7 万人；如果希望将所有潜在的目标人群全部吸引过来，可再增加约束 $y_j=u_j(j=1,2,\cdots,7)$，求(1)的最小值，可得到最少广告费为 13.798 万元，所有 550 万人都被吸引了.

程序文件 4-20
广告投入
prog0407a.lg4

下面介绍求解多目标规划问题(7)的一种方法：分别以广告费不超过 6.5，7.0，…，14(万元)作为约束，计算对应的所能吸引到的目标人群的最大数量.注意到目标人群人数较多，这里将其作为连续变量处理.

为此，将(1)式的目标改为约束(以广告费不超过 6.5 万元为例，其他类似)

$$x_1+x_2+x_3+x_4+x_5 \leqslant 6.5 \tag{8}$$

则可以在约束(3)—(5)和(8)下求(6)的最大值，同时得到最优解 x_i.

评注 决策者希望得到广告费和目标人群间的数量关系，采用(8)式将广告费目标作为约束处理是很自然和方便的.

可以与 4.4 节例 2 类似地采用加权法，设置多个权系数求解.需要指出，当多个目标的量纲不同时，加权后的新目标函数往往没有什么物理意义.

LINGO 软件(10.0 以上版本)提供了子模型功能，可以方便地处理诸如(8)这类约束(右端项取不同数值进行计算的情形).

编程求解可得到结果如表 2 所示.

表 2 广告费与目标人群的总人数的关系

广告费/万元	6.5	7.0	7.5	8.0	8.5	9.0	9.5	10.0
总人数/万人	343.8	373.1	400.8	428.5	447.5	462.4	475.0	486.2
广告费/万元	10.5	11.0	11.5	12.0	12.5	13.0	13.5	14.0
总人数/万人	497.0	507.8	518.3	525.7	533.0	540.0	546.2	550.0

将这个结果画图可得到由非劣解构成的有效前沿(见基础知识 4-4)，如图 1 所示.

例 2 升级调薪

问题 某单位的员工薪资分成 3 个等级(Ⅰ、Ⅱ、Ⅲ)，分别为年薪 20、15、10 万元；上级核定的编制人数分别为 12、15、15 人，而实际现有 36 名员工，其中Ⅰ、Ⅱ、Ⅲ级的人

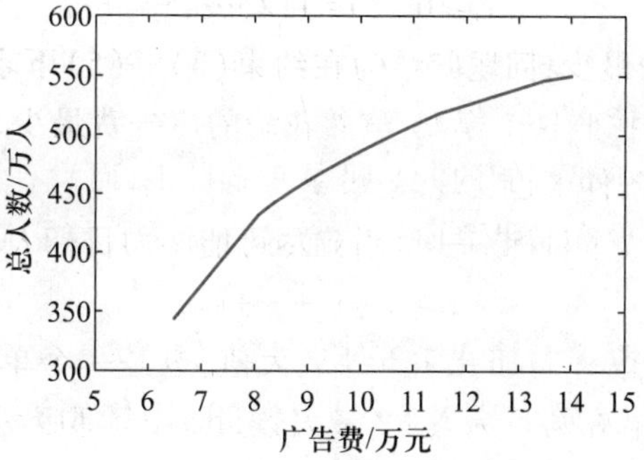

图 1 例 1 的有效前沿

数分别为 9、12、15 人.该单位计划最近进行升级调薪,按规定员工不得越级提升.此外,需要依次考虑以下要求:

1) 该单位年工资总额尽可能不超过 600 万元.

2) 每级的人数尽可能不超过定编规定的人数.

3) Ⅱ、Ⅲ级的升级面尽可能达到现有相应等级人数的 20%.

4) Ⅲ级不足编制的人数可录用新员工.

请为该单位拟定一个满意的升级调薪方案.[97]

模型建立 记 x_1,x_2,x_3 分别为Ⅱ、Ⅲ级提升到Ⅰ、Ⅱ级和新录用到Ⅲ级的员工数量,是这个问题的决策变量(非负整数).

首先考虑要求 1):升级调薪后,该单位年工资总额为 $20(9+x_1)+15(12-x_1+x_2)+10(15-x_2+x_3)=510+5x_1+5x_2+10x_3$,这个数额应该尽可能不超过 600 万元.怎么描述这个"尽可能"的约束呢?可以采用目标规划的思想建模,把 600 万元理解为工资总额的目标值,并引入非负变量 d_1^+ 和 d_1^-,其中 d_1^+ 表示决策值超过目标值的部分,d_1^- 表示决策值低于目标值的部分,则

$$510+5x_1+5x_2+10x_3-d_1^++d_1^-=600 \tag{9}$$

目标规划中将 d_1^+ 和 d_1^- 分别称为(工资总额的)正、负偏差变量(均为非负变量).由于决策值不可能既超过又低于目标值,所以 d_1^+ 和 d_1^- 至少有一个为 0.要求 1)希望薪资总额尽可能不超过 600 万元,也就是希望超过 600 万元的部分 d_1^+ 尽可能小.

类似地考虑要求 2):记升级调薪后与Ⅰ、Ⅱ、Ⅲ级员工定编数对应的正、负偏差变量分别为 d_2^+ 和 d_2^-,d_3^+ 和 d_3^-,d_4^+ 和 d_4^-,则

$$9+x_1-d_2^++d_2^-=12 \tag{10}$$

$$12-x_1+x_2-d_3^++d_3^-=15 \tag{11}$$

$$15-x_2+x_3-d_4^++d_4^-=15 \tag{12}$$

要求 2)希望尽可能不超编,也就是总的超编人数 $d_2^++d_3^++d_4^+$ 尽可能小(这里我们不再对超编属于哪一个级别进行区分).

对于要求 3),记Ⅱ、Ⅲ级员工升级人数对应的正、负偏差变量分别为 d_5^+ 和 d_5^-,d_6^+ 和 d_6^-,则

$$x_1-d_5^++d_5^-=12\times 0.2 \tag{13}$$

$$x_2-d_6^++d_6^-=15\times0.2 \tag{14}$$

要求 3）希望升级面尽可能达到现有相应等级人数的 20%，也就是希望低于 20%升级面的人数 $d_5^-+d_6^-$ 尽可能小.

要求 4）只是说Ⅲ级不足编制的人数可录用新员工，而没有说录用的新员工越多越好还是越少越好.我们假设在满足前面三个要求的前提下尽可能多地录用新员工，即希望 x_3 尽可能大.

该单位需要"依次"考虑上述 4 个要求，其含义应该是重要性按照要求 1）到要求 4）排序.记 P_1,P_2,P_3,P_4 分别为要求 1），2），3），4）的优先级，则可以认为 $P_1\gg P_2\gg P_3\gg P_4>0$.此时，可将该单位最后的决策目标表达成

$$\min z=P_1d_1^++P_2(d_2^++d_3^++d_4^+)+P_3(d_5^-+d_6^-)-P_4x_3 \tag{15}$$

自然，需要加上升级人数的整数约束以及所有变量的非负约束，即

$$x_1,x_2,x_3\geqslant0,\text{且为整数};\ d_i^-,d_i^+\geqslant0,\ i=1,2,3,4,5,6 \tag{16}$$

程序文件 4-21
升级调薪
prog0407b.lg4

于是问题归结为优化模型（9）—（16），这是一个目标规划.

读者可能会问：d_i^-,d_i^+ 至少有一个为 0 这个条件为什么不写在约束中？仔细分析上述与 d_i^-,d_i^+ 相关的约束会发现，当它们同时增加或减少时也是满足上述约束的，因此只要最小化其中一个偏差变量，另一个自然会是 0，所以没有必要再增加 d_i^-,d_i^+ 至少有一个为 0 这个条件.

评注 决策者的目标不是强制性的"硬约束"（刚性约束），而是"尽可能大于（小于）""尽可能接近"等"软约束"（柔性约束），各目标的优先顺序已经给定，引入偏差变量建立目标规划模型是处理这类问题的合适方法，求解时可以按照目标的优先顺序依次进行.

模型求解 按照（15），决策总目标是使 $z=P_1d_1^++P_2(d_2^++d_3^++d_4^+)+P_3(d_5^-+d_6^-)-P_4x_3$ 最小，而各目标的权重 $P_1\gg P_2\gg P_3\gg P_4>0$，所以首先以 d_1^+ 最小为目标，（9）—（14）和（16）为约束求解.可得 d_1^+ 最小值为 0，即可以保证达到第一目标——工资总额不超过 600 万元.

将 $d_1^+=0$ 加入约束，以 $d_2^++d_3^++d_4^+$ 最小为目标，可求得其最小值也为 0，可以同时保证达到第二目标——各级人员人数不超编.

将 $d_2^++d_3^++d_4^+=0$ 也加入约束，以 $d_5^-+d_6^-$ 最小为目标，可求得其最小值也为 0，可以同时保证达到第三目标——各级提职人员人数不少于 20%.

最后，将 $d_5^-+d_6^-=0$ 也加入约束，以 x_3 最大为目标，可求得其最大值为 5，对应的最优解为 $x_1=3,x_2=5,x_3=5$（其他略）.即从Ⅱ级提升 3 人至Ⅰ级，从Ⅲ级提升 5 人至Ⅱ级，新录用Ⅲ级人员为 5 名.

复习题

某公司 3 个工厂生产的产品供应给 4 个客户，各工厂生产量、各用户需求量及从各工厂到各用户的单位产品的运输费用由下表给出.

用户	1	2	3	4	生产量
工厂 1	5	2	6	7	300
工厂 2	3	5	4	6	200
工厂 3	4	5	2	3	400
需求量	200	100	450	250	

(1) 如果只考虑总运费最小,制定所有产品的最优运输方案.

(2) 由于总生产量小于总需求量,公司经研究确定了调配方案的 8 项目标并规定了重要性的次序:

第一目标:用户 4 为重要客户,需求量必须全部满足;

第二目标:供应用户 1 的产品中,工厂 3 的产品不少于 100 个单位;

第三目标:每个用户的满足率不低于 80%;

第四目标:应尽量满足各用户的需求;

第五目标:总运费不超过(1)中运输方案的 10%;

第六目标:工厂 2 到用户 4 的路线应尽量避免运输任务;

第七目标:用户 1 和用户 3 的需求满足率应尽量保持平衡;

第八目标:力求减少总运费.

请列出相应的目标规划模型并进行求解.[91]

4.8 投资的风险与收益

随着生产力的发展和生活水平的提高、经济条件的改善,个人和社会的财富积累大幅增长,投资需求应运而生.投资收益往往具有很大的不确定性,投资者需要具备很强的控制风险意识.在投资的风险和收益之间寻求平衡,本质上是一个多目标规划问题.本节给出投资方面的两个例子.

例 1 投资组合

问题 某 3 种股票 A, B, C 从 1943 年到 1954 年价格每年的增长(包括分红在内)如表 1 所示.例如,表中第一个数据 1.300 的含义是股票 A 在 1943 年的年末价值是其年初价值的 1.300 倍,即年收益率为 30%,其余数据的含义依此类推.假设你在 1955 年有一笔资金准备投资这 3 种股票,希望年收益率至少达到 15%,问应当如何投资?并考虑以下问题:

1) 假设除了上述 3 种股票外,投资人还有一种无风险的投资方式,如购买国库券.假设国库券的年收益率为 5%,应如何调整投资计划?

2) 在 1)的条件下,如果希望年收益率至少达到 10%而不是 15%,应如何调整投资计划?[91]

表 1 股票收益数据

年份	股票 A	股票 B	股票 C
1943	1.300	1.225	1.149
1944	1.103	1.290	1.260
1945	1.216	1.216	1.419
1946	0.954	0.728	0.922
1947	0.929	1.144	1.169
1948	1.056	1.107	0.965
1949	1.038	1.321	1.133

数据文件 4-1
投资组合股票收益

续表

年份	股票 A	股票 B	股票 C
1950	1.089	1.305	1.732
1951	1.090	1.195	1.021
1952	1.083	1.390	1.131
1953	1.035	0.928	1.006
1954	1.176	1.715	1.908

问题分析 上面提出的问题称为**投资组合**(portfolio),早在 1952 年,现代投资组合理论的开创者 Markowitz 就给出了这个模型的基本框架,并于 1990 年获得了诺贝尔经济学奖.

一般来说,人们投资股票的收益是不确定的,可视为一个随机变量,其大小很自然地可以用年收益率的期望来度量.收益的不确定性当然会带来风险,风险怎样度量呢?Markowitz 建议,风险可以用收益的方差(或标准差)来衡量:方差越大,风险越大;方差越小,风险越小.在一定的假设下,用收益的方差来衡量风险确实是合适的.为此,我们可用表 1 给出的 1955 年以前 12 年的数据,计算出 3 种股票收益的均值和方差(包括协方差).

于是,一种股票收益的均值衡量的是这种股票的平均收益状况,而收益的方差衡量的是这种股票收益的波动幅度,方差越大则波动越大,收益越不稳定.两种股票收益的协方差表示的则是它们之间的相关程度:

- 协方差为 0 时两者不相关.
- 协方差为正表示两者正相关,协方差越大则正相关性越强(越有可能一赚皆赚,一赔俱赔).
- 协方差为负表示两者负相关,绝对值越大则负相关性越强(越有可能一个赚,另一个赔).

记股票 A, B, C 每年的收益率分别为 R_1,R_2 和 R_3(注意表中的数据减去 1 以后才是年收益率),则 $R_i(i=1,2,3)$是一个随机变量.用 E 和 D 分别表示随机变量的期望和方差,用 Cov 表示两个随机变量的协方差(covariance),根据概率论的知识和表 1 给出的数据,可以计算出股票 A, B, C 年收益率的期望为

$$ER_1=0.0891,\quad ER_2=0.2137,\quad ER_3=0.2346 \tag{1}$$

年收益率的协方差矩阵为

$$\mathbf{Cov}=\begin{pmatrix}0.0108 & 0.0124 & 0.0131\\ 0.0124 & 0.0584 & 0.0554\\ 0.0131 & 0.0554 & 0.0942\end{pmatrix} \tag{2}$$

即 $DR_1=\mathrm{Cov}(R_1,R_1)=0.0108$, $DR_2=\mathrm{Cov}(R_2,R_2)=0.0584$, $DR_3=\mathrm{Cov}(R_3,R_3)=0.0942$,$\mathrm{Cov}(R_1,R_2)=0.0124$,$\mathrm{Cov}(R_1,R_3)=0.0131$, $\mathrm{Cov}(R_2,R_3)=0.0554$.

模型建立 用决策变量 x_1, x_2, x_3分别表示投资人投资股票 A, B, C 的比例.假设市场上没有其他投资渠道,且手上资金(不妨假设只有 1 个单位的资金)必须全部用于

投资这 3 种股票，则

$$x_1, x_2, x_3 \geqslant 0, \quad x_1 + x_2 + x_3 = 1 \tag{3}$$

年投资收益率 $R = x_1R_1 + x_2R_2 + x_3R_3$ 也是一个随机变量. 根据概率论的知识，投资的年期望收益率为

$$ER = x_1ER_1 + x_2ER_2 + x_3ER_3 \tag{4}$$

年投资收益率的方差为

$$\begin{aligned} V &= D(x_1R_1 + x_2R_2 + x_3R_3) \\ &= D(x_1R_1) + D(x_2R_2) + D(x_3R_3) + \\ &\quad 2\mathrm{Cov}(x_1R_1, x_2R_2) + 2\mathrm{Cov}(x_1R_1, x_3R_3) + 2\mathrm{Cov}(x_2R_2, x_3R_3) \\ &= x_1^2DR_1 + x_2^2DR_2 + x_3^2DR_3 + \\ &\quad 2x_1x_2\mathrm{Cov}(R_1, R_2) + 2x_1x_3\mathrm{Cov}(R_1, R_3) + 2x_2x_3\mathrm{Cov}(R_2, R_3) \qquad (5) \\ &= \sum_{j=1}^{3}\sum_{i=1}^{3} x_ix_j\mathrm{Cov}(R_i, R_j) \end{aligned}$$

实际的投资者可能面临许多约束条件，这里只考虑题中要求的年收益率的期望不低于 15%，即

$$x_1ER_1 + x_2ER_2 + x_3ER_3 \geqslant 0.15 \tag{6}$$

在约束(3)和(6)下使(5)最小，得到均值-方差模型. 目标函数 V 是决策变量的二次函数，而约束都是线性函数，称为**二次规划**. 这是一类特殊的非线性规划.

模型求解 计算结果表明，投资 3 种股票的比例大致是：A 占 53.01%，B 占 35.64%，C 占 11.35%. 风险（年收益率的方差）为 0.022 4，即收益率的标准差为 0.149 7.

程序文件 4-22
投资组合股票收益
prog0408a.lg4

下面分析本题需要进一步研究的两个问题. 对于问题 1)，由于无风险的投资方式（如国库券、银行存款等）是有风险的投资方式（如股票）的一种特例，所以模型(3)—(6)仍然是适用的. 只不过无风险的投资方式的收益是固定的(5%)，所以方差以及与其他投资方式收益的协方差都是 0.

相应地可以得到，在年收益率仍然达到 15%的条件下，投资 A 约占 8.69%，B 占 42.85%，C 占 14.34%，国库券占 34.12%，风险（方差）为 0.020 8. 与上面的结果比较，无风险资产的存在可以使得投资风险减小. 虽然国库券的收益率只有 5%，比希望得到的总投资的收益率 15%小很多，但只要国库券的投资占到 34.12%，同时将投资 A 的比例从 53.01%降到 8.69%（B，C 变化不大），就可以减少风险.

评注 用收益的方差刻画风险是均值-方差模型的重要特点，被认为是“华尔街的第一次革命”. 在实际投资决策中还存在其他度量风险的指标，如下半方差(lower semi-variance)、平均绝对离差(MAD: mean absolute deviation)、风险价值(VaR: value at risk)等.

对于问题 2)，只需把模型中的期望收益减少到 10%，结果表明投资 A 约占 4.34%，B 占 21.43%，C 占 7.17%，国库券占 67.06%，此时风险（方差为 0.005 2）进一步下降. 仔细观察问题 1)和 2)的两个结果，可以发现：后者投资在有风险资产（股票 A，B，C）上的比例大约都是前者相应的比例的一半！也就是说，无论你的期望收益大小如何，你手上所握有的风险资产相互之间的比例居然是不变的！变化的只是投资于风险资产与无风险资产之间的比例. 有趣的是，这一现象在一般情况下也是成立的，一般称为“分离定理”，即风险资产之间的相对投资比例与期望收益无关. 发现这一重要规律的 Tobin 教授于 1981 年获得了诺贝尔经济学奖.

例 2 投资的收益和风险(1998 年全国大学生数学建模竞赛 A 题)

问题 市场上有 n 种资产(如股票、债券……)$S_i(i=1,\cdots,n)$ 供投资者选择,某公司有数额为 M 的一笔相当大的资金可用作一个时期的投资.公司财务分析人员对这 n 种资产进行了评估,估算出在这一时期内购买 S_i 的平均收益率为 r_i,并预测出购买 S_i 的风险损失率为 q_i.考虑到投资越分散,总的风险越小,公司确定,当用这笔资金购买若干种资产时,总体风险可用所投资的 S_i 中最大的一个风险来度量.

购买 S_i 要付交易费,费率为 p_i,并且当购买额不超过给定值 u_i 时,交易费按购买 u_i 计算(不买当然无须付费).另外,假定同期银行存款利率是 $r_0(r_0=5\%)$,且既无交易费又无风险.

1)已知 $n = 4$ 时的相关数据如表 2 所示:

表 2 四种资产的相关数据

S_i	$r_i/\%$	$q_i/\%$	$p_i/\%$	u_i/元
S_1	28	2.5	1	103
S_2	21	1.5	2	198
S_3	23	5.5	4.5	52
S_4	25	2.6	6.5	40

试给该公司设计一种投资组合方案,即用给定的资金 M,有选择地购买若干种资产或存银行生息,使净收益尽可能大,而总体风险尽可能小.

数据文件 4-2
投资收益和风险

2)试就一般情况对以上问题进行讨论,并利用数据文件 4-2 中的数据进行计算.[77]

模型建立 设购买资产 S_i 的金额为 $x_i(i=1,2,\cdots,n)$,存银行的金额为 x_0,投资组合向量记为 $\boldsymbol{x}=(x_0,x_1,\cdots,x_n)$,它是这个问题的决策变量.题目中明确指出要考虑两类目标,即投资的净收益和风险,分别记为 $V(\boldsymbol{x})$ 和 $Q(\boldsymbol{x})$.

由于购买 S_i 要付交易费,费率为 p_i,并且当购买额不超过给定值 u_i 时,交易费按购买 u_i 计算(不买当然无须付费),所以购买 S_i 的交易费为

$$c_i(x_i)=\begin{cases}0, & x_i=0,\\ p_iu_i, & 0<x_i<u_i, \quad i=1,2,\cdots,n\\ p_ix_i, & x_i\geqslant u_i,\end{cases} \tag{7}$$

对于存银行的金额 x_0,显然 $c_0(x_0)=0$.

题目给出购买 S_i 的平均收益率为 r_i,因此投资 S_i 的平均净收益为

$$V_i(x_i)=r_ix_i-c_i(x_i), \quad i=0,1,\cdots,n \tag{8}$$

于是投资组合 $\boldsymbol{x}$ 的平均净收益为

$$V(\boldsymbol{x})=\sum_{i=0}^{n}V_i(x_i) \tag{9}$$

题目给出购买 S_i 的风险损失率为 q_i,且投资组合 $\boldsymbol{x}$ 的风险用 S_i 中最大的一个风险来度量,所以投资组合 $\boldsymbol{x}$ 的风险为

$$Q(\boldsymbol{x})=\max_{0\leqslant i\leqslant n} q_ix_i \tag{10}$$

投资所需的总资金为

$$I(\boldsymbol{x})=\sum_{i=0}^{n}\left(x_i+c_i(x_i)\right) \tag{11}$$

题目给出公司提供的资金是 M(M 相当大).

为了使投资的净收益尽量高和风险尽量低,这个问题归结为以下多目标规划模型:

$$\begin{aligned}&\min\quad (Q(\boldsymbol{x}),-V(\boldsymbol{x}))\\&\text{s.t.}\quad I(\boldsymbol{x})=M\\&\qquad\ \ \boldsymbol{x}\geqslant\boldsymbol{0}\end{aligned} \tag{12}$$

模型求解 设定风险和净收益的权重分别为 w, $1-w$, 即目标函数如下:

$$\min\quad wQ(\boldsymbol{x})-(1-w)V(\boldsymbol{x}) \tag{13}$$

程序文件 4-23
投资收益和风险
prog0408b.lg4

我们只针对第一组数据($n=4$)计算,假设总资金 M 为 1 万元,对 w 在 0 到 1 之间按 0.1 的间隔取值计算,结果如表 3 所示.

程序文件 4-24
投资收益和风险的有效前沿
prog0408c.m

表 3 权值按 0.1 的间隔对应的风险与收益

	权值										
	0.0	0.1	0.2	0.3	0.4	0.5	0.6	0.7	0.8	0.9	1.0
风险/元	247.5	247.5	247.5	247.5	247.5	247.5	247.5	247.5	92.25	59.40	0.00
收益/元	2 673	2 673	2 673	2 673	2 673	2 673	2 673	2 673	2 165	2 016	500

可以看出,在权值 w 小于 0.7 时,计算结果相同,此时收益最大,风险也大,对应的投资方案是将所有资金购买资产 S_1;当 w 从 0.7 增加到 1.0 时,风险和收益逐步下降;收益最低为 500 元(即收益率为 5%),此时风险为 0,对应的投资方案显然是将所有资金存入银行.

我们可以在 0.7 到 1.0 之间取更多权值计算,更仔细地观察结果的变化过程.例如,对 w 按 0.001 的间隔取值计算,可得表 4 结果(只列出部分结果).

表 4 权值按 0.001 的间隔对应的风险与收益(部分结果)

	权值										
	0.766	0.767	0.810	0.811	0.824	0.825	0.962	0.963	0.964	0.965	0.966
风险/元	247.5	92.29	92.25	78.49	78.49	59.40	59.40	2.97	2.97	2.86	0.00
收益/元	2 673	2 165	2 165	2 106	2 106	2 016	2 016	576	576	573	500

评注 本节的两个案例只是投资决策的基本模型,实际上需要考虑的因素很多.如考虑融资融券等买空卖空的投资活动时允许投资比例为负;为投资总量或单一资产的投资比例设定上下限.还可考虑投资人不拥有完全信息、投资人之间存在博弈行为等.

将这个结果画图可得到由非劣解构成的有效前沿(见基础知识 4-4),如图 1 所示.图中曲线存在一个明显的拐点,其坐标大约是(59,2 016).对于风险和收益没有明显偏好的投资者来说,这一点应该是一个满意的选择,其对应的投资方案是购买 $S_1\sim S_4$ 的资金(不含手续费)分别为 2 376 元、3 960 元、1 080 元、2 284 元,没有资金存入银行.

对于问题中给出的第二组数据,可类似计算.

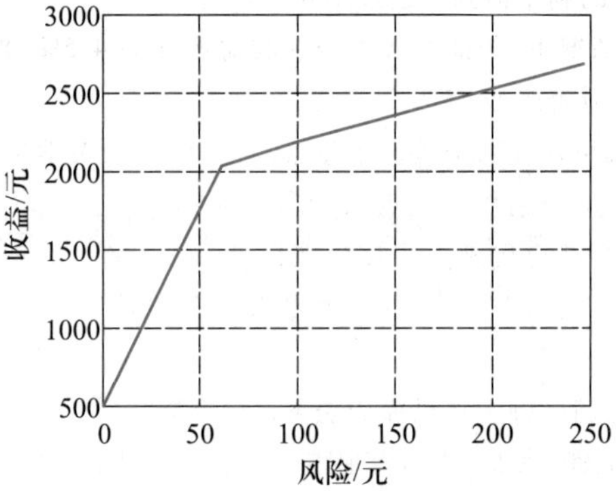

图1　例2的有效前沿

复习题

1. 对一个随机变量 R,其下半方差定义为 $\mathrm{Var}^{-}(R)=E\left(\max(ER-R,0)\right)^{2}$.请对例1采用下半方差作为风险指标建立模型,求解并与例1的结果比较.你觉得采用哪个风险指标更合适?

2. 例2中的约束(7)是一个分段线性函数,请你分别按照以下两种思路对这个约束进行预处理,并对模型进行求解.

(1) 由于总的投资金额 M 较大,而购买各种资产的阈值 u_i 都不太大,可将约束(7)用线性约束 $c_i(x_i)=p_ix_i$ 近似,使模型得到简化.请进一步分析这一近似的效果与 M 的大小有什么关系?

(2) 对每种资产,引入两个0-1变量,对投资额是否为0、是否大于阈值 u_i 进行刻画,得到约束(7)的另一种等价描述.

第4章训练题

1. 某银行经理计划用一笔资金进行有价证券的投资,可供购进的证券以及其信用等级、到期年限、到期税前收益如下表所示.按照规定,市政证券的收益可以免税,其他证券的收益需按50%的税率纳税.此外还有以下限制:

(1) 政府及代办机构的证券总共至少要购进400万元;

(2) 所购证券的平均信用等级不超过1.4(信用等级数字越小,信用程度越高);

(3) 所购证券的平均到期年限不超过5年.

证券名称	证券种类	信用等级	到期年限	到期税前收益/%
A	市政	2	9	4.3
B	代办机构	2	15	5.4
C	政府	1	4	5.0
D	政府	1	3	4.4
E	市政	5	2	4.5

问:(1) 若该经理有1 000万元资金,应如何投资?

(2) 如果能够以 2.75%的利率借到不超过 100 万元资金,该经理应如何操作?

(3) 在 1 000 万元资金情况下,若证券 A 的税前收益增加为 4.5%,投资应否改变?若证券 C 的税前收益减少为 4.8%,投资应否改变?[9]

2. 一家出版社准备在某市建立两个销售代理点,向 7 个区的大学生售书,每个区的大学生数量(单位:千人)表示在右图上.每个销售代理点只能向本区和一个相邻区的大学生售书,这两个销售代理点应该建在何处,才能使所能供应的大学生的数量最大?建立该问题的整数线性规划模型并求解.[66]

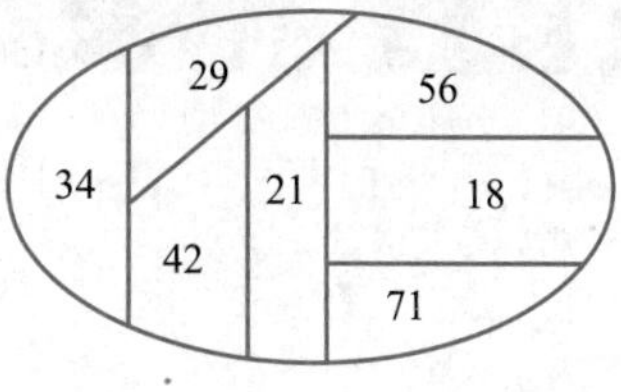

3. 一家保姆服务公司专门向顾主提供保姆服务.公司向顾主收取费用后,统一给保姆发工资,每人每月工资固定.根据估计,下一年的需求是:春季 6 000 人·日,夏季 7 500 人·日,秋季 5 500 人·日,冬季 9 000 人·日.公司新招聘的保姆必须经过 5 天的培训才能上岗,每个保姆每季度工作(新保姆包括培训)65 天.春季开始时公司拥有 120 名保姆,在每个季度结束后,将有 15%的保姆自动离职.

(1) 如果公司不允许解雇保姆,请你为公司制订下一年的招聘计划;哪些季度需求的增加不影响招聘计划?可以增加多少?

(2) 如果公司在每个季度结束后允许解雇保姆,请为公司制订下一年的招聘计划.[9]

4. 在甲乙双方的一场战争中,一部分甲方部队被乙方部队包围长达 4 个月.由于乙方封锁了所有水陆交通通道,被包围的甲方部队只能依靠空中交通维持供给.运送 4 个月的供给分别需要 2 次,3 次,3 次,4 次飞行,每次飞行编队由 50 架飞机组成(每架飞机需要 3 名飞行员),可以运送 10^5 t 物资.每架飞机每个月只能飞行一次,每名飞行员每个月也只能飞行一次.在执行完运输任务后的返回途中有 20%的飞机会被乙方部队击落,相应的飞行员也因此牺牲或失踪.在第 1 个月开始时,甲方拥有 110 架飞机和 330 名熟练的飞行员.在每个月开始时,甲方可以招聘新飞行员和购买新飞机.新飞机必须经过一个月的检查后才可以投入使用,新飞行员必须在熟练飞行员的指导下经过一个月的训练才能投入飞行.只有不执行当月飞行任务的熟练飞行员可以作为当月的教练指导新飞行员进行训练,每名教练每个月正好指导 20 名飞行员(包括他自己在内)进行训练.每名飞行员在完成一个月的飞行任务后,必须有一个月的带薪假期,假期结束后才能再投入飞行.已知各项费用(单位略去)如下表所示,请你为甲方安排一个飞行计划.

	第 1 个月	第 2 个月	第 3 个月	第 4 个月
新飞机价格	200.0	195.0	190.0	185.0
闲置的熟练飞行员报酬	7.0	6.9	6.8	6.7
教练和新飞行员报酬(包括培训费用)	10.0	9.9	9.8	9.7
执行飞行任务的熟练飞行员报酬	9.0	8.9	9.8	9.7
休假期间的熟练飞行员报酬	5.0	4.9	4.8	4.7

如果每名教练每个月可以指导不超过 20 名新飞行员(不包括他自己在内)进行训练,模型和结果有哪些改变?[1]

5. 某电力公司经营两座发电站,发电站分别位于两个水库上,位置如下图所示.

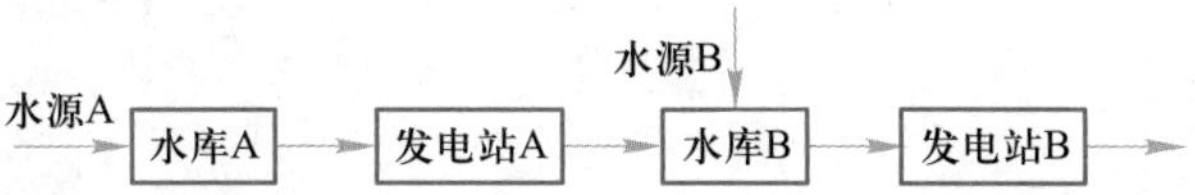

已知发电站 A 可以将水库 A 的 10 000 m^3 的水转换为 400 千度电能,发电站 B 只能将水库 B 的 10 000 m^3 的水转换为 200 千度电能.发电站 A,B 每个月的最大发电能力分别是60 000千度、35 000 千度.每个月最多有 50 000 千度电能够以 200 元/千度的价格售出,多余的电能只能够以 140 元/千度的价格售出.水库 A,B 的其他有关数据如下表(单位:10^4 m^3).

		水库 A	水库 B
水库最大蓄水量		2 000	1 500
水源流入水量	本月	200	40
	下月	130	15
水库最小蓄水量		1 200	800
水库目前蓄水量		1 900	850

请你为该电力公司制订本月和下月的生产经营计划(千度是非国际单位制单位,1 千度 = 10^3kW · h).

6. 如下图所示,有若干工厂的污水经排污口流入某江,各口有污水处理站,处理站对面是居民点.工厂 1 上游江水流量和污水质量浓度、国家标准规定的水的污染浓度及各个工厂的污水流量和污水质量浓度均已知道.设污水处理费用与污水处理前后的质量浓度差和污水流量成正比,使每单位流量的污水下降一个质量浓度单位需要的处理费用(称处理系数)为已知.处理后的污水与江水混合,流到下一个排污口之前,自然状态下的江水也会使污水质量浓度降低一个比例系数(称自净系数),该系数可以估计.试确定各污水处理站出口的污水质量浓度,使在符合国家标准规定的条件下总的处理费用最小.

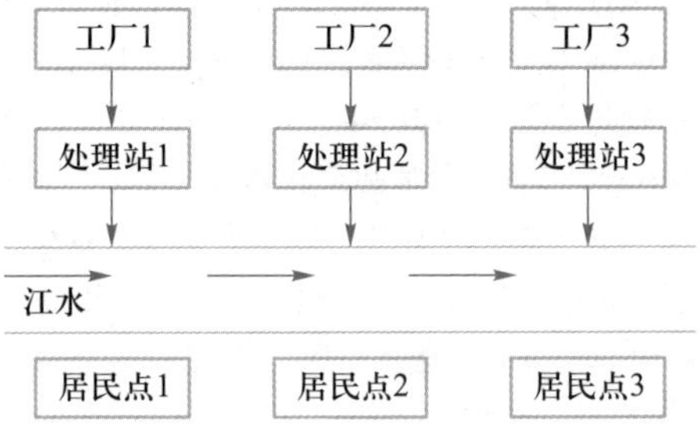

先建立一般情况下的数学模型,再求解以下的具体问题:

设上游江水流量为 1 000×10^{12} L/min,污水质量浓度为 0.8 mg/L,3 个工厂的污水流量均为 5×10^{12} L/min,污水质量浓度(从上游到下游排列)(单位:mg/L)分别为 100,60,50,处理系数均为 1 万元/((10^{12} L/min)×(mg/L)),3 个工厂之间的两段江面的自净系数(从上游到下游)分别为0.9 和0.6.国家标准规定水的污染浓度不能超过 1 mg/L.

(1) 为了使江面上所有地段的水污染达到国家标准,最少需要花费多少费用?

(2) 如果只要求 3 个居民点上游的水污染达到国家标准,最少需要花费多少费用?[92]

(提示:可以进行适当简化和近似,建立线性规划模型.)

7. 生产裸铜线和塑包线的工艺如下图所示:

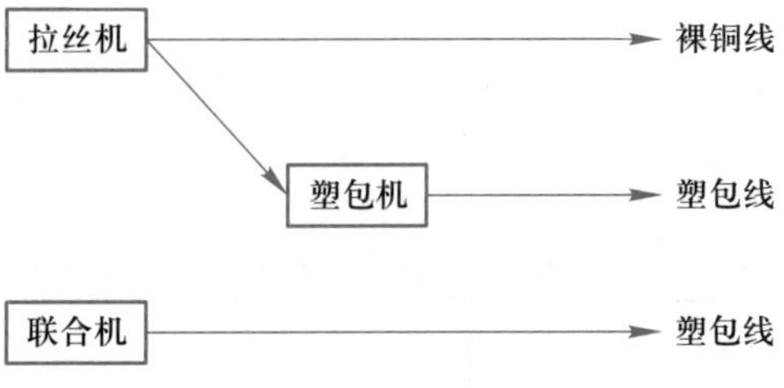

某厂现有Ⅰ型拉丝机和塑包机各一台,生产两种规格的裸铜线和相应的两种塑包线,没有拉丝塑包联合机(简称联合机).由于市场需求扩大和现有塑包机设备陈旧,计划新增Ⅱ型拉丝机或联合机(由于场地限制,每种设备最多 1 台),或改造塑包机,每种设备选用方案及相关数据如下表:

	拉丝机		塑包机		联合机
	原有Ⅰ型	新购Ⅱ型	原有	改造	新购
方案代号	1	2	3	4	5
所需投资/万元	0	20	0	10	50
每小时运行费用/元	5	7	8	8	12
每年固定费用/万元	3	5	8	10	14
规格 1 生产效率/$(m\cdot h^{-1})$	1 000	1 500	1 200	1 600	1 600
规格 2 生产效率/$(m\cdot h^{-1})$	800	1 400	1 000	1 300	1 200
废品率/%	2	2	3	3	3
废品损失/$(元\cdot km^{-1})$	30	30	50	50	50

已知市场对两种规格裸铜线的需求分别为 3 000 km 和 2 000 km,对两种规格塑包线的需求分别为10 000 km和 8 000 km.按照规定,新购及改进设备按每年 5%提取折旧费,老设备不提;每台机器每年最多只能工作 8 000 h.为了满足需求,确定使总费用最小的设备选用方案和生产计划.[72]

8. 有 4 名同学到一家公司参加三个阶段的面试.公司要求每个同学都必须首先找公司秘书初试,然后到部门主管处复试,最后到经理处参加面试,并且不允许插队(即在任何一个阶段 4 名同学的顺序是一样的).由于 4 名同学的专业背景不同,所以每人在三个阶段的面试时间也不同,如下表所示(单位:min):

	秘书初试	主管复试	经理面试
同学甲	13	15	20
同学乙	10	20	18
同学丙	20	16	10
同学丁	8	10	15

这 4 名同学约定他们全部面试完以后一起离开公司.假定现在时间是早 8:00,问他们最早何时能离开公司?[72]

9. 在如下图所示的电网中,需要从节点 1 传送 710 A 的电流到节点 4.当电流通过电网传送时,存在功率损失,而电流在传送时将“自然而然”地使总功率损失达到最小.请根据这种自然特性,确定流过各个电阻的电流,并与按照电路定律列出的代数方程组的解相比较.[78]

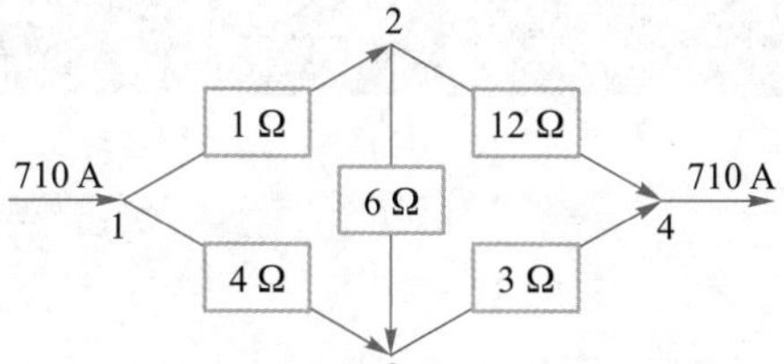

10. 某电子系统由3种元件组成,系统正常运转需要3种元件都正常工作.如一种或多种元件安装几个备用件,将提高元件的可靠性.系统运转的可靠性是各元件可靠性的乘积,而每一元件的可靠性是备用件数量的函数,具体数值如下表中2~7行所示.3种元件的价格和质量如表中8~9行所示.已知全部备用件的预算限制为150元,质量限制为20 kg,应如何安装备用件,可使系统运转的可靠性最大?[72]

		元件序号		
		1	2	3
备用件数	0	0.5	0.6	0.7
	1	0.6	0.75	0.9
	2	0.7	0.95	1.0
	3	0.8	1.0	1.0
	4	0.9	1.0	1.0
	5	1.0	1.0	1.0
价格/(元·件$^{-1}$)		20	30	40
质量/(kg·件$^{-1}$)		2	4	6

11. 某公司利用钢材和铝材作为原材料,生产两种产品(A和B).单件产品A需消耗钢材6 kg,铝材8 kg,劳动力11 h,利润5 000元(不含工人加班费);单件产品B需消耗钢材12 kg,铝材20 kg,劳动力24 h,利润11 000元(不含工人加班费).该企业目前可提供钢材200 kg,铝材300 kg,劳动力300 h.如果要求工人加班,每小时加班费100元.请制订生产计划,最大化公司的利润和最小化工人加班时间.

12. 某银行营业部设立3个服务窗口,分别为个人业务、公司业务和特殊业务(如外汇和理财等).现有3名服务人员,每人处理不同业务的效率(每天服务的最大顾客数),以及每人处理不同业务的质量(如顾客的满意度)见下表.如何为服务人员安排相应的工作(服务窗口)?

最大顾客数

	个人业务	公司业务	特殊业务
员工1	20	12	10
员工2	12	15	9
员工3	6	5	10

顾客满意度

	个人业务	公司业务	特殊业务
员工1	6	8	10
员工2	6	5	9
员工3	9	10	8

13. 某农场有 3 万亩农田(1 亩 = 666.67 m^2),准备种植玉米、大豆和小麦 3 种农作物.每种作物每亩需施化肥分别为 0.12 t,0.20 t,0.15 t.预计秋后玉米每亩可收获500 kg,售价为 1.2 元/kg;大豆每亩可收获 200 kg,售价为 6 元/kg;小麦每亩可收获 300 kg,售价为3.5 元/kg.农场年初规划时依次考虑以下几个方面:

(1) 年终总收益尽量不低于 1 650 万元.

(2) 总产量尽量不低于 1.25×10^4 t.

(3) 小麦产量以 0.5×10^4 t 为宜.

(4) 大豆产量尽量不低于 0.2×10^4 t.

(5) 玉米产量尽量不超过 0.6×10^4 t.

(6) 农场目前能提供 5 000 t 化肥;若不够,可额外购买,但希望额外购买量越少越好.请为该农场制订种植规划.[72]

更多案例……

4-1 销售代理的开发与中断

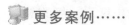

第 5 章　微分方程模型

微分方程是包含连续变化的自变量、未知函数及其变化率(函数的微分或导数)的方程式,当我们的研究对象涉及某个过程或物体随时间连续变化的规律时,通常会建立微分方程模型.例如,进行人口预测时应建立包含人口数量及增长率的微分方程,研究发射火箭的高度时要建立燃料燃烧的推力所提供的火箭加速度与速度、高度关系的微分方程.电子器件生产中,为了分析杂质向加热炉内硅片深处扩散的过程,要建立杂质浓度随时间和空间变化的(偏)微分方程.

建立微分方程模型通常采用机理分析方法,如果研究对象来自工程技术、科学研究,大多归属于力、热、光、声、电等物理领域,那么牛顿定律、热传导定律、电路原理等物理规律可能是必不可少的理论依据,而若研究对象属于人口、经济、医药、生态等非物理领域,则要具体分析该领域特有的机理,找出研究对象所遵循的规律.

事实上,高等数学课程中解应用题时我们已经遇到简单的建立动态模型问题,例如"一质量为 m 的物体自高 h 处自由下落,初速是 0,设阻力与下落速度的平方成正比,比例系数为 k,求下落速度随时间的变化规律".本章讨论的动态模型与这些问题的主要区别是,所谓微分方程应用题大多是物理或几何方面的典型问题,假设条件已经给出,只需用数学符号将已知规律表示出来,即可列出方程,求解的结果就是问题的答案,答案是唯一的,已经确定的.本章的模型既有物理领域也有非物理领域的实际问题,对于后者要分析具体情况或进行类比才能给出假设条件.做出不同的假设,就得到不同的方程,所以是事先没有答案的,求解结果还要用来解释实际现象并接受检验.

虽然动态过程的变化规律一般要用微分方程建立的动态模型来描述,但是对于某些实际问题,建模的主要目的并不是要寻求动态过程每个瞬时的性态,而是研究某种意义下稳定状态的特征,特别是当时间充分长以后动态过程的变化趋势.这时常常不需要求解微分方程(并且我们将会看到,即使对于不太复杂的方程,解析解也不是总能得到的),而可以利用微分方程稳定性理论,直接研究平衡状态的稳定性就行了.

5.1　人口增长

近一个世纪以来,人类社会在科学技术和生产力飞速发展的同时,人口数量也以空前的规模增长,据统计,世界人口从 1927 年的 20 亿已迅猛增加到 2022 年的 80 亿(图 1(a)).一方面,巨大的人口红利带来的廉价劳动力,推动了经济发展,带动着科技进步;另一方面,人口激增给自然资源和生态环境带来沉重压力,也给社会稳定带来严峻挑战.

中国是世界人口大国,中华人民共和国成立后随着经济的发展人口增速过快,从上世纪 70 年代末开始实施的计划生育政策,有效控制了人口的增长(图 1(b)).近年来,随着人口老龄化提速、性别比失调等结构性矛盾凸显,我国对人口政策正在进行重大调整.

美国建国以来远离世界战争的影响，人口数量稳定增长，有长达 200 多年、每 10 年一次完整的人口统计数据[①]（图 1(c)），便于用来进行数学建模全过程的研究.

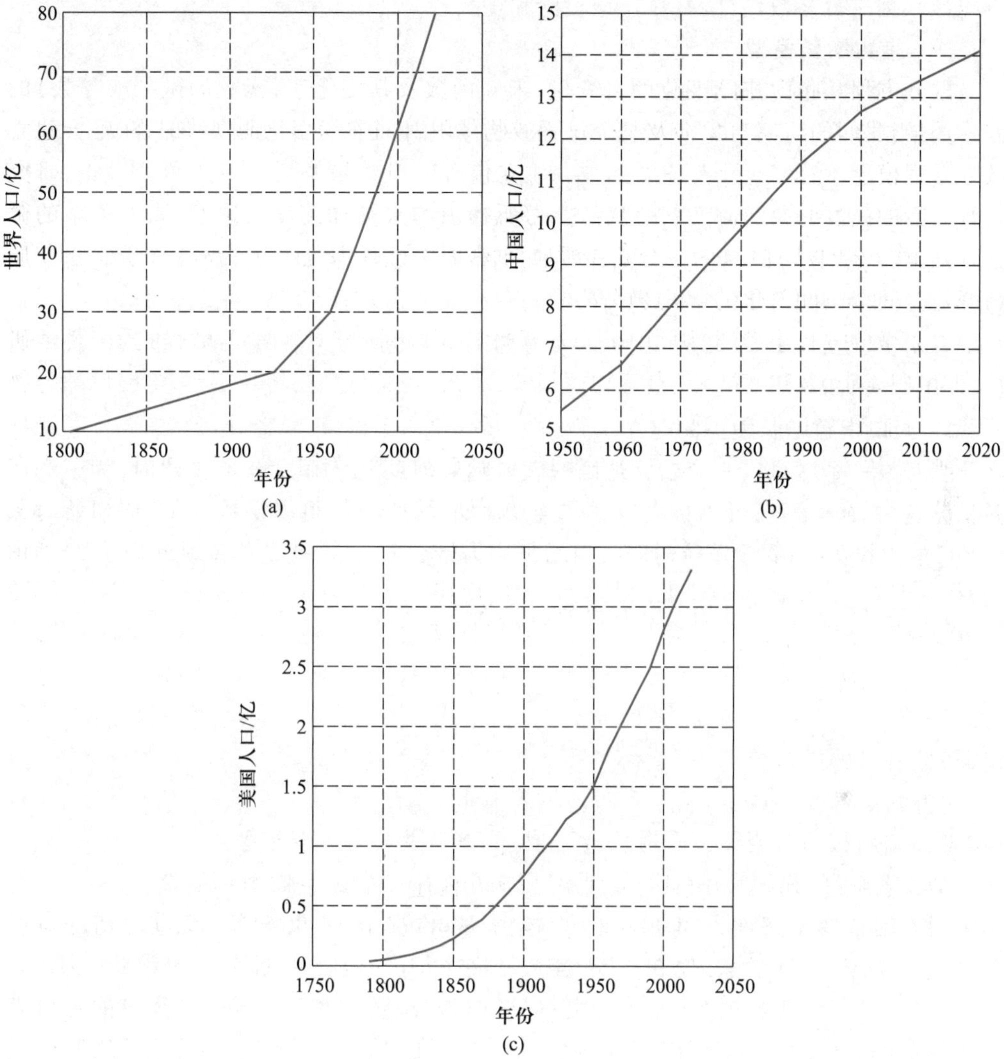

图 1 实际人口数据图形

表 1 美国人口数据

年份	1790	1800	1810	1820	1830	1840	1850	1860
人口/百万	3.9	5.3	7.2	9.6	12.9	17.1	23.2	31.4
年份	1870	1880	1890	1900	1910	1920	1930	1940
人口/百万	38.6	50.2	62.9	76.0	92.0	106.5	123.2	131.7
年份	1950	1960	1970	1980	1990	2000	2010	2020
人口/百万	150.7	179.3	204.0	226.5	251.4	281.4	308.7	331.5

① 摘自参考文献【23】338 页.

认识人口数量的变化过程,建立数学模型描述人口发展规律,作出较准确的增长预测,是制定积极、稳妥的人口政策的前提.下面引入两个最基本的人口模型,利用美国人口统计数据进行参数估计,并作模型检验和增长预测.

一、指数增长模型

1. 一个常用的人口预测公式

如果已知今年人口 x_0,年增长率 r,你一定会用下面的公式预测 k 年后的人口 x_k.

$$x_k = x_0 (1+r)^k \tag{1}$$

显然,这个公式的基本前提是年增长率 r 在 k 年内保持不变.

利用(1)式还可以根据人口统计数据估计年增长率,例如,若经过 n 年人口翻了一番,那么这期间的年平均增长率约为$(70/n)\%$.请读者解释这个方法的道理(复习题1).从表1看出美国人口1950年到2010年大约翻了一番,那么这个期间的年平均增长率为$(70/60)\% \approx 1.2\%$.

2. 人口指数增长模型的建立

当考察一个国家或一个较大地区的人口随着时间延续而变化的规律时,为了利用微积分这一数学工具,可以将人口看作连续时刻 t 的连续、可微函数 $x(t)$.记初始时刻$(t=0)$的人口为 x_0.假设单位时间人口增长率为常数 r,$rx(t)$就是单位时间内 $x(t)$ 的增量$\dfrac{dx}{dt}$,于是得到 $x(t)$ 满足的微分方程和初值条件

$$\frac{dx}{dt} = rx, \quad x(0) = x_0 \tag{2}$$

由(2)式容易解出

$$x(t) = x_0 e^{rt} \tag{3}$$

$r>0$ 时人口将按指数规律无限增长,(2)或(3)式称为**指数增长模型**.

请读者解释,我们常用的公式(1)是(3)式的离散近似形式(复习题2).

指数增长模型又称为 Malthus 人口模型.Malthus 是18世纪末、19世纪初的英国著名人口学家、经济学家,他在1798年发表的“人口原理”中断言:“正常情况下,人口每25年以几何级数增加,而生活资料只以算术级数增长”,得到“占优势的人口繁殖力为贫困和罪恶所抑制,因而使现实的人口得以与生活资料保持平衡”的所谓人口均衡原理,继而做出“平等制度不可能实现、济贫法的作用适得其反”等反对社会改革的推论.Malthus 的人口理论从问世开始就一直遭到猛烈的抨击,但是它在客观上提醒人们注意人口与生活资料的协调,防止人口过快增长,从而成为现代人口理论的开端.

3. 指数增长模型的参数估计

根据数据对模型的参数进行估计又称数据拟合,对(3)式中参数 r 和 x_0的估计主要有两种方法.

方法一 直接用人口数据和线性最小二乘法,将(3)式取对数得

$$y = rt + a, \quad y = \ln x, \quad a = \ln x_0 \tag{4}$$

根据表1中1790年至2010年的美国人口数据,用 MATLAB 编程计算,1790年取作 $t=0$(本节均作此规定),将得到的 r 和 x_0代入(3)式,计算结果见图2(a)和表2.

方法二 先对人口数据作数值微分，再计算增长率并将其平均值作为 r 的估计；x_0 直接采用原始数据.

数值微分的中点公式如下：设函数 $x(t)$ 在分点 $t_0,t_1,\cdots,t_n$（等间距 Δt）的离散值为 $x_0,x_1,\cdots,x_n$，则函数在各分点的导数近似值为

$$x'(t_k)=\frac{x_{k+1}-x_{k-1}}{2\Delta t},\quad k=1,2,\cdots,n-1,$$

$$x'(t_0)=\frac{-3x_0+4x_1-x_2}{2\Delta t},\quad x'(t_n)=\frac{x_{n-2}-4x_{n-1}+3x_n}{2\Delta t} \tag{5}$$

根据表 1 中 1790 年至 2010 年的美国人口数据，利用(5)式的 $x'(t_k)(k=0,1,\cdots,n)$ 计算增长率 $x'(t_k)/x(t_k)$（间距 Δt 为 10 年），记作 r_k. r_k 的均值作为平均增长率 r 的估计，将得到的 r 和 $x_0=3.9$（1790 年的人口）代入(3)式，计算结果见图 2(b) 和表 2.

可以看到，用指数增长模型计算的美国人口与实际数据相差很大，这主要是由于在长达 200 多年的时间内，假设增长率 r 为常数与实际情况不符合的缘故.

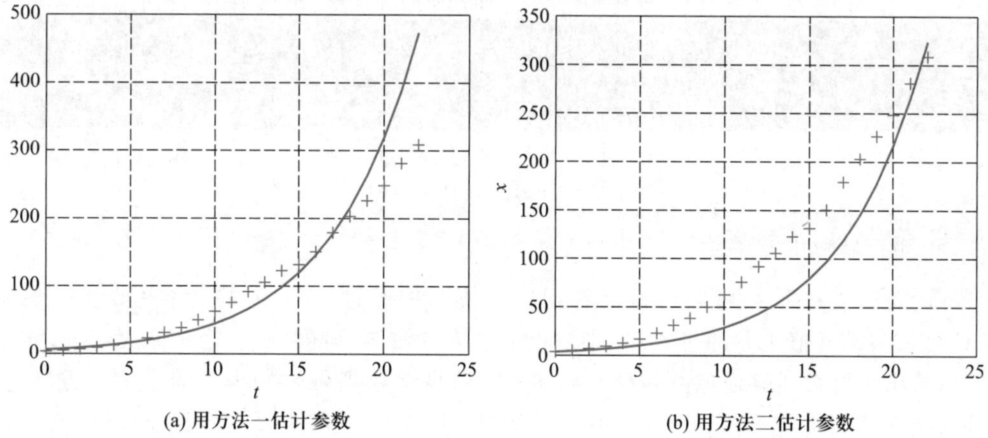

图 2 用指数增长模型计算的美国人口（图中+号是实际人口）

4. 改进的指数增长模型

将数值微分中得到的增长率 r_k 对时间 t 作图，如图 3 中+号所示，可以看到，r 从 19 世纪上半叶的 0.3/10 年左右，下降到 20 世纪末只略大于 0.1/10 年. 针对这么大的变化，应该改进指数增长模型(4)中人口增长率为常数的假设，将 r 视为 t 的函数 $r(t)$. 若认为图 3 中+号大致在一条直线附近，则可假设 $r(t)=r_0-r_1t$，将指数增长模型(2)改写为

$$\frac{\mathrm{d}x}{\mathrm{d}t}=r(t)x=(r_0-r_1t)x,\quad x(0)=x_0 \tag{6}$$

这是可分离变量的微分方程，其解为

$$x(t)=x_0\mathrm{e}^{(r_0t-r_1t^2/2)} \tag{7}$$

实际应用中方程(6)的 $r(t)$ 可根据人口增长率的变化情况，选取简单、合适的函数形式.

由美国人口10年增长率数据，将利用最小二乘法得到的r_0，r_1和$x_0=3.9$（1790年的人口）代入(7)式，计算结果见图4和表2.

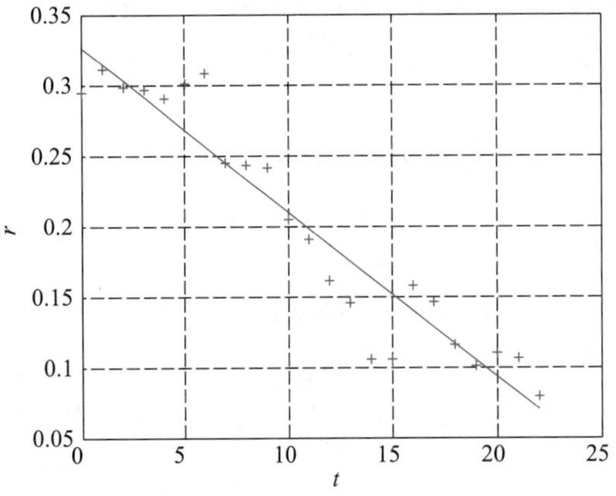

图3 美国人口增长率$r-t$散点图及拟合直线

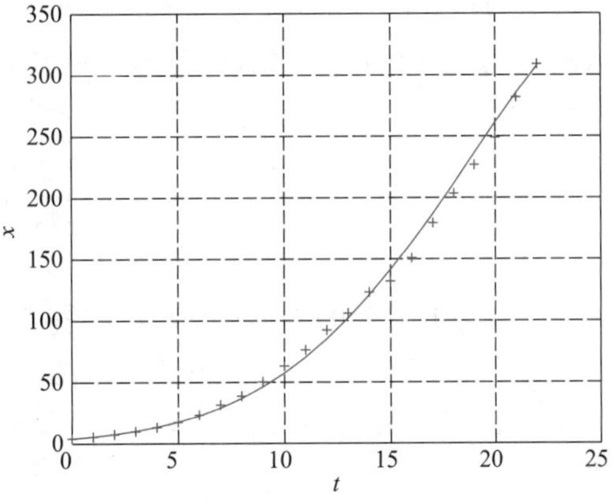

图4 用改进指数增长模型计算的美国人口

表2 指数增长模型的参数估计与误差平方和

	指数增长模型		改进的指数增长模型
	方法一	方法二	
参数估计	$r=0.1964$	$r=0.1985$	$r_0=0.3266$，$r_1=0.0116$
误差平方和/10^4	4.8573	3.4063	0.0796

比较图4和图2，可以明显地看到这个模型的改进效果.定量上常用误差平方和（计算值与实际值之差的平方和）来度量模型或方法与实际数据拟合的程度，表2最后一行给出了指数增长模型的两种参数估计方法及改进指数增长模型的误差平方和，其差别相当显著.

历史上，指数增长模型与19世纪以前欧洲一些国家人口统计数据可以很好地吻合，迁往加拿大的欧洲移民后代人口也大致符合这个模型.另外，虽然指数增长模型不适于描述、也不能预测较长时期的人口演变过程，但是用它作短期人口预测可以得到较好的结果.显然是因为在这些情况下，模型的基本假设——人口增长率是常数——大致成立.

改进的指数增长模型考虑到增长率随时间的变化，计算结果有所改善，但是它既没有反映增长率下降的成因，增长率函数形式也呈不确定性，给应用带来不便.为了建立更符合实际情况的人口增长模型，必须考察人口增长率下降的机理，修改原来的模型假设.

二、logistic 模型

分析人口增长到一定数量后增长率下降的主要原因，人们注意到，自然资源、环境条件等因素对人口的增长起着阻滞作用，并且随着人口的增加，阻滞作用越来越大.logistic 模型就是考虑到这些因素，对指数增长模型的基本假设进行修改后得到的[41].

1. logistic 模型的建立

资源和环境对人口增长的阻滞作用体现在对增长率 r 的影响上，使 r 随着人口数量 x 的增加而下降. 将 r 表示为 x 的函数 $r(x)$，并且取既简单又便于应用的线性减函数 $r(x)=a+bx$. 为了赋予增长率函数 $r(x)$ 中的系数 a,b 以实际含义，引入 2 个参数：

1）**内禀增长率 r**　r 是(理论上) $x=0$ 的增长率，即 $r(0)=r$，于是 $a=r$；

2）**人口容量 x_m**　x_m 是资源和环境所能容纳的最大人口数量，当 $x=x_m$ 时人口不再增长，即 $r(x_m)=r+bx_m=0$，得到 $b=-r/x_m$.

由此导出的增长率函数为 $r(x)=r(1-x/x_m)$. 用 $r(x)$ 代替模型(2)的 r，得到

$$\frac{dx}{dt}=rx\left(1-\frac{x}{x_m}\right),\quad x(0)=x_0 \tag{8}$$

方程(8)右端的因子 rx 体现人口自身的增长趋势，因子 $(1-x/x_m)$ 则体现了资源和环境对人口增长的阻滞作用. 显然，x 越大，前一因子越大，后一因子越小，人口增长是两个因子共同作用的结果.

以 x 为横轴、dx/dt 为纵轴对(8)式作图，得到一条抛物线(图 5)，$x=x_m/2$ 时 dx/dt 最大. 根据图 5 所示 dx/dt 随 x 增加而变化的情况，可以对曲线 $x(t)$ 的形状作如下分析.

设 $t=0$ 时 $x_0<x_m/2$，随着 t 的增加 dx/dt 变大，所以 x 增长越来越快，曲线 $x(t)$ 呈下凸状上升；$x>x_m/2$ 后 dx/dt 变小，x 增长越来越慢，$x(t)$ 呈上凸状升高；$x=x_m/2$ 为曲线的拐点；$x\to x_m$ 时 $dx/dt\to 0$，于是 $x=x_m$ 是曲线 $x(t)$ 的渐近线. 由以上分析可以大致画出 $x(t)$ 的图形如图 6，它是一条 S 形曲线.

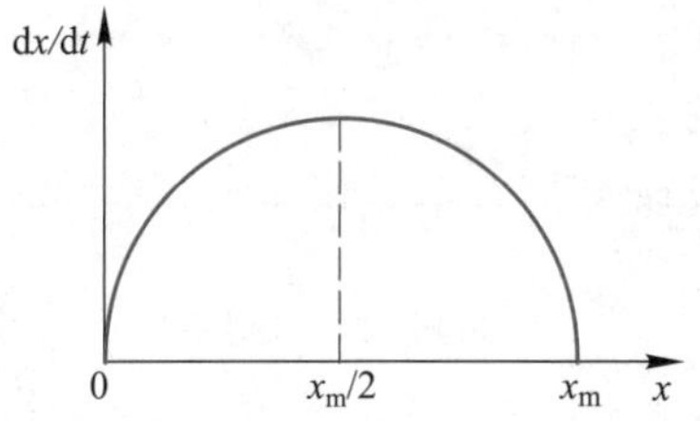

图 5　logistic 模型的 $(dx/dt)-x$ 曲线

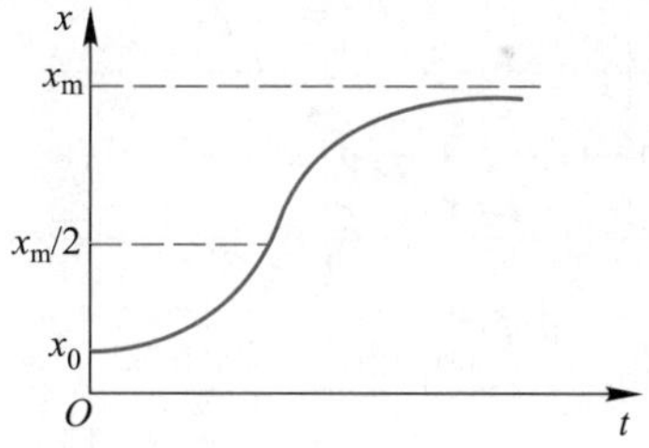

图 6　logistic 模型的 $x-t$ 曲线

实际上，微分方程(8)可以用分离变量法求解得到

$$x(t)=\frac{x_m}{1+\left(\frac{x_m}{x_0}-1\right)e^{-rt}} \tag{9}$$

读者可以随意设定参数 r,x_0,x_m，编程画出(9)式的图形，与图 6 比较. (8)式称为 logistic 方程，(9)式称为 logistic 曲线，统称为 logistic 模型.

评注　用数学工具描述人口变化规律，关键是对人口增长率做出合理、简化的假定. 指数增长模型关于人口增长率是常数的假设过于简化，不适于作长期人口预测. logistic 模型对增长率随人口增加而线性减少的假设，是一个合理、简化的修正.

2. logistic 模型的参数估计

可以用两种方法估计(9)式的参数 r,x_0,x_m.

方法一　将方程(8)改写为

$$\frac{dx/dt}{x}=r-\frac{r}{x_m}x,\quad x(0)=x_0 \tag{10}$$

像指数增长模型参数估计的方法二一样，对人口数据 $x(t)$ 作数值微分后计算增长率，即(10)式左端，对(10)式右端 x 用线性最小二乘法估计 r,x_m；x_0 直接采用原始数据.

根据表1中1790年至2010年的美国人口数据，将数值微分中得到的增长率 r_k 对 x 作图，如图7中 * 号所示，大致在一条直线附近.将用线性最小二乘法得到的 r,x_m 并取 $x_0=3.9$(1790年人口)代入(9)式，计算结果见图8和表3.

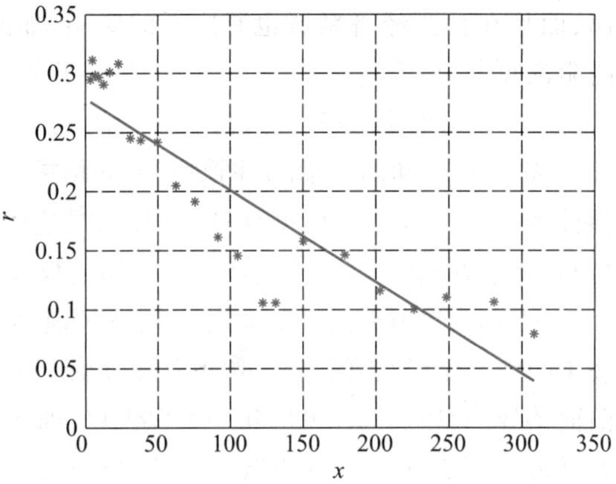

图7 美国人口增长率 r-x 散点图及拟合直线

方法二 直接用人口数据和非线性最小二乘法估计(9)式的 r,x_0,x_m.

根据表1中1790年至2010年的美国人口数据，用非线性最小二乘法对(9)式编程计算得到 r,x_0,x_m 代入(9)式，计算结果见图8和表3.

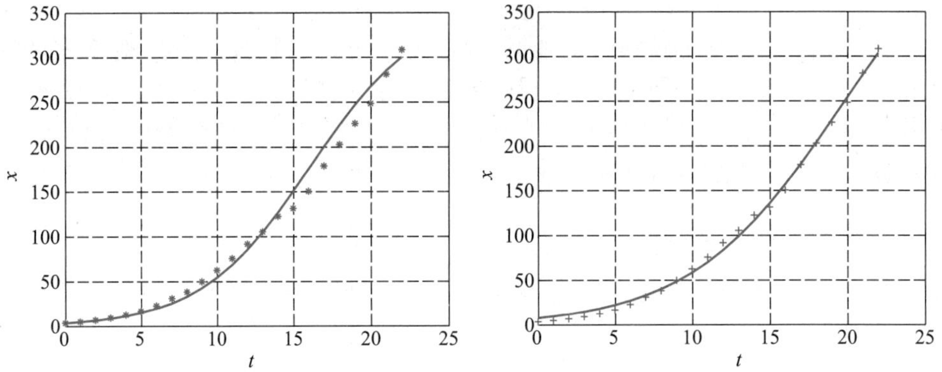

(a) 用方法一估计参数 (b) 用方法二估计参数

图8 用 logistic 模型计算的美国人口

表3 logistic 模型的参数估计与误差平方和

logistic 模型	方法一	方法二
参数估计	$r=0.2791, x_m=359.6460$	$r=0.2080, x_m=486.1566, x_0=8.1920$
误差平方和/10^3	3.0888	0.5165

对比表3与表2的误差平方和以及图8、图2和图4不难看出，就1790年至2010年美国人口数据的拟合效果而言，logistic 模型比指数增长模型有很大改善，特别是用非线性最小二乘估计参数的结果(图8(b)).

Logistic 方程(曲线)是比利时欧洲生物数学家 Verhulst 在1845年提出的，它不仅能够大体上描述人口及许多物种数量(如森林中的树木，鱼塘中的鱼群等)的变化规律，而且在社会经济领域也有广泛的应用，如耐用消费品的销售量就可认为受到已售量的阻滞增长作用.

评注　参数估计是建模的重要步骤，最小二乘法是参数估计的基本方法，并且应尽量采用线性最小二乘，随着数学软件的发展，非线性最小二乘的应用也很方便.对于微分方程模型来说，参数估计既可直接从方程的解出发，也可针对方程本身，可灵活掌握.

三、模型检验和人口预测

表2、表3和图2、图4、图8给出的结果，都是利用1790年至2010年美国人口数据估计的参数代入两个模型计算得到的，将这些结果与同期的实际数据比较，能够反映模型与这些数据的拟合程度，还不是真正意义上的模型检验.

你可能已经注意到，在估计指数增长模型和logistic模型参数的过程中，我们没有用表1中2020年的美国人口，留下这个实际数据正是为了做模型检验的.用这两个模型及前面估计的参数计算2020年的美国人口，列入表4第2行，与实际人口331.5(百万)的误差见表4第3行.改进的指数增长模型和logistic模型计算结果的误差是可以接受的.

最后，我们用改进的指数增长模型和logistic模型(方法二)，对2030年的美国人口作预测.将2020年美国实际人口加入数据，重新估计模型参数①，然后计算2030年的人口，得到表4第4行的2个数据.至于预测的准确性如何，需要等到2030年美国人口调查结果的公布，让我们拭目以待.

评注　作模型检验时需要注意的一点是，用作检验的数据不应参与建模过程的参数估计，正像裁判员不宜做运动员一样.

表4　指数增长模型和logistic模型的检验和预测

	实际人口/百万	指数增长模型(方法一)	指数增长模型(方法二)	改进的指数增长模型	logistic模型(方法一)	logistic模型(方法二)
2020年人口(误差)	331.5	576.6 (42.5%)	374.8 (11.2%)	327.8 (-1.1%)	313.1 (-5.9%)	326.8 (-1.4%)
预测2030年	?			347.5		351.8

本节介绍的两个模型都是以人口总数、人口平均增长率为研究对象，实际上，一个国家或地区的人口发展规律与年龄结构密切相关，考虑年龄结构的人口模型可参看更多案例5-3.

复习题

1. 利用(1)式解释，若经过n年人口翻了一番，则这期间的年平均增长率约为$(70/n)\%$.由图1(b)中国人口从1950年到1987年约翻了一番，估计这期间的年平均增长率.

2. 解释人口预测公式$x_k=x_0(1+r)^k$是指数增长模型$x(t)=x_0e^{rt}$的离散近似形式.

3. 求解logistic方程(8)，验证其解为(9)式，设定几组参数r, x_0, x_m，用软件编程画出解的曲线，分析r和x_m的变化对曲线的影响.

4. 写出logistic曲线$x(t)$出现拐点时刻的表达式，分析这个时刻与参数r, x_0, x_m的关系.按照本节两种方法估计的参数计算，美国人口增长曲线的拐点出现在哪一年？

5. 求解logistic方程(8)，将t表示为x的函数.说明logistic有log-like(像对数)的含义(参考拓展阅读5-1　logistic方程的发展进程).

拓展阅读5-1
logistic方程的发展进程

---

① 改进指数增长模型重新估计的参数为$r_0=0.3263, r_1=0.0116$，logistic模型(方法二)重新估计的参数为$r=0.2055, x_0=8.3772, x_m=500.9520$.

5.2 药物中毒急救

一天夜晚，你作为见习医生正在医院内科急诊室值班，两位家长带着一个孩子急匆匆进来，诉说两小时前孩子一口气误吞下 11 片治疗哮喘病的、剂量为每片 100 mg 的氨茶碱片，已经出现呕吐、头晕等不良症状．按照药品使用说明书，氨茶碱的每次用量成人是 100~200 mg，儿童是 3~5 mg/kg．如果过量服用，可使血药浓度（单位血液容积中的药量）过高，当血药浓度达到 100 μg/mL 时，会出现严重中毒，达到 200 μg/mL 则可致命[65]．

作为一位医生你清楚地知道，由于孩子服药是在两小时前，现在药物已经从胃进入肠道，无法再用刺激呕吐的办法排除．当前需要作出判断的是，孩子的血药浓度会不会达到 100 μg/mL 甚至 200 μg/mL，如果会达到，则临床上应采取紧急方案来救治孩子．

问题的调查与分析 人体服用一定量的药物后，血药浓度与人体的血液总量有关．一般来说，血液总量约为体重的 7%~8%，即体重 50~60 kg 的成年人血液总量约为 4 000 mL．目测这个孩子的体重约为成年人的一半，可认为其血液总量约为 2 000 mL．由此，血液系统中的血药浓度与药量之间可以相互转换．

药物口服后迅速进入胃肠道，再由胃肠道的外壁进入血液循环系统，被血液吸收．胃肠道中药物的转移率，即血液系统的吸收率，一般与胃肠道中的药量成正比．药物在被血液吸收的同时，又通过代谢作用由肾脏排出体外，排除率一般与血液中的药量成正比．如果认为整个血液系统内药物的分布，即血药浓度是均匀的，可以将血液系统看作一个房室，建立所谓一室模型．

血液系统对药物的吸收率和排除率可以由半衰期确定，从药品说明书可知，氨茶碱吸收的半衰期约 5 h，排除的半衰期约 6 h．

如果血药浓度达到危险的水平，临床上施救的一种办法是采用口服活性炭来吸附药物，可使药物的排除率增加到原来（人体自身）的 2 倍，另一种办法是进行体外血液透析，药物排除率可增加到原来的 6 倍，但是安全性不能得到充分保证，建议尽量少用．

模型的假设和建立 为了判断孩子的血药浓度会不会达到危险的水平，需要寻求胃肠道和血液系统中的药量随时间变化的规律．记胃肠道中的药量为 $x(t)$，血液系统中的药量为 $y(t)$，时间 t 以孩子误服药的时刻为起点（$t=0$）．根据前面的调查与分析可作以下假设：

1. 胃肠道中药物向血液系统的转移率与药量 $x(t)$ 成正比，比例系数记作 $\lambda(\lambda>0)$，总剂量 1 100 mg 的药物在 $t=0$ 瞬间进入胃肠道．

2. 血液系统中药物的排除率与药量 $y(t)$ 成正比，比例系数记作 $\mu(\mu>0)$，$t=0$ 时血液中无药物．

3. 氨茶碱被吸收的半衰期为 5 h，排除的半衰期为 6 h．

4. 孩子的血液总量为 2 000 mL．

根据假设对胃肠道中药量 $x(t)$ 和血液系统中药量 $y(t)$ 建立如下模型．

由假设 1，$x(0)=1\ 100$ mg，随着药物从胃肠道向血液系统的转移，$x(t)$ 下降的速度与 $x(t)$ 本身成正比（比例系数 $\lambda>0$），所以 $x(t)$ 满足微分方程

$$\frac{\mathrm{d}x}{\mathrm{d}t}=-\lambda x, \quad x(0)=1\ 100 \tag{1}$$

由假设 2，$y(0)=0$，药物从胃肠道向血液系统的转移相当于血液系统对药物的吸收，$y(t)$ 由于吸收作用而增长的速度是 λx，由于排除而减少的速度与 $y(t)$ 本身成正比（比例系数 $\mu>0$），所以 $y(t)$ 满足微分方程

$$\frac{dy}{dt}=\lambda x-\mu y,\quad y(0)=0 \tag{2}$$

方程(1)(2)中的参数 λ 和 μ 可由假设 3 中的半衰期确定.

模型求解 微分方程(1)是可分离变量方程，容易得到

$$x(t)=1\ 100e^{-\lambda t} \tag{3}$$

表明胃肠道中的药量 $x(t)$ 随时间单调减少并趋于 0.为了确定 λ，利用药物吸收的半衰期为 5 h，即 $x(5)=1\ 100e^{-5\lambda}=x(0)/2=1\ 100/2$，得 $\lambda=(\ln 2)/5=0.138\ 6(1/h)$.

将(3)代入方程(2)，得到一阶线性微分方程，求解得

$$y(t)=\frac{1\ 100\lambda}{\lambda-\mu}(e^{-\mu t}-e^{-\lambda t}) \tag{4}$$

为了根据药物排除的半衰期为 6 h 来确定 μ，考虑血液系统只对药物进行排除的情况，这时 $y(t)$ 满足方程 $\frac{dy}{dt}=-\mu y$，若设在某时刻 τ 有 $y(\tau)=a$，则 $y(t)=ae^{-\mu(t-\tau)}$，$t\geqslant\tau$.利用 $y(\tau+6)=a/2$，可得 $\mu=(\ln 2)/6=0.115\ 5(1/h)$.

将 $\lambda=0.138\ 6$ 和 $\mu=0.115\ 5$ 代入(3)，(4)，得（t 的单位：h；x,y 的单位：mg）

$$x(t)=1\ 100e^{-0.138\ 6t} \tag{5}$$

$$y(t)=6\ 600(e^{-0.115\ 5t}-e^{-0.138\ 6t}) \tag{6}$$

表明血液系统中的药量 $y(t)$ 随时间先增后减并趋于 0.

结果分析 用 MATLAB 软件对(5)(6)作图，得图 1.

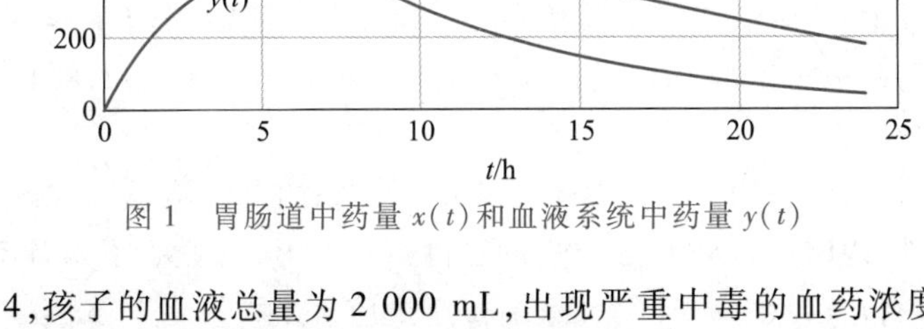

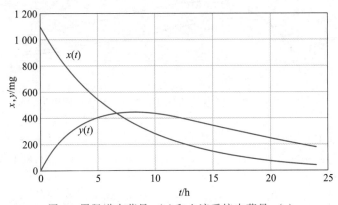

图 1 胃肠道中药量 $x(t)$ 和血液系统中药量 $y(t)$

根据假设 4，孩子的血液总量为 2 000 mL，出现严重中毒的血药浓度 100 μg/mL 和致命的血药浓度 200 μg/mL 分别相当于血液中药量 y 达到 200 mg 和 400 mg.由图 1 看出，药量 y 在约 2 h 达到 200 mg，即孩子到达医院时已经出现严重中毒；如不及时施救，药量 y 将在约 5 h（到医院后 3 h）达到 400 mg.

由(6)容易精确地算出孩子到达医院时血液中药量 $y(2)=236.5$ mg，而计算药量达到 400 mg 的时间（记作 t_1），则需要解非线性方程 $6\ 600(e^{-0.115\ 5t_1}-e^{-0.138\ 6t_1})=400$，用

MATLAB 软件计算可以得到 $t_1=4.87$ h.

由图1还可以看出,血液中药量 $y(t)$ 达到最大值的时间约在 $t=8$ h,即到达医院后 6 h,其精确值可由方程(2)或解(4)计算,记作 t_2,$t_2=\dfrac{\ln(1+\lambda/6\mu)}{\lambda-\mu}=7.89$ h,且 $y(t_2)=442.1$ mg.

利用这个模型还可以确定对于孩子及成人服用氨茶碱能引起严重中毒和致命的最小剂量(复习题1).

施救方案 根据模型计算的结果,如不及时施救,孩子会有生命危险.根据调查,如采用口服活性炭来吸附药物的办法施救,药物的排除率可增加到 μ 的2倍,即0.231 0.让我们计算一下,采用这种施救方案血液中药量 $y(t)$ 的变化情况.

设孩子到达医院时刻($t=2$)就开始施救,前面已经算出 $y(2)=236.5$,由(2)(3)得,新的模型为(血液中药量记作 $z(t)$)

$$\frac{\mathrm{d}z}{\mathrm{d}t}=\lambda x-\mu z,t\geqslant 2,x=1\ 100\mathrm{e}^{-\lambda t},z(2)=236.5 \tag{7}$$

仍是一阶线性微分方程,只不过初始时刻为 $t=2$,当 $\lambda=0.138\ 6$(不变)而 $\mu=0.231\ 0$ 时,(7)的解为

$$z(t)=1\ 650\mathrm{e}^{-0.138\ 6t}-1\ 609.5\mathrm{e}^{-0.231\ 0t},\quad t\geqslant 2 \tag{8}$$

用 MATLAB 软件对(8)作图,如图2.

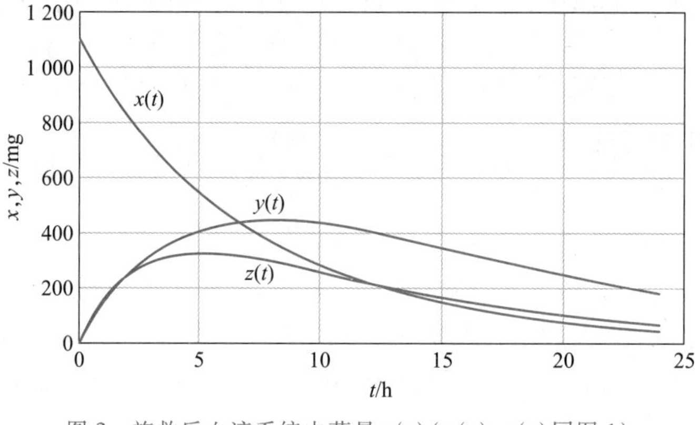

图2 施救后血液系统中药量 $z(t)$($x(t)$,$y(t)$同图1)

由图2可看出,施救后血液中药量 $z(t)$ 达到最大值的时间约在 $t=5$ h,即到达医院施救后3 h,其精确值可由(8)算出,记作 t_3,$t_3=5.26$ h,且 $z(t_3)=318.4$ mg,远低于 $y(t)$ 的最大值和致命水平.

图2还表明,虽然采用了口服活性炭来吸附药物的办法施救,血液中药量 $z(t)$ 仍有一段时间在上升,说明用这种方法药物的排除率增加还不够大.不妨计算一下,如果要使 $z(t)$ 在施救后($t\geqslant 2$)立即下降,排除率 μ 至少应该多大.

$z(t)$ 在 $t=2$ 取得极大值,相当于 $t=2$ 时(7)式满足

$$\left.\frac{\mathrm{d}z}{\mathrm{d}t}\right|_{t=2}=(\lambda x-\mu z)\Big|_{t=2}=0 \tag{9}$$

由(5)算出 $x(2)=833.7$,再利用前面已有的 $z(2)=236.5$ 和 $\lambda=0.138\ 6$,立即得到 $\mu=0.488\ 5$,约为原来(人体自身 $\mu=0.115\ 5$)的4.2倍.

如果采用体外血液透析的办法，药物排除率可增加到 $\mu=0.1155\times6=0.693$，血液中药量下降更快，读者可以用这个 μ 重新求解(7)并作图(复习题 2). 至于临床上究竟是否需要采取这种办法，当由医生综合考虑并征求病人和家属意见后确定.

复习题

1. 利用药物中毒施救模型确定对于孩子(血液总量为 2 000 mL)及成人(血液总量为 4 000 mL)服用氨茶碱能引起严重中毒和致命的最小剂量.

2. 如果采用的是体外血液透析的办法，求解药物中毒施救模型的血液中药量的变化规律并作图.

5.3 捕鱼业的持续收获

可持续发展是一项基本国策，对于像渔业、林业这样的可再生资源，一定要注意适度开发，不能为了一时的高产去"竭泽而渔"，应该在持续稳产的前提下追求产量或效益的最优化.

考察一个渔场，其中的鱼量在天然环境下按一定规律增长，如果捕捞量恰好等于增长量，那么渔场鱼量将保持不变，这个捕捞量就可以持续下去. 本节要建立在捕捞情况下渔场鱼量遵从的方程，分析鱼量稳定的条件，并且在稳定的前提下讨论如何控制捕捞使持续产量或经济效益达到最大. 最后研究所谓捕捞过度的问题[15,40].

产量模型 记时刻 t 渔场中鱼量为 $x(t)$，关于 $x(t)$ 的自然增长和人工捕捞作如下假设:

1. 在无捕捞条件下 $x(t)$ 的增长服从 logistic 方程(见 5.1 节)，即

$$\dot{x}(t)=f(x)=rx\left(1-\frac{x}{N}\right) \tag{1}$$

r 是内禀增长率，N 是环境容许的最大鱼量，用 $f(x)$ 表示单位时间的增长量.

2. 单位时间的捕捞量(即产量)与渔场鱼量 $x(t)$ 成正比，比例常数 E 表示单位时间捕捞率，又称为**捕捞强度**，可以用比如捕鱼网眼的大小或出海渔船数量来控制强度. 于是单位时间的捕捞量为

$$h(x)=Ex \tag{2}$$

根据以上假设并记

$$F(x)=f(x)-h(x)$$

得到捕捞情况下渔场鱼量满足的方程

$$\dot{x}(t)=F(x)=rx\left(1-\frac{x}{N}\right)-Ex \tag{3}$$

我们并不需要解方程(3)以得到 $x(t)$ 的动态变化过程，只希望知道渔场的稳定鱼量和保持稳定的条件，即时间 t 足够长以后渔场鱼量 $x(t)$ 的趋向，并由此确定最大持续产量. 为此可以直接求方程(3)的平衡点并分析其稳定性(可参考基础知识 5-1).

令

$$F(x)=rx\left(1-\frac{x}{N}\right)-Ex=0$$

基础知识 5-1
微分方程稳定性简介

得到两个平衡点

$$x_0 = N\left(1-\frac{E}{r}\right), \quad x_1 = 0 \tag{4}$$

不难算出

$$F'(x_0) = E-r, \quad F'(x_1) = r-E$$

所以若

$$E<r \tag{5}$$

有 $F'(x_0)<0, F'(x_1)>0$，故 x_0点稳定，x_1点不稳定；若 $E>r$，则结果正好相反.

E 是捕捞率，r 是最大的增长率，上述分析表明，只要捕捞适度（$E<r$），就可使渔场鱼量稳定在 x_0，从而获得持续产量 $h(x_0)=Ex_0$；而当捕捞过度时（$E>r$），渔场鱼量将趋于 $x_1=0$，当然谈不上获得持续产量了.

进一步讨论渔场鱼量稳定在 x_0的前提下，如何控制捕捞强度 E 使持续产量最大的问题.用图解法可以非常简单地得到结果.

根据（1）（2）式作抛物线 $y=f(x)$ 和直线 $y=h(x)=Ex$，如图 1.注意到 $y=f(x)$ 在原点的切线为 $y=rx$，所以在条件（5）下 $y=Ex$ 必与 $y=f(x)$ 有交点 P，P 的横坐标就是稳定平衡点 x_0.

根据假设 2，P 点的纵坐标 h 为稳定条件下单位时间的持续产量.由图 1 立刻知道，当 $y=Ex$ 与 $y=f(x)$ 在抛物线顶点 P^* 相交时可获得最大的持续产量，此时的稳定平衡点为

$$x_0^* = \frac{N}{2} \tag{6}$$

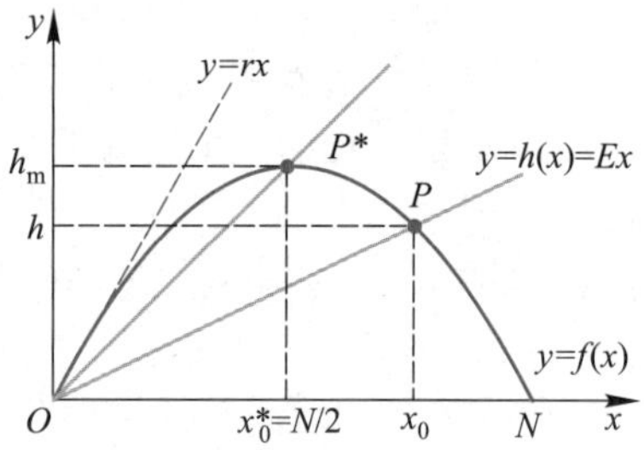

图 1　最大持续产量的图解法

小结　在对鱼的自然增长和人工捕捞的合理假设下，建立渔场鱼量的基本方程，利用平衡点稳定性分析确定了保持鱼量稳定的条件，这是渔业发展的前提.

且单位时间的最大持续产量为

$$h_m = \frac{rN}{4} \tag{7}$$

而由（4）式不难算出保持渔场鱼量稳定在 x_0^* 的捕捞率为

$$E^* = \frac{r}{2} \tag{8}$$

综上所述，产量模型的结论是将捕捞率控制在内禀增长率 r 的一半，更简单一些，可以说使渔场鱼量保持在最大鱼量 N 的一半时，能够获得最大的持续产量.

效益模型　从经济角度看不应追求产量最大，而应考虑效益最佳.如果经济效益用从捕捞所得的收入中扣除开支后的利润来衡量，并且简单地假设：鱼的销售单价为常数 p，单位捕捞率（如每条出海渔船）的费用为常数 c，那么单位时间的收入 T 和支出 S 分别为

$$T=ph(x)=pEx, \quad S=cE \tag{9}$$

单位时间的利润为

$$R=T-S=pEx-cE \tag{10}$$

在稳定条件 $x=x_0$下，将（4）式代入（10）式，得

$$R(E)=T(E)-S(E)=pNE\left(1-\frac{E}{r}\right)-cE \tag{11}$$

用微分法容易求出使利润 $R(E)$ 达到最大的捕捞强度为

$$E_R=\frac{r}{2}\left(1-\frac{c}{pN}\right) \tag{12}$$

将 E_R 代入(4)式,可得最大利润下的渔场稳定鱼量 x_R 及单位时间的持续产量 h_R 为

$$x_R=\frac{N}{2}+\frac{c}{2p} \tag{13}$$

$$h_R=rx_R\left(1-\frac{x_R}{N}\right)=\frac{rN}{4}\left(1-\frac{c^2}{p^2N^2}\right) \tag{14}$$

将(12)—(14)式与产量模型中的(6)—(8)式相比较可以看出,在最大效益原则下捕捞率和持续产量均有所减少,而渔场应保持的稳定鱼量有所增加,并且减少或增加的部分随着捕捞成本 c 的增长而变大,随着销售价格 p 的增长而变小.请读者分析这些结果是符合实际情况的.

捕捞过度 上面的效益模型是以计划捕捞(或称封闭式捕捞)为基础的,即渔场由单独的经营者有计划地捕捞,可以追求最大利润.如果渔场向众多盲目的经营者开放,比如在公海上无规则地捕捞,那么即使只有微薄的利润,经营者也会蜂拥而至,这种情况称为盲目捕捞(或开放式捕捞).这种捕捞方式将导致捕捞过度,下面讨论这个模型.

(11)式给出了利润与捕捞强度的关系 $R(E)$,令 $R(E)=0$ 的解为 E_S,可得

$$E_S=r\left(1-\frac{c}{pN}\right) \tag{15}$$

当 $E<E_S$ 时,利润 $R(E)>0$,盲目的经营者们会加大捕捞强度;若 $E>E_S$,利润 $R(E)<0$,他们当然要减小强度.所以 E_S 是盲目捕捞下的临界强度.

E_S 也可由图解法确定.在图 2 中以 E 为横坐标,按(11)式画出 $T(E)$ 和 $S(E)$,它们交点的横坐标即为 E_S(图 2 中的 E_{S1} 或 E_{S2}).由(15)式或图 2 容易知道,E_S 存在的必要条件(即 $E_S>0$)是

$$p>\frac{c}{N} \tag{16}$$

即售价大于(相对于总量而言)成本.并且由(15)式可知,成本越低,售价越高,则 E_S 越大.

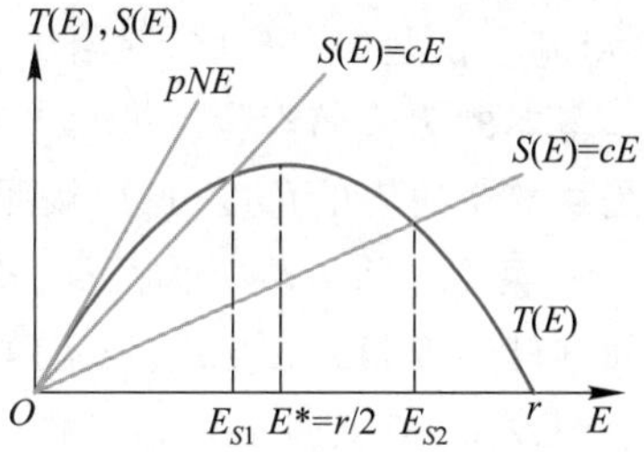

图 2 盲目捕捞强度的图解法

将(15)代入(4)式,得到盲目捕捞下的渔场稳定鱼量为

$$x_S=\frac{c}{p} \tag{17}$$

x_S 完全由成本-价格比决定,随着价格的上升和成本的下降,x_S 将迅速减少,出现捕捞过度.

比较(12)和(15)式可知,$E_S=2E_R$,即盲目捕捞强度比最大效益下捕捞强度大一倍.

从(15)式和图 2 还可以得到,当 $\frac{c}{N}<p<2\frac{c}{N}$ 时,$(E_R<)E_S<E^*$,如图 2 中 E_{S1},称经济学捕捞过度;当 $p>2\frac{c}{N}$ 时,$E_S>E^*$,如图 2 中 E_{S2},称生态学捕捞过度.

评注 产量、效益及捕捞过度 3 个模型在鱼量稳定的前提下步步深入,数学推导十分简单,却得到了在定性关系上与实际情况相当符合的结果.

复习题

1. 如果渔场鱼量的自然增长仍服从 logistic 方程,而单位时间捕捞量为常数 h.

(1) 分别就 $h>rN/4$, $h<rN/4$, $h=rN/4$ 这 3 种情况讨论渔场鱼量方程的平衡点及其稳定状况.

(2) 如何获得最大持续产量,其结果与本节的产量模型有何不同?

2. 与 logistic 模型不同的另一种描述种群增长规律的是 Gompertz 模型:$\dot{x}(t)=rx\ln\dfrac{N}{x}$,其中 r 和 N 的意义与 logistic 模型相同.设渔场鱼量的自然增长服从这个模型,且单位时间捕捞量为 $h=Ex$.讨论渔场鱼量的平衡点及其稳定性,求最大持续产量 h_m 及获得最大产量的捕捞强度 E_m 和渔场鱼量水平 x_0^*.

5.4 传染病模型与新型冠状病毒感染的传播

2020年春新型冠状病毒感染迅速在全球各地传播。随着冠状病毒陆续出现变异,疫情传播的速度、强度与广度不断发生变化,至世界卫生组织2023年5月宣布疫情不再构成"国际关注的突发公共卫生事件",持续3年多的疫情给全世界人民的生命健康、经济发展、社会生活等各个方面带来巨大的灾难和影响。

在疫情蔓延的那几年,从各种媒体的报道中可以不时看到这样一些关于疾病传播的信息:据某机构或某专家估计,多少天后将有多少人感染、多少人死亡,多少天后疫情将会出现拐点;某变异毒株的基本感染数高达……,是原始毒株的多少倍;当感染人数占总人口的百分之多少时,将实现群体免疫;等等.人们不禁会问,这些数字是怎么得到的,基本感染数、群体免疫是什么意思.其实,它们都可以从描述传染病传播的数学模型中得出答案.

下面先介绍数学医学领域中基本的传染病模型,然后结合新型冠状病毒感染的传播,对基本模型加以拓展,并给出一些数值计算结果.

基本的传染病模型 虽然不同类型传染病的传播过程在医学上有其各自的特点,但是从数学建模的角度,可以按照一般的传播机理建立以下几种基本模型[10,12,41].

SI 模型 将人群分为两类:易感染者(susceptible)和已感染者(infectious),以下分别简称健康者和患者.在传染病模型中取两个词的英文字头记作 SI 模型.

假设1 在传染病传播过程中所考察地区的总人数 N 不变,时刻 t(以天计)健康者和患者在总人数中的比例分别为 $s(t)$ 和 $i(t)$,于是

$$s(t)+i(t)=1 \tag{1}$$

假设2 每个患者每天有效接触的人数是常数 λ,且当健康者被患者有效接触后立即感染成为患者,λ 称**感染率**.

由假设2每个患者每天有效接触的健康者人数是 $\lambda s(t)$,全部患者 $Ni(t)$ 每天有效接触的健康者人数是 $N\lambda s(t)i(t)$,这些健康者立即感染成为患者,于是患者比例 $i(t)$ 一直增加,且满足微分方程(约去方程两端的 N)

$$\frac{\mathrm{d}i}{\mathrm{d}t}=\lambda si \tag{2}$$

由(1)式将 $s=1-i$ 代入方程(2),并记时刻 $t=0$ 的患者比例为 i_0,得

$$\frac{\mathrm{d}i}{\mathrm{d}t}=\lambda i(1-i),\quad i(0)=i_0 \tag{3}$$

这是大家熟悉的 logistic 模型(参见 5.1 节).

Logistic 方程(3)的解为 S 形曲线,患者比例 $i(t)$ 从 i_0 迅速上升,通过曲线的拐点后上升变缓,当 $t\to\infty$ 时 $i\to1$,即所有健康者终将感染成为患者.显然这不符合实际情况,究其原因是 SI 模型只假设健康者可以感染,而没有考虑到患者可以治愈的情况.下面的模型将增加关于患者治愈的假设.

SIS 模型 有些传染病如伤风、痢疾等,虽然可以治愈,但愈后基本上没有免疫力,于是患者愈后又变成可感染的健康者,且忽略死亡,这个模型称为 SIS 模型.

假设 3 患者每天治愈的人数比例是常数 μ,μ 称**治愈率**.

增加这个假设后在建立微分方程(2)时,右端需减去每天治愈的患者数 $\mu Ni(t)$,于是有(仍约去 N)

$$\frac{\mathrm{d}i}{\mathrm{d}t}=\lambda si-\mu i \tag{4}$$

同样将 $s=1-i$ 代入方程(4),初值条件不变,可得

$$\frac{\mathrm{d}i}{\mathrm{d}t}=(\lambda-\mu)i\left[1-\frac{i}{1-\mu/\lambda}\right],\quad i(0)=i_0 \tag{5}$$

若 $\lambda>\mu$,与 5.1 节人口增长的方程(8)相比,可知(5)式是 logistic 方程,通常 i_0 很小,$\lambda-\mu$ 相当于人口增长率 r,$i(t)$ 呈 S 形曲线上升,当 $t\to\infty$ 时 $i\to1-\mu/\lambda$(相当于人口容量 x_m);而若 $\lambda\leqslant\mu$,则方程(5)的右端恒为负,曲线 $i(t)$ 将单调下降,当 $t\to\infty$ 时 $i\to0$.这两种情况下方程(5)的解析解曲线如图 1.

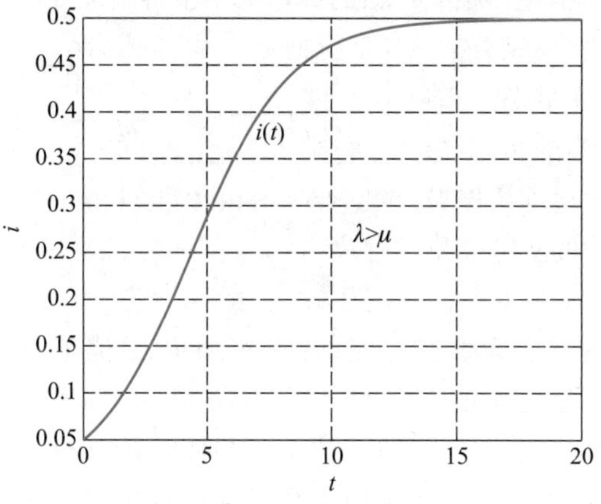

(a) $\lambda=1,\mu=0.5,i_0=0.05$

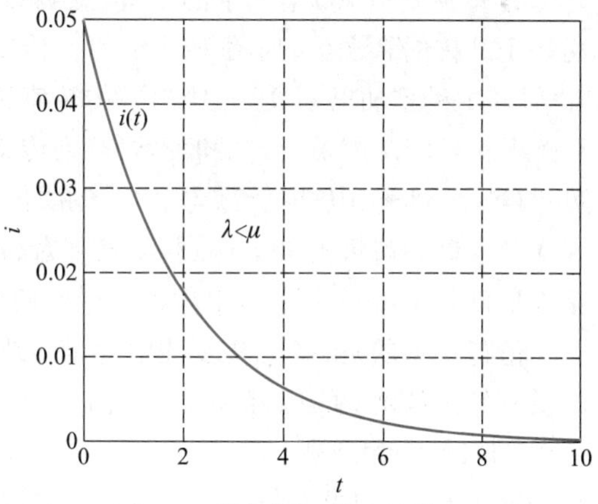

(b) $\lambda=0.5,\mu=1,i_0=0.05$

图 1 SIS 模型的 $i(t)$ 曲线

SI 模型、SIS 模型都只有 2 类人群——健康者和患者,在条件(1)式下只有 1 个独立函数,所以只需列出 1 个微分方程(3)或(5)式,给定参数 λ,μ 和初始值 i_0 即可求解.

SIR 模型 有些传染病如天花、流感、麻疹等,治愈后免疫力很强,可认为患者愈后不会成为可感染的健康者,当然也不再是患者.传染病模型中将治愈且免疫的人群称为移除者或康复者(removed, recovered),且忽略死亡,这个模型称为 SIR 模型.SI 模型的

假设 1 应增改为

假设 4 总人数 N 不变,时刻 t 移除者在总人数中的比例为 $r(t)$,有

$$s(t)+i(t)+r(t)=1 \tag{6}$$

由于增加了移除者,(6)式的 3 个函数 $s(t)$,$i(t)$,$r(t)$ 有 2 个是独立的,所以至少需要列出两个函数的微分方程.

感染率 λ、治愈率 μ 的定义和假设均不变,并引入一个新的参数

$$\sigma=\lambda/\mu \tag{7}$$

注意到 λ 是每个患者每天有效接触且使健康者感染的人数,μ 是患者每天治愈的比例,$1/\mu$ 即为患者治愈的平均天数,称感染期,所以 $\sigma=\lambda(1/\mu)$ 表示一个感染期内平均每个患者有效接触且使健康者感染的人数,称为**感染数**.直观的解释是,若平均说来一个患者在生病期间有效接触而感染的健康者多于一人,那么患者数自然会增加,反之,则会减少.

由假设 2 每天被患者有效接触的健康者人数为 $N\lambda s(t)i(t)$,健康者比例 $s(t)$ 在减少,满足微分方程(约去 N)

$$\frac{\mathrm{d}s}{\mathrm{d}t}=-\lambda si \tag{8}$$

患者比例 $i(t)$ 仍满足方程(4),注意到(7)式定义的 σ 可得

$$\frac{\mathrm{d}i}{\mathrm{d}t}=\lambda si-\mu i=\mu(\sigma s-1)i \tag{9}$$

患者治愈后成为移除者,由假设 3 可知移除者 $r(t)$ 比例在增加,满足微分方程

$$\frac{\mathrm{d}r}{\mathrm{d}t}=\mu i \tag{10}$$

方程(8)—(10)描述了健康者、患者、移除者 3 类人群之间的动态转移关系,可以用一个结构图来表示,见图 2.

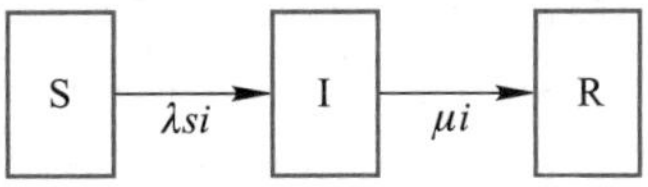

图 2 SIR 模型结构图

容易验证,方程(8)—(10)右端之和为零,即左端的 3 个函数 $s(t)$,$i(t)$,$r(t)$之和为常数,与(6)式一致,于是可对(6),(8)~(10)中任意 3 个方程求解,得到 SIR 模型中 3 类人群的比例 $s(t)$,$i(t)$ 和 $r(t)$.为简便起见以下均略去比例二字.

值得注意的是,(8)(9)式是非线性微分方程,虽然形式上看来都很简单,二者联立却没有解析解.不过可以根据微分方程对解的性质作如下定性分析:由方程(8)健康者 $s(t)$ 单调减少;由方程(10)移除者 $r(t)$ 单调增加;由方程(9),当 $\sigma s>1$ 时患者 $i(t)$ 增加,$\sigma s=1$ 时 $i(t)$ 达到最大,$\sigma s<1$ 时 $i(t)$ 减少.

为进一步分析 $s(t)$,$i(t)$,$r(t)$ 的变化规律,可计算微分方程的数值解.设定 2 个参数值如 $\lambda=1$,$\mu=0.5$,以及 2 个函数的初始值如 $s(0)=0.99$,$i(0)=0.01$,用 MATLAB 软件对方程(8)(9)和(6)编程计算,得到 $s(t)$,$i(t)$,$r(t)$ 的图形,见图 3.

图 3 中健康者 $s(t)$ 和移除者 $r(t)$ 的变化状态与上面的定性分析一致,需要注意的是它们分别趋向稳定值.感染数 σ 对患者 $i(t)$ 的变化规律具有重要影响,由设定的感染率 λ 和治愈率 μ 可得 $\sigma=\lambda/\mu=2$,表示一个感染期内平均 1 个患者有效接触且使健康者感染的人数为 2.在传染病初期 $s(t)$ 接近于 1,当 $s(t)$ 大于 0.5 即 $\sigma s>1$ 时 $i(t)$ 增加;当

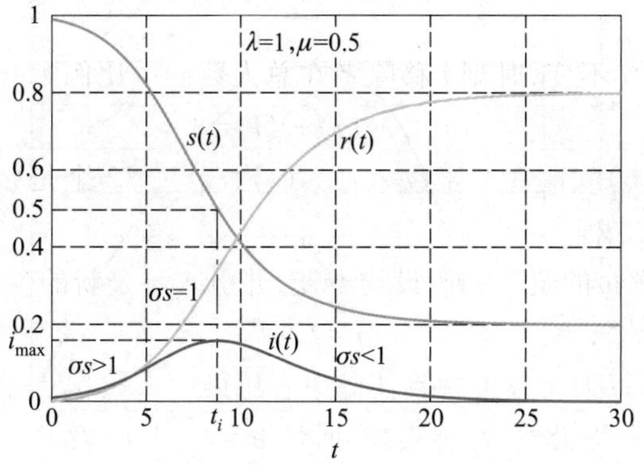

图 3 SIR 模型 $s(t),i(t),r(t)$ ($\lambda=1,\mu=0.5,s(0)=0.99,i(0)=0.01$)

$s(t)$下降至 0.5 即 $\sigma s=1$ 时 $i(t)$ 达到最大值 i_{max},其最大点为时刻 t_i;此后 $\sigma s<1$ 导致 $i(t)$ 减少且趋向于 0.i_{max} 与 t_i 可以衡量传染病传播的强度与速度,表示传染病高峰的到来.

感染率 λ 和治愈率 μ 是影响传播过程的重要参数.社会的卫生水平越高感染率 λ 越小,医疗水平越高治愈率 μ 越大,于是感染数 $\sigma(\sigma=\lambda/\mu)$ 越小,有助于控制传染病的传播.进而,一个感染期内平均 1 个患者有效接触、感染的健康者人数为 $\sigma s(t)$,称**有效再生数**,记作 R_t,可解释为 1 个患者平均感染 R_t 个健康者,是随着 $s(t)$ 的大小而变化的.在传染病初期并且完全开放的环境下,可以认为 $s\approx 1$,即有 $R_0\approx\sigma$,R_0 称**基本再生数**,常被简单地解释为 1 个患者平均感染 R_0 个健康者.

评注 SIR 模型假设治愈的患者全部免疫并永久成为移除者,实际上常是患者治愈后仍会失去免疫力,再度成为易感染者.这时可在方程(8)右端加一项 δr,方程(10)右端减去同一项,其中 δ 是移除者每天失去免疫力的比例.该模型称 SIRS 模型.

SIR 模型的相轨线分析 虽然非线性微分方程(8)(9)没有解析解,但由于方程右端不显含时刻 t,可以转化为一个只含变量 s,i 而不含 t 的微分方程,如果这个方程可以得到解析解,就能用来分析 s 与 i 之间的变化规律.让我们试试看.

在方程(8)(9)中消去 dt,并添加初值条件可得

$$\frac{\mathrm{d}i}{\mathrm{d}s}=\frac{1}{\sigma s}-1,\quad s(0)=s_0,\quad i(0)=i_0 \tag{11}$$

这是可分离变量方程,且只含 1 个参数 σ,容易求出其解析解为

$$i=\frac{1}{\sigma}\ln\frac{s}{s_0}-s+(s_0+i_0) \tag{12}$$

仍设定 $\sigma=2,s_0=0.99,i_0=0.01$,在 $s-i$ 平面(称相平面)上画出(12)式曲线 $i(s)$ 如图 4,称**相轨线**,表示 $s(t),i(t)$ 从 (s_0,i_0) 开始随着 t 的增加而变化的轨迹,图中箭头指示变化方向.相轨线 $i(s)$ 在相平面的定义域为 $s,i\geqslant 0,s+i\leqslant 1$.

与对方程(9)的分析一样,由方程(11)同样可知,给定 $\sigma(\sigma>1)$,在 $s(t)$ 从 $s_0(s_0\approx 1)$ 逐渐减少过程中 $\sigma s=1$ 是 $i(t)$ 由增变减的转折点.将 $s=1/\sigma$ 代入(12)式,得到 $i(t)$ 最大值 i_{max} 为

$$i_{max}=-\frac{1}{\sigma}(1+\ln\sigma s_0)+(s_0+i_0) \tag{13}$$

当 $s_0\approx 1,i_0\approx 0$ 时(13)式可简化为

$$i_{max}\approx 1-(1+\ln\sigma)/\sigma \tag{14}$$

以 $\sigma=2$ 代入(14)计算得 $i_{max}\approx 0.16$,与图 4、图 3 显示的相符.

记 $t\to\infty$ 时 $s\to s_\infty,i\to i_\infty,r\to r_\infty$,表示时间充分长即传染病结束时 $s(t),i(t),r(t)$ 的

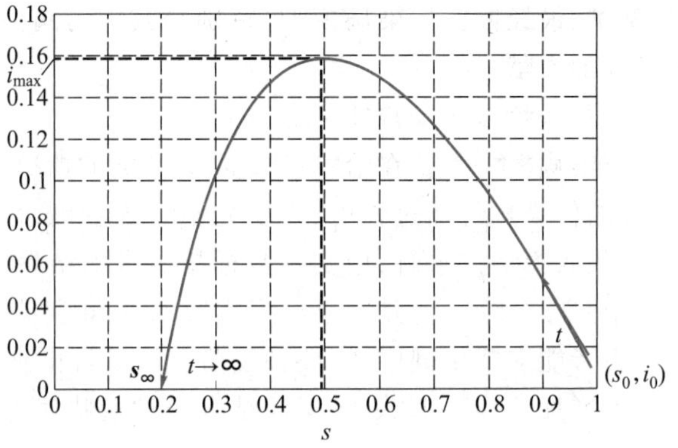

图 4 SIR 模型相轨线 $i(s)$ ($\sigma=2, s_0=0.99, i_0=0.01$)

稳定值.

首先注意到 $i_\infty=0$,否则由方程(10),$r(t)$将趋向无限.然后将 $i_\infty=0$ 代入(12)式可知 s_∞ 满足

$$\frac{1}{\sigma}\ln\frac{s_\infty}{s_0}-s_\infty+(s_0+i_0)=0 \tag{15}$$

当 $s_0\approx1, i_0\approx0$ 时(15)式可简化为

$$\sigma(1-s_\infty)+\ln s_\infty\approx0 \tag{16}$$

以 $\sigma=2$ 代入非线性方程(16)可解出 $s_\infty\approx0.2$,与图 4、图 3 显示的相符.最后,由基本关系(6)式及 $i_\infty=0$ 可得 $r_\infty=1-s_\infty\approx0.8$.

相轨线分析的数值结果具有重要的实际意义.

第一,$\sigma s=1$ 是传染病得以传播的**阈值**,只要 $\sigma s<1$ 患者 $i(t)$ 就将减少,得以控制传染病的传播.降低传播的门槛 σs 有两条途径,一条是降低感染率 λ,提高治愈率 μ,使感染数 σ ($=\lambda/\mu$)尽量小;另一条是减少健康者的初始值 s_0,由于患者的初始值 i_0 通常很小且不易控制,故需在传染病到来之前对足够大的健康者群体接种疫苗,提高移除者的初始值 r_0,从而减少 s_0($\approx1-r_0$),这种办法称为**群体免疫**.如果知道 σ 的估计值,可以计算至少多大比例的健康者接种疫苗,才能做到群体免疫(复习题 2).

第二,$i(t)$最大值 i_{max} 代表医疗资源的最大占有量,i_{max} 由(13)或(14)式计算,s_0 确定后由感染数 σ 决定.由(13)或(14)式可以分析,i_{max} 随着 σ 或 s_0 的增减而变化的情况(复习题 3).

第三,移除者 $r(t)$稳定值 r_∞ 代表传染病传播的最终累计患者数量,由于 $r_\infty=1-s_\infty$,由(15)或(16)式表述的 s_∞ 在 s_0 确定后由 σ 决定,也可分析 r_∞ 随着 σ 的变化情形(复习题 4).

i_{max} 反映了传染病传播的强度,r_∞ 反映了传染病传播的广度,是医疗机构和广大民众非常关注的两个指标.我们看到,在 s_0 确定后 i_{max},r_∞ 均由一个参数 σ 决定,在(5)式定义中 σ 是感染率 λ 与治愈率 μ 之比,所以当 λ 与 μ 一起改变而 σ 不变时,这两个重要指标不会改变.那么,λ 与 μ 各自对传染病传播有什么影响呢? 不妨再次通过对方程(8),(9)和(6)的数值解进行观察和分析.可以看到,虽然相轨线 $i(s)$ 由 σ 确定,但 $s(t)$,$i(t)$,$r(t)$ 的形态还是受到 λ,μ 的影响,如 $i(t)$ 达到最大值 i_{max} 的时刻 t_i 将发生变化(复习题 5).

SIR 模型是 1927 年苏格兰人 Kermack 与 McKendrick 在研究流行于伦敦的黑死病

评注 SI,SIS,SIR 3 个模型体现了建模过程的不断深化.SI 简明地描述了传染病的传播现象,但不符合实际;SIS 和 SIR 针对治愈后无免疫与有免疫两种情况,描述了传染病传播过程,得到各人群数量的变化规律.SIR 模型是研究更复杂、更实用的传染病模型的基础.

时提出的，被视为最基本、最经典的传染病模型，特别是其中的阈值理论为传染病动力学的研究做出了奠基性的贡献.

传染病模型在新型冠状病毒感染传播中的应用

上面介绍的基本传染病模型都是在给定参数 λ,μ 或 σ 的情况下，进行理论分析和数值计算的，而在实际的传染病传播过程中，需要先根据患者确诊、治愈的数据估计出这些参数，然后将参数代入模型并求解，用实际数据检验求解结果，验证通过才能利用模型预测疫情的发展.此外，人群的划分也要根据实际情况和掌握的数据确定，例如无症状感染者或潜伏期患者能够感染健康者，接种疫苗者可以防止或减少感染，如果有实际数据就可以在模型中增加这样一些人群.下面结合新型冠状病毒感染疫情的传播讨论传染病模型的应用.

模型的参数估计和验证

2020 年初新型冠状病毒感染迅速在我国各地传播，表 1 是 2020 年 1 月 23 日至 2020 年 4 月 14 日共 83 天的全国疫情统计数据[①]，以 1 月 23 日为 $t=1$，给出了每天确诊、治愈和死亡的累计病例数，分别记作 $x_1(t),x_2(t),x_3(t)$，全部数据见数据文件 5-1（全国数据）.如果借助基本的 SIR 模型来研究新型冠状病毒感染患者数量的变化过程，怎样从 $x_1(t),x_2(t),x_3(t)$ 得到 SIR 模型的 3 个人群：健康者 $s(t)$，患者 $i(t)$ 和移除者 $r(t)$？怎样依此估计模型参数并加以验证呢？

数据文件 5-1
新型冠状病毒感染统计数据

表 1　2020 年 1 月 23 日至 2020 年 4 月 14 日全国新型冠状病毒感染统计数据

日期	t	累计确诊病例 $x_1(t)$	累计治愈病例 $x_2(t)$	累计死亡病例 $x_3(t)$
1 月 23 日	1	830	34	25
1 月 24 日	2	1 287	38	41
1 月 25 日	3	1 975	49	56
⋮	⋮	⋮	⋮	⋮
4 月 13 日	82	82 249	77 738	3 341
4 月 14 日	83	82 295	77 816	3 342

表 1 没有健康者的数据，显然是因为健康者远远多于确诊、治愈和死亡病例，可将 SIR 模型的 $s(t)$ 视为常数，不再考虑.SIR 模型第 t 天移除者人数应为第 t 天累计治愈病例与累计死亡病例之和，即 $r(t)=x_2(t)+x_3(t)$，而第 t 天患者数应从第 t 天累计确诊病例减去移除者构成，即 $i(t)=x_1(t)-r(t)$.这里我们直接用各个人群的数量代替基本 SIR 模型中的人数比例.

将表 1 数据经过这样处理得到的 $r(t),i(t)$ 作散点图，如图 5[②]，可见 $r(t),i(t)$ 的变化趋势与 SIR 模型大致相符.

基本 SIR 模型中感染率 λ 和治愈率 μ 是常数，而在实际的疫情传播过程中，随着严格隔离措施的实施使得 λ 由大变小，后期趋向稳定，医疗条件的逐步改进又使得 μ 由小变大并趋向稳定，所以应将 λ 和 μ 视为 t 的函数，记作 $\lambda(t)$ 和 $\mu(t)$.由于移除者是治愈

① 数据来自国家卫生健康委员会官方网站，因 2020 年 1 月 20—23 日数据不全，故删去.

② 图 5 中患者数 $i(t)$ 在 $t=20$ 至 $t=21$（即 2020 年 2 月 11—12 日）发生突变，当时公布方称是由于统计方法修改造成的.

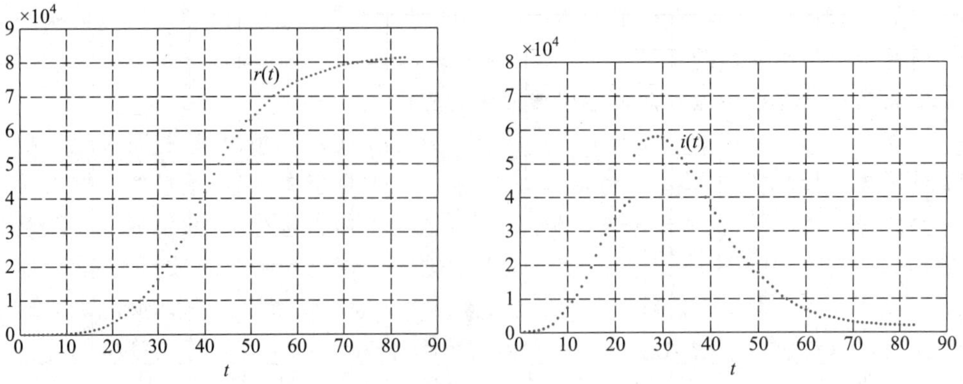

图 5 由表 1 数据得到的移除者 $r(t)$ 和患者 $i(t)$ 散点图

和死亡病例之和，$\mu(t)$ 应视为移除率，且治愈病例远多于死亡，$\mu(t)$ 仍呈现由小到大并趋稳的变化.

基于上述分析可将 SIR 模型的(9)(10)改写为以下方程

$$\frac{\mathrm{d}i}{\mathrm{d}t}=\lambda(t)i-\mu(t)i,\quad \frac{\mathrm{d}r}{\mathrm{d}t}=\mu(t)i \tag{17}$$

为了利用上面得到的移除者和患者数量 $r(t),i(t)$ 估计(17)式的 $\lambda(t),\mu(t)$，以 $r(t),i(t)$ 的差分代替微分，即 $\Delta r(t)=r(t+1)-r(t),\Delta i(t)=i(t+1)-i(t)$，这里 $\Delta t=1$. 由(17)式可得

$$\mu(t)\approx\frac{\Delta r(t)}{i(t)},\quad \lambda(t)\approx\frac{\Delta r(t)+\Delta i(t)}{i(t)} \tag{18}$$

按照(18)式算出的 $\lambda(t),\mu(t)$ 是由表 1 数据得到的感染率和移除率，其散点图如图 6，其变化规律与上面的分析大致相同，只是疫情传播初期和后期的波动较大，大概是因传播初期和后期患者数量很少，致使(18)式的分母 $i(t)$ 过小造成的.

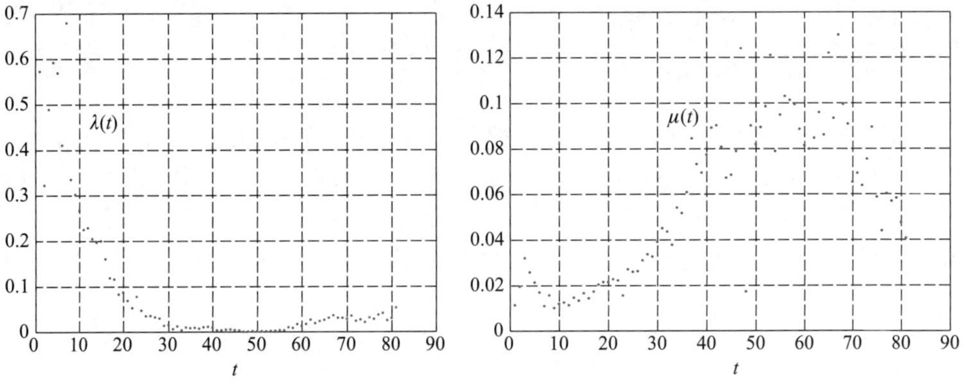

图 6 由表 1 数据得到的感染率 $\lambda(t)$ 和移除率 $\mu(t)$ 散点图

从图 6 观察，对于 $\lambda(t)$ 在疫情传播前半期可用负指数函数估计，后半期用常数估计，记作 $\hat{\lambda}(t)$，对于 $\mu(t)$ 前半期用指数函数、后半期用常数估计，记作 $\hat{\mu}(t)$，经编程计算得到下式，作图如图 7.

$$\hat{\lambda}(t)=\begin{cases}0.984\,1\mathrm{e}^{-0.156\,8t}, & 0<t\leqslant 25\\ 0.016\,7, & 25<t\leqslant 82\end{cases} \tag{19}$$

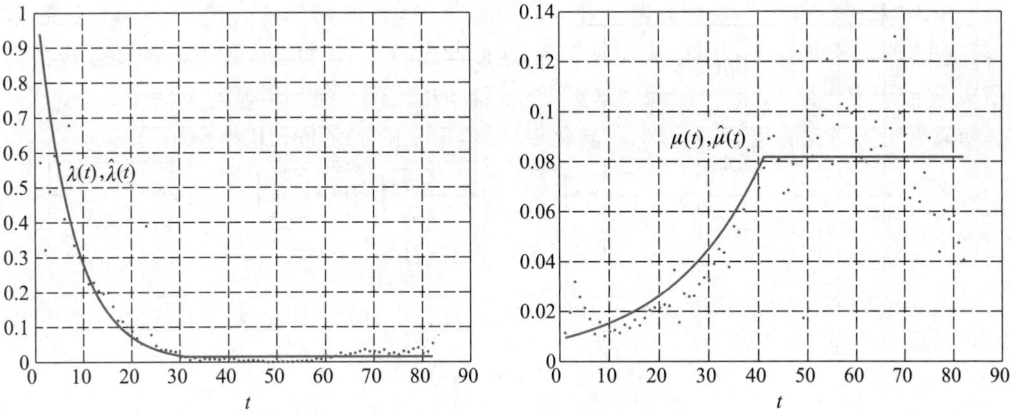

图 7 由 $\lambda(t),\mu(t)$ 估计得到的 $\hat{\lambda}(t),\hat{\mu}(t)$

$$\hat{\mu}(t)=\begin{cases}0.0092\mathrm{e}^{0.0559t}, & 0<t\leqslant 40\\ 0.0912, & 40<t\leqslant 82\end{cases}\tag{20}$$

将微分方程(17)化为差分方程并用(19)(20)的 $\hat{\lambda}(t),\hat{\mu}(t)$ 替代 $\lambda(t),\mu(t)$,得到 $i(t)$ 估计值的递推关系(从 $\hat{i}(1)=i(1)$ 开始)

$$\hat{i}(t+1)=[1+\hat{\lambda}(t)-\hat{\mu}(t)]\hat{i}(t)\tag{21}$$

作为模型验证,将原始数据 $i(t)$ 与模型估计 $\hat{i}(t)$ 一起显示在图 8 中.请读者分析估计值与原始值出现差别的原因,并提出改进方法.

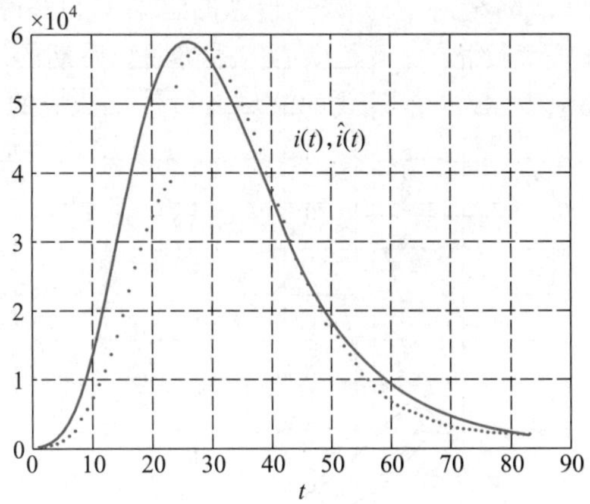

图 8 将原始数据 $i(t)$ 与模型估计 $\hat{i}(t)$

SIR 模型的拓展

基本 SIR 模型只包含易感染者(健康者)、已感染者(患者)及移除者(治愈和死亡)3 个人群,由患者直接感染健康者造成传染病的传播.在这个基本模型问世后的百年以来,全球各地出现了多次传染病的大流行.随着卫生医疗条件的提高及社会知识水平的进步,人们认识到,健康者被感染后首先进入无症状的病毒潜伏期,处于潜伏期的人群称为**暴露者**(exposed),记为 $e(t)$.潜伏期后免疫力不足以抵抗病毒的暴露者将转化为有症状的患者.将暴露者 E 加入 SIR 模型,构成 SEIR 模型.

评注 通常建模过程是按照问题分析、模型假设、建立、求解、结果分析和检验等步骤进行的,称为"正问题".模型应用常常研究的是"反问题",即先由实际数据和经验知识估计模型参数,再求解,然后用数据验证结果,验证通过后方可将模型用于对实际过程的预测.

SEIR 模型 在 SIR 模型的健康者 $s(t)$ 和患者 $i(t)$ 之间增加暴露者 $e(t)$，并假设暴露者和患者都可能将健康者感染成为暴露者，这样构成的 SEIR 模型人群之间的动态转移由图 9 所示.图中参数 λ_1,λ_2 分别表示暴露者和患者的感染率（与 SIR 模型 λ 的定义相同），ρ 是暴露者每天转化为患者的比例，称**转化率**，治愈率 μ 的定义与 SIR 模型相同.

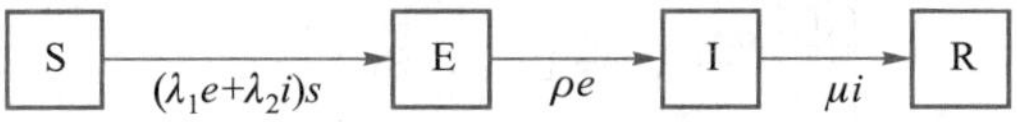

图 9 SEIR 模型结构图

由模型结构图不难写出各个人群满足的微分方程，对应图 9 的方程为

$$\begin{cases}\dfrac{\mathrm{d}s}{\mathrm{d}t}=-(\lambda_1 e+\lambda_2 i)s\\ \dfrac{\mathrm{d}e}{\mathrm{d}t}=(\lambda_1 e+\lambda_2 i)s-\rho e\\ \dfrac{\mathrm{d}i}{\mathrm{d}t}=\rho e-\mu i\\ \dfrac{\mathrm{d}r}{\mathrm{d}t}=\mu i\end{cases} \tag{22}$$

自然地有

$$s(t)+e(t)+i(t)+r(t)=1 \tag{23}$$

设定参数 $\lambda_1=1,\lambda_2=1,\rho=0.8,\mu=0.5$ 及初值条件 $s_0=0.99,e_0=0.01$，用 MATLAB 软件对方程(22)(23)的任意 4 个式子编程计算，得到 $s(t),e(t),i(t),r(t)$ 的数值解，其图形如图 10，显示 $e(t)$ 与 $i(t)$ 的形态相似，且与 SIR 模型的图 3 对比可知，$s(t)$，$i(t)$，$r(t)$ 的变化形态是一致的.

评注 由方程(22)(23)构成的 SEIR 模型难以作出 SIR 模型那样简明的相轨线，但是从方程分析及数值解图形可以得到：$t\to\infty$ 时 $e\to 0,i\to 0,s\to s_\infty$，$r\to r_\infty$；$e,i$ 有最大值 $e_{\max},i_{\max}$，对于研究、评估传染病的传播过程具有重要意义（复习题 6）.

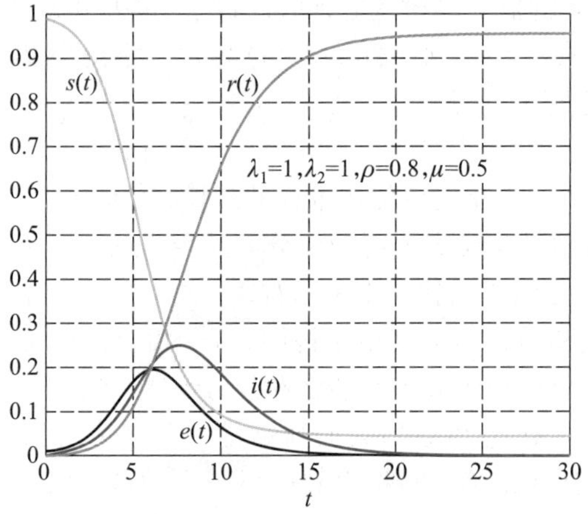

图 10 SEIR 模型 $s(t),e(t),i(t),r(t)$ $(\lambda_1=1,\lambda_2=1,\rho=0.8,\mu=0.5,\ s_0=0.99,e_0=0.01)$

在 SIR 模型的讨论中曾经提到，控制传染病传播的一条途径是，预先对足够大的健康者群体接种疫苗，实现群体免疫.若假设接种疫苗后成为不被感染的移除者，那么 SIR 模型的结构没有改变.但是，像新型冠状病毒感染这样的传染病来势凶猛，疫苗在疫情蔓延很长时间以后才问世，接种疫苗是随着传染病传播逐渐展开的，接种后可降低感染的风险，但不能保证一定不会感染，所以应将**疫苗接种者**（vaccinated）作为一个新的人群，记作 $v(t)$，加入 SEIR 构成 SVEIR 模型.

SVEIR 模型

假设健康者人群每天的疫苗接种率为常数 β,接种疫苗者被感染的风险降低到未接种疫苗的 η 倍($\eta<1$),可将 SEIR 的图 9 增补为 SVEIR 模型结构图,如图 11,由此写出 5 个人群 $s(t)$,$v(t)$,$e(t)$,$i(t)$,$r(t)$满足的方程为

$$\begin{cases}\dfrac{\mathrm{d}s}{\mathrm{d}t}=-(\lambda_1e+\lambda_2i)s-\beta s\\ \dfrac{\mathrm{d}v}{\mathrm{d}t}=\beta s-\eta(\lambda_1e+\lambda_2i)v\\ \dfrac{\mathrm{d}e}{\mathrm{d}t}=(\lambda_1e+\lambda_2i)(s+\eta v)-\rho e\\ \dfrac{\mathrm{d}i}{\mathrm{d}t}=\rho e-\mu i\\ \dfrac{\mathrm{d}r}{\mathrm{d}t}=\mu i\\ s(t)+v(t)+e(t)+i(t)+r(t)=1\end{cases}\tag{24}$$

评注 本节介绍的 SIR, SEIR, SVEIR, SVEIRD 模型都是封闭系统,未考虑各人群与系统外部的交换,如迁入、迁出及生育等,于是各人群数量之和为常数,各个微分方程右端之和应为零,可作为检查模型正确的必要条件.与系统外部有交换时,去掉交换项后方程右端之和仍应为零.

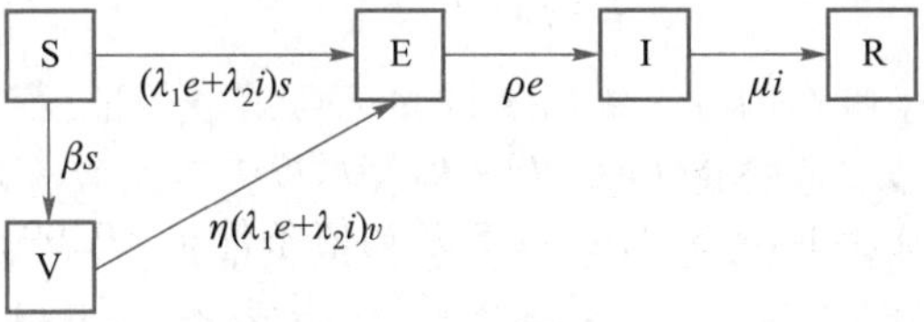

图 11 SVEIR 模型结构图

如果因病死亡的人群需要单独考虑,则应将移除者拆分为康复和死亡两个人群,康复者与康复率仍记作 $r(t)$ 与 μ,死亡者(death)与死亡率记作 $d(t)$ 与 γ,这样的模型称为 SVEIRD 模型(复习题 8).

基于疫情数据的建模步骤

将传染病模型应用于实际疫情传播过程的建模,大致有以下几个步骤:

- 基于掌握的疫情数据确定人群的划分.人群划分越细,模型看起来更精密,但必然要引入更多的参数,会给参数估计带来困难.
- 根据人群构成和转移画出模型结构图,写出相应的微分方程,明确各参数的实际意义.对于封闭系统应检查各方程右端之和是否为零,各方程左、右端量纲是否一致.
- 对疫情数据作预处理.由原始数据画出模型各个人群数量的点状图(通常以天为横坐标),特别注意如何由确诊病例得到已感染者.如果点状图显示原始数据波动太大,可以作数据平滑处理.
- 对模型参数进行估计,主要是各个人群之间的转移率,如感染率、移除率等.如果由数据算出的参数明显地随时间变化,可以选择合适的函数来拟合.如果数据短缺或不能满足要求,可以借助先验知识或者经验估计.
- 将参数代入模型求解得到各人群数量的估计值,并根据原始数据检验模型结果.如果不满意,一般要从数据处理、参数估计等方面给以修正.对于满意的模型,可以尝试用于预测疫情的发展.

复习题

1. 对于以下参数和初始值画出 SIR 模型的相轨线 $i(s)$，与图 4 的 i_{max}，s_{∞} 进行比较并作解释：(1) $\sigma=2, s_0=0.7, i_0=0.3$；(2) $\sigma=1, s_0=0.99, i_0=0.01$.

2. 如果估计 $\sigma=5$，需要至少多大比例的健康者接种疫苗，才能做到群体免疫？

3. 对以下情况分析并解释 i_{max} 的变化：(1) s_0, i_0 固定，σ 变大；(2) σ, i_0 固定，s_0 变小.

4. 对以下情况分析并解释 r_{∞} 的变化：(1) s_0, i_0 固定，σ 变大；(2) σ, i_0 固定，s_0 变小.

5. 设 $\lambda=2, \mu=1, s_0=0.99, i_0=0.01$，计算 SIR 模型的数值解，画出 $s(t), i(t), r(t)$ 的图形，与图 3 比较（$\sigma=2$ 不变）找出不同点，并作解释.

6. 对 SEIR 模型设置不同的参数和初始值，计算 $s(t), e(t), i(t), r(t)$ 数值解并作图，观察、分析模型参数对结果（特别是 $e_{max}, i_{max}, t_e, t_i, r_{\infty}$，其中 t_e, t_i 分别是 $e=e_{max}, i=i_{max}$ 的时刻）的影响.

7. 作 SVEIRD 模型结构图，并写出 $s(t), v(t), e(t), i(t), r(t), d(t)$ 满足的方程.

5.5 香烟过滤嘴的作用

尽管科学家们对于吸烟的危害提出了许多无可辩驳的证据，不少国家的政府和有关部门也一直致力于减少或禁止吸烟，但是仍有不少人不愿放弃对香烟的嗜好.香烟制造商既要满足瘾君子的需要，又要顺应减少吸烟危害的潮流，还要获取丰厚的利润，于是普遍地在香烟上安装了过滤嘴.过滤嘴的作用到底有多大，与使用的材料和过滤嘴的长度有什么关系？要从定量的角度回答这些问题，就要建立一个描述吸烟过程的数学模型，分析人体吸入的毒物数量与哪些因素有关，以及它们之间的数量表达式[43].

案例精讲 5-1
香烟过滤嘴的作用

吸烟时毒物吸入人体的过程大致是这样的：毒物基本上均匀地分布在烟草中，吸烟时点燃处的烟草大部分化为烟雾，毒物由烟雾携带着一部分直接进入空气，另一部分沿香烟穿行.在穿行过程中又部分地被未点燃的烟草和过滤嘴吸收而沉积下来，剩下的进入人体.被烟草吸收而沉积下来的那一部分毒物，当香烟燃烧到那里的时候又通过烟雾部分进入空气，部分沿香烟穿行，这个过程一直继续到香烟燃烧至过滤嘴处为止.于是我们看到，原来分布在烟草中的毒物除了进入空气和被过滤嘴吸收的一部分外，剩下的全都被人体吸入.

实际的吸烟过程非常复杂并且因人而异.点燃处毒物随烟雾进入空气和沿香烟穿行的数量比例，与吸烟的方式、环境等多种因素有关；烟雾穿过香烟的速度随着吸烟动作的变化而不断地改变；过滤嘴和烟草对毒物的吸收作用也会随烟雾穿行速度等因素的影响而有所变化.如果要考虑类似于上面这些复杂情况，将使我们寸步难行.为了能建立一个初步的模型，可以设想一个机器人在典型的环境下吸烟，它吸烟的动作、方式及外部环境在整个过程中不变，于是可以认为毒物随烟雾进入空气和沿香烟穿行的数量比例、烟雾穿行的速度、过滤嘴和烟草对毒物的吸收率等在吸烟过程中都是常数.

模型假设 基于上述分析，这个模型的假设条件如下：

1. 烟草和过滤嘴的长度分别是 l_1 和 l_2，香烟总长 $l=l_1+l_2$，毒物 M（单位：mg）均匀分布在烟草中，密度为 $w_0=M/l_1$.

2. 点燃处毒物随烟雾进入空气和沿香烟穿行的数量比例是 $a':a$，$a'+a=1$.

3. 未点燃的烟草对随烟雾穿行的毒物吸收的比例，与烟雾穿行距离成正比，与穿行速度成反比,比例系数(称为吸收率)为 b,过滤嘴的吸收率为 β.

4. 烟雾沿香烟穿行的速度是常数 v,香烟燃烧速度是常数 u,且 $v \gg u$.

将一支烟吸完后毒物进入人体的总量(不考虑从空气的烟雾中吸入的)记作 Q,在建立模型以得到 Q 的数量表达式之前,让我们先根据常识分析一下 Q 应与哪些因素有关,采取什么办法可以降低 Q.

首先,提高过滤嘴吸收率 β、增加过滤嘴长度 l_2、减少烟草中毒物的初始含量 M,显然可以降低吸入毒物量 Q.其次,当毒物随烟雾沿香烟穿行的比例 a 和烟雾速度 v 减小时,预料 Q 也会降低.至于在假设条件中涉及的其他因素,如烟草对毒物的吸收率 b、烟草长度 l_1、香烟燃烧速度 u 对 Q 的影响就不容易估计了.

下面通过建模对这些定性分析和提出的问题做出定量的验证和回答.

模型建立 设 $t=0$ 时在 $x=0$ 处点燃香烟,坐标系如图 1 所示.吸入毒物量 Q 由毒物穿过香烟的流量确定,后者又与毒物在烟草中的密度有关,为研究这些关系,定义两个基本函数:

毒物流量 $q(x,t)$ 表示时刻 t 单位时间内通过香烟截面 x 处($0 \leqslant x \leqslant l$)的毒物量;

毒物密度 $w(x,t)$ 表示时刻 t 截面 x 处单位长度烟草中的毒物含量($0 \leqslant x \leqslant l_1$).由假设 1,$w(x,0)=w_0$.

如果知道了流量函数 $q(x,t)$,吸入毒物量 Q 就是 $x=l$ 处的流量在吸一支烟时间内的总和.注意到关于烟草长度和香烟燃烧速度的假设,我们得到

$$Q=\int_0^T q(l,t)\,\mathrm{d}t,\quad T=l_1/u \tag{1}$$

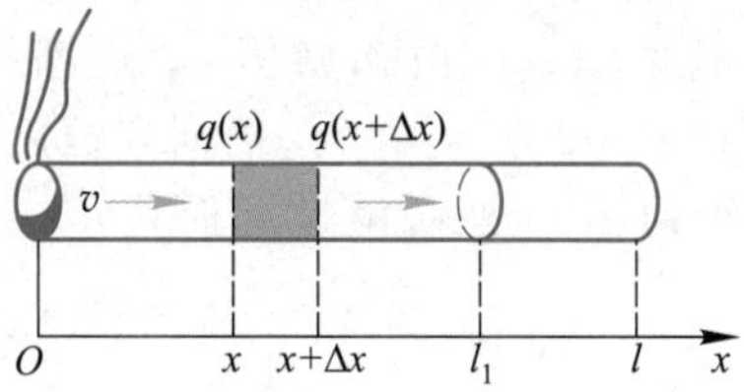

图 1 $x=0$ 处点燃的香烟

下面分 4 步计算 Q.

1. 求 $t=0$ 瞬间由烟雾携带的毒物单位时间内通过 x 处的数量 $q(x,0)$.由假设 4 中关于 $v \gg u$ 的假定,可以认为香烟点燃处 $x=0$ 静止不动.

为简单起见,记 $q(x,0)=q(x)$,考察 $(x,x+\Delta x)$ 一段香烟(图 1),毒物通过 x 和 $x+\Delta x$ 处的流量分别是 $q(x)$ 和 $q(x+\Delta x)$,根据守恒定律,这两个流量之差应该等于这一段未点燃的烟草或过滤嘴对毒物的吸收量,于是由假设 3 和 4 有

$$q(x)-q(x+\Delta x)=\begin{cases} bq(x)\dfrac{\Delta x}{v}, & 0 \leqslant x \leqslant l_1 \\ \beta q(x)\dfrac{\Delta x}{v}, & l_1<x \leqslant l \end{cases}$$

令 $\Delta x \to 0$,得到微分方程

$$\frac{\mathrm{d}q}{\mathrm{d}x}=\begin{cases} -\dfrac{b}{v}q(x), & 0 \leqslant x \leqslant l_1 \\ -\dfrac{\beta}{v}q(x), & l_1<x \leqslant l \end{cases} \tag{2}$$

在 $x=0$ 处点燃的烟草单位时间内放出的毒物量记作 H_0,根据假设 1,2,4 可以写出方程(2)的初值条件为

$$q(0)=aH_0,\quad H_0=uw_0 \tag{3}$$

求解(2)(3)式时,先解出 $q(x)$($0 \leqslant x \leqslant l_1$),再利用 $q(x)$ 在 $x=l_1$ 处的连续性确定 $q(x)$($l_1 \leqslant x \leqslant l$).其结果为

$$q(x)=\begin{cases}aH_0\mathrm{e}^{-\frac{bx}{v}}, & 0\leqslant x\leqslant l_1\\ aH_0\mathrm{e}^{-\frac{bl_1}{v}}\mathrm{e}^{-\frac{\beta(x-l_1)}{v}}, & l_1<x\leqslant l\end{cases} \tag{4}$$

2. 在香烟燃烧过程的任意时刻 t,求毒物单位时间内通过 $x=l$ 的数量 $q(l,t)$.

因为在时刻 t 香烟燃至 $x=ut$ 处,记此时点燃的烟草单位时间放出的毒物量为 $H(t)$,则

$$H(t)=uw(ut,t) \tag{5}$$

根据与第1步完全相同的分析和计算,可得

$$q(x,t)=\begin{cases}aH(t)\mathrm{e}^{-\frac{b(x-ut)}{v}}, & ut\leqslant x\leqslant l_1\\ aH(t)\mathrm{e}^{-\frac{b(l_1-ut)}{v}}\mathrm{e}^{-\frac{\beta(x-l_1)}{v}}, & l_1<x\leqslant l\end{cases} \tag{6}$$

实际上,在(4)式中将坐标原点平移至 $x=ut$ 处即可得到(6)式.由(5)(6)式能够直接写出

$$q(l,t)=auw(ut,t)\mathrm{e}^{-\frac{b(l_1-ut)}{v}}\mathrm{e}^{-\frac{\beta l_2}{v}} \tag{7}$$

3. 确定 $w(ut,t)$.

因为在吸烟过程中未点燃的烟草不断地吸收烟雾中的毒物,所以毒物在烟草中的密度 $w(x,t)$ 由初始值 w_0 逐渐增加.考察烟草截面 x 处 Δt 时间内毒物密度的增量 $w(x,t+\Delta t)-w(x,t)$,根据守恒定律它应该等于 x 处单位长度烟草在 Δt 时间内吸收的毒物量,按照假设3,4,有

$$w(x,t+\Delta t)-w(x,t)=b\frac{q(x,t)}{v}\Delta t$$

令 $\Delta t\to 0$,并将(5)(6)式代入得

$$\begin{cases}\dfrac{\partial w}{\partial t}=\dfrac{abu}{v}w(ut,t)\mathrm{e}^{-\frac{b(x-ut)}{v}}\\ w(x,0)=w_0\end{cases} \tag{8}$$

方程(8)的解为(推导见[42]).

$$\begin{cases}w(x,t)=w_0\left[1+\dfrac{a}{a'}\mathrm{e}^{-\frac{bx}{v}}\left(\mathrm{e}^{\frac{but}{v}}-\mathrm{e}^{\frac{abut}{v}}\right)\right]\\ w(ut,t)=\dfrac{w_0}{a'}\left(1-a\mathrm{e}^{-\frac{a'but}{v}}\right)\end{cases} \tag{9}$$

其中 $a'=1-a$(假设3).

4. 计算 Q.

将(9)代入(7)式,得

$$q(l,t)=\frac{auw_0}{a'}\mathrm{e}^{-\frac{bl_1}{v}}\mathrm{e}^{-\frac{\beta l_2}{v}}\left(\mathrm{e}^{\frac{but}{v}}-a\mathrm{e}^{\frac{abut}{v}}\right) \tag{10}$$

最后将(10)代入(1)式,作积分得到

$$Q=\int_0^{l_1/u}q(l,t)\,\mathrm{d}t=\frac{aw_0v}{a'b}\mathrm{e}^{-\frac{\beta l_2}{v}}\left(1-\mathrm{e}^{-\frac{a'bl_1}{v}}\right) \tag{11}$$

为便于下面的分析,将上式化作

$$Q=aM\mathrm{e}^{-\frac{\beta l_2}{v}}\cdot\frac{1-\mathrm{e}^{-\frac{a'bl_1}{v}}}{\dfrac{a'bl_1}{v}} \tag{12}$$

记

$$r=\frac{a'bl_1}{v},\quad \varphi(r)=\frac{1-e^{-r}}{r} \tag{13}$$

则(12)式可写作

$$Q=aMe^{-\frac{\beta l_2}{v}}\varphi(r) \tag{14}$$

(13)(14)式是我们得到的最终结果,表示了吸入毒物量 Q 与 a,M,β,l_2,v,b,l_1 等诸因素之间的数量关系.

结果分析

1. Q 与烟草含毒物量 M、毒物随烟雾沿香烟穿行比例 a 成正比[①].设想将毒物 M 集中在 $x=l$ 处,则吸入量为 aM.

2. 因子 $e^{-\frac{\beta l_2}{v}}$ 体现了过滤嘴减少毒物进入人体的作用,提高过滤嘴吸收率 β 和增加长度 l_2 能够对 Q 起到负指数衰减的效果,并且 β 和 l_2 在数量上增加一定比例时起的作用相同.降低烟雾穿行速度 v 也可减少 Q.设想将毒物 M 集中在 $x=l_1$ 处,利用上述建模方法不难证明,吸入毒物量为 $aMe^{-\frac{\beta l_2}{v}}$.

3. 因子 $\varphi(r)$ 表示的是由于未点燃烟草对毒物的吸收而起到的减少 Q 的作用.虽然被吸收的毒物还要被点燃,随烟雾沿香烟穿行而部分地进入人体,但是因为烟草中毒物密度 $w(x,t)$ 越来越高,所以按照固定比例跑到空气中的毒物增多,相应地减少了进入人体的毒物量.

根据实际资料 $r=\frac{a'bl_1}{v}\ll 1$,在(13)式 $\varphi(r)$ 中的 e^{-r} 取 Taylor 展开的前 3 项可得 $\varphi(r)\approx 1-r/2$,于是(14)式为

$$Q\approx aMe^{-\frac{\beta l_2}{v}}\left(1-\frac{a'bl_1}{2v}\right) \tag{15}$$

可知,提高烟草吸收率 b 和增加长度 l_1(毒物量 M 不变)对减少 Q 的作用是线性的,与 β 和 l_2 的负指数衰减作用相比,效果要小得多.

4. 为了更清楚地了解过滤嘴的作用,不妨比较两支香烟,一支是上述模型讨论的,另一支长度为 l,不带过滤嘴,参数 w_0,b,a,v 与第一支相同,并且吸到 $x=l_1$ 处就扔掉.

吸第一支和第二支烟进入人体的毒物量分别记作 Q_1 和 Q_2,Q_1 当然可由(11)式给出,Q_2 也不必重新计算,只需把第二支烟设想成吸收率为 b(与烟草相同)的假过滤嘴香烟就行了,这样由(11)式可以直接写出

$$Q_2=\frac{aw_0v}{a'b}e^{-\frac{bl_2}{v}}\left(1-e^{-\frac{a'bl_1}{v}}\right) \tag{16}$$

与(11)式给出的 Q_1 相比,我们得到

$$\frac{Q_1}{Q_2}=e^{-\frac{(\beta-b)l_2}{v}} \tag{17}$$

所以只要 $\beta>b$,就有 $Q_1<Q_2$,过滤嘴是起作用的.并且,提高吸收率之差 $\beta-b$ 与加长过滤嘴长度 l_2,对于降低比例 Q_1/Q_2 的效果相同.不过提高 β 需要研制新材料,将更困难一些.

评注 面对一个看来不易下手的实际问题,在基本合理的简化假设下,引入毒物流量及密度函数,运用物理学的守恒定律建立微分方程,构造出动态模型,并对结果进行详细分析,整个过程可以说是数学建模的一个范例.

---

① 这里忽略 $\varphi(r)$ 中的 $a'(=1-a)$,因为 $\varphi(r)$ 起的作用较小,见结果分析 3.

复习题

在香烟过滤嘴模型中,

(1) 设 $M=800\ \mathrm{mg}, l_1=80\ \mathrm{mm}, l_2=20\ \mathrm{mm}, b=0.02\ \mathrm{s}^{-1}, \beta=0.08\ \mathrm{s}^{-1}, v=50\ \mathrm{mm/s}, a=0.3$,求 Q 和 Q_1/Q_2.

(2) 若有一支不带过滤嘴的香烟,参数同上.比较全部吸完和只吸到 l_1 处的情况下,进入人体毒物量的区别.

5.6 火箭发射升空

“10, 9, 8, …, 3, 2, 1, 点火”,随着指令员的口令,巨大火箭的尾端喷出炽烈的火焰,在震天动地的轰鸣声中,搭载着宇宙飞船拔地而起,冉冉上升.“助推器分离”“一二级分离”“船箭分离”,随着第一级火箭关机、分离,第二级、第三级火箭点火、关机、分离等步骤,火箭不断加速飞行,达到预定的高度和速度,将飞船送上地球引力作用下的惯性运行轨道,运载火箭完成了它的使命.一次次在屏幕上目睹这绚丽、壮观的情景,我们注意到火箭是垂直地面发射的,这样才能以很短的距离穿越稠密的大气层,尽量减少空气的阻力;三级火箭接力棒式地助推,把燃料耗尽的火箭结构残骸一一丢弃,以便在产生巨大推力的同时,减轻火箭本身的质量,得到尽可能大的有效载荷.本节建立的是单级小型火箭发射、上升过程的数学模型,并由此讨论提高火箭上升高度的办法[76].

单级小型火箭的发射

考察火箭垂直于地面发射、上升的过程:火箭垂直向上发射后,燃料以一定的速率燃烧,火焰向后喷射,对火箭产生向前的推力,在克服地球引力和空气阻力的同时,推动火箭加速飞行.燃料燃尽后火箭依靠获得的速度继续上升,但在引力和阻力的作用下速度逐渐减小,直到速度等于零,火箭达到最高点.建立数学模型研究火箭上升高度、速度和加速度的变化规律以及与火箭质量、燃料推力等因素的关系.

显然,这个虚拟的场景只是实际发射火箭最初的一个阶段,若不施加其他手段,火箭将从最高点自由下落.

火箭发射、上升过程所遵循的基本规律是牛顿第二定律,火箭在运动中受到燃料燃烧的推力、地球引力和空气阻力的联合作用,其中推力与引力的作用是明确和易于处理的,空气阻力随着火箭速度的增加而变大,但二者之间的数量关系则不易确定.下面先不考虑空气阻力,建立相对简单的模型,再通过简化、合理的假定将阻力引入模型.

不考虑空气阻力的简单模型

问题与假设 设小型火箭初始质量为 $m_0=1\ 600\ \mathrm{kg}$,其中包括 $m_1=1\ 080\ \mathrm{kg}$ 燃料.火箭从地面垂直向上发射时,燃料以 $r=18\ \mathrm{kg/s}$ 的速率燃烧,对火箭产生 $F=27\ 000\ \mathrm{N}$ 的恒定推力.燃料燃尽后火箭继续上升,直到达到最高点.因为火箭上升高度与地球半径相比很小,所以可认为整个过程中受到的地球引力不变,重力加速度取 $g=9.8\ \mathrm{m/s^2}$.建立火箭上升高度、速度和加速度随时间变化的数学模型,给出燃料燃尽时火箭的高度、速度和加速度以及火箭到达最高点的时间和高度.

模型建立 设火箭 $t=0$ 时从地面 $x=0$ 向上发射,火箭高度为 $x(t)$, 速度为 $\dot{x}(t)$, 加速度为$\ddot{x}(t)$.火箭的质量记为 $m(t)$, 随燃料燃烧而减少,有 $m(t)=m_0-rt$.燃料燃尽的

时间记为 t_1，显然 $t_1=\frac{m_1}{r}=60$ s，t_1 以后火箭质量保持为 $m_0-m_1=520$ kg.火箭到达最高点的时间记为 t_2，t_2 由 $v(t_2)=0$ 确定.

火箭从 $x=0$ 处零初速地发射，上升过程中燃料燃烧阶段受到推力 F 和重力 $m(t)g$ 的作用，按照 Newton 第二定律可以写出

$$(m_0-rt)\ddot{x}=F-(m_0-rt)g,0\leqslant t\leqslant t_1,t_1=\frac{m_1}{r},\quad x(0)=\dot{x}(0)=0 \tag{1}$$

燃料燃尽后火箭只受重力作用，于是

$$(m_0-m_1)\ddot{x}=-(m_0-m_1)g,\quad t_1<t\leqslant t_2 \tag{2}$$

方程(2)的初值条件由(1)的结果 $x(t_1)$，$\dot{x}(t_1)$ 给出.

模型求解 (1)式虽然表示为 $x(t)$ 的二阶微分方程的形式，但是由于方程不含 x 和 $\dot{x}$，可以用积分法直接求解.将加速度记作 $a(t)$，速度记作 $v(t)$，方程(1)可写作

$$a(t)=-g+\frac{F}{m_0-rt} \tag{3}$$

对(3)式积分并利用 $v(0)=0$，得到

$$v(t)=\int_0^t a(t)\,\mathrm{d}t=-gt+\frac{F}{r}\ln\frac{m_0}{m_0-rt} \tag{4}$$

对(4)式积分并利用 $x(0)=0$，得到

$$\begin{aligned}x(t)&=\int_0^t v(t)\,\mathrm{d}t\\&=-\frac{gt^2}{2}+\frac{F(m_0-rt)[\ln(m_0-rt)-1]}{r^2}+\frac{(F\ln m_0)t}{r}-\frac{Fm_0[\ln m_0-1]}{r^2}\end{aligned} \tag{5}$$

由(3)(4)(5)式可计算燃料燃烧阶段($0\leqslant t\leqslant t_1$)的加速度、速度和高度的变化，并得到 $a(t_1)$，$v(t_1)$ 和 $x(t_1)$.

方程(2)可写作

$$a(t)=-g \tag{6}$$

对(6)式积分并利用 $v(t_1)$，得到

$$v(t)=\int_{t_1}^t a(t)\,\mathrm{d}t=-g(t-t_1)+v(t_1) \tag{7}$$

对(7)式积分并利用 $x(t_1)$，得到

$$x(t)=\int_{t_1}^t v(t)\,\mathrm{d}t=-\frac{g(t-t_1)^2}{2}+v(t_1)(t-t_1)+x(t_1) \tag{8}$$

由(6)(7)(8)式可计算燃料燃尽后($t_1<t\leqslant t_2$)的加速度、速度和高度的变化.在(7)式中令 $v(t_2)=0$ 可得火箭到达最高点的时间 t_2，再由(8)式得到最高点的高度 $x(t_2)$.

将问题中给出的数据代入(3)至(8)式编程计算，结果见图 1，燃料燃尽时($t_1=60$ s)火箭的高度 $x(t_1)=2.365\,6\times10^4$ m，速度 $v(t_1)=1\,098$ m/s，加速度 $a(t_1)=42.12$ m/s^2，火箭到达最高点的时间 $t_2=172$ s，高度 $x(t_2)=8.515\,5\times10^4$ m.

可以看出，燃料燃烧阶段($0\leqslant t\leqslant t_1$)火箭的高度 $x(t)$、速度 $v(t)$ 和加速度 $a(t)$ 都在快速地增大，在燃料燃尽后($t_1<t\leqslant t_2$)，$a(t)$ 突降并保持为 $-g$，$v(t)$ 呈直线下降，$x(t)$ 则上升减缓.

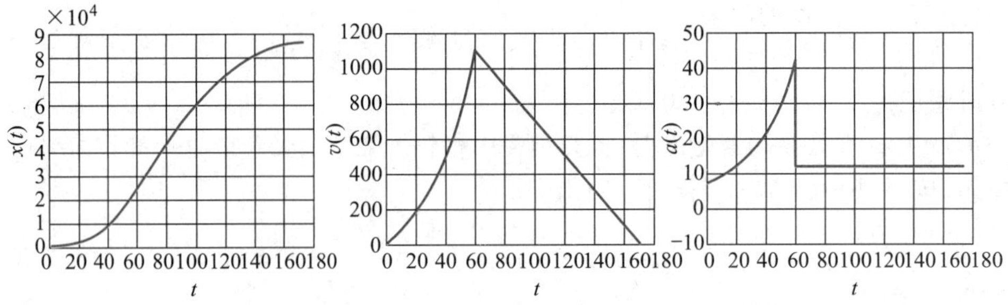

图 1 不考虑空气阻力时火箭上升的高度 $x(t)$、速度 $v(t)$ 和加速度 $a(t)$

考虑空气阻力的模型

运动的物体都会受到空气的阻力，运动速度越大阻力就越大，但二者之间没有确定的数量关系．按照相关知识和经验，低速时阻力与速度成正比，高速时阻力与速度的平方甚至三次方成正比．对于小型火箭，通常可设阻力与速度的平方成正比，比例系数记作 k，于是在考虑空气阻力情况下方程（1）（2）应改写为

$$(m_0-rt)\ddot{x}=F-k\dot{x}^2-(m_0-rt)g,\ 0\leqslant t\leqslant t_1, t_1=m_1/r,\ x(0)=\dot{x}(0)=0 \tag{9}$$

$$(m_0-m_1)\ddot{x}=-k\dot{x}^2-(m_0-m_1)g,\ t_1<t\leqslant t_2 \tag{10}$$

方程（10）的初值条件由（9）的结果 $x(t_1)$，$\dot{x}(t_1)$ 给出．

方程（9）无法解析地求解，转而求数值解．设方程（1）中已有的数据不变，阻力系数一般为 0.2 kg/m 至 0.4 kg/m，不妨取 $k=0.3$ kg/m．需要注意的是，用 MATLAB 软件求解高阶微分方程时必须先转化为方程组，设 $x=x_1$，$\dot{x}=x_2$，方程（9）化为

$$\dot{x}_1=x_2, \dot{x}_2=-g+\frac{F-kx_2^2}{m_0-rt},\quad 0\leqslant t\leqslant t_1, t_1=m_1/r, x_1(0)=x_2(0)=0 \tag{11}$$

方程（10）可类似地计算．对方程（9）（10）编程计算的结果见图 2，燃料燃尽时（$t_1=60$ s）火箭的高度 $x(t_1)=1.054\,6\times10^4$ m，速度 $v(t_1)=266$ m/s，加速度 $a(t_1)=1.296$ m/s^2，火箭到达最高点的时间 $t_2=75$ s，高度 $x(t_2)=1.196\,9\times10^4$ m．

对比图 2 与图 1，抛掉数值上的差别（这与给定的数据有关），我们看到，燃料燃烧阶段火箭的加速度已经由增变减，速度增加渐缓，致使上升高度大大减少．

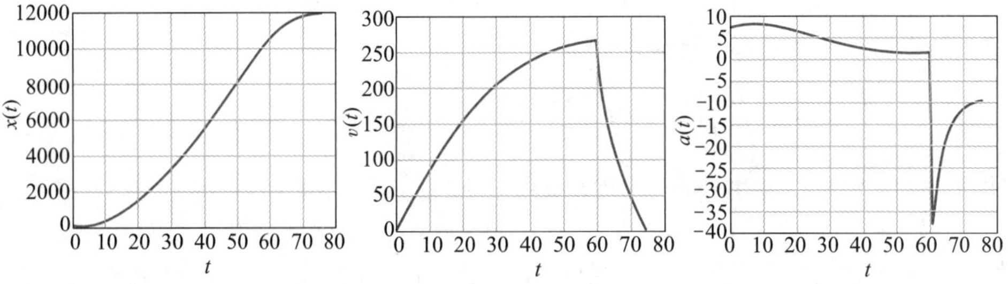

图 2 考虑空气阻力时火箭上升的高度 $x(t)$、速度 $v(t)$ 和加速度 $a(t)$

提升火箭高度的办法 提高上升高度是火箭发射的中心问题之一，按照前面的模型，从火箭燃料方面可以有两种办法实现，一是增加燃料的数量 m_1，从而延长燃烧时间 t_1，二是改进燃料的效能，提高产生的恒定推力 F．下面通过实例计算，考察这两种办法

对提高火箭上升高度的效果.

1）将燃料数量增加一倍即 $m_1=2\ 160\ \text{kg}$,火箭初始质量相应地增为 $m_0=2\ 680\ \text{kg}$,其他参数不变.于是燃料燃尽的时间延长为 $t_1=m_1/r=120\ \text{s}$,按照方程(9)(10)编程计算,结果见图 3 中标记#1 的曲线,及表 1 中标记#1 的数值,与原来的结果(标记#0 的曲线和表 1 中标记#0 的数值)比较,虽然燃料燃尽时的速度 $v(t_1)$ 和加速度 $a(t_1)$ 都相同,但高度 $x(t_1)$ 及火箭到达最高点的高度 $x(t_2)$ 均有较大提高.

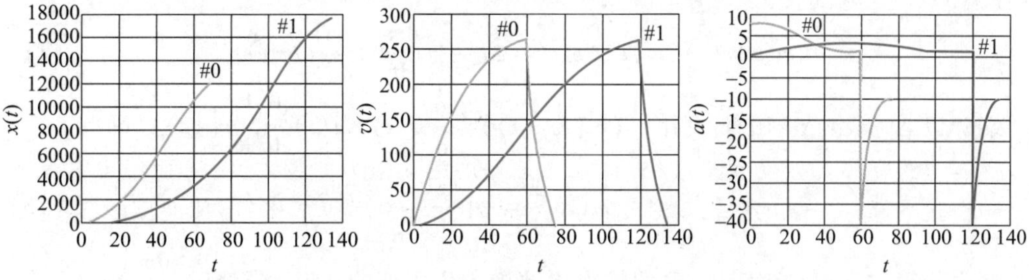

图 3　燃料数量增加一倍时火箭上升的高度 $x(t)$、速度 $v(t)$ 和加速度 $a(t)$(标记#1)

2）将燃料产生的推力增加一倍即 $F=54\ 000\ \text{N}$,其他参数不变.燃料燃尽的时间仍为 $t_1=60\ \text{s}$,按照方程(9)(10)编程计算,结果见图 4 中标记#2 的曲线,及表 1 中标记#2 的数值,与原来的结果比较,燃料燃尽时的加速度 $a(t_1)$ 减小,速度 $v(t_1)$ 增大,高度 $x(t_1)$ 及火箭到达最高点的高度 $x(t_2)$ 均有很大提高.

评注　高度 $x(t)$、速度 $v(t)$ 和加速度 $a(t)$ 互为微分、积分关系,用数值方法得到的图形(图 1 至图 4)显示,在 $t=t_1$ 点 $a(t)$ 间断,$v(t)$ 连续但为尖点(不可导),$x(t)$ 则是光滑的(可导),这些图形的直观有助于微积分概念的理解.

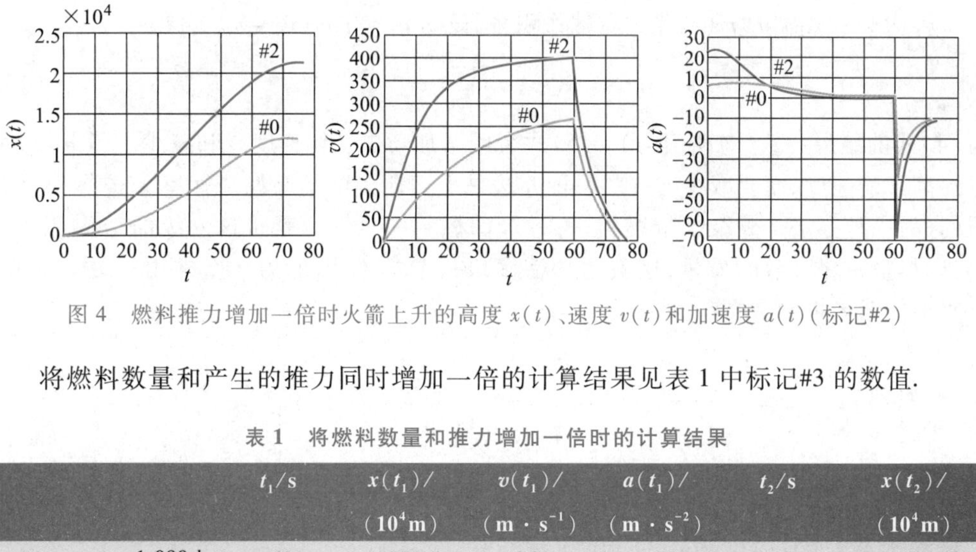

图 4　燃料推力增加一倍时火箭上升的高度 $x(t)$、速度 $v(t)$ 和加速度 $a(t)$(标记#2)

将燃料数量和产生的推力同时增加一倍的计算结果见表 1 中标记#3 的数值.

表 1　将燃料数量和推力增加一倍时的计算结果

		t_1/s	$x(t_1)$/(10^4m)	$v(t_1)$/($\text{m}\cdot\text{s}^{-1}$)	$a(t_1)$/($\text{m}\cdot\text{s}^{-2}$)	t_2/s	$x(t_2)$/(10^4m)
#0	$m_1=1\ 080$ kg $F=27\ 000$ N	60	1.054 6	266	1.30	75	1.196 9
#1	$m_1=2\ 160$ kg $F=27\ 000$ N	120	1.598 3	266	1.30	135	1.740 5
#2	$m_1=1\ 080$ kg $F=54\ 000$ N	60	1.933 4	402	0.80	77	2.137 3
#3	$m_1=2\ 160$ kg $F=54\ 000$ N	120	3.660 7	402	0.80	137	3.864 6

下面讨论火箭燃料燃烧产生的推力是如何确定的.仍记火箭上升过程中的质量为 $m(t)$,速度为 $v(t)$,燃料燃烧时向后喷出气体产生对火箭的推力,记喷出气体相对于火箭的速度为 u,则相对地球的(绝对)速度为 $v(t)-u$.在忽略引力和阻力的情况下,根据动量守恒定律,t 到 $t+\Delta t$ 时间内火箭质量、速度变化所引起的动量的改变,应等于 Δt 内燃料燃烧喷出气体产生的动量,而因为喷出气体的质量就是火箭质量的减少量,即 $-\dfrac{\mathrm{d}m}{\mathrm{d}t}\Delta t$ (注意 $m(t)$ 是减函数,导数为负值),所以

$$m(t)v(t)-m(t+\Delta t)v(t+\Delta t)=-\frac{\mathrm{d}m}{\mathrm{d}t}\Delta t(v(t)-u) \tag{12}$$

两端除以 Δt 且令 $\Delta t\to 0$,再利用 $\dfrac{\mathrm{d}}{\mathrm{d}t}(m(t)v(t))=\dfrac{\mathrm{d}m}{\mathrm{d}t}v(t)+m(t)\dfrac{\mathrm{d}v}{\mathrm{d}t}$,由(12)式可得

$$m(t)\frac{\mathrm{d}v}{\mathrm{d}t}=-u\frac{\mathrm{d}m}{\mathrm{d}t} \tag{13}$$

根据牛顿第二定律,这就是火箭的推力 F.当燃料以不变的速率 r 燃烧时,$\dfrac{\mathrm{d}m}{\mathrm{d}t}=-r$,于是

$$F=ru \tag{14}$$

即推力 F 等于燃烧速率 r 与喷出气体速度 u 的乘积.

小结 利用物理定律和微分方程建立火箭发射、上升过程的数学模型,是建模的典型案例.需要指出,所给的数据(特别是阻力系数)都是虚拟的,求解的数值结果没有实际意义.

对于前面讨论的提高火箭高度的第二种办法(表 1 中的标记#2),在 r 不变的情况下将喷出气体的速度 u 提高一倍,即可使推力增加一倍.如果 u 保持不变,将燃烧速率 r 提高一倍,对于提高火箭高度的影响有多大呢(复习题)?

将(13)式左端的 $m(t)$ 移到右端作积分,设 $v(0)=0$, $m(0)=m_0$,可得

$$v(t)=u\ln\frac{m_0}{m(t)} \tag{15}$$

与(4)式的结果一致(忽略引力).(15)式表明增加喷出气体速度 u 和减少质量 $m(t)$ 可以提高火箭速度,而要减少 $m(t)$,一种办法是上面所说的提高燃烧速率 r,但提高是有限的;另一种办法是分级携带燃料,每一级的燃料一旦燃尽就将这一级的结构部分抛弃,以尽量减轻火箭的质量,这就是构造多级火箭的理由.那为什么常用三级火箭呢?有兴趣的读者可参考文献[87].

复习题

在考虑空气阻力的火箭发射模型中,如果将燃料燃烧速率 r 提高一倍,而喷出气体速度 u 保持不变,在以下两种情况下讨论对于提高火箭高度的影响:

(1) 燃料质量 m_1 不变,燃料燃尽时间 t_1 减半.

(2) 燃料质量 m_1 也增加一倍,燃料燃尽时间 t_1 不变.

5.7 食饵与捕食者模型

自然界中不同种群之间存在着一种非常有趣的既有依存、又有制约的生存方式:种群甲靠丰富的自然资源生长,而种群乙靠捕食种群甲为生,食用鱼和鲨鱼、美洲兔和山猫、落叶松和蚜虫等都是这种生存方式的典型.生态学上称种群甲为食饵(prey),种群

乙为捕食者(predator),二者共处组成食饵-捕食者系统(简称 P-P 系统).近百年来许多数学家和生态学家对这一系统进行了深入的研究,建立了一系列数学模型,本节着重介绍 P-P 系统最初的、最简单的一个模型,它的由来还有一段历史背景.

意大利生物学家 D'Ancona 曾致力于鱼类各种群间相互依存、相互制约关系的研究,从第一次世界大战期间地中海各港口捕获的几种鱼类占总捕获量百分比的资料中,发现鲨鱼(捕食者)的比例有明显的增加.他知道,捕获的各种鱼的比例基本上代表了地中海渔场中各种鱼的比例.战争中捕获量大幅度下降,应该使渔场中食用鱼(食饵)和以此为生的鲨鱼同时增加,但是,捕获量的下降为什么会使鲨鱼的比例增加,即对捕食者更加有利呢?他无法解释这种现象,于是求助于他的朋友、著名的意大利数学家 Volterra. Volterra 建立了一个简单的数学模型,回答了 D'Ancona 的问题[10,41,50,54].

Volterra 食饵-捕食者模型

食饵(食用鱼)和捕食者(鲨鱼)在时刻 t 的数量分别记作 $x(t)$, $y(t)$,因为大海中资源丰富,假设当食饵独立生存时以指数规律增长,(相对)增长率为 r,即 $\dot{x}=rx$,而捕食者的存在使食饵的增长率减少,设减少率与捕食者数量成正比,于是 $x(t)$ 满足方程

$$\dot{x}(t)=x(r-ay)=rx-axy \tag{1}$$

比例系数 a 反映捕食者掠取食饵的能力.

捕食者离开食饵无法生存,设它独自存在时死亡率为 d,即 $\dot{y}=-dy$,而食饵的存在为捕食者提供了食物,相当于使捕食者的死亡率降低,且促使其增长.设增长率与食饵数量成正比,于是 $y(t)$ 满足

$$\dot{y}(t)=y(-d+bx)=-dy+bxy \tag{2}$$

比例系数 b 反映食饵对捕食者的供养能力.

方程(1)(2)是在自然环境中食饵和捕食者之间依存和制约的关系,这里没有考虑种群自身的阻滞增长作用,是 Volterra 提出的最简单的模型.

模型分析 方程(1)(2)没有解析解,我们分两步对这个模型所描述的现象进行分析.首先,利用数学软件求微分方程的数值解,通过对数值结果和图形的观察,猜测它的解析解的构造;然后,从理论上研究其平衡点及相轨线的形状,验证前面的猜测.

1. 数值解

记食饵和捕食者的初始数量分别为

$$x(0), y(0) \tag{3}$$

为求微分方程(1)(2)满足初值条件(3)的数值解 $x(t)$, $y(t)$(并作图)及相轨线 $y(x)$,设 $r=1$, $d=0.5$, $a=0.1$, $b=0.02$, $x(0)=25$, $y(0)=2$,用 MATLAB 软件编程计算,可得 $x(t)$, $y(t)$ 及相轨线 $y(x)$ 如图 1、图 2(数值结果从略).可以猜测,$x(t)$, $y(t)$ 是周期函数,与此相应地,相轨线 $y(x)$ 是封闭曲线.从数值解近似地定出周期为 10.7,x 的最大、最小值分别为 99.3 和 2.0,y 的最大、最小值分别为 28.4 和 2.0,并且用数值积分容易算出 $x(t)$, $y(t)$ 在一个周期的平均值为 $\bar{x}=25$, $\bar{y}=10$.

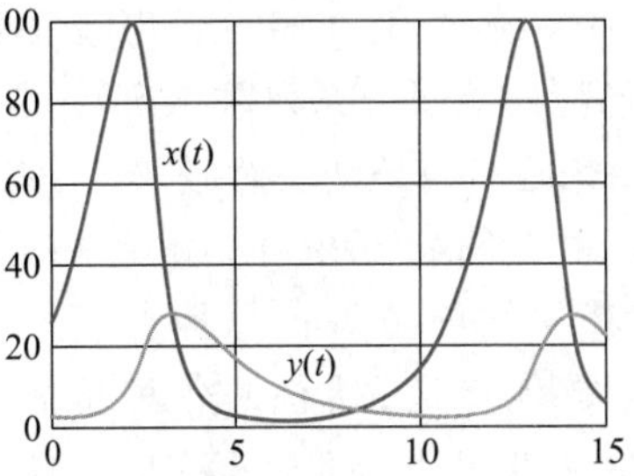

图1 数值解 $x(t),y(t)$ 的图形

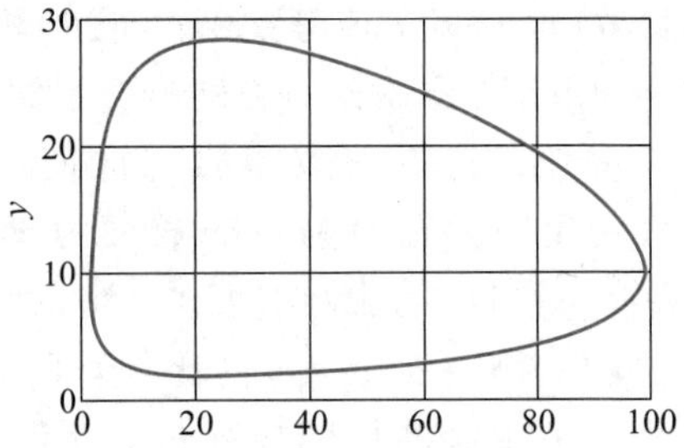

图2 相轨线 $y(x)$ 的图形

2. 平衡点及相轨线

首先求得方程(1)(2)的两个平衡点为

$$P\left(\frac{d}{b},\frac{r}{a}\right),\quad P'(0,0) \tag{4}$$

计算它们的 p,q 发现(参见基础知识 5-1),对于 P',$q<0$,P'不稳定;对于 P,$p=0,q>0$,处于临界状态,不能用判断线性方程平衡点稳定性的准则研究非线性方程(1)(2)的平衡点 P 的情况.下面用分析相轨线的方法解决这个问题.

从方程(1)(2)消去 $\mathrm{d}t$ 后得到

$$\frac{\mathrm{d}x}{\mathrm{d}y}=\frac{x(r-ay)}{y(-d+bx)} \tag{5}$$

这是可分离变量方程,写作

$$\frac{-d+bx}{x}\mathrm{d}x=\frac{r-ay}{y}\mathrm{d}y \tag{6}$$

两边积分得到方程(5)的解,即方程(1)(2)的相轨线为

$$(x^d\mathrm{e}^{-bx})(y^r\mathrm{e}^{-ay})=c \tag{7}$$

其中常数 c 由初值条件确定.

为了从理论上证明相轨线(7)是封闭曲线,记

$$f(x)=x^d\mathrm{e}^{-bx},\quad g(y)=y^r\mathrm{e}^{-ay} \tag{8}$$

这两个函数的图形如图 3(a)(b),将它们的极值点记为 x_0,y_0,极大值记为 f_m,g_m,则不难知道 x_0,y_0满足

$$\begin{aligned}&f(x_0)=f_m,\quad x_0=d/b\\&g(y_0)=g_m,\quad y_0=r/a\end{aligned} \tag{9}$$

与(4)式相比可知,x_0,y_0恰好是平衡点 P.

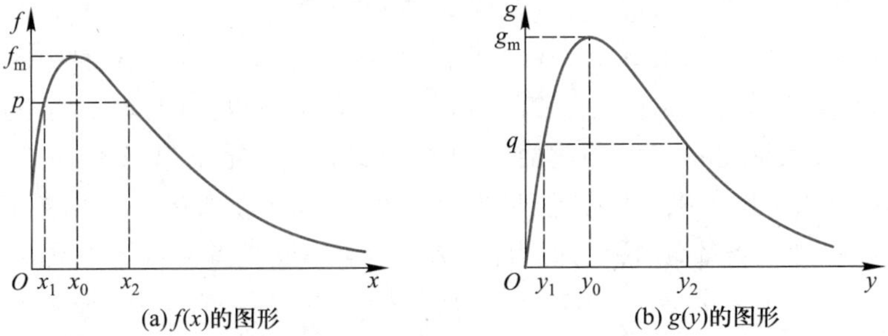

(a) $f(x)$的图形　　(b) $g(y)$的图形

图3

下面对于给定的 c 值考察相轨线(7)的形状.

当 $c=f_m g_m$ 时，$x=x_0$，$y=y_0$，相轨线在图 4 中退化为平衡点 P.

为了考察 $0<c<f_m g_m$ 时相轨线的形状，不妨设 $c=pg_m(0<p<f_m)$. 若令 $y=y_0$，则由(8)(9)式可得 $f(x)=p$，而从图 3(a)知道，必存在 x_1,x_2，使 $f(x_1)=f(x_2)=p$，且 $x_1<x_0<x_2$. 于是相轨线应通过图 4 中的 $Q_1(x_1,y_0)$，$Q_2(x_2,y_0)$ 两点.

接着分析区间 (x_1,x_2) 内的任一点 x，因为 $f(x)>p$，由 $f(x)g(y)=pg_m$ 可知，$g(y)<g_m$. 记 $g(y)=q$，从图 3(b)知道，存在 y_1,y_2，使 $g(y_1)=g(y_2)=q$，且 $y_1<y_0<y_2$，于是这条轨线又通过图 4 中的 $Q_3(x,y_1)$，$Q_4(x,y_2)$ 两点. 而因为 x 是区间 (x_1,x_2) 内的任意点，所以轨线在 Q_1，Q_2 之间对于每个 x 总要通过纵坐标为 y_1，y_2（且 $y_1<y_0<y_2$）的两点，这就证明了图 4 中的相轨线是一条封闭曲线.

这样，当 c 由最大值 $f_m g_m$ 变小时，相轨线是一族从 P 点向外扩展的封闭曲线（图 5）. P 点称为中心.

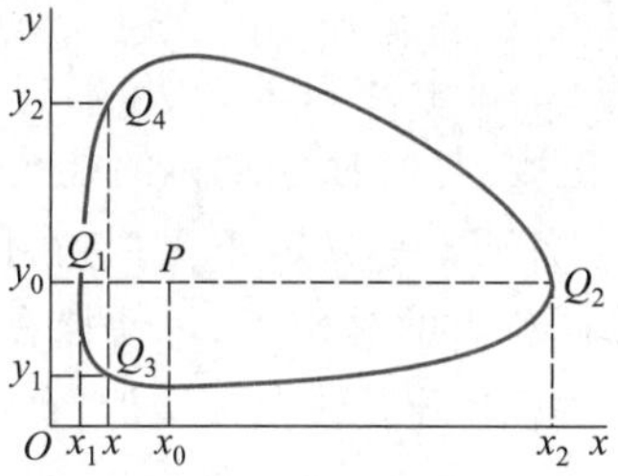

图 4　相轨线的图形

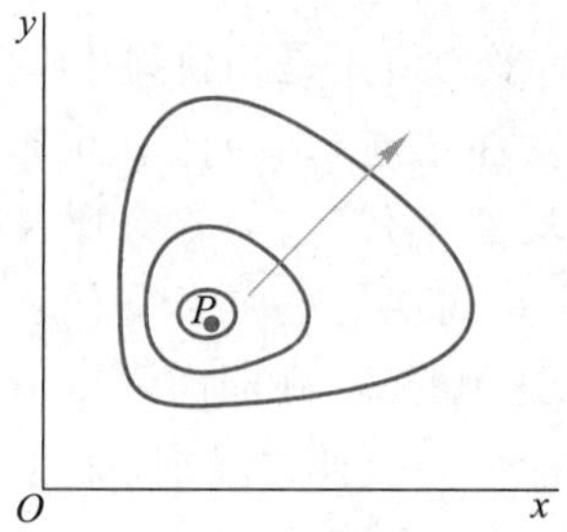

图 5　相轨线族

为确定相轨线的方向，考察相平面上被 $x=x_0$，$y=y_0$ 两条直线分成的 4 个区域内 $\dot{x}$，$\dot{y}$ 的正负号，由此就决定了相轨线是逆时针方向运动的，如图 6.

相轨线是封闭曲线等价于 $x(t)$，$y(t)$ 是周期函数（图 7），记周期为 T. 在图 7 中周期 T 分为 4 段：$T_1\sim T_4$，它们恰好与图 6 中 4 个区域内的 4 段轨线相对应. 结合图 6、图 7 可以看出，$x(t)$，$y(t)$ 的周期变化存在着相位差，$x(t)$ 领先于 $y(t)$，如 $x(t)$ 领先 T_2 达到最大值.

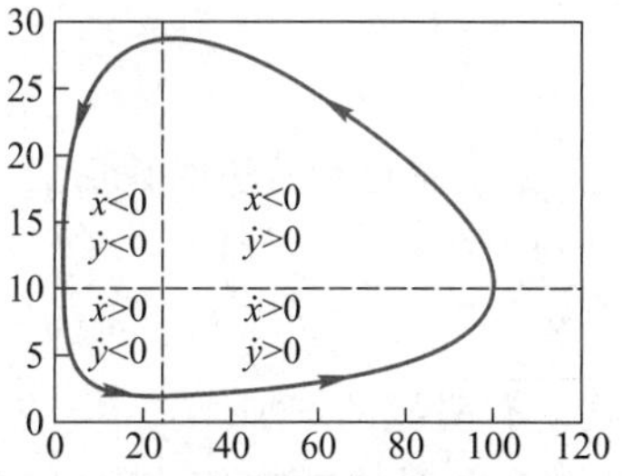

图 6　相轨线的方向

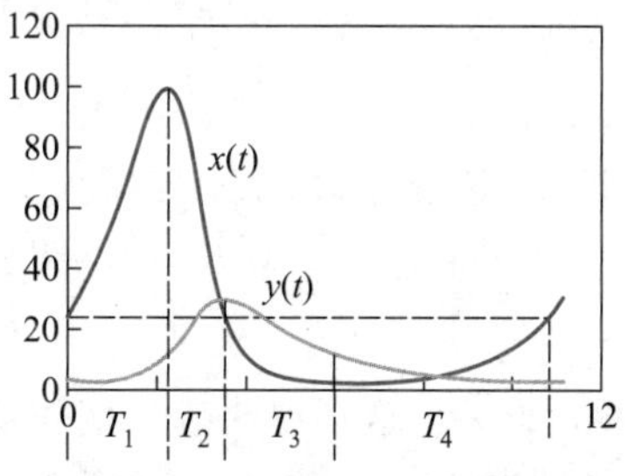

图 7　$x(t)$，$y(t)$ 的相位差

3. $x(t)$，$y(t)$ 在一个周期内的平均值

在数值解中我们看到，$x(t)$，$y(t)$ 一个周期的平均值为 $\bar{x}=25$，$\bar{y}=10$，这个数值与平衡点 $x_0=d/b=0.5/0.02$，$y_0=r/a=1/0.1$ 刚好相等. 实际上，可以用解析的办法求出它们在一个周期的平均值 $\bar{x}$，$\bar{y}$.

将方程(2)改写作

$$x(t)=\frac{1}{b}\left(\frac{\dot{y}}{y}+d\right) \tag{10}$$

(10)式两边在一个周期内积分,注意到 $y(T)=y(0)$,容易算出平均值为

$$\bar{x}=\frac{1}{T}\int_0^T x(t)\,\mathrm{d}t=\frac{1}{T}\left[\frac{\ln y(T)-\ln y(0)}{b}+\frac{dT}{b}\right]=\frac{d}{b} \tag{11}$$

类似地可得

$$\bar{y}=\frac{r}{a} \tag{12}$$

将(11)(12)式与(9)式比较可知

$$\bar{x}=x_0,\quad \bar{y}=y_0 \tag{13}$$

即 $x(t),y(t)$ 的平均值正是相轨线中心 P 点的坐标.

模型解释 注意到 r,d,a,b 在生态学上的意义,上述结果表明,捕食者的数量(用一个周期的平均值 $\bar{y}$ 代表)与食饵增长率 r 成正比,与它掠取食饵的能力 a 成反比;食饵的数量(用一个周期的平均值 $\bar{x}$ 代表)与捕食者死亡率 d 成正比,与它供养捕食者的能力 b 成反比.这就是说:在弱肉强食情况下降低食饵的繁殖率,可使捕食者减少,降低捕食者的掠取能力却会使之增加;捕食者的死亡率上升导致食饵增加,食饵供养捕食者的能力增强会使食饵减少.

Volterra 用这个模型这样来解释生物学家 D'Ancona 提出的问题:战争期间捕获量下降为什么会使鲨鱼(捕食者)的比例有明显的增加.

上面的结果是在自然环境下得到的,为了考虑人为捕获的影响,可以引入表示捕获能力的系数 e,相当于食饵增长率由 r 下降为 $r-e$,而捕食者死亡率由 d 上升为 $d+e$,用 $\bar{x}_1,\bar{y}_1$ 表示这种情况下食用鱼(食饵)和鲨鱼(捕食者)的(平均)数量,由(11)(12)式可知

$$\bar{x}_1=\frac{d+e}{b},\quad \bar{y}_1=\frac{r-e}{a} \tag{14}$$

显然,$\bar{x}_1>\bar{x}$,$\bar{y}_1<\bar{y}$.

战争期间捕获量下降,即捕获系数为 $e'(e'<e)$,于是食用鱼和鲨鱼的数量变为

$$\bar{x}_2=\frac{d+e'}{b},\quad \bar{y}_2=\frac{r-e'}{a} \tag{15}$$

显然,$\bar{x}_2<\bar{x}_1$,$\bar{y}_2>\bar{y}_1$.这正说明战争期间鲨鱼的比例会有明显的增加.

杀虫剂的影响 用 Volterra 模型还可以对某些杀虫剂的影响做出似乎出人意料的解释.自然界中不少吃农作物的害虫都有它的天敌——益虫,以害虫为食饵的益虫是捕食者,于是构成了一个食饵-捕食者系统.如果一种杀虫剂既杀死害虫又杀死益虫,那么使用这种杀虫剂就相当于前面讨论的人为捕获的影响,即有 $\bar{x}_1>\bar{x}$,$\bar{y}_1<\bar{y}$.这说明,从长期效果看(即平均意义下),用这种杀虫剂将使害虫增加,而益虫减少,与使用者的愿望正好相反.

Volterra 模型的局限性

尽管 Volterra 模型可以解释一些现象,但是它作为近似反映现实对象的一个数学模型,必然存在不少局限性.

第一,许多生态学家指出,多数食饵-捕食者系统都观察不到 Volterra 模型显示的那种周期振荡,而是趋向某种平衡状态,即系统存在稳定平衡点.实际上,只要在 Volterra 模型中加入考虑自身阻滞作用的 logistic 项,用方程

$$\dot{x}_1(t)=r_1x_1\left(1-\frac{x_1}{N_1}-\sigma_1\frac{x_2}{N_2}\right) \tag{16}$$

$$\dot{x}_2(t)=r_2x_2\left(-1+\sigma_2\frac{x_1}{N_1}-\frac{x_2}{N_2}\right) \tag{17}$$

就可以描述这种现象,其中各个参数的含义可参看更多案例 5-6,5-7.

第二,一些生态学家认为,自然界里长期存在的呈周期变化的生态平衡系统应该是结构稳定的,即系统受到不可避免的干扰而偏离原来的周期轨道后,其内部制约作用会使系统自动恢复原状,如恢复原有的周期和振幅.而 Volterra 模型描述的周期变化状态却不是结构稳定的,因为根据图 5,一旦离开某一条闭轨线,就进入另一条闭轨线(其周期和振幅都会改变),不可能恢复原状.为了得到能反映周期变化的结构稳定的模型,要用到极限环的概念,这超出了本书的范畴.

评注 用数学模型描述、分析食饵-捕食者系统的动态过程和稳定状态,不仅对生态学的研究有重要意义,而且因为它与微分方程定性理论有着密切联系,所以也引起了许多数学家的关注.

复习题

1. 在食饵-捕食者系统中,如果在食饵方程(1)中增加自身阻滞作用的 logistic 项,方程(2)不变,讨论平衡点及稳定性,解释其意义.

2. 如果在食饵和捕食者方程中都增加 logistic 项,即方程(16)(17),讨论平衡点及稳定性.

5.8 赛跑的速度

参加赛跑的运动员要根据自己的生理状况对赛程中各阶段的速度做出最恰当的安排,以期获得最好的成绩.寻求速度安排的最佳策略是一个涉及生理力学的复杂问题.T. B. Keller 提出了一个简单模型,根据 4 个生理参数从最优控制的角度确定赛程中的速度函数,并可以预测比赛成绩.

按照 Keller 的模型,短跑比赛应该用最大冲力跑完全程,对于中长跑则要将距离分为 3 段,先用最大冲力起跑,然后匀速跑过大部分赛程,最后把贮存在体内的能量用完,靠惯性冲过终点[34].

问题分析 运动员在赛跑过程中克服体内外的阻力以达到或保持一定速度,需要发挥出向前的冲力,为冲力做功提供能量有两个来源,一是呼吸和循环系统通过氧的新陈代谢作用产生的与吸入氧量等价的能量,二是赛跑前贮存在身体内的供赛跑用的能量.对于前者可以合理地假设在赛跑过程中保持常数,而后者则有一个如何将贮存能量分配到赛程的各个阶段,并恰在到达终点前将其用完的问题.

模型需要确定三个关系.一是冲力与速度的关系,二是冲力做功与上述两个能量来源的关系,三是速度与比赛成绩的关系.赛跑的最佳成绩将归结为距离一定时所用时间最短,且与速度、冲力、贮存能量等函数有关的极值问题.这个问题的一般解过于复杂,Keller 把它简化了.

由以上分析还可以看出模型需要4个生理参数:运动员能发挥的最大冲力,体内外的阻力系数,氧的新陈代谢作用在单位时间提供的能量,体内贮存能量的初值.在 Keller 的模型中这些参数是用世界纪录创造者的成绩估计出来的.

模型假设 需要对赛跑中的阻力做出假设,以确定冲力与速度的关系,还要对氧的代谢作用提供的能量做出假设,以建立能量供给与消耗间的平衡.

1. 赛跑时体内外的阻力与速度成正比,比例系数 τ^{-1}.运动员能发挥的最大冲力为 F,初速度为 0.

2. 呼吸和循环系统在氧的代谢作用下单位时间提供的能量是常数 σ,初始时刻体内贮存的供赛跑用的能量是 E_0.

实际上,上述参数因人而异,特别是与运动员的体重有关.为了消除这个因素的影响,我们对运动员的单位质量建模,即在下面各式中均设质量 $m=1$ kg.

一般模型 设运动员以速度函数 $v(t)$ 跑完赛程 D 的时间为 T,则

$$D(v(t))=\int_0^T v(t)\,\mathrm{d}t \tag{1}$$

D 已知时求 $v(t)$ 使 T 达到最小,等价于 T 固定求 $v(t)$ 使 D 达到最大,后一问题较便于研究.

运动员的冲力记作 $f(t)$,由假设1,根据牛顿第二定律可以得到

$$\dot{v}(t)+\frac{v}{\tau}=f(t) \tag{2}$$

$$v(0)=0 \tag{3}$$

$$0\leqslant f(t)\leqslant F \tag{4}$$

运动员体内贮存的能量记作 $E(t)$,其变化率为单位时间提供的能量 σ 与消耗的能量 fv 之差,即

$$\dot{E}(t)=\sigma-fv \tag{5}$$

$$E(0)=E_0 \tag{6}$$

$$E(t)\geqslant 0 \tag{7}$$

至此建立了在条件(2)~(7)下,求函数 $v(t)$,$f(t)$,$E(t)$ 使(1)式 $D(v(t))$ 最大(T 固定)的一般模型,其中 F,σ,τ,E_0 视为已知常数.数学上这是带有微分方程和不等式约束的泛函极值问题.

这个一般模型的求解是困难的,因为一旦最优解出现在条件(4)(7)的边界上(从下面的分析可知实际情况正是这样),经典的求解泛函极值问题的变分法就不再适用.

下面将 Keller 提出的简化方法分成两个模型叙述.

短跑模型 当赛程较短时可以用最大冲力 F 跑完全程,这必然会取得最佳成绩.至于多长的赛程才能用这种方法跑,应以贮存于体内的能量 $E(t)$ 不小于零为标准,由参数 F,τ,σ,E_0 决定.

将 $f(t)=F$ 代入方程(2),在初值条件(3)下的解为

$$v(t)=F\tau(1-e^{-\frac{t}{\tau}}) \tag{8}$$

可知速度是递增的.将(8)及 $f=F$ 代入(5)式得

$$\dot{E}(t)=\sigma-F^2\tau(1-e^{-\frac{t}{\tau}}) \tag{9}$$

方程(9)在初值条件(6)下的解为

$$E(t)=E_0-(F^2\tau-\sigma)t+F^2\tau^2(1-e^{-\frac{t}{\tau}}) \tag{10}$$

由(9)(10)式可以画出 $E(t)$ 的示意图(图 1),起跑后在很短的时间 $0\leqslant t\leqslant t_e$ 内,由于速度 v 很小,σ 的一部分补充给 $E(t)$(见(5)式),所以 $E(t)$ 增加;稍后,随着 v 的迅速变大,$E(t)$ 下降,当 $t=t_c$ 时 $E(t)=0$.容易得到 $t_c=t|_{E(t)=0}$,

$$t_e=t\Big|_{\dot{E}(t)=0}=\tau\ln\frac{F^2\tau}{F^2\tau-\sigma} \tag{11}$$

并且,在这种情况下所能跑的最远距离为

$$D_c=\int_0^{t_c}v(t)\,dt=F\tau^2\left(e^{-\frac{t_c}{\tau}}+\frac{t_c}{\tau}-1\right) \tag{12}$$

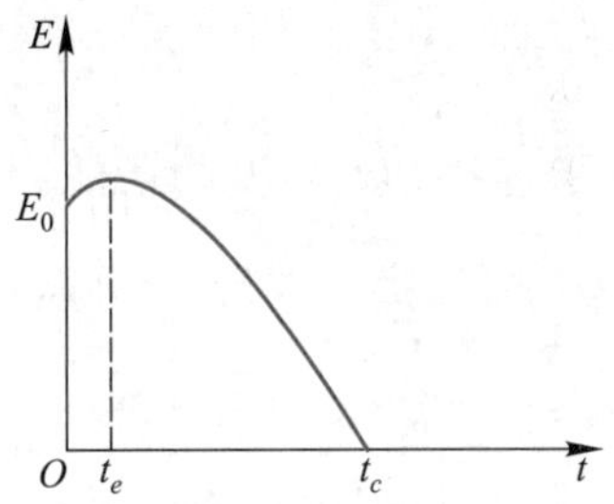

图 1 体内能量 $E(t)$ 的示意图

为了估计模型中的参数,并算出 t_c 和 D_c,Keller 用若干个当时的短跑世界纪录拟合由(1)(8)式计算的理论结果,得到 F,τ 的估计值为 $F\approx12.2$ N/kg(对于质量 $m=1$ kg 而言),$\tau\approx0.892$ s,算出 $t_c\approx27.63$ s,$D_c\approx291$ m.即当小于 291 m 时用最大冲力跑完全程是可行的,并且能够取得最佳成绩(当然是对世界纪录创造者而言).

后来,有人用 1987 年世界田径锦标赛上 Johnson 和 Lewis 的 100 m 成绩(每 10 m 的记录如表 1)对 F,τ 的估计值进行修正.由(8)式知最大速度约为 $v_m=F\tau(t\gg\tau)$,且距离函数为 $x(t)=F\tau[t-\tau(1-e^{-t/\tau})]$,当 $t\gg\tau$ 时 $x\approx v_m(t-\tau)$.从表 1 可得 $v_m=11.76$ m/s,$\tau\approx1.28$ s 或 1.42 s,考虑到起跑的反应时间,取 $\tau\approx1.06$ s 或 1.16 s,而 $F\approx11.1$ N/kg 或 10.1 N/kg.

表 1 Johnson 的成绩 t_1 和 Lewis 的成绩 t_2

x/m	10	20	30	40	50	60	70	80	90	100
t_1/s	1.84	2.86	3.80	4.67	5.53	6.38	7.23	8.10	8.96	9.83
t_2/s	1.94	2.96	3.91	4.78	5.64	6.50	7.36	8.22	9.07	9.93

中长跑模型 当赛程大于 D_c 时,将全程分为 3 段:初始阶段 $0\leqslant t\leqslant t_1$ 以最大冲力 $f(t)=F$ 跑,以便在短时间内获得尽可能的高速度;最后阶段 $t_2\leqslant t\leqslant T$ 把体内贮存能量

用完，即$E(t)=0$，靠惯性冲刺；中间阶段 $t_1\leqslant t\leqslant t_2$ 保持匀速[①]. 可以看出，由于在第1,3段分别把控制函数$f(t)$，$E(t)$确定在约束条件(4)(7)的边界上，且取常值，从而这两阶段的速度（分别记作 $v_1(t)$ 和 $v_3(t)$）即可确定. 由此不难进一步求出中间阶段的 $v_2(t)=v_2$（常数）.

第1段 $0\leqslant t\leqslant t_1$（$t_1$ 以后确定）　$v_1(t)$由(8)式表示（将 $v(t)$ 写作 $v_1(t)$）.

第3段 $t_2\leqslant t\leqslant T$（$t_2$ 以后确定）　将 $E(t)=0$ 代入(5)(2)式得到

$$\frac{1}{2}\frac{\mathrm{d}}{\mathrm{d}t}v_3^2+\frac{v_3^2}{\tau}=\sigma \tag{13}$$

方程(13)在条件 $v_3(t_2)=v_2$ 下的解为

$$v_3(t)=\left[(v_2^2-\sigma\tau)\mathrm{e}^{-\frac{2(t-t_2)}{\tau}}+\sigma\tau\right]^{\frac{1}{2}} \tag{14}$$

$v_3(t)$是单调减和下凸的（$\dot v_3(t)<0$, $\ddot v_3(t)>0$）.

第2段 $t_1\leqslant t\leqslant t_2$　v_2 由(1)式 $D(v(t))$ 达到最大来确定，这里

$$D(v(t))=\int_0^{t_1}v_1(t)\mathrm{d}t+v_2(t_2-t_1)+\int_{t_2}^{T}v_3(t)\mathrm{d}t \tag{15}$$

小结　Keller对赛跑的一般模型(1)~(7)提出了分段解法，虽然没有证明它的解就是一般模型的最优解，但是从分析过程和实际检验可以看出，这种简化是合理的.

为了得到 $E(t_2)=0$ 的条件，由方程(2)(5)及初值条件(6)解 $E(t)$，得到

$$E(t)=E_0+\sigma t-\frac{v^2(t)}{2}-\frac{1}{\tau}\int_0^t v^2(t)\mathrm{d}t \tag{16}$$

令 $t=t_2$ 并将(8)式代入得

$$E(t_2)=E_0+\sigma t_2-\frac{v_2^2}{2}-\frac{1}{\tau}\int_0^{t_1}v_1^2(t)\mathrm{d}t-\frac{v_2^2(t_2-t_1)}{\tau} \tag{17}$$

问题归结为在条件 $E(t_2)=0$ 和 $v_1(t_1)=v_2$ 下求 v_2,t_1,t_2 使 $D(v(t))$ 最大.

由于在条件 $v_1(t_1)=v_2$ 下 $D(v(t))$ 和 $E(t_2)$ 对 t_1 的偏导数均为零，所以在用待定常数 λ 构造的函数

$$I(v(t),t_2)=D(v(t))+\frac{\lambda}{2}E(t_2) \tag{18}$$

中可以将右端不显含 v_2 和 t_2 的项略去，写成

$$I(v_2,t_2)=\int_{t_2}^{T}v_3(t)\mathrm{d}t+\frac{\lambda\sigma}{2}t_2-\frac{\lambda}{4}v_2^2+\left(v_2-\frac{\lambda v_2^2}{2\tau}\right)(t_2-t_1) \tag{19}$$

评注　建模过程存在一些缺陷，如对短跑和中长跑运动员用了相同的生理参数，又如运动员达到一定的高速度后不可能持续发挥自己的最大冲力，所以最初阶段的速度(8)式需要修正（复习题）.

v_2,t_2 为最优解的必要条件是

$$v_2=\frac{\tau}{\lambda} \tag{20}$$

$$2\int_{t_2}^{T}\left[(v_2^2-\sigma\tau)\mathrm{e}^{-\frac{2(t-t_2)}{\tau}}+\sigma\tau\right]^{-\frac{1}{2}}\mathrm{e}^{-\frac{2(t-t_2)}{\tau}}\mathrm{d}t=\lambda \tag{21}$$

至此，3个阶段的 $v(t)$ 分别由(8)(14)和(20)式给出，剩下的问题是确定 t_1,t_2 和 λ.

t_1,t_2,λ 的确定　利用 $v(t)$ 在 $t=t_1$ 的连续性，由(8)和(20)式得

$$\lambda F(1-\mathrm{e}^{-\frac{t_1}{\tau}})=1 \tag{22}$$

---

① 如果设速度 $v_2(t)$，泛函问题的解也是常数 v_2，详见[36].

将(20)式代入(17)式后令其为0,得

$$E_0+\sigma t_2-\frac{\tau^2}{2\lambda^2}-\int_0^{t_1}F^2\tau(1-e^{-t/\tau})^2dt-\frac{\tau}{\lambda^2}(t_2-t_1)=0 \tag{23}$$

将(20)式代入(21)式并作积分得到

$$2[(\tau^2-\lambda^2\sigma\tau)e^{-\frac{2(T-t_2)}{\tau}}+\lambda^2\sigma\tau]^{\frac{1}{2}}=\lambda^2\sigma+\tau \tag{24}$$

t_1,t_2,λ 由(22)—(24)式确定.

以上模型中的参数 F,τ 已在前面估计出,Keller 又用一些中长跑世界纪录得到 σ 和 E_0 的估计值:$\sigma=41.5$,$E_0=2\ 403.5$.

模型解释 中长跑模型的速度函数由3段组成,示意图如图2.对于最后一段(通常有一两秒钟)速度的下降,Keller 的解释是:像汽车比赛到终点前将燃料用完,靠惯性冲过终点一样,赛跑的最佳策略应该是把贮存在体内供赛跑用的能量全部耗尽,借助惯性冲刺,这必导致短暂的速度下降.单从赛跑所用的时间来看,比如一名运动员测验自己的成绩,这样做是最优的.而在实际比赛中当运动员与对手势均力敌时,从击败对手取得好名次的目的出发,需要按照实际情况巧妙地安排自己的速度,这已不是本模型讨论的范围了.

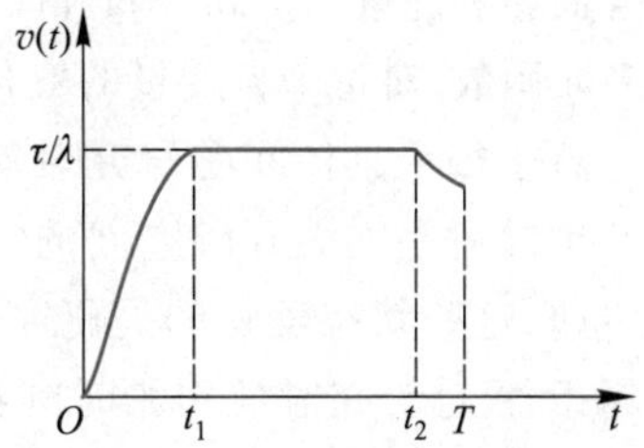

图2 中长跑模型的最佳速度示意图

评注 将动力学与生理学相结合,用建模方法研究体育运动,为人们提供了示范.其后不断有人继续研究赛跑的数学模型,对生理参数的估计值做出修正,并且考虑空气阻力、海拔高度等因素的影响[57].

复习题

经研究发现在短跑比赛中,运动员由于生理条件的限制,在达到一定的高速度后,不可能持续发挥自己的最大冲力.假设运动员克服生理限制后能发挥的冲力 $f(t)$ 满足 $\dot{f}(t)/f(t)=-1/k$,其中 k 是冲力限制系数,$f(0)=F$ 为最大冲力.将上述关系代入(2)式,求出短跑比赛时速度 $v(t)$ 和距离 $s(t)$ 的关系式,及达到最高速度的时间,并做出 $v(t)$ 的示意图.

某届奥运会,男子百米决赛前6名在比赛中到达距离 s 处所用的时间 t 和当时的速度 v 如下表所示(平均值):

s/m	0	5	15	25	35	45	55	65	75	85	95
t/s	0	0.955	2.435	3.435	4.355	5.230	6.085	6.945	7.815	8.690	9.575
v/(m·s^{-1})	0	5.24	9.54	10.52	11.19	11.62	11.76	11.49	11.47	11.36	11.22

试从这组数据估计出参数 τ,k,F.算出 $v(t)$ 的理论值,并与实际数据比较.

5.9 物质扩散与热量传导

问题背景 空气污染、水质污染造成的恶劣环境严重危害着自然界,特别是人类的健康.通常,天然或人为排放到大气或水域中的有害物质,会不断地输送、扩散,最终被稀释、清除或积累.实际上,当一种物质在空气、水等气体或液体介质中的浓度不均匀

时,总是要从浓度高向浓度低的地方转移,物理学称这种现象为**扩散**.人们还可以将物质扩散用于生产建设,如在硅片表面涂敷有用的杂质,放入加热炉或其他设备,使杂质向硅片这种固体介质的深处扩散,得到需要的半导体器件.

在社会生产和生活中如冶炼炉、取暖器等加热设备,冷凝塔、空调器等制冷设备都是应用广泛、不可或缺的装置,其基本原理是热量从温度高向温度低的地方转移,物理学称这种现象为**传导**.其实,热量输送除了传导还有对流和辐射两种途径,这里不做讨论.

本节研究的内容是物质扩散与热量传导这类物理现象的数学建模过程.

对于这类问题必须明确要研究的是什么物理量,如空气中污染物的浓度,加热设备中的温度,并了解该物理量在空间和随时间的变化遵循什么物理定律.建模时首先要用数学语言描述物理量的空间分布和时间变化规律,浓度或温度是以空间坐标和时间为自变量的多元函数,对每个自变量的变化率是偏导数,描述其变化规律的是**偏微分方程**.

对于每个具体问题研究对象所处的外部环境不同,如是密闭加热炉内杂质在硅片中的扩散还是宏大开阔空间的空气污染,加热设备的外层是保持一定的温度还是有热量传递,这些状态反映的是研究对象所处空间区域边界的状态,其数学描述称为方程的**边界条件**.对研究对象初始时刻状态的数学描述称为方程的**初值条件**,在物质扩散或热量传导中,初值条件是指初始时刻的浓度或温度在所处空间区域内部每一点的数值.边界条件与初值条件构成偏微分方程的**定解条件**.

根据要解决的实际问题确定采用哪一类型的偏微分方程,并列出相应的定解条件,是数学建模的关键所在,本节将通过物质扩散或热量传导这类物理现象的具体实例,着重介绍、分析建模过程中的这些重要步骤.

扩散方程与热传导方程 先考察物质扩散过程.某种物质的浓度通常以其在单位体积介质中的质量来度量,当浓度在所研究的空间内不均匀时,就会发生随时间变化的扩散现象.空间以三维直角坐标 x,y,z,时间以 t 表示,浓度的时空变化可表为函数 $u(x,y,z,t)$,下面用微元法建立浓度 u 满足的方程.

用浓度梯度 $\mathbf{grad}(u)=(\partial u/\partial x,\partial u/\partial y,\partial u/\partial z)^{\mathrm{T}}$(简记作$\nabla u$)度量浓度 u 不均匀的程度,用扩散强度 $\boldsymbol{q}$(单位时间物质通过介质单位横截面积的质量,即流量,也称扩散通量)度量扩散运动的强弱,物理学上的扩散遵循**扩散定律**:物质从浓度高向低处扩散,扩散强度与浓度梯度成正比,向量形式表为

$$\boldsymbol{q}=-a^2\nabla u \tag{1}$$

其中 $a^2(a^2>0)$ 称**扩散系数**,负号表示扩散方向与浓度梯度方向相反,在空间直角坐标下的分量形式为

$$q_x=-a^2\frac{\partial u}{\partial x},\quad q_y=-a^2\frac{\partial u}{\partial y},\quad q_z=-a^2\frac{\partial u}{\partial z} \tag{2}$$

其中 q_x,q_y,q_z 分别表示 $\boldsymbol{q}$ 在 x,y,z 方向的分量,并假定3个方向的扩散系数相同.

在三维空间任一点(x,y,z)取长度为 $\mathrm{d}x,\mathrm{d}y,\mathrm{d}z$ 的微长方体(图1),长方体内浓度的变化取决于穿过它表面的扩散强度.考察单位时间在 x 方向由长方体左侧面(截面积 $\mathrm{d}y\mathrm{d}z$)流入、右侧面流出的流量

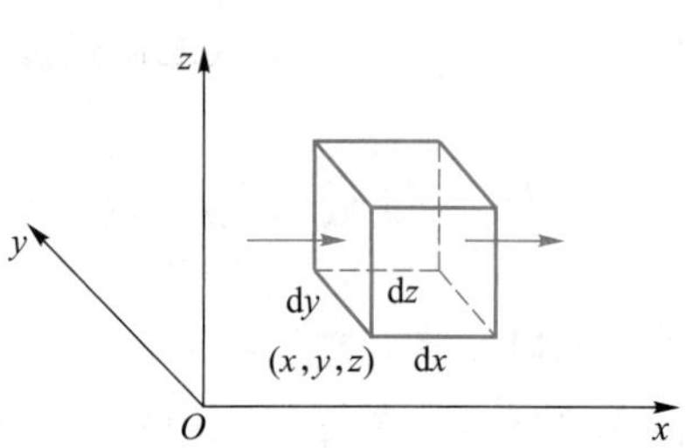

图1 微长方体物质扩散示意图

之差,即净流量,将(2)式代入后近似地有

$$(q_x(x,y,z)-q_x(x+\mathrm{d}x,y,z))\mathrm{d}y\mathrm{d}z=-\frac{\partial q_x}{\partial x}\mathrm{d}x\mathrm{d}y\mathrm{d}z=\frac{\partial}{\partial x}\left(a^2\frac{\partial u}{\partial x}\right)\mathrm{d}x\mathrm{d}y\mathrm{d}z \tag{3}$$

同样地,在 y 方向和 z 方向净流量近似为

$$(q_y(x,y,z)-q_y(x,y+\mathrm{d}y,z))\mathrm{d}x\mathrm{d}z=-\frac{\partial q_y}{\partial y}\mathrm{d}x\mathrm{d}y\mathrm{d}z=\frac{\partial}{\partial y}\left(a^2\frac{\partial u}{\partial y}\right)\mathrm{d}x\mathrm{d}y\mathrm{d}z \tag{4}$$

$$(q_z(x,y,z)-q_z(x,y,z+\mathrm{d}z))\mathrm{d}x\mathrm{d}y=-\frac{\partial q_z}{\partial z}\mathrm{d}x\mathrm{d}y\mathrm{d}z=\frac{\partial}{\partial z}\left(a^2\frac{\partial u}{\partial z}\right)\mathrm{d}x\mathrm{d}y\mathrm{d}z \tag{5}$$

在长方体介质内如果没有产生扩散物质的源及消纳扩散物质的汇,那么其浓度的时间增长率为$\frac{\partial u}{\partial t}$.根据**物质守恒定律**,单位时间长方体内物质增加的质量$\frac{\partial u}{\partial t}\mathrm{d}x\mathrm{d}y\mathrm{d}z$ 等于3 个方向的净流量之和,由(3)—(5)式得

$$\frac{\partial u}{\partial t}\mathrm{d}x\mathrm{d}y\mathrm{d}z=\left[\frac{\partial}{\partial x}\left(a^2\frac{\partial u}{\partial x}\right)+\frac{\partial}{\partial y}\left(a^2\frac{\partial u}{\partial y}\right)+\frac{\partial}{\partial z}\left(a^2\frac{\partial u}{\partial z}\right)\right]\mathrm{d}x\mathrm{d}y\mathrm{d}z \tag{6}$$

于是

$$\frac{\partial u}{\partial t}=a^2\left(\frac{\partial^2 u}{\partial x^2}+\frac{\partial^2 u}{\partial y^2}+\frac{\partial^2 u}{\partial z^2}\right) \tag{7}$$

简记作

$$u_t=a^2(u_{xx}+u_{yy}+u_{zz}),\quad 或\quad u_t=a^2\Delta u \tag{8}$$

其中 $\Delta=\nabla\cdot\nabla=\mathrm{div}(\mathbf{grad})$,称 Laplace 算子.(8)式是物质在三维均匀介质中(指扩散系数相同)无源、无汇条件下的扩散方程,可以自然地简化到二维和一维的情况.

若介质中存在扩散物质的源或汇,记单位时间单位体积中产生或消纳的质量为 $s(x,y,z,t)$,则扩散方程(8)应修改为

$$u_t-a^2\Delta u=s(x,y,z,t) \tag{9}$$

$s(x,y,z,t)$称方程(9)的自由项.方程(8)(9)是最简单、常用的物质扩散方程.

再考察热量传导过程.当空间某物体内的温度不均匀时,将通过热量的传递引起温度的时空变化,表示为函数 $u(x,y,z,t)$.物体温度 u 的不均匀程度用梯度∇u 度量,热量传递的强弱用热流强度 $\boldsymbol{q}$(单位时间通过单位横截面积的热量,也称热流通量)度量,物理学上遵循**热传导定律**:热量从温度高向低处传导,热流强度与温度梯度成正比,比例系数称**热传导率**,记作 $k(k>0)$.

容易看出,只需将扩散方程中的浓度和扩散强度代之以温度和热流强度(英文字母不变),扩散系数 a^2代之以热传导率 k,上面(1)—(5)式对热传导过程仍然成立.需要注意的是,单位时间长方体内增加的热量为 $c\rho\frac{\partial u}{\partial t}\mathrm{d}x\mathrm{d}y\mathrm{d}z$,其中 c 和 ρ 分别是物体的比热容和密度.根据**能量守恒定律**,长方体内增加的热量等于穿过的净热流量,与(6)—(8)式的推导类似,可得

$$c\rho u_t=k(u_{xx}+u_{yy}+u_{zz}),\quad 或\quad u_t=a^2\Delta u,\quad a^2=k/c\rho \tag{10}$$

其中 a^2称热扩散(或热传导)系数,由物体的热传导率 k,比热容 c 和密度 ρ 确定.(10)

式是三维均匀物体中(指 k,c,ρ 相同)无源、无汇条件下的热传导方程,同样可以简化到二维和一维的情况.若物体中存在热源或热汇,则方程应添加自由项,如(9)式.

评注 扩散方程与热传导方程是依据各自的物理定律得到的,其数学描述完全相同,属于抛物型二阶偏微分方程.它们与描述电磁场、弦振动、声波、流体流动等物理现象的偏微分方程一起,称为数学物理方程.对于科技领域中基于这些物理规律的实际问题,通常要用数学物理方程来建模.

属于物质扩散、热量传导的每个实际问题,大多要在扩散方程(8)或热传导方程(10)的基础上,列出定解条件,才构成完整的数学模型.下面通过若干实例的建模过程进行讨论.

模型一 无限空间中瞬时点源的扩散

一颗礼花弹腾空而起,瞬间在空中爆破,烟雾以爆点为中心迅速向周围散去,如果忽略风力、大地及其他障碍物的影响,可视为烟雾在无限空间均匀介质中呈球形向四周扩散.站在地面上的人们看到的是,起初呈圆形的烟雾团越来越大,后来它的边界变得明亮起来,烟雾团又逐渐变小,最终消失在视野中.可以建立一个数学模型研究烟雾团的大小随时间变化的过程,解释人们看到的现象.

无疑,能够用扩散方程(8)描述烟雾浓度随时空变化的规律.建模的关键是礼花弹爆破产生的烟雾浓度如何表述?设礼花弹于初始时刻 $t=0$ 在坐标原点 $(x,y,z)=(0,0,0)$ 爆破,产生的烟雾量为 Q,注意到爆破是瞬时而非持续的,应表示为方程的初值条件而非方程的自由项.由于烟雾在无限空间扩散,方程不需要边界条件,于是烟雾浓度函数 $u(x,y,z,t)$ 满足

$$\begin{cases} u_t=a^2(u_{xx}+u_{yy}+u_{zz}), \quad t>0, \quad -\infty<x,y,z<+\infty \\ u(x,y,z,0)=Q\delta(x,y,z) \end{cases} \tag{11}$$

其中 $\delta(x,y,z)$ 是三维点源函数,用于表示如质点质量、点热量、点电荷等集中在坐标原点的物理量,可表示为

$$\delta(x,y,z)\begin{cases}=0, & x,y,z\neq 0, \\ \to\infty, & x,y,z=0,\end{cases} \qquad \iiint\limits_{-\infty<x,y,z<+\infty} \delta(x,y,z)\,\mathrm{d}x\mathrm{d}y\mathrm{d}z=1 \tag{12}$$

利用 Fourier 变换方法[84]能够得到方程(11)的解(复习题 1)

$$u(x,y,z,t)=\frac{Q}{(4\pi a^2t)^{3/2}}\exp\left(-\frac{x^2+y^2+z^2}{4a^2t}\right) \tag{13}$$

或记作

$$u(r,t)=\frac{Q}{(\sqrt{2\pi}\,\sigma_t)^3}\exp\left(-\frac{r^2}{2\sigma_t^2}\right), \quad r^2=x^2+y^2+z^2, \quad \sigma_t^2=2a^2t \tag{14}$$

表示在任意时刻 t 烟雾浓度的等值面是以坐标原点为中心、半径为 r 的球面,浓度 $u(r,t)$ 随 r 的变大而减小,呈均值(也是峰值)在原点、均方差为 σ_t 的三维正态分布,约 95%的烟雾集中在以爆破点为中心、半径 $2\sigma_t$ 的球体内.并且,均方差 σ_t 与时间 t 的平方根成正比,随着 t 和 σ_t 的增加,浓度的分布越来越均匀,由于烟雾总量 Q 不变,空间各点的浓度会越来越小.

理论上,按照(14)式对于任意时刻 t 空间任何一点的浓度 u 都大于零,那么为什么站在地面上人们看到的现象是,烟雾团起初由小变大,然后又由大变小,最终消失呢?

地面上观察到的烟雾团实际上是呈球形扩散的烟雾在 $x-y$ 平面的圆形投影.记圆的半径为 ρ,$\rho^2=x^2+y^2$,烟雾浓度记作 $u(\rho,t)$,可以近似地将(13)式的 $u(x,y,z,t)$ 对 z 作无穷积分得到

$$u(\rho,t)=\int_{-\infty}^{+\infty}u(x,y,z,t)\,\mathrm{d}z=\frac{Q}{4\pi a^2 t}\exp\left(-\frac{\rho^2}{4a^2 t}\right),\quad \rho^2=x^2+y^2 \tag{15}$$

这里利用了无穷积分公式 $\int_{-\infty}^{+\infty}\mathrm{e}^{-z^2/\alpha}\mathrm{d}z=\sqrt{\pi\alpha},\alpha>0$.

由(15)式可知,对于任意时刻 t,浓度 $u(\rho,t)$ 随半径 ρ 的变大而减小.为了考察任一半径 ρ 对应的浓度 $u(\rho,t)$ 如何随 t 的增加而改变,在(15)式中设常数 $Q=4\pi a^2$,$b=\rho^2/4a^2$,取 $b=0.5,2,4$,画出图 2 的 3 条曲线,显示浓度 $u(\rho,t)$ 随 t 变大而先增后减,在某时刻达到最大值.对(15)式求导不难得到 $u(\rho,t)$ 的最大点 t_m 和最大值 u_{max} 为

$$t_m=\frac{\rho^2}{4a^2},\quad u_{max}=\frac{Q}{\mathrm{e}\pi\rho^2} \tag{16}$$

显然随着 ρ 的增加 t_m 变大而 u_{max} 变小.

怎样解释烟雾团大小的变化呢? 实际上,仅当烟雾浓度 $u(\rho,t)$ 超过某个阈值 u_0 时才能被人眼或仪器观察到,图 2 中曲线 $b=2$ 对应于半径 $\rho=\sqrt{8a^2}$ 的烟雾团,该曲线与直线 $u=u_0$ 有 2 个交点,其横坐标 t_1,t_2 分别是半径 ρ 的烟雾团被观察到的时刻及消失的时刻.可以看到 ρ 越小 t_1 越小,t_2 越大,如曲线 $b=0.5$ 与直线 $u=u_0$ 的交点,而较大的 ρ 如曲线 $b=4$ 与直线 $u=u_0$ 没有交点,表示根本观察不到烟雾.

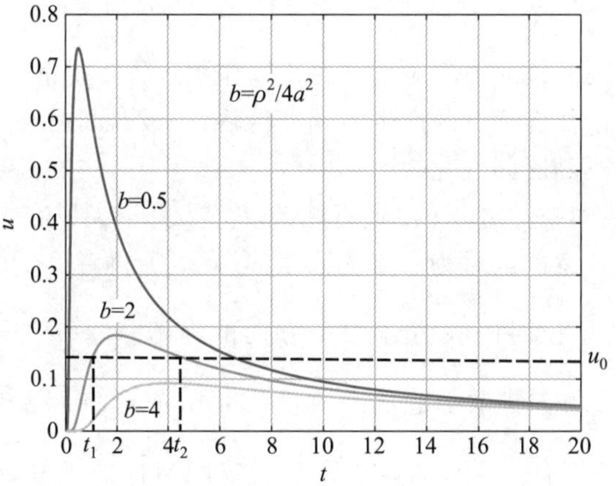

图 2 浓度(15)随 t 变化的图形

根据阈值 u_0 可以得到烟雾团半径 ρ 与 t 的关系,令(15)式右端等于 u_0,解得

$$\rho=\sqrt{4a^2 t\ln\frac{Q}{4\pi a^2 u_0 t}} \tag{17}$$

图形如图 3(设 $Q=4\pi a^2=1$),ρ 达到最大的时刻 t^* 及 ρ 等于零的时刻 t_0 为(复习题 2)

$$t^*=\frac{Q\mathrm{e}^{-1}}{4\pi a^2 u_0},\quad t_0=\frac{Q}{4\pi a^2 u_0},\quad 即\quad t_0=\mathrm{e}t^*\approx 2.7t^* \tag{18}$$

(17)(18)式定量地解释了人们看到的现象:烟雾团起初越来越大,在时刻 t^* 达到最大,此后逐渐变小,最终在时刻 t_0 烟雾消失,还表明 t^*,t_0 与扩散系数 a^2 和浓度阈值 u_0 成反比,并且观察到烟雾团最大的时刻 t^* 后,可以预报消失的时刻 t_0.

评注 利用基于无穷积分计算的 Fourier 变换,得到了无限空间扩散方程的解析解,其形式与正态概率密度函数相同,由此推出的一些定量结果可以解释观察到的自然现象,从一个侧面展示了数学建模的效用.

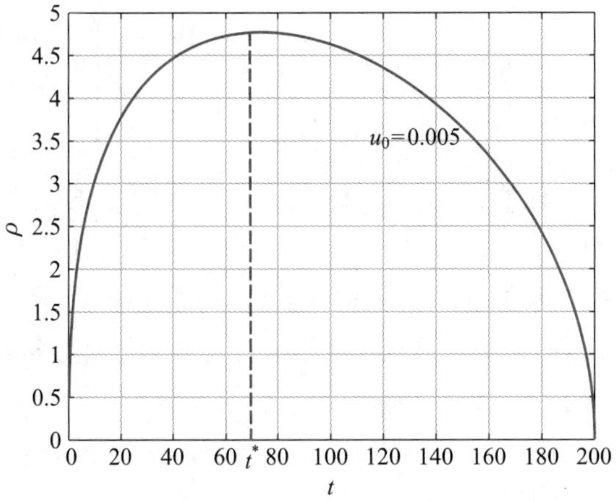

图 3 烟雾团半径(17)随 t 变化的图形

模型二 风力作用下连续点源的扩散与平流

一座硕大的烟囱拔地而起,突突的烟雾持续喷出,烟雾传输过程除了物质扩散,还有持续大风引起的强烈的平流运动,后者更为显著.对这种情况首先需要对前面讨论的扩散模型补充、修改一些简化假设[80]:

1)烟囱口位于坐标原点,单位时间持续喷出的烟雾量为 Q,大风始终以恒定速度 v 沿 x 轴方向吹动;

2)在 x 方向大风引起的平流对烟雾的传输作用远大于扩散;

3)对于像烟囱这种连续点源产生的烟雾传输,一段时间后空间任一点的烟雾浓度将处于稳定状态,即不随时间变化.

根据这些假设需对扩散方程(7)进行修改.首先,由于大风在 x 方向吹动位于 $x=0$ 点产生的烟雾,所以考察的区域为右半无限空间($x\geqslant0$).再者,(6)式右端应增加风速 v 作用下、对流引起的单位时间长方体中 x 方向的净流量 $v(u|_x-u|_{x+\mathrm{d}x})\mathrm{d}y\mathrm{d}z=-v\dfrac{\partial u}{\partial x}\mathrm{d}x\mathrm{d}y\mathrm{d}z$,该项远大于 x 方向扩散引起的净流量(3)式,故可将后者略去.还有,由于浓度处于稳态,(6)式左端应有$\dfrac{\partial u}{\partial t}=0$,烟雾浓度只是空间坐标的函数,记作 $u(x,y,z)$.于是方程(7)应修改为

$$v\frac{\partial u}{\partial x}=a^2\left(\frac{\partial^2 u}{\partial y^2}+\frac{\partial^2 u}{\partial z^2}\right),\quad x>0,\quad -\infty<y,z<+\infty \tag{19}$$

这是 x 方向平流远超过扩散、稳态情况下的平流扩散方程.

评注 模型一、二都假设烟雾的扩散系数 a^2 是不随空间、时间变化的常数,实际上,从气象学的角度扩散系数在垂直于地面方向上的变化是相当显著的,这时扩散方程中的系数在 x,y,z 3 个方向应分别表示为 a_x^2,a_y^2,a_z^2.

方程的定解条件在右半无限空间的边界($x=0,-\infty<y,z<+\infty$),设 $x=0$ 处单位时间风速 v 吹动产生的烟雾量 Q,边界条件可表示为

$$u(0,y,z)=Q\delta(y,z)/v \tag{20}$$

其中 $\delta(y,z)$ 是二维点源函数,具有类似于(12)式的性质.

与求解方程(11)类似地得到模型(19)(20)的解为

$$u(x,y,z)=\frac{Q}{4\pi a^2 x}\exp\left[-\frac{v(y^2+z^2)}{4a^2 x}\right] \tag{21}$$

或

$$u(r,t)=\frac{Q/v}{(\sqrt{2\pi}\sigma_x)^2}\exp\left(-\frac{r^2}{2\sigma_x^2}\right),\quad r^2=y^2+z^2,\quad \sigma_x^2=\frac{2a^2x}{v} \tag{22}$$

表示在垂直于坐标轴 x 的任意平面上，烟雾浓度的等值线是以 $(y,z)=(0,0)$ 为中心的圆，浓度值随着圆半径的变大而减小，且呈均值（也是峰值）在中心、均方差为 σ_x 的二维正态分布，σ_x^2 与 x 成正比，与风速 v 成反比.

模型三　杂质通过薄膜表面的扩散

生产电子器件的某些技术环节可以抽象为这样的情景：一片薄膜放到充满杂质的环境中，使杂质通过薄膜的表面向内部扩散. 如果圆形薄膜的厚度与其半径相比足够小，那么薄膜内部杂质浓度的变化，可简化为沿着与薄膜表面垂直方向的扩散过程，适用于方程(8)的一维情况.

取薄膜表面的垂直方向为 x 轴，设薄膜厚度为 l，薄膜内部沿 x 轴的杂质浓度记作 $u(x,t)$，杂质在薄膜内的扩散系数为 a^2，则 $u(x,t)$ 满足扩散方程

$$u_t=a^2u_{xx},\quad t>0,\quad 0<x<l \tag{23}$$

设环境的杂质浓度为 $N(N>0)$，在扩散过程中使得薄膜两端 $(x=0,l)$ 的杂质浓度保持 N 不变，且进入环境前薄膜内部没有杂质，那么方程的边界条件和初值条件分别为

$$u(0,t)=u(l,t)=N,\quad t\geqslant 0 \tag{24}$$

$$u(x,0)=0,\quad 0<x<l \tag{25}$$

(24)式直接给出两个端点的函数值，称为第一类边界条件. 可以根据常识来分析杂质浓度随 x,t 变化的定性关系：在任意时刻 t 浓度 $u(x,t)$ 对区间 $[0,l]$ 的中点呈对称分布，中点的浓度最小；随着 t 的增长浓度在区间 $[0,l]$ 内的分布越来越均匀，且趋向环境浓度 N. 求解由(23)—(25)式构成的数学模型，可得浓度随时空变化的定量规律，以及一些人们关注的数量结果，如多长时间才能使薄膜内的杂质浓度达到环境浓度的 95%.

摘要介绍用分离变量法求解(23)—(25)式的步骤[70,84].

为了将边界条件(24)式齐次化，令

$$u(x,t)=w(x,t)+N \tag{26}$$

则(23)—(25)式化为

$$w_t=a^2w_{xx},\quad w(0,t)=w(l,t)=0,\quad w(x,0)=-N \tag{27}$$

(27)式的方程和边界条件是齐次的，可采用分离变量法，令

$$w(x,t)=X(x)T(t) \tag{28}$$

代入(27)式可得

$$X''+\lambda X=0,\quad X(0)=X(l)=0,\quad T'+\lambda a^2T=0 \tag{29}$$

其中常数 λ 称为特征值，$X(x)$ 称为特征函数.

求解方程(29)中的 $X(x)$，得

$$X(x)=a_1\cos(\sqrt{\lambda}x)+a_2\sin(\sqrt{\lambda}x),\quad a_1=0,\quad a_2\neq 0,\quad \sin(\sqrt{\lambda}l)=0 \tag{30}$$

由特征值 λ 满足方程 $\sin(\sqrt{\lambda}l)=0$ 可得

$$\lambda_n=\left(\frac{n\pi}{l}\right)^2,\quad X_n(x)=a_n\sin\left(\frac{n\pi}{l}x\right),\quad n=1,2,\cdots \tag{31}$$

将 λ_n 代入方程(29)求解 $T_n(t)$，并将 $X_n(x)$，$T_n(t)$ 代入(28)式得

$$w_n(x,t)=X_n(x)T_n(t)=c_n\exp\left(-\frac{n^2\pi^2a^2}{l^2}t\right)\sin\left(\frac{n\pi}{l}x\right),\quad n=1,2,\cdots \tag{32}$$

其中 c_n 为任意常数.

由于 $w(x,t)$ 方程与边界条件的齐次性，根据叠加原理，将 $w_n(x,t)$ 对 n 求和

$$w(x,t)=\sum_{n=1}^{\infty}c_n\exp\left(-\frac{n^2\pi^2a^2}{l^2}t\right)\sin\left(\frac{n\pi}{l}x\right) \tag{33}$$

对于固定的 t，$w(x,t)$ 是 x 的正弦级数.根据初值条件 $w(x,0)=-N$ 可确定系数 c_n，最后将 $w(x,t)$ 代入(26)式得到(复习题 3)

$$u(x,t)=N\left[1-\frac{4}{\pi}\sum_{k=1}^{\infty}\frac{1}{(2k-1)}\exp\left(-\frac{(2k-1)^2\pi^2a^2}{l^2}t\right)\sin\frac{(2k-1)\pi}{l}x\right] \tag{34}$$

(34)式是模型(23)—(25)的级数解，容易判断级数的收敛性.当其中的负指数项 $\exp\left[-\frac{(2k-1)^2\pi^2a^2}{l^2}t\right]$ 随着 k 的增加迅速减小时，级数很快收敛，并且 t 越大级数收敛越快.令 $\tau=l^2/a^2$（τ 与 t 量纲相同），可以算出 $T_2(t)/T_1(t)=\exp(-8\pi^2t/\tau)$，当 $t/\tau=0.1$ 时 $T_2(t)/T_1(t)\approx 3.75\times10^{-4}$，表示若 t 充分大时，(34)式的级数可只取首项，即

$$u(x,t)\approx N\left[1-\frac{4}{\pi}\exp\left(-\frac{\pi^2t}{\tau}\right)\sin\frac{\pi x}{l}\right],\quad \tau=\frac{l^2}{a^2} \tag{35}$$

由(35)式可以回答问题“多长时间才能使薄膜内的浓度达到环境浓度的 95%”.显然，在区间 $[0,l]$ 中点 $x=l/2$ 处的浓度最小，要使该点浓度不小于 0.95N，只需 $\frac{4}{\pi}\exp\left(-\frac{\pi^2t}{\tau}\right)\leqslant 0.05$，可得 $t\geqslant 0.33\tau$.注意到 τ 与薄膜厚度 l 的平方成正比，与杂质在薄膜内的扩散系数 a^2 成反比，所以薄膜厚度越小、扩散越快，膜内浓度接近环境浓度所需的时间就越短.

评注 边界条件(24)式给出的是薄膜两边杂质浓度固定的扩散问题，称为恒定源扩散.另一类问题是限定源扩散，即一边或两边初始时刻有一定量的杂质，但此后不再有新的杂质进入，如本章训练题 17.

模型四 带有热交换边界的热量传导

有些生产设备或器件的热传导过程经过分解、简化可以归结为这样的问题：一根截面积固定、材料均匀的细圆杆，加热至一定温度后，侧面用保温材料绝热，放到温度不变的低温环境中散热，使材料获得某种物理特性.如果圆杆直径与长度相比足够小，那么圆杆内部温度的变化，可视为沿着杆的长度方向的一维热传导过程.

取杆的长度方向为 x 轴，设杆长 l，将环境温度设为零度，杆在区间 $[0,l]$ 内的温度记作 $u(x,t)$，满足热传导方程，即(10)式的一维情况

$$u_t=a^2u_{xx},\quad a^2=k/c\rho,\quad t>0,\quad 0<x<l \tag{36}$$

其中 k 是材料的热传导率，c 是比热容，ρ 是密度.

如果使杆的一端 $x=0$ 始终保持与环境同样的温度（零度），而另一端 $x=l$ 与环境之间按照冷却定律交换热量，即从杆端流出的热流强度与杆端和环境之间的温差成正比，表示为 $-ku_x=h(u-0)$，其中 h 是杆端和环境的**热交换系数**，或称对流换热系数，左端的负号是因为 $x=l$ 端 $u>0$ 而 $u_x<0$.于是方程的边界条件为

$$u(0,t)=0,\quad ku_x(l,t)+hu(l,t)=0,\quad t\geqslant 0 \tag{37}$$

设初始时刻将整根杆加热至温度 θ ($\theta>0$),则初值条件为

$$u(x,0)=\theta,\quad 0<x\leqslant l \tag{38}$$

(36)—(38)式构成带有热交换边界的热传导模型.

(37)式 $x=l$ 端是函数 u 及导数 u_x 的线性组合,表示带有热交换的边界,在实际问题的建模中经常用到,称为第三类边界条件.

方程(36)和边界条件(37)是齐次的,可以直接用分离变量法求解,类似于(28)—(30)式的方法,满足(37)式的特征值和特征函数为

$$k\sqrt{\lambda}\,l\cos(\sqrt{\lambda}\,l)+hl\sin(\sqrt{\lambda}\,x)=0,\quad X(x)=a_2\sin(\sqrt{\lambda}\,x) \tag{39}$$

特征值 λ 的方程可写作

$$\tan(\sqrt{\lambda}\,l)+\frac{k}{hl}\sqrt{\lambda}\,l=0 \tag{40}$$

λ 是超越方程(40)的无穷多个根.可以看到,不仅求解这些特征值非常复杂,而且用初值条件确定由特征函数构成的三角级数的系数更为烦琐,所以对于第三类边界条件虽然能够写出方程解的表达式,但是并不适用于分析和应用.

从方程(40)还可以看出,当 hl 远大于 k 时,此式退化为 $\sin(\sqrt{\lambda}\,l)=0$,与模型三(30)式第 2 式相同,表明第三类边界条件退化为第一类边界条件;反之,若 hl 远小于 k,此式将退化为 $\cos(\sqrt{\lambda}\,l)=0$,对应于边界条件 $u_x(l,t)=0$,表示杆端流出的热流强度为零,相当于绝热,称为第二类边界条件.

通过一个具体例子说明如何用 MATLAB 软件计算数值解.

例 1 设材料密度 $\rho=300\ \mathrm{kg/m^3}$,比热容 $c=1\ 377\ \mathrm{J/(kg\cdot K)}$,热传导率 $k=0.082\ \mathrm{W/(m\cdot K)}$,热交换系数 $h=120\ \mathrm{W/(m^2\cdot K)}$,长度 $l=10$ mm,初始温度 $\theta=100(℃)$,其热传导模型由(36)—(38)式给出.计算不同时刻圆杆的温度分布,结果用图形表示.

MATLAB 软件的 pdepe 命令可以求解空间变量 x 取值范围为一维有界区间,并可表示为以下形式的偏微分方程:

$$g\left(x,t,u,\frac{\partial u}{\partial x}\right)\frac{\partial u}{\partial t}=x^{-m}\frac{\partial}{\partial x}\left(x^m f\left(x,t,u,\frac{\partial u}{\partial x}\right)\right)+s\left(x,t,u,\frac{\partial u}{\partial x}\right) \tag{41}$$

程序文件 5-1
物质扩散与热量传导
prog0509.m

其中因变量 $u=u(x,t)$,t 为时间变量;整数 m 取值为 0,1,2;函数 f 为通量项,函数 s 为自由项(源或汇),函数 g 为 u 对 t 的一阶偏导数的系数.更多细节可参见 MATLAB 的帮助文档.

pdepe 命令的基本调用格式为

sol = pdepe(m, pdefun, icfun, bcfun, xmesh, tspan, options)

对于例 1,m = 0,pdefun 对应方程(41)中的函数 $g=c\rho$,$f=k(\partial u/\partial x)$,$s=0$,icfun 对应初值条件,bcfun 对应边界条件,向量 xmesh,tspan 分别对应空间、时间的离散化,options 指定求解的控制参数;输出 sol 给出计算结果.

对例 1,编程求解得到的数值解如图 4 所示,程序参见程序文件 5-1.

模型讨论

1. 在充分了解问题背景的基础上,合理地确定研究对象适用的方程,正确地列出定解条件,是完成建模过程的关键.以下几点值得注意:

评注 对于扩散方程与热传导方程的定解问题,能够得到解析解的情况是很少的,即使有解析解也非常繁杂难以应用,所以在学习这类问题的建模时,掌握数值解的编程计算方法是必要的.

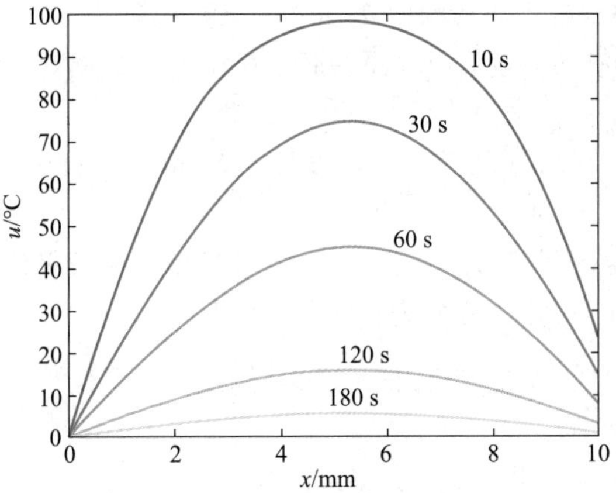

图 4 模型(36)—(38)对例 1 的数值解

- 正确区分方程与边界条件中的外源.只有研究对象内部始终存在的扩散源、热源才作为自由项出现在方程中,由外部环境注入的物质流、热流只能作为边界条件.
- 恰当选择合适的边界条件.对于许多热量传导及某些物质扩散过程,选用第三类边界条件比较符合实际,但是需要确定其中的交换系数,增加了解决问题的难度.可以根据实际情况简化为第一类或第二类边界条件.
- 根据对象在过程开始前的状态确定初值条件.如果关注的是时间充分长以后的稳态情况,则不需要考虑初值条件,并删去方程中的变量 t.

2. 物理量都是有量纲的,其构成的等式两端量纲必须相同,称**量纲齐次性原则**(详见 6.6 节).在根据物理定律建模过程中,量纲分析是描述物理参数、验证模型的简单且有效的工具.

力学的基本量纲通常取长度 L,质量 M,时间 T.对于扩散方程根据各物理量的定义或物理定律得到它们的量纲,如表 1.据此可以检查方程(8):左端量纲 $[u_t]=L^{-3}MT^{-1}$,右端量纲 $[a^2][u_{xx}]=(L^2T^{-1})(L^{-3}M)L^{-2}=L^{-3}MT^{-1}$,两端量纲相同.

热力学添加温度 K 为基本量纲.对于热传导方程各物理量的量纲,如表 2.类似地检查方程(10),两端量纲相同.

利用表 1、表 2 的量纲还可以检验模型求解结果,如(13)式等,是否符合量纲齐次性原则.

表 1、表 2 还给出由量纲直接得到的计量单位,供数值解使用.

表 1 扩散方程各物理量的量纲及单位

物理量	量纲	单位
浓度 u	$[u]=L^{-3}M$	kg/m^3
浓度梯度 u_x	$[u_x]=[u]\ L^{-1}=L^{-4}M$	kg/m^4
扩散强度 q	$[q]=L^{-2}MT^{-1}$	$kg/(m^2\cdot s)$
扩散系数 a^2	$[a^2]=[q][u_x]^{-1}=L^2T^{-1}$	m^2/s

表 2　热传导方程各物理量的量纲及单位

物理量	量纲	单位	注(某些常用单位)
温度 u	$[u]=\mathrm{K}$	K	
温度梯度 u_x	$[u_x]=[u]\mathrm{L}^{-1}=\mathrm{L}^{-1}\mathrm{K}$	K/m	
热量 Q	$[Q]=\mathrm{L}^2\mathrm{MT}^{-2}$	$\mathrm{kg}\cdot\mathrm{m}^2/\mathrm{s}^2$	$=\mathrm{N}\cdot\mathrm{m}$(牛·米)$=\mathrm{J}$(焦)
热流强度 q	$[q]=[Q]\mathrm{L}^{-2}\mathrm{T}^{-1}=\mathrm{MT}^{-3}$	m/s^3	
热传导率 k	$[k]=[q][u_x]^{-1}=\mathrm{LMT}^{-3}\mathrm{K}^{-1}$	$\mathrm{kg}\cdot\mathrm{m}/(\mathrm{s}^3\cdot\mathrm{K})$	$=\mathrm{J}/(\mathrm{m}\cdot\mathrm{s}\cdot\mathrm{K})=\mathrm{W}/(\mathrm{m}\cdot\mathrm{K})$ (瓦/(米·开))
密度 ρ	$[\rho]=\mathrm{L}^{-3}\mathrm{M}$	kg/m^3	
比热容 c	$[c]=[Q]\mathrm{M}^{-1}\mathrm{K}^{-1}=\mathrm{L}^2\mathrm{T}^{-2}\mathrm{K}^{-1}$	$\mathrm{m}^2/(\mathrm{s}^2\cdot\mathrm{K})$	$=\mathrm{J}/(\mathrm{kg}\cdot\mathrm{K})$
热扩散系数 $a^2=k/c\rho$	$[a^2]=[k][c]^{-1}[\rho]^{-1}=\mathrm{L}^2\mathrm{T}^{-1}$	m^2/s	
热交换系数 h	$[h]=[k]\mathrm{L}^{-1}=\mathrm{MT}^{-3}\mathrm{K}^{-1}$	$\mathrm{kg}/(\mathrm{s}^3\cdot\mathrm{K})$	$=\mathrm{J}/(\mathrm{m}^2\cdot\mathrm{s}\cdot\mathrm{K})=\mathrm{W}/(\mathrm{m}^2\cdot\mathrm{K})$ (瓦/(米^2·开))

评注　量纲分析方法验证模型的含义是,对于根据物理量定义或物理定律写出的每一个等式,都应该用等式两端量纲是否相同进行检验.虽然量纲相同不能保证等式正确,但是量纲不同却能肯定等式错误.

复习题

1. 验证(13)式是方程(11)的解.

2. 推导(18)式.

3. 推导(34)式,分别对级数的首项及第1,2项,以逐渐变大的 t 为参数作 $u(x,t)$ 的图形,观察 $u(x,t)$ 趋向 N 的形态.

5.10　高温作业专用服装设计

问题提出　在高温环境下工作时,人们需要穿着专用服装以避免灼伤.专用服装通常由三层织物材料构成,记为Ⅰ,Ⅱ,Ⅲ层,其中Ⅰ层与外界环境接触,Ⅲ层与皮肤之间还存在空隙,将此空隙记为Ⅳ层.

为设计专用服装,将体内温度控制在 37 ℃的假人放置在实验室的高温环境中,测量假人皮肤外侧的温度.为了降低研发成本、缩短研发周期,利用数学模型来确定假人皮肤外侧的温度变化情况,并解决以下问题:

(1) 专用服装材料的某些参数值由表 1 给出,对环境温度为 75 ℃、Ⅱ层厚度为 6 mm、Ⅳ层厚度为 5 mm、工作时间为 90 min 的情形开展实验,测量得到假人皮肤外侧的温度见表 2,全部数据见数据文件 5-2.建立数学模型,计算温度分布.

数据文件 5-2
高温作业专用服装设计

(2) 当环境温度为 65 ℃、Ⅳ层的厚度为 5.5 mm 时,确定Ⅱ层的最优厚度,确保工作 60 min 时,假人皮肤外侧温度不超过 47 ℃,且超过 44 ℃的时间不超过 5 min.

(3) 当环境温度为 80 ℃时,确定Ⅱ层和Ⅳ层的最优厚度,确保工作 30 min 时,假人皮肤外侧温度不超过 47 ℃,且超过 44 ℃的时间不超过 5 min.

表 1 专用服装材料的参数值

分层	密度/(kg · m^{-3})	比热容/(J · kg^{-1} · K^{-1})	热传导率/(W · m^{-1} · K^{-1})	厚度/mm
Ⅰ层	300	1 377	0.082	0.6
Ⅱ层	862	2 100	0.37	0.6-25
Ⅲ层	74.2	1 726	0.045	3.6
Ⅳ层	1.18	1 005	0.028	0.6-6.4

表 2 假人皮肤外侧的测量温度

时间/s	温度/℃	时间/s	温度/℃	时间/s	温度/℃
0	37.00	301	44.46	1 000	47.92
1	37.00	302	44.48	1 001	47.92
⋮	⋮	⋮	⋮	⋮	⋮
101	39.40	501	46.58	1 645	48.08
102	39.44	502	46.59	⋮	⋮
⋮	⋮	⋮	⋮	5 400	48.08

上面是 2018 年全国大学生数学建模竞赛 A 题,本节将参考发表在《工程数学学报》第 35 卷增刊一(2018)上的 4 篇竞赛优秀论文,以及蔡志杰教授的文章[67],着重对问题(1)进行分析研究,并简要地讨论问题(2).

问题分析与假设 这个问题是研究高温环境通过 3 层织物材料和一层空隙(称为Ⅰ~Ⅳ层材料),向假人皮肤传递热量的过程,以下将在 5.9 节介绍的热传导模型的基础上讨论,不考虑通过对流和辐射的热量传递.

为了计算温度在各层材料中的时空分布,首先需要确定方程及定解条件,包括初值条件、边界条件以及每两层材料之间的衔接条件.

- 微分方程 由于服装每层材料的厚度与长、宽尺寸相比足够小,可视为沿垂直于服装材料和皮肤方向的一维热传导过程,材料内部没有热源和热汇,各层温度的时空变化规律均用热传导方程描述,方程的热扩散系数由热传导率、密度、比热确定,由表 1 可知各层的热扩散系数是不同的.

- 初值条件 假设在实验开始时各层材料的温度与假人体内温度相同,均为 37 ℃.

- 边界条件 右边界是Ⅳ层材料(空隙)与假人皮肤外侧的交界处,由表 2 可知假人皮肤外侧的稳定温度约 48 ℃,远大于假人的体内温度 37 ℃,表明空隙与假人皮肤之间存在热交换,应采用按照冷却定律交换热量的第三类边界条件.左边界是高温环境与Ⅰ层材料的交界处,环境与Ⅰ层材料之间是否也存在热交换呢?题目没有明确交代,竞赛优秀论文中有 2 篇设定为存在热交换的第三类边界条件,另 2 篇直接设定为环境温度 75 ℃,即第一类边界条件①.在 5.9 节模型四中曾经指出,当热交换系数乘以材料厚度远大于热传导率时,第三类边界条件退化为第一类边界条件,这个问题是否属于这种情况,以后我们将作讨论.下面的建模过程按照第三类边界条件处理.

- 衔接条件　在Ⅰ与Ⅱ层、Ⅱ与Ⅲ层、Ⅲ与Ⅳ层的连接处,应满足温度连续性条件及热流强度连续性条件.

题目已经给出Ⅰ—Ⅳ层材料的各个参数(表 1)以及环境温度、假人体内温度等数值,只有左边界和右边界的热交换系数是未知的,需要通过一些实际测量数据来估计.容易发现,表 2 假人皮肤外侧的测量温度正好用于这个估计.

模型建立　以高温环境与Ⅰ层材料的交界处为原点,建立坐标轴 x 轴,Ⅰ—Ⅳ层材料示意图如图 1.记时间 t,第 m 层材料内部温度 $u_m(x,t)$,热传导率 k_m,密度 c_m,比热容 ρ_m,热扩散系数 a_m^2,厚度 d_m,坐标 $x_m=d_m+x_{m-1}$,$x_0=0$,$m=1,2,3,4$.根据关于方程的假设,各层材料的热传导方程表示为

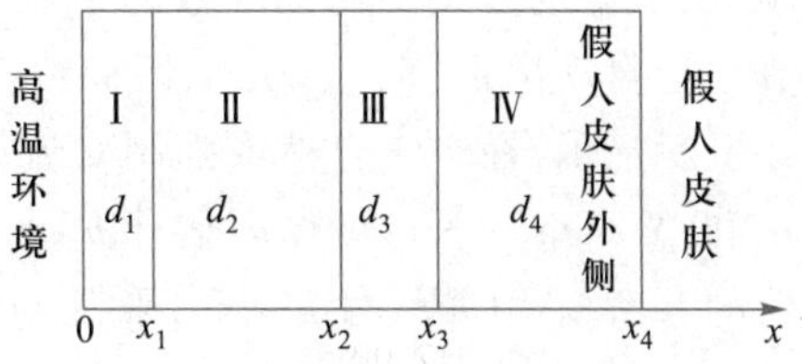

图 1　专用服装各层材料示意图

$$\frac{\partial u_m}{\partial t}=a_m^{\ 2}\frac{\partial^2 u_m}{\partial x^2},\quad a_m^{\ 2}=\frac{k_m}{c_m\rho_m},\quad t>0,\quad x_{m-1}<x<x_m,\quad m=1,2,3,4 \tag{1}$$

根据初值条件的假设,有

$$u_m(x,0)=u_r,\quad 0<x<x_4,\quad m=1,2,3,4 \tag{2}$$

其中 u_r($u_r=37$ ℃)是假人体内温度.

按照边界条件的假设,对于右边界有

$$-k_4\frac{\partial u_4}{\partial x}(x_4,t)=h_r[u_4(x_4,t)-u_r],\quad t>0 \tag{3}$$

其中 h_r是Ⅳ层材料(空气)与假人皮肤的热交换系数.对于左边界有

$$-k_1\frac{\partial u_1}{\partial x}(0,t)=h_l[u_l-u_1(0,t)],\quad t>0 \tag{4}$$

其中 h_l是环境与Ⅰ层材料的热交换系数,u_l($u_l=75$ ℃)是环境温度.

对于衔接条件,根据两层连接处温度连续性,有

$$u_m(x_m,t)=u_{m+1}(x_m,t),\quad t>0,\quad m=1,2,3 \tag{5}$$

根据热流强度连续性,有

$$k_m\frac{\partial u_m}{\partial x}(x_m,t)=k_{m+1}\frac{\partial u_{m+1}}{\partial x}(x_m,t),\quad t>0,\quad m=1,2,3 \tag{6}$$

参数估计与模型求解　求解由热传导方程及定解条件(1)—(6)式表示的模型,得到Ⅰ—Ⅳ层材料中温度的时空分布,需要先估计出左、右边界的热交换系数 h_l,h_r.通常是按照最小二乘准则,使得假人皮肤外侧温度的测量值与模型求解得出的理论值之间的误差平方和最小,得到 h_l,h_r的估计值.参数估计问题可表示为

---

① 发表论文的"编者按"中明确指出采用第一类边界条件不合适.

$$\min_{h_l,h_r}\sum_{j=1}^{T}\ (u_{4j}^{*}-u_{4j})^2 \tag{7}$$

其中 u_{4j}^{*} 为假人皮肤外侧温度的测量值，u_{4j} 为求解(1)—(6)式结果中的 $u_4(x_4,t)$，$t=j$，表 2 中 $T=5\ 400$ s，不过 1 645 s 以后温度一直稳定在 48.08 ℃，计算时可适当选取.

对于(7)式，不论是用数学软件编写非线性最小二乘命令，还是用试探法寻找最优解，都需要在全部参数给定后求解模型(1)—(6)，继而得到 u_{4j}.可以采用 5.9 节介绍的 MATLAB 的 pdepe 命令计算偏微分方程数值解.只要注意到 5.9 节(41)式中函数 f 为通量项，函数 g 为 u 对 t 的偏导数的系数，用这个命令求解带有衔接条件的偏微分方程，计算中会自动满足(5)，(6)式，因而编程不必输入衔接条件，非常方便.

资料显示，在空气自然或强制对流情况下热交换系数的变化范围分别是 5~25 或 20~300 W/(m² · K)，可作为估计 h_l，h_r 时编写非线性最小二乘命令的初值，或试探法取值的参考.采用非线性最小二乘及 pdepe 命令先估计 h_l，h_r，再求解模型 (1)—(6)式，得到 $h_l=120.00$ W/(m² · K)，$h_r=8.36$ W/(m² · K) ①，温度分布用图 2 表示，具体程序参见程序文件 5-2，5-3.

程序文件 5-2,5-3
高温作业专用服装设计 1,2
prog0510fun.m
prog0510a.m

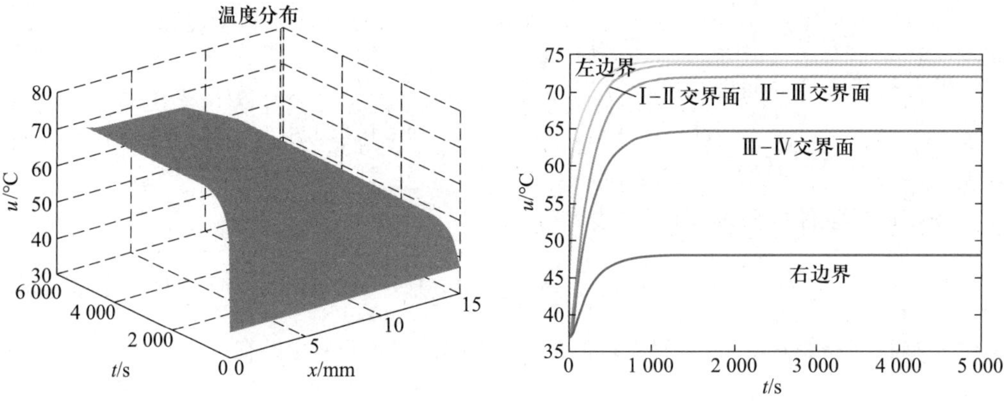

(a) 问题(1)的温度分布

(b) 问题(1)左右边界和各层交界面的温度分布

图 2

评注 题目要求计算温度分布，而又给出一部分测量温度，这些数据有什么用呢？通常就是用来估计参数的，表示模型应该包含未知参数，是所谓"反问题".

对于问题分析中提及的左边界第三类边界条件可否退化为第一类边界条件的问题，已得左边界热交换系数的估计值为 $h_l=120$ W/(m² · K)，表 1 给出 Ⅰ 层材料厚度 $d_1=0.6$ mm，热传导率 $k_1=0.082$ W/(m² · K)，远未达到 $h_l d_1 \gg k_1$ 的退化条件，左边界需采用第三类边界条件.

评注 处理边界条件是这个问题建模的关键之一.一般地说，当没有把握时应选择第三类边界条件，第一类、第二类边界条件是热交换系数乘材料长度与热传导率相比较后的退化结果，是否满足退化条件应在得到热交换系数后才能判断.

(7)式是两个变量的非线性最小二乘问题，在热交换系数的变化范围很大或不易确定的情况下，能不能通过已知数据找到两个变量 h_r 与 h_l 之间的关系，从而将双变量的估计化为单变量呢？事实上，利用下面的稳态模型能够做到.

稳态模型 显然，时间充分长以后各层材料内部温度将趋向稳定，可视为 $u_m(x,t)$

---

① 《工程数学学报》第 35 卷增刊一(2018)刘强等同学的论文用差分格式求解方程，用试探法寻找参数最优解得到的是 $h_l=113$ W/(m² · K)，$h_r=8.34$ W/(m² · K).

$(m=1,2,3,4)$ 不再随时间 t 变化，图 2 也验证了这一点，于是方程(1)由于 $\frac{\partial u_m}{\partial t}=0$ 而简化为 $\frac{\partial^2 u_m}{\partial x^2}=0$，其解 $u_m(x)$ 是 x 的线性函数.再利用边界条件、衔接条件以及测量得到的假人皮肤外侧(Ⅳ右边界)的稳定温度，就可得到 h_r 与 h_l 的关系式.为简便起见，下面对两层材料$(m=1,2)$的情况进行推导.

稳态下两层材料内部的温度为

$$u_1(x)=a_1x+b_1,\quad 0<x<x_1;\quad u_2(x)=a_2x+b_2,\quad x_1<x<x_2 \tag{8}$$

根据衔接条件(5)(6)及方程(8)有

$$a_1x_1+b_1=a_2x_1+b_2,\quad k_1a_1=k_2a_2 \tag{9}$$

根据边界条件(4)(3)及(8)式有

$$-k_1a_1=h_l(u_l-b_1),\quad -k_2a_2=h_r(a_2x_2+b_2-u_r) \tag{10}$$

将(9)第 2 式代入(10)式可得

$$h_l(u_l-b_1)=h_r(a_2x_2+b_2-u_r) \tag{11}$$

左端是稳态下由高温环境流入的热流强度，右端是流出的热流强度.(10)式表明材料左右边界点两侧的温差与相应的热交换系数成反比.这与边界处的热交换越剧烈，边界点两侧的温差越小的直观认识是一致的.

在估计参数 h_r，h_l时可以采用假人皮肤外侧测量温度的稳定值(48.08 ℃)作为材料右边界的稳态温度，记作 $u_s=a_2x_2+b_2$.由(11)式可以知道，如果还能得到材料左边界的稳定温度 b_1，那么 h_r与 h_l的关系就确定了.实际上，在(9)(10)式的 4 个等式中 $x_1=d_1$，$x_2=d_1+d_2$，利用代数运算解出 a_1,a_2,b_1,b_2，并将 b_1代入(11)式可得

$$h_r(u_s-u_r)=\frac{(u_l-u_s)}{\dfrac{1}{h_l}+\dfrac{d_1}{k_1}+\dfrac{d_2}{k_2}} \tag{12}$$

或表为

$$\frac{1}{h_r}\frac{u_l-u_s}{u_s-u_r}=\frac{1}{h_l}+\frac{d_1}{k_1}+\frac{d_2}{k_2} \tag{13}$$

这个结果可以推广到题目所示的 4 层或一般 M 层的情形(复习题 1)，即

$$\frac{1}{h_r}\frac{u_l-u_s}{u_s-u_r}=\frac{1}{h_l}+\sum_{m=1}^{M}\frac{d_m}{k_m} \tag{14}$$

有了这个表达式就可将(7)式的双变量最小二乘简化成单变量的，先估计出一个系数如 h_l，将其代入(14)式得到 h_r.采用非线性最小二乘及 pdepe 命令求得的参数估计值是 $h_l=120.386\,4\ \mathrm{W/(m^2\cdot K)}$，$h_r=8.366\,1\ \mathrm{W/(m^2\cdot K)}$ [①].具体程序参见程序文件 5-4.

程序文件 5-4
高温作业专用服装设计 3
prog0510b.m

---

① 《工程数学学报》第 35 卷增刊一(2018)赖鹏程等同学论文用差分格式求解方程，试探法求单变量最优解，得到 $h_l=117.41\mathrm{W/(m^2\cdot K)}$，$h_r=8.36\ \mathrm{W/(m^2\cdot K)}$，这支参赛队荣获 2018 年全国大学生数学建模竞赛本科组高教社杯.

评注 选用第三类边界条件的难点之一是影响热交换系数的因素很多，难以查到准确的数值.根据实测数据进行估计是确定系数常用的途径，利用稳态模型来减少待估计参数的数量，更是本题求解的一个亮点.

利用稳态模型分析各层材料内部的稳态分布是有意义的.将上面的推导扩充到题目所给的4层材料，估计出参数 h_l, h_r 后，可以计算每层材料内部温度的线性函数系数 $a_m, b_m(m=1,2,3,4)$，从而得到稳态温度分布.图3是根据上面的估计值 h_l, h_r 画出的稳态温度分布图，可以分析温度由高到低的变化情况.比如各层温度下降的斜率与材料的热传导率成反比，以Ⅳ层最大，Ⅲ层次之，Ⅱ层下降斜率最小.

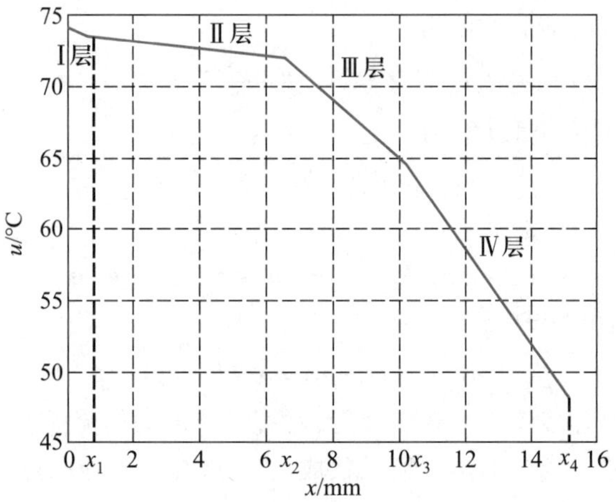

图3 材料内部的稳态温度分布图

模型应用 经查，Ⅰ、Ⅱ、Ⅲ层材料分别为外壳、防水层、隔热层，题目中Ⅰ、Ⅲ层的厚度已给定，Ⅱ层只给出厚度范围.问题(2)要求在一定技术条件限制下，确定Ⅱ层的最优厚度，这是在完成问题(1)建模和温度计算基础上模型的直接应用.

给定的技术条件是，环境温度65 ℃、工作60 min时，假人皮肤外侧温度不超过47 ℃，且超过44 ℃的时间不超过5 min.显然，在环境温度和工作时间一定的条件下，Ⅱ层的厚度 d_2 越大，假人皮肤外侧温度越低.所以，从经济成本和使用方便的角度，所谓最优厚度就是最小厚度.

取环境温度 $u_l=65$ ℃，$T=3\ 600$ s，两端的热交换系数 h_r, h_l 取参数估计和稳态模型得出的数值，用模型(1)—(6)式计算材料内部的温度分布，得到的 $u_4(x_4,t)$ 即为假人皮肤外侧温度.在技术条件中记 $u_{\max}=47$ ℃，$u^*=44$ ℃，$t^*=300$ s，注意到表2中厚度 d_2 的变化范围是0.6~25 mm，确定Ⅱ层的最优厚度可表为如下的优化模型

$$\begin{aligned}&\min_{0.6\leqslant d_2\leqslant 25} d_2\\ \text{s.t. } & u_4(x_4,T)\leqslant u_{\max}\\ & u_4(x_4,T-t^*)\leqslant u^*\end{aligned}\tag{15}$$

模型求解可从 d_2 的最小值开始，当 d_2 增至(15)式的2个约束条件均满足时即为最优解(复习题2).

复习题

1. 推导(14)式.
2. 求解赛题问题(2).
3. 求解赛题问题(3).

第 5 章训练题

1. 为治理湖水的污染,引入一条较清洁的河水,河水与湖水混合后又以同样的流量由另一条河排出.设湖水容积为 V,河水单位时间流量为 Q, 河水的污染浓度为常数 c_h,湖水的初始污染浓度为 c_0.

(1) 建立湖水污染浓度 c 随时间 t 变化的微分方程,并求解.

(2) 若测量出引入河水 10 天后湖水的污染浓度 0.9 g/m^3,40 天后湖水的污染浓度 0.5 g/m^3,且河水的污染浓度 c_h=0.1 g/m^3,问引入河水后多少天,湖水的污染浓度可以降到标准值0.2 g/m^3.

(3) 若由于水的蒸发等原因湖水容积每天减少 b,湖水污染浓度如何变化?

2. 凌晨某地发生一起凶杀案,警方于早晨 6:00 到达现场,测得尸温 26 ℃,室温 10℃.早晨 8:00,又测得尸温 18 ℃.

(1) 若近似认为室温不变,估计凶杀案发生的时间.

(2) 若早晨 8:00 室温升至 12 ℃,如何处理这个问题?

3. 对于技术革新的推广,在下列几种情况下分别建立模型:

(1) 推广工作通过已经采用新技术的人进行,推广速度与已采用新技术的人数成正比,推广是无限的.

(2) 总人数有限,因而推广速度还会随着尚未采用新技术的人的人数的减少而降低.

(3) 在(2)的前提下考虑广告等媒介的传播作用[12,41].

4. 人工肾是帮助人体从血液中带走废物的装置,它通过一层薄膜与需要带走废物的血管相通,如下图.人工肾中通以某种液体,其流动方向与血液在血管中的流动方向相反,血液中的废物透过薄膜进入人工肾.

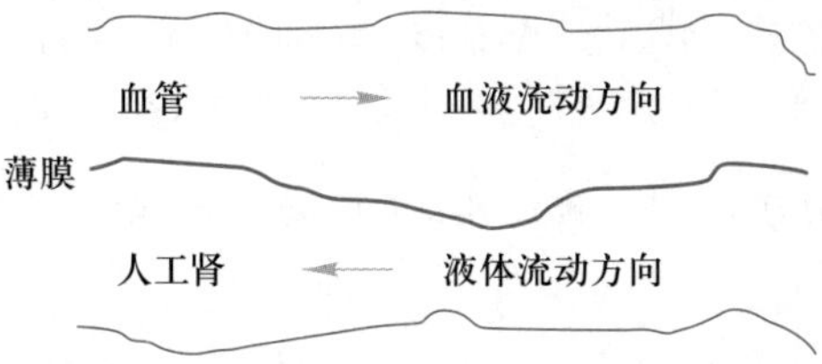

设血液和人工肾中液体的流速均为常数,废物进入人工肾的数量与它在这两种液体中的浓度差成正比,人工肾总长 l.建立单位时间内人工肾带走废物数量的模型[12].

5. 在鱼塘中投放 n_0尾鱼苗,随着时间的增长,尾数将减少而每尾的质量将增加.

(1) 设尾数 $n(t)$的(相对)减少率为常数;由于喂养引起的每尾鱼质量的增加率与鱼表面积成正比,由于消耗引起的每尾鱼质量的减少率与质量本身成正比.分别建立尾数和每尾鱼质量的微分方程,并求解.

(2) 用控制网眼的办法不捕小鱼,到时刻 T 才开始捕捞,捕捞能力用尾数的相对减少量 $|\dot{n}/n|$ 表

示,记作 E,即单位时间捕获量是 $En(t)$.问如何选择 T 和 E,使从 T 开始的捕获量最大[12].

6. 侦察机搜索潜艇.设 $t=0$ 时艇在 O 点,飞机在 A 点,$OA=6$ n mile(1 n mile = 1.852 km).此时艇潜入水中并沿着飞机不知道的某一方向以直线形式逃去,艇速 20 n mile/h.飞机以速度 40 n mile/h 按照待定的航线搜索潜艇,当且仅当飞到艇的正上方时才可发现它.

(1) 以 O 为原点建立极坐标系(r,θ),A 点位于 $\theta=0$ 的向径上,见下图.分析图中由 P,Q,R 组成的小三角形,证明在有限时间内飞机一定可以搜索到潜艇的航线,是先从 A 点沿直线飞到某点 P_0,再从 P_0 沿一条对数螺线飞行一周,而 P_0 是一个圆周上的任一点.给出对数螺线的表达式,并画出一条航线的示意图.

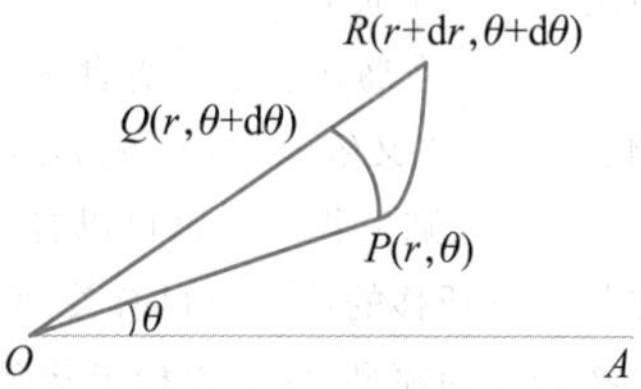

(2) 为了使整条航线是光滑的,直线段应与对数螺线在 P_0 点相切.找出这条光滑的航线.

(3) 在所有一定可以发现潜艇的航线中哪一条航线最短,长度是多少?光滑航线的长度又是多少[42]?

7. 建立肿瘤生长模型.通过大量医疗实践发现,肿瘤细胞的生长有以下现象:1) 当肿瘤细胞数目超过 10^{11} 时才是临床可观察的;2) 在肿瘤生长初期,几乎每经过一定时间肿瘤细胞就增加一倍;3) 由于各种生理条件限制,在肿瘤生长后期肿瘤细胞数目趋向某个稳定值.

(1) 比较 logistic 模型与 Gompertz 模型:$\dfrac{\mathrm{d}n}{\mathrm{d}t}=-\lambda n\ln\dfrac{n}{N}$,其中 $n(t)$ 是细胞数,N 是极限值,λ 是参数.

(2) 说明上述两个模型是 Usher 模型:$\dfrac{\mathrm{d}n}{\mathrm{d}t}=\dfrac{\lambda n}{\alpha}\left[1-\left(\dfrac{n}{N}\right)^{\alpha}\right]$ 的特例[29].

8. 与 7 题中 Usher 模型类似的是 θ-logistic 模型:$\dfrac{\mathrm{d}x}{\mathrm{d}t}=rx\left[1-\left(\dfrac{x}{N}\right)^{\theta}\right]$,当 $\theta=1$ 时即为普通的 logistic 模型.讨论 $\theta<1$ 和 $\theta>1$ 时模型的性质[50].

9. 药物动力学中的 Michaelis-Menton 模型为$\dfrac{\mathrm{d}x}{\mathrm{d}t}=-\dfrac{kx}{a+x}(k,a>0)$,$x(t)$ 表示人体内药物在时刻 t 的血药浓度.研究这个方程的解的性质[50].

(1) 对于很多药物(如可卡因),a 比 $x(t)$ 大得多,Michaelis-Menton 方程及其解如何简化?

(2) 对于另一些药物(如酒精),$x(t)$ 比 a 大得多,Michaelis-Menton 方程及其解如何简化?

10. 建立一个模型说明要用三级火箭发射人造卫星的道理.

(1) 设卫星绕地球做匀速圆周运动,证明其速度为 $v=R\sqrt{g/r}$,R 为地球半径,r 为卫星与地心距离,g 为地球表面重力加速度.要把卫星送上离地面 600 km 的轨道,火箭末速 v 应为多少?

(2) 设火箭飞行中速度为 $v(t)$,质量为 $m(t)$,初速为 0,初始质量 m_0,火箭喷出的气体相对于火箭的速度为 u,忽略重力和阻力对火箭的影响.用动量守恒原理证明 $v(t)=u\ln\dfrac{m_0}{m(t)}$.由此你认为要提高火箭的末速应采取什么措施.

(3) 火箭质量包括 3 部分:有效载荷(卫星)m_p,燃料 m_f,结构(外壳、燃料仓等)m_s,其中 m_s 在 m_f+m_s 中的比例记作 λ,一般 λ 不小于 10%.证明若 $m_p=0$(即火箭不带卫星),则燃料用完时火箭达到的最大速度为 $v_{\mathrm{m}}=-u\ln\lambda$.已知目前的 $u=3$ km/s,取 $\lambda=10\%$,求 v_{m}.这个结果说明什么?

(4) 假设火箭燃料燃烧的同时,不断丢弃无用的结构部分,即结构质量与燃料质量以 λ 和 $1-\lambda$ 的比例同时减少,用动量守恒原理证明 $v(t)=(1-\lambda)u\ln\dfrac{m_0}{m(t)}$.问燃料用完时火箭末速为多少,与前面的结果有何不同?

(5) (4)是个理想化的模型,实际上只能用建造多级火箭的办法一段段地丢弃无用的结构部分.

记 m_i 为第 i 级火箭质量(燃料和结构),λm_i 为结构质量(λ 对各级是一样的).有效载荷仍用 m_p 表示.当第 1 级的燃料用完时丢弃第 1 级的结构,同时第 2 级点火.再设燃烧级的初始质量与其负载质量之比保持不变,比例系数为 k.证明 3 级火箭的末速 $v_3=3u\ln\dfrac{k+1}{\lambda k+1}$.计算要使 $v_3=10.5$ km/s,发射 1 t 重的卫星需要多重的火箭(u,λ 用以前的数据)? 若用 2 级或 4 级火箭,结果如何? 由此得出使用 3 级火箭发射卫星的道理[94].

11. 一个岛屿上栖居着食肉爬行动物和哺乳动物,又长着茂盛的植物.爬行动物以哺乳动物为食物,哺乳动物又依赖植物生存.在适当假设下建立三者之间关系的模型,求平衡点[10].

12. 大陆上物种数目可以看作常数,各物种独立地从大陆向附近一岛屿迁移.岛上物种数量的增加与尚未迁移的物种数目有关,而随着迁移物种的增加又导致岛上物种的减少.在适当假设下建立岛上物种数的模型,并讨论稳定状况[41].

13. 人体注射葡萄糖溶液时,血液中葡萄糖浓度 $g(t)$ 的增长率与注射速率 r 成正比,与人体血液容积 V 成反比,而由于人体组织的吸收作用,$g(t)$ 的减少率与 $g(t)$ 本身成正比.分别在以下几种假设下建立模型,并讨论稳定情况:

(1) 人体血液容积 V 不变.

(2) V 随着注入溶液而增加.

(3) 由于排泄等因素,V 的增加有极限值[41].

14. 讨论资金积累、国民收入与人口增长的关系:

(1) 若国民平均收入 x 与按人口平均资金积累 y 成正比,说明仅当总资金积累的相对增长率 k 大于人口的相对增长率 r 时,国民平均收入才是增长的.

(2) 做出 $k(x)$ 和 $r(x)$ 的示意图,说明二曲线交点是平衡点,讨论它的稳定性.

(3) 分析人口激增会引起什么后果[7].

15. 讨论另一种捕鱼业持续收获的效益模型.设渔场鱼量方程仍为 5.3 节(3)式,但捕捞强度为变量 $E(t)$,其变化规律是:当单位时间收入 T 大于支出 S 时(见 5.3 节(9)式)E 增加,T 小于 S 时 E 减少,E 的变化率与 $T-S$ 成正比.

(1) 建立关于 $E(t)$ 的方程,求 $x(t)$,$E(t)$ 的平衡点并讨论其稳定性.

(2) 将所得结果与 5.3 节的效益模型和捕捞过度模型进行比较[56].

16. 降落伞的选择　为向灾区空投救灾物资共 2 000 kg,需选购一些降落伞.已知空投高度为 500 m,要求降落伞落地时的速度不能超过 20 m/s.降落伞面为半径 r 的半球面,用每根长 l 共 16 根绳索连接的载重 m 位于球心正下方球面处,如右图.

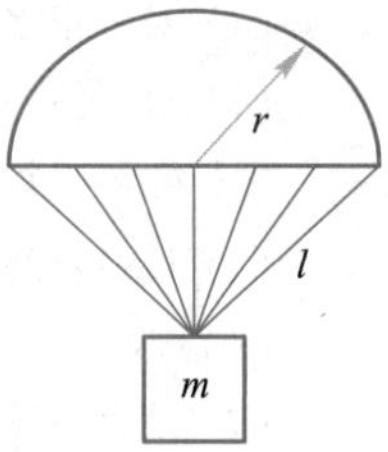

每个降落伞的价格由三部分组成.伞面费用 C_1 由伞的半径 r 决定,见下表;绳索费用 C_2 由绳索总长度及单价 4 元/m 决定;固定费用 C_3 为 200 元.

r/m	2	2.5	3	3.5	4
C_1/元	65	170	350	660	1 000

降落伞在降落过程中受到的空气阻力,可以认为与降落速度和伞面积的乘积成正比.为了确定阻力系数,用半径 $r=3$ m、载重 $m=300$ kg 的降落伞从500 m高度作降落试验,测得各时刻 t 的高度 x,见下表.

t/s	0	3	6	9	12	15	18	21	24	27	30
x/m	500	470	425	372	317	264	215	160	108	55	1

试确定降落伞的选购方案，即共需多少个，每个伞的半径多大（在第 1 个表中选择），在满足空投要求的条件下，使费用最低.

17. 求解限定源扩散问题.设初始时刻 $x=0$ 端单位面积的杂质量为 M，此后没有杂质向内部扩散，建立模型并求解.

18. 考察由两段不同材料连接而成的一根圆杆的 1 维热传导过程.两段材料的密度为 ρ_1,ρ_2，比热容为 c_1,c_2，热传导系数为 k_1,k_2，长度为 l_1,l_2，杆的初始温度为 u_0，杆两端的温度保持零摄氏度.建立模型，设定参数计算数值解.

19. 数据文件 5-1（北京数据）是 2022 年 10 月 18 日—12 月 11 日北京疫情统计数据，也可收集其他地区的疫情数据，完成传染病模型建模的全过程.

数据文件 5-1
新型冠状病毒感染疫情统计数据

更多案例……

5-1 正规战与游击战
5-2 药物在体内的分布与排除
5-3 考虑年龄结构和生育模式的人口模型
5-4 烟雾的扩散与消失
5-5 军备竞赛
5-6 种群的相互竞争
5-7 种群的相互依存
5-8 资金、劳动力与经济增长
5-9 万有引力定律的发现

第6章　差分方程与代数方程模型

差分方程是在离散的时间点上描述研究对象动态变化规律的数学表达式.有的实际问题本身就是以离散形式出现的,如存贷款利息的计算;也有的是将现实世界中随时间连续变化的过程离散化,例如湖泊中的污水浓度是因上游河流的入流量和污水浓度、湖泊的天然处理污物能力等因素的不同,随时间连续变化的,而管理者采用每周对湖泊和上游河流监测一次、获取数据的方法,建立以周为离散时间单位的湖泊污水浓度的变化规律,即差分方程模型.还有一些实际问题,当不考虑时间因素作为静态问题处理时,常常可以建立代数方程模型.把代数方程与差分方程合在一章,是因为它们都用类似的矩阵、向量的数学形式表达,求解过程也有相似之处.

6.1　贷款购房

当今许多年轻人把购置一套属于自己的住房,当作是成家立业的一个标志或者前提.面对大中城市飙升的房价,大多数人选择向银行贷款购房,虽然要节衣缩食、月月上供,但是有一个温馨的小家,还是会感到无比甜蜜.买多大的房子,一共贷多少钱,每月还款几何,是首要考虑的问题.当然,网上有现成的房贷计算器,输入必要的信息,轻击鼠标立即可得结果.然而,作为一位学习数学建模、对数学的应用有兴趣的读者,了解计算原理,对结果作一些数量上的分析,会是有趣的、有帮助的.贷款购房的数学模型是最简单的差分方程模型[76].

单利和复利　你有1万元长期不用,到银行存3年定期,年利率为1.95%①,到期后得到的本金加利息(下称本息)为 $10\ 000\times(1+0.019\ 5\times3)=10\ 585$ 元,这样计算的利息称为单利. 如果想灵活一点取用,存1年定期,年利率为1.45%,并申报若到期不取则自动转存,那么一年后本息为 $10\ 000\times(1+0.014\ 5)$,仍按年利率1.45%再存1年,若如此共存3年,得到的本息为 $10\ 000\times(1+0.014\ 5)^3=10\ 441$ 元,这样计算的利息称为复利,俗称"利滚利".按照复利算出的结果比单利还少,是因为年利率不同造成的.如果用同一利率 r 计算,存期为 n,那么单位本金按照单利计算的本息是 $1+nr$,而按照复利计算的本息是 $(1+r)^n$,显然后者大于前者.

银行的**零存整取**业务是按单利计算的.零存整取是指每月固定存额,集零成整,约定存款期限,到期一次支取本息的定期储蓄.走上工作岗位的年轻人如果计划贷款购房,就要开始准备首付款,其办法之一是每月从收入中留下一部分办理零存整取,既能培养勤俭节约、科学理财的习惯,也可得到一点回报.3年期的年利率为1.35%,如果你打算每月存3 000元,3年能有多少利息呢?

记每月存入金额为 a,月利率为 $r=\dfrac{0.013\ 5}{12}$,存入 k 个月本息总额为 x_k,按单利计

---

① 按照2023年12月25日调整的利率,下同.

算时只有本金产生利息，没有“利滚利”，设存期 $n=12\times3=36$ 个月，有

$$x_1=a+ar, x_2=x_1+a+a2r, \cdots, x_k=x_{k-1}+a+akr, k=2,3,\cdots,n \tag{1}$$

将(1)式由 $k=n$ 递推至 $k=1$ 得到整个存期的本息总额为

$$x_n=na+ar(1+2+\cdots+n)=na+ar\frac{n(n+1)}{2} \tag{2}$$

(2)式是零存整取计算到期本息总额的一般公式，将上面的 a, r, n 代入，可得 110 247.75 元.(2)式右端 na 为累计存入金额，后一项是利息.其实，由于每份本金 a 分别存了 n, $n-1$, $\cdots$, 2, 1 个月，利息可以直接算出.

等额本息贷款和等额本金贷款　下面讨论贷款购房，先利用网上的房贷计算器计算每月的还款金额，这需要先作一些选择，并输入必要的信息：

- 贷款类别：商业贷款、公积金、组合型.区别在于年利率不同，组合型指商业贷款和公积金的组合.以下选择**商业贷款**.
- 计算方法：根据贷款总额计算或根据面积、单价及按揭成数计算.以下选择**根据贷款总额计算**.
- 按揭年数：可选 1 至 30 年.以下选择 **20 年**.
- 银行利率：可选基准利率、利率上限或下限.以下选择商业贷款的**基准利率 4.30%**.
- 还款方式：**等额本息还款**或**等额本金还款**.这是我们讨论的重点，下面将对二者分别研究，进行分析、比较.

例 1　在房贷计算器上选择等额本息还款，并输入：商业贷款，总额 100 万元，期限 20 年，年利率 4.30%.点击“开始计算”得到：还款总额 1 492 571.12 元，月均还款 6 219.05元.建立等额本息还款方式的数学模型，并作数值计算.

建模　所谓等额本息还款，是指每月归还本息的金额相同，记每月还款金额为 a，设贷款总额为 x_0，月利率为 r，第 k 月还款后尚欠金额为 x_k，贷款期限(月)为 n，则

$$x_k=x_{k-1}(1+r)-a,\ k=1,2,\cdots,n \tag{3}$$

将(3)式由 $k=n$ 递推至 $k=1$ 得①

$$x_n=x_0(1+r)^n-a[1+(1+r)+\cdots+(1+r)^{n-1}]=x_0(1+r)^n-a\frac{(1+r)^n-1}{r} \tag{4}$$

当贷款到期时，(4)式左端的 $x_n=0$，于是得到每月还款金额为

$$a=x_0r\frac{(1+r)^n}{(1+r)^n-1} \tag{5}$$

记等额本息还款总额为 A_1，显然

$$A_1=na=x_0rn\frac{(1+r)^n}{(1+r)^n-1} \tag{6}$$

(3)—(6)式为等额本息还款方式的数学模型.

将 $x_0=100$ 万元，$r=0.043\,0/12$，$n=12\times20=240$ 月代入(5)(6)式，即得计算器给出的 $a=6\,219.05$ 元，$A_1=1\,492\,571.12$ 元.

---

① (3)式是一阶线性常系数差分方程，其解可以直接由基础知识 6-1 的求解公式得到.

例 2 在房贷计算器上选择等额本金还款,并输入:商业贷款总额 100 万元,期限 20 年,年利率 4.30%.点击“开始计算”得到:还款总额 1 431 791.67 元,每月还款金额由第 1 月的 7 750 元逐月递减,最后 1 月为 4 181.60 元.建立等额本金还款方式的数学模型,并作数值计算.

建模 所谓等额本金还款,是指每月归还同等数额的本金,加上所欠本金的利息.由于所欠本金逐月减少,所以每月还款金额递减,记第 k 月还款金额为 x_k.仍设贷款总额为 x_0,月利率为 r,贷款期限(月)为 n,则每月归还本金为 $\frac{x_0}{n}$,且还款金额逐月减少归还本金 $\frac{x_0}{n}$ 所产生的利息 $\frac{x_0 r}{n}$,于是

$$x_k = x_{k-1} - \frac{x_0 r}{n},\ k=2,3,\cdots,n \tag{7}$$

(7)式递推至 $k=2$,并注意到第 1 月的还款金额为 $x_1 = \frac{x_0}{n} + x_0 r$,得第 k 月还款金额为

$$x_k = \frac{x_0}{n} + x_0\left(1 - \frac{k-1}{n}\right) r,\ k=1,2,\cdots,n \tag{8}$$

记等额本金还款总额为 A_2,则

$$A_2 = \sum_{k=1}^{n} x_k = x_0 + x_0 r \frac{n+1}{2} \tag{9}$$

(7)—(9)式为等额本金还款方式的数学模型.

将 $x_0 = 100$ 万元,$r = 0.043\,0/12$,$n = 12 \times 20 = 240$ 月代入,即得计算器给出的 $x_1 = 7\,750$ 元,$x_{240} = 4\,181.60$ 元,每月还款金额递减 $\frac{x_0 r}{n} = 14.93$ 元,$A_2 = 1\,431\,791.67$ 元.

等额本息与等额本金方式的比较 从以上建模过程和数值计算可以归纳出两种还款方法的特点如下:

- 等额本息还款方式简单,便于安排收支;
- 等额本金方式每月还款金额前期高于等额本息方式,后期低于等额本息方式,适合当前收入较高人群;
- 等额本息方式的还款总额大于等额本金方式.

对于最后一点,例 1 和例 2 的数值计算表明等额本息还款总额 A_1 比等额本金还款总额 A_2 多了约 6 万元.直观地看,等额本金方式将每月利息还清,而等额本息方式还款额(前期)比等额本金少,所欠本息的利息归入以后逐月归还,产生的利息总额将大于等额本金方式.从数量关系上,可以根据(6)(9)式证明 $A_1 > A_2$(复习题 2).

评注 对于等额本息和等额本金的还款方式,虽然建模采用流行的每月还款一次的办法,但是得到的模型(3)—(9)式适合任何还款周期,如半个月、一季度等,只需将年利率折换为一个还款周期的利率.

直观地看,还款周期越短,还款总额越小.读者可以进行定量分析并作比较.

复习题

1. 在网上用当前的还款利率在等额本息还款、商业贷款 100 万元、期限 20 年条件下,查出还款总额和月均还款,然后用本节的模型计算,予以核对.

2. 根据(6)(9)式证明等额本息还款总额 A_1 大于等额本金还款总额 A_2.

6.2　管住嘴迈开腿

您的体重正常吗？目前人们公认的测评体重的标准是联合国世界卫生组织颁布的体重指数(body mass index,简记 BMI),定义为 $\mathrm{BMI}=\dfrac{h}{l^2}$,其中 h 是体重(单位:kg),l 是身高(单位:m),显然身材矮胖者比瘦高者的 BMI 要大.标准身材的 BMI=22,如身高 $l=1.70$ m 的人的标准体重为 $h=63.5$ kg.按照 BMI 的大小,世界卫生组织和我国给出的体重指数分级标准如表 1.

表 1　体重指数分级标准

	偏瘦	正常	超重	肥胖
世界卫生组织标准	<18.5	18.5~24.9	25.0~29.9	≥30.0
我国参考标准	<18.5	18.5~23.9	24.0~27.9	≥28.0

20 世纪 80 年代以后,随着我国人民物质生活水平的迅速提高,越来越多自感肥胖,甚至害怕肥胖的人纷纷奔向减肥药品的柜台.可是大量事实说明,大多数减肥药品并达不到减肥的效果,或者即使成功一时,也难以维持下去.许多医生和专家的意见是,只有通过控制饮食和适当的运动,也就是人们常说的"管住嘴、迈开腿",才能在不伤害身体的前提下,达到减轻体重并使体重得以控制的目的.本节要建立一个简单的体重变化规律的数学模型,并由此通过节食与运动制定合理、有效的减肥计划[76].

模型分析　在正常情况下,人体通过食物摄入的热量与代谢和运动消耗的热量大体上是平衡的,于是体重基本保持不变,而当体内能量守恒被破坏时就会引起体重的变化.因此需要从人体对热量的吸收和消耗两方面进行分析,在适当简化的假设下建立体重变化规律的数学模型.

减肥计划应以不伤害身体为前提,这可以用吸收热量不要过少、减少体重不要过快来限制.另外,增加运动量是加速减肥的有效手段,也要在模型中加以考虑.

通常,制订减肥计划以周为时间单位比较方便,所以这里用离散时间模型——差分方程来讨论.

模型假设　根据上述分析,参考有关生理数据,做出以下简化假设:

1. 体重增加正比于吸收的热量,平均每 8 000 kcal(kcal 为非国际单位制单位,1 kcal=4.2 kJ)增加体重 1 kg;

2. 身体正常代谢引起的体重减少正比于体重,每周每千克体重消耗热量一般在 200 kcal 至 320 kcal 之间,且因人而异,这相当于体重 70 kg 的人每天消耗2 000 kcal 至 3 200 kcal;

3. 运动引起的体重减少正比于体重,且与运动形式和运动时间有关;

4. 为了安全与健康,每周吸收热量不要小于 10 000 kcal,且每周减少量不要超过 1 000 kcal,每周体重减少不要超过 1.5 kg.

调查资料经综合后，得到若干食物每百克所含热量及各项运动每小时每千克体重消耗热量，如表 2 和表 3，供参考.

表 2　食物每百克所含热量

食物	米饭	豆腐	青菜	苹果	瘦肉	鸡蛋
所含热量/($\text{kcal}\cdot(100\ \text{g})^{-1}$)	120	100	20~30	50~60	140~160	150

表 3　运动每时每千克体重消耗热量

运动	步行(4 km/h)	跑步	跳舞	乒乓	自行车(中速)	游泳(50 m/min)
热量消耗/($\text{kcal}\cdot\text{h}^{-1}\cdot\text{kg}^{-1}$)	3.1	7.0	3.0	4.4	2.5	7.9

基本模型　记第 k 周(初)体重为 $w(k)$ (kg)，第 k 周吸收热量为 $c(k)$ (kcal)，$k=1,2,\cdots$.设热量转换(体重的)系数为 α，身体代谢消耗系数为 β，根据模型假设，正常情况下(不考虑运动)体重变化的基本方程为

$$w(k+1)=w(k)+\alpha c(k)-\beta w(k),\quad k=1,2,\cdots \tag{1}$$

由假设 1，$\alpha=\frac{1}{8\ 000}$kg/kcal，当确定了每个人的代谢消耗系数 β 后，就可按(1)式由每周吸收的热量 $c(k)$ 推导他(她)体重 $w(k)$ 的变化.增加运动时，只需将 β 改为 $\beta+\beta_1$，β_1 由运动的形式和时间决定.

减肥计划的提出　通过制定一个具体的减肥计划讨论模型(1)的应用.

某人身高 1.70 m，体重 100 kg，BMI 高达 34.6.自述目前每周吸收 20 000 kcal 热量，体重长期未变.试为他按照以下方式制订减肥计划，使其体重减至75 kg(即BMI=26)并维持下去：

1) 在正常代谢情况下安排一个两阶段计划，第一阶段：吸收热量由 20 000 kcal 每周减少 1 000 kcal，直至达到安全下限(每周 10 000 kcal)；第二阶段：每周吸收热量保持下限，直至达到减肥目标.

2) 为加快进程而增加运动，重新安排两阶段计划.

3) 给出达到目标后维持体重不变的方案.

减肥计划的制订　首先应确定某人的代谢消耗系数 β.根据他每周吸收 $c=20\ 000$ kcal 热量，体重 $w=100$ kg 不变，在(1)式中令 $w(k+1)=w(k)=w$, $c(k)=c$, 得

$$w=w+\alpha c-\beta w$$

于是

$$\beta=\frac{\alpha c}{w}=\frac{20\ 000/8\ 000}{100}=0.025 \tag{2}$$

相当于每周每千克体重消耗热量$\frac{20\ 000}{100}=200$ kcal.从假设 2 可以知道，某人属于正常代谢消耗相当弱的人.他又吃得那么多，难怪如此之胖.

1) 正常代谢情况下的两阶段计划.第一阶段要求吸收热量由 20 000 kcal 每周减少 1 000 kcal(由表 2，如每周减少米饭和瘦肉各 350 g)，达到下限 $c_{\min}=10\ 000$ kcal，即

$$c(k)=20\,000-1\,000k,\quad k=1,2,\cdots,10 \tag{3}$$

将 $c(k)$ 及 $\alpha=\dfrac{1}{8\,000}$, $\beta=0.025$ 代入(1)式,可得

$$\begin{aligned} w(k+1) &= (1-\beta)w(k)+\alpha(20\,000-1\,000\,k) \\ &= 0.975w(k)+2.5-0.125k,\quad k=1,2,\cdots,10 \end{aligned} \tag{4}$$

(4)式虽是一阶线性常系数差分方程,但因右端含有时间变量 k,不能直接应用基础知识 6-1 的求解公式.更方便的办法是,以 $w(1)=100$ kg 为初始值,按照(4)式编程计算,可得第 11 周(初)体重 $w(11)=93.615\,7$ kg.

第二阶段要求每周吸收热量保持下限 $c_{\min}$,由(1)式可得

$$w(k+1)=(1-\beta)w(k)+\alpha c_{\min}=0.975w(k)+1.25,\quad k=11,12,\cdots \tag{5}$$

以第一阶段的终值 $w(11)$ 为第二阶段的初值,按照(5)式编程计算,直至 $w(11+n)\leqslant 75$ kg 为止,可得 $w(11+22)=74.988\,8$ kg,即每周吸收热量保持下限10 000 kcal,再有 22 周体重可减至 75 kg.两阶段共需 32 周.

2) 为加快进程而增加运动.记表 3 中热量消耗为 γ,每周运动时间为 t h,在(1)式中将 β 改为 $\beta+\alpha\gamma t$,即

$$w(k+1)=w(k)+\alpha c(k)-(\beta+\alpha\gamma t)w(k) \tag{6}$$

试取 $\alpha\gamma t=0.005$,则 $\beta+\alpha\gamma t=0.03$,(4)、(5)式分别变为

$$w(k+1)=0.97w(k)+2.5-0.125k,\quad k=1,2,\cdots,10 \tag{7}$$

$$w(k+1)=0.97w(k)+1.25,\quad k=11,12,\cdots \tag{8}$$

类似的计算可得,$w(11)=89.331\,9$ kg,$w(11+12)=74.738\,8$ kg,即若增加 $\alpha\gamma t=0.005$ 的运动,就可将第二阶段的时间缩短为 12 周.由 $\alpha=\dfrac{1}{8\,000}$ 可知,增加的运动内容应满足 $\gamma t=40$,可从表 3 选择合适的运动形式和时间,如每周步行7 h 加乒乓 4 h.两阶段共需 22 周,增加运动的效果非常明显.

评注 体重的变化与每个人的生理条件有关,特别是代谢消耗系数 β,不仅因人而异,而且在不同环境下也会有所改变.模型中 β 由 0.025 增加到 0.03(变化 20%),减肥所需时间从 32 周减少到 22 周(变化 30%),所以应用这个模型要对 β 作仔细核对.

将正常代谢和增加运动两种情况下的体重 $w(k)$ 作图,得到的曲线如图 1.

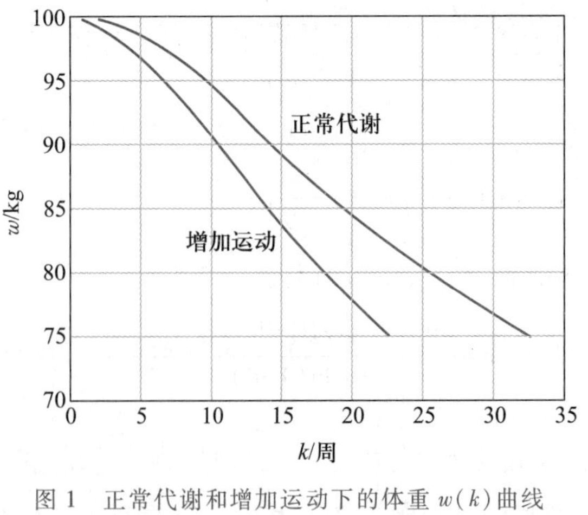

图 1 正常代谢和增加运动下的体重 $w(k)$ 曲线

经检查,两种情况下每周体重的减少都不超过 1.5 kg.

3) 达到目标后维持体重不变的方案.最简单的是寻求每周吸收热量保持某常数值 c,使体重 $w=75$ kg 不变.类似于(2)式,在(6)式中令 $w(k+1)=w(k)=w$, $c(k)=c$, 得

$$w=w+\alpha c-(\beta+\alpha\gamma t)w$$

于是

$$c=\frac{(\beta+\alpha\gamma t)w}{\alpha} \tag{9}$$

由(9)式,在正常代谢下($\gamma=0$)可算出 $c=15\ 000$ kcal;若增加 $\gamma t=40$ 的运动,则 $c=18\ 000$ kcal.

实际上,如果在减肥计划的开始,就让某人每周吸收热量由 20 000 kcal 直接减至 $c=15\ 000$ kcal,那么他的体重也将逐渐下降,很长时间以后(理论上是无穷长)才会降到 75 kg. 而若每周吸收热量减至 14 000 kcal,13 000 kcal,12 000 kcal,体重下降速度将加快,直接按照(1)式计算,得到的曲线如图 2.可以看到,达到目标体重 75 kg 的时间分别约为 70 周、50 周和 40 周,都比上面的两阶段计划长,且吸收热量的突减也对身体不利.

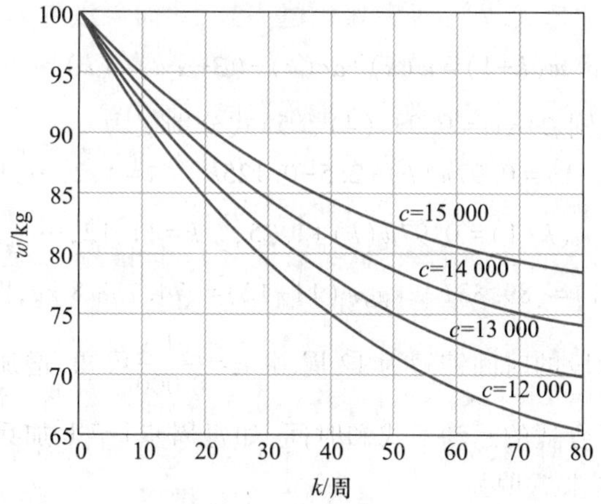

图 2 吸收不同热量 c 下的体重 $w(k)$ 曲线

如果要寻求达到目标体重(记作 w^*)所需时间(周数记作 n)与每周吸收热量 c 之间的关系,将基本模型(1)式的 k 由 1 递推至 n,得

$$\begin{aligned} w(n+1)&=(1-\beta)^n w(1)+\alpha c[1+(1-\beta)+\cdots+(1-\beta)^{n-1}] \\ &=(1-\beta)^n\left[w(1)-\frac{\alpha c}{\beta}\right]+\frac{\alpha c}{\beta} \end{aligned} \tag{10}$$

令 $w^*=w(n+1)$ 并记 $w_1=w(1)$,由(10)式得

$$n=\frac{\ln(w^*-\alpha c/\beta)-\ln(w_1-\alpha c/\beta)}{\ln(1-\beta)} \tag{11}$$

以 $w^*=75, w_1=100, \alpha=\frac{1}{8\ 000}, \beta=0.025$ 及 $c=14\ 000, 13\ 000, 12\ 000$ 代入(11)式算出 n 分别为 70.770 7, 49.481 5, 38.740 7,与图 2 所示基本相同.

评注 人体体重的变化是有规律可循的,减肥也应科学化、定量化.这个模型虽然只考虑了一个非常简单的情况,但是它对自愿进行科学减肥,甚至打算将其作为一项事业的人来说也不无参考价值.

复习题

若将模型假设修改为“每周体重减少不要超过 1 kg”，检查所制订的减肥计划是否满足.如不满足.重新制订计划.

6.3 市场经济中的物价波动

在自由竞争的市场经济中常会出现这样的现象：一个时期以来某种商品如鸡蛋的供应量大于需求，由于销售不畅致使价格下跌，生产者发现养鸡赔钱，于是转而经营其他农副业.过一段时间，鸡蛋供应量就会大减，供不应求将导致价格上涨，生产者看到有利可图又重操旧业，这样，下一个时期又会重现供过于求、价格下跌的局面.

商品数量和价格主要由供求关系决定，供求平衡时，商品的数量和价格基本稳定，一旦出现不平衡，商品的数量和价格就会发生振荡.市场经济中这种振荡是绝对的，不可避免的，它可以有两种完全不同的形式.常见的一种是振幅逐渐减小，最终趋向平稳，这是老百姓能够接受的形式.另一种是振幅越来越大，如果没有外界如政府的干预，将导致一定意义下的经济崩溃.本节要建立一个简化的数学模型描述这种振荡现象，研究趋向平稳的条件，并讨论不稳定时政府可能采取的干预方式[47].

模型假设 研究对象是市场上某种商品的数量和价格随时间的变化规律.时间离散化为时段，1 个时段相当于 1 个生产周期，对肉、禽等指的是牲畜饲养周期，对蔬菜、水果等指的是种植周期.记第 k 时段的商品数量为 x_k，价格为 y_k.模型假设如下：

1. 当商品的供求关系处于平衡状态时，其数量为 x_0，价格为 y_0，均保持不变.

2. 按照经济规律，第 k 时段的商品价格 y_k 由消费者的需求关系决定，当商品数量 x_k 大于 x_0 时，供过于求导致价格下跌，y_k 将小于 y_0.商品数量 x_{k+1} 由生产者的供应关系决定，当价格 y_k 小于 y_0 时，低价格导致产量下降，第 $k+1$ 时段商品数量 x_{k+1} 将小于 x_0.

3. 在 x_k, y_k 偏离其平衡值 x_0，y_0 都不太大的范围内，y_k 的偏离 y_k-y_0 与 x_k 的偏离 x_k-x_0 成正比，x_{k+1} 的偏离 $x_{k+1}-x_0$ 与 y_k 的偏离 y_k-y_0 成正比.

差分方程模型 按照假设，y_k-y_0 与 x_k-x_0 成正比，且符号相反，记比例系数为 α，有

$$y_k-y_0=-\alpha(x_k-x_0), \quad \alpha>0, \quad k=1,2,\cdots \tag{1}$$

$x_{k+1}-x_0$ 与 y_k-y_0 成正比，且符号相同，记比例系数为 β，有

$$x_{k+1}-x_0=\beta(y_k-y_0), \quad \beta>0, \quad k=1,2,\cdots \tag{2}$$

若系数 α, β 及平衡值 x_0，y_0 已知，那么由商品数量的初始值 x_1，可用(1)，(2)式计算 x_k, y_k.

(1)(2)式是关于 x_k, y_k 的差分方程组，从中消去 y_k-y_0 可得对于 x_k 的差分方程

$$x_{k+1}-x_0=-\alpha\beta(x_k-x_0), \quad k=1,2,\cdots \tag{3}$$

由(3)式可以递推地解出

$$x_{k+1}-x_0=(-\alpha\beta)^k(x_1-x_0), \quad k=1,2,\cdots \tag{4}$$

由(4)式可知，对于给定的商品数量的初始偏离 x_1-x_0，仅当系数 α, β 满足

$$\alpha\beta<1 \quad 或 \quad \alpha<\frac{1}{\beta} \tag{5}$$

时,才有 $x_k \to x_0\ (k\to\infty)$,且 $y_k\to y_0$,平衡值 x_0,y_0 是稳定的;而当

$$\alpha\beta>1 \quad 或 \quad \alpha>\frac{1}{\beta} \tag{6}$$

时,$x_k,y_k\to\infty\ (k\to\infty)$,平衡值 x_0,y_0 不稳定.

模型分析 (1)~(6)式给出市场经济中商品数量和价格随时间的变化规律,显然,这种振荡是否趋向平稳完全取决于系数 α,β 的大小.先看一个数值例子.

若某种商品在市场上处于平衡状态时的数量为 $x_0=100$(单位),价格为 $y_0=10$(元/单位),开始时段商品数量为 $x_1=110$.当商品数量减少 1 个单位时,需求关系使价格上涨 0.1 元,而当价格上涨 1 元时,供应关系使下一时段供应量增加 5 个单位,于是 $\alpha=0.1,\ \beta=5$.按照方程(1)(2)编程计算,得到的 $x_k,y_k\ (k=1,2,\cdots,10)$ 如图 1 所示,可以看出 x_k,y_k 分别趋向平衡值 x_0,y_0.显然,$\alpha\beta=0.5<1$,满足稳定条件(5)式.

如果 α 提高至 0.24 而 $\beta=5$ 不变,得到的 x_k,y_k 如图 2,因为 $\alpha\beta=1.2>1$,由(6)式,x_0,y_0 不稳定.

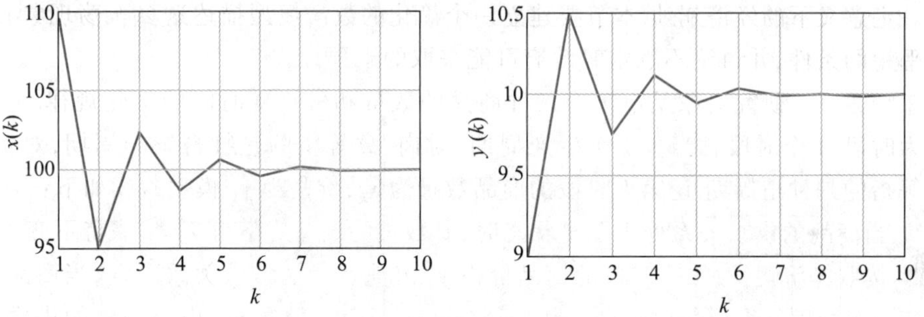

图 1 $\alpha=0.1,\beta=5$ 差分方程模型(1)(2)的 x_k,y_k

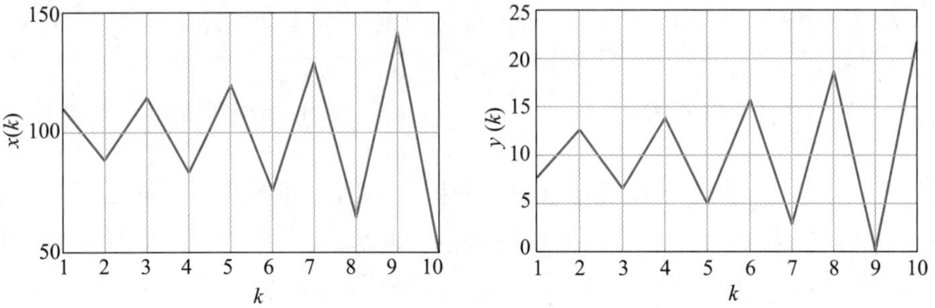

图 2 $\alpha=0.24,\beta=5$ 差分方程模型(1)(2)的 x_k,y_k

考察 α,β 的含义,可以对商品数量和价格是否会趋于稳定做出合理的解释.由(1)式可知,α 表示商品数量减少一个单位时价格的上涨幅度;由(2)式可知,β 表示价格上涨一个单位时(下一时段)供应量的增加.所以 α 反映消费者需求的敏感程度,如果是生活必需品,消费者处于持币待购状态,商品数量稍缺,人们立即蜂拥抢购,α 就会较大;反之,若消费者购物心理稳定,则 α 较小.β 的数值反映生产经营者对价格的敏感程

度，如果他们目光短浅，热衷于追逐一时的高利润，价格稍有上涨就大量增加生产，β 就会较大；反之，若他们素质较高，有长远的计划，则 β 较小．差分方程(4)表明，仅当 α,β 的乘积小于 1 时，商品数量和价格的振荡才会趋向稳定．

蛛网模型 差分方程模型以及振荡趋向稳定的条件可以通过经济学中的蛛网模型进行直观的解释．

以商品数量为横坐标 x，价格为纵坐标 y，x，y 之间的关系通过 x_k,y_k 由方程(1)(2)给出．图 3 中，方程(1)表示为需求直线 f，方程(2)表示为供应直线 g，两条直线相交于 $P_0(x_0,y_0)$ 点．P_0 点称为**平衡点**，即一旦某时段 k 商品数量 $x_k=x_0$，则有 $y_k=y_0$，$x_{k+1}=x_0$，$y_{k+1}=y_0$，…，永远保持在 $P_0(x_0,y_0)$ 点．而实际上，种种干扰会使得商品数量和价格偏离 P_0，不妨设 x_1 偏离 x_0，如图 3．我们分析 x_k,y_k 的变化．

商品数量 x_1 给定后，价格 y_1 由直线 f 上的 P_1 点决定．数量 x_2 又由 y_1 和直线 g 上的 P_2 点决定，y_2 由 x_2 和 f 上的 P_3 点决定，这样在图 3 上得到一系列的点 P_1,P_2,P_3,P_4，…，这些点按图上箭头方向趋向 P_0 点，称 P_0 点为**稳定平衡点**，意味着商品的数量和价格的振荡将趋向稳定．

但是如果直线 f 和 g 如图 4 给出的那样，完全类似的分析可以发现，$P_1,P_2,P_3,\cdots$ 沿着箭头的方向，将越来越远离 P_0 点，称 P_0 为**不稳定平衡点**，意味着商品的数量和价格将出现越来越大的振荡．由于图 3、图 4 中的折线 $P_1P_2P_3P_4\cdots$ 形似蛛网，所以称为**蛛网模型**．

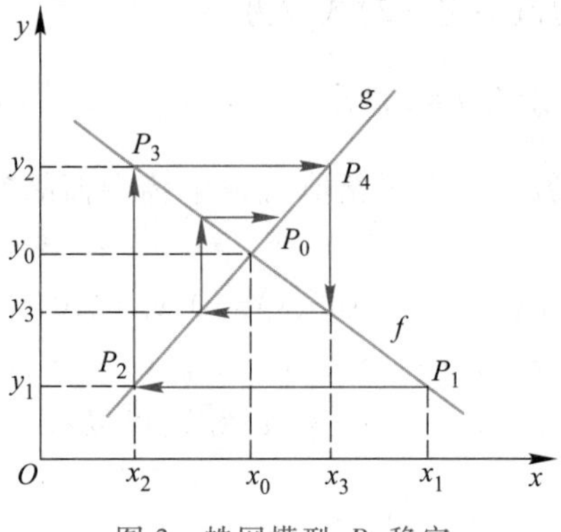

图 3 蛛网模型，P_0 稳定

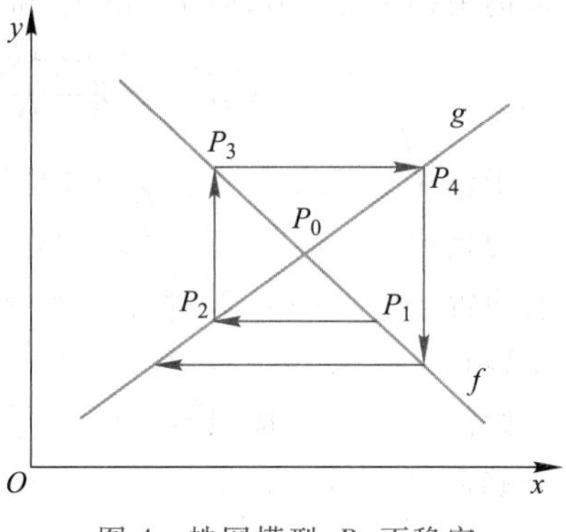

图 4 蛛网模型，P_0 不稳定

为什么会有这样截然相反的现象呢？分析一下图 3 和图 4 的不同之处就可发现，图 3 的 f 比 g 平缓，而图 4 的 f 比 g 陡峭．用 K_f 和 K_g 分别表示 f 和 g 的斜率(取绝对值)，可以看出，当 $K_f<K_g$ 时 P_0 稳定；当 $K_f>K_g$ 时 P_0 不稳定．

在差分方程模型中曾经得到平衡值 x_0,y_0 稳定的条件(5)式，注意到蛛网模型中斜率 K_f 和 K_g 与差分方程中系数 α,β 的关系是 $K_f=\alpha$，$K_g=1/\beta$，可以知道蛛网模型的直观分析与差分方程模型推导出的条件(5)(6)式完全一致．

政府的干预 基于上述分析可以得到政府在市场经济趋向不稳定时的两种干预办法．

一种办法是使 α 尽量小，不妨考察其极端情况 $\alpha=0$，即需求直线 f 变为水平，如图 5．这样不管供应关系如何，即不管 β 多大，(5)式恒成立，平衡点 P_0 总是稳定的．实际上这种办法相当于政府控制价格,无论商品上市量有多少,命令价格 y_0 不得改变.

另一种办法是使 β 尽量小,极端情况是 $\beta=0$,即供应直线 g 变为竖直,如图 6.于是不管需求关系如何,即不管 α 多大,(5)式恒成立,平衡点 P_0 也总是稳定的.实际上这相当于政府控制商品的上市数量,供不应求时,从外地收购,投入市场;供过于求时,收购过剩部分,维持上市量 x_0 不变.当然,这种办法需要政府具有相当的经济实力.

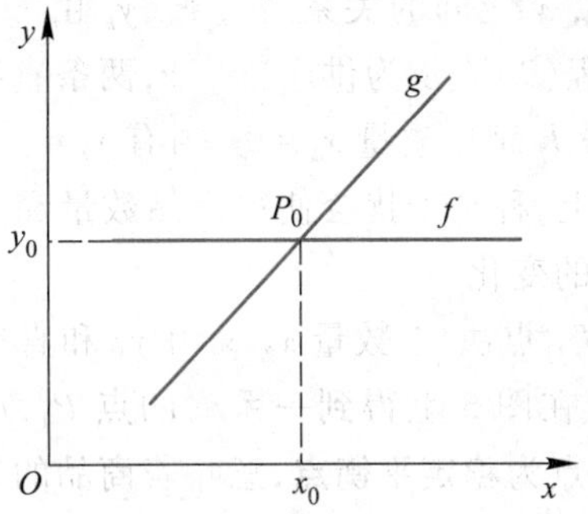

图 5　需求直线水平,经济稳定

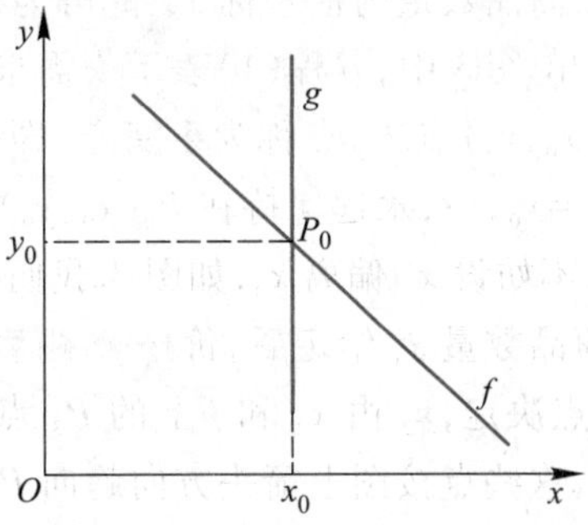

图 6　供应直线竖直,经济稳定

模型推广　在差分方程模型中,商品价格 y_k 由数量 x_k 决定,用(1)式给出,商品数量 x_{k+1} 由价格 y_k 决定,用(2)式给出.如果生产经营者的管理水平和素质更高一些,在决定产量 x_{k+1} 时不仅根据价格 y_k,而且考虑更前一时段的价格 y_{k-1}.在新的模型中,y_k 与 x_k 的关系仍由(1)式给出,而 x_{k+1} 由 y_k 和 y_{k-1} 的平均值决定,(2)式改为

$$x_{k+1}-x_0=\beta\left(\frac{y_k+y_{k-1}}{2}-y_0\right),\quad \beta>0, k=2,3,\cdots \tag{7}$$

对于(1)(7)式的 x_k, y_k 差分方程组,已知系数 α,β 及平衡值 x_0, y_0,需要商品数量的 2 个初始值 x_1, x_2 才可递推地计算 x_k, y_k.

前面曾用模型(1)(2)计算如下例子:$\alpha=0.24, \beta=5, x_0=100, y_0=10, x_1=110$, 由于 $\alpha\beta=1.2>1$,平衡值 x_0, y_0 不稳定,如图 2($x_k, y_k\to\infty$).现在令 α,β,x_0,y_0,x_1 不变,增加一个初始值 $x_2=88$[①],按照新模型(1)(7)编程计算,得到的 x_k, y_k 如图 7,可以看出 x_k, y_k 分别趋向平衡值 x_0, y_0.

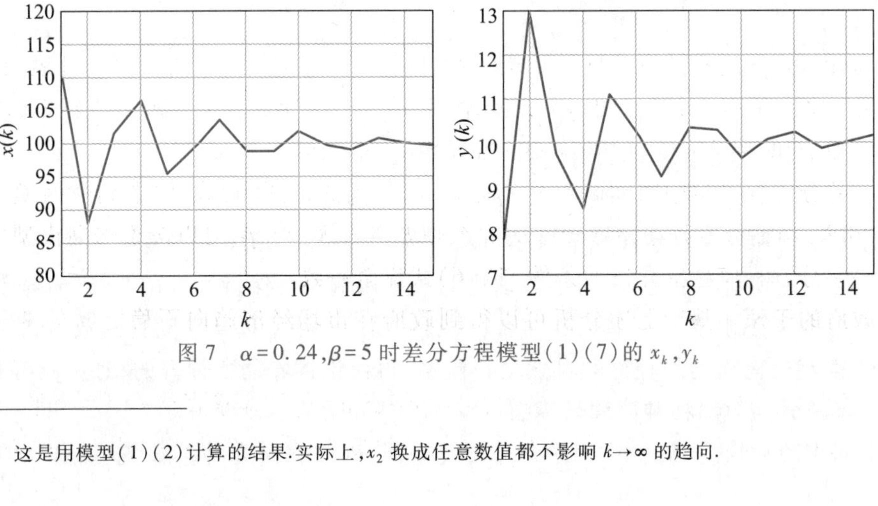

图 7　$\alpha=0.24, \beta=5$ 时差分方程模型(1)(7)的 x_k, y_k

① 这是用模型(1)(2)计算的结果.实际上,x_2 换成任意数值都不影响 $k\to\infty$ 的趋向.

我们看到，对于同样的 $\alpha\beta=1.2>1$，原来不稳定的平衡值变为稳定了. 为了分析新模型中平衡值 x_0,y_0 稳定的条件，从(1)(7)式中消去 y_k 和 y_{k-1}，得到对于 x_k 的二阶线性常系数差分方程：

$$2x_{k+2}+\alpha\beta x_{k+1}+\alpha\beta x_k=2(1+\alpha\beta)x_0,\quad k=1,2,\cdots \tag{8}$$

方程(8)的解表示为(参考基础知识 6-1)

$$x_k=c_1\lambda_1^k+c_2\lambda_2^k+x_0,\quad k=1,2,\cdots \tag{9}$$

其中 λ_1,λ_2 是特征方程

$$2\lambda^2+\alpha\beta\lambda+\alpha\beta=0 \tag{10}$$

的特征根，有

$$\lambda_1,\lambda_2=\frac{-\alpha\beta\pm\sqrt{(\alpha\beta)^2-8\alpha\beta}}{4} \tag{11}$$

当 $\alpha\beta<8$ 时得到

$$|\lambda_1|=|\lambda_2|=\sqrt{\frac{\alpha\beta}{2}} \tag{12}$$

根据 $k\to\infty$ 的稳定条件 $|\lambda_1|,|\lambda_2|<1$ 可得，当且仅当

$$\alpha\beta<2 \tag{13}$$

时，平衡值 x_0,y_0 是稳定的，与原模型(1)(2)的稳定条件 $\alpha\beta<1$ 相比，新模型(1)(7)的稳定条件放宽了，可以想到，这是因为生产者的管理水平和素质提高，对经济稳定起着有利影响的必然结果. 这也自然解释了上面数值例子中 $\alpha\beta=1.2<2$ 致使平衡值 x_0,y_0 稳定的事实.

差分方程平衡点的稳定性本是一个理论问题，在这个模型中却有明显的实际意义，也从一个侧面反映了数学建模与现实世界的密切关系.

评注 在市场经济中，供不应求价格上涨、供过于求价格下跌的现象司空见惯，本节用式子简单的差分方程和形式鲜明的蛛网模型给以描述和解读，模型参数都有明确的经济学含义，参数值的两种极端情况也具有人们熟知或了解的现实背景.

复习题

1. 因为一个时段上市的商品不能立即售完，其数量也会影响到下一时段的价格，所以第 $k+1$ 时段的价格 y_{k+1} 由第 $k+1$ 时段和第 k 时段的数量 x_{k+1} 和 x_k 决定. 如果仍设 x_{k+1} 只取决于 y_k，给出稳定平衡的条件，并与本节的结果进行比较.

2. 若除了 y_{k+1} 由 x_{k+1} 和 x_k 决定之外，x_{k+1} 也由前两个时段的价格 y_k 和 y_{k-1} 确定. 试分析稳定平衡的条件是否还会放宽.

6.4 动物的繁殖与收获

野生动物种群在自然环境下繁殖、成长、死亡，只要环境条件不发生大的变化，种群的大小就会达到基本稳定，不同年龄动物的数量比例也会保持大致的平衡. 饲养动物种群受到人类的控制，为了一些特殊需要，人们可以设法使不同年龄动物的数量达到预期的比例. 本节先建立动物种群的自然增长模型，再讨论饲养动物种群的稳定收获问题.

按年龄分组的动物种群增长模型

不同年龄动物的繁殖率、死亡率有较大差别，因此在研究种群数量变化时，需要按

照年龄将动物分组,时间也相应地离散化.动物种群是直接通过雌性繁殖而增长的,用雌性个体数量的变化作为研究对象比较方便,下面讨论的种群数量均指其中的雌性,总体数量可按一定的性别比算出[79].

模型假设 对种群分组和时段划分、种群的繁殖和死亡作如下简化、合理的假设:

1. 将动物种群按年龄大小等间隔地分成 n 个年龄组,如每 1 岁或 5 岁为一组.与之相对应,时间也分成与年龄组区间大小相等的时段,如 1 年或 5 年为一个时段.

2. 在稳定环境下和不太长的时期内,每个年龄组种群的繁殖率和死亡率不随时段变化,只与年龄组有关.

模型建立 记第 i 年龄组第 k 时段的种群数量为 $x_i(k)$, $i=1,2,\cdots,n$, $k=0,1,2,\cdots$.设第 i 年龄组的繁殖率为 b_i,即每个(雌性)个体在一个时段内繁殖的数量;第 i 年龄组的死亡率为 d_i,即一个时段内死亡数量在总量中的比例.记 $s_i=1-d_i$,称为存活率.通常 b_i 和 s_i 可由统计资料获得,且 $b_i\geqslant 0, i=1,2,\cdots,n$,其中至少一个 $b_i>0$,而 $0<s_i\leqslant 1$, $i=1,2,\cdots,n-1$, $s_n=0$(不考虑最高年龄组的存活).

为寻求按年龄分组的种群数量 $x_i(k)$ 由第 k 到 $k+1$ 时段的变化规律,首先注意到,第 1 年龄组(包含出生的年龄组)第 $k+1$ 时段的数量是各年龄组第 k 时段的繁殖数量之和,即

$$x_1(k+1)=\sum_{i=1}^{n} b_i x_i(k), \quad k=0,1,2,\cdots \tag{1}$$

其中繁殖率 b_i 的统计中已经扣除了虽出生但在一个时段内死亡的幼年动物.其次,只有第 k 时段第 i 年龄组种群中存活下来的部分,才能在第 $k+1$ 时段演变到第 $i+1$ 年龄组 $(i=1,2,\cdots,n-1)$,所以

$$x_{i+1}(k+1)=s_i x_i(k), \quad k=0,1,2,\cdots, i=1,2,\cdots,n-1 \tag{2}$$

(1)(2)式构成包含 n 个变量 $x_i(k)$ $(i=1,2,\cdots,n)$ 的差分方程组,表示了按年龄分组的种群数量的变化规律.已知繁殖率 b_i $(i=1,2,\cdots,n)$、存活率 s_i $(i=1,2,\cdots,n-1)$ 及种群各年龄组的初始数量 $x_i(0)$,可由方程组(1)(2)计算任意时段各年龄组种群的数量分布,称为**按年龄分组的种群增长模型**.

将各年龄组第 k 时段的种群数量 $x_i(k)$ 排成如下向量

$$\boldsymbol{x}(k)=[x_1(k),x_2(k),\cdots,x_n(k)]^{\mathrm{T}}, \quad k=0,1,2,\cdots \tag{3}$$

繁殖率 b_i 和存活率 s_i 排成如下矩阵

$$\boldsymbol{L}=\begin{pmatrix} b_1 & b_2 & \cdots & b_{n-1} & b_n \\ s_1 & 0 & \cdots & 0 & 0 \\ 0 & s_2 & \cdots & 0 & 0 \\ \vdots & \vdots & & \vdots & \vdots \\ 0 & 0 & \cdots & s_{n-1} & 0 \end{pmatrix} \tag{4}$$

则差分方程组(1)(2)可以简洁地表示为如下的向量-矩阵形式

$$\boldsymbol{x}(k+1)=\boldsymbol{L}\boldsymbol{x}(k), \quad k=0,1,2,\cdots \tag{5}$$

给定种群各年龄组的初始数量 $\boldsymbol{x}(0)$,种群各年龄组任意时段的数量为

$$\boldsymbol{x}(k)=\boldsymbol{L}^k\boldsymbol{x}(0), \quad k=0,1,2,\cdots \tag{6}$$

有了 $\boldsymbol{x}(k)$，就很容易计算种群在任意时段的总量.

有时，人们更关注任意时段种群各年龄组的数量在总量中的比例，记

$$\boldsymbol{x}^*(k)=[x_1^*(k),x_2^*(k),\cdots,x_n^*(k)]^{\mathrm{T}},x_i^*(k)=\frac{x_i(k)}{\sum_{i=1}^{n} x_i(k)} \tag{7}$$

即 $\boldsymbol{x}^*(k)$ 是 $\boldsymbol{x}(k)$ 的归一化向量，称为种群按年龄组的**分布向量**.

形如(4)式的矩阵 $\boldsymbol{L}$ 是 20 世纪 40 年代由 Leslie 提出的，称 **Leslie 矩阵**，按年龄分组的种群增长规律完全由 Leslie 矩阵 $\boldsymbol{L}$ 决定，(3)—(5)式又称 **Leslie 模型**.

模型求解 对一个数值例子做计算.

设一个种群分成 5 个年龄组，各年龄组的繁殖率为 $b_1=0$，$b_2=0.2$，$b_3=1.8$，$b_4=0.8$，$b_5=0.2$，存活率为 $s_1=0.5$，$s_2=0.8$，$s_3=0.8$，$s_4=0.1$，各年龄组现有数量均为 100 只，求任意时段种群各年龄组的数量 $\boldsymbol{x}(k)$ 及分布向量 $\boldsymbol{x}^*(k)$.

按照(3)~(5)式及(7)式编程计算，得到的结果见表 1 和图 1.

表 1 $\boldsymbol{x}(k)$ 和 $\boldsymbol{x}^*(k)$ 的计算结果

	k								
	0	1	2	3	…	27	28	29	30
$x_1(k)$	100	300	220	155	…	403	412	423	434
$x_2(k)$	100	50	150	110	…	196	201	206	211
$x_3(k)$	100	80	40	120	…	152	157	161	165
$x_4(k)$	100	80	64	32	…	120	122	126	129
$x_5(k)$	100	10	8	6	…	12	12	12	13
$x_1^*(k)$	0.200 0	0.576 9	0.456 4	0.365 8	…	0.456 4	0.455 3	0.455 9	0.456 2
$x_2^*(k)$	0.200 0	0.096 2	0.311 2	0.259 9	…	0.222 4	0.222 9	0.221 8	0.222 2
$x_3^*(k)$	0.200 0	0.153 8	0.083 0	0.283 6	…	0.172 6	0.173 7	0.173 7	0.173 0
$x_4^*(k)$	0.200 0	0.153 8	0.132 8	0.075 6	…	0.135 5	0.134 9	0.135 4	0.135 5
$x_5^*(k)$	0.200 0	0.019 2	0.016 6	0.015 1	…	0.013 2	0.013 2	0.013 1	0.013 2

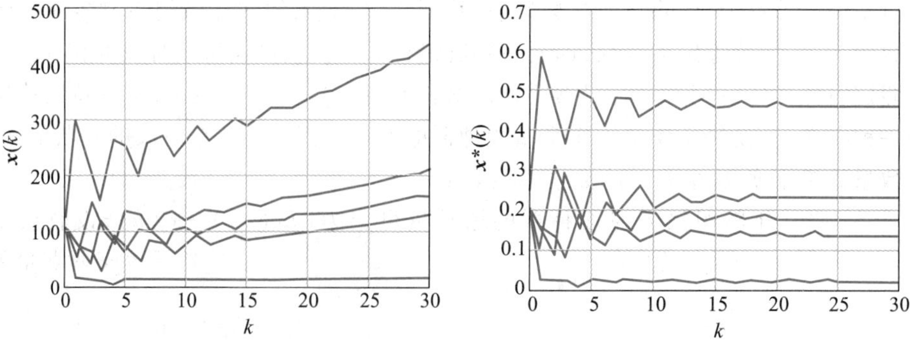

图 1 $\boldsymbol{x}(k)$ 和 $\boldsymbol{x}^*(k)$ 的图形（自上而下为 $x_1(k)$，$x_1^*(k)$ 至 $x_5(k)$，$x_5^*(k)$）

结果分析 从表 1 和图 1 可以看出,时间充分长以后,虽然各年龄组(除最高年龄组外)种群数量 $\boldsymbol{x}(k)$ 仍在增长,但是分布向量 $\boldsymbol{x}^*(k)$ 却趋向稳定.为了进一步分析 k 充分大以后 $\boldsymbol{x}(k)$ 和 $\boldsymbol{x}^*(k)$ 的变化规律,先不加证明地给出一个数学上的结论①:

矩阵 $\boldsymbol{L}$ 有一个正的最大特征根 λ(单根),λ 对应的特征向量记作 $\boldsymbol{x}_\lambda$,由

$$\boldsymbol{x}_\lambda=\left[1,\frac{s_1}{\lambda},\frac{s_1s_2}{\lambda^2},\cdots,\frac{s_1s_2\cdots s_{n-1}}{\lambda^{n-1}}\right]^{\mathrm{T}} \tag{8}$$

确定,可以验证 $\boldsymbol{L}\boldsymbol{x}_\lambda=\lambda\boldsymbol{x}_\lambda$,且由(6)式表示的 $\boldsymbol{x}(k)$ 满足

$$\lim_{k\to\infty}\boldsymbol{x}(k)/\lambda^k=c\boldsymbol{x}_\lambda \tag{9}$$

其中 c 是常数.将 $\boldsymbol{x}_\lambda$ 归一化后记作 $\boldsymbol{x}^*$,当 k 充分大以后,由此可得以下几条性质:

1. 种群按年龄组的分布向量 $\boldsymbol{x}^*(k)$ 满足

$$\boldsymbol{x}^*(k)\approx\boldsymbol{x}^* \tag{10}$$

表示按年龄组的分布向量接近于归一化的特征向量 $\boldsymbol{x}^*$,$\boldsymbol{x}^*$ 称为**稳定分布**.

2. 各年龄组种群数量 $\boldsymbol{x}(k)$ 满足 $\boldsymbol{x}(k+1)\approx\lambda\boldsymbol{x}(k)$,即

$$x_i(k+1)\approx\lambda x_i(k),\quad i=1,2,\cdots,n \tag{11}$$

表示各年龄组种群数量将按同一比例 λ 增减,不妨称 λ 为增长率.当 $\lambda=1$ 时,各年龄组种群数量保持不变.

3. 当 $\lambda=1$ 时,$\boldsymbol{x}_\lambda=[1,s_1,s_1s_2,\cdots,s_1s_2\cdots s_{n-1}]^{\mathrm{T}}$,于是各年龄组种群数量 $x_i(k)$ 满足

$$x_{i+1}(k)\approx s_ix_i(k),\quad i=1,2,\cdots,n \tag{12}$$

即存活率 s_i 等于同一时段相邻年龄组的数量之比.

> 评注 模型假定种群的繁殖率、存活率只与年龄组有关.如果这些参数随时段变化,用 $b_i(k)$,$s_i(k)$,$\boldsymbol{L}(k)$ 表示,也可建立类似的模型,得到种群各年龄组任意时段的数量.只是由于 $\boldsymbol{L}(k)$ 不再具有矩阵 $\boldsymbol{L}$ 的性质,所以无法进行 k 充分大的稳定性分析.

上面的数值例子可以验证这几条结论:

1. 用 MATLAB 程序 [v,d]=eig(L) 可以得到任意矩阵 $\boldsymbol{L}$ 的全部特征根及特征向量.对例子中的矩阵 $\boldsymbol{L}$ 编程计算,得到特征根中最大的一个为 $\lambda=1.025\,4$,λ 对应的特征向量归一化后为 $\boldsymbol{x}^*=[0.455\,9,\ 0.222\,3,\ 0.173\,4,\ 0.135\,3,\ 0.013\,2]^{\mathrm{T}}$,与按照(8)式计算的 $\boldsymbol{x}_\lambda$ 归一化后的 $\boldsymbol{x}^*$ 一致.表 1 中 k 充分大以后 $\boldsymbol{x}^*(k)$ 的计算结果非常接近 $\boldsymbol{x}^*$,满足(10)式.

2. 可以校核在表 1 的 $\boldsymbol{x}(k)$ 的计算结果中,k 充分大以后,$x_i(k+1)$ 与 $x_i(k)$ 的比值都在 $\lambda=1.025\,4$ 附近($i=1,2,\cdots,5$,其中 $x_5(k)$ 数值较小,取整后计算误差较大),满足(11)式.

3. 因 $\lambda=1.025\,4$ 比 1 略大,可以由表 1 对于充分大的 k 近似地验证(12)式.

饲养动物种群的持续稳定收获模型

对于饲养动物种群,除了自然繁殖、自然死亡之外,人们往往希望控制各年龄组的种群数量,实现持续稳定的收获,即同一年龄组种群的收获量在每个时段都相等.

假定自然环境下饲养动物仍然用种群增长模型(1)—(5)式表示,实现持续稳定收获的一种办法是,使每个年龄组每个时段种群的增长量都等于这个时段的收获量,并且种群数量始终不变.这个办法的数学模型如下:

建模 第 i 年龄组第 k 时段种群的增长量可记为 $(Lx(k))_i-x_i(k)$,设收获量与 $(Lx(k))_i$ 成正比,比例系数为 $h_i(0\leqslant h_i\leqslant 1)$,称收获系数,那么增长量等于收获量就可

① 要求 Leslie 矩阵 $\boldsymbol{L}$ 第一行有两个顺序的 b_i 大于零,这是一个实际上很容易满足的条件.

以表为

$$(Lx(k))_i - x_i(k) = h_i(Lx(k))_i,\quad i=1,2,\cdots,n,k=1,2,\cdots \tag{13}$$

用 $\boldsymbol{H}$ 表示以 h_i 为对角元素的对角矩阵

$$\boldsymbol{H}=\begin{pmatrix} h_1 & 0 & \cdots & 0 \\ 0 & h_2 & \cdots & 0 \\ \vdots & \vdots & & \vdots \\ 0 & 0 & \cdots & h_n \end{pmatrix} \tag{14}$$

则(13)式可记作

$$\boldsymbol{Lx}(k)-\boldsymbol{x}(k)=\boldsymbol{HLx}(k),\quad k=1,2,\cdots \tag{15}$$

记 $\boldsymbol{I}$ 为单位矩阵,(15)式可写作

$$\boldsymbol{x}(k)=(\boldsymbol{I}-\boldsymbol{H})\boldsymbol{Lx}(k),\quad k=1,2,\cdots \tag{16}$$

实现持续稳定收获,要求种群数量 $\boldsymbol{x}(k)$ 对 k 保持不变,记作 $\boldsymbol{x}$,由(16)式得

$$\boldsymbol{L}'\boldsymbol{x}=\boldsymbol{x},\quad \boldsymbol{L}'=(\boldsymbol{I}-\boldsymbol{H})\boldsymbol{L} \tag{17}$$

$\boldsymbol{L}'$由对角矩阵 $\boldsymbol{I}-\boldsymbol{H}$ 右乘 Leslie 矩阵 $\boldsymbol{L}$ 得到,仍是 Leslie 矩阵,由(4)式和(14)式可表示为

$$\boldsymbol{L}'=\begin{pmatrix} b_1(1-h_1) & b_2(1-h_1) & \cdots & b_{n-1}(1-h_1) & b_n(1-h_1) \\ s_1(1-h_2) & 0 & \cdots & 0 & 0 \\ 0 & s_2(1-h_3) & & 0 & 0 \\ \vdots & \vdots & & \vdots & \vdots \\ 0 & 0 & \cdots & s_{n-1}(1-h_n) & 0 \end{pmatrix} \tag{18}$$

持续稳定收获的条件 $\boldsymbol{L}'\boldsymbol{x}=\boldsymbol{x}$ 表明,矩阵 $\boldsymbol{L}'$的最大特征根 $\lambda'=1$.用线性代数中求矩阵特征根的方法,可知 $\lambda'=1$ 等价于

$$(1-h_1)[b_1+b_2s_1(1-h_2)+\cdots+b_ns_1\cdots s_{n-1}(1-h_2)\cdots(1-h_n)]=1 \tag{19}$$

$\lambda'=1$ 对应的特征向量为

$$\boldsymbol{x}'=[1,s_1(1-h_2),\cdots,s_1\cdots s_{n-1}(1-h_2)\cdots(1-h_n)]^{\mathrm{T}} \tag{20}$$

设各年龄组的繁殖率 b_i 和存活率 s_i 已知,选择一组满足(19)式的收获系数 $h_i(i=1,2,\cdots,n)$,就可以实现持续稳定收获,且种群按年龄组的稳定分布为(20)式的 $\boldsymbol{x}'$,而收获量的稳定分布为

$$\begin{aligned}\boldsymbol{HLx}'=[&h_1(b_1+b_2s_1(1-h_2)+\cdots+b_ns_1\cdots s_{n-1}(1-h_2)\cdots(1-h_n)),\\ &h_2s_1,h_3s_1s_2(1-h_2),\cdots,h_ns_1\cdots s_{n-1}(1-h_2)\cdots(1-h_{n-1})]^{\mathrm{T}}\end{aligned} \tag{21}$$

求解 对一个数值例子做计算.

设一个种群分成 3 个年龄组,各年龄组的繁殖率为 $b_1=0$, $b_2=5$, $b_3=2$,存活率为 $s_1=0.8$, $s_2=0.5$,确定各年龄组的收获系数以实现稳定收获,并求种群及收获量按年龄组的稳定分布.

记各年龄组的收获系数为 h_1, h_2, h_3,将以上数据代入持续稳定收获的条件(19)式得

$$(1-h_1)[4(1-h_2)+0.8(1-h_2)(1-h_3)]=1 \tag{22}$$

代入(20)式得种群按年龄组的稳定分布为

$$x'=[1,0.8(1-h_2),0.4(1-h_2)(1-h_3)]^{\mathrm{T}} \tag{23}$$

代入(21)式得收获量的稳定分布为

$$HLx'=[h_1(4(1-h_2)+0.8(1-h_2)(1-h_3)),0.8h_2,0.4h_3(1-h_2)]^{\mathrm{T}} \tag{24}$$

满足(22)式的 h_1, h_2, h_3 有很多,可以根据饲养者的意愿选择.如取 $h_1=0$, $h_2=0.75$, $h_3=1$,即不出售幼畜、出售75%的成年牲畜及全部老年牲畜,则 $x'=[1,0.2,0]^{\mathrm{T}}$, $HLx'=[0,0.6,0.1]^{\mathrm{T}}$;或取 $h_1=0.5$, $h_2=0.5$, $h_3=1$,即出售 50%的幼畜和成年牲畜及全部老年牲畜,则 $x'=[1,0.4,0]^{\mathrm{T}}$,$HLx'=[1,0.4,0.2]^{\mathrm{T}}$.

评注 从数学建模角度看,人口的增减与动物种群数量的变化规律基本上是相同的,只需将 b_i 视为生育率,(1)~(5)式就可表示为离散型的女性人口模型.当然,作为人口模型还应研究通过控制生育调整人口数量等方面的内容.

复习题

1. 按年龄分组的种群模型中,设一群动物最高年龄为 15 岁,每 5 岁一组分成 3 个年龄组,各组的繁殖率为 $b_1=0,b_2=4$, $b_3=3$,存活率为 $s_1=1/2$, $s_2=1/4$,开始时 3 组各有 1 000 只.求 15 年后各组分别有多少只,以及时间充分长以后种群的增长率和按年龄组的分布.

2. 讨论饲养动物种群的持续稳定收获模型的两个特例:

(1) 有些种群最年幼组具有较大的经济价值,所以饲养者只收获这个年龄组的种群,可设收获系数为 $h_1=h,h_2=\cdots=h_n=0$.仍用第 1 题中繁殖率和存活率的数据,求收获系数、种群及收获量按年龄组的稳定分布.

(2) 对于随机捕获的种群,区分年龄是困难的,不妨假定 $h_1=\cdots=h_n=h$.讨论与(1)同样的问题.

6.5 信息传播

当今社会处于信息时代,每天都有大量的、正面或负面的信息,甚至谣言,通过各种传统的、近代的,特别是互联网的渠道,在几乎没有限制的人群中传播.信息传播,尤其是在互联网上的传播,已成为当前热门的研究课题.本节讨论传统的信息传播数学模型,可作为进一步研究的基础.

考察一个封闭的、总人数一定的环境,如一所学校、一座办公楼、一个社区内的人群,开始时有极少数人得到了一条与这个人群有关的信息,或者制造了一条谣言,然后每天通过人与人之间的交流在这个人群中传播,使得获知信息的人数越来越多.我们要在一些合理的简化假设下,建立一个数学模型来描述信息传播的规律,研究其发展趋势.

模型假设 在封闭环境中人群的总人数不变.信息通过已获知的人向未获知的人传播.

因为已获知信息的人数越多(传播人群)每天新获知信息的人数就越多;未获知信息的人数越多(潜在人群)新获知信息的人数也越多,故可作如下假设:每天新获知信息的人数与已获知信息的人数和未获知信息的人数的乘积成正比.

模型建立 记总人数为 N,第 k 天已获知信息的人数为 p_k,则未获知信息的人数为 $N-p_k$.按照假设,第 $k+1$ 天新获知信息的人数 $p_{k+1}-p_k$(或记作 Δp_k)与 p_k 和 $N-p_k$ 的乘积成正比,即

$$p_{k+1}-p_k=cp_k(N-p_k) \tag{1}$$

其中 c 是比例系数,可写成 $c=\dfrac{\Delta p_k/p_k}{N-p_k}$, 其含义是对于每个未获知信息的人($N-p_k$ 中的

一位)而言,每天新获知信息人数的相对增量(百分比增量).比如 $c=0.0001$,若某天潜在人群尚有 500 人,则下一天新获知信息的人数将增加 $0.0001\times500=5\%$.显然,c 是反映传播速度的参数,c 越大传播速度越快.

模型求解 (1) 式是一阶差分方程,可以改写成便于递推的形式:

$$p_{k+1}=(1+cN)p_k\left(1-\frac{c}{1+cN}p_k\right) \tag{2}$$

设定 $N=1000$,初始获知信息的人数 $p_0=10$,c 取 2 个不同的值 0.000 1 和 0.000 2,按照(2) 式递推地计算 $p_k(k=1,2,\cdots)$,结果如图 1.与 $c=0.0001$ 时 80 天后已获知信息的人数 p_k 才接近总人数 N 相比,$c=0.0002$ 时 p_k 接近总人数 N 只需 40 天,传播速度明显加快.

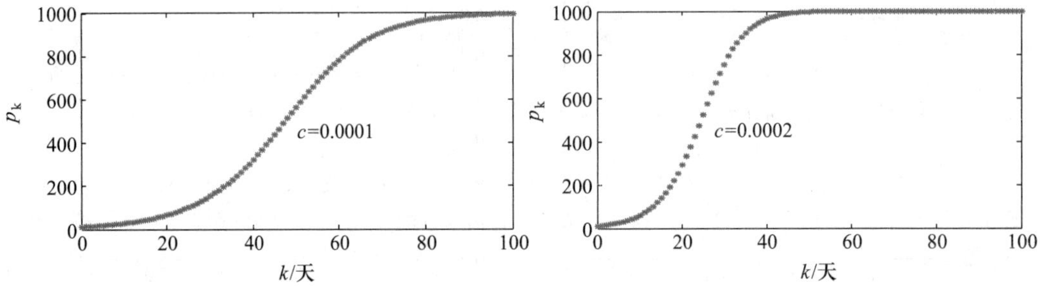

图 1 c 取不同值时方程(2)的解($N=1000, p_0=10$)

由图 1 还可以看出,p_k 的图形恰似 5.1 节人口增长中的 S 形连续曲线.实际上,与 5.1 节的 logistic 方程对比可知,方程(1)就是 logistic 微分方程的离散形式——差分方程.

但是与 logistic 微分方程有解析解不同,其对应的差分方程(2)却无法得到 p_k 的显式表达式,对于这类方程人们常常更关注当 $k\to\infty$ 时 p_k 的收敛性.为了研究的方便,对方程(2)作如下变换,令

$$b=1+cN \tag{3}$$

$$x_k=\frac{c}{1+cN}p_k \tag{4}$$

则(2)式简化为只有一个参数 b 的标准形式:

$$x_{k+1}=bx_k(1-x_k) \tag{5}$$

(5)式是一阶非线性差分方程,尽管看起来足够简单,可是它的解 x_k 当 $k\to\infty$ 时的收敛性却显示出复杂的性质.

基础知识 6-1 差分方程的类型、求解及稳定性

方程(5)的平衡点及其稳定性 (参考基础知识 6-1)为了求出方程(5)的平衡点,解代数方程 $x=f(x)=bx(1-x)$,得到非零平衡点

$$x^*=1-1/b \tag{6}$$

为了判断平衡点 x^* 的稳定性,计算 $f(x)=bx(1-x)$ 在 x^* 点的导数 $f'(x^*)=b(1-2x^*)=2-b$,由 x^* 的稳定性条件 $|f'(x^*)|<1$,得到 $1<b<3$.按照(3)式定义的 b,必有 $b>1$.那么,对于 $b<3$ 和 $b>3$,方程(5)的解 x_k 当 $k\to\infty$ 时会发生什么现象呢?

图 2 是在不同 b 值下对方程(5)递推计算的结果(初始值均为 $x_0=0.2$).可以看到,当 $b=1.7$ 和 $b=2.9$ 时 x_k 都趋向平衡点 x^*,即 x^* 是稳定的,二者的差别在于前者 x_k 单

调收敛，后者 x_k 振荡地（在某个 k 后 x_k 交替地大于和小于 x^*）收敛（进一步分析表明，两种情况的分界点是 $b=2$）；$b=3.15$ 时 x_k 不趋向平衡点 x^*，而有 x_k 的 2 个子序列（x_{2k} 和 x_{2k+1} 序列）分别趋向另外 2 个平衡点；$b=3.525$ 和 $b=3.565$ 时则分别有 x_k 的 4 个子序列（x_{4k}，x_{4k+1}，x_{4k+2}，x_{4k+3}）和 8 个子序列，分别趋向另外 4 个和 8 个平衡点，这种子序列的收敛称为**分岔**；$b=3.7$ 时 x_k 就不趋向任何平衡点，序列变得杂乱无章，出现所谓**混沌**现象.

拓展阅读 6-1 差分方程 $x_{k+1}=bx_k(1-x_k)$ 的收敛、分岔和混沌

当参数 b 取不同的数值时方程(5)的解 x_k 呈现出不同的特性：单调或振荡收敛于稳定平衡点，出现分岔或混沌，这是非线性差分方程特有的现象.对方程(5)的平衡点及其稳定性的进一步分析，参考拓展阅读 6-1.

评注 注意到不论参数值多大，logistic 微分方程的非零平衡点总是稳定的，看来非线性差分方程与对应的非线性微分方程本质上确实有不同之处.

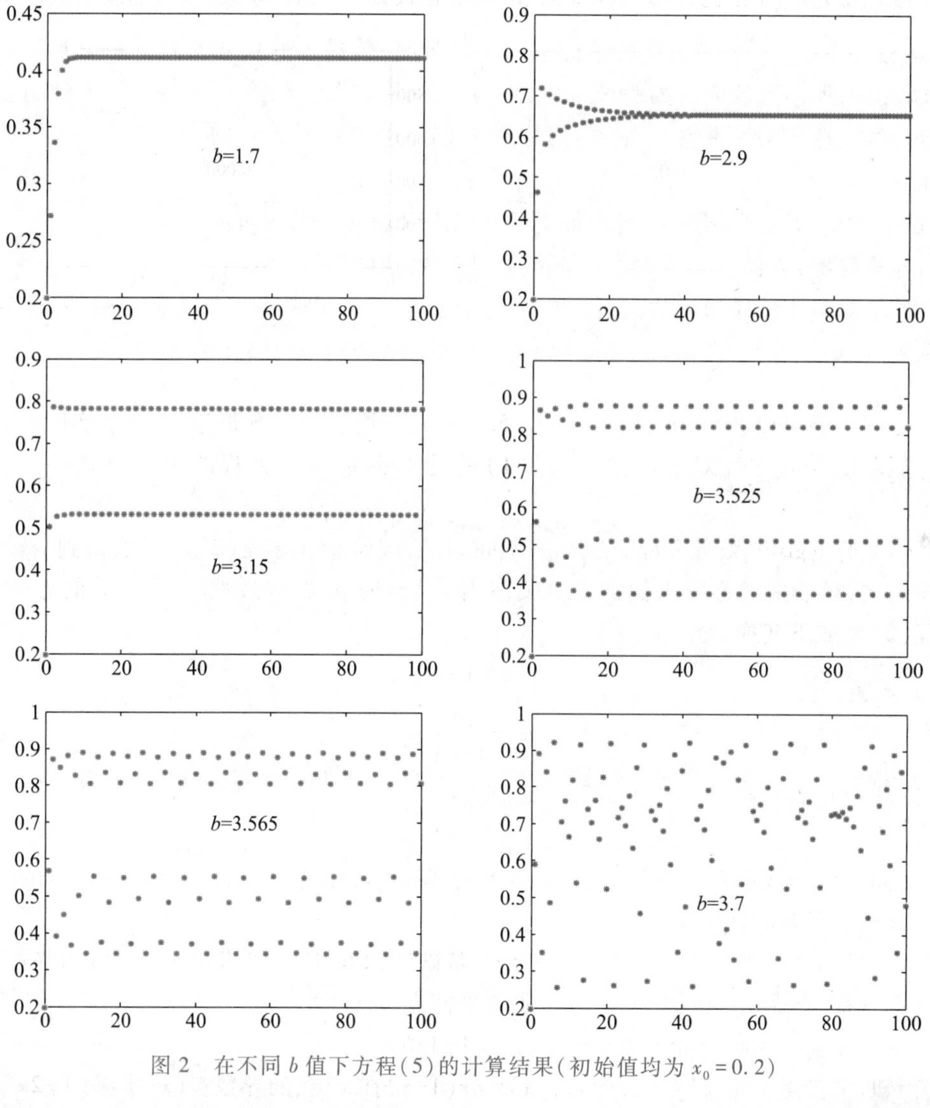

图 2 在不同 b 值下方程(5)的计算结果（初始值均为 $x_0=0.2$）

模型讨论 回到上面的信息传播模型，由(3)(4)可以验证，方程(5)的平衡点 $x^*=1-1/b$ 等价于原方程(1)的非零平衡点 $p^*=N$，平衡点 x^* 的稳定性条件 $1<b<3$ 等价于原方程(1)平衡点 p^* 的稳定性条件 $cN<2$，而 x_k 单调收敛于 x^* 的条件 $b<2$ 等价于 $cN<1$.我们已经看到，$2<b<3$ 时 x_k 振荡收敛于 x^*，$b>3$ 时更是出现分岔、混沌现象，那么需

评注 看来信息传播模型的解 p_k 只能是单调增地收敛，符合人们的直观认识.介绍方程(5)的平衡点及其稳定性，不过是说明即使非常简单的非线性差分方程，也会出现比它对应的 logistic 微分方程有着远为复杂的特性.

要讨论的是,对于信息传播模型的方程(1),会不会出现 $cN>1$ 的情况,导致 p_k 振荡收敛于 $p^*=N$ 甚至出现分岔、混沌呢?

从方程(1)出发,设总人数 N 固定,很容易得出反映传播速度的参数 c 的上限是多少.注意到传播过程中对于任意的 k 都有 $p_{k+1}<N$,于是由(1)式得 $cp_k<1$,而 p_k 可以无限接近 N,所以 c 的上限是 $1/N$,不会出现 $cN>1$ 的情况.

在实际的信息传播过程中,c 不大可能保持不变,如果能够确定随 k 而变的 c_k,用以代替方程(1)的 c,仍然可以递推地计算 p_k,模型的结果会更好.

模型拓展 上面讨论的是信息得以自由传播的过程,如果对谣言的传播加以人为干预呢?

记总人数为 N,第 k 天已听信谣言的人数为 p_k(传播人群),如果对于每天新听信谣言人数的增加仍遵从前面的假设,而对人为干预谣言的传播作如下假定:每天被制止传播谣言的人数比例为常数 a,则方程(1)的右端应增加一项 $-ap_k$,即

$$p_{k+1}-p_k=cp_k(N-p_k)-ap_k \tag{7}$$

(7)式右端的含义还表明,被制止传播谣言的人又加入听信谣言的潜在人群中.

容易看出,方程(7)的求解与方程(1)没有本质的区别.

如果被制止传播谣言的人既不再传播也不会听信,从此退出这个信息传播系统呢?那就要考虑一个新的人群——被制止传播后退出系统者,记第 k 天退出系统者的人数为 q_k,则有

$$q_{k+1}-q_k=ap_k \tag{8}$$

而上面的方程(7)应改为

$$p_{k+1}-p_k=cp_k(N-q_k-p_k)-ap_k \tag{9}$$

(8)(9)联立组成非线性差分方程组,给定 p_0 和 q_0(通常 q_0 很小),可递推地计算 p_k 和 q_k.

评注 一些与信息传播类似的实际问题,如受限环境下传染病的蔓延和生物种群的增长,可以建立形如方程(1)的模型.试按照 5.4 节传染病微分方程模型(SI,SIS,SIR)的假设条件分别建立相应的差分方程模型(复习题 1).

复习题

1. 按照 5.4 节传染病模型中 SI 模型、SIS 模型和 SIR 模型的假设条件,分别建立差分方程模型,并说明与本节的哪些方程相对应(特别注意 SIR 模型中变量的选取).

2. 下表是在受限环境下培养的酵母生物量的实验数据(k:小时,p_k:生物量).[23]

(1) 对 k-p_k 作散点图,观察变化趋势,估计 p_k 增长的上限 N;

(2) 参考本节的模型对酵母生物量的增长建模;

(3) 用实验数据估计模型参数(提示:对数据$\frac{p_{k+1}-p_k}{p_k}$-$(N-p_k)$作图,用线性最小二乘法估计参数);

(4) 计算模型的理论值并与实验数据 p_k 比较.

k	0	1	2	3	4	5	6	7	8	9
p_k	9.6	18.3	29.0	47.2	71.1	119.1	174.6	257.3	350.7	441.0

k	10	11	12	13	14	15	16	17	18	
p_k	513.3	559.7	594.8	629.4	640.8	651.1	655.9	659.6	661.8	

6.6 原子弹爆炸的能量估计

1945 年 7 月 16 日,美国科学家在新墨西哥州的沙漠中试爆了全球第一颗原子弹,这一事件令世界为之震惊,并从某种程度上改变了第二次世界大战以及战后世界的历史.但在当时,有关原子弹爆炸的资料都是保密的,一般人无法得到任何有关的数据或影像资料,因此无法比较准确地了解这次爆炸的威力究竟有多大.两年以后,美国政府首次公开了这次爆炸的录像带,但没有发布任何其他有关的资料.英国物理学家 Taylor (1886—1975)通过研究这次爆炸的录像带,建立数学模型对这次爆炸所释放的能量进行了估计,得到的估计值为19.2×10^3 t(10^3t 相当于 1 000 t TNT 的核子能量).后来正式公布的信息显示,这次爆炸实际释放的能量为 21×10^3 t,与 Taylor 的估计相当接近.

案例精讲 6-1
原子弹爆炸的能量估计

除了公开的录像带,Taylor 不掌握这次原子弹爆炸的其他任何信息,他如何估计爆炸释放的能量呢? 物理常识告诉我们,爆炸产生的冲击波以爆炸点为中心呈球面向四周传播,爆炸的能量越大,在一定时刻冲击波传播得越远,而冲击波又通过爆炸形成的“蘑菇云”反映出来.Taylor 研究这次爆炸的录像带,测量出了从爆炸开始,不同时刻爆炸所产生的“蘑菇云”的半径.表 1 是他测量出的时刻 t 所对应的“蘑菇云”的半径 r.

表 1 时刻 t 所对应的“蘑菇云”的半径 r

t/ms	0.10	0.24	0.38	0.52	0.66	0.80	0.94	1.08	1.22	1.36	1.50	1.65	1.79
r/m	11.1	19.9	25.4	28.8	31.9	34.2	36.3	38.9	41.0	42.8	44.4	46.0	46.9
t/ms	1.93	3.26	3.53	3.80	4.07	4.34	4.61	15.0	25.0	34.0	53.0	62.0	
r/m	48.7	59.0	61.1	62.9	64.3	65.6	67.3	106.5	130.0	145.0	175.0	185.0	

Taylor 是首先用量纲分析方法建立数学模型,然后辅以小型试验,又利用表 1 的数据,对原子弹爆炸的能量进行估计的[75].让我们先对量纲分析方法作简单介绍.

量纲齐次原则 量纲分析(dimensional analysis)是 20 世纪初提出的在物理和工程等领域建立数学模型的一种方法,它在经验和实验的基础上利用物理定律的量纲齐次原则,确定各物理量之间的关系.

许多物理量是有量纲的,在物理研究中把若干物理量的量纲作为基本量纲.它们是相互独立的,另一些物理量的量纲则可根据其定义或物理定律由基本量纲推导出来,称为导出量纲.例如,在研究力学问题时,通常将长度 l、质量 m 和时间 t 的量纲作为基本量纲,记以相应的大写字母 L,M 和 T.在量纲分析中,物理量 q 的量纲记作$[q]$,于是有 $[l]=\mathrm{L}$, $[m]=\mathrm{M}$, $[t]=\mathrm{T}$.而速度 v、加速度 a 的量纲可以按照其定义表为$[v]=\mathrm{LT}^{-1}$, $[a]=\mathrm{LT}^{-2}$,力 f 的量纲则应根据牛顿第二定律用质量和加速度的乘积表示,即$[f]=\mathrm{LMT}^{-2}$,这些就是导出量纲.

有些物理常数也有量纲,如在万有引力定律 $f=k\dfrac{m_1m_2}{r^2}$ 中引力常量 $k=\dfrac{fr^2}{m_1m_2}$, k 的量

纲可从力f、长度r和质量m的量纲得到：$[k]=LMT^{-2}\cdot L^2\cdot M^{-2}=L^3M^{-1}T^{-2}$.对于无量纲的量$\lambda$,记$[\lambda]=L^0M^0T^0=1$.

用数学公式表示一些物理量之间的关系时,公式等号两端必须有相同的量纲,称为量纲齐次性(dimensional homogeneity).量纲分析就是利用量纲齐次原则来建立物理量之间的数学模型[7,23].先看一个简单的例子.

例　单摆运动　这是一个大家熟知的物理现象.质量m的小球系在长度l的线的一端,稍偏离平衡位置后小球在重力mg作用下(g为重力加速度)做往复摆动,忽略阻力,求摆动周期t的表达式.

在这个问题中出现的物理量有t,m,l,g,设它们之间的关系是

$$t=\lambda m^{\alpha_1}l^{\alpha_2}g^{\alpha_3} \tag{1}$$

其中$\alpha_1,\alpha_2,\alpha_3$是待定常数,$\lambda$是无量纲的比例系数.(1)式的量纲表达式为

$$[t]=[m]^{\alpha_1}[l]^{\alpha_2}[g]^{\alpha_3} \tag{2}$$

将$[t]=T,[m]=M,[l]=L,[g]=LT^{-2}$代入得

$$T=M^{\alpha_1}L^{\alpha_2+\alpha_3}T^{-2\alpha_3} \tag{3}$$

按照量纲齐次原则应有

$$\begin{cases}\alpha_1 & & & =0\\ & \alpha_2 & +\alpha_3 & =0\\ & & -2\alpha_3 & =1\end{cases} \tag{4}$$

(4)的解为$\alpha_1=0,\alpha_2=1/2,\alpha_3=-1/2$,代入(1)式得

$$t=\lambda\sqrt{\frac{l}{g}} \tag{5}$$

我们看到,用非常简单的方法得到的(5)式与用较深入的力学知识推出的结果是一样的①.

为了导出用量纲分析建模的一般方法,将这个例子中各个物理量之间的关系写作

$$f(t,m,l,g)=0 \tag{6}$$

这里没有因变量与自变量之分.进而假设(6)式形如

$$t^{y_1}m^{y_2}l^{y_3}g^{y_4}=\pi \tag{7}$$

其中y_1,y_2,y_3,y_4是待定常数,π是无量纲常数.将t,l,m,g的量纲用基本量纲L,M,T表示为$[t]=L^0M^0T^1$, $[m]=L^0M^1T^0$, $[l]=L^1M^0T^0$, $[g]=L^1M^0T^{-2}$,则(7)式的量纲表达式可写作

$$(L^0M^0T^1)^{y_1}(L^0M^1T^0)^{y_2}(L^1M^0T^0)^{y_3}(L^1M^0T^{-2})^{y_4}=L^0M^0T^0 \tag{8}$$

即

$$L^{y_3+y_4}M^{y_2}T^{y_1-2y_4}=L^0M^0T^0 \tag{9}$$

由量纲齐次原则有

---

① 这个问题的完整结果是$t=2\pi\sqrt{l/g}$,用量纲分析得不到$\lambda=2\pi$,因为它是无量纲的.

$$\begin{cases} y_3 + y_4 = 0 \\ y_2 = 0 \\ y_1 - 2y_4 = 0 \end{cases} \tag{10}$$

方程组(10)有一个基本解

$$\boldsymbol{y} = (y_1, y_2, y_3, y_4)^{\mathrm{T}} = (2, 0, -1, 1)^{\mathrm{T}} \tag{11}$$

代入(7)式得

$$t^2 l^{-1} g = \pi \tag{12}$$

(6)式可以等价地表示为

$$F(\pi) = 0 \tag{13}$$

(12)(13)两式是量纲分析方法从(6)式导出的一般结果,前面的(5)式只是它的特殊表达形式.

把(6)到(13)式的推导过程一般化,就是著名的白金汉 π 定理(或记为 Pi 定理)[①].

拓展阅读 6-2
π 定理的证明

π 定理 设 m 个有量纲的物理量 $q_1, q_2, \cdots, q_m$ 之间存在与量纲单位的选取无关的物理规律,数学上可表示为

$$f(q_1, q_2, \cdots, q_m) = 0 \tag{14}$$

若基本量纲记作 $\mathrm{X}_1, \mathrm{X}_2, \cdots, \mathrm{X}_n (n \leqslant m)$,而 $q_1, q_2, \cdots, q_m$ 的量纲可表为

$$[q_j] = \prod_{i=1}^{n} \mathrm{X}_i^{a_{ij}}, \quad j = 1, 2, \cdots, m \tag{15}$$

矩阵 $\boldsymbol{A} = (a_{ij})_{n \times m}$ 称量纲矩阵.若 $\boldsymbol{A}$ 的秩

$$\mathrm{Rank}\ \boldsymbol{A} = r \tag{16}$$

设线性齐次方程组

$$\boldsymbol{A}\boldsymbol{y} = \boldsymbol{0}, \quad \boldsymbol{y} = (y_1, y_2, \cdots, y_m)^{\mathrm{T}} \tag{17}$$

的 $m-r$ 个基本解记作

$$y^{(s)} = (y_1^{(s)}, y_2^{(s)}, \cdots, y_m^{(s)})^{\mathrm{T}}, \quad s = 1, 2, \cdots, m-r \tag{18}$$

则存在 $m-r$ 个相互独立的无量纲量

$$\pi_s = \prod_{j=1}^{m} q_j^{y_j^{(s)}}, \quad s = 1, 2, \cdots, m-r \tag{19}$$

且

$$F(\pi_1, \pi_2, \cdots, \pi_{m-r}) = 0 \tag{20}$$

(19)(20)与(14)式等价,F 是一个未定的函数关系.

原子弹爆炸能量估计的量纲分析方法建模

记原子弹爆炸能量为 E,将“蘑菇云”的形状近似看成一个球形,记时刻 t 球的半径为 r,与 r 有关的物理量还可能有“蘑菇云”周围的空气密度(记为 ρ)和大气压强(记为 P),于是 r 作为 t 的函数还与 E, ρ, P 有关,要寻求的关系是

$$r = \varphi(t, E, \rho, P) \tag{21}$$

更一般的形式记作

$$f(r, t, E, \rho, P) = 0 \tag{22}$$

---

① 该定理由美国科学家 E.Buckingham(1867—1940)于 1914 年给出.

其中有 5 个物理量,(22)式相当于 π 定理的(14)式.下面利用 π 定理解决这个问题.

取长度 L,质量 M 和时间 T 为基本量纲,(22)中各个物理量的量纲分别是

$$[r]=\mathrm{L},[t]=\mathrm{T},[E]=\mathrm{L}^2\mathrm{MT}^{-2},[\rho]=\mathrm{L}^{-3}\mathrm{M},[P]=\mathrm{L}^{-1}\mathrm{MT}^{-2} \tag{23}$$

由此得到量纲矩阵

$$\boldsymbol{A}_{3\times5}=\begin{pmatrix}1 & 0 & 2 & -3 & -1\\ 0 & 0 & 1 & 1 & 1\\ 0 & 1 & -2 & 0 & -2\end{pmatrix} \tag{24}$$

因为 $\boldsymbol{A}$ 的秩是 3,所以齐次方程

$$\boldsymbol{Ay}=\boldsymbol{0},\quad \boldsymbol{y}=(y_1,y_2,y_3,y_4,y_5)^{\mathrm{T}} \tag{25}$$

有 5-3=2 个基本解.

令 $y_1=1,y_5=0$,得到一个基本解 $\boldsymbol{y}=(1,-2/5,-1/5,1/5,0)^{\mathrm{T}}$;令 $y_1=0,y_5=1$,得到另一个基本解 $y=(0,6/5,-2/5,-3/5,1)^{\mathrm{T}}$.由这 2 个基本解可以得到 2 个无量纲量

$$\pi_1=rt^{-2/5}E^{-1/5}\rho^{1/5}=r\left(\frac{\rho}{t^2E}\right)^{1/5} \tag{26}$$

$$\pi_2=t^{6/5}E^{-2/5}\rho^{-3/5}P=\left(\frac{t^6P^5}{E^2\rho^3}\right)^{1/5} \tag{27}$$

且存在某个函数 F,使得

$$F(\pi_1,\pi_2)=0 \tag{28}$$

与(22)式等价.

为了得到形如(21)式的关系,取(28)式的特殊形式 $\pi_1=\psi(\pi_2)$(其中 ψ 是某个函数),由(26)(27)式即

$$r\left(\frac{\rho}{t^2E}\right)^{1/5}=\psi\left(\frac{t^6P^5}{E^2\rho^3}\right)^{1/5} \tag{29}$$

于是

$$r=\left(\frac{t^2E}{\rho}\right)^{1/5}\psi\left(\frac{t^6P^5}{E^2\rho^3}\right)^{1/5} \tag{30}$$

函数 ψ 的具体形式需要采用其他方式确定.(30)式就是用量纲分析方法建立的、估计原子弹爆炸能量的数学模型.

原子弹爆炸能量估计的数值计算

为了利用表 1 中 t 和 r 的数据,由(30)式确定原子弹爆炸的能量 E,必须先估计无量纲量 $\psi(\pi_2)$ 的大小.

Taylor 认为,对于原子弹爆炸来说,所经历的时间非常短,而所释放的能量非常大.仔细分析(27)式可知,$\pi_2=\left(\frac{t^6P^5}{E^2\rho^3}\right)^{1/5}\approx0$.于是 $\psi(0)$ 可看作一个比例系数 λ,将(30)式记作

$$r=\lambda\left(\frac{t^2E}{\rho}\right)^{1/5} \tag{31}$$

为了确定 λ 的大小,Taylor 借助一些小型爆炸试验的数据,最终决定取 $\lambda\approx1$,这样就得

到能量 E 的近似估计

$$E=\frac{\rho r^5}{t^2} \tag{32}$$

利用表 1 中时刻 t 所对应的“蘑菇云”的半径 r 作拟合来估计能量 E,相当于取(32)式右端的平均值.取空气密度为 $\rho=1.25\ \mathrm{kg/m^3}$,可得到 $E=8.282\,5\times10^{13}$ J.查表可知 10^3 t$=4.184\times10^{12}$ J,所以爆炸能量是 $19.795\,7\times10^3$ t,与实际值 21×10^3 t 相差不大(Taylor 是直接由(31)式作拟合,得到爆炸能量为 $19.186\,3\times10^3$ t).

(31)或(32)式还表明,当 E,ρ 一定时,r 与 $t^{2/5}$ 成正比,我们可以用表 1 的数据检验一下这个关系.设

$$r=at^b \tag{33}$$

其中 a,b 是待定系数,对(33)式取对数后可以用线性最小二乘法拟合,根据表 1 中 t 和 r 的资料确定.经过计算得到 $b=0.405\,8$,与量纲分析得到的结果($b=2/5$)非常接近.(33)式与实际数据拟合的情况如图 1.

原子弹爆炸的能量估计被看作是量纲分析方法建模的一个成功范例.

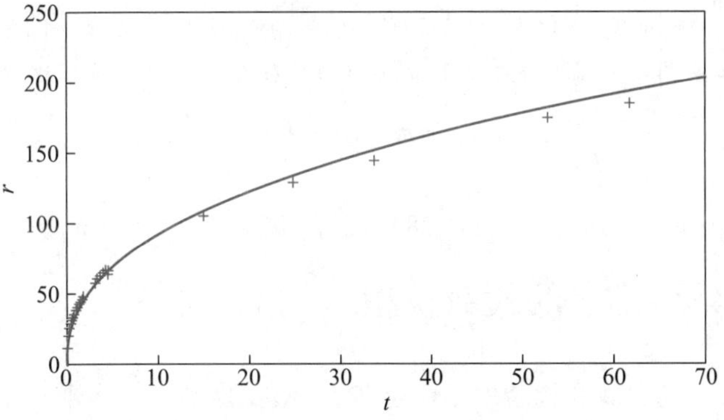

图 1 (33)式(曲线)与实际数据(+)的拟合

量纲分析方法的要点 量纲齐次原则和 π 定理是具有普遍意义、又相当初等的方法,它不需要掌握研究对象那个领域中专门的物理知识,也用不到高深的数学工具,得到的结果有的与用专门方法推出的结果相同,如单摆运动,有的是用其他方法难以得到的,如原子弹爆炸的能量.一般地说,从 m 个原始物理量具有的规律 $f(q_1,q_2,\cdots,q_m)=0$,到它的等价形式 $F(\pi_1,\pi_2,\cdots,\pi_{m-r})=0$,不仅变量个数减少了 r 个,而且组成了一些非常有用的无量纲量.在 π 定理的应用过程中有几点值得注意:

评注 从 π 定理的表述和原子弹爆炸能量估计的结果看到,用量纲分析建立的数学模型是有局限的、“不彻底的”,其中的函数 F,ψ 都无法确定.一些物理公式中的三角函数、指数函数等不可能由量纲分析得到,这是因为这些函数的自变量和因变量都是无量纲的.

1. 正确确定各个物理量 面对一个实际问题,将哪些原始物理量 $q_1,q_2,\cdots,q_m$ 包含在量纲分析之内,对所得结果的合理性是至关重要的.在原子弹爆炸的能量问题中,如果忽略空气密度 ρ,就得不到上面的结果.原始物理量的确定主要依靠经验和物理知识,无法绝对保证所得结果的正确或有用.

2. 合理选取基本量纲 基本量纲选少了,无法给出各物理量的量纲表达,当然不行;选多了也会使问题复杂化.一般情况下,力学问题选 L,M,T 即可.当然,这不是唯一的,比如可以将 T 换成速度量纲 V.热学问题可考虑温度量纲,电学问题可考虑电量

量纲.

3. 恰当构造基本解 线性齐次方程组的基本解可以有许多不同的构造方法，从而有不同的无量纲量，从数学上看它们是等价的，如原子弹爆炸的能量问题中可以得到无量纲量 $\pi_3=r^3E^{-1}P(=\pi_1^3\pi_2)$，$\pi_4=r^2t^{-2}\rho P^{-1}(=\pi_1^2\pi_2^{-1})$ 等，但是为了特定的建模目的，恰当地选取无量纲量，能够更直接地得到我们期望的结果.

复习题

1. 雨滴的速度 v 与空气密度 ρ、黏滞系数 μ 和重力加速度 g 有关，其中黏滞系数的定义是：运动物体在流体中受的摩擦力与速度梯度和接触面积的乘积成正比，比例系数为黏滞系数.用量纲分析方法给出速度 v 的表达式.

2. 用量纲分析方法研究人体浸在匀速流动的水里时损失的热量.记水的流速 v，密度 ρ，比热容 c，黏性系数 μ，热传导系数 k，人体尺寸 d.证明人体与水的热交换系数 h 与上述各物理量的关系可表为 $h=\dfrac{k}{d}\varphi\left(\dfrac{v\rho d}{\mu},\dfrac{\mu c}{k}\right)$，$\varphi$ 是未定函数，h 定义为单位时间内人体的单位面积在人体与水的温差为 1 ℃时的热量交换[28].

3. 用量纲分析方法研究两带电平行板间的引力.板的面积为 s，间距为 d，电位差为 v，板间介质的介电常量为 ε，证明两板之间的引力 $f=\varepsilon v^2\varphi(s/d^2)$.如果又知道 f 与 s 成正比，写出 f 的表达式.这里介电常量 ε 的定义是 $f=\dfrac{q_1q_2}{\varepsilon d^2}$，其中 q_1,q_2 是两个点电荷的电荷量，d 是点电荷的距离，f 是点电荷间的引力[28].

6.7 评分与排名的代数模型

随着科技的飞速发展和社会的不断进步，人们在物质生活水平大幅度提高的同时，体育、娱乐、文化、艺术等方面的活动也日益丰富.足球、篮球、网球、乒乓球……每轮比赛之后及时更新的球队或选手排名，深深触动球迷们的神经；各种媒体上发布的最佳歌曲、最佳影片排行榜，不时撩动着歌迷、影迷们的心房；优秀图书、期刊等也用月度、年度排行榜吸引着读者的目光.

打篮球是学生们最普遍、最喜爱的体育活动之一，NBA（美国男子篮球职业联赛），CBA（中国男子篮球职业联赛）的精彩比赛更为球迷们津津乐道，本节将以篮球比赛为例，讨论这类问题的评分与排名的代数模型.

问题提出 在一个赛季里若干支球队相互交手，每场以比分多少计胜负，当进行了若干场比赛后，可以根据比分数据，计算能够反映各支球队实力的评分，再按照评分排序得到球队的排名.普通球迷大概只关心最终排名，通常也只有冠、亚、季军上领奖台，而专业人士和资深球迷则更看重球队具备的真实实力，他们不仅要随着赛季每轮比赛后各支球队评分的变化，分析各队之间的差距，预测下一轮比赛结果，而且要对双方的评分作进一步的分解，得出球队进攻评分和防守评分，更全面地反映球队的实力，以便于制定训练计划，取得更好的成绩.

为了简洁地说明球队评分与排名的数学模型，虚拟一个篮球比赛的例子.设有 A，

B,C,D,E 共 5 支篮球队进行循环赛,每队与其他 4 队比赛一场,共 10 场,表 1 是各场比赛的比分(如 A 与 B 的比分是 62 : 88,A 负 B 胜,左下角 10 个比分与右上角互反)及胜负场次比,图 1 是比赛的有向图,图的顶点表示球队,带箭头的有向边表示由胜队指向负队.按照这些数据怎样对这 5 支球队进行评分和排名?

如果循环赛尚未结束,比如 B,E 两队未赛,评分和排名又如何进行?

表 1　5 支篮球队循环赛的比分及胜负场次比

	A	B	C	D	E	胜负场次比
A		62 : 88	75 : 77	80 : 78	68 : 78	1 : 3
B	88 : 62		92 : 80	89 : 81	78 : 80	3 : 1
C	77 : 75	80 : 92		75 : 79	85 : 80	2 : 2
D	78 : 80	81 : 89	79 : 75		80 : 93	1 : 3
E	78 : 68	80 : 78	80 : 85	93 : 80		3 : 1

问题分析　如果比赛只计胜负(没有平局)、不管比分,对于完整的循环赛最简便也是常用的评分和排名方法是,胜一场得 1 分,总分相同的两队按照胜负关系排名,则 5 支球队的评分依次为 1,3,2,1,3,排名为 E,B,C,A,D.

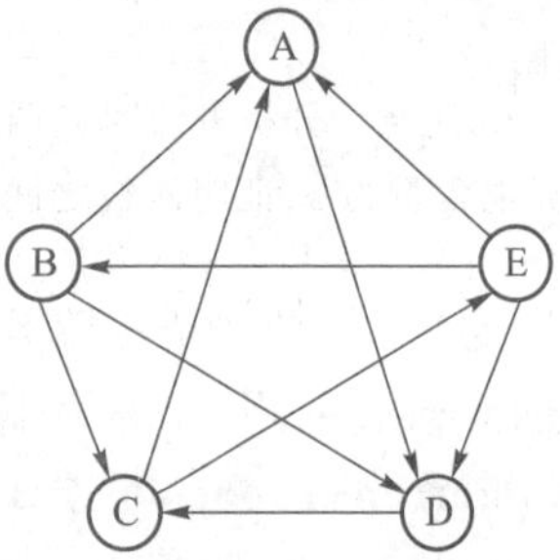

图 1　5 支球队循环赛有向图

这种方法只适用于各支球队比赛场次相同的情况,而且还有一些明显的缺点:胜一场得 1 分没有区别战胜的是强队还是弱队;获胜场次相同的球队数量在 3 个或以上时,可能出现多队之间的胜负循环,无法排名;没有利用更能反映球队实力的得分、失分数据.

实际上,球队的评分应该反映其绝对实力,一支球队的绝对实力是通过与每个对手比赛中的相对实力表现的,而相对实力的大小不仅要看比分,而且要看对手的强弱,你战胜的对手的绝对实力越强,表明你相对于这个对手的实力就越强.综合考虑比分反映的相对实力和绝对实力,可以利用代数学的基础知识建立数学模型,得到球队的评分与排名.

本节介绍的代数模型是 1993 年 James P.Keener(基纳)提出的[34],他的研究背景是,媒体每年公布的、备受关注的美国大学生橄榄球比赛的排名,总会引起众多球迷的争论和质疑.基纳提出一个以代数中的 Perron-Frobenius(佩龙-弗罗宾尼斯)定理为依据的排名方法,并且发现将其引入教学可以激发学生学习数学概念的兴趣.他引导学生收集比赛数据,用各种方法计算球队的排名,不仅验证了他的模型,而且取得了良好的教学效果.后来这个排名方法被命名为 Keener 模型[33,39].

假设与建模　n 支球队进行比赛,每队具有一定的绝对实力及反映实力的评分,球队 i 的绝对实力记作 s_i,评分记作 $r_i(i=1,2,\cdots,n)$,且 $r_1+r_2+\cdots+r_n=1$.在 2 支球队 i 对 j 的比赛中 i 的相对实力记作 s_{ij},比赛结果可用获胜场次(以下简称胜场)或者比分表示.作如下假设:

1. 球队 i 的绝对实力与其评分成正比,比例系数 λ,有

$$s_i=\lambda r_i,\quad s_i,r_i,\lambda>0 \tag{1}$$

2. i 对 j 的相对实力 s_{ij} 与 j 的评分成正比，比例系数 a_{ij}，有

$$s_{ij}=a_{ij}r_j,\quad a_{ij}\geqslant 0 \tag{2}$$

3. 球队 i 的绝对实力是其与所有对手的相对实力之和，有

$$s_i=\sum_{j=1}^{n}s_{ij} \tag{3}$$

记非负矩阵 $\boldsymbol{A}=[a_{ij}]_{n\times n}$，评分向量 $\boldsymbol{r}=[r_1,r_2,\cdots,r_n]^{\mathrm{T}}$，(1)—(3)式可简洁地记作如下的基纳模型

$$\boldsymbol{A}\boldsymbol{r}=\lambda\boldsymbol{r} \tag{4}$$

线性代数理论告诉我们，(4)式表示评分向量 $\boldsymbol{r}$ 是矩阵 $\boldsymbol{A}$ 对应特征值 λ 的特征向量.问题在于怎样才能保证由胜场或者比分表示的矩阵 $\boldsymbol{A}$，一定存在正特征值 λ 对应的正特征向量 $\boldsymbol{r}$ 作为评分向量呢？且看如下的数学定义和定理[49]：

定义 1 设有非负矩阵 $\boldsymbol{A}=[a_{ij}]_{n\times n}$，如果对于任意的 i,j 都存在一个整数序列 k_1，$k_2,\cdots,k_p$，使得乘积 $a_{ik_1}a_{k_1k_2}\cdots a_{k_pj}>0$，则 $\boldsymbol{A}$ 称为不可约矩阵（irreducible matrix），简称不可约阵.

非负矩阵 $\boldsymbol{A}$ 可以用有向图表示：若 $a_{ij}>0$，则存在由顶点 i 到 j 的有向边，如图 1.与定义 1 等价的是

定义 2 若非负矩阵 $\boldsymbol{A}$ 的有向图是双向连通的，即对任一对顶点 i,j 存在有向边连接的双向通路，则 $\boldsymbol{A}$ 称为不可约阵.

Perron-Frobenius 定理 不可约阵的最大特征值为正实数，对应唯一的正特征向量(分量归一化).

有了上面的定义和定理，只需要根据比赛结果构造(2)式中的 a_{ij}，使之既反映 i 对 j 的胜负关系，又满足不可约阵的条件(条件不满足时可加以修正)，则由(4)式解得最大特征值对应的正特征向量就可用作评分向量 $\boldsymbol{r}$.

设各队比赛场次相同，记 w_{ij} 为 i 对 j 的胜场或得分，Keener 给出了几种 a_{ij} 的构造方式：

$$a_{ij}=w_{ij},\quad a_{ii}=0 \tag{5}$$

$$a_{ij}=\frac{w_{ij}}{w_{ij}+w_{ji}},\quad a_{ii}=0 \tag{6}$$

$$a_{ij}=\frac{w_{ij}+1}{w_{ij}+w_{ji}+2} \tag{7}$$

(6)式的 a_{ij} 为 i 与 j 交手中 i 的胜场或得分占双方总场次或总得分的比例，可视作 i 胜 j 的概率.当 $w_{ij}=0$ 时 $a_{ij}=0$，$w_{ji}=0$ 时 $a_{ij}=1$，这两种极端情况的概率解释并不公平合理，基纳将(6)修正为(7)式.依照(7)式若 i 胜 j 则 $a_{ij}>1/2$，反之则 $a_{ij}<1/2$，当 i,j 战平或没有交手时 $a_{ij}=1/2$，且对所有的 i 都有 $a_{ii}=1/2$.

若各队比赛场次不同，需对上面的 a_{ij} 加以规范化：记 n_i 为 i 的比赛场次，用 a_{ij}/n_i 替换(5)—(7)式的 a_{ij}.

模型求解 用 5 支球队循环赛的例子说明 Keener 模型的求解步骤.先根据表 1 对

5 支球队进行评分和排名，再分析如果 B，E 两队尚未比赛，评分和排名会出现什么情况.将球队 A，B，C，D，E 依次记作 $i,j=1,2,3,4,5$.

1. 5 支球队循环赛各队的比赛场次均为 4，由(5)或(6)式定义的矩阵 $\boldsymbol{A}=[a_{ij}]$ 称为胜场矩阵，记作

$$\boldsymbol{A}_1=\begin{pmatrix}0&0&0&1&0\\1&0&1&1&0\\1&0&0&0&1\\0&0&1&0&0\\1&1&0&1&0\end{pmatrix} \tag{8}$$

循环赛的任意两队都直接交手，表 1 显示没有全胜队、全负队，有向图(图 1)是双向连通的，$\boldsymbol{A}_1$ 是不可约阵，按照 Keener 模型(4)式计算 $\boldsymbol{A}_1$ 对应最大特征值的特征向量[①]，将向量的分量归一化得到评分向量 $\boldsymbol{r}$，记作 $\boldsymbol{r}=\boldsymbol{r}_{(1)}=[0.081\,7,0.266\,4,0.224\,9,0.135\,5,0.291\,5]^{\mathrm{T}}$(用 $\boldsymbol{r}_{(1)}$ 表示以便于区分)，按照 $\boldsymbol{r}_{(1)}$ 分量的大小 5 支球队的排名为 E，B，C，D，A.

2. 由(7)式定义的胜场矩阵记作

$$\boldsymbol{A}_2=\begin{pmatrix}1/2&1/3&1/3&2/3&1/3\\2/3&1/2&2/3&2/3&1/3\\2/3&1/3&1/2&1/3&2/3\\1/3&1/3&2/3&1/2&1/3\\2/3&2/3&1/3&2/3&1/2\end{pmatrix} \tag{9}$$

$\boldsymbol{A}_2$ 是不可约阵，计算 $\boldsymbol{A}_2$ 对应最大特征值的特征向量，得评分向量 $\boldsymbol{r}_{(2)}=[0.170\,4,0.224\,6,0.202\,8,0.174\,5,0.227\,7]^{\mathrm{T}}$，排名仍为 E，B，C，D，A.但与 $\boldsymbol{r}_{(1)}$ 相比，$\boldsymbol{r}_{(2)}$ 分量之间的差距明显缩小，这是(9)式较(8)式中 a_{ij} 之间差距减小所致.

3. (5)式中 a_{ij} 取表 1 中 i 对 j 的得分，则得分矩阵为

$$\boldsymbol{A}_3=\begin{pmatrix}0&62&75&80&68\\88&0&92&89&78\\77&80&0&75&85\\78&81&79&0&80\\78&80&80&93&0\end{pmatrix} \tag{10}$$

$\boldsymbol{A}_3$ 也是不可约阵，同样方法计算得评分 $\boldsymbol{r}_{(3)}=[0.182\,1,0.213\,5,0.199\,1,0.199\,5,0.205\,9]^{\mathrm{T}}$，排名 B，E，D，C，A. 与上面根据胜场得到的结果比较，B，E 两队和 D，C 两队的排名顺序发生了变化，表明按照胜场与得分来评判球队的实力，可能会得到不同的结论.还可以看到，$\boldsymbol{r}_{(3)}$ 分量之间的差距比 $\boldsymbol{r}_{(1)}$，$\boldsymbol{r}_{(2)}$ 更小.

实际上，由于 $\boldsymbol{r}$ 是归一化的，每队评分本身的数值没有什么意义，两队的评分之比才说明其绝对实力的差距.显然，与用胜场计算评分相比，用双方得分得到的评分，能更准确地反映双方实力的差距.

---

① 可用 MATLAB 程序[v,d]=eig(x)，输入矩阵 x，输出 d 为全部特征值组成的对角矩阵，v 为全部特征向量组成的矩阵.最大特征值(实单根)对应的特征向量位于 v 的第 1 列.

4. 如果 B,E 两队尚未比赛,构造胜场矩阵应令(8)式 $\boldsymbol{A}_1$ 中的 $a_{52}=0$,注意到 A,C,D 各赛 4 场,而 B,E 各赛 3 场,按照规范化的要求,需将 $\boldsymbol{A}_1$ 左乘对角矩阵 $\boldsymbol{D}=\mathrm{diag}(1/4,1/3,1/4,1/4,1/3)$,得

$$\boldsymbol{A}_4=\begin{pmatrix} 0 & 0 & 0 & 1/4 & 0 \\ 1/3 & 0 & 1/3 & 1/3 & 0 \\ 1/4 & 0 & 0 & 0 & 1/4 \\ 0 & 0 & 1/4 & 0 & 0 \\ 1/3 & 0 & 0 & 1/3 & 0 \end{pmatrix} \tag{11}$$

$\boldsymbol{A}_4$是不可约阵吗？将图 1 中 E 到 B 的有向边去掉得到图 2,此时 B 是全胜队,有向图不存在其他顶点到 B 的通路,$\boldsymbol{A}_4$注定不是不可约阵(注意到 $\boldsymbol{A}_4$的第 2 列为 0).

当根据比赛结果构造的胜场或得分矩阵 $\boldsymbol{A}$ 不满足不可约阵的条件,或者不便于检查条件是否满足时,一个简单的修正办法是对矩阵 $\boldsymbol{A}$ 加一个小的扰动,用 $\boldsymbol{A}+\varepsilon\boldsymbol{E}$ 代替 $\boldsymbol{A}$,其中 $\boldsymbol{E}$ 为全 1 矩阵,ε 为小的正数(相对于 a_{ij}而言).

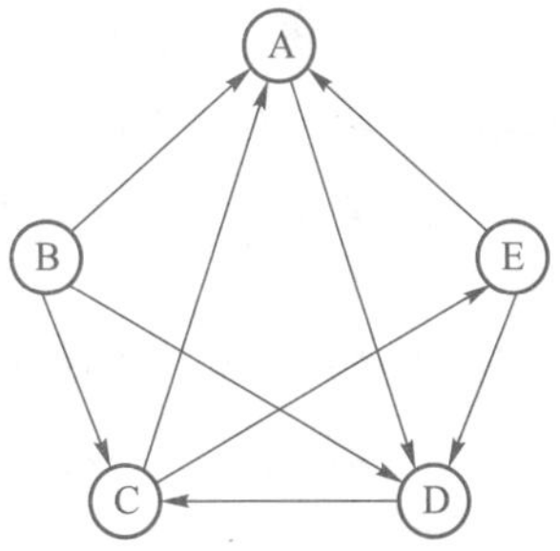

图 2 B,E 尚未比赛的有向图

采取这样的修正办法,以 $\boldsymbol{A}_4+0.01\boldsymbol{E}$ 代替 $\boldsymbol{A}_4$,得到不可约阵,仍用(4)式计算特征向量,得到评分 $\boldsymbol{r}_{(4)}=[0.101\,5,0.357\,4,0.198\,9,0.137\,0,0.205\,3]^{\mathrm{T}}$,排名 B,E,C,D,A. 在 B,E 尚未比赛的情况下,B 获全胜,所以其评分突出地高于其他各队.

需要说明的是,对 $\boldsymbol{A}$ 加小的扰动 $\varepsilon\boldsymbol{E}$,不同的 ε 得到的评分也会不同,只要不影响排名就没有多大问题.读者可以改变 ε 大小观察结果.

5. 若 B,E 两队尚未比赛,无法用(6)式定义胜场矩阵,因为 a_{25},a_{52}出现 0/0. 由(7)式定义胜场矩阵,只需在(9)式的 $\boldsymbol{A}_2$中令 $a_{52}=1/3$,并按规范化要求左乘对角矩阵$\boldsymbol{D}=\mathrm{diag}(1/4,1/3,1/4,1/4,1/3)$,得

$$\boldsymbol{A}_5=\begin{pmatrix} 1/8 & 1/12 & 1/12 & 1/6 & 1/12 \\ 2/9 & 1/6 & 2/9 & 2/9 & 1/9 \\ 1/6 & 1/12 & 1/8 & 1/12 & 1/6 \\ 1/12 & 1/12 & 1/6 & 1/8 & 1/12 \\ 2/9 & 1/9 & 1/9 & 2/9 & 1/6 \end{pmatrix} \tag{12}$$

用 $\boldsymbol{A}_5$计算评分得 $\boldsymbol{r}_{(5)}=[0.153\,2,0.269\,7,0.184\,0,0.156\,8,0.236\,5]^{\mathrm{T}}$,排名仍为 B,E,C,D,A,只是与 $\boldsymbol{r}_{(4)}$相比 $\boldsymbol{r}_{(5)}$分量之间的差距缩小.

如由(5)式构造得分矩阵,需在(10)式 $\boldsymbol{A}_3$中令 $a_{25}=a_{52}=0$,且左乘对角矩阵 $\boldsymbol{D}$ 得 $\boldsymbol{A}_6$(从略),评分为 $\boldsymbol{r}_{(6)}=[0.181\,8,0.217\,1,0.198\,9,0.199\,3,0.202\,9]^{\mathrm{T}}$,排名 B,E,D,C,A,与 $\boldsymbol{r}_{(4)}$,$\boldsymbol{r}_{(5)}$的排名比较,D,C 的次序有变.

评注 Keener 模型的数学基础是 Perron – Frobenius 定理,对于许多体育比赛如循环赛,只要适当地由胜场或得分来定义非负矩阵 $\boldsymbol{A}$,通常会满足定理条件,便于求解.当定理条件不满足时,添加小扰动再求解也很简便.

模型讨论 虽然 Keener 模型(4)是从一些看来合理的简化假设(1)—(3)式得到的,但是将球队的评分向量归结为求解矩阵 $\boldsymbol{A}$ 的特征向量,总是让许多人觉得有些莫名其妙,难以接受.其实可以由另一种比较浅显的途径得到同样的结果,让我们用 5 支球队循环赛的胜场矩阵(8)式的 $\boldsymbol{A}_1$来说明(以下简单地用 $\boldsymbol{A}$ 表示).

全 1 向量记作 $\boldsymbol{e}=[1,1,\cdots,1]^{\mathrm{T}}$,直接计算 $\boldsymbol{A}\boldsymbol{e}=[1,3,2,1,3]^{\mathrm{T}}$,就是各队的胜场,记

$\boldsymbol{r}^{(1)}=\boldsymbol{A}\boldsymbol{e}$,称为 1 级评分,看作各队实力的初始估计,从中可见 B,E 为强队.

战胜强队应该得到更高的分数,用 $\boldsymbol{r}^{(1)}$ 代替 $\boldsymbol{e}$,计算 $\boldsymbol{r}^{(2)}=\boldsymbol{A}\boldsymbol{r}^{(1)}=[1,4,4,2,5]^{\mathrm{T}}$,是各队所战胜的那些队的胜场之和,称为 2 级评分,看作各队实力的进一步估计,可见 C 由于胜了 E,2 级评分显著升高.按照这个思路接着计算 $\boldsymbol{r}^{(3)}=\boldsymbol{A}\boldsymbol{r}^{(2)}=[2,7,6,4,7]^{\mathrm{T}}$,$\boldsymbol{r}^{(4)}=[4,12,9,6,13]^{\mathrm{T}},\cdots$,可以看到,根据 $\boldsymbol{r}^{(4)}$ 已经能够得到排名 E,B,C,D,A,将 $\boldsymbol{r}^{(4)}$ 归一化可得评分为[0.090 9,0.272 7,0.204 5,0.136 4,0.295 5]^{T},与前面用特征向量得到的 $\boldsymbol{r}_{(1)}$ 相差无几,排名也相同.

这种方法可以归结为,递推地计算 k 级评分(递推过程中可将 $\boldsymbol{r}^{(k)}$ 归一化)

$$\boldsymbol{r}^{(k)}=\boldsymbol{A}\boldsymbol{r}^{(k-1)}=\boldsymbol{A}^{k}\boldsymbol{e},\quad k=2,3,\cdots \tag{13}$$

k 越大 $\boldsymbol{r}^{(k)}$ 越能反映各队的实力.若 $k\to\infty$ 时 $\boldsymbol{r}^{(k)}$ 收敛于某向量 $\boldsymbol{r}$,则取 $\boldsymbol{r}$ 为评分向量.

(13)式 $\boldsymbol{r}^{(k)}$ 收敛的条件与 Perron-Frobenius 定理相似①:对非负矩阵 $\boldsymbol{A}$ 若存在正整数 p 使 $\boldsymbol{A}^{p}>0$,则 $\boldsymbol{A}$ 的最大特征值 λ 为正实数,其特征向量 $\boldsymbol{r}$ 满足

$$\boldsymbol{r}=\lim_{k\to\infty}\frac{\boldsymbol{A}^{k}\boldsymbol{e}}{\lambda^{k}} \tag{14}$$

由此可见,在矩阵 $\boldsymbol{A}$ 满足一定条件下通过(13)式计算 k 级评分得到的结果与 Keener 模型相同.其实,(13)式展示了一种实用的计算不可约阵 $\boldsymbol{A}$ 最大特征值对应特征向量的方法,称为幂法.

如果问题的规模较大,当比赛有几十甚至上百支球队参加时(如美国大学生橄榄球比赛),通常就是用幂法计算特征向量.一些实例表明,迭代次数 k 不必太大 $\boldsymbol{r}^{(k)}$ 即趋于稳定,且其分量大小能够相互区分,从而得到排名(复习题 2).

模型检验及预测 可以用每两队的评分比(即得分比的估计值)与实际得分比的一致程度,对模型结果进行检验.对于 5 支球队循环赛,实际得分比来自表 1,评分比由得分矩阵 $\boldsymbol{A}_3$ 得到的 $\boldsymbol{r}_{(3)}$ 计算,对比结果如表 2.

表 2 5 支球队循环赛评分比与实际得分比的对比

	A:B	A:C	A:D	A:E	B:C	B:D	B:E	C:D	C:E	D:E
得分比	0.681 8	0.974 0	1.025 6	0.871 8	1.150 0	1.098 8	0.975 0	0.949 4	1.062 5	0.860 2
评分比	0.852 9	0.914 6	0.912 8	0.884 4	1.072 3	1.070 2	1.036 9	0.998 0	0.967 0	0.968 9

表 2 中大多数场次的评分比与实际得分比的误差在 10%之内,但有 3 场的胜负关系相反.

去掉一两场比赛数据重新建模,用求解得到的评分比预测比赛的得分比,可作为模型预测.如由 B,E 两队尚未比赛时得到的评分 $\boldsymbol{r}_{(6)}$ 计算两队的评分比为 $r_2/r_5=0.217\,1/0.202\,9=1.07$,而表 2 中两队比赛的实际得分比为 0.975,虽然数值相差不大,但胜负关系相反.

模型拓展——攻守模型 本节开头曾提到,如果对比赛双方的得分作进一步的分解,得出球队进攻评分和防守评分,可以更全面地反映球队的实力.仍采用 5 支球队循

评注 球类比赛的排名直接来自球队相互对决所得的评分,而对歌曲、影片、图书等的排名通常是众多“用户”打分的统计结果,但是只需对统计数据作一些形式上的变换,就可得到像球类比赛一样每支球队的得分,从而用类似的模型和方法给出排名(本章训练题 13).

① 这样的 $\boldsymbol{A}$ 称素矩阵,素矩阵与不可约矩阵理论上稍有区别,详见参考文献[49].

环赛的例子,根据表1得分数据先对5支球队的进攻实力和防守实力分别评分和排名,再由此给出综合实力的评分和排名.

一支球队进攻实力的强与弱,首先表现在和对手比赛中得分的多与少,而球队防守实力的强与弱,则表现在和对手比赛中失分的少与多.将表1的比分拆成得分和失分,并计算各队的累积得分和累积失分,得到表3,行是 i 队的得分,列是 j 队的失分.对于各队比赛场次相同的循环赛,累积得分和失分与场均得分和失分是等价的.

表3 5支篮球队循环赛的得分和失分

	A(j=1)	B(j=2)	C(j=3)	D(j=4)	E(j=5)	i 累积得分
A(i=1)	0	62	75	80	68	285
B(i=2)	88	0	92	89	78	347
C(i=3)	77	80	0	75	85	317
D(i=4)	78	81	79	0	80	318
E(i=5)	78	80	80	93	0	331
j 累积失分	321	303	326	337	311	

根据各队的累积得分对进攻实力排名为B,E,D,C,A,根据各队的累积失分对防守实力排名为B,E,A,C,D.显然,这种把从不同对手处的得分或失分简单累积来表示进攻实力或防守实力的办法是粗糙的,因为累积得分没有考虑各个对手防守实力的不同,累积失分也未考虑各个对手进攻实力的差别.

实际上,球队的进攻实力不仅取决于每场的得分,还与对手的防守实力有关;球队的防守实力也应取决于每场的失分(即对手的得分)及对手的进攻实力.于是各队的进攻与防守实力是通过得分和失分相互耦合的,而进攻与防守评分则应分别反映球队的进攻与防守实力.按照这个思路可以建立所谓**攻守模型**[39].

对于 n 支球队仍用 a_{ij} 表示 i 与 j 比赛中 i 的得分,也是 j 的失分($i,j=1,2,\cdots,n$).球队 i 的进攻评分记作 f_i,i 对 j 的进攻评分记作 f_{ij},i 的防守评分记作 g_i,i 对 j 的防守评分记作 g_{ij}.假设

1. 进攻评分 f_i 与 i 的进攻实力成正比,进攻实力越强评分 f_i 越大;而防守评分 g_i 与其防守实力成反比,防守实力越强评分 g_i 越小(这样假设似乎有点不合常理,但从下面建模过程可以看出其方便之处).

2. 进攻评分 f_{ij} 与 i 的得分 a_{ij} 成正比,与 j 的防守评分 g_j 成反比(即与其防守实力成正比);i 的进攻评分 f_i 为 f_{ij} 对 j 求和.

3. 防守评分 g_{ji} 与 j 的失分 a_{ij} 成正比,与 i 的进攻评分 f_i 成反比(注意到假设1);j 的防守评分 g_j 为 g_{ji} 对 i 求和.

由这些假设可得

$$f_i=\sum_{j=1}^{n} f_{ij}=\sum_{j=1}^{n}\frac{a_{ij}}{g_j},\quad i=1,2,\cdots,n \tag{15}$$

$$g_j=\sum_{i=1}^{n} g_{ji}=\sum_{i=1}^{n}\frac{a_{ij}}{f_i},\quad j=1,2,\cdots,n \tag{16}$$

(15)式表明，i 的得分 a_{ij} 越多，进攻评分 f_i 越大；每个对手的防守评分 g_j 越小（即防守实力越强），进攻评分 f_i 越大.(16)式表明，j 的失分 a_{ij} 越多，防守评分 g_j 越大（即防守实力越弱）；每个对手的进攻评分 f_i 越大，防守评分 g_j 越小（即防守实力越强）.显然这些都是符合常识的.

记比赛得分矩阵 $\boldsymbol{A}=[a_{ij}]_{n\times n}$，进攻评分 $\boldsymbol{f}=[f_1,f_2,\cdots,f_n]^{\mathrm{T}}$，防守评分 $\boldsymbol{g}=[g_1,g_2,\cdots,g_n]^{\mathrm{T}}$，为表述方便，定义 $\boldsymbol{f}^{-1}=[1/f_1,1/f_2,\cdots,1/f_n]^{\mathrm{T}}$，$\boldsymbol{g}^{-1}=[1/g_1,1/g_2,\cdots,1/g_n]^{\mathrm{T}}$，则(15)(16)式可记作

$$\boldsymbol{f}=\boldsymbol{A}\boldsymbol{g}^{-1},\quad \boldsymbol{g}=\boldsymbol{A}^{\mathrm{T}}\boldsymbol{f}^{-1} \tag{17}$$

给定得分矩阵 $\boldsymbol{A}$，可由攻守模型(17)计算进攻评分 $\boldsymbol{f}$ 和防守评分 $\boldsymbol{g}$.

(17)式有 $2n$ 个方程和 $2n$ 个未知数，是非线性方程组，需要设计简便、有效的解法.观察到两个式子中 $\boldsymbol{f}$ 与 $\boldsymbol{g}$ 的耦合形式，最简便的求解途径莫过于迭代法：首先对 $\boldsymbol{g}^{-1}$ 赋初值如 $\boldsymbol{g}_{(0)}^{-1}=[1,1,\cdots,1]^{\mathrm{T}}$，由(17)第 1 式得 $\boldsymbol{f}_{(1)}$，代入第 2 式得 $\boldsymbol{g}_{(1)}$，再代入第 1 式得 $\boldsymbol{f}_{(2)}$，…，这个交替迭代公式可记作

$$\boldsymbol{f}_{(k)}=\boldsymbol{A}\boldsymbol{g}_{(k-1)}^{-1},\quad \boldsymbol{g}_{(k)}=\boldsymbol{A}^{\mathrm{T}}\boldsymbol{f}_{(k)}^{-1},\quad k=1,2,\cdots \tag{18}$$

当 $k\to\infty$ 时，如果两个序列 $\boldsymbol{f}_{(k)}$，$\boldsymbol{g}_{(k)}$ 收敛，将分别收敛于进攻评分 $\boldsymbol{f}$ 和防守评分 $\boldsymbol{g}$.

序列 $\boldsymbol{f}_{(k)}$，$\boldsymbol{g}_{(k)}$ 的收敛性需要矩阵 $\boldsymbol{A}$ 满足如下定理[39]

定理 当且仅当非负矩阵 $\boldsymbol{A}$ 的每个非零元素都位于 $\boldsymbol{A}$ 的某一条正对角线上①，(18)式的两个序列 $\boldsymbol{f}_{(k)}$，$\boldsymbol{g}_{(k)}$ 收敛.

当定理条件不满足或不便于检查时，简单的修正办法同样是对 $\boldsymbol{A}$ 加一个小的扰动 $\varepsilon\boldsymbol{E}$.

根据 5 支球队循环赛表 3 的得分、失分数据，直接写出得分矩阵如(10)式的 $\boldsymbol{A}_3$（下面仍记作 $\boldsymbol{A}$），上述定理的条件显然成立.赋初值 $\boldsymbol{g}_{(0)}^{-1}=[1,1,\cdots,1]^{\mathrm{T}}$，用(18)式计算 $\boldsymbol{f}_{(k)}$，$\boldsymbol{g}_{(k)}$ $(k=1,2,\cdots)$，序列很快收敛，归一化后得到进攻评分 $\boldsymbol{f}=[0.176\,9,0.215\,2,0.199\,9,0.202\,1,0.206\,0]^{\mathrm{T}}$，按进攻实力排名为 B，E，D，C，A，防守评分 $\boldsymbol{g}=[0.195\,1,0.192\,7,0.204\,1,0.211\,8,0.196\,2]^{\mathrm{T}}$，按防守实力（与防守评分成反比）排名为 B，A，E，C，D.与仅根据各队的累积得分和累积失分的排名比较，发现在攻守模型得到的防守实力排名中，A 移到 E 的前面，读者不妨按照这个模型的建模思路给出解释.

以上求解过程也可先赋初值 $\boldsymbol{f}_{(0)}^{-1}$ 计算，序列 $\boldsymbol{f}_{(k)}$，$\boldsymbol{g}_{(k)}$ $(k=1,2,\cdots)$ 的计算精度可通过 $\boldsymbol{f}$，$\boldsymbol{g}$ 满足(17)式来检验.

注意到防守评分与防守实力成反比的假设，由进攻评分 f_i 和防守评分 g_i 可以简单、合理地定义反映球队 i 综合实力的评分为

$$r_i=f_i/g_i,\quad i=1,2,\cdots,n,\quad \text{或}\quad \boldsymbol{r}=\boldsymbol{f}./\boldsymbol{g} \tag{19}$$

其中符号./表示分量相除.

由(19)式计算综合实力的评分并归一化得 $\boldsymbol{r}=[0.181\,1,0.223\,0,0.195\,6,0.190\,6,0.209\,7]^{\mathrm{T}}$，综合排名 B，E，C，D，A.由于 A 的进攻评分过低，虽然防守评分位居第 2，综合排名仍在末位.

评注 攻守模型引入进攻评分和防守评分反映球队的进攻实力与防守实力，再综合得到总的实力，比前面的模型更加精细.假设防守评分与防守实力大小相反，虽然好像有违人们的习惯，但这样做正是这个模型的特色之一.

评注 Keener 模型可以用于歌曲、影片、图书等通过“用户”打分的结果进行评分和排名，只需对统计数据作一些形式上的变换，就能得到像球类比赛一样交手双方的得分，从而可用同样的模型和方法（本章训练题 13）.

---

① $\boldsymbol{A}=[a_{ij}]$ 的对角线定义为集合 $\{a_{1s_1},a_{2s_2},\cdots,a_{ns_n}\}$，其中 $\{s_1,s_2,\cdots,s_n\}$ 是 $\{1,2,\cdots,n\}$ 的任意一个排列.正对角线指对角线元素均为正数.满足定理条件的矩阵 $\boldsymbol{A}$ 称为完全支撑的.

拓展阅读 6-3
基于重新排序的排名模型

循环赛如果不完整,比赛场次少的队的进攻评分、防守评分及排名可能受到显著影响;循环赛如果增加几场,比赛场次多的队得分、失分数据如何处理(复习题 3).Keener模型是先计算评分,再按评分给出排名的,能否直接根据比赛结果得到排名呢?见拓展阅读 6-3.

复习题

1. 5 支球队循环赛结束后,排名最高的 E,B 两队又比赛 2 场,结果为 85 : 84,80 : 95.分别利用胜场和比分数据,建立 Keener 模型,重新对 5 支球队进行评分并排名.

2. 5 支球队循环赛结束后,排名最高的 E,B 两队又比赛 2 场,两队各胜一场.用幂法计算 k 级评分向量,与题 1 的结果比较.

3. 对于 5 支球队循环赛(表 1、表 2),若 E,B 两队尚未比赛,5 支球队的进攻评分、防守评分、总评分及排名如何变化?若 E,B 两队加赛 2 场,结果为 85 : 84,80 : 95,评分及排名又如何?

6.8 等级结构

在社会系统中常常按照人们的职务或地位划分出许多等级,如大学教师分为教授、讲师和助教,工厂技术人员分为高级工程师、工程师和技术员,军队里有将、校、尉,学生也有研究生、大学生、中学生等.不同等级人员的比例形成一个等级结构,合适的、稳定的等级结构有利于教学、科研、生产等各方面工作的顺利进行.因此希望建立一个模型来描述等级结构的变化状况,根据已知条件和当前的结构预报未来的结构,以及寻求为了达到某个理想的等级结构而应采取的策略[5].

引起等级结构变化的因素有两种,一是系统内部等级间的转移,即提升或降级;二是系统内外的交流,即调入或退出(包括调离、退休、死亡等).系统各个等级的人员每个时期按一定的比例变化,是一个确定性的转移问题.下面先定义若干基本量,建立基本方程,然后讨论如何调节调入成员在各等级的比例,保持等级结构的稳定.

基本量与基本方程 设一个社会系统由低到高地分为 k 个等级,如大学教师有助教、讲师、教授 3 个等级.时间以年为单位离散化,即每年进行且只进行一次调级、调入和退出.等级记作 $i=1,2,\cdots,k$,时间记作 $t=0,1,2,\cdots$.引入以下的定义和记号:

成员按等级的分布向量 $\boldsymbol{n}(t)=(n_1(t),n_2(t),\cdots,n_k(t))$,其中 $n_i(t)$ 为 t 年属于等级 i 的人数;$N(t)=\sum\limits_{i=1}^{k} n_i(t)$ 为系统 t 年的总人数.

成员按等级的比例分布 $\boldsymbol{a}(t)=(a_1(t),a_2(t),\cdots,a_k(t))$,其中 $a_i(t)=\dfrac{n_i(t)}{N(t)}$,于是有 $a_i(t)\geqslant 0,\ \sum\limits_{i=1}^{k} a_i(t)=1$,$\boldsymbol{a}(t)$ 又称为**等级结构**.

转移比例矩阵 $\boldsymbol{Q}=\{p_{ij}\}_{k\times k}$,其中 p_{ij} 为每年从等级 i 转移至等级 j 的成员(在等级 i 中占的)比例.

退出比例向量 $\boldsymbol{w}=(w_1,w_2,\cdots,w_k)$,其中 w_i 为每年从等级 i 退出系统的成员(在等级 i 中占的)比例;t 年退出系统总人数为

$$W(t)=\sum_{i=1}^{k} w_i n_i(t)=\boldsymbol{n}(t)\boldsymbol{w}^{\mathrm{T}} \tag{1}$$

容易看出，p_{ij}, w_i 满足

$$p_{ij}, w_i \geqslant 0, \quad \sum_{j=1}^{k} p_{ij}+w_i=1 \tag{2}$$

调入比例向量 $\boldsymbol{r}=(r_1, r_2, \cdots, r_k)$，其中 r_i 为每年调入等级 i 的成员（在总调入人数中占的）比例；记 t 年调入总人数为 $R(t)$，则 t 年调入等级 i 的人数为$r_i R(t)$. r_i 满足

$$r_i \geqslant 0, \quad \sum_{i=1}^{k} r_i=1 \tag{3}$$

等级结构的基本方程　为了导出成员按等级的分布 $\boldsymbol{n}(t)$ 的变化规律，先写出总人数 $N(t)$ 的方程

$$N(t+1)=N(t)+R(t)-W(t) \tag{4}$$

和每个等级人数的转移方程

$$n_j(t+1)=\sum_{i=1}^{k} p_{ij} n_i(t)+r_j R(t), \quad j=1,2, \cdots, k \tag{5}$$

请读者考虑，为什么在形式上方程(5)中没有像(4)中那样，减去退出的人数.

用向量、矩阵符号可将(5)式表为

$$\boldsymbol{n}(t+1)=\boldsymbol{n}(t)\boldsymbol{Q}+R(t)\boldsymbol{r} \tag{6}$$

从 t 到 $t+1$ 年总人数的增长量记为 $M(t)$，再由(4)(1)式可得

$$R(t)=W(t)+M(t)=\boldsymbol{n}(t)\boldsymbol{w}^{\mathrm{T}}+M(t) \tag{7}$$

将(7)代入(6)式得到

$$\boldsymbol{n}(t+1)=\boldsymbol{n}(t)(\boldsymbol{Q}+\boldsymbol{w}^{\mathrm{T}}\boldsymbol{r})+M(t)\boldsymbol{r} \tag{8}$$

记

$$\boldsymbol{P}=\boldsymbol{Q}+\boldsymbol{w}^{\mathrm{T}}\boldsymbol{r} \tag{9}$$

从(2)(3)式可知 $\boldsymbol{P}$ 的行和为 1，(8)式记为

$$\boldsymbol{n}(t+1)=\boldsymbol{n}(t)\boldsymbol{P}+M(t)\boldsymbol{r} \tag{10}$$

当已知系统内部转移比例矩阵 $\boldsymbol{Q}$，调入比例 $\boldsymbol{r}$，初始的成员等级分布 $\boldsymbol{n}(0)$，以及每年调入总人数 $R(t)$ 或每年总增长量 $M(t)$ 时，可以用(6)式或(9)(10)式计算成员等级分布的变化情况 $\boldsymbol{n}(t)$.(6)式或(9)(10)式即为等级结构的基本方程.

基本方程的特殊形式　当每年系统总人数以固定的百分比 α 增长时，即 $M(t)=\alpha N(t)$，可用成员的等级结构 $\boldsymbol{a}(t)$ 代替 $\boldsymbol{n}(t)$ 而将(10)式表示为

$$\boldsymbol{a}(t+1)=(1+\alpha)^{-1}[\boldsymbol{a}(t)\boldsymbol{P}+\alpha\boldsymbol{r}] \tag{11}$$

如果每年进出系统的人数大致相等，可以简化地假定系统总人数 $N(t)$ 保持不变，即 $M(t)=0$（或 $\alpha=0$），这样(10)或(11)式化为相当简单的形式

$$\boldsymbol{a}(t+1)=\boldsymbol{a}(t)\boldsymbol{P}=\boldsymbol{a}(t)(\boldsymbol{Q}+\boldsymbol{w}^{\mathrm{T}}\boldsymbol{r}) \tag{12}$$

注意等级结构 $\boldsymbol{a}(t)$ 的转移矩阵 $\boldsymbol{P}$ 的 i,j 元素为 $p_{ij}+w_i r_j$，即系统内部转移比例 p_{ij}加上系统内外交流的比例 $w_i r_j$.下面在方程(12)的基础上进行讨论.

用调入比例进行稳定控制　假定在实际问题中人们的理想等级结构是 $\boldsymbol{a}^*$，因为等级结构 $\boldsymbol{a}(t)$ 是按照(12)式的规律变化的，人们自然希望 $\boldsymbol{a}^*$ 一旦达到，就能够通过选取

适当的调入比例使 $\boldsymbol{a}^*$ 保持不变.下面将看到并不是任何一个等级结构都可以用调入比例控制不变的.我们的目的是:给定了内部转移比例矩阵 $\boldsymbol{Q}=\{p_{ij}\}$(由(2)式,退出向量 $\boldsymbol{w}$ 也完全被确定),研究哪些等级结构用合适的调入比例可以保持不变,称为调入比例对等级结构的稳定控制.

根据方程(12),对于某个等级结构 $\boldsymbol{a}$,如果存在调入比例 $\boldsymbol{r}$ 使得

$$\boldsymbol{a}=\boldsymbol{a}(\boldsymbol{Q}+\boldsymbol{w}^{\mathrm{T}}\boldsymbol{r}) \tag{13}$$

则称 $\boldsymbol{a}$ 为**稳定结构**,注意这里的 $\boldsymbol{r}$ 必须满足基本关系(3)式,即 $r_i\geqslant 0$, $\sum_{i=1}^{k} r_i=1$.由(13)式不难得到

$$\boldsymbol{r}=\frac{\boldsymbol{a}-\boldsymbol{a}\boldsymbol{Q}}{\boldsymbol{a}\boldsymbol{w}^{\mathrm{T}}} \tag{14}$$

可以验证(14)式给出的 $\boldsymbol{r}$ 满足 $\sum_{i=1}^{k} r_i=1$.为满足 $r_i\geqslant 0$ 的要求,可知稳定结构 $\boldsymbol{a}$ 的范围由

$$\boldsymbol{a}\geqslant\boldsymbol{a}\boldsymbol{Q} \tag{15}$$

确定,称为等级结构的**稳定域**.下面举一个例子,看看如何得到这种稳定域.

例 设大学教师的3个职称(助教、讲师和教授)依次记为等级 $i=1,2,3$.每年等级之间的转移比例矩阵为

$$\boldsymbol{Q}=\begin{pmatrix}0.5 & 0.4 & 0\\ 0 & 0.6 & 0.3\\ 0 & 0 & 0.8\end{pmatrix} \tag{16}$$

这表示只有提升,没有降级,而且只能升一级,如每年由助教升入讲师的比例为40%.求等级结构 $\boldsymbol{a}$ 的稳定域.

将(16)代入(15)式得

$$\begin{cases}a_1\geqslant 0.5a_1\\ a_2\geqslant 0.4a_1+0.6a_2\\ a_3\geqslant \qquad\quad 0.3a_2+0.8a_3\end{cases}$$

即

$$\begin{cases}a_2\geqslant a_1\\ a_3\geqslant 1.5a_2\end{cases} \tag{17}$$

这就是 $\boldsymbol{a}$ 的稳定域.我们先从几何上把(17)式给定的区域表示出来.

任何一个等级结构 $\boldsymbol{a}=(a_1,a_2,a_3)$ 可看作三维空间的一个点,并且位于第一象限的平面

$$a_1+a_2+a_3=1,\quad a_1,a_2,a_3\geqslant 0 \tag{18}$$

上.这是一个以(1,0,0),(0,1,0),(0,0,1)为顶点的等边三角形,将它铺在平面上,如图1,记作 A,称**可行域**.

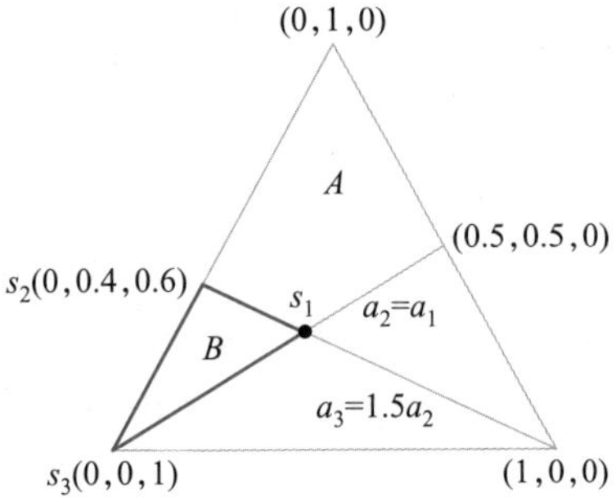

图1 教师等级结构的可行域和稳定域

小结 在总人数和成员内部转移比例不变的情况下,用调入比例来控制等级结构的变化,是等级结构调节最基本的、最简单的问题.

为了在 A 中找到(17)式所示的 $\boldsymbol{a}$ 的稳定域,画出 $a_2=a_1$, $a_3=1.5a_2$ 两条直线,它们相交于 s_1 点,容易看出,不等式(17)界定的是以

s_1 和 $s_2(0,0.4,0.6)$,$s_3(0,0,1)$为顶点的三角形,记作 B,B 即稳定域,且可以算出 s_1 的坐标为(0.286,0.286,0.428).

在这个例子中,稳定域 B 是以可行域 A 的顶点 s_3 为一个顶点、以 A 的一条边的部分线段为一边的三角形,这是有代表性的.为进一步得到一般情况下稳定域的构造,我们需要从(14)式出发加以研究.

稳定域的构造 设 $\boldsymbol{Q}$ 是上三角形矩阵,且对角线元素不为 1,则 $\boldsymbol{I}-\boldsymbol{Q}$ 可逆,记 $\boldsymbol{M}=\{m_{ij}\}=(\boldsymbol{I}-\boldsymbol{Q})^{-1}$,则由(14)式可得

$$\boldsymbol{a}=(\boldsymbol{a}\boldsymbol{w}^{\mathrm{T}})\boldsymbol{r}\boldsymbol{M} \tag{19}$$

记第 i 元素为 1、其余元素为 0 的单位行向量为 $\boldsymbol{e}_i$,$\boldsymbol{r}$ 可表示为 $\boldsymbol{r}=\sum_{i=1}^{k} r_i\boldsymbol{e}_i$.又记 $\boldsymbol{M}$ 的第 i 行向量为 $\boldsymbol{m}_i=(m_{i1},m_{i2},\cdots,m_{ik})$,$\mu_i=\sum_{j=1}^{k} m_{ij}$,则 $\boldsymbol{r}\boldsymbol{M}=\sum_{i=1}^{k} r_i\boldsymbol{e}_i\boldsymbol{M}=\sum_{i=1}^{k} r_i\boldsymbol{m}_i$.对向量表达式(19)的诸分量求和,注意到其左端为 1,可以得到

$$\boldsymbol{a}\boldsymbol{w}^{\mathrm{T}}=\left(\sum_{j=1}^{k} r_j\mu_j\right)^{-1} \tag{20}$$

$$\boldsymbol{a}=\sum_{i=1}^{k}\frac{r_i\boldsymbol{m}_i}{\sum_{j=1}^{k} r_j\mu_j} \tag{21}$$

为了得到便于应用的结果,将(21)式进一步表示为

$$\boldsymbol{a}=\sum_{i=1}^{k} b_i\boldsymbol{s}_i,\quad b_i=\frac{r_i\mu_i}{\sum_{j=1}^{k} r_j\mu_j},\quad \boldsymbol{s}_i=\frac{\boldsymbol{m}_i}{\mu_i} \tag{22}$$

对于 b_i,容易知道 $\sum_{i=1}^{k} b_i=1$;又因为 $\boldsymbol{M}$ 的元素 m_{ij} 非负(为什么?),μ_i 非负,$\sum_{j=1}^{k} r_j\mu_j$ 非负(为什么?),所以当且仅当 $r_i\geqslant 0$ 时,$b_i\geqslant 0$.对于 $\boldsymbol{s}_i=(s_{i1},s_{i2},\cdots,s_{ik})$,有 $s_{ij}=\dfrac{m_{ij}}{\mu_i}$,所以 $s_{ij}\geqslant 0$,$\sum_{j=1}^{k} s_{ij}=1$.上述分析表明:

当且仅当 $\boldsymbol{a}$ 能够表示为以 b_i 为系数的 $\boldsymbol{s}_i$ 的线性组合(22)式,且 b_i 满足

$$b_i\geqslant 0,\quad \sum_{i=1}^{k} b_i=1 \tag{23}$$

时,$\boldsymbol{a}$ 是稳定结构,即存在 $\boldsymbol{r}$,满足 $r_i\geqslant 0$,$\sum_{i=1}^{k} r_i=1$,使(13)式成立.

回到上面教师等级结构的例子,先从(16)式算出

$$\boldsymbol{M}=(\boldsymbol{I}-\boldsymbol{Q})^{-1}=\begin{pmatrix}2 & 2 & 3\\ 0 & 2.5 & 3.75\\ 0 & 0 & 5\end{pmatrix}$$

于是 $\mu_1=7$,$\mu_2=6.25$,$\mu_3=5$.然后由(22)式得到 $\boldsymbol{s}_1=(0.286,0.286,0.428)$,$\boldsymbol{s}_2=(0,0.4,0.6)$,$\boldsymbol{s}_3=(0,0,1)$.稳定结构 $\boldsymbol{a}$ 可表示为 $\boldsymbol{a}=b_1\boldsymbol{s}_1+b_2\boldsymbol{s}_2+b_3\boldsymbol{s}_3$,$b_1,b_2,b_3\geqslant 0$,$b_1+b_2+b_3=1$,

这正是图 1 中的稳定域 B.

从计算过程可以看到,当等级转移只有提升一级使 $\boldsymbol{Q}$ 的非零元素只能位于(16)式所示的位置时,$\boldsymbol{M}$ 必是上三角形矩阵,从而必然有 $\boldsymbol{s}_3=(0,0,1)$,$\boldsymbol{s}_2=(0,*,*)$,$\boldsymbol{s}_1=(*,*,*)$($*$ 表示非零元素).注意到 $\boldsymbol{s}_3$ 表示全部是教授的职称结构,$\boldsymbol{s}_2$ 表示全部是讲师或教授的结构,由稳定域 B 的构造可知,较高级职称所占比例较大的结构才是稳定的.这是职称只升不降的必然结果.

上面这个 3 等级例题的结果可以推广到一般包括 k 个等级的情况.

第一,等级结构 $\boldsymbol{a}=(a_1,a_2,\cdots,a_k)$ 的可行域 A 是 k 维空间中由下式决定的 $k-1$ 维超平面,

$$a_1+a_2+\cdots+a_k=1,\quad a_1,a_2,\cdots,a_k\geqslant 0 \tag{24}$$

而稳定域 B 则是 A 中以 $\boldsymbol{s}_1,\boldsymbol{s}_2,\cdots,\boldsymbol{s}_k$ 为顶点的凸域.

第二,当系统内部只有提升一级的转移,且转移比例矩阵 $\boldsymbol{Q}$ 对角线元素不为 1,具有

$$\boldsymbol{Q}=\begin{pmatrix} p_{11} & p_{12} & & 0 \\ & p_{22} & \ddots & \\ & & \ddots & p_{k-1,k} \\ 0 & & & p_{kk} \end{pmatrix} \tag{25}$$

形式时,B 的顶点为 $\boldsymbol{s}_k=(0,\cdots,0,1)$,$\boldsymbol{s}_{k-1}=(0,\cdots,0,*,*)$,$\cdots$,$\boldsymbol{s}_2=(0,*,\cdots,*)$,$\boldsymbol{s}_1=(*,*,\cdots,*)$.

评注 实际上有许多调入比例固定、用转移比例调节等级结构的问题.如学生入学、军人入伍,新教师由助教当起,且只提升一级,而提级比例可按政策调节.

用转移比例调节等级结构比用调入比例复杂得多,由于控制变量多了,调节更为灵活,计算更为复杂.

等级结构的动态调节 实际上人们关心的另一个问题可能是,给定转移比例矩阵 $\boldsymbol{Q}$ 和初始结构 $\boldsymbol{a}(0)$,怎样通过一系列的调入比例 $\boldsymbol{r}$,使等级结构 $\boldsymbol{a}(t)$ 达到或逐渐接近某个理想结构 $\boldsymbol{a}^*$(可以合理地假设 $\boldsymbol{a}^*$ 在稳定域 $\boldsymbol{B}$ 内部).在这个过程中调入比例 $\boldsymbol{r}$ 可以变化,称为动态调节.具体做法可参考拓展阅读 6-4.

拓展阅读 6-4
等级结构的动态调节

复习题

设某校每年助教、讲师和教授 3 个等级之间的转移矩阵如(16)式,目前 3 个等级人数的比例为6∶3∶1.

(1) 若每年只调入助教,问 5 年后各等级人数比例是多少.

(2) 若每年调入 3 个等级的人数之比为 7∶1∶2,问 5 年后各等级人数比例是多少.

(3) (1)和(2)得到的 5 年后等级人数比例是否是稳定结构?

6.9 CT 系统参数标定及成像

问题提出 计算机断层成像(computed tomography,简称 CT)可以在不破坏样品的情况下,利用样品对射线能量的吸收特性对生物组织和工程材料的样品进行断层成像,由此获取样品内部的结构信息.一种典型的二维 CT 系统如图 1(a)所示,平行入射的 X 射线垂直于探测器平面,每个探测器单元看成一个接收点,且等距排列.X 射线的发射器和探测器相对位置固定不变,整个发射-接收系统绕某固定的旋转中心逆时针旋转 180 次.对每一个 X 射线方向,在具有 512 个等距单元的探测器上测量经位置固定不动

的二维待检测介质吸收衰减后的射线能量，并经过增益等处理后得到 180 组接收信息.

CT 系统安装时往往存在误差，从而影响成像质量，因此需要对安装好的 CT 系统进行参数标定，即借助于已知结构的样品（称为模板）标定 CT 系统的参数，并据此对未知结构的样品进行成像.

建立相应的数学模型和算法，解决以下问题：

（1）在正方形托盘上放置两个均匀固体介质组成的标定模板，模板的几何信息如图 1(b) 所示，相应的数据见数据文件 6-1，其中每一点的数值反映了该点的吸收强度，这里称为“吸收率”.对应于该模板的接收信息见数据文件 6-2.根据这一模板及其接收信息，确定 CT 系统旋转中心在正方形托盘中的位置、探测器单元之间的距离以及该 CT 系统使用的 X 射线的 180 个方向.

数据文件 6-1 至 6-5 CT 系统参数标定及成像[①]

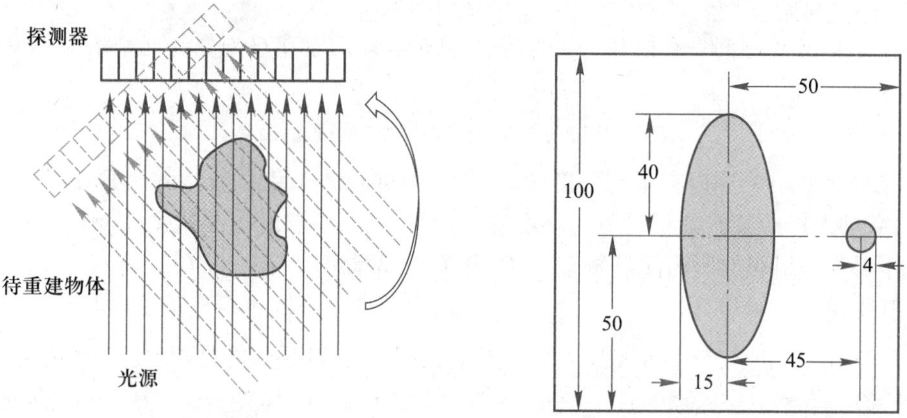

(a) CT系统示意图　　(b) 模板示意图（单位：mm）

图 1

（2）数据文件 6-3 是利用上述 CT 系统得到的某未知介质的接收信息.利用(1)中得到的标定参数，确定该未知介质在正方形托盘中的位置、几何形状和吸收率等信息.具体给出图 1(c)（从略）的 10 个位置处的吸收率，相应的数据见数据文件 6-4.

（3）数据文件 6-5 是利用上述 CT 系统得到的另一个未知介质的接收信息.利用(1)得到的标定参数，给出该未知介质的相关信息.具体给出图 1(c) 的 10 个位置处的吸收率.

（4）分析(1)中参数标定的精度和稳定性.在此基础上自行设计新模板、建立对应的标定模型，以改进标定精度和稳定性，并说明理由.

(1)—(4) 中的所有数值结果均保留 4 位小数.要求提供(2)和(3)重建得到的介质吸收率的数据文件（大小为 256×256，格式同数据文件 6-1）.

上面是 2017 年全国大学生数学建模竞赛 A 题，本节将参考发表在《工程数学学报》第 34 卷（2017 年）增刊一上的 5 篇竞赛优秀论文，以及蔡志杰教授的文章“CT 系统参数标定及成像”[99]，只对问题(1)(2)作分析、研究.

图像重建的基本原理　什么是 CT，它与传统的 X 射线成像有什么区别？图 2 是一个概念图示.

---

① 数据文件 6-1 在电子文档中表为 Data 1，其余类同.

假定有一个半透明物体，嵌入 5 个不同透明度的球．如果按照图 2(a)那样单方向地观察，因为有 2 个球被前面的球遮挡，人们会错误地认为只有 3 个球．而按照图 2(b)那样让物体旋转起来，从多角度观察，就能够分辨出 5 个球以及它们各自的透明度．到医院做射线检查时，人体的内脏就像这些半透明物体，传统的 X 射线成像原理如图 2(a)，X 射线和胶片相当于光源和人眼；而 CT 原理如图 2(b)，只不过旋转的不是人体，而是 X 射线管和探测器．

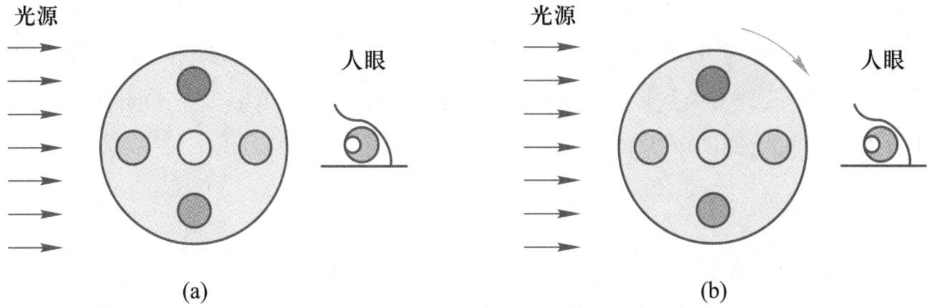

图 2 传统的 X 射线成像和 CT 的概念图示

概括地说，CT 可以在不同深度的断层上，由旋转的 X 射线管从各个角度发出一组射线，穿过人体的某些部位时射线强度有不同程度的衰减，经探测器接收、测量和计算，将人体器官和组织的影像重新构建出来，称为**图像重建**．

射线在穿过均匀材料的介质时，其强度的衰减率与强度本身成正比，即

$$\frac{\mathrm{d}I}{\mathrm{d}l}=-\mu I \tag{1}$$

其中 I 为射线强度，l 为介质在射线方向的长度，μ 为介质对射线的吸收率(单位长度的介质吸收射线强度的比例)．由此可得

$$I=I_0\mathrm{e}^{-\mu l} \tag{2}$$

其中 I_0 为射线的入射强度．

当射线穿过由不同吸收率的介质组成的非均匀材料的某一断层时，(1)式的 μ 记为平面坐标 x,y 的函数 $\mu(x,y)$，当射线沿平面内直线 L 穿行时(2)式化为

$$I=I_0\exp\left(-\int_L\mu(x,y)\,\mathrm{d}l\right) \tag{3}$$

其中 $\int_L\mu(x,y)\,\mathrm{d}l$ 是 $\mu(x,y)$ 沿 L 的线积分，如图 3．由(3)式可得

$$\int_L\mu(x,y)\,\mathrm{d}l=\ln(I_0/I) \tag{4}$$

其中穿过 L 的强度 I 是可以测量的．实际应用中，将(4)式右端数值称为射线的接收信息，以下仍用 I 表示．这样，介质的吸收率 μ 越大，射线穿行的长度越长，射线的接收信息就越大．

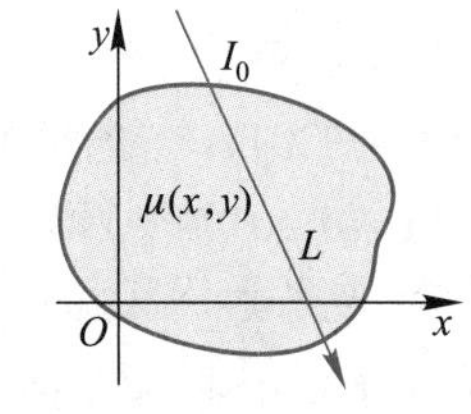

图 3 X 射线沿直线 L 穿过吸收率为 $\mu(x,y)$ 的区域

如果根据(4)式得到了沿许多条直线 L 的线积分 $\int_L\mu(x,y)\,\mathrm{d}l$，能不能确定被积函数 $\mu(x,y)$ 呢？如果能，就

可以根据人体内各个断层对射线的吸收率,得到反映人体器官和组织的大小、形状、密度的图像,即图像重建.

1917年奥地利数学家Radon(拉东)给出以下积分变换的逆变换表达式,为图像重建提供了理论基础.

对平面上任一点$Q(x,y)$,定义函数$f(x,y)$在与Q相距$q(q>0)$的直线L上的线积分为

$$P_f(L)=\int_L f(x,y)\,\mathrm{d}l \tag{5}$$

对所有的q取$P_f(L)$的平均值,记作$F_Q(q)$,则Q点的函数值为

$$f(Q)=-\frac{1}{\pi}\int_0^{\infty}\frac{\mathrm{d}F_Q(q)}{q} \tag{6}$$

(5)(6)式分别称为$f(x,y)$的**Radon变换和逆Radon变换**[①].

理论上,逆Radon变换(6)式需要无穷多条直线L上的线积分,实际上,只能通过有限条直线上投影(即线积分)进行重构.随着计算机技术的出现和迅速发展,在逆变换离散化的数值计算及其稳定性、去除噪声以保证重建图像的清晰度等方面不断取得进展.1963年南非科学家科A.M.Cormack(马克,后入美国籍)发表了CT图像重建技术可行性的论文,1971年英国科学家G.N.Hounsfield(豪斯费尔德)发明了实际临床可用的CT系统,首次成功地得到一位患者的脑部肿瘤图像,二人依此获得1979年诺贝尔生理学或医学奖.

利用离散化的代数模型进行图像重建的基本原理如下.

将待测的、非均匀介质的平面图形分成若干小正方形,称为像素,合理地假定每一个像素对射线的吸收率是常数.一定数量的射线从各个角度穿过这些像素,通过对穿过整个平面图形的各条射线接收信息的测量、计算,确定每个像素的吸收率.

设有n条射线(记$i=1,2,\cdots,n$),m个角度(记$j=1,2,\cdots,m$),q个像素(记$k=1,2,\cdots,q$).为方便起见,将第i条射线称为射线i,第j个角度称为角度j,下面也用射线(i,j)表示角度为j的射线i.像素k的吸收率记作μ_k,射线(i,j)在像素k中的穿行长度记作l_{ijk},相应的接收信息记作I_{ij},则积分形式的(4)式(其右端用I_{ij}表示)化为如下的和式

$$\sum_{k=1}^{q}\mu_k l_{ijk}=I_{ij},\quad i=1,2,\cdots,n,j=1,2,\cdots,m \tag{7}$$

其中l_{ijk}可以更简化地定义为,当射线(i,j)穿过像素k时l_{ijk}赋值1(以像素边长为单位),否则赋值0.

(7)式是包含q个未知数μ_k,nm个方程的线性代数方程组,实际上q远小于nm,方程组是超定的,可以求最小二乘解.

评注 CT图像重建是基于计算机技术的重大发明,其理论基础来自1917年的Radon变换和逆变换.在这个著名的变换提出百年之际,2017年我国大学生数学建模竞赛依此命题,以弘扬数学科学在推动工程技术发展中的奠基性作用.

问题分析 题目指出,CT系统中探测器由等距排列的512个单元组成,平行入射的X射线垂直于探测器(图1(a)中探测器为垂直于射线的直线段),每个探测器单元为一条X射线接收点(即$n=512$).射线发射器和探测器相对位置固定不变,发射-接收系统绕某固定的旋转中心逆时针方向旋转180次,而正方形托盘中放置的待检测介质

① 逆变换存在的条件是$f(x,y)$连续且有紧支集,积分(5)对任一直线L有定义.

位置不动.对每一个方向的射线,经介质吸收后的射线被探测器的各个单元接收、测量、计算,经过增益等处理后共得到180组接收信息(即 $m=180$).

从题目的叙述可作如下的分析和假设:为了获取正方形托盘中待测介质全方位的信息,发射-接收系统需且只需绕某旋转中心旋转180°,合理地认为180次旋转每次应在1°左右(存在安装误差);由旋转中心到探测器线段的垂足将等距排列的512个探测器单元分成相同的两部分①;每条射线通过每个探测器单元的中心,因而512条射线也等距排列;探测器的总宽度一般会略大于边长100 mm正方形托盘的对角线长度.

题目的要求主要有两项任务,一是利用已知的、均匀介质模板的几何形状(图1(b)和数据文件6-1)②及探测器的接收信息(数据文件6-2),对安装好的CT系统进行参数标定(问题(1));二是根据标定结果利用系统得到的未知介质的接收信息(数据文件6-3),对该介质的未知结构(包括位置、几何形状、吸收率等)进行图像重建(问题(2)).一般地说,这些正是工程设备研制和使用过程中经常要做的两项工作.

对于任务一,问题(1)明确提出需要标定的系统参数有:旋转中心在正方形托盘中的位置,探测器单元之间(即两条相邻射线之间)的距离,以及射线的180个方向角.

选定适当的坐标系,根据图1(b)给出的几何尺寸可以列出椭圆和圆的方程,从而计算以任意角度穿过椭圆和圆的射线的长度.数据文件6-2是探测器从180个角度、对等距排列的512条射线的接收信息经增益处理得到的512×180数据矩阵.由于数据文件6-1给出均匀介质模板的吸收率是常数1,所以探测器的接收信息(为方便起见,仍记作 I_{ij})与射线 (i,j) 穿过介质的长度成正比,比例系数为系统增益.恰当、充分地利用上述两部分信息是完整、准确地进行参数标定的关键.

对于任务二,按照问题(2)的要求可以选择现成的算法和程序实现,如代数重建方法(algebra reconstruction technique,简记ART)、滤波反投影方法(filtered back projection,简记FBP),MATLAB软件还提供了图形重构的程序iradon(逆拉东变换,采用FBP).不过在选用这些算法和程序对数据文件6-3的接收信息进行图形重构时,需要注意参数标定的结果,将旋转中心相对于坐标原点的偏移加以校正.

建模准备　数据文件6-2是512个探测器单元对180个射线角度的接收信息数据,视为由射线 (i,j) 的接收信息 I_{ij}(包含增益)构成的矩阵 $\boldsymbol{I}=(I_{ij})_{512\times180}$.为了对这些信息有一个全面、直观的认识,将数据文件6-2的数据矩阵作图进行观察.

图4(a)是数据矩阵 $\boldsymbol{I}=(I_{ij})$ 的热图(热图通过色彩或灰度变化展示数据,可用MATLAB程序生成),位置 (i,j) 处的颜色越深,表示射线 (i,j) 的接收信息 I_{ij} 越大(白色处 $I_{ij}=0$).图中粗卵形区域对应于射线穿过椭圆的信息,穿过粗卵形的细带形区域对应于射线穿过圆的信息,而横贯粗卵形的那条粗曲线,表示对每个角度 j 使得穿过椭圆信息最大值的射线 i 的位置③.

---

①　若放弃这一假设,可将旋转中心到探测器线段的垂足到探测器左(或右)端点的距离也作为系统参数进行标定,参见[99],其计算结果表明这个假设近似成立.

②　数据文件6-1是将模板划分为 $q=256\times256$ 个像素得到的0-1矩阵,当像素位于均匀介质的椭圆和圆内部时取值1,否则取值0.根据题目要求提供问题(2)的结果时,需要参照数据文件6-1划分像素的格式进行.

③　画这条曲线时用手工粗略地剔除了射线穿过圆的(即细带形区域的)信息值.

图 4(b)是选择图 4(a)中 6 个角度 $j=1,31,61,91,121,151$ 画出的信息 I_{ij} 随射线 i 的变化曲线.图 4(c)是对图 4(b)的 6 个角度按照逆时针方向旋转、相邻角度大致相差 30°画出的射线方向与探测器位置示意图,在每个方向画了 5 条射线,除去对准探测器两端 $i=1,512$ 的 2 条,其余 3 条都穿过模板的特殊位置,可以与图 4(b)相互对照,观察在射线与探测器旋转过程中信息 I_{ij} 的变化情况.

由图 4(a)~4(c)可以直观地得到如下认识:

• 图 4(a)粗卵形区域对应的信息在图 4(b)显示为大"馒头"形曲线,可对其形态及随角度 j 的变化进行观察;在 $j=61$ 左右卵形最粗但颜色较浅,"馒头"宽而扁,表示射线方向大致与椭圆短轴平行(图 4(c));在 $j=151$ 左右卵形最细但颜色较深,"馒头"窄而高,表示射线方向大致与椭圆长轴平行(图 4(c)).

• 图 4(a)细带形区域的宽度、颜色基本不变,表示从每一角度穿过圆的射线条数及相应射线在圆内的长度都几乎相同,这是由圆的全方位对称性决定的;如果把图放大,能够看到细带中心的颜色比边缘稍深一些;细带从粗卵形下方穿行到上方,图 4(b)显示为小"耳朵"形曲线,可观察其从右方爬过"馒头"、翻到左方的过程.

• 图 4(a)细带形与粗卵形区域相分离的射线角度有两段:大约为 $j=1\sim15$ 和 $j=105\sim180$,表示在这两段区域每一条射线只能穿过圆或椭圆中的一个,在数据文件 6-2 的信息值 I_{ij} 中明显分离为两段非零部分,便于用来标定某些参数.

• 观察到图 4(b)(c)中 $j=61$,$j=151$ 射线方向分别与椭圆短轴和长轴大致平行,可以判断数据文件 6-2 数据矩阵的第 1 列,即 $j=1$,对应于从椭圆长轴向上方向逆时针旋转至射线正向的角度大致为 30°.

• 图 4(a)中表示 I_{ij} 达到最大值的那条曲线大致位于 $i=220\sim270$,粗卵形区域显示略有右上-左下倾斜形状,应是发射-接收系统的旋转中心偏离正方形托盘中心所致.若系统绕正方形托盘中心旋转,且中心到探测器线段的垂足将其等分,则那条曲线应为 $i=256$ 或 257 的直线.

多数优秀论文都画出了如图 4(a)的热图,只是分析得不够详细.

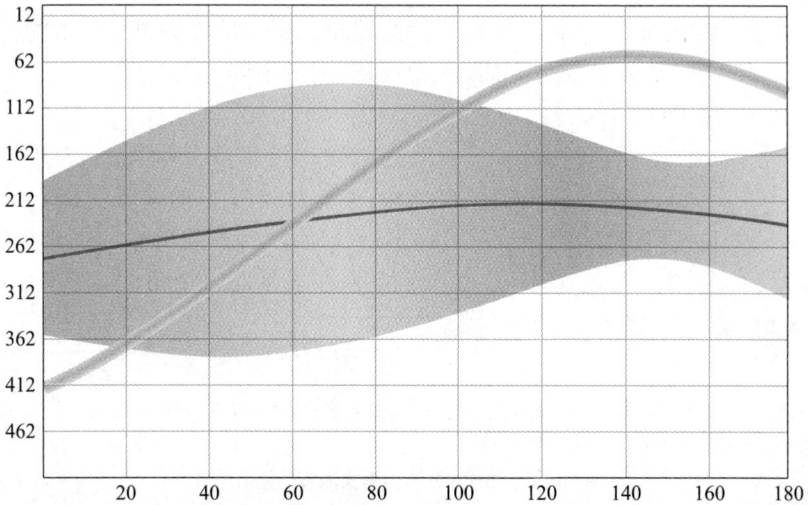

(a) 数据文件6-2数据矩阵热图(横轴为角度 $j=1,2,\cdots,180$,纵轴为射线 $i=1,2,\cdots,512$)

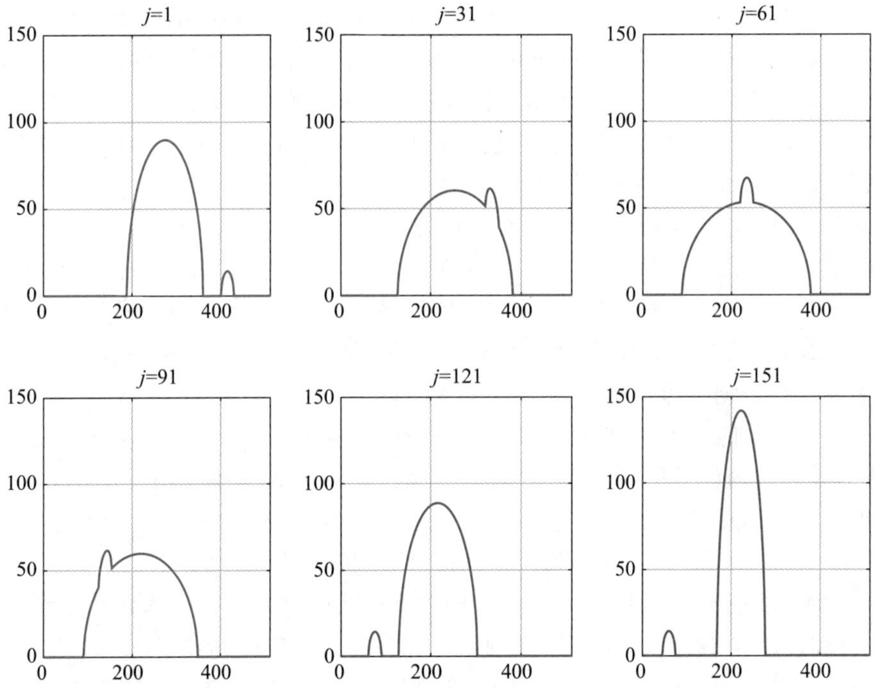

(b) 数据文件6-2数据矩阵6个角度信息截图(横轴为射线i=1,2,…,512,纵轴为信息值I_{ij})

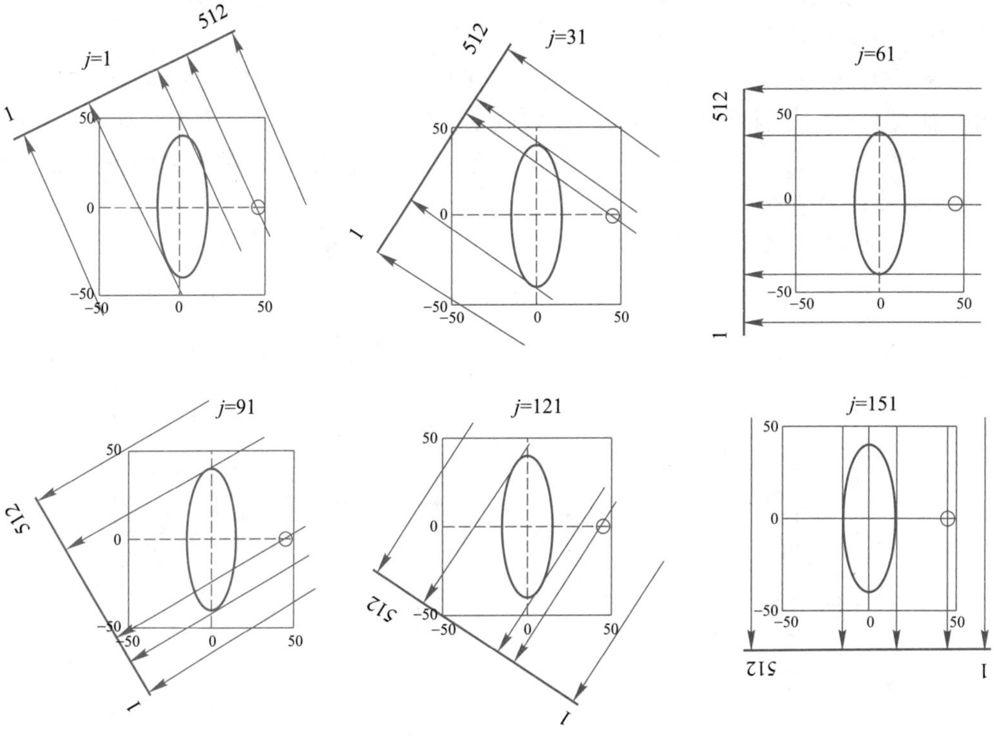

(c) 图(b)中6个角度射线方向与探测器位置示意图

图 4

参数标定 为了计算以任意角度穿过椭圆和圆的射线的长度,最简单的方法无疑是将直角坐标系 xOy 的原点选在正方形托盘的中心,x 轴正向选在椭圆中心到圆心的连线方向,按照图 1(b)的几何尺寸,椭圆和圆的方程分别为(单位:mm)

评注 图 4(a)—(c)是对庞大数据矩阵的整体概貌、局部细节及几何直观作出的图形,通过一些分析将它们留在头脑中,会成为建模、计算的思路来源和验证依据.

$$\frac{x^2}{a^2}+\frac{y^2}{b^2}=1,\quad a=15,\quad b=40 \tag{8}$$

$$(x-c)^2+y^2=r^2,\quad c=45,\quad r=4 \tag{9}$$

定义由 y 轴正向逆时针旋转至任一射线 L 正向的角度为 $\alpha(0\leqslant\alpha<2\pi)$,如图 5,记坐标原点到射线 L 的垂足为 (x_0,y_0),可以写出以 t 为参数、射线 L 的参数方程

$$x=x_0-t\sin\alpha,\quad y=y_0+t\cos\alpha \tag{10}$$

为引入射线的法线式方程,需考察原点到射线的垂线与 x 轴正向的夹角.按照 α 的定义,这个夹角有两种情形:当射线(沿正向)位于原点右侧时,如图 5 中射线 L,该夹角等于 α,记垂线长度为 $d_0(d_0\geqslant0)$,则射线的法线式方程为

$$x\cos\alpha+y\sin\alpha=d_0 \tag{11}$$

而当射线(沿正向)位于原点左侧时,如图 5 中射线 L',该夹角等于 $\alpha+\pi$[①],仍记垂线长度为 $d_0(d_0\geqslant0)$,则射线的法线式方程为 $x\cos(\alpha+\pi)+y\sin(\alpha+\pi)=d_0$,即 $x\cos\alpha+y\sin\alpha=-d_0$.

为方便起见,在后续讨论中取消对长度 d_0 的非负限制,将其称为从原点到射线的**有向距离**,仍用符号 d_0 表示,对于上面两种情形,分别规定 d_0 非负或非正,于是射线的法线式方程可统一表示为(11)式.

将(10)式代入(8)式并由(11)式可得射线 L 在椭圆内截线的长度 l_1 为[②](复习题 1)

$$l_1=\frac{2ab}{s^2}\sqrt{s^2-d_0^2},\quad s^2=a^2\cos^2\alpha+b^2\sin^2\alpha,\quad d_0=x_0\cos\alpha+y_0\sin\alpha \tag{12}$$

类似地可得射线 L 在圆内截线的长度 l_2 为

$$l_2=2\sqrt{r^2-(c\cos\alpha-d_0)^2},\quad d_0=x_0\cos\alpha+y_0\sin\alpha \tag{13}$$

在计算射线在椭圆和圆内截线长度 l_1 和 l_2 的(12)(13)式中,射线的方向和位置由 α 和 d_0 确定,而当利用 l_1 和 l_2 计算射线接收信息的理论值,并与射线 (i,j) 的接收信息的实际值 I_{ij} 比较,以便标定参数时,需要将 α,d_0 转化为用 i,j 表示.

假如发射-接收系统以坐标原点为旋转中心,图 5 中通过原点、垂直于探测器的虚线 L_0 与探测器的交点为 P_0,按照问题分析和假设,P_0 点将 512 个探测器单元分成相同的两部分,P_0 点在探测器上的位置应在单元 $i=256$ 与 257 中间,可记作 256.5.设探测器每两个相邻单元(也是两条相邻射线)之间的距离为 h,图 5 中的 L 或 L' 为射线 $i(i=1,2,\cdots,512)$,其与探测器的交点为 P 或 P',则原点到射线 i(即探测器上 P_0 点到 P 点或 P' 点)的有向距离为

$$d_0=(i-256.5)h,\quad i=1,2,\cdots,512 \tag{14}$$

当发射-接收系统的旋转中心偏离坐标原点时,情况会发生变化.如果旋转中心位于坐标系中的 $Q_c(x_c,y_c)$ 点,如图 6,通过 Q_c 点垂直于探测器的虚线 L_c 与探测器的交点为 P_c 点.同样地假设 P_c 点将 512 个探测器单元分成相同的两部分,P_c 点在探测器上的

---

① 如果要求该夹角不超过 2π,则 $\alpha>\pi$ 时夹角取为 $\alpha+\pi-2\pi=\alpha-\pi$,下面的结果不变.

② 当(12)式根号内数值为负数时令 $l_1=0$.(13)式同此.

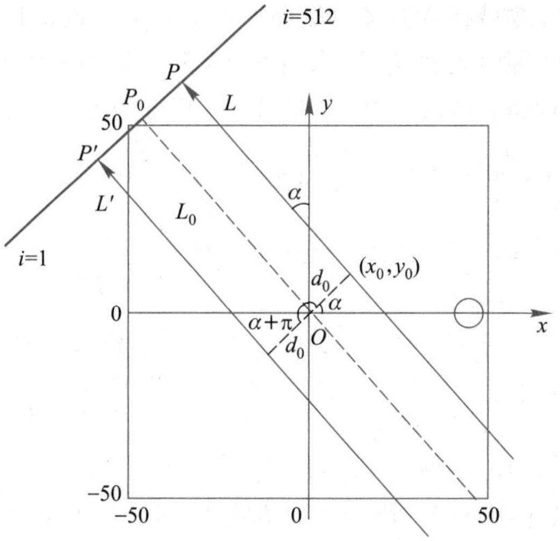

图5 以正方形中心为原点的射线示意图

位置也记作256.5.此时,过原点的虚线L_0随旋转角度α变化.设原点到L_c的有向距离为d_c,对于任意角度α可得

$$d_c = x_c\cos\alpha + y_c\sin\alpha \tag{15}$$

记由y轴正向逆时针旋转至Q_c点与坐标原点连线(图6中细虚线)的角度为α_c,则当$\alpha<\alpha_c$时$d_c<0$,沿射线正向L_c在L_0左侧,P_0点在探测器上的位置$i>256.5$,如图6(a);当$\alpha>\alpha_c$时$d_c>0$,P_c点在P_0点右侧,P_0点在探测器上的位置$i<256.5$,如图6(b);当$\alpha=\alpha_c$时$d_c=0$,P_c点与P_0点重叠.由此可得,在(12)(13)式中原点到射线i(即探测器上P_0点到P点)的有向距离d_0应修正为①

$$d_0 = d_c + (i-256.5)h \tag{16}$$

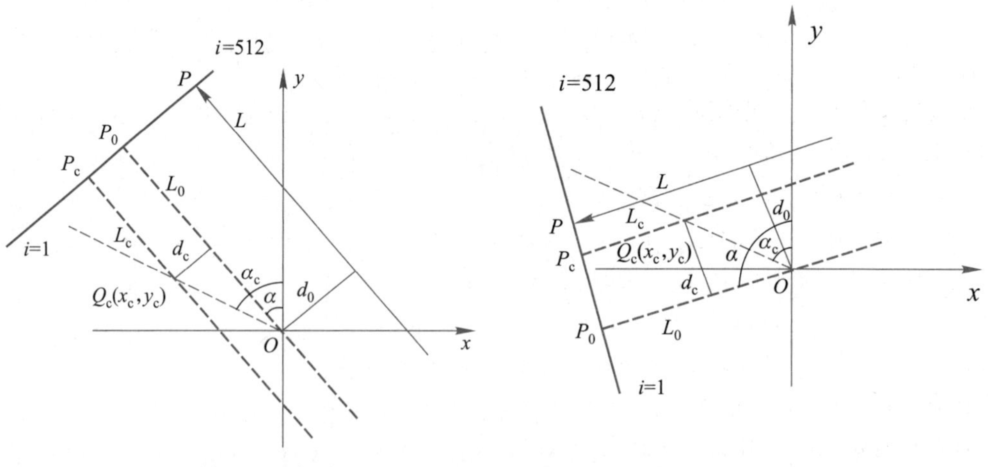

图6 旋转中心偏移示意图

① 图6显示Q_c在第二象限,可以验证一般情形下(15)式均成立.

经过以上修正，对于射线角度 j，将(12)(13)式中的角度 α 记作 α_j，有向距离 d_c 记作 d_{cj}，射线 (i,j) 接收信息理论值记作 I_{ij}^*，其与射线在椭圆和圆内截线的长度之和 l_1+l_2 成正比，比例系数是介质吸收率 μ(常数 1)与系统增益 λ(常数)之积.由(12)~(16)式可得

$$I_{ij}^* = 2\lambda\mu\left[\frac{ab}{s_j^2}\sqrt{s_j^2-(d_{cj}+(i-256.5)h)^2}+\sqrt{r^2-(c\cos\alpha_j-(d_{cj}+(i-256.5)h))^2}\right], \tag{17}$$

$$s_j^2=a^2\cos^2\alpha_j+b^2\sin^2\alpha_j,\quad d_{cj}=x_c\cos\alpha_j+y_c\sin\alpha_j,\quad i=1,2,\cdots,512, j=1,2,\cdots,180$$

式中 $\mu=1, a=15, b=40, c=45, r=4$(mm).

将待标定的参数集合记为 $E=\{\lambda, h, x_c, y_c, \alpha_j(j=1,2,\cdots,180)\}$，利用数据文件 6-2 提供的射线 (i,j) 的接收信息实际值 I_{ij}，按照最小二乘法求解

$$\min_E \sum_{i=1}^{512}\sum_{j=1}^{180}(I_{ij}^*-I_{ij})^2 \tag{18}$$

这是一个非线性最小二乘模型，可以采用软件直接求解，如 MATLAB 的 lsqnonlin 程序(参见程序文件 6-1,6-2，其中决策变量初值的设定见下文)，计算结果见表 1. 可知探测器的总宽度(射线 1 与射线 512 之间的距离)为 $511h\approx141.4$(mm)，几乎正好是边长为 100 mm 的正方形托盘的对角线长度.

程序文件 6-1,6-2
CT 系统参数标定及成像 1,2
prog0609afun.m
prog0609a.m

表 1 对(18)式直接求解的参数标定结果(λ 无量纲，其他参数单位是 mm 或°)

λ	h	x_c	y_c	α_1	α_2	…	α_{180}
1.772 5	0.276 8	−9.266 3	6.272 9	29.646 3	30.999 9	…	208.635 8

该非线性优化模型待估参数较多、数据量较大，有些软件可能无法直接求解或者计算量大、精度低，还会陷入局部极小，得不到需要的结果.下面介绍“合理分解、各个击破”的方法，化为一系列子问题，顺序求解.大多数优秀论文和文献[99]都是这样做的.

1. 利用穿过独立圆的射线接收信息估计参数 λ, h.

由于圆的对称性，计算穿过独立圆的射线接收信息时，并不一定需要知道射线角度 α_j 的值.观察图 4(a)发现，穿过独立圆的射线非零接收信息位于图的左下、右上两部分，查阅数据文件 6-2 数据矩阵可知，其坐标为($i=374\sim430, j=1\sim13$)和($i=45\sim110, j=109\sim180$)，共 85 个角度，每个角度大多有 29 条射线的非零信息(对于少数 28 条射线的角度可增补 1 条零信息)，将这些信息重新编号、整理，仍记作 $I_{ij}(i=1,2,\cdots,29, j=1,2,\cdots,85)$.

为了避开用含未知角度 α_j 的(17)式计算射线在圆内的截线长度 l_2，可采用一种简易的方法如下：对于以任意角度穿过独立圆的一组射线 $L_i(i=1,2,\cdots,29)$，过圆心、垂直于射线方向建立新的坐标轴 z，以 z 轴与圆一侧的交点为零点 $z=0$，如图 7，设圆内第 1 条射线 L_1 的坐标为 $z=h_0$，则 L_i 的坐标为 $z_i=h_0+(i-1)h$，按照初等几何知识可得射线 L_i 在圆内的截线长度为

$$l_i=2\sqrt{z_i(2r-z_i)},\quad z_i=h_0+(i-1)h,\quad i=1,2,\cdots,29 \tag{19}$$

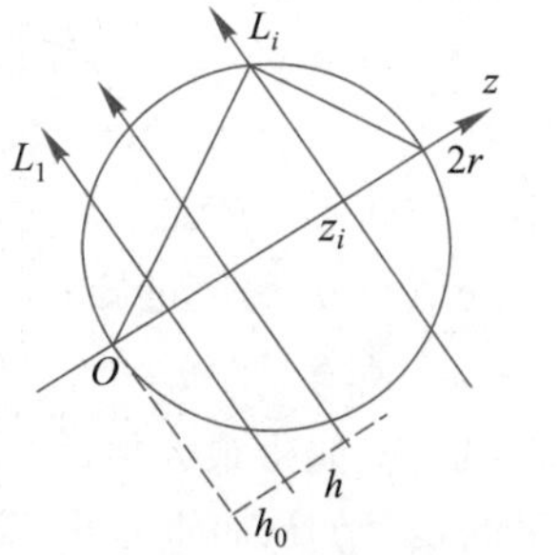

图 7 计算射线在独立圆内截线长度示意图

对于角度 $\alpha_j(j=1,2,\cdots,85)$ 的一组射线，只需用 z_{ij}, h_{0j} 代替 z_i, h_0，(19)式仍然成立.与接收信息 $I_{ij}(i=1,2,\cdots,29, j=1,2,\cdots,85)$ 对应的理论值仍记作 I_{ij}^*，显然有

$$I_{ij}^{*}=2\lambda\mu\sqrt{z_{ij}(2r-z_{ij})},\quad z_{ij}=h_{0j}+(i-1)h,\quad i=1,2,\cdots,29,j=1,2,\cdots,85 \tag{20}$$

式中 $\mu=1,r=4$,按照最小二乘法估计参数 λ,h 的优化模型为

$$\min_{\lambda,h,h_{0j}}\sum_{i=1}^{29}\sum_{j=1}^{85}(I_{ij}^{*}-I_{ij})^{2} \tag{21}$$

求解模型(20)(21)虽然可以得到 h_{0j},但是其结果对这个题目并无用处.若要进一步减少计算量,可以任意选择一个或几个角度 j 计算,得到 λ,h 的近似解相差不大时即可结束,不用关心 h_{0j}的结果.

(21)仍然是一个非线性优化模型,不论采用遍历搜索法还是现成的软件,都需要给出待估参数的初值.对于这里的 λ,h 可用很简便的办法得到充分接近真值的初值.

显然,在圆的接收信息 $I_{ij}(i=1,2,\cdots,29,j=1,2,\cdots,85)$中,对每个角度 $j,i=15$ 都对应于最接近圆心的那条射线,再从中对 j 找出 $I_{15,j}$的最大值为 14.179 6,那么这条射线几乎穿过圆心,圆内截线长度视为直径 $2r=8$(mm),于是增益 λ 的初值选为 $14.179\,6/8\approx1.77$(初值估计不必过于精确).对于两条相邻射线(即探测器单元)之间的距离 h,也可根据上面得到的、每个角度大致有 29 条射线穿过圆,即圆的直径约含 28 个距离 h,于是 h 的初值选为 $8/28\approx0.28$(mm).从表 1 看出,近似估计的初值与模型优化计算结果相近.

相应的 MATLAB 程序参见程序文件 6-3,6-4,计算结果与表 1 基本一致.

程序文件 6-3,6-4
CT 系统参数标定及成像 3,4
prog0609bfun.m
prog0609b.m

2. 利用不同角度射线穿过介质截线长度及接收信息的独立性,逐一估计参数 α_j和 $d_{cj}(j=1,2,\cdots,180)$.

在参数 λ,h 已经确定,且暂不考虑约束 $d_{cj}=x_c\cos\alpha_j+y_c\sin\alpha_j$ 的条件下,由(17)式计算的射线接收信息的理论值 I_{ij}^{*},对于不同角度 j 都是独立的,于是模型(18)可以分解为从 $j=1$ 开始逐一求解,即

$$\min_{\alpha_j,d_{cj}}\sum_{i=1}^{512}(I_{ij}^{*}-I_{ij})^{2},\quad j=1,2,\cdots,180 \tag{22}$$

式中包含 180 个角度的非线性优化模型,对于每个角度 j 只有 2 个待估参数 α_j,d_{cj},旋转中心坐标 x_c,y_c并不在模型中出现.对这些待估参数的初值作如下估计.

问题分析中指出,为获取正方形介质全方位的信息,发射-接收系统旋转 180 次,应每次旋转 1°左右,共 180°.观察图(4)中 $j=61$ 和 $j=151$ 的接收信息可知,这 2 个角度的射线大致上分别平行于椭圆的横轴和纵轴,如图 4(c)所示.注意到将 y 轴正向逆时针旋转至射线正向的角度定义为 α,即 $j=61$ 和 $j=151$ 分别约为 $\alpha=90°$和 180°,于是模型(22)在 $j=1$ 时待估参数 α_1的初值可选为 30°,对于 $j=2,3,\cdots,180$,待估参数 α_j的初值可依次增加 1°.

待估参数 d_{cj}的初值由 $d_{cj}=x_c\cos\alpha_j+y_c\sin\alpha_j$ 计算,其中 α_j的初值如上所述,而旋转中心坐标 x_c,y_c的近似值也可由 $j=61$ 和 $j=151$ 的接收信息直接估计:$j=61$ 的射线大致平行于椭圆的横轴,从数据文件 6-2 可以查出 $I_{i,61}$取得最大值的射线为 $i=235$,其纵坐标近似为 0,而通过旋转中心(x_c,y_c)的直线在探测器上的位置为 256.5,所以其纵坐标 $y_c\approx(256.5-235)h\approx6.0$(mm);$j=151$ 的射线大致平行于椭圆的纵轴,从数据文件 6-2 查出 $I_{i,151}$取得最大值的射线为 $i=223$,可得 $x_c\approx-(256.5-223)h\approx-9.3$(mm)(注意这里的负号).从表 1 看出,近似估计的初值与模型优化计算结果相近.

相应的 MATLAB 程序参见程序文件 6-5,6-6,计算结果与表 1 基本一致.

程序文件 6-5,6-6
CT 系统参数标定及成像 5,6
prog0609cfun.m
prog0609c.m

3. 利用已经得到的 $\alpha_j,d_{cj}(j=1,2,\cdots,180)$估计旋转中心坐标$(x_c,y_c)$.

考察第 2 步未用到的约束 $d_{cj}=x_c\cos\alpha_j+y_c\sin\alpha_j$，正好用来构造估计旋转中心坐标 (x_c,y_c) 的线性最小二乘模型

$$\min_{x_c,y_c}\sum_{i=1}^{512}\left[d_{cj}-(x_c\cos\alpha_j+y_c\sin\alpha_j)\right]^2 \tag{23}$$

可以直接利用 MATLAB 软件的“左除”命令求解.相应的 MATLAB 程序参见程序文件 6-7，计算结果与表 1 基本一致.

程序文件 6-7 CT 系统参数标定及成像 7 prog0609d.m

图像重建 对数据文件 6-3 未知介质的接收信息进行图形重建，主要采用两种方法.

1. 代数重建方法(ART) 题目要求将正方形的未知介质划分为 $p\times p$ 个像素(记作 kl，其中 $k,l=1,2,\cdots,p,p=256$)，n 条射线(记 $i=1,2,\cdots,n,n=512$)，m 个角度(记 $j=1,2,\cdots,m,m=180$)同上.像素 kl 的吸收率记作 μ_{kl}，射线 (i,j) 在像素 kl 中的穿行长度记作 l_{ijkl}，接收信息的实际值仍记作 I_{ij}，将前面的(7)式写作

$$\lambda\sum_{k,l=1}^{p}\mu_{kl}l_{ijkl}=I_{ij},\quad i=1,2,\cdots,n;j=1,2,\cdots,m \tag{24}$$

其中系统增益 λ 已经通过标定得到.

(24)式中 l_{ijkl} 也可以像(7)式那样，用射线是否穿过像素 kl 定义为 1 或 0(以像素边长为单位).

(24)式是方程数量 nm 远大于未知数个数 $p\times p$ 的超定线性代数方程组，具有规模庞大、由 l_{ijkl} 构成的系数矩阵稀疏、接收信息 I_{ij} 存在噪声等特点，通常采用迭代算法求解.在计算射线 (i,j) 的穿行长度 l_{ijkl} 时需要用到标定的参数，即旋转中心坐标、射线间距和角度，计算过程是比较麻烦的(复习题 2).

评注 用最小二乘法求解非线性优化模型，待估参数初值的选择十分重要，选得好不仅能减少计算量、提高精度，而且可以用来初步检验计算结果.复杂的计算不论哪一步出现错误(常常是难免的)，一般会与(好的)初值相差甚远，这时应该相信直观、简单的判断，去检查计算过程.

2. 滤波反投影方法(FBP) MATLAB 软件提供了图形重建的滤波反投影方法程序 iradon(逆拉东变换)，基本调用格式是：$G=\text{iradon}(R,Alpha,N)$，其中输入 R 是 $n\times m$ 接收信息矩阵(也称为投影矩阵)，n 是射线条数，m 是角度个数；$Alpha$ 是射线角度构成的向量(如果输入标量则表示角度间距)；N 是用于控制输出结果的正整数，缺省值为 $N_0=2\lfloor n/2\sqrt{2}\rfloor$，即对角线长度为 n 时的正方形边长(取整数近似值)；输出 $G=(g_{ij})$ 是 $N\times N$ 矩阵，g_{ij} 表示对应位置 (i,j) 处介质的吸收特性，即 G 实际上是重建图形的矩阵表示，例如可以通过 MATLAB 软件的 imshow 命令显示为灰度图形.需要注意的是，iradon 程序假设重构图形的像素间距等于射线间距 h，即 g_{ij} 表示的是长度为 h 的介质对射线强度的吸收比例，所以相应介质的实际吸收率为 g_{ij}/h.此外，iradon 程序不考虑增益(即增益 $\lambda=1$)，并假设射线角度之间的间距相等，旋转中心位于 G 所表示的图形中心(实际上假设通过旋转中心的射线是第 $\lceil n/2\rceil$ 条射线，当 n 为偶数时与图形中心略有误差).

评注 表 1 是利用实际接收信息通过最小二乘法优化得到的结果.不少参赛论文只根据模板几何尺寸和少量接收信息，像本节估计参数初值那样就得到了某些参数的标定值，而没有充分利用题目所给的数据，这样不仅达不到精度要求，也没有充分发挥数学建模分析、解决实际问题的效用.

在利用前面标定的参数进行图形重建时，需确定 iradon 程序的输入并对输出结果进行调整.首先，像(24)式那样，将数据文件 6-3 的接收信息矩阵除以参数标定中估计的增益 λ，作为 iradon 程序的输入 R.其次，标定的射线角度 α_j 之间的间距不相等，可以通过函数插值得到等间距射线角度下的接收信息，例如可将角度向量 $Alpha$ 定为 30，31，…，209(°)进行插值，将相应的接收信息矩阵仍记为 R.最后，注意到在 iradon 的输出结果中，每个像素代表的实际物理区域就是边长为 h 的小正方形，如果旋转中心位于正方形托盘中心，任何角度下的所有射线都能覆盖托盘所在的区域，直接利用 iradon 程序就可以得到重建的图形；但标定的旋转中心 $Q_c(x_c,y_c)$ 并不位于托盘中心，此时需要

根据探测器射线间距 h 对输入参数和输出结果进行修正.

如图 8 所示,以原点 O 为中心的正方形 $ABCD$ 表示托盘所在区域,正方形 $A'B'C'D'$ 表示 $ABCD$ 平移至以 Q_c 为中心后的区域,而 $A''B''C''D''$ 表示以 Q_c 为中心且包含 $ABCD$ 的最小正方形区域,其中 $\Delta_1=\frac{|x_c|}{h}$,$\Delta_2=\frac{|y_c|}{h}$ 分别表示 Q_c 在 x 和 y 方向按像素度量的偏移量的绝对值,$\Delta=\max\{\Delta_1,\Delta_2\}$(图中所示为 $\Delta=\Delta_1$ 的示意图).从 iradon 程序对输入输出格式的规定可知,如果直接使用命令 G=iradon(R,$Alpha$),得到的图形数据矩阵 G 只是 $A'B'C'D'$ 所在区域的图形.如果使用命令 G=iradon(R,$Alpha$,N_1),其中 $N_1=N_0+2\Delta$(具体通过程序实现时,对 Δ_1,Δ_2,Δ 可取其整数近似值),则输出 G 是 $N_1\times N_1$ 的矩阵(除以 h 为吸收率),表示 $A''B''C''D''$ 所在区域的图形,从中可以提取到实际需要的托盘所在区域 $ABCD$ 的图形矩阵,并容易将该图形用题目所要求的 256×256 的矩阵格式表示(例如利用 MATLAB 软件的 imresize 命令).由于计算误差的影响,结果中可能出现负的吸收率,应将其设定为 0.

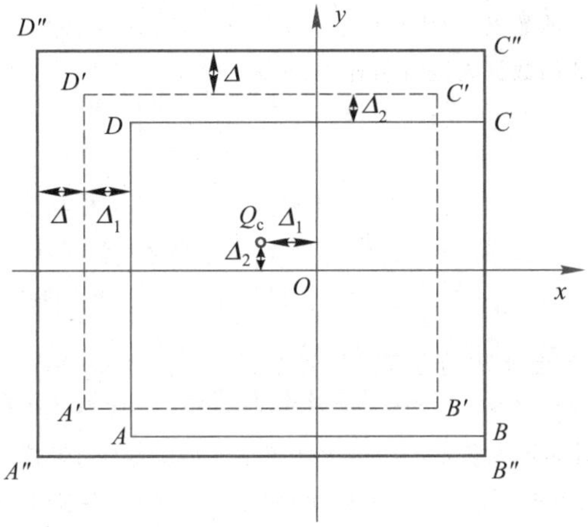

图 8　旋转中心不在原点时利用 iradon 程序重建图形的示意图

程序文件 6-8
CT 系统参数标定及成像 8
prog0609e.m

相应的 MATLAB 程序参见程序文件 6-8,针对数据文件 6-3 的重建图形如图 9 所示.从图形的矩阵表示中不难得到题目所给的 10 个位置处的吸收率,如表 2 所示.

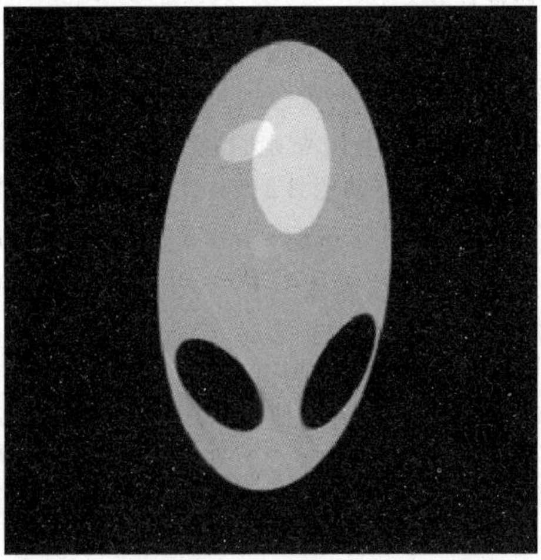
图 9　对数据文件 6-3 重建图形的结果

表 2 10 个位置处的吸收率(单位是 1/mm)

位置编号	1	2	3	4	5	6	7	8	9	10
吸收率	0.014 9	1.000 4	0	1.193 5	1.059 0	1.420 8	1.306 4	0	0.028 5	0.016 2

利用 MATLAB 软件的 iradon 程序进行图形重建时,作为应对旋转中心不在正方形托盘中心的另一种方法,可以对数据文件 6-3 的数据先进行预处理,即通过数据文件 6-3 的矩阵 $\boldsymbol{R}$,得到旋转中心位于正方形托盘中心的矩阵 $\boldsymbol{R}'$,然后直接调用 iradon 程序重建图像(复习题 3).

复习题

1. 推导(12)和(13)式.

2. 根据数据文件 6-3 的数据,用代数重建方法重建图形,并与滤波反投影方法的结果进行对比.

3. 根据数据文件 6-3 的数据先进行预处理,再调用 iradon 程序重建图形,并与图 9 和表 2 的结果对比.

第 6 章训练题

1. 一老人 60 岁时将养老金 10 万元存入基金会,月利率 0.4%,他每月取 1 000 元作生活费,建立差分方程模型计算他每年末尚有多少钱?多少岁时将基金用完?如果想用到 80 岁,60 岁时应存多少钱?

2. 在一处古篝火遗址附近发现了一个猿人头骨,考古学家确信该头骨和古篝火是同时代的.经测试确定在取自篝火的灰烬中,碳 14 的含量仅留存原来的 1%.已知碳 14 的半衰期是 5 730 年.建立一个用碳 14 测定年代的模型,并用以确定古篝火遗址附近发现的猿人头骨的年代[23].

3. 某湖泊每天有 10^4 m^3 的河水流入,河水中污物浓度为 0.02 g/m^3,经渠道排水后湖泊容积保持 200×10^4 m^3 不变,现测定湖泊中污物浓度为 0.2 g/m^3,建立模型计算湖泊中一年内逐月(每月按 30 天计)下降的污物浓度,问要多长时间才能达到环保要求的浓度 0.04 g/m^3?为了把这个时间缩短为一年,应将河水中污物浓度降低到多少[79]?

4. 当某种药物的浓度大于 100 mg/L(有效水平)时才能治疗疾病,且最高浓度不能超过 1 000 mg/L(安全水平).从实验知道该药物浓度以每小时现有量 15%的速率衰减.

(1) 建立每小时药物浓度的模型.若初始浓度为 600 mg/L,确定何时浓度达到 100 mg/L.

(2) 设计一个合适的药物处方(包括初始剂量及维持剂量和间隔).

5. 设在一个受限环境中鲸鱼的最大容量是 M,最小生存水平是 m,用 a_n 表示 n 年后的鲸鱼数量,建立关于 a_n 的差分方程模型.再设 $M=5\ 000$, $m=100$,对模型参数和初始鲸鱼数量取不同数值作计算,分析对结果的影响.

6. 斑点猫头鹰和隼在同一栖息地为生存而竞争.假定只有一个种群存在时可以无限增长,即种群增量与此时的种群数量成正比.而种群的竞争使每个种群增量的减少与两个种群的数量有关.建立猫头鹰和隼数量变化的差分方程模型,改变模型参数进行计算,分析对结果的影响.用这种模型描述的两个相互竞争种群的后果是什么,怎样改进模型才能反映现实世界中在同一栖息地只有一个种群能够生存的现象[23].

7. 据报道,某种山猫在较好、中等及较差的自然环境下,年平均增长率分别为 1.68%, 0.55%

和-4.50%,假定开始时有100只山猫,按以下情况讨论山猫数量逐年变化过程及趋势:

(1) 3种自然环境下25年的变化过程(作图).

(2) 如果每年捕获3只,会发生什么情况?山猫会灭绝吗?如果每年只捕获1只呢?

(3) 在较差的自然环境下,如果想使山猫数量稳定在60只左右,每年要人工繁殖多少只[79]?

8. 在某种环境下猫头鹰的主要食物来源是田鼠,设田鼠的年平均增长率为 r_1,猫头鹰的存在引起的田鼠增长率的减少与猫头鹰的数量成正比,比例系数为 a_1;猫头鹰的年平均减少率为 r_2;田鼠的存在引起的猫头鹰减少率的增加与田鼠的数量成正比,比例系数为 a_2.建立模型描述田鼠和猫头鹰共处时的数量变化规律,对以下情况作图给出50年的变化过程.

(1) 设 $r_1=0.2, r_2=0.3, a_1=0.001, a_2=0.002$,开始时有100只田鼠和50只猫头鹰.

(2) r_1, r_2, a_1, a_2同上,开始时有100只田鼠和200只猫头鹰.

(3) 适当改变参数 a_1, a_2(初始值同上).

(4) 求差分方程的平衡点,它们稳定吗[23]?

9. 研究将鹿群放入草场后草和鹿两种群的相互作用.草的生长遵从离散形式 logistic 规律,年内禀增长率0.8,最大密度为3 000(密度单位),在草最茂盛时每只鹿每年可吃掉1.6(密度单位)的草.若没有草,鹿群的年死亡率高达0.9,而草的存在可使鹿的死亡得以补偿,在草最茂盛时补偿率为1.5.做出一些简化假设,用差分方程模型描述草和鹿两种群数量的变化过程,就以下情况进行讨论.

(1) 比较将100只鹿放入密度为1 000和密度为3 000的草场两种情况.

(2) 适当改变参数,观察变化趋势[79].

10. 在6.1节的两种还款方式下,如果将每月还款一次的办法改为每年还款一次(每年的最后一月还款),其他条件均不变,比较两种办法的还款额.

11. 考察模拟水下爆炸的比例模型.爆炸物质量 m,在距爆炸点距离 r 处设置仪器,接收到的冲击波压强为 p,记大气初始压强 p_0,水的密度 ρ,水的体积弹性模量 k,用量纲分析方法已经得到 $p=p_0\varphi\left(\frac{p_0}{k},\frac{\rho r^3}{m}\right)$.设模拟实验与现场的 p_0,ρ,k 相同,而爆炸物模型的质量为原型的1/1 000.为了使实验中接收到与现场相同的压强 p,问实验时应如何设置接收冲击波的仪器,即求实验仪器与爆炸点之间的距离是现场的多少倍[28].

12. 牧场管理[26].有一块一定面积的草场放牧羊群,管理者要估计草场能放牧多少羊,每年保留多少母羊羔,夏季要贮存多少草供冬季之用.

为解决这些问题调查了如下的背景材料:

1) 本地环境下这一品种草的日生长率为

季节	冬	春	夏	秋
日生长率/$(\mathrm{g}\cdot\mathrm{m}^{-2})$	0	3	7	4

2) 羊的繁殖率　通常母羊每年产1—3只羊羔,5岁后被卖掉.为保持羊群的规模可以买进母羊,或者保留一定数量的母羊羔.每只母羊的平均繁殖率为

年龄	0—1	1—2	2—3	3—4	4—5
产羊羔数	0	1.8	2.4	2.0	1.8

3) 羊的存活率　不同年龄的母羊的自然存活率(指存活一年)为

年龄	1—2	2—3	3—4
存活率	0.98	0.95	0.80

4）草的需求量　母羊和羊羔在各个季节每天需要的草的数量(单位:kg)为

季节	冬	春	夏	秋
母羊	2. 10	2. 40	1. 15	1. 35
羊羔	0	1. 00	1. 65	0

按照以下假设建模:

(1) 只考虑羊的数量,而不管它们的体重.

(2) 母羊只在春季产羊羔,公、母羊羔各占一半,当年秋季将全部公羊羔和一部分母羊羔卖掉,以保持母羊(每个年龄的)数量不变.

13. 考察优秀影片的评分和排名.设 n 部影片参与优秀影片的评选,有 m 位观众给他(她)看过的影片打分,由低到高打 1~5 分,未看过可不打分.根据打分的统计结果建立模型,给出影片的评分和排名.对于下面的 $n=4, m=10$ 的打分结果(影片 $i=1,2,3,4$,观众 $k=1,2,\cdots,10$),求解模型并给出影片的评分和排名.

i	k									
	1	2	3	4	5	6	7	8	9	10
1	4	3	1	2		2		3		2
2	2	1		4	3	3	4	1	3	
3	2		2	2	2		1	1	2	2
4		2			5		3		5	4

更多案例……

6-1　投入产出模型

6-2　量纲分析的应用与无量纲化

6-3　中国人口增长预测

第 7 章　离散模型

所谓离散模型,一般是相对于连续模型而言的,前几章中的差分方程相对于微分方程、整数规划相对于线性规划,是常见的离散模型.本章的建模案例主要取自经济、社会等领域经常出现的决策、排序、分配等方面的问题.

7.1　汽车选购

选购一辆私家车是许多进入稳定社会生活的人们要费心考虑的事情之一.由于经济情况、生活习惯、兴趣追求等方面的差别,他(她)们选购汽车的标准自然不会相同.可以认为主要会考虑经济适用、性能良好、款式新颖 3 个因素,只是每个人对这 3 个因素的侧重有所不同.初入社会的年轻人可能以经济适用为重,有一定经济实力的中年人更注重性能良好,所谓"富二代"则更钟情于款式新颖.如果某人对 3 个因素在汽车选购这一目标中的重要性已经有了大致的比较,也确定了待选的若干种型号的汽车,那么他(她)必然要深入了解每一种待选的汽车,以便对各种汽车在每个因素中的优劣程度做出基本的判断.最后,他(她)要根据以上信息对待选汽车进行综合评价,从而为选购哪种汽车做出决策.

人们在日常生活中常常会碰到类似的决策问题:假期旅游,是去风光绮丽的苏杭,还是迷人的北戴河海滨,抑或山水甲天下的桂林,这与旅游地的景色、旅途的费用、吃住条件等因素在你心目中的重要程度有关;选择工作岗位,是国企、私企还是科研院所,当然会考虑薪酬、地域、发展前景等方面的因素.

从事各种职业的人在工作中也经常面对决策:厂长要决定购买哪种设备,上马什么产品;科技人员要选择研究课题;经理要从应聘者中选拔秘书;各地区、各部门的官员要对经济、环境、交通、居住等方面的发展做出规划.

现实世界里诸如此类的众多决策问题有一些共同的特点:需要考虑的因素经常涉及经济、社会、人文、环境等领域,对它们的重要性、影响力作比较、评价时缺乏客观的标准;待选对象对于这些因素的优劣程度也往往难以量化.这就给用数学建模解决一大类实际问题带来困难.**多属性决策**(multiple attribute decision making)和**层次分析法**(analytic hierarchy process)是处理这类决策问题的常用方法.本节以汽车选购为例介绍用多属性决策建模的全过程.[27,93]

多属性决策的几个要素

多属性决策指人们为了一个特定的目的,要在若干备选方案(如几种型号的汽车)中确定一个最优的,或者对这些方案按照优劣程度排序,或者需要给出优劣程度的数量结果,而方案的优劣由若干属性(如汽车的价格、性能、款式等因素)给以定量或定性的表述.一般地说,多属性决策包含以下要素:

● **决策目标、备选方案与属性集合**　通常,决策目标和备选方案是由实际问题本身决定的,少有选择的余地.而选取哪些属性对于决策结果则至关重要,需要决策者在相关领域有较多的实际经验.大体上,确定属性集合有以下几条原则:全面考虑影响决策目标的因素,注意选取影响力(或重要性)较强的属性;各个属性之间应尽量独立,至少相关性不要太强;尽量选取能够定量的属性,定性的也要能分出明确的优劣程度;如果某个属性对各备选方案的差别很小,根据该属性就难以辨别方案的优劣,那么这个属性就不必选入(即使它对决策目标的影响力很强);当属性数量太多时应该将它们分层,上层的每一属性包含下层的若干子属性.

- **决策矩阵** 指以方案为行、属性为列,以每一方案对每一属性的取值为元素形成的矩阵,表示了方案对属性的优劣(或偏好)程度.当某一属性可以定量描述时(如汽车价格),矩阵这一列元素的数值比较容易得到,而当某一属性只能定性描述时(如汽车款式),这一列元素的数值就需要寻求合适的方法确定.
- **属性权重** 各属性之间的权重分配对于决策结果至关重要,例如当今媒体上出现的不同机构给出的大学排名榜有不小的差别,在很大程度上是由于对属性(如教师水平、毕业生质量、研究经费等)的选取及其权重分配的不同造成的.同时,由于各属性的不同特性,常常难以客观地、定量地确定其权重.
- **综合方法** 指将决策矩阵与属性权重加以综合,得到最终决策的数学方法.

下面结合汽车选购说明如何确定决策矩阵、属性权重以及利用综合方法得到决策结果.

决策矩阵及其标准化

假定有 3 种型号的汽车(相当于 3 个方案)供选购,记作 A_1, A_2, A_3,3 个属性为价格、性能和款式,依次记作 X_1, X_2, X_3.对于价格 X_1(单位:万元), 3 种汽车分别为 25, 18, 12;对于性能 X_2, 采用打分的办法(满分 10 分),3 种汽车分别为 9, 7, 5;对于款式 X_3, 类似地打分为 7, 7, 5.将这些数值列入表 1,并记作 $d_{ij}(i=1,2,3,\ j=1,2,3)$,表示方案 A_i 对属性 X_j 的取值,或称原始权重.

表 1 汽车采购中的原始权重 $d_{ij}(i=1,2,3,\ j=1,2,3)$

	X_1	X_2	X_3
A_1	25	9	7
A_2	18	7	7
A_3	12	5	5

一般地,如果一个多属性决策问题有 m 个备选方案 $A_1, A_2, \cdots, A_m$, n 个属性 $X_1, X_2, \cdots, X_n$,方案 A_i 对属性 X_j 的取值为 d_{ij}, 以下称**属性值**,$\boldsymbol{D}=(d_{ij})_{m\times n}$ 称**决策矩阵**,表 1 可以用(原始)决策矩阵表示为

$$\boldsymbol{D}=\begin{pmatrix}25 & 9 & 7\\ 18 & 7 & 7\\ 12 & 5 & 5\end{pmatrix}$$

决策矩阵的获取一般有两种途径,一种是直接通过量测或调查得到,如表 1 中价格 X_1,是偏于客观的方法,另一种是由决策者或请专家评定,是偏于主观的方法.

决策矩阵的每一列表示各方案对某一属性的属性值,由于通常各属性的物理意

义(包括量纲)各不相同,在下一步分析之前常需要将决策矩阵标准化(或称规范化).

进行标准化时首先需要区分效益型属性和费用型属性,前者指属性值越大,该属性对决策的重要程度越高,后者正相反.汽车选购中的属性 X_2, X_3是效益型的,而 X_1是费用型的.如果一个多属性决策问题中效益型属性占多数(大多数实际情况如此),在标准化时应先对费用型属性值作变换,通常的方法是取原属性值的倒数,或者用一个大数减去原属性值,将全部属性统一为效益型的①.用取倒数的方法可将汽车选购中的决策矩阵重新表示为

$$\boldsymbol{D}=\begin{pmatrix}1/25 & 9 & 7\\ 1/18 & 7 & 7\\ 1/12 & 5 & 5\end{pmatrix}$$

以下所说的决策矩阵 $\boldsymbol{D}$ 均对统一为效益型属性而言.

所谓决策矩阵标准化是对 $\boldsymbol{D}=(d_{ij})_{m\times n}$ 作比例尺度变换,标准化的决策矩阵 $\boldsymbol{R}=(r_{ij})_{m\times n}$有以下几种形式:

$$r_{ij}=\frac{d_{ij}}{\sum_{i=1}^{m} d_{ij}} \tag{1}$$

$\boldsymbol{R}$ 的列向量的分量之和为1,称归一化;

$$r_{ij}=\frac{d_{ij}}{\max\limits_{i=1,2,\cdots,m} d_{ij}} \tag{2}$$

$\boldsymbol{R}$ 的列向量的分量最大值为1,称最大化;

$$r_{ij}=\frac{d_{ij}}{\sqrt{\sum_{i=1}^{m} d_{ij}^2}} \tag{3}$$

$\boldsymbol{R}$ 的列向量的模为1,称模一化.经过这些变换可得 $0\leqslant r_{ij}\leqslant 1$,当且仅当 $d_{ij}=0$ 时才有 $r_{ij}=0$.$\boldsymbol{R}$ 的各个列向量表示了在同一尺度下各属性的属性值.

汽车选购中的决策矩阵 $\boldsymbol{D}$ 经过(1)(2)(3)式标准化后分别化为

评注　比例尺度变换还假定属性对决策的重要性是随属性值线性变化的.对于明显的非线性,如边际效益递减的情况,应先对属性值拟合适当的函数再作变换.

$$\boldsymbol{R}=\begin{pmatrix}0.2236 & 0.4286 & 0.3684\\ 0.3106 & 0.3333 & 0.3684\\ 0.4658 & 0.2381 & 0.2632\end{pmatrix}$$

$$\boldsymbol{R}=\begin{pmatrix}0.4800 & 1.0000 & 1.0000\\ 0.6667 & 0.7778 & 1.0000\\ 1.0000 & 0.5556 & 0.7143\end{pmatrix}$$

$$\boldsymbol{R}=\begin{pmatrix}0.3709 & 0.7229 & 0.6312\\ 0.5151 & 0.5623 & 0.6312\\ 0.7727 & 0.4016 & 0.4508\end{pmatrix}$$

① 若遇到既非效益型也非费用型的,而是属性取中间某些数值时最好(如环境温度),标准化方法可参阅[93].

属性权重的确定

各个属性对决策目标的影响程度（或重要性）称为**属性权重**，记属性 $X_1, X_2, \cdots, X_n$ 的权重为 $w_1, w_2, \ldots, w_n$，满足 $\sum_{j=1}^{n} w_j = 1$，$\boldsymbol{w} = (w_1, w_2, \cdots, w_n)^{\mathrm{T}}$ 称为**权向量**. 属性权重的确定也有偏于主观和偏于客观两种方法. 偏于主观的方法可以由决策者根据决策目的和经验先验地给出.

信息熵法属于典型的偏于客观的方法. 在信息论中熵是衡量不确定性的指标，一个信息量的（概率）分布越趋向一致，所提供信息的不确定性越大，当信息呈均匀分布时不确定性最大. 在多属性决策中将按照归一化（1）式得到的决策矩阵 $\boldsymbol{R}$ 的各个列向量 $(r_{1j}, r_{2j}, \cdots, r_{mj})^{\mathrm{T}} (j=1,2,\cdots,n)$ 看作信息量的概率分布，按照 Shannon 给出的数量指标——熵的定义，各方案关于属性 X_j 的熵为

$$E_j = -k \sum_{i=1}^{m} r_{ij} \ln r_{ij}, \quad k = 1/\ln m, \quad j=1,2,\cdots,n \tag{4}$$

当各方案对某个 X_j 的属性值全部相同，即 $r_{ij} = 1/m (i=1,2,\cdots,m)$ 时，$E_j = 1$ 达到最大，这样的 X_j 对于辨别方案的优劣不起任何作用；当各方案对 X_j 的属性值 r_{ij} 只有一个 1 其余全为 0 时，$E_j = 0$ 达到最小，这样的 X_j 最能辨别方案的优劣. 一般地，属性值 r_{ij} 相差越大，E_j 越小，X_j 辨别方案优劣的作用越大. 于是定义

$$F_j = 1 - E_j, 0 \leqslant F_j \leqslant 1 \tag{5}$$

为属性 X_j 的**区分度**. 进一步，将归一化的区分度取作属性 X_j 的权重 w_j，即

$$w_j = \frac{F_j}{\sum_{j=1}^{n} F_j}, \quad j=1,2,\cdots,n \tag{6}$$

对于汽车选购，表 2 给出由归一化的决策矩阵 $\boldsymbol{R}$（即表中的 r_{ij}）按照（4）—（6）式计算的熵 E_j、区分度 F_j 和权重 $w_j (j=1,2,3)$.

表 2　汽车采购中决策矩阵的熵、区分度和权重

	X_1	X_2	X_3
	0.223 6	0.428 6	0.368 4
r_{ij}	0.310 6	0.333 3	0.368 4
	0.465 8	0.238 1	0.263 2
E_j	0.959 4	0.974 9	0.989 5
F_j	0.040 6	0.025 1	0.010 5
w_j	0.533 0	0.329 3	0.137 7

将各属性的权重按照大小排序为 w_1, w_2, w_3. 实际上，观察原始决策矩阵 $\boldsymbol{D}$（或表 1）可以看出：3 种汽车对 X_1（价格）的属性值相差很大，对 X_3（款式）的属性值相差甚小，根据这样的数据利用信息熵法计算权重，结果自然是 w_1 较大而 w_3 较小.

信息熵法完全由决策矩阵计算属性权重，如果决策矩阵主要是直接通过量测或调查得到的，那么这种获取权重的方法客观性较强.

与信息熵法的思路相似,可以用 $r_{1j},r_{2j},\cdots,r_{mj}$ 的标准差或极差作为区分度 F_j 计算权重,这适用于 m 较大的情况.

如果将偏于主观和客观两种方法得到的权重分别记作 $\boldsymbol{w}^{(1)}=(w_1^{(1)},w_2^{(1)},\cdots,w_n^{(1)})^{\mathrm{T}}$, $\boldsymbol{w}^{(2)}=(w_1^{(2)},w_2^{(2)},\cdots,w_n^{(2)})^{\mathrm{T}}$, 那么可以用如下简单的方法将二者综合,得到新的权重

$$w_j=\frac{w_j^{(1)}w_j^{(2)}}{\sum_{j=1}^{n}w_j^{(1)}w_j^{(2)}},\quad j=1,2,\cdots,n \tag{7}$$

式中乘积 $w_j^{(1)}w_j^{(2)}$ 可以改为 $w_j^{(1)\alpha}w_j^{(2)\beta}$ 或 $\alpha w_j^{(1)}+\beta w_j^{(2)}$,其中 α,β 可根据决策者对 $w^{(1)}$, $w^{(2)}$ 的偏好程度进行调节.

综合方法

得到决策矩阵及属性权重以后,数学上可以采用多种方法将它们综合,按照决策者的需要确定一个最优方案,或者各方案按照优劣排序的数量结果,即方案对目标的(综合)权重.下面是几种主要的方法.

● **加权和法** 这是人们熟知的、常用的方法.已知标准化决策矩阵 $\boldsymbol{R}=(r_{ij})_{m\times n}$ 及属性权重 $\boldsymbol{w}=(w_1,w_2,\cdots,w_n)^{\mathrm{T}}$(满足 $\sum_{j=1}^{n}w_j=1$),则方案 A_i 对目标的权重 v_i 是 r_{ij} 对 w_j 的加权和,即

$$v_i=\sum_{j=1}^{n}r_{ij}w_j,\quad i=1,2,\cdots,m \tag{8}$$

若记向量 $\boldsymbol{v}=(v_1,v_2,\cdots,v_m)^{\mathrm{T}}$,则(8)可写作矩阵形式

$$\boldsymbol{v}=\boldsymbol{R}\boldsymbol{w} \tag{9}$$

应该指出,当对决策矩阵采用不同的标准化方法时,得到的结果会有差别.对于汽车选购问题,设属性权重为用信息熵法得到的表 2 的最后一行 $\boldsymbol{w}$,用归一化和最大化的决策矩阵 $\boldsymbol{R}$ 代入(9)计算,得到的结果见表 3 的第 2,3 列(第 3 列是将直接计算出的数值又归一化的结果,以便与第 2 列比较).

● **加权积法** 将加权和(算数平均)改为加权积(几何平均),与(8)式相对应的公式为

$$v_i=\prod_{j=1}^{n}d_{ij}^{w_j},\quad i=1,2,\cdots,m \tag{10}$$

评注 加权积法(10)式可以直接用方案原始的属性值 d_{ij} 代替 r_{ij},为什么?

对于汽车选购直接根据决策矩阵 $\boldsymbol{D}$(统一为效益型属性后)及表 2 最后一行 $\boldsymbol{w}$,利用(10)式计算,得到的结果归一化后见表 3 的第 4 列.

● **接近理想解的偏好排序法(简称 TOPSIS 方法)** 将 n 个属性、m 个方案的多属性决策放到 n 维空间中 m 个点的几何系统中处理.用向量模一化(3)式对决策矩阵标准化,以便在空间定义欧氏距离.每个点的坐标由各方案标准化后的加权属性值确定.理论上的最优方案(称**正理想解**)由所有可能的加权最优属性值构成,最劣方案(称**负理想解**)由所有可能的加权最劣属性值构成,在确定最优和最劣属性值时应区分效益型与费用型属性.定义距正理想解尽可能近、距负理想解尽可能远的数量指标——**相对接近度**,备选方案的优劣顺序按照相对接近度的大小确定.下面通过汽车选购说明 TOPSIS 方法的一般步骤.

1. 将决策矩阵模一化后的 r_{ij} 乘属性权重 w_j，得 $v_{ij}=r_{ij}w_j$，构成矩阵

$$V=(v_{ij})=\begin{pmatrix}0.1977 & 0.2381 & 0.0869\\ 0.2746 & 0.1852 & 0.0869\\ 0.4118 & 0.1323 & 0.0621\end{pmatrix}$$

2. 正理想解（记作 $\boldsymbol{v}^+$）和负理想解（记作 $\boldsymbol{v}^-$）分别由 $\boldsymbol{V}$ 每一列向量的最大元素和最小元素构成，有 $\boldsymbol{v}^+=(0.4118,\ 0.2381,\ 0.0869)$，$\boldsymbol{v}^-=(0.1977,\ 0.1323,\ 0.0621)$.

3. 方案 A_i 与正理想解的（欧氏）距离按照 $S_i^+=\sqrt{\sum_{j=1}^{3}(v_{ij}-v_j^+)^2}$ 计算（其中 v_j^+ 为 $\boldsymbol{v}^+$ 的第 j 分量），得 $\boldsymbol{S}^+=(S_1^+,S_2^+,S_3^+)=(0.2142,\ 0.1471,\ 0.1087)$；$A_i$ 与负理想解的距离按照 $S_i^-=\sqrt{\sum_{j=1}^{3}(v_{ij}-v_j^-)^2}$ 计算（其中 v_j^- 为 $\boldsymbol{v}^-$ 的第 j 分量），得 $\boldsymbol{S}^-=(S_1^-,S_2^-,S_3^-)=(0.1087,0.0966,0.2142)$.

4. 定义方案 A_i 与正理想解的相对接近度为 $C_i^+=\dfrac{S_i^-}{S_i^++S_i^-}$，$0<C_i^+<1$，计算得 $\boldsymbol{C}^+=(C_1^+,C_2^+,C_3^+)=(0.3366,\ 0.3963,\ 0.6634)$，归一化后的结果见表 3 的第 5 列.

表 3 汽车采购问题用 3 种综合方法的计算结果（备选方案对决策目标的权重）

方案	方法			
	加权和（R 归一化）	加权和（R 最大化）	加权积	TOPSIS
A_1	0.311 0	0.316 2	0.306 7	0.241 1
A_2	0.326 0	0.327 7	0.336 4	0.283 8
A_3	0.362 9	0.356 2	0.356 8	0.475 1

评注 简单、直观的加权和法往往是人们的首选，但是应注意这个方法的前提是，属性之间相互独立，并且具有互补性，即一个方案在某一属性上的欠缺可以被在另一属性上的优势补偿. 由于实际应用时这个前提常常难以保证和检验，所以采用加权和法需要小心点.

由表 3 可以看出，加权和法与加权积法得到的结果差别很小，TOPSIS 方法的结果差别稍大，但用这些方法得到的 3 个方案的优劣顺序均为 A_3，A_2，A_1.对综合方法更多的比较结果可参看[73].

多属性决策应用的步骤

1）确定决策目标、备选方案与属性集合；

2）通过量测、调查、专家评定等手段确定决策矩阵和属性权重，推荐用信息熵法由决策矩阵得出属性权重；

3）采用归一化、最大化或模一化对决策矩阵标准化；

4）选用加权和、加权积、TOPSIS 等综合方法计算方案对目标的权重.

多属性决策应用中的几个问题

● **比例尺度变换的归一化和最大化**

比例尺度变换通过归一化或最大化将原始决策矩阵标准化，用两种方法计算的结果一般不会相同（如表 3）.但是大多数实际问题中，特别是在方案数量不多时，方案的优劣排序会大致一样.在实际应用中应该采用哪种方法呢？

以汽车选购为例，如果选购者的目标是综合指标最优、最理想，在确定各种型号汽车的每项属性值时，不受其他型号汽车的某些属性值变化的影响，那么他应该采用最大

化方法;如果选购者的目标是综合指标在他的同事们选购的汽车中最突出,承认并接受不同型号汽车某些属性值变化对选择结果的影响,那么他就应该采用归一化方法.最大化和归一化方法又分别称为**理想模式**和**分配模式**[63].

评注 当决策者关心每个方案相对于某些基准指标的性能时,可使用理想模式;而当决策者关心每个方案相对其他方案的优势时,可使用分配模式.实际应用中若从众多候选方案中只选一个最优,多用理想模式;而需要对候选方案的优劣给出定量比较,或对资源按照候选方案的优劣进行分配,多用分配模式.

● **区间尺度变换**

所谓区间尺度变换是指对原始权重 d_{ij}作如下形式的标准化:

$$r_{ij}=\frac{d_{ij}-\min\limits_{i=1,2,\cdots m}d_{ij}}{\max\limits_{i=1,2,\cdots m}d_{ij}-\min\limits_{i=1,2,\cdots m}d_{ij}} \tag{11}$$

与比例尺度变换的最大化(2)式相似,d_{ij}的最大值都变为 $r_{ij}=1$, 它也可以用于多属性决策.需要注意的是,区间尺度变换后的最小值一定是 $r_{ij}=0$,正是这个0可能造成不良后果.

虚拟一个既简单又极端的例子,说明当按照方案的优劣处理资源分配问题时,用归一化的比例尺度变换特别合适,用最大化变换会出现较大的谬误,而若采用区间尺度变换将得到极不合理的结果[74].

奖金分配 将绩效奖金1万元按照教学和科研并重的原则分配给A,B两位教师,两个准则的权重 w_j及两位教师的教学和科研原始得分 d_{ij}如表4.

表4 奖金分配中的权重 w_j及原始得分 $d_{ij}(i, j=1,2)$

	教学 $X_1(w_1=0.5)$	科研 $X_2(w_2=0.5)$
A	51	1
B	49	99

按照常识可以非常简单地大致分配1万元奖金:教学与科研各分5 000元,教学5 000元由A,B平分,科研5 000元全给B,于是A得0.25万元,B得0.75万元.

用比例尺度变换的归一化、最大化及区间尺度变换3种方法计算的结果如表5.

评注 区间尺度变换与比例尺度变换的最大化时常被混用,一般情况下可能没有问题,但是需要注意能否接受最小值变为0造成的后果.

表5 奖金分配用3种方法计算的结果

	归一化			最大化				区间尺度		
	X_1 $(w_1=0.5)$	X_2 $(w_2=0.5)$	综合权重	X_1 $(w_1=0.5)$	X_2 $(w_2=0.5)$	综合权重	综合权重归一化	X_1 $(w_1=0.5)$	X_2 $(w_2=0.5)$	综合权重
A	0.51	0.01	0.26	1	0.01	0.51	0.33	1	0	0.5
B	0.49	0.99	0.74	0.96	1	0.98	0.67	0	1	0.5

可以看出,归一化的结果与常识相符,只是更精确些;最大化的结果(再归一化)与常识相差较大,这是由于对应 X_1的A,B权重之和远大于对应 X_2的A,B权重之和,相当于放大了教学的权重,缩小了科研的权重;区间尺度的结果则完全不能接受,这显然是由于把A,B非常接近的教学原始分51和49分别变成1和0的缘故.

● **方案的排序保持与排序逆转**

在多属性决策中有时遇到新方案加入或旧方案退出的情况.假定各属性对目标的权重和原有方案对属性的权重都不变,那么方案的加入或退出会影响原有方案的优劣排序吗？直观上似乎不会，但是事实上用理想模式（最大化）在某些条件下原有方案的排序一定保持，而用分配模式（归一化）却可能发生逆转[60,63].本章训练题14给出了一个例子.

评注 在多属性决策的大多数实际应用中，采用不同的标准化和综合方法对最终决策的影响，通常远小于不同的属性集合及属性权重对最终决策的影响，所以不需要过度注意前者，而应对后者多花些精力.

用两种模式计算会出现如此不同的后果并不难理解：在分配模式下各方案对每一属性权重 r_{ij} 之和恒为1，新方案的加入会导致原来 r_{ij} 的减少，即“稀释”了原有“资源”，“资源”的重新分配自然可能导致原方案排序逆转；在理想模式下各方案对每一属性权重 r_{ij} 的最大值为1，新方案的加入只要不改变原来的最大值，就不会“稀释”原有“资源”，原方案排序将保持不变.

复习题

1. 在表1汽车采购的原始权重中，对价格 X_1 采用一个大数减去原属性值的方法（如果买车的心理价位是30万元，用它减去 X_1 相当于节省的钱），化为效益型.按照本节的方法，得出标准化决策矩阵、属性权重及表3那样的最终结果.

2. 选择战斗机.待测评或购买的战斗机有4种备选型号 A_1, A_2, A_3, A_4，已确定的属性为：最高速度 X_1（马赫）、航程 X_2（10^3 n mile）、最大载荷 X_3（10^3 lb）、价格 X_4（10^6 美元）、可靠性 X_5、机动性 X_6. 4种战斗机对6个属性的定量取值或定性表述如下表[27].

备选方案	属性					
	X_1	X_2	X_3	X_4	X_5	X_6
A_1	2.0	1.5	20	5.5	中	很高
A_2	2.5	2.7	18	6.5	低	中
A_3	1.8	2.0	21	4.5	高	高
A_4	2.2	1.8	20	5.0	中	中

根据以下要求确定最终决策（优劣排序和数值结果）：

（1）对属性 X_5, X_6 的定性表述给以定量化，对“很高”“高”“中”“低”“很低”分别给以分值9,7,5,3,1，或者分别给以分值5,4,3,2,1.

（2）属性权重主观地给定为0.2,0.1,0.1,0.1,0.2,0.3，或者对决策矩阵用信息熵方法得到.

（3）对决策矩阵归一化、最大化、模一化.

（4）用加权和法、加权积法、TOPSIS方法计算方案对目标的权重.

7.2 职员晋升

职场中公平、公正地实施职员晋升，是管理者的一件非常重要而又困难的工作.一种简单易行、具有一定合理性的办法是，由评委会先订立全面评价一位职员的几条准则，如工作年限、教育程度、工作能力、道德品质等，并且确定各条准则在职员晋升这个总目标中所占的权重，然后按照每一条准则对每位申报晋升的职员进行比较和评判，最后将准则的权重与比较、评判的结果加以综合，得到各位申报者的最终排序，作为管理者对职员晋升的决策.

可以看出,职员晋升与 7.1 节的汽车选购是具有相同特点的决策问题,用多属性决策完全可以类似地给以解决.本节要以职员晋升为例,介绍处理这类问题的另一种常用的方法——**层次分析法**(analytic hierarchy process,简记 AHP)建模的全过程.

层次分析法是 Saaty T. L.于 20 世纪 70 年代(稍晚于多属性决策)提出的一种系统化、层次化、定性和定量相结合的思路和手段[42,59,62],在实际应用的领域、处理问题的类型以及具体的计算方法等方面,与多属性决策有诸多类似和相通之处.一般地说,层次分析法包含以下几个要素.

层次结构图

许多决策问题都可以自上而下地分为目标、准则、方案 3 个层次,并且直观地用一个层次结构图表示,如图 1 是职员晋升的结构图,最上层是目标层(职员晋升),通常只有一个元素,最下层是方案层(3 位职员),中间的准则层既影响目标,又支配方案,图中用直线表示上下层元素之间的联系. 与多属性决策相同,层次分析法首先也要确定各个准则(即属性)对目标的权重以及各个方案对每一准则的权重,然后再将二者综合,得到方案对目标的权重.Saaty 的贡献之一,在于提出利用成对比较矩阵和特征向量确定下层诸元素对上层元素的权重,并进行一致性检验.

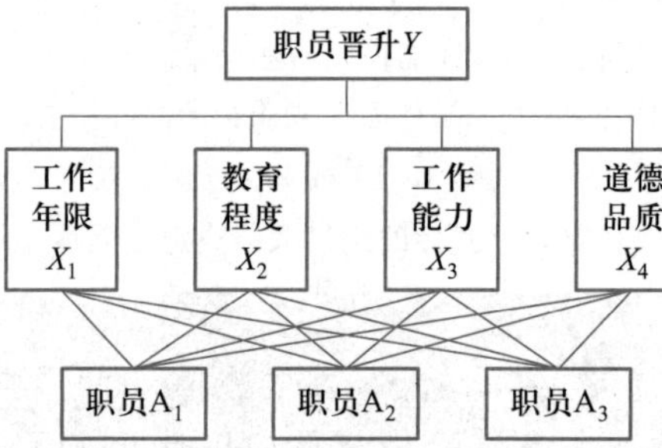

图 1 职员晋升的层次结构图

成对比较矩阵和特征向量 当确定某一层的 n 个元素 $X_1, X_2, \cdots, X_n$ 对上层的一个元素 Y 的权重(如准则对目标的权重)时,为了减少在这些性质不同的元素之间相互比较的困难,Saaty 建议不把它们放在一起比较,而是两两相互对比,并且对比时采用相对尺度.将 X_i 和 X_j 对 Y 的重要性之比用 a_{ij} 表示,n 个元素 $X_1, X_2, \cdots, X_n$ 两两成对地对 Y 重要性之比的结果用**成对比较矩阵**

$$A=(a_{ij})_{n\times n},\quad a_{ij}>0,\quad a_{ji}=1/a_{ij} \tag{1}$$

表示,数学上 $\boldsymbol{A}$ 又称**正互反阵**.显然 $\boldsymbol{A}$ 的对角线元素 $a_{ii}=1(i=1,2,\cdots,n)$.

例如当确定 4 个准则(工作年限 X_1、教育程度 X_2、工作能力 X_3、道德品质 X_4)对目标(职员晋升 Y)的权重时,需将 X_1, X_2, X_3, X_4 两两进行对比.假定决策者认为对于职员晋升的重要性来说,工作年限 X_1 与教育程度 X_2 之比是 1 : 2,即 $a_{12}=1/2$,X_1 与工作能力 X_3 之比是 1 : 3,即 $a_{13}=1/3$, X_1 与道德品质 X_4 之比是 1 : 2,即 $a_{14}=1/2$;教育程度 X_2 与 X_3 之比是 1 : 2,即 $a_{23}=1/2$, X_2 与 X_4 之比是 1 : 1,即 $a_{24}=1$;X_3 与 X_4 之比是 2 : 1,即 $a_{34}=2$.这些 $a_{ij}(1<i<j<4)$ 是矩阵 $\boldsymbol{A}$ 的上三角元素,按照(1)式即可写出成对比较阵为

$$\boldsymbol{A}=\begin{pmatrix}1 & 1/2 & 1/3 & 1/2\\ 2 & 1 & 1/2 & 1\\ 3 & 2 & 1 & 2\\ 2 & 1 & 1/2 & 1\end{pmatrix}$$

你可能已经发现,既然 $a_{12}=1/2, a_{23}=1/2$,那么 X_1 与 X_3 比较时应该是 1 : 4,即 $a_{13}=1/4$ 而非 1/3,这样才能做到成对比较的一致性.但是,n 个元素需做 $n(n-1)/2$ 次

成对比较,要求全部一致是不现实、也不必要的.层次分析法容许成对比较存在不一致,并且给出了不一致情况下计算各元素权重的方法,同时确定了这种不一致的容许范围.

为了说明 Saaty 提出的办法,考察成对比较完全一致的情况.假定 n 个元素 X_1, X_2, …, X_n对 Y 的重要性之比已经精确地测定为 $w_1 : w_2 : \cdots : w_n$,在成对比较时只需取 $a_{ij}=w_i/w_j$,就一定完全一致,这样的矩阵 $\boldsymbol{A}=(a_{ij})_{n\times n}$简称**一致阵**.实际上,只要成对比较的全部取值满足

$$a_{ij}\cdot a_{jk}=a_{ik},\quad i,j,k=1,2,\cdots,n \tag{2}$$

成对比较阵 $\boldsymbol{A}=(a_{ij})_{n\times n}$就是一致阵.容易看出,一致阵的各列均相差一个比例因子,由此可得**一致阵 A 的以下代数性质**:

A 的秩为 1,唯一非零特征根为 n,任一列向量都是对应于特征根 n 的特征向量.

如果成对比较阵 $\boldsymbol{A}$ 是一致阵,显然特征向量可以取 $\boldsymbol{w}=(w_1,w_2,\cdots,w_n)^{\mathrm{T}}$.不妨设 $w_1,w_2,\cdots,w_n$已经归一化,即满足 $\sum\limits_{j=1}^{n} w_j=1$,那么 $\boldsymbol{w}$ 的各个分量正是 n 个元素的权重.如果成对比较阵 $\boldsymbol{A}$ 不一致,但在不一致的容许范围内(稍后说明),Saaty 等人建议①用对应于 $\boldsymbol{A}$ 的最大特征根(记作 λ)的特征向量(归一化后)为权向量 $\boldsymbol{w}$,即 $\boldsymbol{w}$ 满足

$$\boldsymbol{A}\boldsymbol{w}=\lambda\boldsymbol{w} \tag{3}$$

对于职业晋升中 4 个准则的成对比较阵 $\boldsymbol{A}$,用 MATLAB 软件算出的最大特征根$\lambda=4.010\,4$,对应特征向量(归一化后)$\boldsymbol{w}=(0.122\,3,0.227\,0,0.423\,6,\ 0.227\,0)^{\mathrm{T}}$.

注意到成对比较阵是通过定性比较得到的相当粗糙的结果,精确地计算特征向量常常是不必要的,在实际应用时可以用成对比较阵各列向量的平均值近似代替特征向量(复习题 1).

一致性指标和一致性检验 实际应用中成对比较阵 $\boldsymbol{A}$ 通常不是一致阵,为了能用对应于 $\boldsymbol{A}$ 最大特征根 λ 的特征向量作为权向量 $\boldsymbol{w}$,需要对它不一致的范围加以界定.

数学上已经证明,对于 n 阶成对比较阵(正互反阵)$\boldsymbol{A}$, 其最大特征根 $\lambda\geqslant n$,且 $\boldsymbol{A}$ 是一致阵的充分必要条件为 $\lambda=n$.

根据这个结果可知,λ 比 n 大得越多,$\boldsymbol{A}$ 与一致阵相差得越远,用特征向量作为权向量引起的判断误差越大,因而可以用 $\lambda-n$ 数值的大小来衡量 $\boldsymbol{A}$ 的不一致程度.Saaty 将

$$CI=\frac{\lambda-n}{n-1} \tag{4}$$

定义为**一致性指标**②.显然 $CI=0$ 时 $\boldsymbol{A}$ 是一致阵,CI 越大,$\boldsymbol{A}$ 越不一致.于是可以制定一个衡量 CI 数值的标准,来界定 A 不一致的容许范围.

为此 Saaty 又引入**随机一致性指标** RI,其产生过程是,对于每个 $n(n=3,4,\cdots)$随机模拟大量的正互反阵 $\boldsymbol{A}$(其元素 a_{ij}从 1,2,…,9 及 1,1/2,…,1/9 中等可能地随机取值,原因稍后说明),计算这些 $\boldsymbol{A}$ 的一致性指标 CI 的平均值作为 RI.Saaty 用大量样本得到的 RI 如表 1.

拓展阅读 7-1
层次分析法的若干问题

① 其原因可参看拓展阅读 7-1.

② 由于 $\boldsymbol{A}$ 的 n 个特征根之和等于 n,CI 的分母 $n-1$ 可以抵消随着 n 的增加分子的变大.

表 1 Saaty 给出的随机一致性指标 RI 的数值①

n	3	4	5	6	7	8	9	10
RI	0.58	0.90	1.12	1.24	1.32	1.41	1.45	1.49

实际应用中计算出 n 阶成对比较阵 $\boldsymbol{A}$ 的一致性指标 CI 以后，与同阶的随机一致性指标 RI 比较，当比值 CR（称为一致性比率）满足

$$CR=\frac{CI}{RI}<0.1 \tag{5}$$

时认为 $\boldsymbol{A}$ 的不一致程度在容许范围之内.(5)式中的 0.1 是可以调整的，对于重要决策问题应该适当减小.

对于成对比较阵 $\boldsymbol{A}$ 利用(4),(5)式及表 1 进行的检验称为一致性检验，若检验通过，可以用 $\boldsymbol{A}$ 的特征向量作为权向量，若检验不通过，需要对 $\boldsymbol{A}$ 作修正，或者重新做成对比较.

对于职业晋升中 4 个准则的成对比较阵 $\boldsymbol{A}$，由 $\lambda=4.0104$ 和(4)式算出 $CI=0.0035$，由表 1 知 $RI=0.90$，由(5)式 $CR=0.0035/0.90<0.1$，一致性检验通过，于是，归一化的特征向量 $\boldsymbol{w}=(0.1223, 0.2270, 0.4236, 0.2270)^{\mathrm{T}}$ 可以作为权向量.

综合权重 对于职业晋升问题用成对比较得到第 2 层 4 个准则对第 1 层目标的权重（记作 $\boldsymbol{w}^{(2)}$）之后（参看图 1），用同样的方法确定第 3 层 3 个方案（职员 A_1, A_2, A_3）对第 2 层每一准则的权重.设决策者给出的第 3 层对 X_1, X_2, X_3, X_4 的成对比较阵依次为

$$\boldsymbol{B}_1=\begin{pmatrix}1 & 1/2 & 1/4\\ 2 & 1 & 1/3\\ 4 & 3 & 1\end{pmatrix},\quad \boldsymbol{B}_2=\begin{pmatrix}1 & 2 & 3\\ 1/2 & 1 & 2\\ 1/3 & 1/2 & 1\end{pmatrix}$$

$$\boldsymbol{B}_3=\begin{pmatrix}1 & 1 & 2\\ 1 & 1 & 2\\ 1/2 & 1/2 & 1\end{pmatrix},\quad \boldsymbol{B}_4=\begin{pmatrix}1 & 3 & 4\\ 1/3 & 1 & 2\\ 1/4 & 1/2 & 1\end{pmatrix}$$

由 $\boldsymbol{B}_j(j=1,2,3,4)$ 计算其最大特征根 λ_j，一致性指标 CI_j 及（归一化）特征向量 $\boldsymbol{w}_j^{(3)}$，结果如表 2.为了下面计算的方便，将已经得到的 $\boldsymbol{w}^{(2)}$ 放到表 2 的最后一列.

因为表 1 的 $RI=0.58$，由表 2 的 CI_j 可知 $CR_j=CI_j/RI<0.1$，4 个成对比较阵均通过一致性检验，4 个（归一化）特征向量 $\boldsymbol{w}_j^{(3)}$ 可作为第 3 层（职员 A_1, A_2, A_3）对第 2 层每一准则的权重.

表 2 职业晋升问题第 3 层对第 2 层的计算结果

	j				
	1	2	3	4	$\boldsymbol{w}^{(2)}$
$\boldsymbol{w}_j^{(3)}$	0.1365	0.5396	0.4000	0.6250	0.1223
	0.2385	0.2970	0.4000	0.2385	0.2270
	0.6250	0.1634	0.2000	0.1365	0.4236
					0.2270
λ_j	3.0183	3.0092	3.0000	3.0183	
CI_j	0.0092	0.0046	0	0.0092	

① 由于随机性，不同的人用不同样本得到的 RI 的数值会与表 1 稍有出入.$n=2$ 时 $\boldsymbol{A}$ 总是一致阵，$RI=0$.

注意到表 2 中第 2 行的前 4 个数值分别是职员 A_1对 4 项准则的权重,将它们与表 2 最后一列 4 个准则对目标的权重 $\boldsymbol{w}^{(2)}$ 对应地相乘再求和,就得到职员 A_1对目标的权重.职员 A_2, A_3对目标的权重可以类似地得到.

容易看出,上述运算相当于用 $\boldsymbol{w}_j^{(3)}$ 构成的矩阵 $\boldsymbol{W}^{(3)}=[\boldsymbol{w}_1^{(3)},\boldsymbol{w}_2^{(3)},\boldsymbol{w}_3^{(3)},\boldsymbol{w}_4^{(3)}]$ 与权重向量 $\boldsymbol{w}^{(2)}$ 相乘,从而得到第 3 层对第 1 层的综合权重 $\boldsymbol{w}^{(3)}$,表示为

$$\boldsymbol{w}^{(3)}=\boldsymbol{W}^{(3)}\boldsymbol{w}^{(2)} \tag{6}$$

根据表 2 的数据,按照(6)式计算可得 $\boldsymbol{w}^{(3)}=(0.450\ 5,\ 0.320\ 2,\ 0.229\ 2)^{\mathrm{T}}$,表示如果管理者在职业晋升中所做的成对比较由 $\boldsymbol{A}$ 和 $\boldsymbol{B}_1,\boldsymbol{B}_2,\boldsymbol{B}_3,\boldsymbol{B}_4$给出,那么用层次分析法得到的 3 位职员的优劣顺序为 A_1, A_2, A_3.

在应用层次分析法作重大决策时,除了对每个成对比较阵进行一致性检验外,还常要作所谓综合一致性检验,详见文献[63].

评注 与多属性决策的加权和法对比,$\boldsymbol{W}^{(3)}$ 相当于归一化的决策矩阵 $\boldsymbol{R}$,$\boldsymbol{w}^{(2)}$ 相当于归一化的属性权重 $\boldsymbol{w}$,$\boldsymbol{w}^{(3)}$ 即方案对目标的权向量 $\boldsymbol{v}$,于是(6)式可看作分层加权和法,与 7.1 节(9)式完全一样.

1-9 比较尺度 当成对比较 X_i, X_j对 Y 的重要性时,比较尺度 a_{ij}采用什么数值表示合适呢? Saaty 等人建议用 1-9 尺度,即 a_{ij}的取值范围规定为 1,2,…,9 及其互反数 1,1/2,…,1/9,其大致理由如下:

- 进行定性的成对比较时人们脑海中通常有 5 个明显的等级,可以用 1-9 尺度方便地表示如表 3.

表 3 比较尺度 a_{ij}的含义

X_i与 X_j的比较尺度 a_{ij}	含义
1	X_i与 X_j的重要性相同
3	X_i比 X_j稍微重要
5	X_i比 X_j重要
7	X_i比 X_j明显重要
9	X_i比 X_j绝对重要
2,4,6,8	X_i与 X_j重要性在以上两个相邻等级之间
1, 1/2 ,…, 1/9	X_i与 X_j的重要性比较和以上结果相反

- 心理学家认为,成对比较的元素太多,会超出人们的判断能力,如以 9 个为限,用 1-9 尺度表示它们之间的差别正合适.
- Saaty 曾用 1-3,1-5,…, 1-17,1^p-9^p($p=2,3,4,5$)等 27 种尺度,对一些已经知道元素权重的实例(如不同距离处的光源)构造成对比较阵,再由此计算权重,与已知的权重对比发现,1-9 尺度不仅在较简单的尺度中最好,而且不劣于较复杂的尺度.

评注 7.1 节提到的区间尺度变换不符合 Saaty 提出的用比例尺度构造正互反阵、得到(正)特征向量的要求,因而不被层次分析法采用,它只是多属性决策可以使用的方法之一.

目前在层次分析法的应用中,大多数人采用 1-9 尺度.

职员晋升问题的再讨论

上面是对每位申报晋升的职员直接按照每一条准则进行比较和评判, 由于这些准则过于笼统、不够具体,比较和评判起来有一定困难,特别是当申报者较多时进行成对比较的一致性难以保证.实际上,可以将每条准则细分为若干等级,如工作年限和教育程度可分别用入职时间和学历分级,工作能力和道德品质大概只好按照优、良、中划分.

若评委会确定了每条准则中各个等级的分值,那么每一位申报晋升的职员只需根据在每条准则中所处的等级“对号入座”,再根据 4 条准则在职员晋升中的权重,就可以计算出他(她)的总分,根据总分确定能否晋升.

对 4 个准则不妨作如下分级:工作年限 X_1 分为很长(10 年以上)、长(5 至 10 年)、中(2 至 5 年)、短(2 年以下)4 个等级,依次记为 X_{11}, X_{12}, X_{13}, X_{14};教育程度 X_2分为本科以上、本科、专科、中学 4 个等级 X_{21}, X_{22}, X_{23}, X_{24};工作能力 X_3分为优、良、中、差 4 个等级 X_{31}, X_{32}, X_{33}, X_{34};道德品质 X_4只有优、良、中 3 个等级(品质差的根本不考虑晋升)X_{41}, X_{42}, X_{43}. 申报晋升的职员有 A_1, A_2,…, A_k, … .职员晋升细分等级的层次结构如图 2.

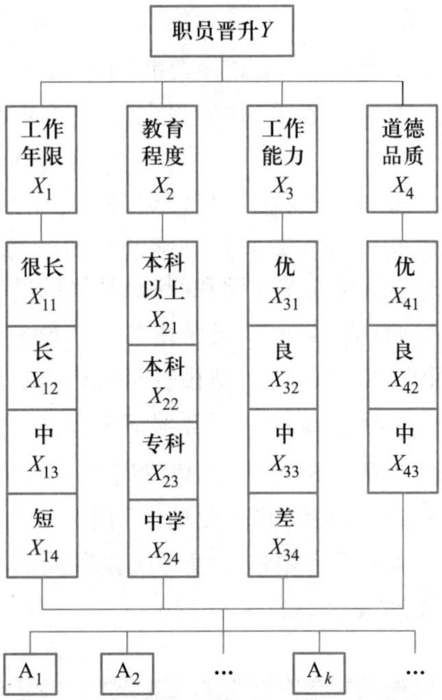

图 2 职员晋升细分等级的层次结构图

假定 4 个准则对职员晋升目标的权重仍为前面用成对比较得到的 $\boldsymbol{w}^{(2)}=(w_1, w_2, w_3, w_4)=(0.122\ 3, 0.227\ 0, 0.423\ 6, 0.227\ 0)^{\mathrm{T}}$,在每一准则中将最高等级定为 100 分,由评委会决定其他等级的分数 $w_{ij}(i=1,2,3, j=1,2,3,4; i=4, j=1,2,3)$,其数值如表 4.

评注 最高等级为 100 分的打分方法相当于多属性决策中属性值向量的最大化处理(用 100 分代替 1).用这种方法可以在评定之前确定一个标准分,如 80 分,标准分以上的才可以晋升,这就避免了待评人员直接的相互比较以及一些其他人为因素的干扰.

表 4 职员晋升问题准则的权重 w_i及其等级的分数 w_{ij}

	$w_1=0.122\ 3$				$w_2=0.227\ 0$				$w_3=0.423\ 6$				$w_4=0.227\ 0$			总分
	$w_{11}=100$	$w_{12}=80$	$w_{13}=60$	$w_{14}=30$	$w_{21}=100$	$w_{22}=90$	$w_{23}=60$	$w_{24}=30$	$w_{31}=100$	$w_{32}=80$	$w_{33}=40$	$w_{34}=10$	$w_{41}=100$	$w_{42}=80$	$w_{43}=40$	
⋮																
A_k			√			√			√					√		88
⋮																

每个申报的职员只需根据在每个准则中所处等级的位置“对号入座”(画√),就可算出他(她)的总分.如一位工作 4 年、工作能力优秀、道德品质良好的本科毕业生 A_k,总分为 $60\times0.122\ 3+90\times0.227\ 0+100\times0.423\ 6+80\times0.227\ 0=88.29$.用符号表示:设 A_k 在 4 项准则中所处的等级为$\{j_1, j_2, j_3, j_4\}$,则其总分是 $\sum_{i=1}^{4} w_i w_{ij_i}$.工作 10 年以上、工作能力和道德品质均优、获得硕士学位的毕业生可得最高总分 100.

评注 层次分析法的优点可以用“系统性、实用性、简洁性”来表述;其局限性则可用“囿旧、粗糙、主观”来概括.

层次分析法应用的步骤

多属性决策应用的步骤可以归纳如下:

1) 建立由目标层、准则层、方案层等构成的层次结构;

2) 构造下层各元素对上层每一元素的成对比较阵;

3) 计算各个成对比较阵的特征根和特征向量,作一致性检验,通过后将特征向量取作权向量；

4）用分层加权和法计算最下层各元素对最上层元素的权重.

层次分析法与多属性决策的比较 两种方法都能用于解决决策问题，从本节和上节的介绍可以看到，二者在步骤、方法上有很多相同之处，也有一些差别.

不论是层次分析法还是多属性决策，重点都是要确定准则（属性）对目标的权重和方案对准则（属性）的权重，其手段可分为**相对量测**和**绝对量测**.像层次分析法中进行的成对比较属于前者，而如果能用定量的尺度来描述方案或准则的特征，则属于后者.

对于尚没有太多知识的新问题和模糊、抽象的准则，主要依赖于相对量测，而对于已有充分了解的老问题和明确、具体的准则，应该尽可能地采用绝对量测.如购物选择、旅游地选择中的价格，人员聘用和录取中的工作年限、奖学金评定中的学习成绩、宜居城市评选中的空气质量、大学排行榜制定中的论文数量等，都是可以使用绝对量测的准则.

评注 由于多属性决策和层次分析法发展进程不同，公理化体系不同，致使对这两种方法所得结果的争论长期存在[63]，不过这对应用来说影响不大，只需注意采用不同方法的条件及可能出现的后果就行了.

一般来说，相对量测偏于主观、定性，绝对量测偏于客观、定量，应尽量采用绝对量测.

绝对量测的另一个好处是，当新方案加入或老方案退出时，原有方案的结果不会改变.而若用相对量测就要重新作若干比较，原有方案的结果也可能改变.

在应用中可以将多属性决策和层次分析中的方法结合起来，如用成对比较阵来确定属性权重，用绝对量测确定决策矩阵.

复习题

1. 层次分析法在实际应用时，可以用成对比较阵 $\boldsymbol{A}$ 的列向量的平均值近似代替特征向量，称为和法，其步骤是：先将 $\boldsymbol{A}$ 的每一列向量归一化，按行求和后再归一化，得到的 $\boldsymbol{w}=(w_1,w_2,\cdots,w_n)^{\mathrm{T}}$ 即为近似特征向量，并将 $\dfrac{1}{n}\sum\limits_{i=1}^{n}\dfrac{(\boldsymbol{A}\boldsymbol{w})_i}{w_i}$ 作为近似最大特征根.

设 $\boldsymbol{A}=\begin{pmatrix}1 & 2 & 6\\ 1/2 & 1 & 4\\ 1/6 & 1/4 & 1\end{pmatrix}$，用和法计算近似特征向量和近似最大特征根，并与精确值比较.

2. 以选择旅游地为目标的层次结构图如右图，景色、费用等 5 个准则构成准则层，P_1,P_2,P_3 3 个旅游地构成方案层.已知准则对目标的成对比较矩阵

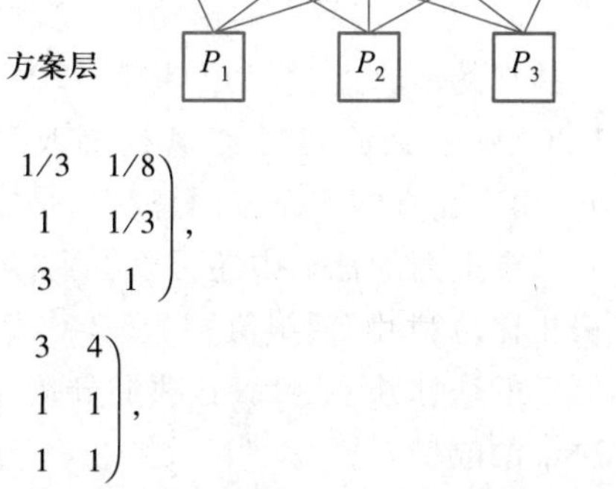

$$\boldsymbol{A}=\begin{pmatrix}1 & 1/2 & 4 & 3 & 3\\ 2 & 1 & 7 & 5 & 5\\ 1/4 & 1/7 & 1 & 1/2 & 1/3\\ 1/3 & 1/5 & 2 & 1 & 1\\ 1/3 & 1/5 & 3 & 1 & 1\end{pmatrix}$$

及方案对 5 个准则的成对比较矩阵

$$\boldsymbol{B}_1=\begin{pmatrix}1 & 2 & 5\\ 1/2 & 1 & 2\\ 1/5 & 1/2 & 1\end{pmatrix},\quad \boldsymbol{B}_2=\begin{pmatrix}1 & 1/3 & 1/8\\ 3 & 1 & 1/3\\ 8 & 3 & 1\end{pmatrix},$$

$$\boldsymbol{B}_3=\begin{pmatrix}1 & 1 & 3\\ 1 & 1 & 3\\ 1/3 & 1/3 & 1\end{pmatrix}\quad \boldsymbol{B}_4=\begin{pmatrix}1 & 3 & 4\\ 1/3 & 1 & 1\\ 1/4 & 1 & 1\end{pmatrix},$$

$$B_5=\begin{pmatrix}1 & 1 & 1/4\\ 1 & 1 & 1/4\\ 4 & 4 & 1\end{pmatrix}$$

(1) 计算各个成对比较矩阵的特征向量,作一致性检验,确定权向量.

(2) 计算方案对目标的综合权重,确定用层次分析法选择的旅游地.

3. 证明层次分析模型中定义的 n 阶一致矩阵 $\boldsymbol{A}$ 有下列性质:

(1) $\boldsymbol{A}$ 的秩为 1,唯一非零特征根为 n.

(2) $\boldsymbol{A}$ 的任一列向量都是对应于 n 的特征向量.

7.3 厂房新建还是改建

在经济活动中,管理者经常要对若干备选方案做出决策,有时决策的后果是确定的,像 7.1 节的汽车选购问题,有时决策的后果是随机的,比如公司面临扩大规模的几个备选方案,其后果取决于未来市场产品的销路,而目前只能估计出未来产品销路处于良好状态还是较差状态的概率.在这种情况下怎样做出决策呢?下面看一个具体的案例.

一家公司为提高某种产品的质量以拓展市场,拟制定一个 10 年计划.现有新建厂房与改建厂房两种备选方案.如果投资 400 万元新建厂房,若未来产品销路好,则年收益可达 100 万元;而若销路差,则年亏损 20 万元.如果投资 100 万元改建厂房,那么未来销路好和销路差的年收益分别为 40 万元和 10 万元.又据估计,未来产品销路好与产品销路差的可能性是 7 : 3.从利润最大化的角度,公司应该新建还是改建厂房?

问题的分析与求解 这是一个非常简单的问题,只需计算、比较两种备选方案 10 年的总利润,就可得到应该新建还是改建厂房的决策.

如果把"未来产品销路好与产品销路差的可能性是 7 : 3"简单地解释为,未来 10 年中有 7 年销路好和 3 年销路差,那么新建厂房 10 年的总利润是 $100\times7-20\times3-400=240$(万元),改建厂房 10 年的总利润是 $40\times7+10\times3-100=210$(万元),决策应该是新建厂房.

如果把"未来产品销路好与产品销路差的可能性是 7 : 3"解释为,未来 10 年产品销路好与销路差的概率分别是 0.7 与 0.3,那么新建厂房 10 年总利润的期望值(即平均值)是 $100\times10\times0.7-20\times10\times0.3-400=240$(万元),改建厂房是 $40\times10\times0.7+10\times10\times0.3-100=210$(万元),以总利润的期望值最大为目标的决策也是新建厂房.这种决策的依据称为**期望值(平均值)准则**.

值得注意的是,期望值可看作随机事件多次重复出现条件下的平均值,将期望值准则用于这里的一次性决策会有较大的风险.让我们计算一下,若选择新建厂房决策,如果未来 10 年产品真的销路好,总利润将是 $100\times10-400=600$(万元),而如果未来 10 年产品真的销路差,总利润将是 $-20\times10-400=-600$(万元),即亏损 600 万元,正负相差 1 200万元,风险相当大.若选择改建厂房决策,则产品真的销路好的总利润是 300 万元,而产品真的销路差的总利润是零,风险相对较小.

评注 决策问题中每个备选方案的后果都至少存在两种状态,且各种状态的概率可以估计.由于多数实际问题属于一次性而非多次重复进行的决策,采用期望值准则作为决策标准,有时会冒较大的风险.这类问题称为**风险性决策**.

在上面的计算中还可以看到,虽然根据期望值准则应选择新建厂房,但是与改建厂房相比总利润(期望值)只多 $240-210=30$(万元).因为对未来产品销路好与销路差的概率的估计并不准确,让我们分析一下,对这种概率的估计有多大变化,就会导致最终决策的改变.

将新建厂房(方案 1)和改建厂房(方案 2)10 年总利润的期望值分别记作 $E(1)$, $E(2)$,未来产品销路好的概率记作 p,销路差的概率为 $1-p$,像上面的计算一样,有

$$E(1)=100\times10\times p+(-20\times10)\times(1-p)-400=1\ 200p-600$$

$$E(2)=40\times10\times p+10\times10\times(1-p)-100=300p$$

令 $E(1)=E(2)$ 可得 $p=2/3$, 且当 $p<2/3$ 时 $E(1)<E(2)$.这个结果表明,若目前估计的销路好的概率从 0.7 降到 0.66(下降只约 5%),总利润期望值最大的决策就将由新建厂房变为改建厂房.看来,决策对概率的变化是相当敏感的.

新方案的提出 新建厂房决策的一次性风险太大,决策对概率的变化十分敏感,促使公司考虑制定能降低风险的新的折中方案:先改建厂房经营 3 年,3 年后视市场情况再定.如果 3 年销路好,则未来 7 年销路仍然好的概率预计将提高到 0.9,这时若再投资 200 万元进行扩建,销路好时年收益将为 90 万元,销路差时不盈不亏;若不扩建,年收益不变.如果 3 年销路差,未来 7 年预计销路一定也差,则不扩建,年收益也不变.以总利润期望值最大为目标如何做出新的决策呢?

现在变成一个 2 次决策问题.第 1 次决策:当前是新建厂房还是改建厂房经营 3 年;第 2 次决策:3 年后扩建还是不扩建.在进行第 1 次决策时,为了计算 10 年总利润的期望值必须先对第 2 次决策的后果做出估计,也就是要从整个过程的终点向前推进.下面介绍一种简洁、直观的方法解决这类问题.

用决策树模型求解 决策树(decision tree)是表述、分析、求解风险性决策的有效方法[82],下面先用开始提出的只有新建与改建厂房两种备选方案的问题说明决策树模型的构造.

决策树由节点和分枝组成,用□表示决策节点,○表示**状态节点**,◁表示**结果节点**,在由决策节点引向状态节点的分枝(直线)上标注不同的方案,在由状态节点引向结果节点的分枝(直线)上标注发生的概率,在结果节点处标注取得的收益值(投资标以负值).对于新建或改建厂房的问题,决策树模型的构造如图 1 所示.

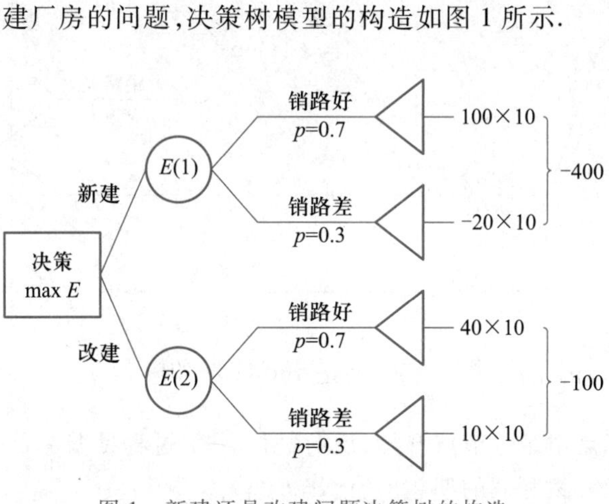

图 1 新建还是改建问题决策树的构造

按照结果节点的收益值和状态节点引出分枝上的概率,计算出每个状态节点的期望值并作比较,取最大值的方案为决策,用//表示"砍掉"该方案分枝.新建或改建厂房问题决策树模型的求解见图 2,结果与前面的直接计算相同.

评注 当几个随机状态出现的概率相差不大时，决策的风险尤其严重.一种解决办法是通过有针对性的试验，获取更多的随机状态出现概率的信息，以提高某一状态发生的后验概率，可以使决策风险明显降低，称为 Bayes 决策，见拓展阅读 7-2.

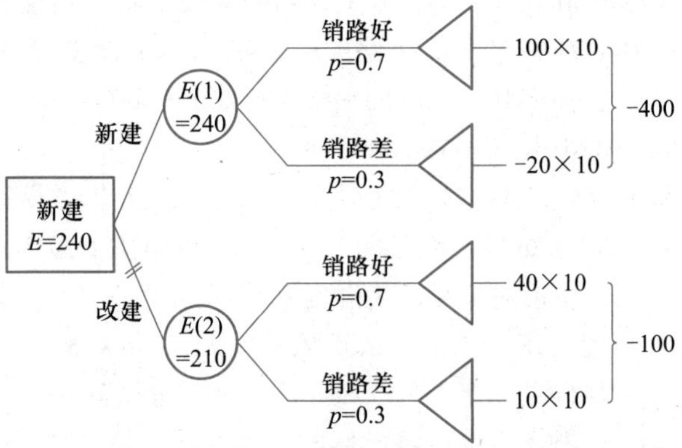

图 2 新建还是改建问题决策树的求解

拓展阅读 7-2
Bayes 决策

新建还是改建的问题比较简单，决策树方法的优点并不明显，让我们用决策树模型继续讨论加入改建厂房经营 3 年新方案（方案 3）后的决策问题.第 1 次决策在方案 1，2，3 中选择（实际上由图 2 已将方案 2 淘汰），方案 1，2 的计算同前，只需分析方案 3；若采用方案 3，需在 3 年后作第 2 次决策——扩建或不扩建.决策树的构造如图 3，其中与图 1 相同的部分（方案 1，2）没有画出.

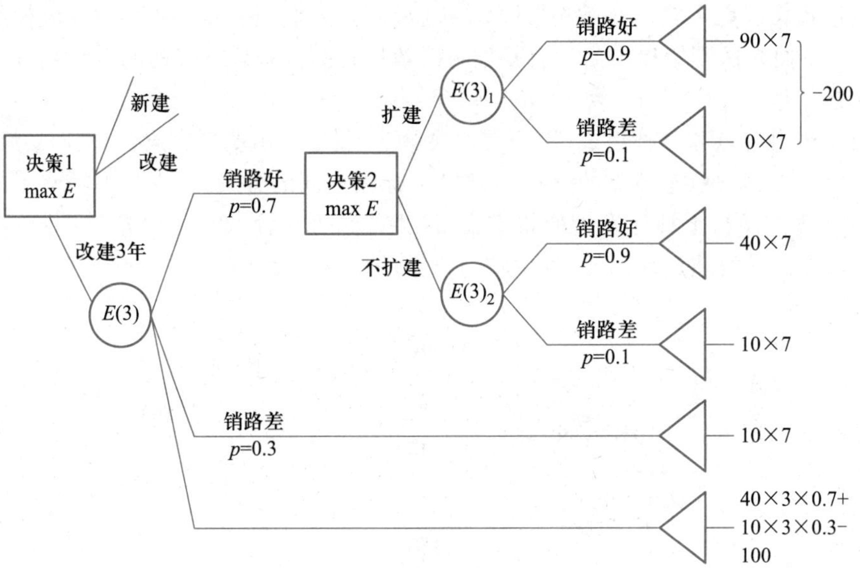

图 3 加入新方案后决策树的构造

决策树的计算是由结果节点开始，反向进行.求解过程见图 4.首先计算第 2 次决策扩建与不扩建两种方案利润的期望值，记作 $E(3)_1$，$E(3)_2$：

$$E(3)_1=90\times7\times0.9-200=367$$

$$E(3)_2=40\times7\times0.9+10\times7\times0.1=259$$

因为 $E(3)_1>E(3)_2$，所以第 2 次决策选择扩建，利润期望值 $E=E(3)_1=367$（万元）.“砍掉”不扩建分支.

然后计算第 1 次决策中方案 3 的总利润期望值 $E(3)$：

$$E(3)=(40\times3\times0.7+10\times3\times0.3-100)+(367\times0.7+10\times7\times0.3)=270.9$$

其中第 1 项是改建厂房经营 3 年的利润期望值(图 4 最后一行)，第 2 项是 3 年以后的利润期望值.因为 $E(3)>E(1)=240$，所以第 1 次决策选择改建厂房经营 3 年，2 次决策的总利润期望值 $E=E(3)=270.9$(万元).

评注　决策树是求解风险性决策常用的手段，具有直观、简便、逻辑关系清晰等优点，对于 2 次或更多次决策(称为序列决策)过程的表述、分析和求解尤其方便.

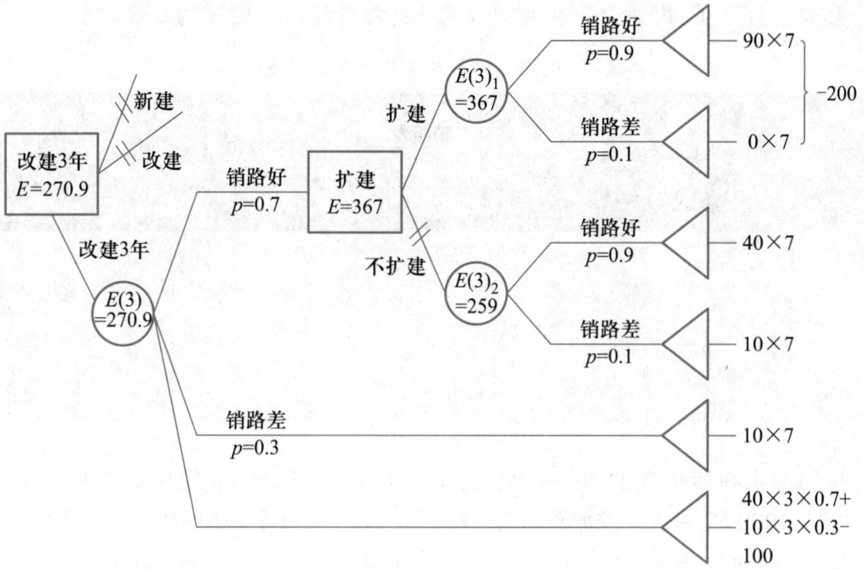

图 4　加入新方案后决策树的求解

复习题

一家公司的管理层打算为扩大产品市场而建造新厂房，现有建造大厂房和小厂房两种方案，对未来市场需求有高、中、低 3 种状态，3 种状态出现的概率及每个方案在各种状态下的收益(单位：万元)如下表[23].利用期望值准则和决策树方法确定最优方案，并讨论高需求概率的变化对决策的影响.

方案	状态		
	高需求($p=0.25$)	中需求($p=0.4$)	低需求($p=0.35$)
大厂房	20	10	-12
小厂房	9	7.5	-2

7.4　公平的席位分配

案例精讲 7-1，7-2
公平的席位分配 1，2

某学校有 3 个系共 200 名学生，其中甲系 100 名，乙系 60 名，丙系 40 名.若学生代表会议设 20 个席位，公平而又简单的席位分配办法是按学生人数的比例分配，显然甲乙丙三系分别应占有 10，6，4 个席位.

现在丙系有 6 名学生转入甲乙两系，各系人数如表 1 第 2 列所示.仍按比例(表 1

第 3 列)分配席位时出现了小数(表 1 第 4 列).在将取得整数的 19 席分配完毕后,三系同意参照所谓惯例分给比例分配中小数部分最大的丙系,于是三系仍分别占有 10,6,4 席(表 1 第 5 列).

因为有 20 个席位的代表会议在表决提案时可能出现 10 : 10 的局面,会议决定下一届增加 1 席.他们按照上述办法重新分配席位,计算结果见表 1 第 6,7 列.显然这个结果对丙系太不公平了,因为总席位增加 1 席,而丙系却由 4 席减为 3 席.

表 1 按照比例并参照惯例的席位分配

系别	学生人数	学生人数的比例/%	20 个席位的分配		21 个席位的分配	
			按比例分配的席位	参照惯例的结果	按比例分配的席位	参照惯例的结果
甲	103	51.5	10.3	10	10.815	11
乙	63	31.5	6.3	6	6.615	7
丙	34	17.0	3.4	4	3.570	3
总和	200	100	20	20	21	21

看来问题出在所谓按照惯例分配上,实际上由 A. Hamilton 提出的这种办法在美国国会 1850—1900 年的众议院席位分配(按照人口比例每个州应分得几个席位)中就多次被采用,也同时被质疑[17,44],称之为**最大剩余法**(GR:greatest remainders)或最大分数法(LF:largest fractions),也称 Hamilton 法或 Vinton 法.它被质疑的一个理由就是上例出现的所谓**席位悖论**——总席位增加反而可能导致某州席位的减少①.1880 年美国众议院席位分配中亚拉巴马(Alabama)州就曾遇到这种情况,所以这个悖论又称亚拉巴马悖论.

最大剩余法的另一个重大缺陷是所谓**人口悖论**——某州人口增加反而可能导致该州席位的减少.如上例若三系学生变为 114,64,34 名,21 席的分配结果将是 11,6,4 席,乙系学生人数增加却比原来少了 1 席,丙系学生数量未变反而多了 1 席.

为了寻求新的、公平的席位分配方法,先讨论衡量公平的数量指标[4,13].

不公平度指标 为简单起见考虑 A,B 两方分配席位的情况.设两方人数分别为 p_1,p_2,占有席位分别为 n_1,n_2,则比值 $p_1/n_1,p_2/n_2$ 为两方每个席位所代表的人数.显然仅当 $p_1/n_1=p_2/n_2$ 时分配才是完全公平的,但是因为人数和席位都是整数,所以通常 $p_1/n_1\neq p_2/n_2$,分配不公平,并且是对比值较大的一方不公平.

不妨设 $p_1/n_1>p_2/n_2$,不公平程度可用数值 $p_1/n_1-p_2/n_2$ 衡量.如设 $p_1=120,p_2=100,n_1=n_2=10$,则 $p_1/n_1-p_2/n_2=12-10=2$,它衡量不公平的绝对程度,常常无法区分不公平程度明显不同的情况.如当双方人数增至 $p_1=1\ 020,p_2=1\ 000$,而 n_1,n_2 不变时,$p_1/n_1-p_2/n_2=102-100=2$,即不公平的绝对程度不变,但是常识告诉我们,后面这种情况的不公平程度比起前面来已经大为改善了.

为了改进上述的绝对标准,自然想到用相对标准.仍设 $p_1/n_1>p_2/n_2$,定义

① 美国国会众议院的总席位数从 1787 年的 65 逐渐增加到 1920 年的 435,此后一直固定不变.

$$r_A(n_1,n_2)=\frac{p_1/n_1-p_2/n_2}{p_2/n_2} \tag{1}$$

为对 A 的相对不公平度.若 $p_2/n_2>p_1/n_1$,定义

$$r_B(n_1,n_2)=\frac{p_2/n_2-p_1/n_1}{p_1/n_1} \tag{2}$$

为对 B 的相对不公平度.

建立了衡量分配不公平程度的指标 r_A,r_B 后,制定席位分配的原则是使它们尽可能小.

新的分配方法 假设 A,B 两方已分别占有席位 n_1,n_2,利用相对不公平度 r_A,r_B 讨论当总席位增加 1 席时,应该分配给 A 还是 B.

不失一般性可设 $p_1/n_1\geqslant p_2/n_2$,大于号成立时对 A 不公平.若增加的 1 席分配给 A,n_1 就变为 n_1+1,分配给 B 就有 n_2+1,原不等式可能出现以下 3 种情况(只需讨论不等号的情况,一旦等号出现,按等式状况分配即可):

1. $\dfrac{p_1}{n_1+1}>\dfrac{p_2}{n_2}$,说明即使 A 增加 1 席仍对 A 不公平,这一席显然应分配给 A.

2. $\dfrac{p_1}{n_1+1}<\dfrac{p_2}{n_2}$,说明 A 增加 1 席将对 B 不公平,参照(2)计算出对 B 的相对不公平度为

$$r_B(n_1+1,n_2)=\frac{p_2(n_1+1)}{p_1n_2}-1 \tag{3}$$

3. $\dfrac{p_1}{n_1}>\dfrac{p_2}{n_2+1}$,说明 B 增加 1 席将对 A 不公平,参照(1)计算出对 A 的相对不公平度为

$$r_A(n_1,n_2+1)=\frac{p_1(n_2+1)}{p_2n_1}-1 \tag{4}$$

(不可能出现$\dfrac{p_1}{n_1}<\dfrac{p_2}{n_2+1}$的情况).

在使相对不公平度尽量小的分配原则下,如果

$$r_B(n_1+1,n_2)<r_A(n_1,n_2+1) \tag{5}$$

则增加的 1 席应分配给 A,反之,则增加的 1 席应分配给 B(等号成立时可分给任一方).根据(3),(4)两式,(5)式等价于

$$\frac{p_2^2}{n_2(n_2+1)}<\frac{p_1^2}{n_1(n_1+1)} \tag{6}$$

还不难证明,上述第 1 种情况$\dfrac{p_1}{n_1+1}>\dfrac{p_2}{n_2}$也会导致(6)式.于是我们的结论是:当(6)式成立时增加的 1 席应分配给 A,反之应分配给 B.

这种方法可推广到有 m 方分配席位的情况.设第 i 方人数为 p_i,已占有 n_i 个席位,$i=1,2,\cdots,m$,当总席位增加 1 席时,计算

$$Q_i=\frac{p_i^2}{n_i(n_i+1)},\quad i=1,2,\cdots,m \tag{7}$$

增加的 1 席应分配给 Q 值最大的一方，此方法暂称之为 **Q 值法**.

下面用 Q 值法重新讨论本节开头提出的甲乙丙三系分配 21 个席位的问题.

对本例，Q 值法可以从 $n_1=n_2=n_3=1$ 开始按总席位每增 1 席计算，但对这个问题直到 19 席的分配结果是 $n_1=10,n_2=6,n_3=3$，与最大剩余法得到的整数部分相同.再每次增加 1 席计算

评注 虽然从 Q 值法与最大剩余法对这个具体问题不同的分配结果看，难以对二者进行评判，可是 Q 值法不仅有明确的不公平度指标，而且由于它是每增加 1 席地计算 Q 值，所以不会出现席位悖论（也可证明不会出现人口悖论）.

第 20 席：$Q_1=\frac{103^2}{10\times11}=96.45$，$Q_2=\frac{63^2}{6\times7}=94.50$，$Q_3=\frac{34^2}{3\times4}=96.33$，$Q_1$ 最大，增加的 1 席应分配给甲系.

第 21 席：$Q_1=\frac{103^2}{11\times12}=80.37$，$Q_2,Q_3$ 同上，Q_3 最大，增加的 1 席应分配给丙系.

这样，21 个席位的分配结果是三系分别占有 11，6，4 席，看来丙系保住了按照最大剩余法分配将会失掉的 1 席.可是，如果你注意一下上面的计算过程就会发现，当总席位是 20 席时，结果为 11，6，3 席，与最大剩余法的 10，6，4 席不同，所以很难说这个方法对丙系有利还是不利.

Q 值方法是 20 世纪 20 年代由哈佛大学数学家 E. V. Huntington 提出和推荐的一系列席位分配方法中的一个，下面对这类方法作简单的介绍与比较[4,44].

Huntington 除数法 设共有 m 方分配 N 个席位，第 i 方人数为 p_i，记 $\boldsymbol{p}=(p_1,p_2,\cdots,p_m)$，$P=\sum\limits_{i=1}^{m}p_i$.席位分配是要寻求 $\boldsymbol{n}=(n_1,n_2,\cdots,n_m)$，其中 n_i 是第 i 方分配的席位，满足 $\sum\limits_{i=1}^{m}n_i=N$，且 n_i 均为非负整数.

按照最大剩余法（GR）分配席位时，首先计算第 i 方精确的席位份额，记作 q_i，显然 $q_i=N\frac{p_i}{P}$，$i=1,2,\cdots,m$，若 q_i 均为整数，令 $n_i=q_i$ 即可完成分配，否则，记 $[q_i]$ 为 q_i 的整数部分，先将 $[q_i]$ 分给第 i 方，然后将尚未分配的 $r=N-\sum\limits_{i=1}^{m}[q_i]$ 个席位分给剩余 $q_i-[q_i]$ 中最大的 r 方，每方 1 席.

Huntington 除数法是首先对于非负整数 n 定义一个非负单调增函数 $d(n)$，当总席位为 s 时，第 i 方分配的席位是 $\boldsymbol{p},s$ 的函数，记作 $f_i(\boldsymbol{p},s)$，而且 $f_i(\boldsymbol{p},0)=0$，$i=1,2,\cdots,m$，让 s 每次 1 席地递增至 N，按照以下准则分配①：

设 $n_i=f_i(\boldsymbol{p},s)$，若对于某个 k，有

$$\frac{p_k}{d(n_k)}=\max_{i=1,2,\cdots,m}\frac{p_i}{d(n_i)} \tag{8}$$

则令

$$f_k(\boldsymbol{p},s+1)=n_k+1,\quad f_i(\boldsymbol{p},s+1)=n_i\ (i\neq k) \tag{9}$$

---

① 若 $d(0)=0$，则隐含在各方自动分得 1 席的基础上再作分配，通常这是可行的，除非是各方人数相差悬殊且总席位较少的情况.

可以看出,$p_i/d(n_i)$是一种得到新席位的优先级的度量,除数 $d(n)$则表示各方当前席位数的权重.若定义除数 $d(n)=\sqrt{n(n+1)}$,由(6),(7)式可知,Q 值法正是按照上述准则分配席位的.

取不同的除数就得到不同的方法,Huntington 推荐的 5 种除数法见表 2,第 1 列是它们的名称和英文缩写,前面讨论过的 Q 值法正式的名称是**相等比例法**(EP).第 2 列为采用的除数,最后一列以人名命名的称谓也经常在文献中出现.

表 2 Huntington 推荐的 5 种除数法

Huntington 除数法	除数 $d(n)$	不公平度的度量指标(设$\frac{p_i}{n_i}\geqslant\frac{p_j}{n_j}$)	以人名命名的称谓
最大除数法(GD:greatest divisors)	$n+1$	$\frac{n_jp_i}{p_j}-n_i$	Jefferson,d' Hondt
主要分数法(MF:major fraction)	$n+\frac{1}{2}$	$\frac{n_j}{p_j}-\frac{n_i}{p_i}$	Webster
相等比例法(EP:equal proportions)	$\sqrt{n(n+1)}$	$\frac{n_jp_i}{n_ip_j}-1$	Hill
调和平均法(HM:harmonic mean)	$\frac{2n(n+1)}{2n+1}$	$\frac{p_i}{n_i}-\frac{p_j}{n_j}$	Dean
最小除数法(SD:smallest divisors)	n	$n_j-\frac{n_ip_j}{p_i}$	Adams

我们已经看到,EP 方法可以使相对不公平度最小,由相对不公平度的定义(1)(2)可知这相当于对任意两方 i,j,使得$\frac{p_i/n_i-p_j/n_j}{p_j/n_j}=\frac{n_jp_i}{n_ip_j}-1$ 最小.表 2 的第 3 列给出了 5 种除数法对不公平度的度量指标,其中 HM 与 EP 类似,但用的是绝对不公平度,而 MF 方法采用 $n_j/p_j-n_i/p_i$,即用单位人数(如千人)的席位数之差来度量不公平度.不公平度的度量指标也可以看作一种均衡检验,即是否存在任意两方的席位转移(将一方的席位给另一方),使得转移后的度量指标更优.

用这些方法做的一个数值例子见表 3,其中第 2,3 列分别是 5 方的人数 p_i 和精确的席位份额 q_i,其余各列是用 5 种方法得到的结果,请读者验证(留作复习题 1,在计算过程中可以利用 q_i 从适当的总席位数 s 递推).

容易看出,5 种除数法的除数 $d(n)$ 满足 $n\leqslant d(n)\leqslant n+1$,并且在表 2 中是按照从大到小排列的.一般情况下 GD 偏向人数 p_i 较大的一方,偏向程度也按照表 2 的顺序,SD 偏向人数较小的一方.Huntington 特别推荐偏向适中的 EP,该法 1930 年后一直在美国国会众议院席位分配中采用①.

① 1830 年前采用 GD,1850—1900 年采用 GR(有时辅以调整),1840 年和 1910 年采用 MF.

表 3 用 5 种除数法做的一个数值例子

	p_i	q_i	GD	MF	EP	HM	SD
A	9 061	9.061	10	9	9	9	9
B	7 179	7.179	7	8	7	7	7
C	5 259	5.259	5	5	6	5	5
D	3 319	3.319	3	3	3	4	3
E	1 182	1.182	1	1	1	1	2
总和	26 000	26	26	26	26	26	26

从除数法分配席位的过程(8)(9)可以得到其结果 $\boldsymbol{n}=(n_1,n_2,\cdots,n_m)$ 满足以下 min-max 不等式：

$$\min_{k=1,2,\cdots,m}\frac{p_k}{d(n_k-1)}\geqslant\max_{i=1,2\cdots,m}\frac{p_i}{d(n_i)},\quad \sum_{i=1}^{m}n_i=N \tag{10}$$

从优化的角度出发，席位分配问题可以归结为，给定 $\boldsymbol{p}$ 和 N，在 $\sum\limits_{i=1}^{m}n_i=N$ 且 n_i 均为非负整数的条件下，寻求 $n_1,n_2,\cdots,n_m$ 使某一事先定义的目标函数最优.容易验证，本节开头用的最大剩余法(GR)得到的是 $\min\sum\limits_{i=1}^{m}(n_i-q_i)^2$ 的解.一些除数法也都可看作与某个理想状态偏差的加权最小二乘解，如相等比例法(EP)给出了 $\min\sum\limits_{i=1}^{m}n_i\left(\dfrac{p_i}{n_i}-\dfrac{P}{N}\right)^2$（等价于 $\min\sum\limits_{i=1}^{m}\dfrac{(n_i-q_i)^2}{n_i}$）的解，而主要分数法(MF)给出了 $\min\sum\limits_{i=1}^{m}p_i\left(\dfrac{n_i}{p_i}-\dfrac{N}{P}\right)^2$（等价于 $\min\sum\limits_{i=1}^{m}\dfrac{(n_i-q_i)^2}{q_i}$）的解.

存在公平的席位分配方法吗 约两个世纪以来，出于美国和欧洲诸如议会席位分配等社会政治活动的需要，一些人包括数学家们先后提出了许多分配方法，这些方法对同一个问题常常给出不同的结果，还会出现违反人们意愿甚至违背常识的现象，这更引起数学家们深入研究的兴趣.所谓公理化方法就是先提出公平的席位分配应该具有的若干性质，再找出满足这些性质的分配方法.如果不存在这样的方法，那就讨论现有的方法分别满足其中的哪些，再做改进，使之满足更多的性质；或者改变、减少原来提出的性质，再作探寻.

评注 对于出现在社会政治领域中的席位分配，起初人们用简单的初等数学方法处理，但是实际应用中出现许多难以接受的结果，进而发现所有方法都有不合理之处.直到20世纪70年代 Balinski 和 Young 采用公理化方法进行研究，才使这个问题的基本原理得以明晰[4].

作为初步的、简明的介绍，这里只给出公平的席位分配明显应该具备的 3 条主要性质（仍用前面定义的符号，$n_i=f_i(\boldsymbol{p},s)$ 表示人数为 $\boldsymbol{p}$、总席位为 s 时分配给第 i 方的席位，$i=1,2,\cdots,m$）：

1. $\lfloor q_i\rfloor\leqslant n_i\leqslant\lceil q_i\rceil$，即 n_i 必是精确的席位份额 q_i 向下或向上取整得到，称为**份额性**.

2. $f_i(\boldsymbol{p},s)\leqslant f_i(\boldsymbol{p},s+1)$，即总席位增加时各方的席位都不会减少，称为**席位单调性**.

3. 若对于任意的 $i,j=1,2,\cdots,m,j\neq i,p'_i/p'_j\geqslant p_i/p_j$，则 $f_i(\boldsymbol{p}',s)\geqslant f_i(\boldsymbol{p},s)$ 或 $f_j(\boldsymbol{p}',s)\leqslant f_j(\boldsymbol{p},s)$，即当 i 方相对于 j 方人数增加时(总席位不变)，不会导致 i 方席位减少而 j 方席位增加(不排除 i,j 两方席位都增加或都减少)①，称为**人口单调性**.

我们已经看到，最大剩余法满足性质 1，但会出现席位悖论和人口悖论从而不满足性质 2,3. 而对于 5 种除数法，从递推计算过程可知它们自然满足性质 2,3，是否能满足性质 1 呢？试看表 4 给出的例子，5 种除数法都不满足性质 1，且其偏向十分明显. 当然，从这个具体问题看，因为第 2~6 方人数都差不多，满足性质 1 的 GR(最后一列)给第 2~3 方各 2 席，给第 4~6 方各 1 席，也不见得公平，反而是 HM 或 GD, SD 的结果更值得考虑.

表 4 5 种除数法都不满足性质 1 的数值例子

i	p_i	q_i	GD	MF	EP	HM	SD	GR
1	91 490	91.49	94	93	90	89	88	92
2	1 660	1.66	1	2	2	2	2	2
3	1 460	1.46	1	1	2	2	2	2
4	1 450	1.45	1	1	2	2	2	1
5	1 440	1.44	1	1	2	2	2	1
6	1 400	1.40	1	1	1	2	2	1
7	1 100	1.10	1	1	1	1	2	1
总和	100 000	100	100	100	100	100	100	100

评注 掌握了各种方法的性质，即可根据具体情况决定采用哪一个. 若只是一次分配，总席位和人口不再变化，就可采用满足份额性的最大剩余法；而若不断地进行重新分配，总席位和人口也在改变，则需考虑满足席位单调性和人口单调性的除数法. 同时，5 种除数法对人口多少的偏向也是决定采用哪种方法的重要因素.

是否存在满足所有 3 条性质的分配方法呢？事实上已经证明[4]：对于 $m\geqslant 4, N\geqslant m+3$，不存在满足上述 3 条性质的分配方法②.

也许因为份额性和席位单调性一直是美国议会席位分配争论的主题之一，Balinski 和 Young 将 GR 与 GD 相结合，提出了满足性质 1,2 的份额法(QM: quota method)[4,44].

在席位分配问题中，影响分配结果的因素有人口 $\boldsymbol{p}$，总席位数 s 和参与分配的单位数 m，性质 3 对于人口单调性的定义能扩充到 s 和 m 均可改变的情况，即若对于任意的 $i,j=1,2,\cdots,m,j\neq i,i',j'=1,2,\cdots,m',j'\neq i',p'_{i'}/p'_{j'}\geqslant p_i/p_j$，则 $f_{i'}(\boldsymbol{p}',s')\geqslant f_i(\boldsymbol{p},s)$ 或 $f_{j'}(\boldsymbol{p}',s')\leqslant f_j(\boldsymbol{p},s)$③. 这样的定义已经蕴含了性质 2 席位单调性.

对于本节提出的分配问题一些更深入的性质，诸如相容性、稳定性、无偏性等及其他方法的讨论，还有在应用中可能遇到的给每方分配的席位事先设置最小值和最大值时的处理办法等，读者可以从[44]及其参考文献中查到.

评注 虽然不存在满足 3 条性质的理想的分配方法，但是实际应用中反例毕竟是很少出现的，Balinski 和 Young 就极力推荐主要分数法，指出自 1791 年以来用这个方法分配美国议会席位从未违反份额性，并且按照模拟结果违反份额性的概率仅为 1/1 600.

① 在 $p'_i/p'_j=p_i/p_j$ 成立时可能出现 i 方席位减少而 j 方席位增加，如原来人口相等的两方分奇数个席位，哪一方多一席都是公平的，后来两方人口成比例变化，不论哪方多一席也是公平的.

② 对于 $m=2$，所有除数法满足性质 1；对于 $m=3$，MF 满足性质 1.

③ 在 $p'_{i'}/p'_{j'}=p_i/p_j$ 成立时可能出现 i 方席位减少而 j 方席位增加，如原来人口相等的两方分奇数个席位，哪一方多一席都是公平的，后来两方人口成比例变化，不论哪方多一席也是公平的.

复习题

1. 验证表 3 用 5 种除数法得到的结果.

2. 证明主要分数法(MF)给出了 $\min \sum_{i=1}^{m} p_i\left(\frac{n_i}{p_i}-\frac{N}{P}\right)^2$ 的解.

7.5 存在公平的选举吗

在现代社会的公众生活和政治活动中,有很多事情是靠投票选举的办法决定的.从推选班长、队长,到竞选市长、总统;从评选最佳影片、优秀运动员,到推举旅游胜地、宜居城市;国际奥委会经过层层筛选、一轮一轮地投票选出奥运会举办城市的过程更为世人瞩目.无论什么层次的选举,人们都希望公平、公正,可是,世界上存在公平的选举吗?面对这个问题,你当然会问"什么是真正的公平",这正是本节要讨论的重点之一[35].

我们对投票选举作如下的表述和约定:每位选民对所有候选人按照偏爱程度所做的排序称为一次**投票**,根据全体选民的投票确定哪位候选人是获胜者的规则称为**选举方法**;按照公认的民主法则和选民的理性行为,对选举的公平、公正做出的一些规定,称为**公平性准则**.下面介绍几种选举方法和几条公平性准则,并讨论是否存在满足全部公平性准则的选举方法,由此引入著名的 Arrow 不可能性定理,最后给出选举方法和公平性准则的两个应用实例①.

先看一个虚拟的例子:选举班级喜爱的球队.

一个班 30 名学生从 A,B,C,D 共 4 支球队中投票选举班级喜爱的球队,每个学生按照自己的偏爱程度将球队从第 1 名排到第 4 名的投票结果如表 1.

表 1 30 名学生对喜爱球队的投票结果

票数	11	10	9
第 1 名	B	C	A
第 2 名	D	D	D
第 3 名	C	A	C
第 4 名	A	B	B

如果只比较哪支球队得第 1 名的票数最多,那么获胜者是 B,但是有近 2/3 的学生将 B 排到最后一名;也可以认为获胜者是 C,因为 C 不仅没有排到最后,而且得第 1 名只比 B 少 1 票;还可以考虑 D,因为没有学生把 D 排到第 2 名以后.那么怎样决定获胜者呢? 这就取决于采用什么选举方法了.

选举方法集锦 这里介绍 5 种选举方法.

---

① 规定候选人不少于 2 位.若只有 2 位候选人,得到第 1 名票数占多数(超过半数)的候选人为获胜者;如果 2 人票数相同,不妨用随机抽签(等概率)的办法确定一位获胜者.另外,在本节介绍的各种选举方法中,如果出现 2 位候选人得票数相同的情况,可以针对 2 人进行一次附加投票或随机抽签,从中选出 1 人.

1. 简单多数法 得到第 1 名票数最多的候选人为获胜者.

这个方法易于实施,但是缺点很明显,因为没有考虑到除排在第 1 名的候选人以外的全部排序信息,甚至被大多数选民排在最后的候选人都有可能是获胜者,正如选举喜爱球队例子中的获胜者 B(见表 1).显然,好的选举方法应该考虑更多的排序信息.

2. 单轮决胜法 得到第 1 名票数最多和次多的两位候选人进入单轮决胜投票,由简单多数法决定决胜投票的获胜者,并确定为整个选举的获胜者.

在选举喜爱球队例子中,得到第 1 名票数最多和次多的是 B, C, 按照单轮决胜法,这 2 支球队进入决胜投票.假定所有学生对 B, C 的偏爱没有改变,那么决胜投票的结果如表 2.

表 2 30 名学生对喜爱球队单轮决胜投票的结果

票数	11	10	9
第 1 名	B	C	C
第 2 名	C	B	B

按照单轮决胜法选举的获胜者是 C.

3. 系列决胜法 进行多轮决胜投票,每轮只淘汰得第 1 名票数最少的候选人,当剩下两位候选人时,由简单多数法决定获胜者,并确定为整个选举的获胜者.

在选举喜爱球队的例子中,初次投票得到第 1 名票数最少的是 D,按照系列决胜法进入第 2 轮的球队是 A,B,C.假定所有学生对这些球队的偏爱没有改变(以下均作偏爱不变的假定,不再重复),那么第 2 轮的投票结果如表 3.

表 3 按照系列决胜法对喜爱球队第 2 轮的投票结果

票数	11	10	9
第 1 名	B	C	A
第 2 名	C	A	C
第 3 名	A	B	B

按照系列决胜法应该淘汰 A,进入第 3 轮的是 B,C,投票结果如表 4.

表 4 按照系列决胜法对喜爱球队第 3 轮的投票结果

票数	11	10	9
第 1 名	B	C	C
第 2 名	C	B	B

于是,按照系列决胜法,整个选举的获胜者是 C.

4. Coombs 法 除了每轮不是淘汰第 1 名票数最少的,而是淘汰倒数第 1 名票数最多的候选人以外,其余与系列决胜法相同.这种办法是美国心理学家 Clyde Coombs (1912—1988)提出的.娱乐游戏中常常采用系列决胜法和 Coombs 法.

在选举喜爱球队的例子中,初次投票倒数第 1 名票数最多的是 B,按照 Coombs 法进入第 2 轮的是 A,C,D,第 2 轮的投票结果如表 5.

表5 按照 Coombs 法对喜爱球队第2轮的投票结果

票数	11	10	9
第1名	D	C	A
第2名	C	D	D
第3名	A	A	C

倒数第1名票数最多的A被淘汰,进入第3轮的是C,D,第3轮的投票结果如表6.

表6 按照 Coombs 法对喜爱球队第3轮的投票结果

票数	11	10	9
第1名	D	C	D
第2名	C	D	C

于是,按照 Coombs 法,最终获胜者是D.

评注 曾约定选民要对所有候选人按照偏爱程度排序,而在5种选举方法中简单多数法、单轮决胜法和系列决胜法都只考虑第1名的票数,所以对于选民只投票给最偏爱的一位候选人的情况,这3种选举方法仍然适用.实际上只有 Borda 计数法用到选民的全部排序信息.

5. Borda 计数法 对每一张选票,排倒数第1名的候选人得1分,排倒数第2名的得2分,依此下去,排第1名的得分是候选人的总数.将全部选票中各位候选人的得分求和,总分最高的为获胜者.这种方法以法国天文学家、海军军官 Jean-Charles de Borda (1733—1799)命名.在美国大学的篮球、橄榄球队的民意调查中,经常采用 Borda 计数法选出最受欢迎的球队和球星.

在选举喜爱球队的例子中,A排第1名9票,第3名10票,第4名11票,A的总分为 $9\times4+10\times2+11\times1=67$(分).同样地计算B的总分为 $11\times4+19\times1=63$(分),C的总分为 $10\times4+20\times2=80$(分),D的总分为 $30\times3=90$(分).按照 Borda 计数法获胜者是D.

我们看到,在选举喜爱球队的例子中(表1),按照简单多数法获胜者是B,按照单轮决胜法和系列决胜法获胜者是C,按照 Coombs 法和 Borda 计数法获胜者是D.这个结果表明,哪位候选人是获胜者不仅取决于选民的偏爱,而且与采用的选举方法有关.

在选民对候选人同样的偏爱下,不同的选举方法可能产生不同的获胜者,这是一个既有趣又令人不安的现象.人们自然要问:哪一种选举办法才是公平的?

直接回答这个问题是困难的.让我们换一个角度思考,讨论在公认的民主法则和选民的理性行为下,选举方法应该满足哪些所谓"公平性准则",上面的几种方法满足或者违反了其中哪些准则.

选举中的公平性准则 下面给出5条准则.

1. 多数票准则 得到第1名票数超过选民半数的候选人应当是获胜者.

一种特定的选举方法或者满足,或者违反这个准则.例如,简单多数法满足多数票准则,因为若一位候选人得到第1名票数超过半数,那么他的票数必定多于其他候选人,按照简单多数法他必定是获胜者.类似地,单轮决胜法和系列决胜法也满足多数票准则.

应该正确理解多数票准则的含义.比如这个准则不能倒过来说成,获胜者必须是第1名得票数超过半数的.多数票准则也不能用于选举喜爱球队的例子,因为没有球队第

1 名票数超过半数,所以谈不上哪种选举方法是否违反这条准则.

Borda 计数法满足还是违反多数票准则呢? 请看这样一个例子:27 位选民对 4 位候选人的投票结果如表 7.

表 7 27 位选民对 4 位候选人的投票结果

票数	9	8	5	4	1
第 1 名	C	A	C	A	B
第 2 名	D	D	D	B	A
第 3 名	A	B	B	D	D
第 4 名	B	C	A	C	C

按照 Borda 计数法计算各位候选人的得分:D 为 $22\times3+5\times2=76$(分),C 为 69 分,B 为 51 分,A 为 74 分,所以获胜者是 D.但是 C 得第 1 名票数是 14,超过选民的半数,按照多数票准则获胜者应该是 C.

显然,在这个例子中 Borda 计数法违反多数票准则,当然,并不是说采用 Borda 计数法每次选举都会违反这个准则.

2. Condorcet 获胜者准则 如果候选人 X 在与每一位候选人的两两对决中都获胜(按照多数票准则),那么 X 应当是获胜者.这条准则以法国哲学家、政治学家 Marquis de Condorcet (1743—1794)命名,以下简称获胜者准则.

考察选举喜爱球队例子中球队两两对决的结果:由表 1 可知在 D 和 B 的对决中,19 名学生将 D 排在 B 前面,11 名学生将 B 排在 D 前面,D 与 B 的票数之比是 19∶11,D 获胜.类似地,D 与 C 的票数之比是 20∶10,D 与 A 的票数之比是 21∶9.D 在所有的两两对决中都获胜,按照获胜者准则 D 是这次选举的获胜者.对于表 1 给出的投票结果,若某种选举方法的获胜者不是 D,那就一定违反获胜者准则.这样,简单多数法(获胜者是 B)、单轮决胜法和系列决胜法(获胜者是 C)都违反获胜者准则.

评注 说明某种选举方法违反一条公平性准则,只需举出一个例子,但是论证某种选举方法满足一条公平性准则,必须对于任意的投票,选举结果都不能违反准则,这就不能举例说明,而需要给以证明.

虽然在选举喜爱球队的例子中 Coombs 法和 Borda 计数法的获胜者正好是 D,但是据此并不能说明这两种方法满足获胜者准则.

3. Condorcet 失败者准则 如果候选人 Y 在与每一位候选人的两两对决中都未获胜,那么 Y 不应当是获胜者.以下简称失败者准则.

考察选举喜爱球队例子中 B 与其他球队两两对决的结果:由表 1 可知 B 与 D,C,A 的票数之比都是 11∶19,按照失败者准则 B 不应当是获胜者.对于表 1 给出的投票结果,若某种选举方法的获胜者是 B,那就一定违反失败者准则,所以简单多数法(获胜者是 B)违反这条准则.

4. 无关候选人的独立性准则 假定在最终排序中候选人 X 领先于候选人 Y,如果其他一位候选人退出选举,或者一位新的候选人进入选举,那么在最终排序中候选人 X 仍领先于候选人 Y.这条准则的意思是,候选人的最终排序与其他候选人的退出或进入无关,以下简称独立性准则.

考察用系列决胜法确定选举喜爱球队例子中获胜者的过程,根据被淘汰的顺序,4 支球队最终排序应为 C,B,A,D.假定 B 退出选举,投票结果将如表 8.

表8 学生对喜爱球队的投票结果(B退出选举)

票数	11	10	9
第1名	D	C	A
第2名	C	D	D
第3名	A	A	C

A被淘汰,进入第2轮的是C,D,投票结果将如表9.

表9 用系列决胜法的第2轮投票结果(B退出选举)

票数	11	10	9
第1名	D	C	D
第2名	C	D	C

于是在B退出选举后用系列决胜法对其余3支球队的最终排序是D,C,A.D排到了C,A前面,而B未退出时D是排在最后的,所以系列决胜法违反了独立性准则.

5. 单调性准则 假定候选人X在一次选举的最终排序中居于某个位置,如果某些选民只将X的顺序提前而其他候选人的排序不变,那么对于新的选举,X在最终排序中的位置不应在原来位置的后面.这条准则的意思是,若选民对X的排序没有后移,那么最终排序中X相对其他候选人的优先性不应改变.

可以证明,简单多数法和Borda计数法满足单调性准则.虽然违反单调性准则看来似乎是荒谬的,然而后面的实例说明单轮决胜法和系列决胜法都违反这条准则.

上面讨论了5种选举方法和5条公平性准则,没有一种选举方法满足全部公平性准则[①],虽然我们没有考察当今社会上使用的所有选举方法,但是还需要沿着这条路继续研究下去,竭力搜寻满足全部准则的那种方法吗?

Arrow不可能性定理

美国经济学家K. Arrow 1951年开始研究选举理论时,先列出自己认为的公平性准则,并且为找不到满足所有准则的选举方法而困扰,他不断修正提出的准则,在一再尝试但是没有结果之后改变了思路.后来他这样表述这段经历:“我开始有种想法,也许不存在满足所有我认为是合理条件的选举方法,我着手去证明这点,实际上只用了不过几天时间.”

Arrow用不过几天时间得到的是选举理论历史上最重要的结果,现在称为Arrow不可能性定理,正是由于这个成果,Arrow获得了1972年诺贝尔经济学奖.

Arrow不可能性定理(修正版本[②]) 任何一种选举方法都至少违反下列4条准则之一:多数票准则、获胜者准则、独立性准则、单调性准则.

应该确切地理解这个定理.比如它不是说,按照任何选举方法进行的每一次投票都至少违反4条准则之一,而是表明,对于任意的选举方法,总可以发现选民对候选人的

评注 从研究选举方法、公平性准则到发现不可能性定理的过程,说明公理化方法建模的重要性.公平性准则被认为是无须证明的公理,从公理出发进行逻辑推理,公理不合适(过严、过多、相互矛盾)会找不到满足公理的结论,公理不充分(过松、过少)可能结果不唯一或得不到有意义的结果.所以这种建模方法常常需要多次反复(参看拓展阅读7-3).

① 虽然这里没有给出Coombs法违反任何准则的例子,然而它确实违反多数票准则和单调性准则.

② 许多讨论Arrow的结果的书都采用与Arrow自己写的有些差别的表述,这里是其中之一.

一次投票，使得在这种选举方法下投票结果至少违反上述 4 条准则之一.

面对这个“残酷”的事实，人们想到的是重新审查那些所谓公平性准则，其中最受人质疑的是独立性准则，认为这条准则太强势，要求太高.D. Saari 提出一条考虑到选民对候选人偏爱强度的、比独立性更弱的准则，用于代替原来的独立性准则，从而得到了所谓 **Saari 可能性定理**，即存在满足这些准则的选举方法.事实上，Borda 计数法就是满足可能性定理中全部准则的一种选举方法.关于 Arrow 不可能性定理的原始版本、Saari 可能性定理的内容，以及其他一些选举方法，可参看拓展阅读 7-3.

拓展阅读 7-3
公平选举的再讨论

选举方法和公平性准则的应用实例

● **系列决胜法在推选 2004 年奥运会举办城市中的应用及讨论**

国际奥委会采用系列决胜法选择奥运会举办城市.通常先从申办城市中挑出几座候选城市，然后奥委会成员进行几轮投票，投票时不要求对候选城市排序，只要求投给最偏爱的一座城市，每轮将得票最少的城市淘汰，直至选出获胜城市.

1. 2004 年奥运会举办城市的推选过程

2004 年奥运会的候选城市是雅典、布宜诺斯艾利斯、开普敦、罗马、斯德哥尔摩，在奥委会成员的第 1 轮投票中，5 座城市的票数如表 10 第 2 行.

因为得票最少的布宜诺斯艾利斯和开普敦票数相同，按照规定需对这两座城市进行一轮附加投票，得票少的淘汰.投票结果布宜诺斯艾利斯被淘汰，其他 4 座城市进入下一轮.第 2 轮投票结果如表 10 第 3 行.

斯德哥尔摩被淘汰，其他 3 座城市进入下一轮.第 3 轮投票结果如表 10 第 4 行[1].

开普敦被淘汰，其他 2 座城市进入最后一轮.第 4 轮投票结果如表 10 第 5 行.

最终获胜者是雅典.

表 10　2004 年奥运会举办城市各轮投票结果

城市	雅典	布宜诺斯艾利斯	开普敦	罗马	斯德哥尔摩
第 1 轮票数	32	16	16	23	20
第 2 轮票数	38		22	28	19
第 3 轮票数	52		20	35	
第 4 轮票数	66			41	

2. 采用系列决胜法在推选过程中可能出现的情况

尽管开普敦在第 1 轮投票中是得票最少的城市之一，但并不是在淘汰布宜诺斯艾利斯后下一个被淘汰的.如果第 2 轮投票中投给斯德哥尔摩的 19 票在第 3 轮投票中都投给开普敦[2]，那么开普敦将得到 22+19=41 票，第 3 轮淘汰的将是罗马，而开普敦将在最后一轮投票中与雅典对决.二者之中哪个会获胜？如果投给罗马的 35 票在最后一轮

① 从表 10 发现，斯德哥尔摩第 2 轮得票比第 1 轮少 1 票，开普敦第 3 轮得票比第 2 轮少 2 票，这违反了系列决胜法关于选民对候选人偏爱不变的假定，不过这一点改变不会影响结果.

② 实际上只需 19 票中投给开普敦的比投给罗马的多 7 票，这是完全可能的.

投票中都投给开普敦[1],那么开普敦将是最终的获胜者.这就是说,采用系列决胜法在最初一轮投票中差点被淘汰的城市也可能最终获胜!

3. 采用系列决胜法可能违反单调性准则

在用系列决胜法的第 1 轮投票中(见表 10),假定原来投给开普敦的票中有一票转投给雅典,只发生有利于雅典的这一点改变,可使第 1 轮投票结果如表 11 第 2 行.

于是第 1 个被淘汰的城市不是布宜诺斯艾利斯,而是开普敦.剩下 4 座城市进入下一轮,我们无法确切知道会有什么结果,但是出现表 11 第 3 行的情况是可能的.

斯德哥尔摩被淘汰,第 3 轮投票结果可能如表 11 第 4 行.

罗马被淘汰,雅典和布宜诺斯艾利斯将进入最后一轮的竞争,而布宜诺斯艾利斯有可能最终获胜.

表 11 2004 年奥运会举办城市各轮投票结果(假定第 1 轮投给开普敦的票中有一票转投给雅典)

城市	雅典	布宜诺斯艾利斯	开普敦	罗马	斯德哥尔摩
第 1 轮票数	33	16	15	23	20
第 2 轮票数	33	31		23	20
第 3 轮票数	33	51		23	

我们看到,在用系列决胜法的选举过程中,第 1 轮投票雅典位居第 1,而有利于雅典的一点点改变(投给开普敦的票中有一票转投给雅典),在最终排序中却可以使雅典落到第 2 位.如果真的如此(这是完全可能的),单调性准则就不成立了.

- **单轮决胜法在 2002 年法国总统选举中的应用及讨论**

法国总统选举采用单轮决胜法.在初次投票中不要求选民对候选人排序,只投票给最偏爱的一位候选人,获得票数最多和次多的两位候选人进入决胜投票,决胜投票由简单多数法决定获胜者.

1. 2002 年法国总统的选举过程

在 2002 年法国总统选举中进入初次投票的有 16 位候选人,其得票百分比如表 12.

表 12 2002 年法国总统选举初次投票中候选人的得票百分比(略去的候选人得票低于 6%)

候选人	Chirac	Le Pen	Jospin	Bayrou	…
得票百分比	19.88%	16.86%	16.18%	6.84%	…

得票最多和次多的 Chirac 和 Le Pen 进入决胜投票,结果 Chirac 以 82%的绝对优势获胜.

2. 采用单轮决胜法在选举过程中可能出现的情况

在初次投票中 Chirac,Le Pen 和 Jospin 3 位候选人得票都超过 15%且相差不大,其中 Chirac 是著名右翼政治家,1995—2007 年任法国总统,Le Pen 是极右翼政治家,有 60%以上选民反对他,Jospin 是左翼政治家,1997—2002 年任法国总理.本来 Chirac 和

---

① 这是完全可能的,实际上也不需要这么多.

Jospin 是被看好能够进入决胜投票的势均力敌的两位候选人，但是 Le Pen 以稍多一点的票数挤掉了 Jospin.然而几乎可以肯定，假若不用单轮决胜法而是采用系列决胜法的话，如果选民的偏爱不变，Chirac 和 Jospin 将有一场决战，结果难料.

3. 采用单轮决胜法可能违反单调性准则

假定在初次投票中有 1%的选民将原来投给 Le Pen 的票转投 Chirac，这会使 Chirac 的得票由 19.88%上升到 20.88%，而 Le Pen 的得票由 16.86%下降到 15.86%，低于 Jospin 的 16.18%.这样在决胜投票中竞选的将是 Chirac 和 Jospin.虽然无法知道谁会在决胜投票中获胜，但 Jospin 确有胜出的可能.而一旦 Jospin 获胜，就违反了单调性准则.这次选举中按照选民最初的真实意愿排序是 Chirac 位居第 1，而好像有利于 Chirac 的 1%选民的转投这一点点改变，却可能使 Chirac 在最终排序中落到第 2 位.

后记　15 年之后的 2017 年法国总统选举中，进入初次投票的 11 位候选人的得票百分比如表 13.

表 13　2017 年法国总统选举初次投票中候选人的得票百分比(略去的候选人得票低于 7%)

候选人	Macron	Le Pen	Fillon	Melenchon	…
得票百分比	24.01%	21.30%	20.01%	19.58%	…

得票最多和次多的 Macron 和 Le Pen(表 12 中 Le Pen 的女儿)进入决胜投票，结果 Macron 以 66%的优势获胜.

对比这两次选举可以发现，旧的一幕几乎重演，采用单轮决胜法同样可能出现违反单调性准则的情况.

4. 单调性准则与虚假投票

上面所说的这个诡异的结果清楚地说明单调性准则的重要性.那些最偏爱 Chirac 将他排到第 1 位的选民，可能会伤害 Chirac 在最终排序中的位置！对于这些选民来说，更好的策略是把一部分票投给 Le Pen(即使很不喜欢他)，增加 Le Pen 领先 Jospin 进入决胜投票的可能性(他们知道在决胜投票中 Chirac 一定能击败 Le Pen)，以避免让 Jospin 进入有可能胜过 Chirac 的决胜投票.

这就是说，单轮决胜法对于**虚假投票**非常敏感.所谓虚假投票是指：投票不反映选民的真实意愿，而是帮助所喜爱的候选人在最终结果中得到某个位置.

评注　选举过程可以看作一种群体决策，即根据若干人对某些对象的个体决策(如每位选民的投票)，综合得到群体决策.社会上一些机构通过民意调查部分群众对社会福利、内外政策的态度，然后用群体决策方法归纳出国民的整体倾向.

复习题

1. 19 位选民对 4 位候选人的投票结果如下表.

票数	7	5	4	3
第 1 名	B	D	C	A
第 2 名	A	C	D	C
第 3 名	D	A	A	D
第 4 名	C	B	B	B

（1）分别用简单多数法、单轮决胜法、系列决胜法、Coombs 法和 Borda 计数法确定获胜者.

（2）对于本题，前 4 种方法的结果违反多数票准则、获胜者准则、失败者准则吗？若是，哪种方法违反？若不是，做出解释.

（3）假定 C 退出选举，选民对其他 3 位候选人的偏爱不变，重新用 Borda 计数法确定获胜者.这两个选举结果违反独立性准则、单调性准则吗？做出解释.

2. 下表是本节已经说明的 5 种选举方法满足/违反 5 条公平性准则的情况，试尽可能完成表格（“满足”需说明理由，“违反”需举出例子）.

	多数票准则	获胜者准则	失败者准则	独立性准则	单调性准则
简单多数法	满足	违反	违反		满足
单轮决胜法	满足	违反			违反
系列决胜法	满足	违反		违反	违反
Coombs 法					
Borda 计数法	违反				满足

7.6 价格指数

消费品价格的变化在任何国家都是普通百姓十分关心的问题之一.由于政局不稳或市场失控，物价几倍、几十倍地上涨，固然会引起经济崩溃、民不聊生，而由政府把所有的价格定死，长期不准变动，也会导致生产停滞、比例失调，阻碍经济的正常发展.为了逐步理顺各个经济部门和各种生产品之间的关系，既要允许各种商品的价格有升有降，又要将消费品价格总的上涨幅度控制在一定范围之内.怎样衡量价格变化的趋势和程度呢？在资本主义社会发展的几百年历史中，经济学家们提出了许多种所谓**价格指数**.目前我国有关部门常用的价格指数也是其中的一种.本节要讨论的问题是，如何评价已经存在的这些价格指数；根据客观的经济规律人们有理由要求价格指数满足哪些性质；能否找到满足这些性质的价格指数[8,94].

可以看出，这个问题的提法与 7.5 节有相似之处，我们可以把价格指数应该满足的性质归纳为若干条公理，然后用逻辑推理的方法讨论这些公理的相容性和独立性，这样既能够从一个角度评价已有的一些价格指数，又可以回答满足上述性质的价格指数的存在性问题.

各种形式的价格指数 首先，对于一种固定的商品，若原来的价格为 p^0，现在的价格为 p，那么可以简单地用

$$I=\frac{p}{p^0} \tag{1}$$

衡量价格的变动.如果两种商品原价是 p_1^0 和 p_2^0，现价是 p_1 和 p_2，简单地用如下的平均

$$I=\frac{p_1}{p_1^0}+\frac{p_2}{p_2^0} \quad 或 \quad \frac{p_1+p_2}{p_1^0+p_2^0} \quad 或 \quad \frac{p_1p_2}{p_1^0p_2^0} \tag{2}$$

显然都不能表示总的价格变化，因为若第一种商品是大米，第二种是钢琴，那么(2)式

无法反映人们对大米涨价远比对钢琴降价更为关切的实际情况.我们自然想到应该用加权平均的办法.

与人民生活息息相关的消费品有成百上千种,各个国家和地区要根据具体情况选出具有代表性的若干种,作为制订价格指数的依据.价格指数通常是衡量**基准年**(**基年**)和**考察年**(**现年**)价格的总的变动.设 n 种代表性消费品在基年的价格为 $p_1^0, p_2^0, \cdots, p_n^0$,在现年的价格为 $p_1, p_2, \cdots, p_n$,按照它们对人民生活、国家财政等方面的影响综合考虑,其权重分别为 $q_1^0, q_2^0, \cdots, q_n^0$ 和 $q_1, q_2, \cdots, q_n$,可以用它们的销售量、销售额或其他指标作为权重.记向量 $\boldsymbol{p}^0=(p_1^0, p_2^0, \cdots, p_n^0)^{\mathrm{T}}, \boldsymbol{q}^0=(q_1^0, q_2^0, \cdots, q_n^0)^{\mathrm{T}}, \boldsymbol{p}=(p_1, p_2, \cdots, p_n)^{\mathrm{T}}, \boldsymbol{q}=(q_1, q_2, \cdots, q_n)^{\mathrm{T}}$,价格指数可记作 $I(\boldsymbol{p}, \boldsymbol{q} \mid \boldsymbol{p}^0, \boldsymbol{q}^0)$.下面列举经济学家们提出来的一些价格指数.

$$I_1(\boldsymbol{p}, \boldsymbol{q} \mid \boldsymbol{p}^0, \boldsymbol{q}^0)=\frac{\boldsymbol{p} \cdot \boldsymbol{q}^0}{\boldsymbol{p}^0 \cdot \boldsymbol{q}^0}=\frac{\sum_{i=1}^{n} p_i q_i^0}{\sum_{i=1}^{n} p_i^0 q_i^0} \tag{3}$$

$$I_2(\boldsymbol{p}, \boldsymbol{q} \mid \boldsymbol{p}^0, \boldsymbol{q}^0)=\frac{\boldsymbol{p} \cdot \boldsymbol{q}}{\boldsymbol{p}^0 \cdot \boldsymbol{q}}=\frac{\sum_{i=1}^{n} p_i q_i}{\sum_{i=1}^{n} p_i^0 q_i} \tag{4}$$

$$I_3(\boldsymbol{p}, \boldsymbol{q} \mid \boldsymbol{p}^0, \boldsymbol{q}^0)=\frac{\boldsymbol{p} \cdot \boldsymbol{q}}{\boldsymbol{p}^0 \cdot \boldsymbol{q}^0}=\frac{\sum_{i=1}^{n} p_i q_i}{\sum_{i=1}^{n} p_i^0 q_i^0} \tag{5}$$

$$I_4(\boldsymbol{p}, \boldsymbol{q} \mid \boldsymbol{p}^0, \boldsymbol{q}^0)=\frac{\boldsymbol{p} \cdot \boldsymbol{a}}{\boldsymbol{p}^0 \cdot \boldsymbol{a}}=\frac{\sum_{i=1}^{n} p_i a_i}{\sum_{i=1}^{n} p_i^0 a_i}, \quad a_i>0 \tag{6}$$

$$I_5(\boldsymbol{p}, \boldsymbol{q} \mid \boldsymbol{p}^0, \boldsymbol{q}^0)=\left(\frac{\boldsymbol{p} \cdot \boldsymbol{q}^0}{\boldsymbol{p}^0 \cdot \boldsymbol{q}^0} \frac{\boldsymbol{p} \cdot \boldsymbol{q}}{\boldsymbol{p}^0 \cdot \boldsymbol{q}}\right)^{\frac{1}{2}} \tag{7}$$

$$I_6(\boldsymbol{p}, \boldsymbol{q} \mid \boldsymbol{p}^0, \boldsymbol{q}^0)=\prod_{i=1}^{n}\left(\frac{p_i}{p_i^0}\right)^{\alpha_i}, \quad \alpha_i>0, \sum_{i=1}^{n} \alpha_i=1 \tag{8}$$

$$I_7(\boldsymbol{p}, \boldsymbol{q} \mid \boldsymbol{p}^0, \boldsymbol{q}^0)=\prod_{i=1}^{n}\left(\frac{p_i}{p_i^0}\right)^{\beta_i}, \quad \beta_i=\frac{q_i^0}{\sum_{i=1}^{n} q_i^0} \tag{9}$$

$$I_8(\boldsymbol{p}, \boldsymbol{q} \mid \boldsymbol{p}^0, \boldsymbol{q}^0)=\prod_{i=1}^{n}\left(\frac{p_i}{p_i^0}\right)^{\gamma_i}, \quad \gamma_i=\frac{q_i}{\sum_{i=1}^{n} q_i} \tag{10}$$

可以看出,在 I_1 中权重均用基年的数据,统计和计算比较简单,很多国家都用这种指数.在 I_2 中权重均用现年的数据,增加了统计和计算量,但是较确切地反映了价格的变化对当前人民生活的影响,我国有关部门采用这种指数.I_4 的权重是固定的,与基年和现年无关.I_5 是 I_1 和 I_2 的几何平均.I_6 与 I_7, I_8 的区别在于 α_i 为固定常数,与 q_i^0 或 q_i 无关.

为了进一步比较、评价这些指数,并研究更合适的价格指数的存在性,下面从直观上价格指数应满足的性质出发,引入若干公理.

价格指数的公理化 首先列出大多数人认可的价格指数应具有的性质:

1. 只要有一种商品的价格上涨,其他商品的价格不下降,价格指数就应该上升(对价格的单调性).

2. 若所有商品的价格不变,价格指数不随权重的改变而改变(对权重的不变性).

3. 若所有商品的价格均上升 k 倍,价格指数也上升 k 倍(对价格的齐次性).

4. 价格指数介于单种商品价格比值的最小值和最大值之间.

5. 价格指数与货币单位的选取无关,即只要商品的实际价格不变,仅仅货币单位改变,价格指数不应改变(对货币单位的独立性).

6. 价格指数与商品计量单位的选取无关(对计量单位的独立性,这里隐含着用商品数量表示权重).

7. 两年的价格指数之比与基年的选取无关.

8. 价格指数不因某种商品被淘汰而失去意义.

这8条性质可以用数学语言表述为如下的公理.

对于 $p_i,q_i,p_i^0,q_i^0>0(i=1,2,\cdots,n)$,价格指数 $I(\boldsymbol{p},\boldsymbol{q}\mid\boldsymbol{p}^0,\boldsymbol{q}^0)>0$,应满足以下8条公理:

1. 若 $\tilde{\boldsymbol{p}}>\boldsymbol{p}$(指对所有的 i, $\tilde{p}_i\geqslant p_i$,且至少有一个 i, $\tilde{p}_i>p_i$),则 $I(\tilde{\boldsymbol{p}},\boldsymbol{q}\mid\boldsymbol{p}^0,\boldsymbol{q}^0)>I(\boldsymbol{p},\boldsymbol{q}\mid\boldsymbol{p}^0,\boldsymbol{q}^0)$.

2. $I(\boldsymbol{p}^0,\boldsymbol{q}\mid\boldsymbol{p}^0,\boldsymbol{q}^0)=1$.

3. $I(k\boldsymbol{p},\boldsymbol{q}\mid\boldsymbol{p}^0,\boldsymbol{q}^0)=kI(\boldsymbol{p},\boldsymbol{q}\mid\boldsymbol{p}^0,\boldsymbol{q}^0)$, $k>0$.

4. $\min\limits_i\dfrac{p_i}{p_i^0}\leqslant I(\boldsymbol{p},\boldsymbol{q}\mid\boldsymbol{p}^0,\boldsymbol{q}^0)\leqslant\max\limits_i\dfrac{p_i}{p_i^0}$.

5. $I(\lambda\boldsymbol{p},\boldsymbol{q}\mid\lambda\boldsymbol{p}^0,\boldsymbol{q}^0)=I(\boldsymbol{p},\boldsymbol{q}\mid\boldsymbol{p}^0,\boldsymbol{q}^0)$, $\lambda>0$.

6. $I(\boldsymbol{\Lambda p},\boldsymbol{\Lambda}^{-1}\boldsymbol{q}\mid\boldsymbol{\Lambda p}^0,\boldsymbol{\Lambda}^{-1}\boldsymbol{q}^0)=I(\boldsymbol{p},\boldsymbol{q}\mid\boldsymbol{p}^0,\boldsymbol{q}^0)$,其中 $\boldsymbol{\Lambda}=\mathrm{Diag}[\lambda_1,\lambda_2,\cdots,\lambda_n]$, $\lambda_i>0(i=1,2,\cdots,n)$.①

7. $\dfrac{I(\tilde{\boldsymbol{p}},\tilde{\boldsymbol{q}}\mid\boldsymbol{p}^0,\boldsymbol{q}^0)}{I(\boldsymbol{p},\boldsymbol{q}\mid\boldsymbol{p}^0,\boldsymbol{q}^0)}=\dfrac{I(\tilde{\boldsymbol{p}},\tilde{\boldsymbol{q}}\mid\overline{\boldsymbol{p}}^0,\overline{\boldsymbol{q}}^0)}{I(\boldsymbol{p},\boldsymbol{q}\mid\overline{\boldsymbol{p}}^0,\overline{\boldsymbol{q}}^0)}$.

8. $\lim\limits_{p_i\to0}I(\boldsymbol{p},\boldsymbol{q}\mid\boldsymbol{p}^0,\boldsymbol{q}^0)>0$.②

用这8条公理一一检验(3)—(10)列举的价格指数 $I_1\sim I_8$,我们发现没有一个价格指数满足所有公理.譬如 I_1,I_2,I_5 不满足公理7, I_6,I_7,I_8 不满足公理8, I_3 不满足公理2, I_4 不满足公理6.那么,是否可以找到其他的、由 $\boldsymbol{p},\boldsymbol{q},\boldsymbol{p}^0,\boldsymbol{q}^0$ 决定的价格指数 I 满足所有公理呢?可惜的是 Eichhorn 证明了如下的定理[40].

定理 不存在同时满足公理2,3,6,7,8的价格指数 $I(\boldsymbol{p},\boldsymbol{q}\mid\boldsymbol{p}^0,\boldsymbol{q}^0)$.

证明 其过程是证明任何一个满足公理2,3,6,7的指数 $I(\boldsymbol{p},\boldsymbol{q}\mid\boldsymbol{p}^0,\boldsymbol{q}^0)$ 必然不满

---

① 请读者说明为什么这个式子表述了前面的第6条性质.

② 用 $p_i\to0$ 表示第 i 种商品被淘汰.

足公理 8.

记 $\boldsymbol{e}=(1,1,\cdots,1)^{\mathrm{T}}$, $\boldsymbol{C}=\operatorname{diag}(c_1,c_2,\cdots,c_n)$, $\boldsymbol{D}=\operatorname{diag}(d_1,d_2,\cdots,d_n)$, $(c_i,d_i>0,i=1,2,\cdots,n)$. 容易推出

$$I(\boldsymbol{CDe},\boldsymbol{C}^{-1}\boldsymbol{D}^{-1}\boldsymbol{e}\mid\boldsymbol{e},\boldsymbol{e})=\frac{I(\boldsymbol{CDe},\boldsymbol{C}^{-1}\boldsymbol{D}^{-1}\boldsymbol{e}\mid\boldsymbol{e},\boldsymbol{e})}{I(\boldsymbol{Ce},\boldsymbol{C}^{-1}\boldsymbol{e}\mid\boldsymbol{e},\boldsymbol{e})}\cdot I(\boldsymbol{Ce},\boldsymbol{C}^{-1}\boldsymbol{e}\mid\boldsymbol{e},\boldsymbol{e})$$

$$\xlongequal{\text{公理 7}}\frac{I(\boldsymbol{CDe},\boldsymbol{C}^{-1}\boldsymbol{D}^{-1}\boldsymbol{e}\mid\boldsymbol{Ce},\boldsymbol{C}^{-1}\boldsymbol{e})}{I(\boldsymbol{Ce},\boldsymbol{C}^{-1}\boldsymbol{e}\mid\boldsymbol{Ce},\boldsymbol{C}^{-1}\boldsymbol{e})}\cdot I(\boldsymbol{Ce},\boldsymbol{C}^{-1}\boldsymbol{e}\mid\boldsymbol{e},\boldsymbol{e})$$

$$\xlongequal{\text{公理 2,6}}I(\boldsymbol{De},\boldsymbol{D}^{-1}\boldsymbol{e}\mid\boldsymbol{e},\boldsymbol{e})\cdot I(\boldsymbol{Ce},\boldsymbol{C}^{-1}\boldsymbol{e}\mid\boldsymbol{e},\boldsymbol{e}) \tag{11}$$

$$I(\boldsymbol{p},\boldsymbol{e}\mid\boldsymbol{e},\boldsymbol{e})=\frac{I(\boldsymbol{p},\boldsymbol{e}\mid\boldsymbol{e},\boldsymbol{e})}{I(\boldsymbol{p},\boldsymbol{p}^{-1}\mid\boldsymbol{e},\boldsymbol{e})}\cdot I(\boldsymbol{p},\boldsymbol{p}^{-1}\mid\boldsymbol{e},\boldsymbol{e})$$

$$\xlongequal{\text{公理 7}}\frac{I(\boldsymbol{p},\boldsymbol{e}\mid\boldsymbol{p},\boldsymbol{e})}{I(\boldsymbol{p},\boldsymbol{p}^{-1}\mid\boldsymbol{p},\boldsymbol{e})}\cdot I(\boldsymbol{p},\boldsymbol{p}^{-1}\mid\boldsymbol{e},\boldsymbol{e})\xlongequal{\text{公理 2}}I(\boldsymbol{p},\boldsymbol{p}^{-1}\mid\boldsymbol{e},\boldsymbol{e}) \tag{12}$$

记 $\boldsymbol{\Lambda}_i=\operatorname{diag}(1,\cdots,\lambda,\cdots,1)$(第 i 对角元为 λ, $\lambda>0$, 其余为 1), 于是 $\prod\limits_{i=1}^{n}\boldsymbol{\Lambda}_i=\lambda\boldsymbol{E}$ ($\boldsymbol{E}$ 为单位阵).

设 $I(\boldsymbol{p},\boldsymbol{q}\mid\boldsymbol{p}^0,\boldsymbol{q}^0)$ 是满足公理 2,3,6,7 的价格指数, 令

$$s=\prod_{i=1}^{n}I(\boldsymbol{\Lambda}_i\boldsymbol{e},\boldsymbol{e}\mid\boldsymbol{e},\boldsymbol{e}) \tag{13}$$

则

$$\begin{aligned}
s&\xlongequal{\text{(12)式}}\prod_{i=1}^{n}I(\boldsymbol{\Lambda}_i\boldsymbol{e},\boldsymbol{\Lambda}_i^{-1}\boldsymbol{e}\mid\boldsymbol{e},\boldsymbol{e})\\
&\xlongequal{\text{(11)式}}I\left(\prod_{i=1}^{n}\boldsymbol{\Lambda}_i\boldsymbol{e},\ \prod_{i=1}^{n}\boldsymbol{\Lambda}_i^{-1}\boldsymbol{e}\mid\boldsymbol{e},\boldsymbol{e}\right)\\
&=I(\lambda\boldsymbol{e},\lambda^{-1}\boldsymbol{e}\mid\boldsymbol{e},\boldsymbol{e})\\
&\xlongequal{\text{公理 3}}\lambda I(\boldsymbol{e},\lambda^{-1}\boldsymbol{e}\mid\boldsymbol{e},\boldsymbol{e})\xlongequal{\text{公理 2}}\lambda
\end{aligned} \tag{14}$$

当 $\lambda\to0$ 时 $s\to0$, 于是在(13)式右端必存在某个因子有

$$\lim_{\lambda\to0}I(\boldsymbol{\Lambda}_i\boldsymbol{e},\boldsymbol{e}\mid\boldsymbol{e},\boldsymbol{e})=0 \tag{15}$$

这个结果与公理 8 矛盾. [证毕]

顺便指出,该定理没有涉及公理 1,4,5 的一个原因是,可以证明:

若指数 I 满足公理 1,2,3,则 I 满足公理 4;

若指数 I 满足公理 2,3,7,则 I 满足公理 5.

对常用的价格指数的分析 既然不存在满足所有公理的价格指数,我们只好回到前面列举的 I_1—I_8((3)—(10)式).首先,I_4 和 I_6 需要构造另外的参数 a_i 和 α_i,不便应用,I_5 可由 I_1,I_2 直接得到,I_3 不满足公理 2(这是非常基本的要求),所以不再对它们作进一步的分析.

对于 I_7,I_8,不难验证它们不满足公理 6,7,8(复习题 2),并且计算量较大,而对于 I_1 和 I_2,可以验证它们满足除公理 7 以外的其余公理(复习题 1),计算也较方便,所以 I_1 和 I_2 是目前常用的价格指数.进一步分析它们与公理 7 的矛盾还可以发现,在一般情

况下公理 7 能够近似地成立.例如对于价格指数 I_2 和两个不同基年的价格向量 $\boldsymbol{p}^0, \overline{\boldsymbol{p}}^0$，公理 7 成立的条件是存在正数 k，使

$$\overline{\boldsymbol{p}}^0 = k\boldsymbol{p}^0 \tag{16}$$

即对于所有商品一个基年的价格都是另一基年价格的 k 倍.这个条件虽然不会绝对成立，但实际上是近似满足的.于是为人们采用 I_1 和 I_2 作为实用的价格指数提供了更强的论据.

复习题

1. 验证价格指数 I_2 满足公理 7 以外的其余公理；而且当条件(16)式成立时它也满足公理 7.
2. 验证价格指数 I_8 满足公理 1—5，但不满足公理 6—8.

7.7 中小微企业的信贷决策

问题提出 实际中由于中小微企业规模相对较小，也缺少抵押资产，因此银行通常是依据信贷政策、企业的交易票据信息和上下游企业的影响力，向实力强、供求关系稳定的企业提供贷款，并可以对信誉高、信贷风险小的企业给予利率优惠.银行首先根据中小微企业的实力、信誉对其信贷风险做出评估，然后依据信贷风险等因素来确定是否放贷及贷款额度、利率和期限等信贷策略.

数据文件 7-1 至 7-3 中小微企业的信贷决策 1—3

某银行对确定要放贷企业的贷款额度为 10~100 万元；年利率为 4%~15%；贷款期限为 1 年.数据文件 7-1~7-3 分别给出了 123 家有信贷记录企业的相关数据、302 家无信贷记录企业的相关数据和贷款利率与客户流失率关系的 2019 年统计数据.

根据实际和数据文件的数据信息，建立数学模型研究对中小微企业的信贷策略，解决下列问题：

(1) 对数据文件 7-1 中 123 家企业的信贷风险进行量化分析，给出该银行在年度信贷总额固定时对这些企业的信贷策略.

(2) 在问题 1 的基础上，对数据文件 7-2 中 302 家企业的信贷风险进行量化分析，并给出该银行在年度信贷总额为 1 亿元时对这些企业的信贷策略.

(3) 企业的生产经营和经济效益可能会受到一些突发因素影响，而且突发因素往往对不同行业、不同类别的企业会有不同的影响.综合考虑数据文件 7-2 中各企业的信贷风险和可能的突发因素（例如，新型冠状病毒感染疫情）对各企业的影响，给出该银行在年度信贷总额为 1 亿元时的信贷调整策略.

上面是 2020 年全国大学生数学建模竞赛 C 题，本节将参考发表在《工程数学学报》第 37 卷增刊一(2020)上的 5 篇竞赛优秀论文，以及王志勇教授的文章[90]，对问题(1)(2)进行分析研究.

问题分析 中小微企业对国家的经济发展起着重要作用，银行等金融机构给予一定的信贷支持，有利于促进这类企业的健康成长."发票贷"是一种新的信贷模式，具有门槛低（有开票记录即可申请、无须抵押和担保）、流程简（线上办理）、审批快等特点，银行主要依据信贷政策、企业的交易票据信息及信贷记录，评估申请者还贷的经济实

力、稳定性和信贷风险,确定是否放贷及贷款额度、利率等信贷策略.

问题(1) 制定信贷策略的对象是有信贷记录的123家企业,所依据的信息包括:数据文件7-1中企业名称、违约记录、信誉等级,近三年企业的进项与销项发票信息(含购进方与销售方名称、开票日期、货款金额、税额、款税合计、发票状态——有效或作废),数据文件7-3中贷款利率与客户流失率的2019年统计数据.建模过程应首先充分挖掘进项与销项发票提供的数据信息,从反映企业的经营规模、能力、增长率、供求关系稳定性、上下游企业影响力等方面,通过初选、精选确定度量企业还贷能力的数量指标,再建立违约记录、信誉等级与还贷能力指标之间的统计模型,经过验证后依据由还贷能力指标预测的违约和信誉等级的概率,构建以信贷风险最小、收益最大为目标的优化模型,求解得到信贷策略.

问题(2) 制定信贷策略的对象是无信贷记录的302家企业,数据文件7-2给出了类似数据文件7-1的信息,但是没有违约记录和信誉等级.题目明确要求在问题(1)的基础上对信贷风险进行量化分析,所以很自然的想法是,合理地假定无信贷记录企业与有信贷记录企业的还贷能力指标大致相同,对无信贷记录的每家企业计算其还贷能力指标的数值,利用问题(1)建立的违约记录、信誉等级与还贷能力指标的统计模型,得到无信贷记录企业预测的违约和信誉等级的概率,按照问题(1)的优化模型求解得到信贷策略.

数据处理 数据文件7-1,7-2中的进项发票信息、进项发票信息数量巨大,开票日期、发票状态参差不齐,需进行预处理.

- 删除作废发票 据统计,作废发票约占5%~6%,据题目说明,作废发票为交易活动开具发票后,因故取消了该项交易所致,并未明确取消交易的原因,只能直接删除,不宜将作废发票的数量或比例当作企业的负面指标.

- 处理负数发票 据题目说明,负数发票为交易活动开具发票且入账计税后,购方因故发生退货、退款所致,并未明确取消交易的原因,但一般会出现两张正负相抵的发票,所以若在一个时段对发票金额求和,存在负数发票不会影响结果.只是当统计交易次数时应删除包含负数的两张发票.

- 按月统计发票信息 全部有效发票达103万余张,平均每家企业近2 500张,时间跨度为2016年2月至2020年2月(部分企业缺2016年、2017年和2020年发票),平均每家企业每月50余张,考虑到公平性与计算上的方便,统一按月统计发票信息,如计算月平均交易额、交易次数、毛利润、变化率等指标,或者按月统计后乘12,得到年的平均指标.为了时段的一致,不妨删除数量不大的2016年和2020年的发票,统一考察2017—2019年整三年的数据信息.

数据文件7-3是贷款利率与客户流失率关系的2019年统计数据,据题目说明,客户流失率指因为贷款利率等因素银行失去潜在客户的比率.下面用到的是客户留存率(留存率=1-流失率),观察数据可知,对信誉等级A,B,C级的留存率(记作v)随利率(记作r)增加均呈下凸形减小,可尝试建立简单的负指数函数回归模型

$$v_k=a_k e^{-b_k r},\quad k=1,2,3\ \text{分别表示 C,B,A 级} \tag{1}$$

图1和表1给出了模型结果,显示模型具有整体有效性; B级、C级2条曲线差别不大,每级的系数估计值都落在另一级的系数置信区间内,显示两级的回归系数在统计意义上没有显著差别;A级曲线及系数估计值与B级、C级有显著差别.

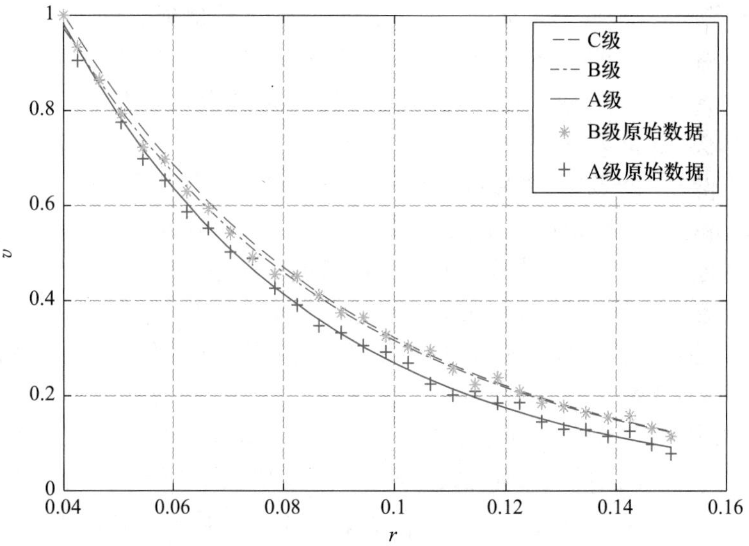

图1 留存率与利率的负指数函数回归曲线

表1 留存率与利率的负指数函数回归系数([ ]内为系数置信区间)

	回归系数 a_k	回归系数 b_k	决定系数 R^2
C级($k=1$)	2.131 9 [2.010 0, 2.261 2]	18.888 4 [18.301 2, 19.475 6]	0.993 8
B级 ($k=2$)	2.059 3 [1.972 2, 2.150 2]	18.739 2 [18.308 1, 19.170 2]	0.996 6
A级 ($k=3$)	2.328 6 [2.177 5, 2.490 1]	21.592 1 [20.923 1, 22.261 2]	0.993 9

企业还贷能力数量指标的确定 无论对于有信贷记录还是无信贷记录的企业,都可以从数据文件7-1或数据文件7-2的进项与销项发票信息中,提取若干能代表企业规模、实力及其稳定性、增长度等方面的数量指标,作为对企业还贷能力的度量.如

- 月均发票数 A_1 按月统计进项与销项发票总数,对有交易记录的月份取平均.反映企业对上游客户(购进方)的依赖度及对下游客户(销售方)的影响力,A_1 越大企业规模越大.
- 月均毛利润 A_2 按月统计销项发票价税总计作为收益,进项发票价税总计作为成本,二者之差视为毛利润,对有交易记录的月份取平均.A_2 越大企业经营能力即经济实力越大.
- 月发票数变异系数的倒数 A_3 月发票数的标准差除以月均发票数 A_1 得到变异系数,取其倒数为 A_3.显然,A_3 越大企业规模的稳定性越强.
- 月毛利润变异系数的倒数 A_4 月毛利润的标准差除以月均毛利润 A_2 得到变异系数,取其倒数为 A_4.显然,A_4 越大企业经济实力的稳定性越强.
- 月发票数的增长率 A_5 计算月发票数的增长率,视实际情况取环比增长率(本月与上月相比)或同比增长率(本月与上年同月相比),再对月取平均.A_5 越大企业规模的增长越快.

- 月毛利润的增长率 A_6　计算月毛利润的增长率，视实际情况取环比增长率或同比增长率，再对月取平均.A_6 越大企业利润的增长越快.

以上指标均属效益型，$A_1, A_2, \cdots, A_6$ 越大企业还贷能力越强，这也是变异系数取倒数的原因.

当然，从发票信息中还可以提取代表企业还贷能力的其他数量指标，用作对上述的补充或替代，如竞赛优秀论文及文献[90]中的平均营业额（销售额）、平均利润率（利润与销售额之比），以及分别统计进项与销项的发票数量、金额、税额等.一般地说，选择指标应该全面考虑对目标（企业还贷能力）重要性大、影响力强的因素，更需注意选取那些独立性强、区分度高（指容易区分企业还贷能力的）的指标.

假定初选指标为 $A_1, A_2, \cdots, A_n$，指标取值记作 $x_1, x_2, \cdots, x_n$，将 m 家企业的发票信息进行整理、计算得到的原始数据矩阵记作 $\boldsymbol{X}=(x_{ij})_{m\times n}$，其中 x_{ij} 是第 i 家企业指标 A_j 的取值（$i=1,2,\cdots,m; j=1,2,\cdots,n$）.首先，对 X 的列向量作标准化处理，为了下面讨论的方便，这里采用归一化，即 X 的每一列按比例缩放为列和等于 1.不妨将标准化的数据矩阵仍记作 $\boldsymbol{X}=(x_{ij})_{m\times n}$.

对于初选指标可以采用以下的方法进行精选：

- 利用相关分析去除相关性强的指标　利用标准化的数据矩阵 $\boldsymbol{X}$ 计算 A_j 与 A_k 的相关系数 $r_{jk}(j,k=1,2,\cdots,n)$，若 $|r_{jk}|$ 太大，如超过 0.8，表示 A_j 与 A_k 的相关性很强，应去除 A_j 与 A_k 中的一个.
- 利用信息熵法去除区分度低的指标　用标准化的数据矩阵 $\boldsymbol{X}$ 计算每个指标 A_j $(j=1,2,\cdots,n)$ 的信息熵和区分度，去除区分度过低的指标（就各个指标 A_j 的区分度相对比较而言）.

不妨将精选的指标仍记作 $A_1, A_2, \cdots, A_n$，取值仍记作 $x_1, x_2, \cdots, x_n$，对应的数据矩阵仍记作 $\boldsymbol{X}=(x_{ij})_{m\times n}$.将信息熵法得到的、各个指标 A_j 的区分度归一化后，定义为 A_j 对目标（企业还贷能力）的权重，记作 w_j $(j=1,2,\cdots,n)$，根据常用的加权和法度量企业还贷能力的综合指标为 $z=\sum_{j=1}^{n} x_j w_j$，于是第 i 家企业还贷能力的综合指标为

$$z_i=\sum_{j=1}^{n} x_{ij} w_j, \quad i=1,2,\cdots,m \tag{2}$$

或

$$\boldsymbol{z}=\boldsymbol{X}\boldsymbol{w}, \quad \boldsymbol{z}=[z_1, z_2, \cdots, z_m]^{\mathrm{T}}, \boldsymbol{w}=[w_1, w_2, \cdots, w_n]^{\mathrm{T}} \tag{3}$$

下面在度量企业还贷能力时，根据需要可以采用选出的 n 个指标，记作 $\boldsymbol{x}=(x_1, x_2, \cdots, x_n)$，或者它们的综合指标 z.

企业违约记录、信誉等级与还贷能力的关系探讨　对于有信贷记录的 123 家企业，数据文件 7-1 中给出它们的信誉等级和违约记录，信誉等级由高到低为 A 级 27 家、B 级 38 家、C 级 34 家、D 级 24 家；共 27 家企业有违约记录，包括 B 级 1 家、C 级 2 家及 D 级全部 24 家.

题目未明确信誉等级是否是根据同时期的发票信息评定的，也未指明违约记录与发票信息是否处于同一时期，于是从常识的角度可以假定，违约记录和信誉等级与由发票信息提取的度量企业还贷能力的各个指标之间存在统计意义上的相关关系，可以建立以违约记录、信誉等级为因变量、以还贷能力的各个指标或综合指标为自变量的统计模型，通

评注　以上讨论可视为 7.1 节介绍的多属性决策的应用，其中属性即指标 A_j 和决策矩阵即数据矩阵 X 都是由发票信息定量给出的，确定属性权重宜采用客观性强的信息熵法，而非层次分析等主观性强的方法.此外，对属性值进行综合也可采用加权积法或 TOPSIS 方法.

过模型来分析、评估这种相关关系的密切程度,探讨模型结果在题目求解中的应用.

- **logistic 回归模型**

违约记录是一个二分类因变量 y($y=1$ 表示违约,$y=0$ 表示无违约)与自变量 $\boldsymbol{x}$(还贷能力指标或综合指标)的关系,可用 9.6 节介绍的 logistic 回归模型,即 logit 模型来描述.$P(y=1\mid \boldsymbol{x})$,$P(y=0\mid \boldsymbol{x})$分别表示指标为 $\boldsymbol{x}$ 时违约和无违约的概率,这两个概率之比称为比数或发生比,记作 odds($\boldsymbol{x}$),表示违约发生与不发生的概率之比,将比数 odds($\boldsymbol{x}$)取对数得到 y 的 logit 变换,记作 logit(y),即

$$\text{logit}(y)=\ln\left(\frac{P(y=1\mid x)}{P(y=0\mid x)}\right)=\ln(\text{odds}(x)) \tag{4}$$

对 logit(y)与 $\boldsymbol{x}$ 作普通的线性回归,有

$$\text{logit}(y)=\alpha+\boldsymbol{\beta x},\quad \boldsymbol{\beta}=[\beta_1,\beta_2,\cdots,\beta_n],\quad \boldsymbol{x}=[x_1,x_2,\cdots,x_n]^{\mathrm{T}} \tag{5}$$

根据有信贷记录的 $m=123$ 家企业的指标信息($x_{ij},y_i,\ i=1,2,\cdots,m;j=1,2,\cdots,n$),利用极大似然准则得到系数 $\alpha,\boldsymbol{\beta}$ 的估计值后,代回(4)(5)式(仍记作 $\alpha,\boldsymbol{\beta}$)可得

$$P(y=1\mid x)=\frac{\mathrm{e}^{\alpha+\boldsymbol{\beta x}}}{1+\mathrm{e}^{\alpha+\boldsymbol{\beta x}}},\quad P(y=0\mid x)=\frac{1}{1+\mathrm{e}^{\alpha+\boldsymbol{\beta x}}} \tag{6}$$

信誉等级是一个多分类因变量 y(A 级、B 级、C 级、D 级),y 与还贷能力指标 $\boldsymbol{x}$ 的关系可用拓展的 logit 模型来表述.若将信誉等级视为名义(nominal)变量,任选一类比如 D 级为参考类,表为 $y=0$,其他 3 级以任意次序表为 $y=1,2,3$,像(4)(5)式那样,对 $y=k$ 与 $y=0$ 分别估计 logit 模型的系数,记作 $\alpha_k,\boldsymbol{\beta}_k(k=1,2,3)$,得到 A,B,C 级相对于 D 级的概率,然后将其归一化,最终结果为[36,47]

$$P(y=k\mid x)=\frac{\mathrm{e}^{\alpha_k+\boldsymbol{\beta}_k\boldsymbol{x}}}{1+\sum_{k=1}^{3}\mathrm{e}^{\alpha_k+\boldsymbol{\beta}_k\boldsymbol{x}}},\quad k=1,2,3,\quad P(y=0\mid x)=\frac{1}{1+\sum_{k=1}^{3}\mathrm{e}^{\alpha_k+\boldsymbol{\beta}_k\boldsymbol{x}}} \tag{7}$$

实际上,信誉等级还是一个定序(ordinal)变量,4 个等级是有优劣顺序的.可以将 D,C,B,A 依次记作 $y=0,1,2,3$,用累积比数法仿照连续变量利用累积概率构造 3 个二分类变量的 logit 模型:$P(y\leqslant k\mid \boldsymbol{x})$相比于 $P(y>k\mid \boldsymbol{x})$,$k=0,1,2$. 不过在像(4)(5)式那样根据指标信息估计 logit 模型系数时,对于各个 $k(k=0,1,2)$, 虽然 α_k 不同, 但却可以假定 $\boldsymbol{\beta}_k$ 是不变的,称为比例比数假设或平行性假设,意思是各条“回归直线”的斜率相等,使模型得以简化[36,53].在求解模型得到相应的概率后,再按照概率运算法则计算$P(y=k\mid \boldsymbol{x})$,$k=0,1,2,3$.

采用 logit 模型求解违约记录或信誉等级,得到的是每家企业落入无违约($y=0$)和违约($y=1$)的概率,或者等级 D,C,B,A($y=0,1,2,3$)的概率,若要预测企业是否违约需要对概率确定分界点,最简单的是当 $P(y=0)>0.5$ 时预测企业无违约,否则,预测违约.显然,预测会犯错误,即实际无违约的企业预测违约,或实际违约的企业预测无违约.如果这两类错误造成的损失不相等,概率分界点就应相应地调整.若要预测企业落入哪个信誉等级,可视概率 $P(y=k\mid \boldsymbol{x})$($k=0,1,2,3$)哪个最大来确定.

求解 logit 模型建议采用统计专用软件如 SAS, SPSS,可以得到相当充分的输出,不妨从以下几方面对模型结果进行检验和分析:

1. 模型整体的有效性检验　普通的线性回归采用最小二乘准则,模型有效性检验依据的是误差平方和 Q、回归平方和 U 与总平方和 S($S=Q+U$)的比例关系, 决定系数

$R^2=U/S$ 表示在因变量的总变化量中由自变量决定的那部分的比例.logistic 回归采用极大似然准则,与最小二乘准则下的平方和 Q,U 和 S 相对应的是对数似然值乘(-2)得到的 D_M,G_M 和 $D_0(D_0=D_M+G_M)$,决定系数 $R_{L^2}=G_M/D_0(D_M,G_M,D_0,R_L^2$的定义见参考文献[4]),其大小反映自变量在回归模型中的作用,由 G_M 可作χ^2 检验.在软件 SAS, SPSS 的输出中都可以找到或由简单计算得到这些数值[47,53].

2. 每个自变量系数的显著性检验 像普通的线性回归那样,对 logistic 回归也可在给定显著性水平下,检验每个自变量系数等于零的假设 H_0 是接受还是拒绝.在软件 SAS, SPSS 的输出中都有每个自变量系数的估计值、标准差以及χ^2 值、p 值等[47,53],接受 H_0 的自变量应从模型中删除,之后再重新建模.

3. 正确认识自变量系数的含义 在普通线性回归中每个自变量的系数表示该自变量变化一个单位时因变量的变化量,而对 logistic 回归某自变量 x_i 的系数 β_i 表示的是 x_i 变化一个单位时 logit(y) 的变化量,由(4)(5)式可知 $e^{\beta_i}=\text{odds}(x_i+1)/\text{odds}(x_i)$,即 x_i 变化一个单位时 y 的比数的变化.若 $\beta_i<0$ 则 $e^{\beta_i}<1$,表示 x_i 增加时违约($y=1$)概率会减小;反之,违约($y=1$)概率将变大.可以据此检查估计值 β_i 的正负是否符合经济学常识.

4. 考察对样本因变量分类的正确程度 在软件 SAS, SPSS 输出的分类表中,由因变量 $y=0,y=1$ 的观测样本数和按模型结果得到 $y=0,y=1$ 的估计样本数(通常以概率等于0.5为 $y=0,1$ 的分界点),以及观测与估计结果相同的百分比,可由此考察模型分类的正确度.

采用 logistic 逐步回归模型,通过 G_M 的增减进行自变量选择,是提高建模效率的途径之一[47].

对于有信贷记录的123家企业,如果根据度量还贷能力的指标 $\boldsymbol{x}=(x_1,x_2,\cdots,x_n)$ 建立的企业违约和信誉等级与这些指标之间的 logit 模型是有效的,即模型整体及模型系数(经过自变量删减、调整后)都通过了验证,则对这些企业利用模型系数和指标 $\boldsymbol{x}$ 的取值完全可以预测其违约和信誉等级的概率,作为下面建模的依据.

对于无信贷记录的302家企业,按照问题分析中对于无信贷记录与有信贷记录企业还贷能力指标大致相同的合理假定,仍然可以利用上面的模型及无信贷记录的每家企业的还贷能力指标,有效地预测其违约和信誉等级的概率.

> **评注** 当回归模型因变量是取离散值的多分类(k类)变量时应区分不同情况.对名义变量选其中一类为参考类,建立 $k-1$ 个二分类 logit 模型,每个模型只能采用相应两类的数据求解;对定序变量用累积比数法则可利用全部数据求解,且在比例比数假设下能得到简化模型,这是定序变量的优势所在.

- **其他分类方法**

对于违约记录及信誉等级与企业还贷能力指标之间的相关关系,还可以采用其他统计方法或机器学习方法,如

1. 判别与分类 对有信贷记录的企业,已经按违约记录或信誉等级分成2个或4个集合,判别分析是根据企业还贷能力指标找到定量的判别规则,将这些集合最恰当地进行分离.对无信贷记录的企业,要根据还贷能力指标确定一个最优准则将这些企业恰当地分类.显然,判别与分类的目的不同,而解决问题的途径却是相同或相似的,这个题目的求解可视为这两种方法的结合.通过机器学习对样本分类的数学方法基本上也是这样.

2. 分类树 这是一类既不依赖总体特征的概率分布,也不依赖特定的最优准则的分类方法,适用于数据挖掘中变量众多、样本庞大的分类问题.如分类与回归树(classification and regression tree, 简写为CART)开始将全部对象视为一类,依据某个自变量的某个阈值把它分为两个子类,再依据另一个自变量的阈值对关注的那个子类分为两个

> **评注** 如果 logit 模型的自变量,即还贷能力的指标无论怎样调整,其系数都不能通过验证,则表示企业违约和信誉等级与发票信息提供的指标之间不存在 logistic 回归意义下的显著相关关系,可以尝试其他回归模型或分类方法.

子类,如此进行下去直至达到一个适当的终止点.梯度提升决策树(gradient boosting decision tree,简写为 GBDT)是一种迭代的决策树算法,将多个决策树模型(弱分类器)进行层层叠加,采用串行方式运行,将多个弱分类器的预测叠加为最终模型的预测结果.可进一步基于正则优化,改进梯度下降决策树模型,改进分类效果.

3. 神经网络、遗传算法等 采用这些方法时也需注意作检验.

基于企业违约风险的银行信贷策略 在上面的建模过程中,已经利用有信贷记录企业还贷能力的指标,以及是否违约和信誉等级的历史记录,预测其未来出现违约风险的概率及将会落入哪个信誉等级,所以下面在制定银行信贷策略而度量企业信贷风险大小时,直接采用其预测违约概率和预测等级,不再考虑历史记录.对于无信贷记录企业则根据其还贷能力指标,按照上面的模型预测其出现违约风险的概率及落入哪个信誉等级.于是下面的建模过程可以适用于这两类企业.

评注 如果根据数据文件7-1的数据始终得不到违约和信誉等级与发票信息指标之间的显著相关关系,虽然对有信贷记录企业仍可用已知的违约和信誉等级继续进行,但对无信贷记录企业则无法完成题目要求的工作.

当申请贷款企业数量不太多时银行可以直接对每家企业制定信贷策略,而当企业数量巨大时银行通常会先将这些企业划分为若干个信贷风险等级,再按照风险等级制定信贷策略.这两种情况的数学模型没有本质的不同,对于这个题目下面针对每家企业建模,本节最后将讨论按照风险等级建模的情况.

根据题意制定银行信贷策略既要规避信贷风险,也需顾及银行收益.考虑到充分利用已经得到的信息,采用企业的预测违约概率和预测信誉等级作为企业信贷风险的度量指标,银行收益则为考虑客户流失率时的贷款利息.

按照题目所述"银行对信誉等级为 D 的企业原则上不予放贷",故将预测信誉等级为 D 级的企业予以排除,下面的模型设有 m 家企业申请贷款,对有信贷记录与无信贷记录企业分别求解.

记第 i 家企业的贷款金额为 $s_i(i=1,2,\cdots,m)$,贷款利率为 r_i,客户留存率为 u_i,预测违约概率为 p_i,预测信誉等级为 Q_i,有

$$u_i=\begin{cases}v_1, Q_i=\text{C 级}\\ v_2, Q_i=\text{B 级}\\ v_3, Q_i=\text{A 级}\end{cases} \tag{8}$$

其中 v_1,v_2,v_3 由(1)式和表1给出.记其对应的等级风险率为 q_i,定义

$$q_i=\begin{cases}d_1, Q_i=\text{C 级}\\ d_2, Q_i=\text{B 级}, \quad 1>d_1>d_2>d_3\geqslant 0\\ d_3, Q_i=\text{A 级}\end{cases} \tag{9}$$

参考有信贷记录企业发生的违约数据(C 级 34 家有 2 家违约、B 级 38 家有 1 家违约、A 级无违约),可取 $d_1=0.06, d_2=0.03, d_3=0$.

银行信贷策略的一个目标是银行信贷风险损失率(记作 F)最小,F 定义为贷款企业预测违约概率 p_i 及等级风险率 q_i 造成的贷款金额 s_i 的预期损失之和,占贷款总额的比例,即

$$F=\frac{\sum_{i=1}^{m} s_i(\mu_p p_i+\mu_q q_i)}{\sum_{i=1}^{m} s_i}, \quad \mu_p+\mu_q=1 \tag{10}$$

其中 μ_p,μ_q 是 p_i 与 q_i 的权重,一般情况下可取 $\mu_p=\mu_q$.

信贷策略的另一个目标是银行信贷收益率(记作 G)最大,G 定义为贷款企业利率 r_i 及客户留存率 u_i 获得的贷款金额 s_i 的预期收益之和,占贷款总额的比例,即

$$G=\frac{\sum_{i=1}^{m}s_ir_iu_i}{\sum_{i=1}^{m}s_i} \tag{11}$$

银行信贷策略的约束条件为

$$\sum_{i=1}^{m}s_i\leqslant S(\text{贷款总额限制}) \tag{12}$$

$$S_1\leqslant s_i\leqslant S_2,\quad i=1,2,\cdots,m(\text{每家企业贷款额度限制}) \tag{13}$$

$$R_1\leqslant r_i\leqslant R_2,\quad i=1,2,\cdots,m(\text{贷款利率限制}) \tag{14}$$

银行信贷策略归结为,已知约束条件(12)—(14)式中的常数,给定参数 d_1,d_2,d_3,μ_p,μ_q,根据前面得到的预测违约概率 p_i,等级风险率 q_i 及客户留存率 v_1,v_2,v_3,求解(10)式风险损失率 F 最小、(11)式收益率 G 最大的两目标优化模型,决策变量为贷款金额 s_i 和利率 r_i $(i=1,2,\cdots,m)$.当贷款总额等于 S(即(12)为等式)时,可设 $S=1$,则 s_i 为企业 i 的贷款比例.

模型(10)—(14)式的求解有两条途径,一是对风险损失率 F 和收益率 G 加权构成单目标函数 H(不妨称为净收益率),求解

$$\max_{s_i,r_i}H=\lambda_F(-F)+\lambda_GG=\frac{\sum_{i=1}^{m}s_i[\lambda_Gr_iu_i-\lambda_F(\mu_pp_i+\mu_qq_i)]}{\sum_{i=1}^{m}s_i},\quad \lambda_F+\lambda_G=1 \tag{15}$$

其中 λ_F,λ_G 为 F 和 G 的权重.二是先求解(10)式目标函数 F 最小,将得到的连续决策变量 s_i(贷款金额)舍入为若干组整数解(如以 1 万元或 5 万元为单位)待选,再将 s_i 的每组整数解代入(11)式,求解目标函数 G 最大,比较以后得到决策变量 r_i(贷款利率).

实际上,(11)式收益率 G 中利率 r_i 与留存率 u_i 乘积 r_iu_i 的最大值可以简化地得到.回顾(1)和(8)式有

$$r_iu_i=r_ia_k\mathrm{e}^{-b_kr_i},\quad Q_i=\mathrm{C},\mathrm{B},\mathrm{A}\text{ 级分别对应 }k=1,2,3 \tag{16}$$

由(16)式可解出 r_iu_i 的最大值点为

$$r_i=1/b_k,\quad Q_i=\mathrm{C},\mathrm{B},\mathrm{A}\text{ 级分别对应 }k=1,2,3 \tag{17}$$

从表 1 中的系数 b_k 得到:A 级企业 i,$r_i=0.046$,B 级、C 级企业 i,$r_i=0.053$,而 r_iu_i 最大值均约 0.04.

在(15)式中,$\lambda_Gr_iu_i-\lambda_F(\mu_pp_i+\mu_qq_i)$ 是对应于企业 i 的净收益率.参考有信贷记录企业的违约数据,p_i,q_i 在 0.03 左右,即使取 $\lambda_F=\lambda_G=0.5$,净收益率仅 0.01,这个数字警示银行需对预测违约概率高、预测信誉等级 C 的企业谨慎放贷.

以最小风险和最大收益为目标制定信贷策略有很多种方法,如利用 WOE-logistic 信用评分卡模型预测信誉等级,按风险等级和信誉等级制定信贷策略[90];考虑违约并非完全不偿还本息,引入平均违约损失率避免无法发放贷款的情况①;引用风险调整后的资

① 见《工程数学学报》37 卷(增刊 1)刘佳琦等的论文.

本收益率(RAROC)作为制定信贷策略的目标函数①;用最大风险损失代替通常的风险损失求和来建立模型②;按照不同的信誉等级制定贷款额度限制和贷款利率③.

模型拓展 银行面向小微企业、个体工商户、农户等客户的信贷服务部门,常要处理数百上千客户的贷款申请.银行不会直接面对每个客户,而是将全部客户划分为若干信用等级,对每个等级制定信贷策略.作为本节题目的拓展,这里简要介绍基于违约金字塔原理的信用等级划分模型[86],建模过程分为3步:确定信贷风险指标,构建信贷风险评分,划分客户信用等级.下面主要介绍第3步.

1. 确定信贷风险指标 首先列出与信贷风险相关的准则层,如盈利能力、成长能力、偿贷能力、法人情况、外部条件等,在每个准则层(或者子准则层)下给出若干可度量的定量指标,或便于定量化的定性指标.要注意指标数据的可获取性,及原始数据的标准化.然后对同一准则层内的指标作相关分析,找出相关性强的子集,将这类子集与违约状态建立回归模型,利用显著性水平检验剔除那些对违约风险不显著的指标,对通过筛选的指标进行合理性判定,构成最终的指标体系. 参考文献[86]中对小企业贷款风险指标从海选的107个筛选出19个.

2. 构建信贷风险评分 对筛选出的最终指标分别赋权,其方法除了常用的信息熵、TOPSIS等,参考文献[86]中根据Fisher分类判别法,求以违约与非违约类间离差最大、类内离差最小为目标函数的最优解,对指标赋权,用加权指标线性求和作为信贷风险评分,并将评分区间定义在0~100分,分数越高,信用越好,信贷风险越低.

3. 划分客户信用等级 将全部m个客户按照信贷评分从高到低的顺序排列,并给出客户的应收贷款本息及未收贷款本息等信息.银行要将这些客户划分为$k=1,2,\cdots,9$共9个等级,划分信用等级就是要按照客户评分顺序,确定等级k的客户数量m_k,且满足$m_1+m_2+\cdots+m_9=m$.

划分等级的基本依据是违约损失率(loss given default, 简写为LGD),其定义是一个等级内所有客户未收贷款本息之和与应收贷款本息之和的比值,记客户i的应收贷款本息为s_i,未收贷款本息为$l_i(i=1,2,\cdots,m)$,等级k的违约损失率LGD_k为

$$LGD_k=\frac{\sum\limits_{i=m_1+m_2+\cdots+m_{k-1}+1}^{m_1+m_2+\cdots+m_k} l_i}{\sum\limits_{i=m_1+m_2+\cdots+m_{k-1}+1}^{m_1+m_2+\cdots+m_k} s_i},\quad k=1,2,\cdots,9(k=1\text{ 时设 } m_0=0) \tag{18}$$

违约金字塔原理的一个基本原则是,随着信用等级由高($k=1$)到低($k=9$),要求各个等级的违约损失率LGD_k严格单调增加,即

$$LGD_k<LGD_{k+1},\quad k=1,2,\cdots,8 \tag{19}$$

若用LGD_k的大小作为金字塔每一层底边的长度,满足(19)式的一个金字塔如图2(a).显然,这个金字塔各层底边长LGD_k的变化不够均匀.若记相邻等级的违约损失率之差为$G_k=LGD_{k+1}-LGD_k$,则希望G_k的变化($k=1,2,\cdots,8$)越小越好,从而违约金字塔原理

---

① 见《工程数学学报》37卷(增刊1)林泽浩等的论文.

② 见《工程数学学报》37卷(增刊1)黄飞等的论文.

③ 见《工程数学学报》37卷(增刊1)宋泳陶等的论文.

的另一个要求是

$$F=\sum_{k=1}^{8} G_k^2=\sum_{k=1}^{8}(LGD_{k+1}-LGD_k)^2 \tag{20}$$

尽可能地小.金字塔的完美形状是一个等腰三角形,如图 2(b).

已知全部客户的评分以及应收、未收贷款本息数据,在条件(18)(19)式下求解等级划分 $m_1,m_2,\cdots,m_9$ 使(20)式的 F 最小,是一件很麻烦的事情,可以用试探法找到相当满意的结果即可.

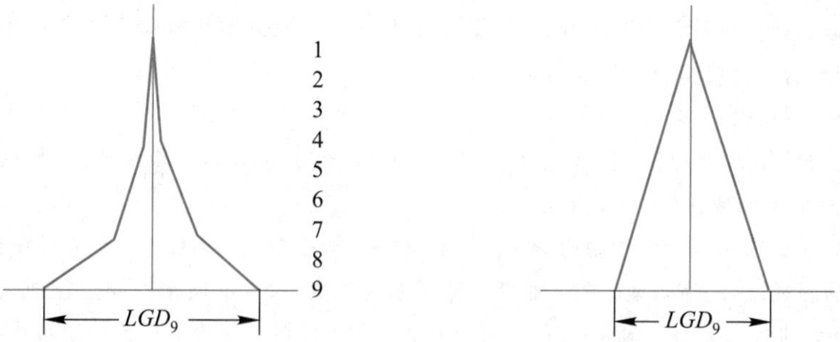

(a) 满足(19)式的一个金字塔　　(b) 等腰三角形的金字塔

图 2

第 7 章训练题

1. 奖学金申请.6 位大学毕业生申请某校的研究生奖学金,该校决定考察申请者的 5 项指标:X_1~GRE,X_2~GPA,X_3~毕业学校等级分,X_4~推荐书等级分,X_5~面试等级分.5 项指标的权重及申请者的考查结果如下表,其中 X_1 满分 800,X_2 满分 4.0,其余为 10 点尺度(10 点最优).用加权和法、加权积法、TOPSIS 方法计算,如给 3 位学生奖学金,应给哪 3 位?[73]

指标权重		X_1	X_2	X_3	X_4	X_5
		$w_1=0.3$	$w_2=0.2$	$w_3=0.2$	$w_4=0.15$	$w_5=0.15$
申请者	A	690	3.1	9	7	4
	B	590	3.9	7	6	10
	C	600	3.6	8	8	7
	D	620	3.8	7	10	6
	E	700	2.8	10	4	6
	F	650	4.0	6	9	8

评注　对于有信贷记录的客户可以根据其违约状况或信用等级制定信贷策略,但对无信贷记录的客户则需从公开的经济信息中提取能反映其还贷能力的指标,并按照有信贷记录客户违约状况与相同指标的统计关系,估计无信贷记录客户的违约概率,作为制定信贷策略的依据.基于大数据的模型和算法是解决问题的关键.

2. 利用多属性决策和层次分析法从以下问题中选一两个完成建模过程(简单地给出模型结构、收集数据手段、计算方法和步骤等,或者详细地利用数据、得出结果):

(1) 学校评选优秀学生或优秀班级.

(2) 大学毕业生选择工作岗位.

(3) 民众评选优秀电影、电视剧或优秀运动员.

(4) 民众评选宜居城市.

3. 为减少层次分析法中的主观成分，可请若干专家每人构造成对比较矩阵.试给出一种由若干个成对比较矩阵确定权向量的方法.

4. 用另一种方法构造成对比较矩阵 $\boldsymbol{A}=(a_{ij})$，a_{ij}表示因素 C_i 与 C_j 的影响之差，$a_{ji}=-a_{ij}$，于是 $\boldsymbol{A}$ 为反称矩阵，并且，当 $a_{ik}+a_{kj}=a_{ij}(i,k,j=1,2,\cdots,n)$ 时 $\boldsymbol{A}$ 是一致矩阵.规定权向量 $\boldsymbol{w}=(w_1,w_2,\cdots,w_n)^{\mathrm{T}}$ 应满足 $\sum_{i=1}^{n} w_i=0$，a_{ij}可记作 $a_{ij}=(w_i-w_j)+\varepsilon_{ij}$（对一致矩阵 $\varepsilon_{ij}=0$）.试给出一种由 $\boldsymbol{A}$ 确定权向量 $\boldsymbol{w}$ 的方法.与 1-9 尺度对应，这里用 0-8 尺度，即 a_{ij}取值范围是 0，1，…，8 及-1，…，-8.

5. 一家向全国播送节目的地方电视台得到 150 万元投资，准备将新节目推向市场，有 3 种方案：

（1）在当地试播新节目并作市场调查，根据调查结果决定，将新节目推向全国还是取消新节目.

（2）不进行试播，直接将新节目推向全国.

（3）不进行试播，也不推向全国.

在直接推向全国的情况下，电视台估计有 55% 的可能成功，45% 的可能失败，如果成功，将得到 300 万元的收益；如果失败，损失 100 万元.

在当地试播进行市场调查的费用为 30 万元，有 60% 的概率预测乐观结果（新节目在当地成功），40% 的概率预测悲观结果（在当地失败）.如果预测当地成功，有 85% 的概率推向全国成功；如果预测当地失败，有 10% 的概率推向全国成功.利用期望值准则和决策树方法为电视台确定最优方案[23].

6. 一台机器生产零件每批 1 000 个，次品率的概率分布如下表.若一个次品未被检出，损失费 5 元.如添置一套检验装置，每批零件检验费 350 元，可将次品自动检出.从费用期望值最小角度出发，是否应该添置检验装置？如果对零件作一次抽样检查，10 个零件中发现 1 个次品，通过修正先验概率，重新考虑添置检验装置的决策（参考拓展阅读 7-2）.

次品率	0.01	0.05	0.10	0.15
概率	0.2	0.4	0.3	0.1

7. 份额法 QM 可简述如下：定义第 i 方分配第 $s+1$ 席位"合格"是指 $n_i<q_i=(s+1)\dfrac{p_i}{P}$，即不违反份额性的上限，记 $E(n,s+1)=\{$第 i 方分配第 $s+1$ 席位合格，$i=1,2,\cdots,m\}$，当总席位为 s 时第 i 方的席位分配记作 $n_i=f_i(\boldsymbol{p},s)$，且有 $f_i(\boldsymbol{p},0)=0$，让 s 每次 1 席地递增，若对于所有 $i\in E(n,s+1)$ 及某个 k 有 $\dfrac{p_k}{n_k+1}\geqslant\dfrac{p_i}{n_i+1}$，则令 $f_k(\boldsymbol{p},s+1)=n_k+1$，$f_i(\boldsymbol{p},s+1)=n_i(i\neq k)$.

现有 5 方人口分别为5 117，4 400，162，161，160，试分别用 5 种除数法及 GR 和 QM 分配总共 100 个席位.

份额法不满足人口单调性，你能举出例子吗？

8. 已知 A，B，C，D 的人口 p_i 如下表第 2 列，分配 35 个席位，算出份额 q_i 如下表第 3 列.验证按照 MF 和 EP 法分配的结果如下表第 4 列，不满足份额性.如果从 B 拿出 1 席给 D，以满足份额性，验证当 A，B，C，D 的人口由 p_i 变成 p'_i（下表第 5 列）时，将违反人口单调性.

	p_i	q_i	MF，EP	p'_i
A	70 653	1.552	2	86 228
B	117 404	2.579	3	113 908
C	210 923	4.633	5	232 778
D	1 194 456	26.236	25	1 160 522
总和	1 593 436	35	35	1 593 436

9. 构造一个有 5 位候选人的投票，使得按照 5 种投票方法确定的获胜者是这 5 位候选人中的同一个人；再构造一个投票，使得 5 位获胜者正好分别是这 5 位候选人.

10. 下面的选举方法称为成对比较法：每一对候选人进行两两对决，按照多数票规则决定获胜者，并赋予 1 分（若二人平手各得 0.5 分），全部对决结束后，总分最高的为获胜者.

（1）考察 7.5 节选举喜爱球队的投票结果，用成对比较法确定获胜者.

（2）说明成对比较法满足多数票准则、获胜者准则、失败者准则.

11. 赞成投票被很多人认为是最简单、实用的选举方法：每位选民可以对任意多的候选人投赞成票，获得最多赞成票的候选人获胜.在现实生活中找一个按照赞成投票方法确定获胜者的例子，写出简述.研究这种方法满足还是违反 5 条公平性准则.

12. 在定义价格指数时如何构造权重 $\boldsymbol{q}$ 和 $\boldsymbol{q}^0$ 是关键之一，你认为应该如何确定权重.当然，你也可以定义不同于 $I_1 \sim I_8$ 的价格指数，并说明其含义和性质.

13. 选择工作岗位主要考虑发展前景和当前报酬 2 个指标，某人有 3 个岗位 A_1, A_2, A_3 可选，权重 w_j 及原始分 d_{ij} 如下表.

	发展前景 $X_1(w_1=0.6)$	当前报酬 $X_2(w_2=0.4)$
A_1	4	1
A_2	1	5
A_3	2	2

（1）分别用理想模式（最大化）和分配模式（归一化）计算 3 个岗位的综合权重，给出优劣排序.

（2）增加一个新的岗位，其发展前景和当前报酬都与 A_1 相同，再用理想模式和分配模式计算，原岗位 A_1, A_2, A_3 的排序是保持不变，还是发生逆转？

（3）如果增加的新岗位是 A_4'，其发展前景比其他岗位都好，如下表，用理想模式计算，原岗位的排序也会逆转吗？如果允许新方案的权重大于 1 呢（原方案的最大权重仍为 1）？

	发展前景 $X_1(w_1=0.6)$	当前报酬 $X_2(w_2=0.4)$
A_1	4	1
A_2	1	5
A_3	2	2
A_4'	6	1

从以上的讨论，你能得出什么结论？

更多案例……

7-1 层次分析法的广泛应用

7-2 社会经济系统中的冲量过程模型

7-3 钢管的订购和运输

第8章　概率模型

现实世界的变化受着众多因素的影响,这些因素根据其本身的特性及人们对它们的了解程度,可分为确定的和随机的.虽然我们研究的对象通常包含随机因素,但是如果从建模的背景、目的和手段看,主要因素是确定的,而随机因素可以忽略,或者随机因素的影响可以简单地以平均值的作用出现,那么就能够建立确定性的数学模型,本书前面的部分正是这样的.

如果随机因素对研究对象的影响必须考虑,就应该建立随机性的数学模型,简称随**机模型**.本章通过几个实例讨论,如何用随机变量和概率分布描述随机因素的影响,建立比较简单的随机模型——概率模型.

8.1　传送系统的效率

在机械化生产车间里你可以看到这样的情景:排列整齐的工作台旁工人们紧张地生产同一种产品,工作台上方一条传送带在运转,带上设置着若干钩子,工人们将产品挂在经过他上方的钩子上带走,如图1.当生产进入稳定状态后,每个工人生产出一件产品所需时间是不变的,而他要挂产品的时刻却是随机的.衡量这种传送系统的效率可以看它能否及时地把工人们生产的产品带走,显然在工人数目不变的情况下传送带速度越快,带上钩子越多,效率会越高.我们要构造一个衡量传送系统效率的指标,并且在一些简化假设下建立一个模型来描述这个指标与工人数目、钩子数量等参数的关系.

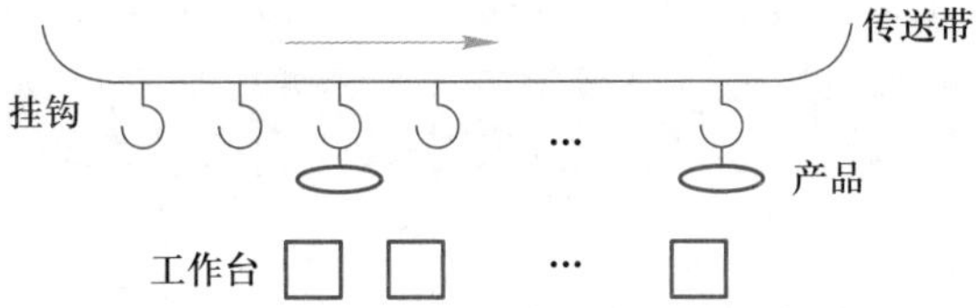

图1　传送系统示意图

模型分析　为了用传送带及时带走的产品数量来表示传送系统的效率,在工人们生产周期(即生产一件产品的时间)相同的情况下,需要假设工人们在生产出一件产品后,要么恰好有空钩子经过他的工作台,使他可以将产品挂上带走,要么没有空钩子经过,迫使他将产品放下并立即投入下一件产品的生产,以保持整个系统周期性地运转.

工人们的生产周期虽然相同,但是由于各种随机因素的干扰,经过相当长时间后,他们生产完一件产品的时刻就不会一致,可以认为是随机的,并且在一个生产周期内任一时刻的可能性是一样的.

由上面的分析,传送系统长期运转的效率等价于一周期的效率,而一周期的效率可以用它在一周期内能带走的产品数与一周期内生产的全部产品数之比来描述.

为了将问题简化到能用简单的概率方法来解决,我们做出如下的假设.

模型假设

1. 有 n 个工人，他们的生产是相互独立的，生产周期是常数，n 个工作台均匀排列.

2. 生产已进入稳态，即每个工人生产出一件产品的时刻在一周期内是等可能的.

3. 在一周期内有 m 个钩子通过每一工作台上方，钩子均匀排列，到达第一个工作台上方的钩子都是空的.

4. 每个工人在任何时刻都能触到一只钩子，也只能触到一只钩子，于是在他生产出一件产品的瞬间，如果他能触到的那只钩子是空的，则可将产品挂上带走；如果那只钩子非空（已被他前面的工人挂上了产品），则他只能将这件产品放在地上.而产品一旦放在地上，就永远退出这个传送系统.

模型建立 将传送系统效率定义为一周期内带走的产品数与生产的全部产品数之比，记作 D.设带走的产品数为 s，生产的全部产品数显然为 n，于是 $D=s/n$.只需求出 s 就行了.

如果从工人的角度考虑，分析每个工人能将自己的产品挂上钩子的概率，那么这个概率显然与工人所在的位置有关（如第 1 个工人一定可以挂上），这样就使问题复杂化.我们从钩子的角度考虑，在稳态下钩子没有次序，处于同等的地位.若能对一周期内的 m 只钩子求出每只钩子非空（即挂上产品）的概率 p，则 $s=mp$.

得到 p 的步骤如下（均对一周期内而言）：

任一只钩子被一名工人触到的概率是 $1/m$；

任一只钩子不被一名工人触到的概率是 $1-1/m$；

由工人生产的独立性，任一只钩子不被所有 n 个工人挂上产品的概率，即任一只钩子为空钩的概率是 $\left(1-\frac{1}{m}\right)^n$；

任一只钩子非空的概率是 $p=1-\left(1-\frac{1}{m}\right)^n$.

这样，传送系统效率指标为

$$D=\frac{mp}{n}=\frac{m}{n}\left[1-\left(1-\frac{1}{m}\right)^n\right] \tag{1}$$

为了得到比较简单的结果，在钩子数 m 相对于工人数 n 较大，即 $\frac{n}{m}$ 较小的情况下，将多项式 $\left(1-\frac{1}{m}\right)^n$ 展开后只取前 3 项，则有

$$D\approx\frac{m}{n}\left[1-\left(1-\frac{n}{m}+\frac{n(n-1)}{2m^2}\right)\right]=1-\frac{n-1}{2m} \tag{2}$$

如果将一周期内未带走的产品数与全部产品数之比记作 E，再假定 $n>>1$，则

$$D=1-E,\quad E\approx\frac{n}{2m} \tag{3}$$

当 $n=10$，$m=40$ 时，(3) 式给出的结果为 $D=87.5\%$，(1) 式得到的精确结果为 $D=89.4\%$.

(3) 式定义的 E 不妨称为反效率，E 与 n 成正比，与 m 成反比. 通常工人数目 n 固定，若一周期内通过的钩子数 m 增加 1 倍，可使反效率 E 降低一半.

评注 这个模型是在理想情况下得到的，它的一些假设，如生产周期不变，挂不上钩子的产品退出传送系统等可能是不现实的.但是模型的意义在于，利用基本合理的假设将问题简化到能够建模的程度，并用很简单的方法得到了有意义的结果.

复习题

设工人数 n 固定不变.若想提高传送带效率 D,一种简单的办法是增加一个周期内通过工作台的钩子数 m,比如增加一倍,其他条件不变.另一种办法是在原来放置一只钩子的地方放置两只钩子,其他条件不变,于是每个工人在任何时刻可以同时触到两只钩子,只要其中有一只是空的,他就可以挂上产品,这种办法用的钩子数量与第一种办法一样.试推导这种情况下传送带效率的公式,从数量关系上说明这种办法比第一种办法好.

8.2 报童的诀窍

报童每天清晨用每份 2 元的价格从报社买进一批报纸后,在报亭以每份 4 元零售,到晚上将没有卖掉的报纸退回,得到每份 1 元的补偿.这样,他每售出一份报纸可赚 2 元,每退回一份要赔 1 元.报童每天应该买进多少报纸,当然取决于他每天能卖出多少报纸.显然,卖出的数量是随机的,因而报童每天的收入也是随机的.如果已经由统计资料或经验判断得到了报纸需求量的概率分布.那么,所谓报童的诀窍是指,他每天应该买进多少份报纸,从长期来看可以获得最高的日均利润.[29]

类似的实际问题很多.面包店每天早上烘烤一定数量的面包出售,每卖出一只可获利若干,晚间要将未卖出的面包处理掉而赔钱.如果知道了需求量的概率分布,确定每天烘烤面包的数量,便可得到最高的日均利润.出版社每年都要重印一次教科书,按照过去的销售记录,可以给出今年需求量的概率分布.在确定这次印刷数量时需要考虑的是,如果供过于求当然会因占用资金及库存而蒙受损失,而若供不应求,那么为保证学生用书必须临时加印,则会导致成本的增加.

这些问题的共同点是,已知某种商品在供过于求和供不应求时所带来的收益或损失,在需求量概率分布一定的条件下,确定商品的数量使得平均利润最高.下面以报童售报为例建立这类问题的数学模型.

离散型需求下的报童售报模型

问题 为简单起见,将每天报纸需求量看作离散型随机变量,100 份报纸为 1 单位,由统计资料得到的需求量概率分布如表 1 所示.对于报童每天以一份报纸 2 元买进、4 元售出、退回得到 1 元补偿的情况,可知每售出 1 单位报纸可获利 200 元,因剩余而退回 1 单位的报纸则损失 100 元.问报童每天应该购进多少单位报纸,能够获得最高的日均利润?

表 1 报童售报离散型需求的概率分布

需求量/单位	0	1	2	3	4	5
概率	0	0.1	0.3	0.4	0.1	0.1

建模 记需求量取值 r 时的概率为 $f(r)$ ($r=0,1,2,\cdots,n$,对上述问题 $n=5$,$f(r)$ 如表 1).已知报童每天售出 1 单位报纸获利为 s_1,因剩余而退回 1 单位报纸损失为 s_2.设报童每天购进 q 单位报纸,若某天的需求量为 r,当供不应求即 $r>q$ 时,其售出的获利

为 s_1q,没有损失;而当供过于求即 $r\leqslant q$ 时,其售出的获利为 s_1r,因剩余而退回的损失为 $s_2(q-r)$.记一天的利润为 $s(r,q)$,则由上分析可得

$$s(r,q)=\begin{cases}s_1r-s_2(q-r), & r\leqslant q\\ s_1q, & r>q\end{cases} \tag{1}$$

日均利润为 $s(r,q)$ 的期望值,记作 $E(q)$,即有

$$E(q)=\sum_{r=0}^{n}s(r,q)f(r)=\sum_{r=0}^{q}[s_1r-s_2(q-r)]f(r)+\sum_{r=q+1}^{n}s_1qf(r) \tag{2}$$

问题归结为在已知 s_1,s_2 和 $f(r)$ 的条件下,求购进报纸的最优数量 q,使日均利润 $E(q)$ 最大.

求解 用 $P(r>q)$ 和 $P(r\leqslant q)$ 分别表示需求量取值 $r>q$ 和 $r\leqslant q$ 时的概率,让 q 从 1, 2, …依次增加,分析从 $E(q)$ 到 $E(q+1)$ 的变化.

若 $q<r$,q 增加到 $q+1$,可以多售出 1 单位,利润增加 s_1;若 $q\geqslant r$,q 增加到 $q+1$,因剩余而多退回 1 单位,利润减少 s_2.于是

$$E(q+1)-E(q)=s_1P(r>q)-s_2P(r\leqslant q) \tag{3}$$

注意到 $P(r>q)=1-P(r\leqslant q)$,(3)式化为

$$E(q+1)-E(q)=s_1[1-P(r\leqslant q)]-s_2P(r\leqslant q)=s_1-(s_1+s_2)P(r\leqslant q) \tag{4}$$

当 $E(q+1)-E(q)$ 由正变负时 $E(q)$ 达到最大,从(4)式可知,这相当于 $P(r\leqslant q)$ 由小于 $s_1/(s_1+s_2)$ 变为大于 $s_1/(s_1+s_2)$.由此得到结论:不等式

$$P(r\leqslant q)\geqslant\frac{s_1}{s_1+s_2} \tag{5}$$

成立时的最小 q 值,就是 $E(q)$ 达到最大的最优点.

对于问题中的 $s_1=200$ 元、$s_2=100$ 元,可得 $s_1/(s_1+s_2)=2/3$,根据表 1 的 $f(r)$,使 $P(r\leqslant q)\geqslant 2/3$ 成立的最小 q 值是 $q=3$,即每天购进 3 单位报纸可使日均利润 $E(q)$ 达到最大.至于 $E(q)$ 的最大值仍需由(2)式计算,其结果为 $E(q)=450$ 元.

评注 这种将决策变量 q 增加 1 单位,考察目标函数 $E(q)$ 增量的分析方法,在经济学中经常用到,称为边际分析.

分析 对于离散型需求下的报童售报(或其他类似问题的)模型(2),当 s_1,s_2 和 $f(r)$ $(r=0,1,2,\cdots,n)$ 已知时,可由(5)式直接得到使日均利润 $E(q)$ 达到最大的 q.容易看出,若获利 s_1 变大则 q 增加,若损失 s_2 变大则 q 减少.显然这是符合常识的.

连续型需求下的报童售报模型

问题 如果报纸的需求以 1 份为 1 单位,当份数很多时离散型随机变量概率分布的表述和计算就很烦琐,而将其视为连续型随机变量,用概率密度函数描述概率分布,就更为方便.

设由统计资料和经验判断认为连续型的报纸需求量大致服从正态分布,设其平均值是 260,标准差是 50,即需求量为 $N(260,50^2)$.报童仍然每天以一份报纸 2 元买进、4 元售出、退回得到 1 元补偿,即每售出 1 份报纸获利 2 元,因剩余而退回 1 份报纸损失 1 元.问报童每天应该购进多少份报纸,才能获得最高的日均利润?

建模 记报纸需求量的概率密度函数为 $p(r)$,s_1,s_2 和 q 的含义同前,用 $p(r)\mathrm{d}r$ 代替(2)式中的 $f(r)$,对 r 的求和变为积分,于是日均利润为[①]

① 理论上将(6)式的积分限写作 $-\infty$ 和 ∞,但对于实际问题,远离均值的概率密度可以忽略.

$$E(q)=\int_{-\infty}^{q}[s_1r-s_2(q-r)]p(r)\,\mathrm{d}r+\int_{q}^{\infty}s_1qp(r)\,\mathrm{d}r \tag{6}$$

问题是在已知 s_1，s_2和 $p(r)$ 的条件下，求购进报纸的最优数量 q，使 $E(q)$ 达到最大.

求解 建立连续模型的好处是，能够用微积分方法求解优化问题.(6)式对 q 求导数[①]并令$\frac{\mathrm{d}E}{\mathrm{d}q}=0$，再记 r 的概率分布函数为 $F(q)=\int_{-\infty}^{q}p(r)\,\mathrm{d}r$，可得 q 的最优解满足

$$F(q)=\frac{s_1}{s_1+s_2} \tag{7}$$

不难看出，这个结果与离散型需求下的模型(5)式是一致的.

当 $s_1=2$，$s_2=1$ 时(7)式右端为 2/3，对于需求概率分布 $N(260,50^2)$，为求解 $F(q)=2/3$，可以利用 MATLAB 软件的逆正态分布函数命令 x=norminv(p,mu, sigma)，其中输入 mu, sigma 分别是正态分布的均值和标准差，p 是分布函数值，输出 x 是 p 的分位数(分布函数自变量的值).将以上数据代入计算得到 $x=281.540\,9$.取 $q=282$，报童每天购进 282 份报纸能获得最高的日均利润.

如果要得到最高日均利润 $E(q)$ 的数值，应将 $q=282$ 代入(6)式计算.

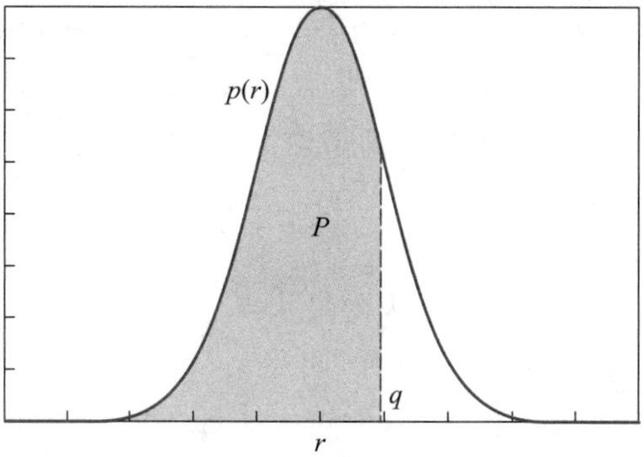

图 1 连续型需求模型求解的图形表示

评注 对于报童及类似的实际问题，虽然用连续型需求模型表述和计算更为便捷，但是需要知道需求量的概率密度函数，当需求量不大或者不掌握密度函数时，还是要采用离散型模型.

分析 对于连续型模型的解(7)式，可以用概率密度函数 $p(r)$ 的图形给以直观的表示.图 1 中曲线是正态分布概率密度函数(实际上可以是任意的概率密度函数)，曲线下的总面积为 1，图中虚线 $r=q$ 左边曲线下的面积记作 P，显然 $P=\int_{-\infty}^{q}p(r)\,\mathrm{d}r=F(q)$ 恰是需求量不超过 q 的概率.(7)式表明，$E(q)$ 达到最大的 q 值应使需求量概率密度曲线下的面积满足 $P=\frac{s_1}{s_1+s_2}$.可以看出，若获利 s_1变大则虚线 $r=q$ 右移，若损失 s_2变大则虚线 $r=q$ 左移.

复习题

1. 用微积分求极值的方法由(6)式导出(7)式，并验证(7)式确实为最大值.

① 注意(6)式右端的被积函数和上下限均含变量 q.

2. 若每天报纸的需求量服从正态分布 $N(\mu,\sigma^2)$，证明最高日均利润 $E(q)$ 为

$$E(q)=s_1q-(s_1+s_2)[(q-\mu)F(q)+\sigma^2p(q)]$$

将本节的数据代入，计算 $E(q)$ 的数值.

3. 面包店每天烘烤一定数量的面包出售，每只成本 3 元，以 8 元的价格卖出，晚间关门前将未卖完的面包无偿处理掉，若已知每天面包需求量的概率分布如下表，确定每天烘烤面包的数量，使得能够得到最高的日均收入，这个收入是多少？

需求量/只	50	100	150	200	250
概率	0.2	0.3	0.2	0.2	0.1

8.3 航空公司的超额售票策略

你遇到过预订了机票、赶到机场却因飞机已满员而无法登机的情况吗？实际上，由于不少人是提前很长时间预订机票的，总有旅客因为各种变故不能按时登机（有资料统计这个数在 2%左右），航空公司为了减少按座位定额售票导致空位运行所蒙受的经济损失，通常采用超额售票策略，每个航班超额多售几张票.

航空公司超额售票时必须考虑对因飞机满员而无法登机的正常旅客给以相当力度的补偿.我国民航行业标准《公共航空运输航班超售处置规范》要求，航空公司制定详细的超售实施办法，明确旅客的权利、优先乘机规则和补偿标准；航班超售时在使用优先乘机规则前应寻找放弃登机的自愿者，向自愿者提供免费或减价航空运输、赠送里程等作为补偿①.

由于预订了机票而不按时登机旅客的数量是随机的，航空公司需要针对不同航班分析这个数量的概率分布，再结合机票价格、飞行费用、补偿金额等因素，建立一个数学模型来确定超额售票的数量，在获取最大经济收益的同时，尽量维护公司的社会声誉（避免出现过多旅客无法登机的情况）.

模型分析 实行超额售票时公司的经济收益通常用机票收入扣除飞行费用和补偿金额后的利润来衡量，社会声誉可以用因飞机满员而无法登机的旅客限制在一定数量为标准.注意到这个问题的关键因素——订票旅客是否按时前来登机——是随机的，所以经济收益和社会声誉两个方面的指标应该在平均意义或概率意义下衡量.对于这个两目标的优化问题，我们先分析经济收益，以收益最大为目标确定超额售票的数量，再来考虑如何维护社会声誉.[26]

经济收益最大的超额售票模型

模型假设 根据以上所述超额售票的内容和分析，对于一次航班作以下假设：

1. 飞机容量为 n，超额售票的数量为 q，已订票的 $n+q$ 位旅客中不按时登机的数量为 r，r 是一个随机变量.

2. 每位订票旅客不按时登机的概率为 p，他们是否按时登机的行为相互独立，这个

① 指自愿放弃本次航班而改签或退票，同时得到一定数额的补偿金及其他优惠.相信总有旅客会“以时间换取金钱”，充当自愿者.所谓优先乘机的因素包括：办理乘机手续的时间、到达登机口前是否安排了座位、支付的票价等.

假设适用于单独行动的商人、游客等.

3. 每张机票价格为 s_1，因飞机满员而无法登机的每位旅客得到的补偿金额为 s_2. 飞行费用与旅客数量关系很小，不予考虑.

模型建立 根据订票而不按时登机的旅客数量 r 的多少，公司的收益有两种情况：

若 $r \leqslant q$，即按时登机的旅客数量 $n+q-r \geqslant n$，则只有 n 位旅客可以登机，机票收入为 $s_1 n$，剩下 $q-r$ 位旅客因无法登机而得到的补偿金额为 $s_2(q-r)$，于是公司收益为 $s_1 n - s_2(q-r)$；

若 $r>q$，即按时登机的旅客数量 $n+q-r<n$，则他们均可登机，于是公司收益为 $s_1(n+q-r)$.

对于订票而不按时登机的旅客数量为 r 的一次航班，记公司的收益为 $s(r,q)$，按照上面的分析有

$$s(r,q)=\begin{cases} s_1 n - s_2(q-r), & r \leqslant q \\ s_1(n+q-r), & r>q \end{cases} \tag{1}$$

已订票的 $n+q$ 位旅客中恰有 r 位不按时登机的概率记作 $f(r)$，$r=0, 1, \cdots, n+q$，则航班的平均收益为 $s(r,q)$ 的期望值，记作 $E(q)$，有

$$E(q)=\sum_{r=0}^{n+q} s(r,q)f(r)=\sum_{r=0}^{q}[s_1 n - s_2(q-r)]f(r)+\sum_{r=q+1}^{n+q} s_1(n+q-r)f(r) \tag{2}$$

因为每位订票旅客不来登机的概率为 p，且他们是否前来登机相互独立，所以随机变量 r 服从二项分布，即

$$f(r)=\mathrm{C}_{n+q}^{r} p^{r}(1-p)^{n+q-r}, \quad r=0,1,\cdots,n+q \tag{3}$$

问题归结为：已知 s_1, s_2, n, p，求超额售票的数量 q，使航班的平均收益 $E(q)$ 最大.

模型求解 注意到平均收益 $E(q)$ 的表达式(2)与 8.2 节离散型需求下报童售报模型(2)式相似，利用同样的方法可以得到与 8.2 节(5)式完全相同的结果，即最优的 q 应为满足不等式

$$P(r \leqslant q)=\sum_{r=0}^{q} \mathrm{C}_{n+q}^{r} p^{r}(1-p)^{n+q-r} \geqslant \frac{s_1}{s_1+s_2} \tag{4}$$

的最小 q 值.

若将补偿金额 s_2 与机票价格 s_1 之比记为 $s=s_2/s_1$，则(4)式可表示为

$$P(r \leqslant q)=\sum_{r=0}^{q} \mathrm{C}_{n+q}^{r} p^{r}(1-p)^{n+q-r} \geqslant \frac{1}{1+s} \tag{5}$$

如果设定飞机容量 $n=300$，每位订票旅客不来登机的概率 $p=0.05$，补偿金额与机票价格之比 $s=1/2$，(5)式可用 MATLAB 软件逆二项分布函数命令 x = binoinv (y, n, p)求解，其中输入 n 是二项分布的试验总数，对应于模型中的 $n+q$，p 是概率，与模型的 p 相同，y 是分布函数值，对应于模型中的 $1/(1+s)$，输出 x 是分布函数的自变量，对应于模型中的 q. 代入 s,n,p 的数据，从 $q=1$ 开始运行程序 x = binoinv(2/3,300+q,0.05)，直到 x=q 为止，即可得到(5)式的解 $q=17$.

可以看出，在航班平均收益最大的目标下，对于固定的飞机容量 $n(=300)$，影响超额售票数量 q 的参数只有 p 和 s. 表 1 是 p 和 s 取若干数值时 q 的计算结果.

表 1 平均收益最大的超额售票数量 $q(n=300)$

q	$s=1/3$	$s=1/2$	$s=1$
$p=0.01$	4	4	3
$p=0.03$	11	10	9
$p=0.05$	18	17	16

评注 直观地看，当旅客不来登机的概率 p 变大时，超额售票数量 q 可以增加；补偿金额（与机票价格相比）变大时，超额售票数量 q 应该减少.表 1 定量地反映了这个认识.

考虑社会声誉的超额售票模型

从维护社会声誉的角度，应该对因飞机满员而无法登机的旅客数量加以限制，由于订票旅客按时登机的随机性，所谓限制也只能以概率表示.

设超额售票的数量为 q，将因飞机满员而无法登机的旅客数量超过 j 人的概率记作 $P_j(q)$，j 可视为维护社会声誉的"门槛"，不妨限制 $P_j(q)$ 不超过某个可以接受的数值 α. 因为"无法登机的旅客数量超过 j 人"与"订票旅客不来登机的不超过 $q-(j+1)$ 人"等价，所以这种限制可以表示为

$$P_j(q)=\sum_{r=0}^{q-(j+1)} \mathrm{C}_{n+q}^{r} p^{r}(1-p)^{n+q-r} \leqslant \alpha \tag{6}$$

(6) 式的 $P_j(q)$ 可用 MATLAB 软件二项分布函数命令 y=binocdf (x, n, p) 计算，其中 x 是模型中的 $q-(j+1)$，y 即 $P_j(q)$，n, p 与 binoinv 中的含义相同.实际应用时对于给定的 p 和 s，先算出航班平均收益最大的超额售票数量 q，再设定"门槛" j，然后计算 $P_j(q)$，与可以接受的数值 α 比较.当超额售票数量 q 变大时"门槛" j 应该随之提高.对于表 1 得到的结果我们取 j 约为 q 的 1/3，得到的 $P_j(q)$ 如表 2 所示.

拓展阅读 8-1 超额售票策略的再讨论

表 2 平均收益最大的 $P_j(q)$ $(n=300)$

$P_j(q)$	$s=1/3$	$s=1/2$	$s=1$
$p=0.01$, $j=1$	0.413 1	0.413 1	0.193 2
$p=0.03$, $j=3$	0.282 8	0.176 7	0.096 8
$p=0.05$, $j=5$	0.193 1	0.128 2	0.079 1

需要注意的是，概率 $P_j(q)$ 与费用参数 s 无关，在表 2 的同一行中，$P_j(q)$ 数值的变化是由于 q 的不同引起的.

对于航空公司的超额售票策略我们建立了经济收益最大和考虑社会声誉两个模型，应用时可以将二者结合起来.如果对于经济收益最大的超额售票数量 q，考虑社会声誉的"门槛" j 所对应的概率 $P_j(q)$ 可以接受，问题自然解决；否则，可以适当改变 q，牺牲一定的经济收益，来换取 $P_j(q)$ 的降低.

从上面的计算结果可以看到，订票旅客不来登机的概率 p 对经济收益和社会声誉的两个指标影响都比较大，应用时需要针对不同航班、不同时间（季节、假日等因素），利用统计数据实时调整概率 p，以提高模型的准确度.

评注 直观地看，当旅客不来登机的概率 p 或者设定的"门槛" j 变大时，因超额售票而无法登机旅客数量超过 j 人的概率 $P_j(q)$ 都会减少；而超额售票数量 q 变大时，这个概率将增加.表 2 大致反映了这个认识.

复习题

1. 由 $E(q)$ 的表达式(2)推导(4)式;将(2)中的概率 $f(r)$ 换为密度函数,对连续型模型求解.

2. 据统计数据订票旅客不来登机的概率 $p=0.02$,对于 $n=300, j=3$ 和 $s=1/3, 1/2, 1$,计算平均收益最大的超额售票数量 q 及概率 $P_j(q)$.如果设定 $\alpha=0.1, s=1/3$,问 $P_j(q)$ 是否满足(6)式的限制?若不满足,如何调整 q,调整的后果是什么?

8.4 作弊行为的调查与估计

“考试时你是否有过作弊行为?”如果在学生中做这样的、即使是无记名的直接调查,恐怕也很难消除被调查者的顾虑,极有可能拒绝应答或故意做出错误的回答,使得调查结果存在很大的偏差.

社会调查中类似“考试作弊”的所谓敏感问题有不少,例如是否有过赌博、婚外恋、酒后驾车行为等.如何通过巧妙的调查方案设计,尽可能地获取被调查者的真实回答,得到比较可靠的统计结果,是社会调查工作的难题之一.本节以学生考试作弊行为的调查和估计为例,讨论这类敏感问题的调查方法及数学模型.

问题分析 学生在考试中的作弊行为是一个严重困扰学校的学风问题,为了对这种现象的严重程度有一个定量的认识,需要通过调查来估计有过作弊行为的学生到底占多大的比例.需要强调的是,这种调查并不涉及具体是哪些学生有过作弊行为,所以调查方案的设计应该保护被调查者的隐私,消除他们的顾虑,从而能对调查的问题做出真实的回答.

进行这项调查的基本想法是,让被调查的学生从包含“是否有过作弊行为”的若干个问题中,按照一定的随机规律,对其中某一个问题用一个字“是”或“否”作答.调查者只知道,对于全部调查问题回答“是”的有多少人,回答“否”的有多少人,而根本不了解被调查者回答的是哪一个具体问题.

调查者面临的任务是,设计具体的调查方案,并建立相应的数学模型,使得能从调查结果估计出有过作弊行为学生的比例.

正反问题选答的调查方案及数学模型

所谓正反问题选答,就是将要调查的内容用一正、一反两个问题表述.

方案设计 在学生作弊行为调查中,设计以下两个正反问题供选答其中一个:

问题 A:你在考试中有过作弊行为,是吗?

问题 B:你在考试中从未有过作弊行为,是吗?

对选择的问题只需回答“是”或“否”.

选答问题的规则是让每个被调查的学生按照一定的概率选答问题 A 或 B,比如采取以下方式:调查者准备 A,2,3,…,Q,K 共 13 张不同点数的扑克牌,学生在选答问题前随机抽取一张,并约定,如果抽取的是不超过 10 点的牌(牌 A 看作 1 点)则回答问题 A,如果抽取的是 J,Q,K,则回答问题 B.学生看完牌后还原,且使调查者不能知道抽取的牌.这样,学生选答问题 A 和 B 的概率分别为 10/13 和 3/13.

模型假设 按照问题分析及方案设计作以下假设：

1. 调查共收回 n 张有效答卷，其中有 m 张回答“是”，$n-m$ 张回答“否”，当 n 足够大时回答“是”的学生的比例 m/n 可近似视为学生回答“是”的概率.

2. 被调查的学生对每个选定的问题作真实回答，于是对问题 A 回答“是”的学生（在选定问题 A 的所有学生中）所占的比例可视为学生作弊的概率.同样，对问题 B 回答“否”的学生所占的比例也视为学生作弊的概率.

3. 每个被调查的学生选答问题 A 的概率是确定的，记作 $P(A)$，选答问题 B 的概率记作 $P(B)$，$P(A)+P(B)=1$.

评注 由(4)式得到的概率 p 通常会满足 $0\leqslant p\leqslant 1$.若由于随机性在 $P(A)>\frac{1}{2}$ 时出现 $P(C)>P(A)$，或 $P(A)<1/2$ 时出现 $P(C)<P(A)$，则(4)式不能使用.

模型建立 记事件 A 为学生选答问题 A，事件 B 为学生选答问题 B，事件 C 为学生回答“是”，事件 $\overline{C}$ 为学生回答“否”.按照全概率公式有

$$P(C)=P(C\mid A)P(A)+P(C\mid B)P(B) \tag{1}$$

且

$$P(C\mid B)=1-P(\overline{C}\mid B) \tag{2}$$

在(1)和(2)式中，由假设 1，$P(C)=m/n$ 为调查结果；由假设 2，条件概率 $P(C\mid A)$，$P(\overline{C}\mid B)$ 正是学生作弊的概率，记作 $p(0\leqslant p\leqslant 1)$；由假设 3，$P(A)$，$P(B)$ 已确定，且 $P(B)=1-P(A)$.于是(1)式化为

$$P(C)=pP(A)+(1-p)(1-P(A)) \tag{3}$$

由此容易推出待估计的学生作弊的概率为

$$p=\frac{P(C)+P(A)-1}{2P(A)-1} \tag{4}$$

这个模型是 1965 年由美国统计学家 Warner 提出的，称为 Warner 模型.请特别注意，(4)式成立的前提是 $P(A)\neq 1/2$，也就是说，不能让学生选答问题 A 与问题 B 的概率相等，像掷硬币出现正面和反面那样.请读者检查(1)～(3)式，对此给以解释.

具体算例 假定采用方案设计中抽取扑克牌的办法决定学生选答问题 A 或 B，在 400 张有效答卷中有 112 张回答“是”，按照(4)式估计学生作弊的概率.

将 Warner 模型 $P(C)=112/400$，$P(A)=10/13$ 代入(4)式，立即得到 $p=0.091$，即根据这个调查有 9.1%的学生在考试中有过作弊行为.

模型分析 对模型(4)式先考察两种极端情况：若学生无人作弊，对问题 A 均答“否”、问题 B 均答“是”，即 $P(C\mid A)=0$，$P(C\mid B)=1$，由(1)式得 $P(C)=P(B)$，于是(4)式给出 $p=0$；若学生都作弊，对问题 A 均答“是”、问题 B 均答“否”，即 $P(C\mid A)=1$，$P(C\mid B)=0$，由(1)式 $P(C)=P(A)$，于是(4)式给出 $p=1$.

其次，当 $P(A)>1/2$，即选问题 A 的比选问题 B 的人数多，若 $P(C)$ 变大，即回答“是”的增加，其中对问题 A 回答“是”（作弊）占的比例大于对问题 B 回答“是”（未作弊）占的比例，所以学生作弊的概率 p 变大.当 $P(A)<1/2$ 时，情况正好相反.

最后，按照概率统计的观点，由模型(4)确定的 p 是学生作弊概率的估计值，通常记作 $\hat{p}$，这是一个随机变量①，可以推导出 $\hat{p}$ 的期望 $E(\hat{p})$ 和方差 $D(\hat{p})$ 如下：

---

① (4)式中 $P(C)$ 也是随机变量，m/n 是它的估计值.

$$E(\hat{p})=p \tag{5}$$

$$D(\hat{p})=\frac{P(C)(1-P(C))}{(2P(A)-1)^2 n} \tag{6}$$

评注 利用 Warner 模型制订方案时，选答问题 A 或 B 的概率 $P(A)$、$P(B)$ 是由调查者设计的.根据前面的分析，$P(A)$ 接近 1/2 或者接近于 1（或 0）都不合适.一般地说，在实际采用 Warner 模型作调查时，建议 $P(A)$ 在 0.7 到 0.8 之间取值.

(5)式右端的 p 是学生作弊概率的真值.(5)式表明，模型(4)确定的 $\hat{p}$ 是 p 的无偏估计，即如果作多次这样的调查，其估计值的平均值将趋于真值.

(6)式表明，被调查的人数 n 越多，方差越小，调查结果的精度越高.$P(A)$ 越接近 1/2，方差越大，调查结果的精度越低.当 $P(A)$ 接近 1 或 0 时，方差固然会变小，但是这意味着让绝大多数人都回答问题 A 或问题 B，对被调查者的保护程度会降低，不利于调查的正常进行.

对于上面的算例，将 $P(C)=112/400$，$P(A)=10/13$，$n=400$ 代入(6)式，可得 $\sqrt{D(\hat{p})}=0.042$，即标准差为 4.2%.如果用 2 倍标准差作为估计值的精度，可以说有过作弊行为学生的比例为 9.1%±8.4%（以 95%的概率在此区间内）.

无关问题选答的调查方案及数学模型

Warner 模型虽然比直接调查要好，但正反两个问题涉及的是同一个内容，可能会引起被调查者的猜疑或不快，而且要求回答每个问题的人数比例不要等于或接近 1/2，也会给调查带来不利影响.1967 年，Simmons 等人对 Warner 模型进行了改进，其最大的不同点在于调查者提出的是两个不相关的问题，其中一个为要调查的敏感问题，另一个是与调查无关的非敏感问题，这样的处理能使被调查者的合作态度进一步提高.下面这个模型称为 **Simmons 模型**.

方案设计与建模 在学生作弊行为调查中，问题 A 不变，而问题 B 设计为一个与问题 A 完全无关的问题，如：

问题 A：你在考试中有过作弊行为吗？

问题 B：你生日的月份是偶数吗？

对选择的问题只需回答“是”或“否”.选答规则也是让每个被调查的学生按照一定的概率选答问题 A 或 B.

仍设调查收回 n 张有效答卷，其中 m 张回答“是”，回答“是”的概率为 $P(C)=m/n$.条件概率 $P(C|A)$ 仍是学生作弊的概率，为了区别于 Warner 模型，将其记作 p'.另一个条件概率 $P(C|B)$ 是能够事先确定的，记作 p_0，当 n 较大时，对于“生日的月份是偶数”可以认为 $p_0=1/2$.由全概率公式(1)得到

$$P(C)=p'P(A)+p_0(1-P(A)) \tag{7}$$

由此得到待估计的学生作弊的概率为

$$p'=\frac{P(C)+p_0(P(A)-1)}{P(A)} \tag{8}$$

模型分析与算例 根据(8)式，若 $P(C)$ 变大，不论 $P(A)$ 的大小如何，学生作弊的概率 p' 都会增加，这点与 Warner 模型有别.

按照概率统计的观点，由模型(8)确定的 p' 也是学生作弊概率的估计值，记作 $\hat{p}'$，$\hat{p}'$ 的期望和方差如下：

$$E(\hat{p}')=p' \tag{9}$$

$$D(\hat{p}')=\frac{P(C)(1-P(C))}{(P(A))^2n} \tag{10}$$

评注 Simmons模型中已知问题B回答"是"的概率p_0. 通常设计问题B使$p_0=1/2$,若p_0未知,如问题B是"你喜欢红色吗?",而且调查者并不知道喜欢红色的被调查者的比例,就需设计另外的调查方法.如将被调查者分成两批,做两次调查,且选答问题A的概率不同,用全概率公式得到两个方程,再算出概率p(本章训练题3).

(9)式右端的p'是学生作弊概率的真值,$\hat{p}'$是p'的无偏估计.(10)式表明,被调查的人数n越多,方差越小,调查结果的精度越高.$P(A)$越接近1,虽然方差也变小,但是让绝大多数人都回答问题A显然是不合适的.

给出一个具体算例:在400张有效答卷中有80张回答"是",选答问题规则采用与Warner模型相同的抽扑克牌的办法,按照(8)式估计学生作弊的概率.

将$n=400, P(C)=80/400, p_0=1/2, P(A)=10/13$代入(8)和(10)式,得到$\hat{p}'=0.11, \sqrt{D(\hat{p}')}=0.026$,仍用2倍标准差作为估计值的精度,有过作弊行为学生的比例为$11\%\pm5.2\%$.

在采用Simmons模型时,如何确定选答问题A的概率$P(A)$,才能使估计值的精度比Warner模型更高呢?对(6)式与(10)式作进一步的分解,去除其中因$P(C)$不同造成的影响,可以得到,当$P(A)>1/3$时,$D(\hat{p}')<D(\hat{p})$.

复习题

为克服Warner模型中正反两个问题都是敏感问题的缺点,设计如下调查方案:调查者先制作三种卡片,每种卡片若干张.第一种卡片上写"若你有过作弊行为,请回答数字1;若你从未有过作弊行为,请回答数字0";第二种卡片上写"请直接回答数字1";第三种卡片写"请直接回答数字0".将三种卡片充分混合放入一盒,使第一、二、三种卡片的比例为$p_1:p_2:p_3, p_1+p_2+p_3=1$.每个被调查学生从盒中随机抽一张卡片,做真实回答后放回.若被调查学生的总数为n,回答"1"的人数为m,建立估计有过作弊行为学生比例的模型.

若三种卡片的比例为5:3:2,200名被调查学生中有70人回答数字1,估计有过作弊行为学生的比例.

8.5 轧钢中的浪费

你到过轧钢厂吗?把粗大的钢坯变成合格的钢材(如钢筋、钢板)通常要经过两道工序,第一道是粗轧(热轧),形成钢材的雏形;第二道是精轧(冷轧),得到规定长度的成品材.粗轧时由于设备、环境等方面众多因素的影响,得到的钢材的长度是随机的,大体上呈正态分布,其均值可以在轧制过程中由轧机调整,而均方差则是由设备的精度决定的,不能随意改变.如果粗轧后的钢材长度大于规定长度,精轧时把多出的部分切掉,造成浪费①;如果粗轧后的钢材已经比规定长度短,则整根报废,造成更大的浪费.显然,应该综合考虑这两种情况,使得总的浪费最少[7].

上面的问题可叙述为:已知成品材的规定长度l和粗轧后钢材长度的均方差σ,确定粗轧后钢材长度的均值m,使得当轧机调整到m进行粗轧,再通过精轧以得到成品材时总的浪费最少.

① 精轧设备的精度很高,轧出的成品材可以认为是完全符合规定长度要求的.

问题分析 粗轧后钢材长度记作 x,x 是均值 m、均方差 σ 的正态随机变量,x 的概率密度记作 $p(x)$,如图1所示,其中 σ 已知,m 待定.当成品材的规定长度 l 给定后,记 $x \geqslant l$ 的概率为 P,即 $P=P(x \geqslant l)$,P 是图中阴影部分面积.

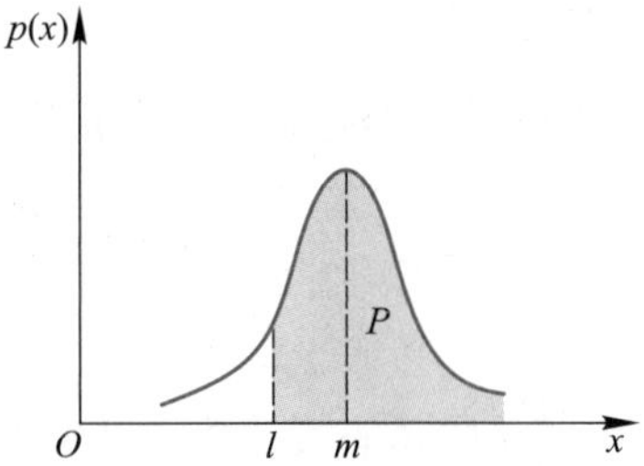

图1 钢材长度 x 的概率密度

轧制过程中的浪费由两部分构成.一是当 $x \geqslant l$ 时,精轧时要切掉长 $x-l$ 的钢材;二是当 $x<l$ 时,长 x 的整根钢材报废.由图可以看出,m 变大时曲线右移,概率 P 增加,第一部分的浪费随之增加,而第二部分的浪费将减少;反之,当 m 变小时曲线左移,虽然被切掉的部分减少了,但是整根报废的可能将增加.于是必然存在一个最佳的 m,使得两部分的浪费综合起来最小.

这是一个优化模型,建模的关键是选择合适的目标函数,并用已知的和待确定的量 l,σ,m 把目标函数表示出来.一种很自然的想法是直接写出上面分析的两部分浪费,以二者之和作为目标函数,于是容易得到总的浪费长度为①

$$W=\int_{l}^{\infty}(x-l)p(x)\mathrm{d}x+\int_{-\infty}^{l}xp(x)\mathrm{d}x \tag{1}$$

利用 $\int_{-\infty}^{\infty}p(x)\mathrm{d}x=1$, $\int_{-\infty}^{\infty}xp(x)\mathrm{d}x=m$ 和 $\int_{l}^{\infty}p(x)\mathrm{d}x=P$,(1)式可化简为

$$W=m-lP \tag{2}$$

其实,(2)式可以用更直接的办法得到.设想共粗轧了 N 根钢材(N 很大),所用钢材总长为 mN,N 根中可以轧出成品材的只有 PN 根,成品材总长为 lPN,于是浪费的总长度为 $mN-lPN$,平均每粗轧一根钢材浪费长度为

$$W=\frac{mN-lPN}{N}=m-lP \tag{3}$$

问题在于以 W 为目标函数是否合适呢?

轧钢的最终产品是成品材,如果粗轧车间追求的是效益而不是产量的话,那么浪费的多少不应以每粗轧一根钢材的平均浪费量为标准,而应该用每得到一根成品材浪费的平均长度来衡量.为了将目标函数从前者(即(3)式所表示的)改成后者,只需将(3)式中的分母 N 改为成品材总数 PN 即可.

建模与求解 以每得到一根成品材所浪费钢材的平均长度为目标函数.因为当粗轧 N 根钢材时浪费的总长度是 $mN-lPN$,而只得到 PN 根成品材,所以目标函数为

$$J_1=\frac{mN-lPN}{PN}=\frac{m}{P}-l \tag{4}$$

因为 l 是已知常数,所以目标函数可等价地只取上式右端第一项,记作

$$J(m)=\frac{m}{P(m)} \tag{5}$$

---

① 实际上,钢材长度 x 不可能取负值,但是因为通常 $l,m>>\sigma$,x 取负值的概率极小,(1)式中积分下限取 $-\infty$ 是为了下面表示和计算的方便.

式中 $P(m)$ 表示概率 P 是 m 的函数.实际上,$J(m)$ 恰是平均每得到一根成品材所需钢材的长度.

下面求 m 使 $J(m)$ 达到最小.对于表达式

$$P(m)=\int_{l}^{\infty} p(x)\,\mathrm{d}x, \quad p(x)=\frac{1}{\sqrt{2\pi}\,\sigma}\mathrm{e}^{-\frac{(x-m)^2}{2\sigma^2}} \tag{6}$$

作变量代换

$$y=\frac{x-m}{\sigma} \tag{7}$$

并令

$$\mu=\frac{m}{\sigma}, \quad \lambda=\frac{l}{\sigma}, \quad z=\lambda-\mu \tag{8}$$

则(5)式可表为

$$J(z)=\frac{\sigma(\lambda-z)}{1-\Phi(z)} \tag{9}$$

其中 $\Phi(z)$ 是标准正态变量的分布函数,即

$$\Phi(z)=\int_{-\infty}^{z} \varphi(y)\,\mathrm{d}y,\ \varphi(y)=\frac{1}{\sqrt{2\pi}}\,\mathrm{e}^{-\frac{y^2}{2}} \tag{10}$$

$\varphi(y)$ 是标准正态变量的密度函数.

用微分法求解函数 $J(z)$ 的极值问题.注意到 $\Phi'(z)=\varphi(z)$,并记

$$F(z)=\frac{1-\Phi(z)}{\varphi(z)} \tag{11}$$

可以得到 $J(z)$ 的最优值 z^* 应满足方程

$$F(z)=\lambda-z \tag{12}$$

用 MATLAB 软件得到方程(12)的根 z^*,再代回(8)式即得到 m 的最优值 m^*.

值得指出的是,对于给定的 $\lambda>F(0)=1.253$①,方程(12)不止一个根,但是可以证明,只有唯一负根 $z^*<0$,才使 $J(z)$ 取得极小值(复习题 2).

试看下面的例子,设要轧制长 $l=2.0$ m 的成品钢材,由粗轧设备等因素决定的粗轧冷却后钢材长度的均方差 $\sigma=20$ cm,问这时钢材长度的均值 m 应调整到多少才使浪费最少.

以(5)式给出的 $J(m)$ 为目标函数,由(8)式算出 $\lambda=l/\sigma=10$,解出方程(12)的负根为 $z^*=-1.78$,如图 2 所示.由(8)式算得 $\mu^*=11.78$,$m^*=2.36$,即最佳的均值应调整为 2.36 m.还可以算出 $P(m^*)=0.962\,5$,按照(4)式每得到一根成品材浪费钢材的平均长

① 通常 $l>>\sigma$,故对于 $\lambda=l/\sigma$,条件 $\lambda>F(0)=1.253$ 是容易满足的.

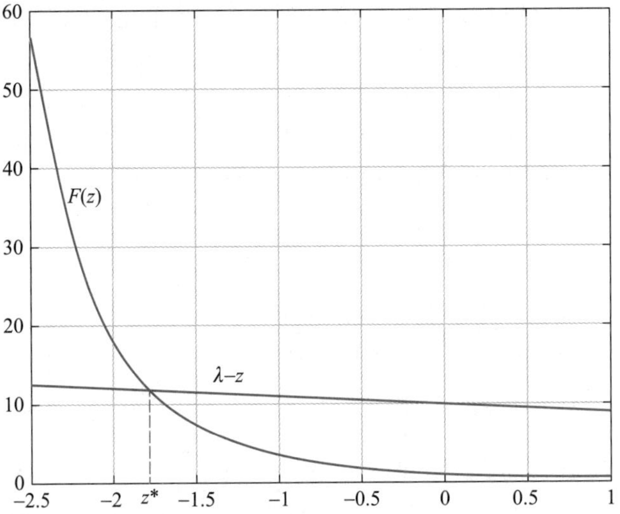

图 2 $F(z)$的图形及(12)的图解法

度为$J_1=\dfrac{m^*}{P(m^*)}-l=0.45$ m.为了减小这个相当可观的数字,应该设法提高粗轧设备的精度,即减小 σ.

评注 模型中假定当粗轧后钢材长度 x 小于规定长度 l 时就整根报废,实际上这种钢材还常常能轧成较小规格如长 l_1 ($<l$)的成品材.只有当 $x<l_1$ 时才报废.或者当 $x<l$ 时可以降级使用(对浪费打一折扣).这些情况下的模型及求解就比较复杂了.

在日常生产活动中类似的问题很多,如用包装机将某种物品包装成 500 g 一袋出售,在众多因素的影响下包装封口后一袋的重量是随机的,不妨仍认为服从正态分布,均方差已知,而均值可以在包装时调整.出厂检验时精确地称量每袋的重量,多于 500 g 的仍按 500 g 一袋出售,厂方吃亏;不足 500 g 的降价处理,或打开封口返工,或直接报废,将给厂方造成更大的损失.问如何调整包装时每袋重量的均值使厂方损失最小.生活中类似的现象也很多,常常难以完全用数量描述,如你从家中出发去车站赶火车,由于途中各种因素的干扰,到达车站的时间是随机的.到达太早白白浪费时间,到达晚了则赶不上火车,损失巨大.你如何权衡两方面的影响来决定出发时间呢?

复习题

1. 若 $l=2.0$ m 不变,而均方差减为 $\sigma=10$ cm,问均值 m 应为多大,每得到一根成品材的浪费量多大(与原来的数值相比较).

2. 证明方程(12)仅有一个负根 z^*,并且在 z^* 取得(9)式 $J(z)$ 的极小值.

8.6 博彩中的数学

每到福彩、体彩开奖的电视和网站直播时刻,千万彩民手握彩票,双眼紧盯摇奖机里滚出的一个个小球的号码,迎来的既有幸运中奖的喜悦,也有擦肩而过的遗憾.据 2006 年的调查结果推算,全国的经常性彩民约 7 000 万人.夜幕下的澳门是赌场的天下,轮盘、老虎机、扑克牌桌前挤满了赌客.与北美的拉斯维加斯、欧洲的蒙特卡罗齐名,亚洲的澳门是世界三大赌城之一,政府财政收入的 30%、税收的 50%都来自赌场.香港赛马场上人头攒动、骏马狂奔，据说600多万港人中有200多万马迷，“马照跑”作为香港回归后实行“一国两制”的重要特征而广为人知.一场精彩的足球赛开赛在即，两队的赔率已经开出，竞猜者犹豫再三、押下赌注，随着赛场形势的跌宕起伏，下注者的心情比一般的球迷更多了一份牵挂.

上面描述的彩票、赌台、动物赛跑和体育竞猜，是当前世界上博彩业的4种主要经营方式.博彩起源于赌博，可以追溯到两人面对某个悬而不决的问题而抓阄，以及市井中用扔铜币看正反面的办法相对而赌，后来有人从中看到了生财之道，为赌客提供物质条件并居中抽头，成为今天赌场的雏形.而随着赌博名声越来越坏，人们为它找到了一个好听的名字——博彩.词典上给博彩下的定义是，对一个不确定的结果做出预测判断，并以押上的钱来为自己的决策承担后果.这里的钱实际上指任何抵押物.可以说，有赌注、有对手、碰运气，是博彩的三大要素[89].

在我国，目前只有一部分彩票发行和体育竞猜是合法的，在政府监督下由相关机构管理，其他如赌台、赛马等都被禁止.不过从数学的角度看，彩票与轮盘、掷骰子等赌台游戏的数学模型基本上是一样的.本节讨论两种博彩方式中的数学问题，首先以叙述简单、便于计算的轮盘为例，从玩家(赌客)和庄家(赌场)两方面，介绍赌台游戏中的建模，然后选择一种简单的球赛竞猜方式，研究开盘、下注以及收益中的模型[24].

轮盘游戏中的数学

轮盘(roulette)是一种赌场中常见的非常刺激的游戏，由一个轮盘、一个白色小球和一张赌桌构成.(美式)轮盘分成38个沟槽，并以转轴为中心转动，沟槽编号1至36，一半红色、一半黑色，还有两个绿色沟槽编号0和00①.玩家可以对单独一个数字、几个数字组合、单双数字、红或黑一种颜色下注，然后庄家让转轮沿逆时针方向转动，并使放在微凸盘面上的小球以顺时针方向旋动，以小球最后停在某个沟槽的那个数字或颜色与下注的数字或颜色是否相同，决定玩家是赢还是输.

概率和赔率 讨论轮盘游戏中玩家的两种下注方式：对1至36其中一个数字下注；对红或黑一种颜色下注.转动后小球最后停在38个沟槽中的哪一个是随机的、等可能性的，于是对一个数字下注时玩家赢钱的概率为1/38，对一种颜色下注时赢钱的概率为18/38，输钱的概率自然分别为37/38和20/38.

赌场里很多人玩同一种游戏，每个人还会玩很多次，按照概率论中的大数定律，玩家赢钱次数的频率将逐渐稳定于赢钱的概率，记作p.博彩中常用概率的另一种表示——赔率.理论上的赔率称为**真实赔率**(true odds)，记作y，其含义是，如果庄家按照赔率y赔给赢钱的玩家，那么很多次游戏后，庄家和玩家都不赔不赚.设玩家下注1元，如果玩家赢(概率p)，则得到庄家赔付的y元；如果玩家输(概率$1-p$)，则失去下注的1元，不赔不赚应表示为$p\times y=(1-p)\times 1$，由此得到赔率与概率的关系

$$y=\frac{1-p}{p}, \text{或 } p=\frac{1}{y+1} \tag{1}$$

按照(1)式计算，对一个数字下注(赢钱概率$p=1/38$)的真实赔率$y=37$，即1赔37.对一种颜色下注(赢钱概率$p=18/38$)的真实赔率$y=1.11$，即1赔1.11.这样的赔率对双

---

① 欧式轮盘只有37个沟槽，少一个绿色沟槽00.

方是公平的，所以又称平率.

实际上，任何一个赌场老板都不会以真实赔率 y 赔付给赢钱的赌客，那样他就一分钱也赚不到还白搭上服务.通常赌场对一种游戏会选择一个比真实赔率 y 稍低一点的赔率赔付，称为**支付赔率**(payoff odds)，记作 x，如对一个数字下注的支付赔率取 $x=35$，即 1 赔 35，对一种颜色下注的支付赔率取 $x=1$.以下如不特别说明，赔率均指支付赔率.

玩家劣势和庄家优势 常识告诉人们，赌场上的赌客碰到好运气，可能赢上几把，但是一直赌下去，最终总是要输的.在轮盘游戏中，让我们算一下对一个数字下注并一直赌下去的玩家会输多少钱.仍设下注 1 元，如果玩家赢($p=1/38$)，他得到庄家赔付的 35 元(赔率 $x=35$)；如果玩家输，失去下注的 1 元.如此下注很多次玩家的平均收益(即期望收益)为 $35\times\frac{1}{38}+(-1)\times\frac{37}{38}=-\frac{2}{38}=-0.052\ 6$(元)，即输掉下注金额的 5.26%.用式子表示这个计算，玩家的期望收益 EV_1(expected value)为

$$EV_1=xp+[-(1-p)]=(x+1)p-1 \tag{2}$$

EV_1 完全由概率 p 和赔率 x 决定，通常以百分比的形式表示.

换一种玩法，对一种颜色下注($p=18/38$，$x=1$)，由(2)式得到，玩家的期望收益 EV_1 与上面算出的对一个数字下注时完全一样.实际上这是庄家早就安排好的.

赌场中各种游戏玩家的期望收益 EV_1 一般都是负值，取绝对值后的数值称为**玩家劣势**(赌客劣势).

更一般地，如果玩家在一种游戏中的下注金额为 1 个单位，游戏出现第 i 种结果的收益是 $a_i(i=1,\ 2,\cdots,\ n)$，出现这种结果的概率是 p_i，则期望收益

$$EV_1=\sum_{i=1}^{n}a_ip_i \tag{3}$$

买彩票的期望收益就可以用(3)式计算.

赌场上玩家输的正是庄家赢的，如果计算庄家的期望收益 EV_2，得到的结果与(2)式的 EV_1 相差一个负号，一般都是正值，称为**庄家优势**(赌场优势).显然，轮盘游戏中对一个数字下注与对一种颜色下注的庄家优势也都是 5.26%.

玩家的加倍下注策略 赌场上对于赔率 $x=1$(如对轮盘一种颜色下注)的游戏，有些玩家会采用一种自以为能够稳赢不输的下注策略.办法是，从最低金额(假定是 1 元)开始下注，输了就加倍下注，再输再加倍，直到赢了为止.这样只要赢一次，就不仅能把输的钱全部捞回来，而且净赚 1 元.真的是这样吗？

玩家手中的钱当然是有限的，不妨假定他有 1 万元，首次下注 1 元，够他连输 13 次，因为 $1+2+2^2+\cdots+2^{12}=2^{13}-1=8\ 191$(元).对一种颜色下注时赢的概率 $p=18/38=0.473\ 7$，将近1/2，连输 13 次的概率极小，于是他想当然地认为最终会赢钱.让我们仔细算一下吧.

玩家输的概率 $q=1-p=0.526\ 3$，连输 13 次、输掉 8 191 元的概率是 $q^{13}=0.000\ 237\ 8$，而赢其中一次、净赚 1 元的概率是 $1-q^{13}$，于是期望收益为 $-8\ 191q^{13}+(1-q^{13})=-0.948\ 0$，所以理论上(长期按照这种策略下注)他还是会输的，虽然输得并不多.

这种策略下玩家的期望下注金额是 $1+2q+2^2q^2+\cdots+2^{12}q^{12}=\frac{(2q)^{13}-1}{2q-1}=18.008\ 7$，

所以他每下注 1 元的期望收益为-0.948 0/18.008 7=-0.052 6，与前面按照(2)式计算的一次下注的期望收益分毫不差.这说明与普通的下注方式相比，采用加倍下注策略(在理论上)没有得到任何便宜.请读者自行推导：不论概率 p 多大、玩家手中的钱有多少，加倍下注策略的期望收益与(2)式的 EV_1(赔率 $x=1$)完全相同.

赌场游戏的设计方法和步骤 站在庄家的角度上，对于赌场中的每一种游戏，从制定玩法、确定赔率，到估计收益、规避风险，有一系列的设计方法和步骤.

1. 概率计算 赌场中各种游戏结果的不确定性正是吸引赌客的魅力所在，而隐藏在实际发生的不确定性背后的，是理论上的确定性——出现每种结果的精确概率.概率计算是整个游戏设计的基础，轮盘、掷骰子等游戏的概率计算比较简单，彩票各等级奖项的概率计算要复杂些，而像扑克牌 21 点游戏的概率通常需要作计算机模拟才能得到.

2. 赔率确定 理论上的真实赔率 y 直接由概率决定，如(1)式，赌场实际上采用的赔率 x(支付赔率)需根据真实赔率向下调整到一个简单的(一般取整数)、合理的(见下面的讨论)数值.

3. 庄家优势的调整 如前所述，庄家优势(即期望收益 EV_2)与玩家期望收益 EV_1 只差负号.对于简单的轮盘游戏(2)式，有 $EV_2=1-(x+1)p$.对一种游戏(玩家赢钱)的概率 p 是一定的，赌场可以采用降低或提高赔率 x 的方法调整庄家优势.

4. 最低和最高下注额的设定 对下注额的限制称为**限红**.赌场通常采用筹码(如 10 元兑换 1 个最小面额的筹码)的下注方式来设定最低限红，防止个别玩家零敲碎打地下注，以节约服务成本.设最高限红(如 10 万元的筹码)的目的是，防止个别财大气粗的玩家过分高额地下注，给赌场带来瞬间的威胁.比如一个赌客拿 1 亿元(对轮盘的一种颜色)下注，赌场和赌客双方输的概率都接近 1/2，赌场没有必要冒这样的风险，因为只需设一个最高限红，并鼓励这位亿万富翁长期地赌下去，那 1 亿元早晚会落入赌场老板的囊中.另外，最高、最低限红的区间也限制了玩家的加倍下注策略，赌场毕竟是不欢迎这种下注方式的.

赌场的收益及其波动 赌场对经营的所有游戏都会作一系列的设计或调整，使总的收益控制在一个适当的范围内.收益太高监管部门会干预，也不利于行业内部的竞争；收益太低会影响扣除税收、成本以及慈善捐赠等支出后的利润.

博彩业的收益是随机的，前面讨论的庄家优势 EV_2 是期望值，实际收益的波动范围可用收益的标准差描述.对于一次下注 1 元的轮盘游戏，赌场收益的标准差 SD_2 可以参照(2)式写出

$$SD_2=\sqrt{x^2p+(1-p)-EV_2^2} \tag{4}$$

若对一种颜色下注($x=1,p=18/38,EV_2=0.052\ 6$)，可算出 $SD_2=0.998\ 6$；若对一个数字下注($x=35,p=1/38,EV_2=0.052\ 6$)，可算出 $SD_2=5.762\ 8$.一次下注时庄家收益(相对于期望值)的波动太大(当然玩家也一样).可是赌场接待成千上万个赌客，每个赌客要玩好多次，当上述游戏下注 n 次时，收益的平均值仍是 EV_2，而收益的标准差却是

$$SD_2(n)=\frac{SD_2}{\sqrt{n}} \tag{5}$$

假设 $n=10\ 000$（如 1 000 个赌客，每人玩 10 次），则对一种颜色下注的 $SD_2(n)=0.010\ 0$，对一个数字下注的 $SD_2(n)=0.057\ 6$.虽然后者的标准差仍然不小，可是实际赌场上的 n 会更大.

进而，根据概率论的中心极限定理，当下注次数 n 很大时，其平均收益趋向正态分布.于是可以以 95%的把握预测，赌场的收益在 $EV_2\pm 2SD_2(n)$ 范围内.

玩家应该关注的 赌场中的玩家看到的只是每种游戏的赔率，买彩票也只知道各等级奖项的中奖额.如果不同赌场同一种游戏的赔率不同，玩家自然会选赔率高的.在不同游戏或不同彩票中选择时，如果不管兴趣，只从赢钱的角度出发（应该说是少赔钱），应该估算游戏中各种结果或彩票各奖项出现的概率，然后根据赔率和概率计算玩家的期望收益 EV_1，进行比较.实际上，如果玩家只是偶尔赌上几次或买几张彩票，期望收益的大小就没有多大意义，更需要关注的是反映收益波动范围的标准差（与(4)、(5)式给出的赌场收益的标准差类似）.一般地说，保守型玩家宜选择标准差小的，如在轮盘游戏中对一种颜色下注，冒险型玩家可选择标准差大的，如在轮盘游戏中对一个数字下注.

体育竞猜中的数学

体育竞猜是近些年来迅速发展起来的一项博彩，庄家（博彩公司）在一场体育比赛（各种球赛、拳击等）开始前，组织玩家预测比赛结局并下注，比赛结束后根据实际结果决定玩家的输赢.与彩票、赌台游戏各种结果出现的概率可以精确计算不同的是，体育比赛双方胜负的概率，不论玩家或庄家都只能根据两队的实力、状态等因素做出大致的估计，所以竞猜既对庄家的技术水平、经营技巧和经验积累有很高的要求，是博彩业中风险最大的分支，也给一些比较内行的玩家提供了赢钱的机会，是博彩业中最容易产生职业赌客的地方.

体育竞猜中下注金额的制定称为开盘，国际上开盘的机制有所谓加（让）线盘、加（让）分盘、赔率盘等，下面只介绍在竞猜中计算较为简单、又颇吸引人的加线盘.

开盘、押注、玩家劣势和庄家优势 在 A，B 两支球队比赛前庄家为竞猜开盘，即给出两队胜负的赔率，让玩家押注.赔率用两个数字表示，如 −160/+140，其含义是，当玩家押 A 队获胜时，赔率为 1.6 赔 1，即一注押 160 元，结果若 A 队胜，玩家获赔 100 元（押金退还），若 A 队负，押金归庄家；当玩家押 B 队获胜时，赔率为 1 赔 1.4，即一注押 100 元，结果若 B 队胜，玩家获赔 140 元（押金退还），若 B 队负，押金归庄家.这就是说，−160/+140 中前面带−号和后面带+号的数字分别代表了 A 队和 B 队的赔率.很明显，这个开盘说明庄家认为 A 队是强队（押多赔少）、B 是弱队（押少赔多）.这种形式的开盘称**加线盘**（后面解释加线的含义），又称**独赢盘**，即不考虑平局，或者将平局归为弱队获胜.

两队强弱对比的定量关系用双方的获胜概率（以下简称胜率）表示，假定庄家已经估计出强队 A 的胜率为 0.6，弱队 B 的胜率为 0.4.让我们先按这个概率算一下，竞猜中玩家和庄家的期望收益有多大.

押强队 A 胜的玩家的期望收益为 $100\times 0.6-160\times 0.4=-4$，押弱队 B 胜的玩家的期望收益为 $140\times 0.4-100\times 0.6=-4$，二者相等.对这两种下注方式，单位下注额的玩家劣势分别为 $4/160=2.5\%$ 和 $4/100=4\%$，押强队 A 胜的玩家劣势较小.

两种下注方式的玩家劣势正是对这两种下注方式的庄家优势.在押强队 A 胜和押弱队 B 胜的玩家数量相等的情况下,单位下注额的整体庄家优势为$\frac{4+4}{160+100}=3.08\%$.

应该注意到,与彩票、赌台在大量、重复的游戏中各种结果出现的频率逐渐稳定于概率不同,体育竞猜中两队在相同条件下的比赛很少重复,庄家估计的胜率实际上并不具有大数定律所赋予的性质,它只是在开盘和计算理论的期望收益中用到,同时,玩家也会估计两队的胜率,并结合庄家的开盘决定押注.

评注 轮盘游戏和体育竞猜都符合博彩的定义及三大要素,前者是人为设置的赌场,各种结果的概率可以精确算出,庄家和玩家都不需要什么"技术",一时的输赢完全碰运气;后者是博彩公司借用现实生活中不可预知又吸引眼球的事件开设的赌局,各种结果的概率要靠"技术"来估计,内行的玩家有一定优势.

加线盘的设计方法和步骤 在实际操作中,庄家开盘的设计方法和步骤如下:

1. 估计获胜概率、开出公平盘 庄家首先组织专家(称开盘手)估计强队 A 的胜率,记作 p.当两队胜率相等即 $p=0.5$ 时,竞猜没有任何意义,设定开盘为 $-100/+100$.而当强队 A 胜率为 p 时,容易验证,当开盘为$-\frac{100p}{1-p}/+\frac{100p}{1-p}$时,押强队 A 胜和押弱队 B 胜的玩家劣势均等于零.显然,强队 A 的胜率 p 越大,开盘中的数字就越大,如 $p=0.6$ 时开盘为 $-150/+150$,$p=0.8$ 时开盘为 $-400/+400$.这种开盘的庄家优势也是零,称为**公平盘**.

2. 调整公平盘、开出加线盘 庄家为了有利可图,需要在公平盘基础上加以调整,称为加线.如 $p=0.6$ 时在 $-150/+150$ 上各加 10(线),变成 $-160/+140$,即押强队 A 胜的下注额加 10,押弱队 B 胜的获赔减 10,这一加一减就制造出庄家优势.一般地,设在公平盘$-\frac{100p}{1-p}/+\frac{100p}{1-p}$上强队 A 和弱队 B 的加线分别为 a 和 $b(a,b>0)$,开出的加线盘为

$$-\left(\frac{100p}{1-p}+a\right)/+\left(\frac{100p}{1-p}-b\right) \tag{6}$$

可以算出押强队 A 胜和押弱队 B 胜的玩家的期望收益分别为 $-a(1-p)$ 和 $-b(1-p)$,于是庄家的期望收益分别为 $a(1-p)$ 和 $b(1-p)$.当 $a=b$ 时,二者相等.

在押强队 A 胜和押弱队 B 胜的玩家数量相等的情况下,单位下注额的整体庄家优势为

$$\frac{(a+b)(1-p)}{\frac{100p}{1-p}+a+100}=\frac{(a+b)(1-p)^2}{100+a(1-p)} \tag{7}$$

当 a,b 增加时,整体庄家优势变大[①].

3. 加线的调整 在一场竞猜中庄家的实际收益并不能按照期望值计算,而是取决于多少玩家押强队 A 胜、多少玩家押弱队 B 胜,以及结果是 A 还是 B 获胜.设押强队 A 胜与押弱队 B 胜的玩家数量(假定每人押一注)分别为 n_A,n_B,对于开出的加线盘(6),计算庄家的实际收益如下:

若结果是强队 A 胜,则庄家的实际收益为

$$V_A=-100n_A+100n_B=100(n_B-n_A) \tag{8}$$

若结果是弱队 B 胜,则庄家的实际收益为

---

① 其中庄家优势对 a 的单调性要求 $b<100/(1-p)$,这通常是满足的.

$$V_B=\left(\frac{100p}{1-p}+a\right)n_A-\left(\frac{100p}{1-p}-b\right)n_B=\frac{100p}{1-p}(n_A-n_B)+an_A+bn_B \tag{9}$$

仍设 $p=0.6, a=b=10$，即开盘为-160/+140，由(9)式得 $V_B=150(n_A-n_B)+10(n_A+n_B)$，对于不同的 n_A,n_B 及胜负结果，计算庄家的实际收益如表1.

评注 各种赌场游戏表面上是玩家与庄家对赌，实质上无一不是玩家与玩家之间的博弈，赌场里无数的筹码从大部分玩家的口袋.经庄家之手转入少数赢钱赌客的囊中，庄家从中抽头牟利，自己绝不涉赌.

体育竞猜中博彩公司通过调整加线，竭力均衡玩家之间的角力.也是为了促成玩家的对赌，自己抽身而退.

表1 开盘-160/+140下的庄家实际收益

	n_A	n_B	获胜队	庄家实际收益
1	100	100	A	0
2	100	100	B	2 000
3	150	50	A	-10 000
4	50	150	A	10 000
5	150	50	B	17 000
6	50	150	B	-13 000

由表1可以看出，当 n_A,n_B 相差很大时，庄家可能暴赢也可能暴输.因为比赛结束前庄家并不知道最终哪一队获胜，所以为了规避风险，庄家必须密切关注玩家下注的走势.一旦发现 n_A,n_B 相差变大，就应适时地调整 a,b，尽量使 n_A,n_B 接近.从(8)、(9)式看出，只要 $n_A=n_B$，不论A胜还是B胜，庄家都不会赔钱.读者可以替庄家考虑一下，如果发现 n_A 比 n_B 大了很多，应该怎样调整、提高 a 和 b.

复习题

证明加倍下注策略(赔率为1)与普通下注方式玩家(单位下注金额)的期望收益相同.

8.7 网页排序与球队排名

在互联网技术迅速发展的今天，人们每当遇到工作、学习、生活中的问题时，首先想到的已经不再是查资料、打电话，而是到一个搜索网站(搜索引擎)上"搜一搜".可是，键入一个关键词，通常呈现出来的有百万、千万条信息，而你大概只会查看最前面的几条.那么，网站是利用什么方法将这么多信息排序的呢?

谷歌(Google)的网页排序(PageRank)已经有很多介绍，被公认为是最适用的排序方法.虽然多数文献将其归入Markov链(Markov chain)的具体应用，然而在1998年这一方法的创始人(美国斯坦福大学的博士研究生Sergey Brin和Lawrence Page)并不是由Markov链入手的[11].本节拟从数学建模的角度，按照用数学工具解决实际问题的思路，介绍、分析创始人建立网页排序模型的全过程[38].

网页排序问题的提出与分析 当搜索网站接到用户查询的词条后，首先，检索模块会扫描包括所有文件的信息存贮库，按照内容索引把与词条相关的网页挑选出来，构成查询词条的关联集.然后,按照一定标准下能反映网页重要程度的评分,对关联集的网页进行排序.所谓评分主要由**内容评分**(content score)和**人气评分**(popularity score)组合而成,前者由所查询词条出现在该网页的标题、摘要还是文本中,以及出现的次数来决定评分的高低,是在接到查询后确定的;而后者由全部网页之间的链接关系,即所谓**超链接**(hyperlink)的结构来确定,与接到的查询无关.显然,内容评分是粗糙的,会有许多网页有相同的分数,难以区分,而由网页超链接结构决定的人气评分,可以给出精确的网页排序,这正是本节讨论的内容.下面将用于网页排序的人气评分称为**网页评分**,简称**评分**.

网页的超链接结构可以直观地用图表示.图 1 是仅有 6 个网页组成的小网络的有向图,圆圈表示网页,称为图的**节点**,带箭头的直线表示网页之间的链接关系,称为图的**有向边**.如图中 1→2 表示网页 1 引用网页 2,可以说网页 1 投网页 2 一票,在超链接结构中称为网页 1 链接到网页 2.图中网页 1 与网页 3 相互链接.

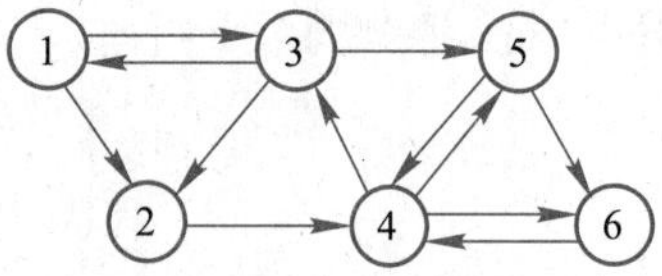

图 1　6 个网页组成的小网络的有向图

为了由整个网络的超链接结构确定各个网页的排序,需要建立网页评分的数学模型.参照**文献计量学**(bibliometrics)的分析方法,Brin 和 Page 在提出他们的模型时,认为某个特定网页的评分取决于两个因素,一是链接到该网页的每个网页的评分越大,相当于引用者(或投票者)的身份越高,那么该网页的评分应越大;二是链接到该网页的每个网页发出的链接数越少,相当于它的引用数(或投票数)越少,说明它对引用(或投票)的重视程度越高,那么该网页的评分也应越大[37].

网页排序原始模型的建立　对于 n 个网页组成的网络,记网页 i 的评分为 r_i,链接到网页 i 的其他网页的集合为 B_i,由网页 i 链接的网页数为 $n_i(i=1,2,\cdots,n)$.按照上面的分析,Brin 和 Page 提出了由 B_i 中的各个网页 j 的评分 r_j 及其链接的网页数 n_j,确定评分 r_i 的具体公式

$$r_i=\sum_{j\in B_i}\frac{r_j}{n_j},\quad i=1,2,\cdots,n \tag{1}$$

表示评分 r_i 等于链接到网页 i 的各个网页 j 的评分 r_j 的加权和,其权重与网页 j 链接的网页数 n_j 成反比,相当于网页 j 将其评分 r_j 平均分配给它所链接的那些网页.

对于图 1 的网络,首先写出链接网页 i 的网页集合 B_i 及 i 链接的网页数 $n_i(i=1,2,\cdots,6)$ 如表 1.

表 1　图 1 网络的 B_i 和 n_i

i	1	2	3	4	5	6
B_i	{3}	{1,3}	{1,4}	{2,5,6}	{3,4}	{4,5}
n_i	2	1	3	3	2	1

由（1）式和表 1 可得

$$
\begin{cases}
r_1 = r_3/3 \\
r_2 = r_1/2 + r_3/3 \\
r_3 = r_1/2 + r_4/3 \\
r_4 = r_2 + r_5/2 + r_6 \\
r_5 = r_3/3 + r_4/3 \\
r_6 = r_4/3 + r_5/2
\end{cases}
\tag{2}
$$

(1)(2)式是线性齐次方程组,为了规范唯一解可增加约束条件

$$
r_1 + r_2 + \cdots + r_n = 1, \quad r_i > 0 \tag{3}
$$

引入(行)评分向量 $\boldsymbol{r} = [r_1, r_2, \cdots, r_n]$ 和链接矩阵 $\boldsymbol{H} = [h_{ij}]_{n\times n}$，其中

$$
h_{ij} = \begin{cases} 1/n_i, & \text{若网页 } i \text{ 链接到网页 } j \\ 0, & \text{否则} \end{cases} \tag{4}
$$

则(1)(3)式可表示为

$$
\boldsymbol{r} = \boldsymbol{rH}, \quad \boldsymbol{re} = 1, \quad \boldsymbol{e} = [1, 1, \cdots, 1]^{\mathrm{T}} \tag{5}
$$

对于图 1 的网络由(2)式可得

$$
\boldsymbol{r} = [r_1, r_2, \cdots, r_6], \quad \boldsymbol{H} = \begin{pmatrix} 0 & 1/2 & 1/2 & 0 & 0 & 0 \\ 0 & 0 & 0 & 1 & 0 & 0 \\ 1/3 & 1/3 & 0 & 0 & 1/3 & 0 \\ 0 & 0 & 1/3 & 0 & 1/3 & 1/3 \\ 0 & 0 & 0 & 1/2 & 0 & 1/2 \\ 0 & 0 & 0 & 1 & 0 & 0 \end{pmatrix} \tag{6}
$$

(5)(6)式与(2)(3)式等价.

对于图 1 这样的小网络,可以由(5),(6)式直接解出向量 $\boldsymbol{r}$.但是当网络规模很大时,直接求解的计算和存贮量太大,可将(5)式写成如下迭代形式进行计算:

$$
\boldsymbol{r}^{(k+1)} = \boldsymbol{r}^{(k)}\boldsymbol{H}, \quad \boldsymbol{r}^{(k)}\boldsymbol{e} = 1, \quad \boldsymbol{r}^{(k)} > 0, \quad k = 0, 1, 2, \cdots \tag{7}
$$

称为幂法(迭代过程相当于 $\boldsymbol{H}$ 的幂次不断增加).不妨取评分向量的初始值 $\boldsymbol{r}^{(0)} = [1, 1, 1, 1, 1, 1]/6$,即赋予每个网页相同的评分,按(6)(7)式用幂法迭代的结果如表 2.

表 2 图 1 网络按(5)(6)式用幂法迭代的结果

	r_1	r_2	r_3	r_4	r_5	r_6
$k=0$	0.166 7	0.166 7	0.166 7	0.166 7	0.166 7	0.166 7
$k=1$	0.055 6	0.138 9	0.138 9	0.416 7	0.111 1	0.138 9
⋮	⋮	⋮	⋮	⋮	⋮	⋮
$k=11$	0.048 2	0.072 3	0.144 6	0.361 4	0.168 7	0.204 8
$k=12$	0.048 2	0.072 3	0.144 6	0.361 4	0.168 7	0.204 8
⋮	⋮	⋮	⋮	⋮	⋮	⋮

可以看到,11 次迭代后 $\boldsymbol{r}^{(k)}$ 收敛于评分向量 $\boldsymbol{r}$, 记作 $\boldsymbol{r}=\boldsymbol{r}_{(1)}=[0.048\,2,\ 0.072\,3,\ 0.144\,6,\ 0.361\,4,\ 0.168\,7,\ 0.204\,8]$(符号 $\boldsymbol{r}_{(1)}$ 便于与后面的结果相区分),按照 $\boldsymbol{r}_{(1)}$ 分量的大小对 6 个网页排序为 4,6,5,3,2,1.初始值 $\boldsymbol{r}^{(0)}$ 可以任取,如[1, 0, 0, 0, 0, 0],迭代的结果与上相同.

评注 基于现有资料,网页排序模型的创始人最初的工作并没有采用 Markov 链来描述,而是从实际问题入手,分析网络的内部结构,提出网页评分的计算公式,建立了原始的模型.

虽然对于图 1 的网络用上面的办法得到了收敛的评分向量,但是我们自然会问:对于任意一个网络的**链接矩阵 $\boldsymbol{H}$**,用幂法按照(7)式迭代计算,一定会**收敛于唯一的、与初值无关的正向量 $\boldsymbol{r}$** 吗? 更明确的提法是:矩阵 $\boldsymbol{H}$ 在什么条件下这个问题的回答才是肯定的?

原始模型与 Markov 链的关系

让我们用 Markov 链来重新审视上面的网页排序模型.不熟悉 Markov 链的读者可参考基础知识 8-1.

基础知识 8-1 Markov 链的基本概念

由 n 个网页组成系统的状态,网页的评分视为状态概率,网页的链接视为状态的随机转移,且具有无后效性,当链接矩阵 $\boldsymbol{H}$ 满足随机矩阵的条件(行和为 1 的非负矩阵)时,$\boldsymbol{H}$ 即为 Markov 链的转移矩阵 $\boldsymbol{P}$. Brin 和 Page 采用了**随机漫游**(random surfer)的概念,设想一个漫游者沿着网络的超链接结构在网页之间随机漫游,到达某个网页后,在它链接的各个新网页中,等概率地选择其中一个,然后继续这样的随机转移过程.经过多次漫游后计算停留在各个网页次数之间的比例关系,作为各个网页的评分.

进一步,如果 Markov 链满足正则链的条件①,则评分向量 $\boldsymbol{r}$ 相当于稳态概率向量,由(7)式用幂法计算的正向量 $\boldsymbol{r}$ 的收敛性、唯一性(与初始值无关)得到保证,网页 i 评分 r_i 相当于 Markov 链无穷多次随机转移过程中停留于状态 i 的概率.正则链的有向图是双向连通的.

同时,通过 Markov 链转移矩阵 $\boldsymbol{P}$ 的构造,可以更简便地确定链接矩阵 $\boldsymbol{H}$.比如对于图 1 的网络,首先写出其有向图的**邻接矩阵** $\boldsymbol{A}=[a_{ij}]$,有

$$a_{ij}=\begin{cases}1, & \text{若节点 } i\to j,\\ 0, & \text{否则},\end{cases}\qquad \boldsymbol{A}=\begin{pmatrix}0&1&1&0&0&0\\0&0&0&1&0&0\\1&1&0&0&1&0\\0&0&1&0&1&1\\0&0&0&1&0&1\\0&0&0&1&0&0\end{pmatrix}\tag{8}$$

再将矩阵 $\boldsymbol{A}$ 的各行归一化,正好得到(6)式表示的链接矩阵 $\boldsymbol{H}$,相当于网页 i 等概率地转移到它链接的每一个网页 j.并且,对于图 1 这样的小网络,容易判断转移矩阵 $\boldsymbol{H}$ 定义的 Markov 链是正则链.于是由(5)式确定的评分向量 $\boldsymbol{r}$ 是 $\boldsymbol{H}$ 对应于最大特征值 1 的(左)特征向量.可以利用计算软件直接得到这个特征向量,将其归一化后得到的 $\boldsymbol{r}$ 正是表 2 用幂法迭代收敛的结果 $\boldsymbol{r}_{(1)}$.由(5)式求解 $\boldsymbol{r}$ 的方法称为**特征向量法**,幂法不过是计算特征向量的迭代法.

---

① n 个状态的 Markov 链若存在正整数 N,使从任意状态 i 经 N 次转移都以大于零的概率到达状态 j $(i,j=1,2,\cdots,n)$,则称为正则链.详见基础知识 8-1.

评注 由网络有向图（如图 1）很容易写出邻接矩阵 $\boldsymbol{A}$（如(8)式），对 $\boldsymbol{A}$ 行归一化即得矩阵 $\boldsymbol{H}$，与原始模型从(1)—(4)式和表 1 写出 $\boldsymbol{H}$ 的过程相比，更加简便、清晰.

网页排序问题就这么简单地解决了吗？实际上，网络的超链接结构是异常巨大、相当复杂的，其链接矩阵 $\boldsymbol{H}$ 能否成为 Markov 链的转移矩阵？即使能，那么这个 Markov 链是否是正则链？这些关键问题很难判断，更不大可能得到肯定的回答，这个原始模型还有待修正.

原始模型的第 1 次修正 图 2 是图 1 网络去掉有向边 2→4 以后的有向图，此时网页 2 没有链接到任何其他网页，称为**悬挂网页**(dangling)，互联网中如图片文件、数据文件等常常就是这样的网页.

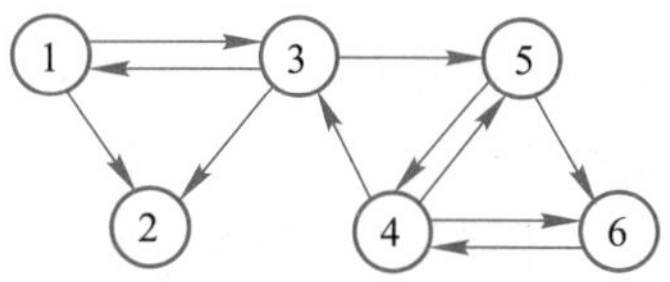

图 2 图 1 网络去掉边 2→4 后的有向图

首先用上面的方法计算一下，看看能否得到需要的评分向量 $\boldsymbol{r}$.

图 2 网络的链接矩阵 $\boldsymbol{H}$ 可由图 1 网络(6)式的 $\boldsymbol{H}$ 令 $h_{24}=0$ 得到

$$\boldsymbol{H}=\begin{pmatrix} 0 & 1/2 & 1/2 & 0 & 0 & 0 \\ 0 & 0 & 0 & 0 & 0 & 0 \\ 1/3 & 1/3 & 0 & 0 & 1/3 & 0 \\ 0 & 0 & 1/3 & 0 & 1/3 & 1/3 \\ 0 & 0 & 0 & 1/2 & 0 & 1/2 \\ 0 & 0 & 0 & 1 & 0 & 0 \end{pmatrix} \tag{9}$$

仍取 $\boldsymbol{r}^{(0)}=[1,1,1,1,1,1]/6$，按(7)(9)式用幂法迭代的结果如表 3.

表 3 按(7)(9)式用幂法迭代的结果

	r_1	r_2	r_3	r_4	r_5	r_6
$k=0$	0.166 7	0.166 7	0.166 7	0.166 7	0.166 7	0.166 7
$k=10$	0.017 8	0.027 6	0.049 2	0.108 2	0.057 2	0.070 6
⋮	⋮	⋮	⋮	⋮	⋮	⋮
$k=90$	0.000 0	0.000 0	0.000 0	0.000 1	0.000 1	0.000 1
$k=100$	0.000 0	0.000 0	0.000 0	0.000 0	0.000 0	0.000 0
⋮	⋮	⋮	⋮	⋮	⋮	⋮

由表 3 显然 $\boldsymbol{r}^{(k)}$ 未收敛到所需要的正评分向量 $\boldsymbol{r}$.不难看出，这是由于(9)式的矩阵 $\boldsymbol{H}$ 第 2 行为零向量，行和不等于 1，$\boldsymbol{H}$ 不能作为 Markov 链的转移矩阵用(7)式计算，当然更不能借助正则链的性质求解特征向量.从有向图看，图 2 不是双向连通的.

为了采用 Markov 链的方法和结论，解决含有悬挂网页的排序问题，Brin 和 Page 对矩阵 $\boldsymbol{H}$ 作了修正，他们假定网络中的漫游者到达悬挂网页后，可以随机地、等概率地链接到网络的每个网页，包括它本身.对于图 2 网络相当于将(9)式矩阵 $\boldsymbol{H}$ 第 2 行改为 $[1,1,1,1,1,1]/6$，得到如下的矩阵 $\boldsymbol{S}$

$$
\boldsymbol{S}=\begin{pmatrix} 0 & 1/2 & 1/2 & 0 & 0 & 0 \\ 1/6 & 1/6 & 1/6 & 1/6 & 1/6 & 1/6 \\ 1/3 & 1/3 & 0 & 0 & 1/3 & 0 \\ 0 & 0 & 1/3 & 0 & 1/3 & 1/3 \\ 0 & 0 & 0 & 1/2 & 0 & 1/2 \\ 0 & 0 & 0 & 1 & 0 & 0 \end{pmatrix} \tag{10}
$$

仍取 $\boldsymbol{r}^{(0)}=[1,\ 1,\ 1,\ 1,\ 1,\ 1]/6$,$\boldsymbol{S}$ 代替 $\boldsymbol{H}$ 后按照(7)式用幂法迭代或者直接用特征向量计算程序,都可以得到评分向量 $\boldsymbol{r}=\boldsymbol{r}_{(2)}=[0.067\,8, 0.101\,7, 0.152\,5, 0.305\,1, 0.169\,5, 0.203\,4]$,与图 1 网络的评分向量 $\boldsymbol{r}_{(1)}$ 对比发现,去掉有向边 2→4 后 $\boldsymbol{r}$ 有所改变,而网页排序仍为 4,6,5,3,2,1.

可以注意到,将矩阵 $\boldsymbol{H}$ 修正为 $\boldsymbol{S}$ 相当于图 2 的网络增加了由网页 2 链接到各个网页的有向边,有向图变为双向连通的,以 $\boldsymbol{S}$ 为转移矩阵的 Markov 链是正则链. 将上述过程一般化,Brin 和 Page 提出的第 1 次修正,是用如下的 $\boldsymbol{S}$ 代替链接矩阵 $\boldsymbol{H}$

$$
\boldsymbol{S}=\boldsymbol{H}+\boldsymbol{a}\boldsymbol{e}^{\mathrm{T}}/n, \quad \boldsymbol{a}=[a_1, a_2, \cdots, a_n]^{\mathrm{T}}, \quad a_i=\begin{cases}1, & \text{若 } i \text{ 为悬挂网页} \\ 0, & \text{否则}\end{cases} \tag{11}
$$

其中 $\boldsymbol{a}$ 称为**悬挂节点向量**,矩阵 $\boldsymbol{a}\boldsymbol{e}^{\mathrm{T}}/n$ 的秩为 1,$\boldsymbol{H}$ 修正后得到的 $\boldsymbol{S}$ 是随机矩阵,可作为 Markov 链的转移矩阵.以 $\boldsymbol{S}$ 代替(5)式的链接矩阵 $\boldsymbol{H}$,用特征向量法求解

$$
\boldsymbol{r}=\boldsymbol{r}\boldsymbol{S}, \quad \boldsymbol{r}\boldsymbol{e}=1, \quad \boldsymbol{r}>0 \tag{12}
$$

即得到评分向量 $\boldsymbol{r}$.显然,若网络没有悬挂网页,则 $\boldsymbol{S}=\boldsymbol{H}$.

> **评注** 网页排序被称为 Markov 链理论自诞生以来最伟大的应用.当这一开创性的工作纳入 Markov 链的“轨道”之后,不仅为原始模型奠定了坚实的理论基础,如幂法迭代过程的收敛性,而且给模型的修正和完善提供了必要和充分的依据.

原始模型的第 2 次修正 图 3 是图 2 网络再去掉有向边 4→3 后的有向图,此时即使将矩阵 $\boldsymbol{H}$ 修正为 $\boldsymbol{S}$,增加由网页 2 链接到各个网页的有向边,但去掉有向边 4→3 后得到的有向图也不是双向连通的,因为从 4, 5, 6 任意一个节点出发都不能到达 1,2,3.

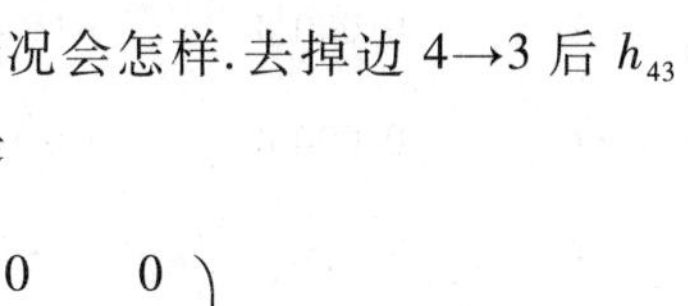

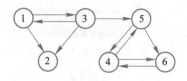

图 3 图 2 网络去掉边 4→3 后的有向图

首先试用图 3 的修正矩阵 $\boldsymbol{S}$ 作迭代计算,看看情况会怎样.去掉边 4→3 后 $h_{43}=0$,(10)式 $\boldsymbol{S}$ 第 4 行变为 $[0,\ 0,\ 0,\ 0,\ 1/2,\ 1/2]$, 于是

$$
\boldsymbol{S}=\begin{pmatrix} 0 & 1/2 & 1/2 & 0 & 0 & 0 \\ 1/6 & 1/6 & 1/6 & 1/6 & 1/6 & 1/6 \\ 1/3 & 1/3 & 0 & 0 & 1/3 & 0 \\ 0 & 0 & 0 & 0 & 1/2 & 1/2 \\ 0 & 0 & 0 & 1/2 & 0 & 1/2 \\ 0 & 0 & 0 & 1 & 0 & 0 \end{pmatrix} \tag{13}
$$

仍取 $\boldsymbol{r}^{(0)}=[1,\ 1,\ 1,\ 1,\ 1,\ 1]/6$,对这个 $\boldsymbol{S}$ 用幂法迭代的结果如表 4.

表4 对(13)式 S 用幂法迭代的结果

	r_1	r_2	r_3	r_4	r_5	r_6
$k=0$	0.166 7	0.166 7	0.166 7	0.166 7	0.166 7	0.166 7
$k=1$	0.083 3	0.166 7	0.111 1	0.277 8	0.166 7	0.194 4
⋮	⋮	⋮	⋮	⋮	⋮	⋮
$k=21$	0.000 0	0.000 1	0.000 0	0.444 4	0.222 2	0.333 3
$k=22$	0.000 0	0.000 0	0.000 0	0.444 4	0.222 2	0.333 3
⋮	⋮	⋮	⋮	⋮	⋮	⋮

可以发现,迭代过程一旦“掉进”网页子集 $P_2=\{4,5,6\}$(称为汇),就再也回不到子集 $P_1=\{1,2,3\}$,使得网页1,2,3得不到正的评分,这是由于以(13)式 $\boldsymbol{S}$ 为转移矩阵的 Markov 链不是正则链(图3不是双向连通的),不存在分量全为正数的稳态向量.

针对这种情况 Brin 和 Page 引入所谓“瞬间移动(teleportation)”的概念,设想在浩瀚的网络世界中当漫游者厌倦于按照原有的超链接结构漫游时,会像科幻影片《星际迷航》(Star Trek)中那样随机地选择到达网络的任意一个新网页.为了在数学上实现这个想法,他们提出对链接矩阵的第2次修正,创立了著名的被称为谷歌矩阵(Google matrix)的公式

$$\boldsymbol{G}=\alpha\boldsymbol{S}+(1-\alpha)\boldsymbol{E}/n \tag{14}$$

其中 $\boldsymbol{S}$ 是第1次修正后的链接矩阵(11)式,$\boldsymbol{E}$ 是 $n\times n$ 的全1矩阵,α $(0<\alpha<1)$表示漫游者按照原有的超链接结构漫游的概率.

显然,对于任意的网络,谷歌矩阵 $\boldsymbol{G}$ 不仅是随机矩阵,而且以 $\boldsymbol{G}$ 为转移矩阵的 Markov 链是正则链,以矩阵 $\boldsymbol{G}$ 代替(12)式的 $\boldsymbol{S}$,即

$$\boldsymbol{r}=\boldsymbol{rG},\quad \boldsymbol{re}=1,\quad \boldsymbol{r}>0 \tag{15}$$

用特征向量法求解(15)式得到评分向量 $\boldsymbol{r}$.

若取 $\alpha=0.9$,对于图3网络,以(13)式矩阵 $\boldsymbol{S}$ 按(14)式构造的谷歌矩阵为

$$\boldsymbol{G}=\begin{pmatrix} 1/60 & 7/15 & 7/15 & 1/60 & 1/60 & 1/60 \\ 1/6 & 1/6 & 1/6 & 1/6 & 1/6 & 1/6 \\ 19/60 & 19/60 & 1/60 & 1/60 & 19/60 & 1/60 \\ 1/60 & 1/60 & 1/60 & 1/60 & 7/15 & 7/15 \\ 1/60 & 1/60 & 1/60 & 7/15 & 1/60 & 7/15 \\ 1/60 & 1/60 & 1/60 & 11/12 & 1/60 & 1/60 \end{pmatrix} \tag{16}$$

用特征向量法得到的评分向量为 $\boldsymbol{r}=\boldsymbol{r}_{(3)}=[0.037\ 2,0.054\ 0,0.041\ 5,0.375\ 1,0.206\ 0,0.286\ 2]$,网页排序为4,6,5, 2,3,1,与按照 $\boldsymbol{r}_{(2)}$ 的排序有别.

评注 从实际问题(而不是数学概念)出发,上升到数学理论,再用理论指导问题的解决,网页排序堪称数学建模的范例.

在得到一个网络的原始链接矩阵 $\boldsymbol{H}$ 后,如何判断是否需要进行修正呢?按照上面的分析,应首先检查矩阵 $\boldsymbol{H}$ 每一行的行和,对行和等于零的那些行(如果存在的话)按照(11)式进行第1次修正;其次再看网络是否像图3那样非双向连通,使得矩阵 $\boldsymbol{H}$ 或 $\boldsymbol{S}$ 不是正则链,这一步是比较难以判断的.通常的做法是不作检查,对矩阵 $\boldsymbol{H}$ 或 $\boldsymbol{S}$ 直接按照(14)式进行第2次修正,其中参数 α 的取值一般在0.85左右.

对于原始的链接矩阵 $\boldsymbol{H}$ 能否不检查其行和是否为零,在(14)式中用 $\boldsymbol{H}$ 替换 $\boldsymbol{S}$ 直

接进行修正呢,请读者检验(复习题 1).

网页排序模型的求解与参数调整 对于超大规模的网络(2006 年谷歌曾估计 n 已达 8.1×10^9),用(12)或(15)式直接求特征向量是不可行的,采用幂法对 $\boldsymbol{r}$ 进行迭代的过程可表为

$$\boldsymbol{r}^{(k+1)}=\boldsymbol{r}^{(k)}\boldsymbol{G}=\boldsymbol{r}^{(k)}\boldsymbol{H}+(\alpha\boldsymbol{r}^{(k)}\boldsymbol{a}+1-\alpha)\boldsymbol{e}^{\mathrm{T}}/n,\quad k=0,1,2,\cdots \tag{17}$$

任取初值 $\boldsymbol{r}^{(0)}$ 满足 $\boldsymbol{r}^{(0)}>0$, $\boldsymbol{r}^{(0)}\boldsymbol{e}=1$.注意到原始的链接矩阵 $\boldsymbol{H}$ 通常是非常稀疏的(估计每个网页大约有 10 个链接,即 $\boldsymbol{H}$ 每一行大约只有 10 个非零值),按照(17)式每次迭代的计算量和存贮量只在 $O(n)$ 量级.

涉及模型求解的另一个重要问题是,用 $\boldsymbol{G}$ 按照幂法计算 $\boldsymbol{r}$ 需要大约多少次迭代才能收敛到一定的精度?这与参数 α 的取值有关!简单分析如下[38].

一般地说,用幂法对一个矩阵进行 k 次迭代的渐近收敛速率(asymptotic rate of convergence),取决于 $|\lambda_2/\lambda_1|^k\to0$ 的快慢,其中 λ_1, λ_2 是该矩阵第 1、第 2 大特征值(按特征值的模).对于随机矩阵 $\boldsymbol{G}$ 和 $\boldsymbol{S}$,λ_1 都等于 1,而 λ_2 难以计算,按照最坏估计可设 $\boldsymbol{S}$ 第 2 大特征值(记作 μ_2)有 $|\mu_2|=1$.由(14)式可得 $\boldsymbol{G}$ 第 2 大特征值 $\lambda_2=\alpha\mu_2$.于是用幂法对 $\boldsymbol{G}$ 计算 $\boldsymbol{r}$ 进行 k 次迭代的渐近收敛速率为 α^k,由此可知,参数 α 越接近 1,$\boldsymbol{G}$ 越接近 $\boldsymbol{S}$,网络漫游者在原来的超链接结构中漫游的权重越大,迭代收敛越慢;反之,α 越远离 1,$\boldsymbol{G}$ 越接近 $\boldsymbol{E}/n$,漫游者在人为引入的瞬间移动中漫游的权重越大,迭代收敛越快(复习题 2).

如果要求收敛时绝对误差达到 10^{-c}(c 为正整数),即数值精确到小数点后 c 位,那么,渐近收敛速率 $\alpha^k=10^{-c}$, 由此可得迭代次数 k 与参数 α 的关系为

$$k=-c/\log_{10}\alpha \tag{18}$$

取 $c=10,8,6$①, 可得 k 随 α 变大而增长的规律如图 4,从曲线变化的趋势看,$\alpha=0.85$ 是一个合适的选择.对 10^{-8}的精度迭代次数 $k=113$,这正是 Brin 和 Page 在早期工作中提出的建议.

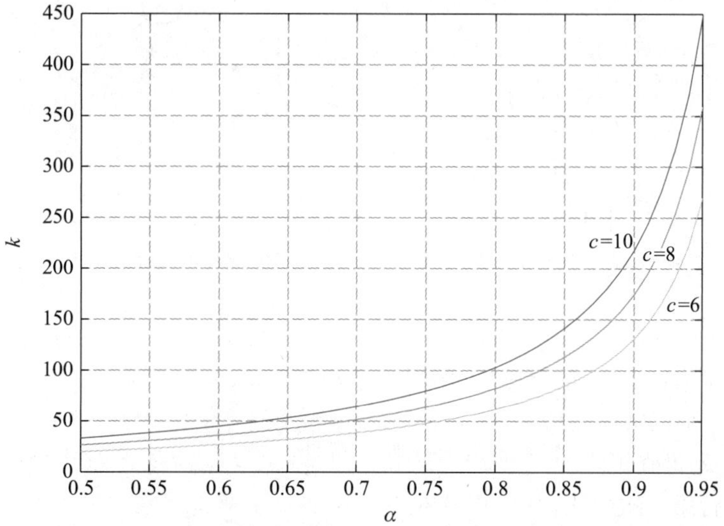

图 4 不同收敛精度 10^{-c}下迭代次数 k 与参数 α 的关系曲线

---

① 考虑到网络规模 n 的量级,且 $\boldsymbol{r}$ 的分量之和为 1,需要这样高的精度.

评注 对属于高新技术的互联网信息服务,网页排序是重要的组成部分,建立网页排序数学模型的全过程再一次验证了“高技术本质上是一种数学技术”“建模与算法正在成为数学这门基础学科从科学向技术转化的主要途径”.

参数 α 的取值不要过大的另一个重要原因是敏感性的考虑.研究表明,评分向量 $\boldsymbol{r}$ 对 α 的敏感性随着 α 的增加迅速变大,尤其是当 α 接近 1,μ_2 也接近 1 时.并且,α 接近 1 会使 $\boldsymbol{r}$ 对 $\boldsymbol{H}$ 结构的变化非常敏感,对评分高的网页加一条链接,或者增加链接的权重,对 $\boldsymbol{r}$ 的影响更甚.若网络的 Markov 链构造形成若干子集,集内的链接较强,而集间的链接较弱,如图 3 那样,就可能出现这种敏感情况.

球队评分与排名的 Markov 链模型 仍然采用 6.7 节 5 支篮球队循环赛的例子,便于读者对不同模型得到的结果进行比较.将 6.7 节表 1 重新给出如表 5.

表 5 5 支篮球队循环赛的比分

	A	B	C	D	E
A		62 : 88	75 : 77	80 : 78	68 : 78
B	88 : 62		92 : 80	89 : 81	78 : 80
C	77 : 75	80 : 92		75 : 79	85 : 80
D	78 : 80	81 : 89	79 : 75		80 : 93
E	78 : 68	80 : 78	80 : 85	93 : 80	

在 Markov 链模型中,将每支球队视为一个状态,反映球队实力的评分视为状态概率,由于球队实力越强,评分越高,其状态概率就应越大,所以状态必然由负者向胜者转移,按照胜负或比分构成转移概率.

6.7 节图 1 是比赛胜负结果的有向图,每条有向边的箭头由胜者指向负者,这里重画作图 5(a),而表示比赛胜负的 Markov 链状态转移有向图,有向边的箭头方向则由负者指向胜者,正好与图 5(a)相反,见图 5(b).

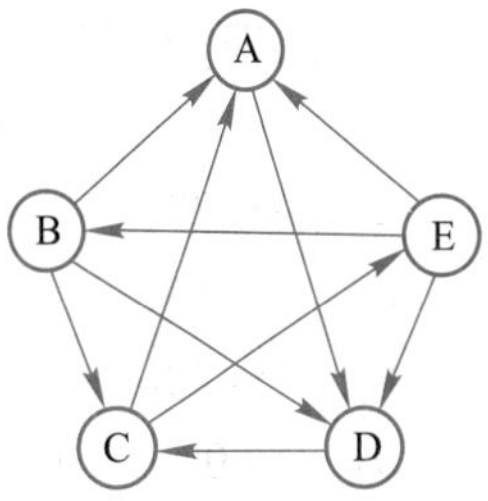

(a) 5支球队循环赛胜负结果有向图

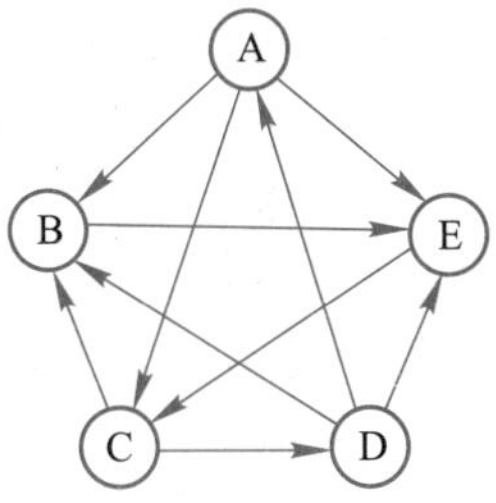

(b) 5支球队循环赛 Markov 链状态转移有向图

图 5

设 n 支球队相互比赛,球队的评分(稳态概率)为 $r_i, i=1,2,\cdots,n$,满足 $\sum_{i=1}^{n} r_i=1$, $r_i>0$,从 i 到 j 的转移概率为 p_{ij}(i 负 j 胜),满足 $\sum_{j=1}^{n} p_{ij}=1, p_{ij}\geqslant 0$,Markov 链稳态下的基本方程为 $r_j=\sum_{i=1}^{n} r_i p_{ij}, r_j>0, j=1,2,\cdots,n$.记(行)评分向量 $\boldsymbol{r}=[r_1,r_2,\cdots,r_n]$,转移概率矩阵 $\boldsymbol{P}=(p_{ij})_{n\times n}$,则上述方程记作

$$\boldsymbol{r}=\boldsymbol{rP},\quad \boldsymbol{re}=1,\quad \boldsymbol{e}=[1,1,\cdots,1]^{\mathrm{T}} \tag{19}$$

表示 $\boldsymbol{r}$ 是 $\boldsymbol{P}$ 对应于最大特征值 1 的(左)特征向量,可用特征向量法求解.若 Markov 链是正则链,则存在唯一的、正评分向量 $\boldsymbol{r}$.

根据 n 支球队比赛的胜负或比分数据,以表 5 的结果为例,用以下几种方法构造转移概率矩阵 $\boldsymbol{P}$,对球队进行评分与排名.

1) 按照胜负场次构造负场矩阵 $\boldsymbol{Q}=[q_{ij}]_{n\times n}$,$q_{ij}$为 i 负 j 胜的场次.

表 5 中若 i 负 j 胜,则 $q_{ij}=1$,否则 $q_{ij}=0$. $\boldsymbol{Q}$ 各行归一化得到矩阵 $\boldsymbol{P}$,记作

$$\boldsymbol{Q}_1=\begin{pmatrix}0&1&1&0&1\\0&0&0&0&1\\0&1&0&1&0\\1&1&0&0&1\\0&0&1&0&0\end{pmatrix},\quad \boldsymbol{P}_1=\begin{pmatrix}0&1/3&1/3&0&1/3\\0&0&0&0&1\\0&1/2&0&1/2&0\\1/3&1/3&0&0&1/3\\0&0&1&0&0\end{pmatrix} \tag{20}$$

任两支球队都有一场交手,且无全胜、全负队,以 $\boldsymbol{P}_1$ 为转移概率矩阵的 Markov 链是正则链.对(19)式用特征向量法得到评分 $\boldsymbol{r}_{(1)}=[0.050\,0, 0.216\,7, 0.300\,0, 0.150\,0, 0.283\,3]$,依评分决定排名为 C,E, B, D, A.你能解释为何 C 排在首位吗?

2) 按照胜负分差构造分差矩阵 $\boldsymbol{Q}=[q_{ij}]_{n\times n}$,$q_{ij}$为 i 负 j 胜的分差(取正值).

表 5 中若 i 负 j 胜,则 q_{ij}等于分差,否则 $q_{ij}=0$. $\boldsymbol{Q}$ 及行归一化矩阵 $\boldsymbol{P}$ 记作

$$\boldsymbol{Q}_2=\begin{pmatrix}0&26&2&0&10\\0&0&0&0&2\\0&12&0&4&0\\2&8&0&0&13\\0&0&5&0&0\end{pmatrix},\quad \boldsymbol{P}_2=\begin{pmatrix}0&13/19&1/19&0&5/19\\0&0&0&0&1\\0&3/4&0&1/4&0\\2/23&8/23&0&0&13/23\\0&0&1&0&0\end{pmatrix} \tag{21}$$

转移概率矩阵 $\boldsymbol{P}_2$ 的 Markov 链是正则链,得到评分 $\boldsymbol{r}_{(2)}=[0.007\,0, 0.272\,8, 0.320\,3, 0.080\,1, 0.319\,9]$,排名同上.

3) 按照双方得失分构造失分矩阵 $\boldsymbol{Q}=[q_{ij}]_{n\times n}$,$q_{ij}$为 i 的失分,即 j 的得分.

由表 5 得到的 $\boldsymbol{Q}$ 及行归一化矩阵 $\boldsymbol{P}$ 记作

$$\boldsymbol{Q}_3=\begin{pmatrix}0&88&77&78&78\\62&0&80&81&80\\75&92&0&79&80\\80&89&75&0&93\\68&78&85&80&0\end{pmatrix},\quad \boldsymbol{P}_3=\begin{pmatrix}0&88/321&77/321&78/321&78/321\\62/303&0&80/303&81/303&80/303\\75/326&92/326&0&79/326&80/326\\80/337&89/337&75/337&0&93/337\\68/311&78/311&85/311&80/311&0\end{pmatrix} \tag{22}$$

$\boldsymbol{P}_3$ 的 Markov 链是正则链,评分 $\boldsymbol{r}_{(3)}=[0.182\,0, 0.211\,1, 0.200\,3, 0.201\,9, 0.204\,8]$,排名 B,E, D, C,A.由于以得失分的比例定义转移概率更精确,使得排首位 C 的优势不复存在,且与负场或分差相比各队得失分的比例更加接近,所以各队评分差距明显减小.

如果 B,E 两队尚未比赛,则图 5(b)需去掉由 B 到 E 的有向边,如图 6,不存在其他顶点到 B 的有向通路,有向图不是双向连通的,正如网页排序中图 1 变成图 2 那样.B 队全胜,如同悬挂网页,负场矩阵 $\boldsymbol{Q}_1$ 和分差矩阵 $\boldsymbol{Q}_2$ 第 2 行将全为零,$\boldsymbol{Q}_2$ 成为下面的 $\boldsymbol{Q}_4$,需要像(11)式用 $\boldsymbol{S}$ 代替 $\boldsymbol{H}$ 那样进行修正,得到转移概率矩阵 $\boldsymbol{P}_4$.

$$Q_4=\begin{pmatrix}0&26&2&0&10\\0&0&0&0&0\\0&12&0&4&0\\2&8&0&0&13\\0&0&5&0&0\end{pmatrix},$$

$$P_4=\begin{pmatrix}0&13/19&1/19&0&5/19\\1/5&1/5&1/5&1/5&1/5\\0&3/4&0&1/4&0\\2/23&8/23&0&0&13/23\\0&0&1&0&0\end{pmatrix}\qquad(23)$$

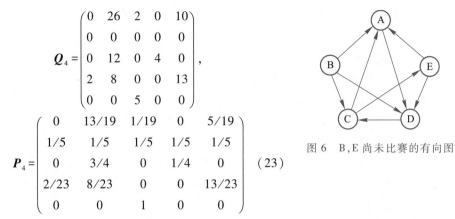

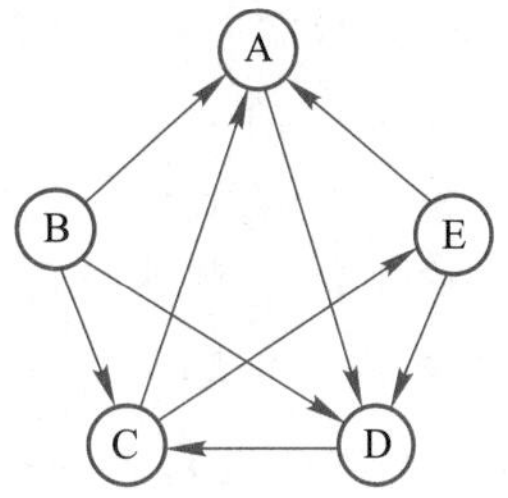

图 6 B,E 尚未比赛的有向图

矩阵 $\boldsymbol{P}_4$ 的 Markov 链是正则链,得到评分 $\boldsymbol{r}_{(4)}=[0.084\ 3, 0.362\ 8, 0.247\ 7, 0.134\ 5, 0.170\ 7]$,排名为 B, C, E,D, A.显然,在 B,E 未赛的情况下,B 的优势相对增加,而 E 的优势相对减小.

一般情况下如果正则链的条件无法保证或不便检查,可以像网页排序的谷歌矩阵那样,将 $\boldsymbol{Q}$ 各行归一化得到的矩阵 $\boldsymbol{P}$ 修正为

$$\boldsymbol{G}=\alpha\boldsymbol{P}+(1-\alpha)\boldsymbol{E}/n,\quad 0<\alpha<1 \qquad (24)$$

对于矩阵 $\boldsymbol{P}_4$ 当修正系数 α 取 0.85 时,可得 $\boldsymbol{r}_{(5)}=[0.098\ 4, 0.341\ 6, 0.243\ 1, 0.139\ 7, 0.177\ 2]$, 虽然与 $\boldsymbol{r}_{(4)}$ 不同,但排名一样.上述方法也可用于负场矩阵与失分矩阵(复习题 4).

Markov 链模型与代数模型的比较 将上面的 Markov 链模型与 6.7 节代数模型对比可以发现,虽然两个模型的建模思路完全不同,但都是用某个矩阵的特征向量作为评分向量.而要求这个矩阵存在唯一正特征向量的条件是,代数模型需要由胜场或得分构造的矩阵 $\boldsymbol{A}$ 是不可约阵;Markov 链模型需要由负场或失分构造的转移概率矩阵 $\boldsymbol{P}$ 的 Markov 链是正则链.矩阵 $\boldsymbol{A}$ 和矩阵 $\boldsymbol{P}$ 对应的有向图都是双向连通的,只是有向边的箭头方向相反.

对比代数模型 $\boldsymbol{Ar}=\lambda\boldsymbol{r}$ 与 Markov 链模型 $\boldsymbol{r}=\boldsymbol{rP}, \boldsymbol{re}=1$.注意到前者得到的是列向量 $\boldsymbol{r}$,归一化后才是评分向量;后者直接得到归一化的行向量,即评分向量 $\boldsymbol{r}$.不妨将 $\boldsymbol{Ar}=\lambda\boldsymbol{r}$ 两端转置化为 $\lambda\boldsymbol{r}^{\mathrm{T}}=\boldsymbol{r}^{\mathrm{T}}\boldsymbol{A}^{\mathrm{T}}$ 再与 $\boldsymbol{r}=\boldsymbol{rP}$ 比较,可知对矩阵 $\boldsymbol{A}^{\mathrm{T}}$ 作行归一化即得 $\boldsymbol{P}$,这个结果可观察 6.7 节(8)式 $\boldsymbol{A}_1$ 与本节(20)式 $\boldsymbol{P}_1$ 得到验证.由此可知,代数模型先求矩阵 $\boldsymbol{A}^{\mathrm{T}}$ 的特征向量 $\boldsymbol{r}^{\mathrm{T}}$ 再归一化,而 Markov 链模型是对转移概率矩阵 $\boldsymbol{P}$ 解出已经归一化的特征向量 $\boldsymbol{r}$.

评注 Markov 链模型通常用来描述状态、时间均为离散的随机转移过程,对于网页排序与球队排名,研究者关注的不是其动态变化,而是其稳态趋势.建模的关键是根据已知条件(网页链接结构、比赛数据)构造符合正则链要求的转移概率矩阵,方可依据 Markov 链的基本特性,确保得到所需要的结果.

通常情况下,两个模型由同一组数据计算得到的评分向量不会完全一样,当然,由其给出的球队排名可能相同.

复习题

1. 对于原始的链接矩阵 $\boldsymbol{H}$ 能否不检查其行和是否为零,直接用 $\boldsymbol{G}=\alpha\boldsymbol{H}+(1-\alpha)\boldsymbol{E}/n$ 进行修正.以图 1 和图 2 的链接矩阵 $\boldsymbol{H}$((6)和(9)式)为例说明.

2. 对于图 3 的网络分别用特征向量法和幂法求解评分向量,取不同的修正参数 α 如0.9,0.8,0.7,观察幂法迭代的收敛速度.

3. 设由 7 个网页构成的网络如右图所示（箭头表示链接关系），对网页进行排序.取修正参数 α 分别为 1 和 0.85，观察结果.若去掉网页 2 到网页 1 的链接，如何处理，结果如何？[77]

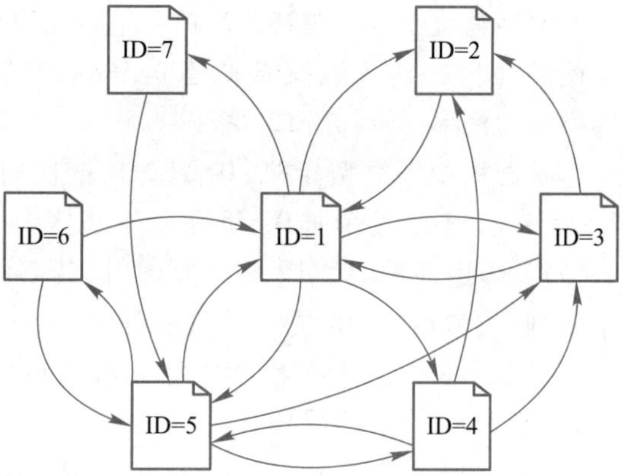

4. 若表 5 中的 B，E 两队尚未比赛，对 5 支球队分别按照负场与失分建立 Markov 链模型进行评分并排名.

5. 与题 4 相同，E，B 两队再比赛 2 场，结果为 85：84，80：95.分别按照负场、分差与失分 3 种数据，建立 Markov 链模型进行评分并排名.

8.8 基因遗传

豆科植物茎的颜色有绿有黄，生猪的毛有黑有白、有粗有光，人类会出现先天性疾病如色盲等，这些都是基因遗传的结果.基因从一代到下一代的转移是随机的，并且具有无后效性，因此 Markov 链模型是研究遗传学的重要工具之一.本节给出的简单模型属于完全优势基因遗传理论的范畴.

生物的外部表征，如豆科植物茎的颜色、人的皮肤或头发的色素，由生物体内相应的基因决定.基因分优势基因和劣势基因两种，分别用 d 和 r 表示.每种外部表征由体内的两个基因决定，而每个基因都可以是 d 或 r 中的一个，于是有三种基因类型，即 D（dd），H（dr）和 R（rr），分别称为优种、混种和劣种.含优种 D 和混种 H 基因类型的个体，外部表征呈优势，如豆科植物的茎呈绿色、人的皮肤或头发有色素；含劣种 R 基因类型的个体，外部表征呈劣势，如豆科植物的茎呈黄色、人的皮肤或头发无色素.

生物繁殖时，一个后代随机地继承父亲两个基因中的一个和母亲两个基因中的一个①，形成它的两个基因.一般两个基因中哪一个遗传下去是等概率的，所以父母的基因类型就决定了每一后代基因类型的概率.父母基因类型有全是优种 DD，全是劣种 RR，一优种一混种 DH（父为 D，母为 H 或父为 H，母为 D），及 DR，HH，HR 共 6 种组合，对每种组合简单的计算可以得到其后代各种基因类型的概率，如表 1 所示.

下面以 Markov 链为工具讨论混种繁殖、优种繁殖和近亲繁殖 3 个基因遗传模型.

表 1 父母基因类型决定后代各种基因类型的概率

后代基因类型	父母基因类型					
	DD	RR	DH	DR	HH	HR
D	1	0	1/2	0	1/4	0
H	0	0	1/2	1	1/2	1/2
R	0	1	0	0	1/4	1/2

① 本节的模型主要针对人类以外的生物，但是为了叙述的方便，仍沿用父亲、母亲这样的称谓.

混种繁殖 假设在繁殖过程中用一混种与一个个体交配，所得后代仍用混种交配，如此继续下去，称为混种繁殖. 建立 Markov 链模型描述在混种繁殖下各代具有 3 种基因类型的概率，并讨论稳态情况.

状态用基因类型定义，$i=1,2,3$ 依次表示优种 D、混种 H 和劣种 R，状态概率 $a_i(k)$ 表示第 k 代个体具有第 i 种基因类型的概率，记 $\boldsymbol{a}(k)=(a_1(k), a_2(k), a_3(k))$. 当用混种 H 与优种 D 交配时，其后代的基因类型是 D，H 和 R 的概率如表 1 第 4 列；类似地，当用混种 H 与混种 H 和劣种 R 交配时，后代的基因类型是 D，H 和 R 的概率如表 1 第 6 列和第 7 列. 这样就可以写出转移概率矩阵为（表 1 的列转换为矩阵的行）

$$\boldsymbol{P}=\begin{pmatrix}1/2 & 1/2 & 0\\ 1/4 & 1/2 & 1/4\\ 0 & 1/2 & 1/2\end{pmatrix} \tag{1}$$

若初始时混种与优种交配，即 $\boldsymbol{a}(0)=(1,0,0)$，按照 Markov 链的基本方程

$$\boldsymbol{a}(k+1)=\boldsymbol{a}(k)\boldsymbol{P}$$

计算任意时段的状态概率 $\boldsymbol{a}(k)$，结果如表 2. 当 $k\to\infty$ 时 $\boldsymbol{a}(k)\to\boldsymbol{a}=(1/4,1/2,1/4)$，表示经过足够多代繁殖以后，优种、混种、劣种的比例接近于 1 : 2 : 1.

表 2 混种繁殖下 3 种基因类型的状态概率（初始与优种交配）

k	0	1	2	3	4	5	…	∞
$a_1(k)$	1	1/2	3/8	5/16	9/32	17/64	…	1/4
$a_2(k)$	0	1/2	1/2	1/2	1/2	1/2	…	1/2
$a_3(k)$	0	0	1/8	3/16	7/32	15/64	…	1/4

如果初始时混种与混种交配、混种与劣种交配，当 $k\to\infty$ 时也会有同样的结果. 实际上，由(1)式容易检验 $\boldsymbol{P}^2>\boldsymbol{O}$，这个 Markov 链是正则链，存在唯一的稳态概率 $\boldsymbol{a}=(a_1, a_2, a_3)$，而 $\boldsymbol{a}$ 可由 $\boldsymbol{aP}=\boldsymbol{a}$ 解出，得 $\boldsymbol{a}=(1/4, 1/2, 1/4)$，与表 2 的结果一致.

优种繁殖 对状态和状态概率的定义同上，只是将混种交配改为每代都用优种交配，那么当用优种 D 与 D，H，R 交配时，其后代的基因类型是 D，H 和 R 的概率如表 1 第 2 列、第 4 列和第 5 列. 于是优种繁殖的转移概率矩阵为

$$\boldsymbol{P}=\begin{pmatrix}1 & 0 & 0\\ 1/2 & 1/2 & 0\\ 0 & 1 & 0\end{pmatrix} \tag{2}$$

与吸收链转移矩阵的标准形式比较，可知这个 Markov 链是吸收链，优种 D($i=1$) 是吸收态. 不论初始时用优种与优种、混种还是劣种交配，最终都将成为优种.

在农业、畜牧业生产中常常是纯种（优种或劣种）的抗病性等品质不如混种，仅从这个意义上说，根据上面的两个 Markov 链模型，用混种繁殖比用优种繁殖的效果要好.

近亲繁殖 是指这样一种繁殖方式，从同一对父母的大量后代中，随机地选取

一雄一雌进行交配，产生后代，如此继续下去，考察一系列后代的基因类型的演变情况.

与前面的模型不同的是，那里讨论后代群体中基因类型的分布，只需设置 D，H，R 三个状态即可.这里则需按照随机选取的雄雌配对，分析后代配对中基因类型的变化.于是状态应取雄雌 6 种基因类型组合，设 $X_n=1,2,3,4,5,6$ 依次定义为 DD，RR，DH，DR，HH，HR.

构造 Markov 链模型的关键是写出转移概率 p_{ij}，它可根据本节开始给出的表 1 算出.显然 $p_{11}=1$，$p_{1j}=0(j\neq 1)$，$p_{22}=1$，$p_{2j}=0(j\neq 2)$，因为父母全为优种 D(或劣种 R)时，后代全是优种(或劣种)，随机选取的雄雌配对当然也是.$p_{31}=1/4$，因为配对 DH(状态 3)的后代中 D 和 H 各占 1/2，所以随机选取的配对为 DD(状态 1)的概率是 $(1/2)\times(1/2)=1/4$，而 $p_{33}=P$(后代配对为 DH | 父母配对为 DH) $=P$(后代雄性为 D，雌性为 H | 父母配对为 DH) $+P$(后代雄性为 H，雌性为D | 父母配对为 DH) $=(1/2)\times(1/2)+(1/2)\times(1/2)=1/2$，同理有 $p_{35}=1/4$.又因配对 DH 的后代中没有 R，故对于含有 R 的状态 2，4，6，有$p_{32}=p_{34}=p_{36}=0$.其他的 p_{ij}可以类似地计算，最后得到转移矩阵为

$$\boldsymbol{P}=\begin{pmatrix} 1 & 0 & 0 & 0 & 0 & 0 \\ 0 & 1 & 0 & 0 & 0 & 0 \\ 1/4 & 0 & 1/2 & 0 & 1/4 & 0 \\ 0 & 0 & 0 & 0 & 1 & 0 \\ 1/16 & 1/16 & 1/4 & 1/8 & 1/4 & 1/4 \\ 0 & 1/4 & 0 & 0 & 1/4 & 1/2 \end{pmatrix} \tag{3}$$

容易看出，状态 1(DD)和状态 2(RR)是吸收状态，这是一个吸收链.它表明不论最初选取的配对是哪种基因类型组合，经过若干代近亲繁殖，终将变为 DD 或 RR，即变成全是优种或全是劣种，而且一旦如此，就永远保持下去.

为了计算从任一个非吸收状态 3，4，5，6 出发，平均经过多少代就会被吸收状态 1，2 吸收，我们首先将(3)式表示的 $\boldsymbol{P}$ 化为转移矩阵的标准形式 $\boldsymbol{P}=\begin{pmatrix} \boldsymbol{I} & \boldsymbol{O} \\ \boldsymbol{R} & \boldsymbol{Q} \end{pmatrix}$，得到

$$\boldsymbol{Q}=\begin{pmatrix} 1/2 & 0 & 1/4 & 0 \\ 0 & 0 & 1 & 0 \\ 1/4 & 1/8 & 1/4 & 1/4 \\ 0 & 0 & 1/4 & 1/2 \end{pmatrix},\quad \boldsymbol{R}=\begin{pmatrix} 1/4 & 0 \\ 0 & 0 \\ 1/16 & 1/16 \\ 0 & 1/4 \end{pmatrix} \tag{4}$$

然后计算

$$\boldsymbol{M}=(\boldsymbol{I}-\boldsymbol{Q})^{-1}=\begin{pmatrix} 8/3 & 1/6 & 4/3 & 2/3 \\ 4/3 & 4/3 & 8/3 & 4/3 \\ 4/3 & 1/3 & 8/3 & 4/3 \\ 2/3 & 1/6 & 4/3 & 8/3 \end{pmatrix} \tag{5}$$

$$\boldsymbol{y}=\boldsymbol{Me}=\left(4\frac{5}{6},6\frac{2}{3},5\frac{2}{3},4\frac{5}{6}\right)^{\mathrm{T}} \tag{6}$$

评注 Markov 链模型是研究离散时间、离散状态随机转移过程的有力工具，在经济、社会、生态、遗传等领域有着广泛的应用。状态转移的无后效性是 Markov 链建模的先决条件，定义状态和状态概率，并构造转移概率矩阵是建立 Markov 链模型的关键。

$$\boldsymbol{F}=\boldsymbol{MR}=\begin{pmatrix}3/4 & 1/4\\ 1/2 & 1/2\\ 1/2 & 1/2\\ 1/4 & 3/4\end{pmatrix} \tag{7}$$

$\boldsymbol{M}$ 的第 1 行至第 4 行依次代表非吸收状态 DH，DR，HH 和 HR，根据对于向量 $\boldsymbol{y}$ 的各个分量的解释，从 DH 配对的状态出发，在近亲繁殖的情况下平均经过 $4\frac{5}{6}$ 代就会被状态 DD 或 RR 吸收，即全变成优种或劣种。而根据基础知识 8-1 的定理 5，被吸收状态吸收的概率为矩阵 $\boldsymbol{F}$ 的第 1 行元素，即变成优种和劣种的概率分别为 3/4 和 1/4。从其他状态 DR，HH 和 HR 出发，可以得到相应的结论。

上述结果的实用价值在于，在农业和畜牧业中常常是纯种（优种或劣种）生物的某些品质（如抗病性）不如混种，所以在近亲繁殖情况下大约经过 5~6 代就应该重新选种，以防止品质的下降。

复习题

1. 在基因遗传中，若初始时取一劣种，通过计算三种基因类型状态概率，比较混种繁殖和优种繁殖两种形式，经过足够多代繁殖以后的演变。
2. 推导近亲繁殖的概率转移矩阵 $\boldsymbol{P}$（(3)式）的第 5 行。

8.9 自动化车床管理

自动化车床管理是全国大学生数学建模竞赛 1999 年 A 题，原文如下：

一道工序用自动化车床连续加工某种零件，由于刀具损坏等原因该工序会出现故障，其中刀具损坏故障占 95%，其他故障仅占 5%。工序出现故障是完全随机的，假定在生产任一零件时出现故障的机会均相同。工作人员通过检查零件来确定工序是否出现故障。

数据文件 8-1
自动化车床管理

现积累有 100 次刀具故障记录，故障出现时该刀具完成的零件数见数据文件 8-1。现计划在刀具加工一定件数后定期更换新刀具。

已知生产工序的费用参数如下：

故障时产出的零件损失费用 $b=200$ 元/件；

进行检查的费用 $t=10$ 元/次；

发现故障进行调节使恢复正常的平均费用 $d=3\,000$ 元/次（包括刀具费）；

未发现故障时更换一把新刀具的费用 $k=1\,000$ 元/次。

1）假定工序故障时产出的零件均为不合格品，正常时产出的零件均为合格品，试对该工序设计效益最好的检查间隔（生产多少零件检查一次）和刀具更换策略。

2）如果该工序正常时产出的零件不全是合格品，有 2% 为不合格品；而工序故障时产出的零件有 40% 为合格品，60% 为不合格品。工序正常而误认有故障停机产生的损失费用为 1 500 元/次。对该工序设计效益最好的检查间隔和刀具更换策略。

3) 在 2) 的情况，可否改进检查方式获得更高的效益？

本节以发表在《数学的实践与认识》2000 年第 1 期上参赛学生的优秀论文和评述文章为基本材料，加以整理和归纳，介绍建模的全过程.

问题分析 在生产设备运行过程中，工具、部件如本题自动化车床的刀具，一般都会随机地发生故障，需要通过对生产的零件及时检查发现故障，加以维修或更换.同时，由于刀具的寿命有限，运行到一定时期后，即使尚未出现故障，也进行所谓**预防性更换**，以减少刀具带故障运行造成的损失，经济上可能更为合算.所以对刀具的检查和更换策略应该包含两个方面，一是确定一个检查间隔（以生产的零件数计量），每次检查时若发现故障立即更换刀具.二是确定一个更换周期（也以生产的零件数计量），到期即便刀具运行正常也需更换.显然，为了方便起见，应使更换周期是检查间隔的整数倍.

本题要求确定能使效益达到最佳的检查间隔和更换周期.由于题目给出的是检查、更换、零件损失等费用，所以可以用每生产一个合格零件付出的总费用最小为目标.而因为刀具发生故障是随机的，于是应该用总费用的期望值即平均费用来计算.由此，首先需要根据题目给出的刀具故障记录，找出刀具无故障时间（以故障出现时完成的零件数计量）的概率分布.

以上叙述的是生产过程中的一种基本的、简单的情况：通过零件检查发现故障，即认定是刀具故障并进行更换，而且零件检查不存在错误判断.这道题目还需考虑两个附加内容：一是其他故障的影响，即通过检查零件发现的除刀具故障外，还有其他故障，二者合称工序故障.二是零件检查存在误判的影响，即工序正常时生产的零件有不合格品，若检查出不合格品会误判为工序故障；工序故障时生产的零件有合格品，若检查出合格品又会误判为工序正常.这两种情况增加了建模的复杂性.下面先建立基本问题的模型，再讨论这两个附加内容.

建模准备 作 100 次刀具故障记录的直方图，近似于正态分布.计算出均值 $\mu=600$，均方差 $\sigma=196$，经统计检验，可认为刀具的无故障时间或称刀具寿命（以故障出现时完成的零件数计量）服从正态分布 $N(\mu,\sigma^2)$.

模型假设与符号 对刀具检查和更换的基本问题作如下假设：

1. 检查间隔为常数 n 件，预防性更换周期为常数 m 件，且 $m=sn$，其中 s 为整数.

2. 检查时若发现零件为不合格品，则认为是刀具故障，需立即更换.

3. 相对于刀具寿命而言，检查间隔很短，可认为在相邻两次检查之间每个零件出现故障是等可能的.

4. 刀具寿命 $X\sim N(600,196^2)$，其分布函数和密度函数分别记作 $F(x)$ 和 $f(x)$，$F(x)$ 是刀具寿命不超过 x 的概率.

5. 检查费 $t=10$ 元/次，预防性更换刀具费 $k=1\ 000$ 元/次，零件为不合格品的损失费 $b=200$ 元/件，发现故障更换刀具并恢复正常生产的费用 $d=3\ 000$ 元/次.

基本模型 先计算一个更换周期 m 的平均费用，包括预防更换费用和故障更换费用两部分.

由假设 1，在刀具预防性更换前共检查 s 次（为简便起见，设更换时也做检查），由假设 5 得预防更换费用为 $st+k$.由假设 4，预防更换的刀具寿命应超过 m，其概率为 $1-F(m)$.

若在第 i 次检查中发现故障（$i=1,2,\cdots,s$），由假设 3，在第 $i-1$ 次到第 i 次检查中生产出 1 个、2 个……n 个不合格零件的概率相等，平均为$\frac{n+1}{2}$件，由假设 5，零件损失费为$\frac{b(n+1)}{2}$，检查、更换及恢复生产费用共 $it+d$，故障更换总费用为 $it+d+\frac{b(n+1)}{2}$. 由假设 4，第 i 次检查发现（第 $i-1$ 次检查未发现）故障的概率为 $F(in)-F((i-1)n)$.

记一个更换周期的平均费用为 EC，则

$$EC=c_1[1-F(m)]+\sum_{i=1}^{s}c_{2i}[F(in)-F((i-1)n)]$$

$$c_1=st+k,\ c_{2i}=it+d+\frac{b(n+1)}{2} \tag{1}$$

为了表达和计算的方便，利用密度函数 $f(x)$ 将和式化为积分（其中 $x=in$），进行整理并取近似可得

$$EC=k[1-F(m)]+\left[d+\frac{b(n+1)}{2}\right]F(m)+\left[\int_0^m xf(x)\,\mathrm{d}x+m(1-F(m))\right]\frac{t}{n} \tag{2}$$

利用分部积分可将(2)式的一部分简化为

$$\int_0^m xf(x)\,\mathrm{d}x+m(1-F(m))=m-\int_0^m F(x)\,\mathrm{d}x \tag{3}$$

然后计算一个更换周期生产合格零件的平均数量，记作 ER. 只需在(1)式中令 $c_1=m$，$c_{2i}=in-(n+1)/2$，与(1)～(3)式类似推导可得

$$ER=m-\frac{n+1}{2}F(m)-\int_0^m F(x)\,\mathrm{d}x \tag{4}$$

记 EL 为一个更换周期中生产一个合格零件的平均费用，定义为①

$$EL=\frac{EC}{ER} \tag{5}$$

检查和更换问题的基本模型为，确定检查间隔 n 和更换周期 m，使(1)～(5)式表示的一个合格零件的平均费用 EL 达到最小.

模型用搜索法求解，即设定一系列的 n 和 m（m 为 n 的整数倍），计算 EL，选出使 EL 最小的那一组解为 $n=18$，$m=360$②.

其他故障的影响 工序故障包括刀具故障和其他故障两类，检查只能发现工序故障，在基本模型中认为工序故障就是刀具故障.

为了考虑其他故障的影响，先计算其他故障出现的概率，即故障率. 记 p，q 分别是刀具故障率和其他故障率，根据两类故障分别占 95% 和 5%，我们有 $p:q=95:5$. 因为刀具故障的均值为 $\mu=600$，所以刀具故障率是 $p=\frac{1}{\mu}=\frac{1}{600}$，于是 $q=\frac{5}{95}\times p=\frac{1}{11\ 400}$.

---

① 若记随机变量 C，R 分别是一个更换周期的费用及合格零件数量，则平均费用的严格定义应为 $E(C/R)$，但是为了计算的简便，实际上常用(5)式定义.

② 《数学的实践与认识》2000 年第 1 期于杰等论文的结果是 $n=18$，$m=360$；石敏等论文是 $n=18$，$m=342$.

假定生产任一零件时其他故障出现的概率均为 q，并且相互独立，则生产第 j 个零件才出现其他故障的概率 P_j 服从几何分布，即 $P_j=(1-q)^{j-1}q(j=1,2,\cdots,m)$，而 $P_{m+1}=(1-q)^m$（第 m 个零件后不再生产）. 与刀具故障下平均费用 EC 的公式(1)类似，若记其他故障下平均费用为 EC_1，则

$$EC_1=c_1(1-q)^m+\sum_{j=1}^{m} c_{2j}(1-q)^{j-1}q,\quad c_{2j}=\left[\frac{j}{n}\right]t+d+\frac{f(n+1)}{2} \tag{6}$$

其中 c_1 同前. 再记其他故障下生产合格零件的平均数量为 ER_1，则有

$$ER_1=m(1-q)^m+\sum_{j=1}^{m}(j-1)(1-q)^{j-1}q=\frac{1-q}{q}[1-(1-q)^m] \tag{7}$$

评注 模型得到刀具更换周期 $m=360$，远小于其平均寿命 $\mu=600$，可知在预防性更换时刀具大都未出现故障，这是由刀具故障产生的零件损失费 b 与刀具更换费 k 及恢复生产费 d 之间的相对大小造成的.

将工序故障下的平均费用记作 C_2，生产合格零件的平均数量记作 R_2，C_2 和 R_2 可分别由刀具故障和其他故障的平均费用 EC，EC_1 和 ER，ER_1 加权得到，即

$$C_2=\lambda EC+(1-\lambda)EC_1,\quad R_2=\lambda ER+(1-\lambda)ER_1 \tag{8}$$

将生产一个合格零件的平均费用记作 L_2，与(5)式类似有

$$L_2=C_2/R_2 \tag{9}$$

(8) 式中的权重 λ 可以合理地取为刀具故障在工序故障中出现的比例 0.95，这样由(6)—(9)式表示的其他故障的影响不会太大.

零件检查存在误判的影响 当零件检查存在两种误判时，讨论基本模型（工序故障中只考虑刀具故障）应做哪些修改.

第一种误判是由于刀具正常时生产的零件有 2% 的不合格品，若检查时正好查到不合格品，则会判断刀具故障导致停机，由此产生的损失费用为 1 500 元/次.

在每个检查间隔内生产每个零件时的刀具故障率是 $p=\frac{1}{\mu}=\frac{1}{600}$，所以每次检查时刀具正常的概率为 $(1-p)^n$，因查到不合格品误判停机产生的损失费为 $0.02\times 1\,500\times(1-p)^n=30(1-p)^n$，于是基本模型中需增加这些费用.

第二种误判是由于刀具故障时生产的零件有 40% 合格品，若检查时查到的是合格品，则会判断刀具正常，将继续生产直到下一次检查，导致不合格品数量的增加. 经过仔细推导[①]得增加量可近似为 $n\times\frac{0.4}{1-0.4}=\frac{2n}{3}$，于是基本模型中需增加这些不合格品的损失费. 存在两种误判时，一个更换周期合格零件的平均数量也需进行修正.

模型改进 在上面的模型中检查间隔 n 是常数，但是由于刀具寿命服从正态分布，新刀具发生故障的概率很小，随着生产零件数的增加，发生故障概率逐渐变大，所以直观地看，为了降低检查费用，应该让刀具开始使用阶段的检查间隔大一些，然后逐渐缩小. 一种具体做法是根据“每个检查间隔内刀具发生故障的概率相等”的原则，确定一系列的检查点（进行检查的零件顺序号）[②]，还可以参考本书第三版 13.5 节，将检查间隔视为生产零件数的函数 $n(x)$，以某种定义下的费用函数最小为目标，建立泛函极值问题的优化模型. 当然，不等间隔的检查会带来实际操作上的麻烦.

评注 自动化生产过程中零部件的检查和更换是保证产品质量、降低运行成本的重要手段，而最优的检查间隔和更换周期是由零部件的寿命分布及各种费用的构成比例决定的.

---

① 见《数学的实践与认识》2000 年第 1 期孙山泽教授的文章.

② 见《数学的实践与认识》2000 年第 1 期戚正君等的论文.

如果零件检查误判造成的损失远大于检查费(本题给出的费用数据就是如此),那么增加检查零件的数量应会减小误判的影响.当然,检查几个零件(不宜过多)、怎样根据零件的合格与否判断刀具故障等,都需要经过仔细演算.

由日本田口玄一博士创立的所谓田口方法,也可以确定生产过程中零部件的检查间隔和更换周期,用于求解本题.①

第8章训练题

1. 出版社每年都要重印某种教科书,按照过去的销售记录知道今年需求量大致为均值8 000本、均方差1 000本的正态分布.已知每本书的成本15元,售价50元,如果供过于求则以售价的2折处理,问年初应重印多少本使出版社平均收入最大? 这个收入是多少? 如果供不应求,为保证学生用书必须临时加印以满足需求,每本书成本加倍,售价不变,再问年初应重印多少本使出版社平均收入最大? 这个收入是多少?

2. 某单位每年一届会议的组织者要为各地客户在一家有合同约定的宾馆预订住房,每个房间需交100元的预订金,若预订房间过多,即使无人入住预订金也不退回.而若预订房间不足,则需为参会客户在另外的宾馆临时订房,每个房间租金250元.按照往年会议的规模估计今年参会人数在250人至350人之间(95%的把握).请为组织者确定预订房间的数量(按每人一间),使预期的总费用最低.

3. 在8.4节Simmons模型中假设问题B为“你喜欢红色吗?”,而且调查者不知道喜欢红色的学生的比例,调查方法是将被调查者分成两批,做两次独立调查,且选答问题A的概率不同.试设计具体的调查方案并建立模型,估计有过作弊行为学生的比例.

4. 作弊与赌博是两个不相关的敏感问题,调查者的目的是估计学生中曾有作弊和赌博行为的比例,为此设计了如下的问题:

问题A:你在考试中作过弊吗?

问题B:你从未参加过赌博吗?

这样设计提问也能为被调查者提供足够的保护.为实现此调查方案,选取两组学生独立进行调查,并设计两套外形相同的卡片,其中第i套卡片中写有问题A的比例为$p_i(i=1,2)$,写有问题B的比例为$1-p_i$,且$p_1\neq p_2$,第i组被调查学生的人数为m_i,他们从第i套卡片中随机选择一张,真实作答后放回,其中回答“是”的人数为$m_i^{(Y)}$.

(1) 分别估计学生中曾有作弊和赌博行为的比例.

(2) 假定曾作过弊学生真实回答问题A的概率为T_A,参加过赌博的学生真实回答问题B的概率为T_B,且T_A,T_B均已知,而其他情形均真实作答.试分别重新估计学生中曾有作弊和赌博行为的比例.

5. 若钢材粗轧后,长度在l_1与l之间的可降级使用,长度小于l_1的才整根报废.试选用合适的目标函数建立优化模型,使某种意义下的浪费量最小.

6. 双骰是根据掷出的两颗骰子点数之和判断输赢的一种游戏.玩家下注后掷出两颗骰子,称出场掷.输赢规则如下:

出场掷两颗骰子点数之和是7,11,玩家赢,此轮结束.

出场掷两颗骰子点数之和是2,3,12,玩家输,此轮结束.

出场掷两颗骰子点数之和是4,5,6,8,9,10,该数字成为牌点,玩家继续掷骰子,直到牌点或点数之和7出现.如果牌点先出现,玩家赢,此轮结束;如果7先出现,玩家输,此轮结束.

---

① 见《数学的实践与认识》2000年第1期孙山泽教授的文章.

(1) 计算各种结果出现的概率,并由此计算玩家劣势.

(2) 双骰游戏有不同的下注机制,前面给出的是“过线”(pass line)方式,另一种是“不过线”(don't pass)方式,其输赢规则与“过线”方式正好相反,只是出场掷两颗骰子点数之和是 12 时,仍为玩家输.计算“不过线”方式各种结果出现的概率,并由此计算玩家劣势.

7. 色盲具有遗传性,由两种基因 c 和 s 的遗传规律决定.男性只有一个基因 c 或 s;女性有两个基因 cc,cs 或 ss,当某人具有基因 c 或 cc 时则呈色盲表征.基因遗传关系是:男孩等概率地继承母亲两个基因中的一个;女孩继承父亲的那个基因,并等概率地继承母亲的一个基因.由此可以看出,当母亲是色盲时男孩一定色盲,女孩却不一定.用 Markov 链模型研究非常极端的近亲结婚情况下的色盲遗传,即同一对父母的后代婚配.父母的基因组合共有 6 种类型,形成 Markov 链模型的 6 种状态,问哪些是吸收状态.若父亲非色盲而母亲为色盲,问平均经过多少代其后代就会变成全为色盲或全不为色盲的状态,变成这两种状态的概率各为多大?(参考基础知识 8-1 Markov 链的基本概念)

8. 两种不同的外部表征是由两种不同基因决定的,这两种基因的遗传关系是相互独立的.例如猪的毛有颜色表征(黑和白)与质地表征(粗和光).对于每一种表征仍分为优种D(dd),混种 H(dr)和劣种 R(rr)3 种基因类型,两种表征的组合则有 9 种基因类型.在完全优势遗传中,优种和混种的猪毛颜色黑、质地粗,劣种则颜色白、质地光,这样共有 4 种外部表征组合,即黑粗、黑光、白粗、白光.假设群体的两种外部表征对应的基因中 d 和 r 的比例相同(即均为 1/2),在随机交配情况下构造 Markov 链模型.证明在稳定情况下上述 4 种外部表征组合的比例为 9∶3∶3∶1.

9. 一个服务网络由 k 个工作站 $v_1,v_2,\cdots,v_k$ 依次串接而成,当某种服务请求到达工作站 v_i 时,v_i 能够处理的概率为 p_i,转往下一站 v_{i+1} 处理的概率为 $q_i(i=1,2,\cdots,k-1$,设 $q_k=0)$,拒绝处理的概率为 r_i,满足 $p_i+q_i+r_i=1$.试构造 Markov 链模型,确定到达 v_i 的请求平均经过多少工作站才能获得接受处理或拒绝处理的结果,被接受和拒绝的概率各多大?(参考基础知识 8-1 Markov 链的基本概念)

10. 血样的分组检验[16].在一个很大的人群中通过血样检验普查某种疾病,假定血样为阳性的先验概率为 p(通常 p 很小).为减少检验次数,将人群分组,一组人的血样混合在一起化验.当某组的混合血样呈阴性时,即可不经检验就判定该组每个人的血样都为阴性;而当某组的混合血样呈阳性时,则可判定该组至少有一人血样为阳性,于是需要对这组的每个人再作检验.

(1) 当 p 固定时(如 0.01%,…,0.1%,…,1%,…)如何分组,即多少人一组,可使平均总检验次数最少?与不分组的情况比较.

(2) 当 p 多大时不应分组检验?

(3) 当 p 固定时如何进行二次分组(即把混合血样呈阳性的组再分成小组检验,重复一次分组时的程序)?

(4) 讨论其他分组方式,如二分法(人群一分为二,阳性组再一分为二,继续下去)、三分法等.

11. 一类答卷评阅结果的处理.在数学建模竞赛、语文作文考试等一类没有标准答案的答卷评阅中,不同评阅人对同一份答卷给出的分数,出现一定范围内的差别是正常的.但是,由于众多客观、主观因素的影响,某些评阅人的打分会存在以下异常现象:

- 打分普遍偏高或偏低,导致他评阅的所有答卷的平均分明显高于或低于总体的平均分(总体指全体评阅人对所有答卷的打分);
- 打分范围过窄,区分度太小,导致他评阅的所有答卷的分数范围明显小于总体的分数范围.

在评阅过程中组织者可以通过一定的程序,让每位评阅人随机地评阅若干份答卷,并且同一份答卷也随机地由若干位评阅人评阅.而在评阅结束后,组织者要根据所有评阅结果筛选出打分存在上述异常现象的评阅人,并且确定每一份答卷的最终分数.需要

(1) 给出筛选打分存在上述异常现象的评阅人的数学模型和求解方法.

(2) 给出确定每份答卷最终分数的数学模型和求解方法.

模拟产生数据进行计算并检验模型:将 150 份答卷随机分配给 9 位评阅人,每份答卷由 3 人评阅

(每位评阅人评阅50份),评阅人中一人打分偏高,一人打分偏低,一人打分范围过窄.首先模拟产生一组数据作为答卷的真实分数,再在真实分数上增加扰动,作为评阅人的打分.然后将模型用于这组数据,应能把三位出现异常的评阅人筛选出来,并且使确定的每份答卷最终分数与其真实分数相近.

更多案例……

8-1 随机存贮策略

8-2 随机入口模型

8-3 健康与疾病

8-4 资金流通

8-5 钢琴销售的存贮策略

第 9 章　统计模型

当人们对研究对象的内在特性和各因素间的关系有比较充分的认识时，一般用机理分析方法建立数学模型，本书前面讨论的绝大多数模型都是如此.如果由于客观事物内部规律的复杂性及人们认识程度的限制，无法分析实际对象内在的因果关系，建立合乎机理规律的数学模型，那么通常的办法是搜集大量的数据，基于对数据的统计分析去建立模型，本章主要介绍用途非常广泛的一类统计模型——各种类型的回归模型，包括线性回归(9.1 节至 9.3 节)、非线性回归(9.4 节)、自回归(9.5 节)、logit 回归(9.6 节)，以及判别分析模型(9.7 节)和主成分分析模型(9.8 节).

9.1　孕妇吸烟与胎儿健康

“吸烟有害健康”是人们的共识，那么孕妇吸烟是否还会伤害到腹中的胎儿呢？美国公共卫生总署在香烟盒上设置的一条健康警告是：“孕妇吸烟可能导致胎儿受损、早产及新生儿低体重”.他们在一份报告中更详细的叙述是：“对于新生儿体重来说，看来吸烟比妇女怀孕前身高、体重、受孕历史等因素的影响更为显著.孕妇吸烟也会增加早产率，对每个受孕年龄段妇女来说新生儿都更小”[52].

让我们利用美国儿童保健和发展项目(简记 CHDS)提供的一份数据来研究上述说法.这份数据包括 1 236 个出生后至少存活 28 天的男性单胞胎新生儿的体重及其母亲的相关资料，见表 1，全部数据见数据文件 9-1.

数据文件 9-1
胎儿健康 CHDS 原始数据

表 1　CHDS 的部分原始数据(数据量 $n=1\ 236$)

1. 新生儿体重/oz(1 oz = 28.35 g)	120	113	128	123	108	136	138	…
2. 孕妇怀孕期/天	284	282	279	999①	282	286	244	…
3. 新生儿胎次状况(1——第 1 胎，0——非第 1 胎)	1	0	1	0	1	0	0	…
4. 孕妇怀孕时年龄	27	33	28	36	23	25	33	…
5. 孕妇怀孕前身高/in(1 in = 2.54 cm)	62	64	64	69	67	62	62	…
6. 孕妇怀孕前体重/lb(1 lb = 0.454 kg)	100	135	115	190	125	93	178	…
7. 孕妇吸烟状况(1——吸烟，0——不吸烟)	0	0	1	1	1	1	0	…

CHDS 的数据来自美国奥克兰市参加支付医疗保险项目的家庭，在就业人群中具有广泛的代表性.参加这个项目的妇女在怀孕初期就接受了全面、详细的调查，得到了新生儿父母双方诸多方面的信息，这里给出的数据只是调查记录的一部分.因为关于孕妇的那些数据是怀孕初期得到的，所以不会受到所关心的结果——新生儿体重的影响.

我们的任务是利用这份数据来建立新生儿体重与孕妇怀孕期、吸烟状况等诸因素

① CHDS 原始数据中用 999(二位数用 99，一位数用 9)表示该数据缺失.

之间的数学模型,定量地讨论以下问题:

- 对于新生儿体重来说,孕妇吸烟是否是比孕妇年龄、身高、体重等更为显著的决定因素;
- 孕妇吸烟是否会使早产率增加,怀孕期长短是否对新生儿体重有影响;
- 对每个年龄段来说,孕妇吸烟对新生儿体重和早产率的影响是怎样的.

问题背景及分析 美国公共卫生总署的警告容易受到人们的质疑,因为按照是否吸烟划分人群所做的任何研究,都只能依赖于观测数据,而不可能受研究者的控制,即无法作人为的实验,于是很难确定新生儿体重的差别是由于吸烟的缘故,还是与吸烟相关联的其他因素(如怀孕期长短)有关,又如吸烟孕妇往往年轻,自身体重较轻,会不会由此造成新生儿体重低呢?

显然,“孕妇吸烟可能导致胎儿受损、早产及新生儿低体重”的警告从语气上就不如“吸烟导致肺癌”来得强,这是由于对孕妇吸烟与胎儿健康之间生理学上的关系研究得不够.现在能够解释的理由是:吸烟产生一氧化碳,由于血液中血色素与一氧化碳的亲和力远大于与氧的亲和力,血色素与一氧化碳结合形成的血红蛋白限制了血液携带的氧的流量,于是孕妇吸烟会造成氧对胎儿的供应量减少.虽然这对胎儿生理上的影响目前尚不完全清楚,但已有的研究表明,为了补偿氧供应的减少,孕妇胎盘的表面积和血管数量以及胎儿的血色素水平都要增加,血流会重新分布以供养胎儿的各个组织,导致胎盘直径变大和变细,其后果可能是使胎盘过早地从子宫壁上剥离,从而导致早产甚至胎儿死亡.

关于新生儿体重及孕妇早产的标准,一般认为,新生儿的正常体重为 2 500~4 000 g(88.2~141.1 oz),小于 2 500 g 视为体重低;正常怀孕期为 40 周左右,小于 37 周视为早产.下面采用这个标准来讨论.

基础知识 9-1
参数估计与假设检验的基本内容

参数估计与假设检验 首先根据 CHDS 的数据对不吸烟与吸烟孕妇的各项指标作参数估计,包括新生儿体重均值的点估计(记作 μ_{y0} 和 μ_{y1})和区间估计、新生儿体重低的比例(指体重小于2 500 g 的比例)的点估计(记作 r_0 和 r_1)、怀孕期均值的点估计(记作 μ_{x0} 和 μ_{x1})和区间估计、早产率(指孕期小于 37 周的比例)的点估计(记作 q_0 和 q_1),结果如表 2.

程序文件 9-1
胎儿健康的参数估计与假设检验
prog0901a.m

表 2 不吸烟与吸烟孕妇的新生儿体重和怀孕期的参数估计(n 是样本数,下同)

参数估计	不吸烟孕妇($n=742$)	吸烟孕妇($n=484$)[①]
新生儿体重(oz)均值的点估计	$\mu_{y0}=123.047\ 2$	$\mu_{y1}=114.109\ 5$
新生儿体重均值的区间估计	[121.793 2,124.301 1]	[112.493 0,115.726 0]
新生儿体重低的比例的点估计	$r_0=0.031\ 0$	$r_1=0.082\ 6$
怀孕期(天)均值的点估计	$\mu_{x0}=280.186\ 9(n=733)$	$\mu_{x1}=277.979\ 2(n=480)$[②]
怀孕期均值的区间估计	[278.981 2,281.392 6]	[276.627 3,279.331 1]
早产率的点估计	$q_0=0.076\ 4$	$q_1=0.085\ 4$

① 在总共 1 236 个数据中有 10 位孕妇吸烟状况数据缺失.

② 又有 13 位孕妇怀孕期数据缺失.

从表 2 可以看出,吸烟孕妇比不吸烟孕妇的新生儿体重平均约低 9 oz(约 250 g),新生儿体重低的比例则明显地高;吸烟孕妇的怀孕期比不吸烟孕妇平均只约短 2 天,早产率相差不多.对于不吸烟与吸烟孕妇来说,新生儿体重和怀孕期的这些差别在统计学意义上是不是显著的,需要进行两总体的假设检验,结果如表 3.

表 3 不吸烟与吸烟孕妇的新生儿体重和怀孕期的假设检验(显著性水平 $\alpha=0.05$)

假设检验	假设	检验结果
新生儿体重均值的假设检验	$H_0:\mu_{y0}\leqslant\mu_{y1}$;$H_1:\mu_{y0}>\mu_{y1}$	拒绝 H_0,接受 H_1
新生儿体重低的比例的假设检验	$H_0:r_0\geqslant r_1$; $H_1:r_0<r_1$	拒绝 H_0,接受 $H_1(t=4.030\ 4)$
怀孕期均值的假设检验	$H_0:\mu_{x0}\leqslant\mu_{x1}$; $H_1:\mu_{x0}>\mu_{x1}$	拒绝 H_0,接受 $H_1$①
早产率的假设检验	$H_0:q_0=q_1$; $H_1:q_0\neq q_1$	接受 H_0,拒绝 $H_1(t=0.566\ 3)$

基础知识 9-2
线性回归分析的基本内容

评注 "吸烟孕妇比不吸烟孕妇的新生儿体重平均约低 9 oz"的结论虽然有显著意义,但是这里面混杂着孕妇的怀孕期、体重等诸多可能影响新生儿体重的因素,利用回归分析能够将这些因素分开.

从表 3 可以看出,吸烟孕妇的新生儿体重比不吸烟孕妇的低,且新生儿体重低的比例高,这个结论在统计学上是有显著意义的;而吸烟与不吸烟孕妇的怀孕期和早产率的差别则难以肯定是显著的.

为了充分利用所给的数据进行全面的研究,需要借助回归分析方法,建立新生儿体重与孕妇吸烟状况、怀孕期等诸因素的回归模型,分析模型得到的结果,回答提出的问题.

一元线性回归分析 从参数估计和假设检验的结果可以知道,孕妇的吸烟状况对新生儿体重大小有显著影响,但是对怀孕期长短的影响难以确定.那么,新生儿体重与怀孕期之间有怎样的关系呢?显然需要对吸烟孕妇和不吸烟孕妇分别讨论.

对于 CHDS 数据中的 480 位吸烟孕妇,将新生儿体重和怀孕期分别记作 y_i 和 $x_i(i=1,2,\cdots,480)$,其散点图如图 1.用 y 和 x 分别表示新生儿体重和怀孕期这两个变量,由图 1 假定二者的关系可以用一次函数模型 $y=b_0+b_1x$ 来描述,按照最小二乘准则,用数据拟合的办法很容易得到模型系数 b_0,b_1,这个一次函数就是图 1 中的那条直线.

从图 1 看出,虽然直线大致描述了数据点的变化趋势,但是拟合得并不好.怎样衡量由拟合得到的模型的有效性?模型系数的精确度和模型预测的数值范围有多大?实际应用中的这些重要问题需要用回归分析的方法来回答.

将新生儿体重(因变量 y)与孕妇怀孕期(自变量 x)的一元线性回归模型表为

$$y=b_0+b_1x+\varepsilon \tag{1}$$

其中随机误差 ε 是 x 以外影响 y 的随机因素的总和.假定对于不同的 x,ε 是相互独立的随机变量,服从 $N(0,\sigma^2)$ 分布.

程序文件 9-2
胎儿健康(吸烟孕妇)的一元回归
prog0901b.m

根据 480 位吸烟孕妇的新生儿体重和怀孕期数据,对回归模型(1)编程计算,结果如表 4.

① 若显著性水平 $\alpha=0.01$,则接受 H_0.

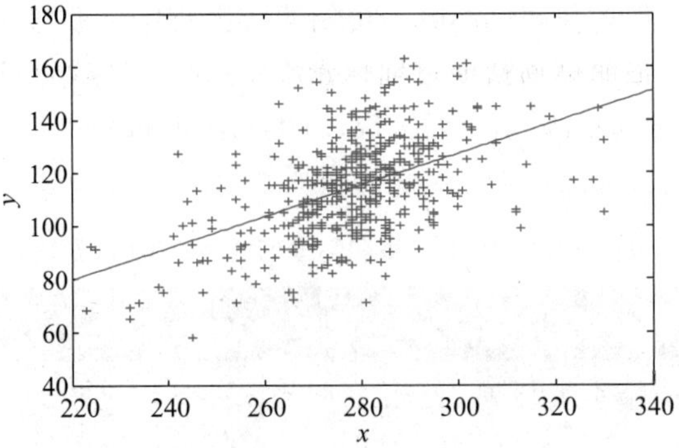

图1 480位吸烟孕妇的新生儿体重和怀孕期散点图及拟合的直线

表4 模型(1)的计算结果(吸烟孕妇 $n=480$)

回归系数	系数估计值	系数置信区间
b_0	-51.298 3	[-77.511 0,-25.085 6]
b_1	0.594 9	[0.500 8,0.689 1]
$R^2=0.243\ 8$ $F=154.146\ 3$ $p<0.000\ 1$ $s^2=249.919\ 2$		

由表4可对模型做检验:b_1 的置信区间不含零点,$F=154.146\ 3$ 远大于 $F_{(1,n-2),1-\alpha}=3.861\ 0(\alpha=0.05)$,表示应拒绝 $H_0:b_1=0$ 的假设,模型有效.但是 b_1 的置信区间较长,决定系数 R^2 较小(y 的24.38%由 x 决定),剩余方差 s^2 较大,说明模型的精度不高.

模型(1)中 y, b_0,b_1 的估计值分别记作 $\hat{y},\hat{b}_0,\hat{b}_1$,于是新生儿体重 y 的估计为

$$\hat{y}=\hat{b}_0+\hat{b}_1x=-51.298\ 3+0.594\ 9x \tag{2}$$

$\hat{b}_1=0.594\ 9$ 是这个模型最重要的数值,它表示吸烟孕妇的怀孕期 x 增加一天,新生儿体重平均增加约0.6(oz).当然,这里没有考虑除怀孕期外的其他因素对新生儿体重的影响.至于 $\hat{b}_0$,决不能理解为 $x=0$ 时 y 的估计值,由于模型依据的数据中吸烟孕妇怀孕期大约在220至340天(见图1),因此 x 只能在这个范围之内对 y 作估计.比如,若怀孕期 $x=280$ 天,按(2)式计算,新生儿体重的预测值为114.593 7(oz),还可以得到预测区间是[88.094 9, 141.092 5] ($\alpha=0.05$),这个区间如此之大也是由于模型精度不高的缘故.

y 的实际值和预测值的差 $y-\hat{y}$ 是模型的残差,视为随机误差 ε 的估计值,应服从均值为0的正态分布.由程序可以得到残差的图形,如果发现有一些数据的残差的置信区间不含零点,可以认为这些数据偏离整体数据的变化趋势,称为异常点,应予以剔除.

在480位吸烟孕妇新生儿体重的模型中,剔除异常点后重新计算得到的结果如表5.

表5 剔除异常点后模型(1)的计算结果(吸烟孕妇 $n=451$)

回归系数	系数估计值	系数置信区间
b_0	-53.612 6	[-77.060 6,-30.164 5]
b_1	0.600 7	[0.516 4,0.685 0]
$R^2=0.304\ 0$ $F=196.159\ 9$ $p<0.000\ 1$ $s^2=182.785\ 2$		

比较表 5 和表 4 可以看出,虽然 b_0 和 b_1 的估计值变化不大,但置信区间变短,且 R^2和 F 变大,s^2 减小,说明模型精度得到提高.在残差及其置信区间图上又会发现新的异常点,剔除它们后模型又会有所改进.

评注　数据拟合只能计算出模型系数的估计值,回归分析则还可得到估计值的置信区间及统计量 R^2,s^2,F 等,从而对模型的有效性和精度做出判断.异常点对残差平方和的"贡献"很大,给模型的有效性和精度带来不利影响,应注意剔除.

对于不吸烟孕妇可以建立与(1)式形式相同的另一个一元线性回归模型,用她们的新生儿体重与怀孕期的数据编程计算并剔除异常点后得到的结果表 6.

表 6　剔除异常点后模型(1)的计算结果(不吸烟孕妇 $n=690$)

回归系数	系数估计值	系数置信区间
b_0	33.533 0	[14.998 9,52.067 1]
b_1	0.320 1	[0.254 1,0.386 0]
$R^2=0.116\ 5$　$F=90.741\ 5$　$p<0.000\ 1$　$s^2=180.856\ 7$		

对表 6 可作与上类似的分析,值得注意的是,$\hat{b}_1=0.320\ 1$ 表示不吸烟孕妇的怀孕期 x 增加一天,新生儿体重平均只增加约 0.32(oz),与吸烟孕妇差别很大.

程序文件 9-3
胎儿健康(不吸烟孕妇)的一元回归
prog0901c.m

能不能将吸烟状况也作为一个自变量,建立新生儿体重与孕妇怀孕期和吸烟状况 2 个自变量的回归模型,从而利用全体孕妇的相关数据进行计算呢?

多元线性回归分析　新生儿体重仍记作 y,孕妇怀孕期记作 x_1 吸烟状况记作 x_2,只取 2 个数值:$x_2=0$ 表示不吸烟,$x_2=1$ 表示吸烟.假定 y 与 x_1 之间的关系仍是线性的,且 x_1 与 x_2 相互独立,则可建立如下的多元线性回归模型:

$$y=b_0+b_1x_1+b_2x_2+\varepsilon \tag{3}$$

其中 ε 仍是服从 $N(0,\sigma^2)$ 分布、相互独立的随机变量.

根据新生儿体重和孕妇怀孕期、吸烟状况的全部数据,按照(3)式编程计算并剔除异常点,得到 b_0,b_1,b_2 的估计值(置信区间等其他结构从略),对 y 的估计为

$$\hat{y}=\hat{b}_0+\hat{b}_1x_1+\hat{b}_2x_2=0.769\ 8+0.436\ 5x_1-8.761\ 0\ x_2 \tag{4}$$

程序文件 9-4
胎儿健康的多元回归
prog0901d.m

这里的 $\hat{b}_2=-8.761\ 0$ 表示,对于怀孕期 x_1 相同的孕妇,吸烟比不吸烟的新生儿体重平均约低 8.8(oz),虽然与前面参数估计的数值基本一样,但增加了怀孕期相同的条件;这个数值还补充了 2 个一元回归模型无法得到的、吸烟与不吸烟孕妇相互比较的结果.而$\hat{b}_1=0.436\ 5$ 表示的是,对于吸烟状况 x_2 相同的孕妇,怀孕期 x_1 增加一天新生儿体重平均增加约 0.44(oz),介于一元回归模型得到的、吸烟孕妇的 0.6 与不吸烟孕妇的 0.32 之间,但是这个数值却无法区分吸烟状况对怀孕期增加引起的新生儿体重的变化.

为了反映怀孕期 x_1 和吸烟状况 x_2 对新生儿体重的综合影响,需要改进模型(3),增加二者的乘积项 x_1x_2,有

$$y=b_0+b_1x_1+b_2x_2+b_3x_1x_2+\varepsilon \tag{5}$$

这仍是多元线性回归模型,因为它对于待定系数而言是线性的.按照(5)式编程计算并剔除异常点后得到的结果如表 7.

表 7 模型(5)的计算结果($n=1\ 143$)

回归系数	系数估计值	系数置信区间
b_0	34.092 5	[15.460 5,52.724 4]
b_1	0.318 1	[0.251 7,0.384 4]
b_2	-87.073 8	[-116.965 6,-57.182 0]
b_3	0.280 4	[0.173 4,0.387 5]
$R^2=0.276\ 6$ $F=145.135\ 7$ $p<0.000\ 1$ $s^2=182.953\ 6$		

评注 多元回归模型中某一个自变量系数估计值的含义,是在其余自变量固定的条件下,所引起的因变量的变化率.因此,对于自变量集合不同的模型,同一个自变量系数估计值的含义并不相同,如模型(1)和(2)中的 b_1.

由表 7,对 y 的估计可表示为

$$\hat{y}=34.092\ 5+0.318\ 1x_1-87.073\ 8\ x_2+0.280\ 4x_1x_2 \tag{6}$$

对不吸烟孕妇和吸烟孕妇,分别以 $x_2=0$ 和 $x_2=1$ 代入(6)式,得

$$\hat{y}=34.092\ 5+0.318\ 1x_1,\quad \hat{y}=-52.981\ 3+0.598\ 5x_1 \tag{7}$$

(7)式中的系数与只含 x_1 的一元模型得到的表 6 和表 5 的数值非常接近,(6)式所表示的多元线性回归模型综合描述了 x_1, x_2 两个自变量与 y 的关系.

表 7 的结果虽然可以验证模型的有效性,但是 R^2 较小,s^2 较大,仍有改进余地.

变量选择与逐步回归 在 CHDS 提供的数据中,除了新生儿体重以及孕妇怀孕期和吸烟状况外,还有孕妇怀孕时的年龄、体重、身高和胎次状况,在以新生儿体重为因变量的模型中,这些因素中是否有几个也应该作为自变量加入呢?这是建立多元线性回归模型时经常遇到的问题.

一般地说,实际问题中影响因变量的因素可能很多,从应用的角度既希望将所有对因变量影响显著的自变量都纳入回归模型,又希望最终的模型尽量简单,即不包含那些对因变量影响不显著的自变量,这就是所谓"变量选择".**逐步回归**是一种迭代式的变量选择方法,下面利用 CHDS 数据提供的全部信息,通过逐步回归来选择变量,建立新生儿体重的多元线性回归模型.

程序文件 9-5
胎儿健康的逐步回归
prog0901e.m

用 y 表示新生儿体重,x_1, x_2, x_3, x_4, x_5, x_6 依次表示孕妇怀孕期、胎次状况、年龄、身高、体重、吸烟状况(与表 1 的顺序相同),组成候选变量集合.根据前面的结果认为孕妇的怀孕期和吸烟状况是最重要的变量,故选取 x_1, x_6 为初始子集.用 MATLAB 的逐步回归程序计算,显著性水平取缺省值(引入变量 $\alpha=0.05$,移出变量 $\alpha=0.10$).

程序运行的第 1 个输出图形如图 2.

图左上部的窗口用圆点和线段显示各个候选变量的回归系数估计值及其置信区间,屏幕上蓝色表示在模型中的变量(图 2 中也是蓝色),红色表示不在模型中的变量(图 2 中是黑色),粗线段和细线段分别表示 90%和 95%的置信区间.图右上部的窗口中列出一个统计表,包括各个候选变量的回归系数估计值、t 统计量和 p 概率值(图 2 中蓝字、黑字的含义同上).图的中部是当前模型的输出:常数项 b_0 的估计值(intercept),决定系数 R^2,F 值,剩余标准差 s(RMSE),p 值等.图下部的窗口用圆点记录每次选取模型的剩余标准差 s,供比较用,当鼠标指向某个圆点时,就显示那个模型包含的变量,若点击圆点,则重现那个模型的结果.

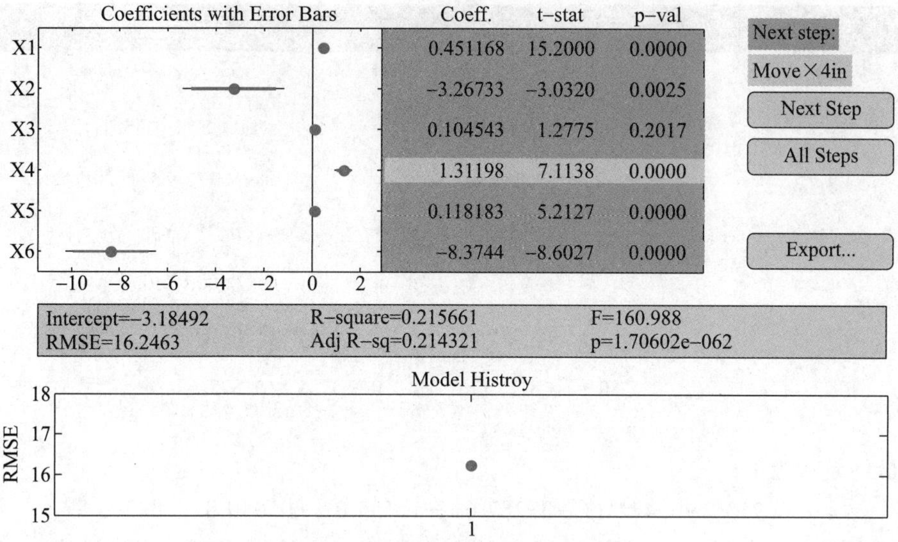

图 2 MATLAB 逐步回归程序运行的第 1 个输出图形

当用鼠标点击左上部的圆点或右上部的字段时，可使之由红变蓝，该变量被引入；或者由蓝变红，该变量被移出. 通常用剩余标准差 s 达到最小作为确定最终模型的标准，点击图右侧的按钮 Next Step，可以按照 s 减少的大小自动地引入或移出变量，直至出现 Move no terms 的提示，结束运行. 如果点击按钮 All Steps，则立即得到最终结果.

新生儿体重逐步回归程序的最终输出图形如图 3（蓝色、黑色的含义同图 2），包含 x_3 以外的其余 5 个自变量.

通过图 3 右侧的 Export 菜单可以传送输出数据，得到的结果如表 8.

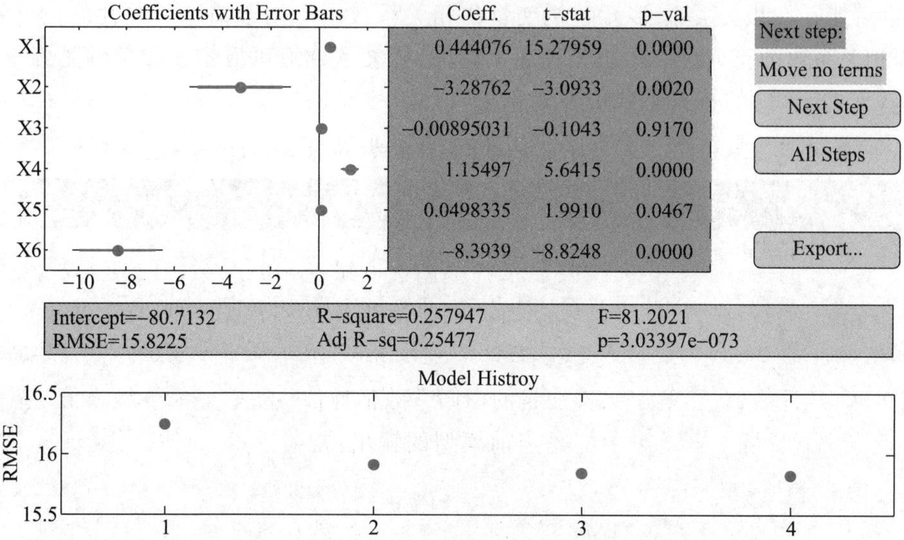

图 3 逐步回归程序运行的最终输出图形

评注 当影响因素众多、又难以辨识哪些因素最为重要时,用逐步回归来选择变量是一种有效的建立多元线性回归模型的方法.变量的函数、变量的乘积等都可作为新的变量供选择.人机交互式的逐步回归程序更大大提高了建模的"效率".

表8 逐步回归的最终结果($n=1\ 174$)

回归系数	系数估计值	系数置信区间
b_0	-80.713 2	
b_1	0.444 1	[0.387 0,0.501 1]
b_2	-3.287 6	[-5.372 9,-1.202 4]
b_4	1.155 0	[0.753 3,1.556 6]
b_5	0.049 8	[0.000 7,0.098 9]
b_6	-8.393 9	[-10.260 1,-6.527 7]
$R^2=0.257\ 9$ $F=81.202\ 1$ $p<0.000\ 1$ $s=15.822\ 5$		

最终模型为

$$\hat{y}=-80.713\ 2+0.444\ 1x_1-3.287\ 6x_2+1.155\ 0x_4+0.049\ 8x_5-8.393\ 9x_6 \tag{8}$$

需要指出,由于残差的置信区间无法通过 MATLAB 的逐步回归程序输出,所以未剔除异常点,致使表8中的 R^2, s 等与表7相比没有什么改进.读者可以对这里选出的变量建立多元线性回归模型,并剔除异常点,看看结果如何.

结果分析 用逐步回归方法得到的新生儿体重模型(表8和(8)式)包含孕妇的怀孕期、胎次状况、体重和吸烟状况等自变量,它们的回归系数置信区间不含零点,可以认为对新生儿体重的影响都是显著的,回归系数的数值给出了定量关系.如 $b_6=-8.393\ 9$ 说明当孕妇的怀孕期、胎次状况、身高、体重相同时,吸烟孕妇比不吸烟孕妇的新生儿体重约低 8.4 oz,可与前面的结果(表2和(4)式)相比.b_1,b_4,b_5 均为正值表明孕妇的怀孕期、身高、体重对新生儿体重的影响都是正面的,$b_2=-3.287\ 6$ 则表示第1胎新生儿体重比非第1胎约低 3.3 oz.

在这个问题中,不仅因变量与每个自变量有一定的相关关系,而且许多自变量两两之间也可能存在相关关系.多元随机变量的相关系数矩阵用于描述相关性的正反和强弱,即相关系数的正或负表示正相关或负相关,相关系数绝对值越大相关性越强.$y,x_1,x_2,x_3,x_4,x_5,x_6$ 的相关系数矩阵如表9.

表9 $y,x_1,x_2,x_3,x_4,x_5,x_6$ 的相关系数矩阵(对称矩阵只给出上三角元素)

	y	x_1	x_2	x_3	x_4	x_5	x_6
y	1.000 0	0.407 5	-0.043 9	0.027 0	0.203 7	0.155 9	-0.246 8
x_1		1.000 0	0.080 9	-0.053 4	0.070 5	0.023 7	-0.060 3
x_2			1.000 0	-0.351 0	0.043 5	-0.096 4	-0.009 6
x_3				1.000 0	-0.006 5	0.147 3	-0.067 8
x_4					1.000 0	0.435 3	0.017 5
x_5						1.000 0	-0.060 3
x_6							1.000 0

从表 9 相关系数的数值可以看出，与新生儿体重 y 相关性较强（相关系数大于 0.2）的依次是孕妇的怀孕期 x_1、吸烟状况 x_6、身高 x_4. 各自变量之间相关性较强的有：孕妇体重 x_5 与身高 x_4 的正相关，这是自然的；孕妇年龄 x_3 与胎次状况 x_2 的负相关，大概因为年龄越大第 1 胎越少.

如果几个自变量之间存在较强的相关性，那么删除多余的只保留一个变量不会对模型的有效性和精确度有多大影响，比如可以去掉孕妇体重 x_5 与身高 x_4 两个变量中任何一个.

表 9 中孕妇怀孕期 x_1 与吸烟状况 x_6 的相关系数很小，表明二者几乎无关，这与假设检验的结果（表 2）一致.

评注 当回归模型的自变量之间存在较强的（线性）相关时，求解将出现病态，称为多重共线性，是应该避免的现象，可以通过相关系数矩阵进行筛查.

不同年龄段孕妇吸烟对新生儿体重的影响 按照孕妇的年龄将数据分为 4 组：小于 25 岁，25~30 岁，30~35 岁，大于 35 岁. 对每组建立 y 与 x_1, x_2, x_4, x_5, x_6 的回归模型，得到的结果如表 10.

表 10 按孕妇年龄分组的计算结果

	小于 25 岁	25~30 岁	30~35 岁	大于 35 岁
b_0	-66.389 3	-39.129 6	-157.130 7	-130.174 0
b_1	0.397 2	0.352 1	0.595 1	0.672 8
b_2	-0.997 8	-7.412 4	-0.093 2	-4.183 5
b_4	1.214 4	0.840 9	1.682 8	0.874 7
b_5	-0.002 1	0.095 9	0.055 7	0.073 2
b_6	-8.411 9	-8.265 6	-10.541 1	-6.400 8
R^2	0.254 9	0.233 0	0.339 4	0.313 6
s^2	211.635 9	239.720 1	272.602 1	304.720 8
n	444	362	211	157

小结 本节通过案例介绍利用一元与多元线性回归和逐步回归方法建模并分析结果的全过程. 线性回归是回归分析的基础，应用也最广泛，希望读者不仅会用软件求解，而且从应用的角度对基本原理和方法有一定的了解. 参见基础知识 9-2.

比较表 10 中各年龄组 b_1 和 b_6 的数值发现，对于孕妇怀孕期 x_1 和吸烟状况 x_6 这两个影响新生儿体重的主要因素，30 岁以下的两组结果差别不大，而与 30 岁以上的两组则有一定的差异. 至于这些差别是否具有显著意义，则需要通过假设检验或方差分析作进一步研究.

复习题

1. 对逐步回归选出的变量 x_1, x_2, x_4, x_5, x_6，建立 y 的多元线性回归模型，并剔除异常点，与逐步回归的结果（表 8）比较.

2. 在候选变量集合中增加乘积项 x_1x_6，重作逐步回归，与原来的结果（表 8）比较，解释增加 x_1x_6 后各个系数的含义.

9.2 软件开发人员的薪金

一家高技术公司人事部门为研究软件开发人员的薪金与他们的资历、管理责任、教育程度等因素之间的关系，要建立一个数学模型，以便分析公司人事策略的合理性，并作为新聘用人员薪金的参考.他们认为目前公司人员的薪金总体上是合理的，可以作为建模的依据，于是调查了 46 名软件开发人员的档案资料，如表 1，包括薪金（单位：元）、资历（从事专业工作的年数）、管理责任（1 表示管理人员，0 表示非管理人员）、教育程度（1 表示中学，2 表示大学，3 表示研究生），全部数据见数据文件 9-2.

数据文件 9-2 软件开发人员的薪金

表 1 软件开发人员的薪金与资历、管理责任、教育程度

编号	薪金	资历	管理	教育
1	13 876	1	1	1
2	11 608	1	0	3
⋮	⋮	⋮	⋮	⋮
46	19 346	20	0	1

分析与假设 按照常识，薪金自然随着资历的增长而增加，管理人员的薪金应高于非管理人员，教育程度越高薪金也越高.薪金记作 y，资历记作 x_1，定义

$$x_2=\begin{cases}1, \text{管理人员}\\0, \text{非管理人员}\end{cases}$$

为了表示 3 种教育程度，定义

$$x_3=\begin{cases}1, \text{中学}\\0, \text{其他}\end{cases} \qquad x_4=\begin{cases}1, \text{大学}\\0, \text{其他}\end{cases}$$

这样，中学用 $x_3=1, x_4=0$ 表示，大学用 $x_3=0, x_4=1$ 表示，研究生则用 $x_3=0, x_4=0$ 表示.

小结 对于定性因素（如教育程度）用 0-1 变量表示，0-1 变量的个数可比定性因素的水平数少 1（教育程度 3 个水平引入 2 个 0-1 变量）.

为简单起见，我们假定资历对薪金的作用是线性的，即资历每加一年，薪金的增长是常数；管理责任、教育程度、资历诸因素之间没有交互作用，建立线性回归模型.

基本模型 薪金 y 与资历 x_1，管理责任 x_2，教育程度 x_3, x_4 之间的多元线性回归模型为

$$y=a_0+a_1x_1+a_2x_2+a_3x_3+a_4x_4+\varepsilon \tag{1}$$

其中 $a_0, a_1, \cdots, a_4$ 是待估计的回归系数，ε 是随机误差.

利用 MATLAB 的统计工具箱可以得到回归系数及其置信区间（置信水平 $\alpha=0.05$）、检验统计量 R^2, F, p, s^2 的结果，见表 2.

程序文件 9-6 软件开发人员薪金基本模型 prog0902a.m

表 2 模型(1)的计算结果

参数	参数估计值	参数置信区间
a_0	11 032	[10 258, 11 807]
a_1	546	[484, 608]

续表

参数	参数估计值	参数置信区间
a_2	6 883	[6 248, 7 517]
a_3	-2 994	[-3 826, -2 162]
a_4	148	[-636, 931]
$R^2=0.957$ $F=226$ $p<0.000\ 1$ $s^2=1.057\times10^6$		

结果分析 从表 2 知 $R^2=0.957$,即因变量(薪金)的 95.7%可由自变量的变化确定,F 值远远超过 F 检验的临界值,p 远小于 α,因而模型(1)从整体来看是可用的.比如,利用模型可以估计(或预测)一个大学毕业、有 2 年资历、非管理人员的薪金为

$$\hat{y}=\hat{a}_0+\hat{a}_1\times2+\hat{a}_2\times0+\hat{a}_3\times0+\hat{a}_4\times1=12\ 272$$

模型中各个回归系数的含义可初步解释如下:x_1 的系数为 546,说明资历每增加 1 年,薪金增长 546;x_2 的系数为 6 883,说明管理人员的薪金比非管理人员多 6 883;x_3 的系数为-2 994,说明中学程度的薪金比研究生少 2 994;x_4 的系数为 148,说明大学程度的薪金比研究生多 148,但是应该注意到 a_4 的置信区间包含零点,所以这个系数的解释是不可靠的.

需要指出,以上解释是就平均值来说,并且,一个因素改变引起的因变量的变化量,都是在其他因素不变的条件下才成立的.

进一步的讨论 a_4 的置信区间包含零点,说明基本模型(1)存在缺点.为寻找改进的方向,常用残差分析方法(残差 ε 指薪金的实际值 y 与用模型估计的薪金 $\hat{y}$ 之差,是模型(1)中随机误差 ε 的估计值,这里用了同一个符号).我们将影响因素分成资历与管理-教育组合两类,管理-教育组合的定义如表 3.

表 3 管理-教育组合

组合	1	2	3	4	5	6
管理	0	1	0	1	0	1
教育	1	1	2	2	3	3

为了对残差进行分析,图 1 给出 ε 与资历 x_1 的关系,图 2 给出 ε 与管理 x_2-教育 x_3, x_4 组合间的关系.

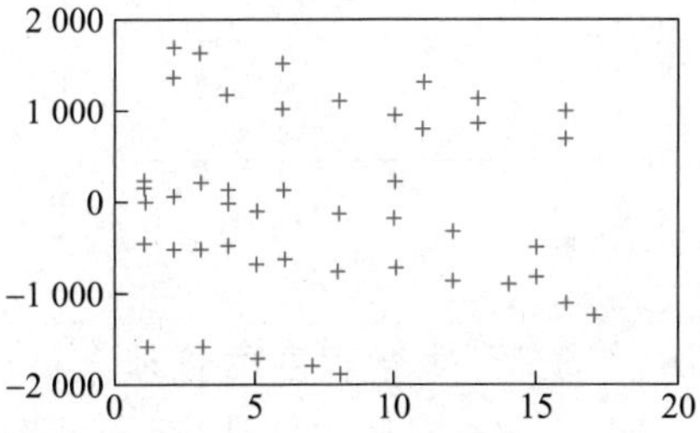

图 1 模型(1)ε 与 x_1 的关系

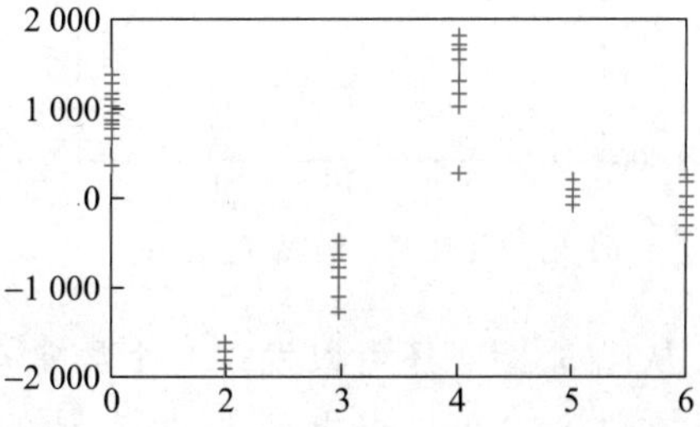

图 2 模型(1)ε 与 x_2-x_3,x_4 组合的关系

从图1看,残差大概分成3个水平,这是由于6种管理-教育组合混在一起,在模型中未被正确反映的结果;从图2看,对于前4个管理-教育组合,残差或者全为正,或者全为负,也表明管理-教育组合在模型中处理不当.

在模型(1)中管理责任和教育程度是分别起作用的,事实上,二者可能起着交互作用,如大学程度的管理人员的薪金会比二者分别的薪金之和高一点.

以上分析提示我们,应在基本模型(1)中增加管理 x_2 与教育 x_3, x_4 的交互项,建立新的回归模型.

更好的模型 增加 x_2 与 x_3, x_4 的交互项后,模型记作

$$y=a_0+a_1x_1+a_2x_2+a_3x_3+a_4x_4+a_5x_2x_3+a_6x_2x_4+\varepsilon \tag{2}$$

利用 MATLAB 的统计工具箱得到的结果如表4.

程序文件 9-7 软件开发人员薪金增加交互项 prog0902b.m

表4 模型(2)的计算结果

参数	参数估计值	参数置信区间
a_0	11 204	[11 044, 11 363]
a_1	497	[486, 508]
a_2	7 048	[6 841, 7 255]
a_3	−1 727	[−1 939, −1 514]
a_4	−348	[−545, −152]
a_5	−3 071	[−3 372, −2 769]
a_6	1 836	[1 571, 2 101]
$R^2=0.998\ 8$ $F=5\ 545$ $p<0.000\ 1$ $s^2=3.004\ 7\times10^4$		

评注 残差分析方法可以发现模型的缺陷,引入交互作用项常常能改善模型.

由表4可知,模型(2)的 R^2 和 F 值都比模型(1)有所改进,并且所有回归系数的置信区间都不含零点,表明模型(2)是完全可用的.

与模型(1)类似,作模型(2)的两个残差分析图(图3,图4),可以看出,已经消除了图1、图2中的不正常现象,这也说明了模型(2)的适用性.

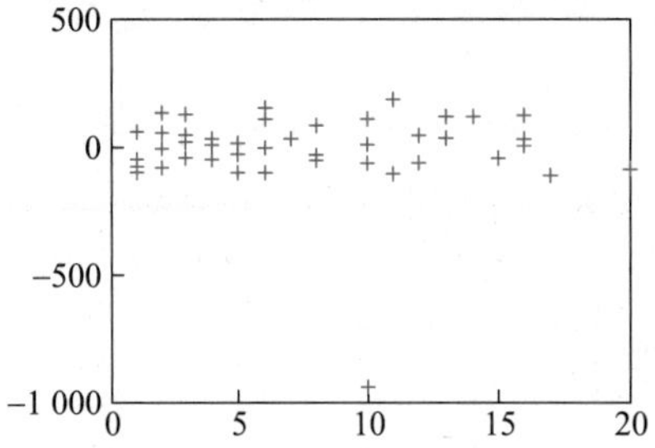

图3 模型(2) ε 与 x_1 的关系

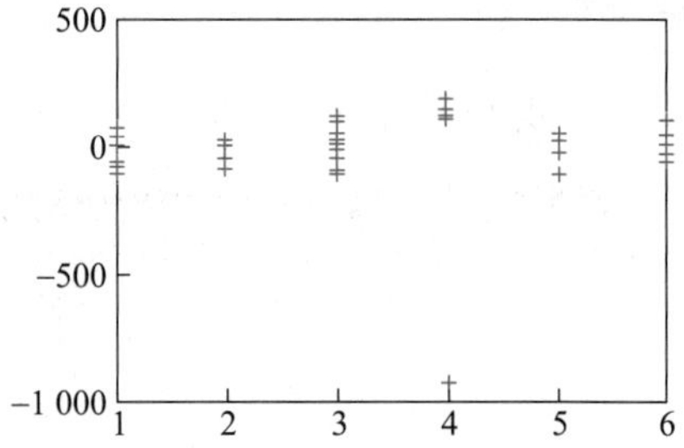

图4 模型(2) ε 与 x_2–x_3, x_4 组合的关系

从图3、图4还可以发现一个异常点:具有10年资历、大学程度的管理人员(从数据文件9-2可以查出是33号),他的实际薪金明显低于模型的估计值,也明显低于与他有类似经历的其他人的薪金.这可能是由我们未知的原因造成的.为了使个别

的数据不致影响整个模型，应该将这个异常数据去掉，对模型(2)重新估计回归系数，得到的结果如表5，残差分析图见图5，图6.可以看出，去掉异常数据后结果又有改善.

程序文件 9-8
软件开发人员薪金去除异常点
prog0902c.m

表5　模型(2)去掉异常数据后的计算结果

参数	参数估计值	参数置信区间
a_0	11 200	[11 139, 11 261]
a_1	498	[494, 503]
a_2	7 041	[6 962, 7 120]
a_3	−1 737	[−1 818, −1 656]
a_4	−356	[−431, −281]
a_5	−3 056	[−3 171, −2 942]
a_6	1 997	[1 894, 2 100]
$R^2=0.999\ 8$　$F=36\ 701$　$p<0.000\ 1$　$s^2=4.347\times10^3$		

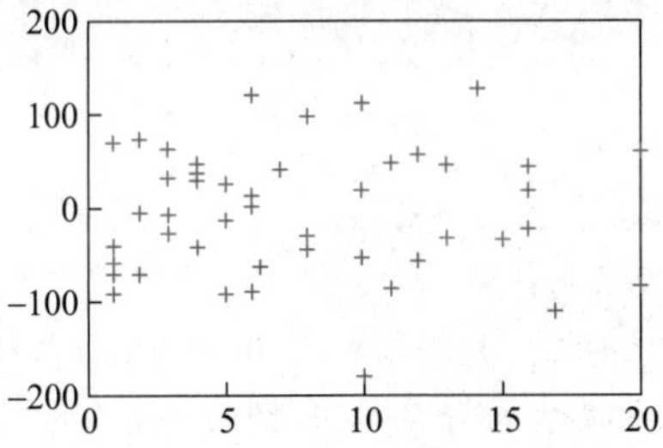

图5　模型(2)去掉异常数据后 ε 与 x_1 的关系

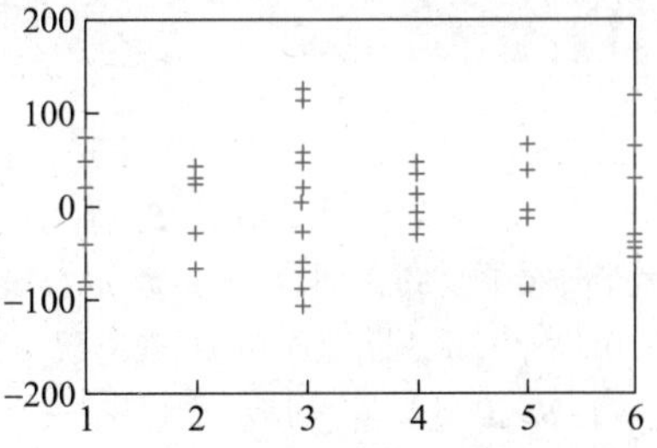

图6　模型(2)去掉异常数据后 ε 与 x_2-x_3，x_4 组合的关系

模型应用　对于回归模型(2)，用去掉异常数据(33号)后估计出的系数，得到的结果是满意的.作为这个模型的应用之一，不妨用它来"制订"6种管理-教育组合人员的"基础"薪金(即资历为零的薪金，当然，这也是平均意义上的).利用模型(2)和表5容易得到表6.

评注　对于影响因变量的定性因素(管理、教育)，可以引入0-1变量来处理，0-1变量的个数可比定性因素的水平少1(如教育程度有3个水平，引入2个0-1变量).用残差分析方法可以发现模型的缺陷，引入交互作用项常常能够给予改善.实际上，可以直接对6种管理-教育组合引入5个0-1变量.

表6　6种管理-教育组合人员的"基础"薪金

组合	管理	教育	系数	"基础"薪金
1	0	1	a_0+a_3	9 463
2	1	1	$a_0+a_2+a_3+a_5$	13 448
3	0	2	a_0+a_4	10 844
4	1	2	$a_0+a_2+a_4+a_6$	19 882
5	0	3	a_0	11 200
6	1	3	a_0+a_2	18 241

可以看出，大学程度的管理人员的薪金比研究生程度的管理人员的薪金高，而大学程度的非管理人员的薪金比研究生程度的非管理人员的薪金略低.当然，这是根据这家公司实际数据建立的模型得到的结果，并不具普遍性.

复习题

1. 用逐步回归重新建立模型，与表 5 的结果比较.

2. 汽车销售商认为汽车销售量与汽油价格、贷款利率有关，两种类型汽车（普通型和豪华型）18 个月的调查资料如下表，其中 y_1 是普通型汽车销售量（千辆），y_2 是豪华型汽车销售量（千辆），x_1 是汽油价格（美元/加仑），x_2 是贷款利率（%）[78]，全部数据见数据文件 9-3.

序号	y_1	y_2	x_1	x_2
1	22.1	7.2	1.89	6.1
2	15.4	5.4	1.94	6.2
⋮	⋮	⋮	⋮	⋮
18	44.3	15.6	1.68	2.3

（1）对普通型和豪华型汽车分别建立如下模型：

$$y_1=\beta_0^{(1)}+\beta_1^{(1)}x_1+\beta_2^{(1)}x_2,\quad y_2=\beta_0^{(2)}+\beta_1^{(2)}x_1+\beta_2^{(2)}x_2$$

给出 β 的估计值和置信区间，决定系数 R^2，F 值及剩余方差等.

数据文件 9-3
9.2 节复习题 2
汽车销售量

（2）用 $x_3=0,1$ 表示汽车类型，建立统一模型：$y=\beta_0+\beta_1x_1+\beta_2x_2+\beta_3x_3$，给出 β 的估计值和置信区间，决定系数 R^2，F 值及剩余方差等.以 $x_3=0,1$ 代入统一模型，将结果与（1）的两个模型的结果比较，解释二者的区别.

（3）对统一模型就每种类型汽车分别作 x_1 和 x_2 与残差的散点图，有什么现象，说明模型有何缺陷？

（4）对统一模型增加二次项和交互项，考察结果有什么改进.

9.3 评分与排名的统计模型

对于评分与排名问题已经介绍了 6.7 节的代数模型和 8.7 节的 Markov 链模型，二者建模的出发点不同，但都用若干球队比赛的胜场或比分数据，构造反映球队实力的矩阵，若矩阵满足某些条件，可用特征向量法得到评分，若不满足设定的条件则需对矩阵进行修正.

如果从统计的角度考察，不妨把一场比赛的比分，看作是对两支球队评分的一次试验得到的一个样本，存在随机误差.当若干场比赛结束后，用全部比分确定所有球队的评分，相当于根据样本集合按照一定准则（如随机误差的最小二乘准则）估计对象的总体，建立统计模型求解[39,45].

问题提出 仍然采用 6.7 节 5 支篮球队循环赛的例子，便于读者对不同模型得到的结果进行比较.将 6.7 节表 1 重新给出如下.

表 1 5 支篮球队循环赛的比分

	A	B	C	D	E
A		62 : 88	75 : 77	80 : 78	68 : 78
B	88 : 62		92 : 80	89 : 81	78 : 80
C	77 : 75	80 : 92		75 : 79	85 : 80
D	78 : 80	81 : 89	79 : 75		80 : 93
E	78 : 68	80 : 78	80 : 85	93 : 80	

问题分析 5 支球队依次记作 $i, j=1,2,3,4,5$，将表 1 每场比赛的比分转化为两支球队的正负分差，作为评分的一个随机样本，得到表 2，按行计算球队 i 的累积分差，注意到 5 支球队的累积分差之和为零.并且，球队按照累积分差的排名为 B, E, C, D, A,

表 2 5 支篮球队循环赛每场的正负分差及累积分差

a_{ij}	A $(j=1)$	B $(j=2)$	C $(j=3)$	D $(j=4)$	E $(j=5)$	i 队累积分差
A $(i=1)$	0	-26	-2	2	-10	-36
B $(i=2)$	26	0	12	8	-2	44
C $(i=3)$	2	-12	0	-4	5	-9
D $(i=4)$	-2	-8	4	0	-13	-19
E $(i=5)$	10	2	-5	13	0	20

怎样建立球队评分的统计模型呢？衡量各支球队真实实力的评分，无疑应是模型的待估计参数，那么只要适当地选取模型的自变量和因变量，使得任意两支球队之间一场比赛的比分之差，是两队评分之差的一个样本，就可以构造线性回归模型了.

用于球队评分的统计模型是梅西(K. Massey)1997 年提出的，他当时还是美国布鲁菲尔德学院(Bluefield College)的本科生，后来继续从事评分和排名问题的研究，还建立了以他名字命名的网站(可搜索 Massey ratings)，他提出的评分方法曾用于全美大学生体育协会(NCAA)美式橄榄球比赛.这个统计模型也被称为梅西法.

模型建立 设 n 支球队两两之间共进行了 m 场比赛，$m>n$，每支球队的出场次数不一定相同，任何两支球队之间可以比赛多场或者不比赛.

将 n 支球队记作自变量 $x_1, x_2, \cdots, x_n$，球队评分记作待估参数 $r_1, r_2, \cdots, r_n$，每场比赛的分差记作因变量 y，线性回归模型为

$$y=r_1x_1+r_2x_2+\cdots+r_nx_n+\varepsilon \tag{1}$$

其中 ε 是随机误差，其均值为 0.

设第 k 场比赛的双方为 i 与 j $(i,j=1,2,\cdots,n)$，若 i 胜 j 负，将分差的绝对值记作 d_{ij}，令

$$x_{ki}=1, x_{kj}=-1, x_{kl}=0(l\neq i,j), y_k=d_{ij}, k=1,2,\cdots,m \tag{2}$$

若 i,j 平局，x_{ki}, x_{kj}分别任取 1, -1，且 $y_k=0$.将 $x_1, x_2, \cdots, x_n, y$ 的取值代入(1)式，得到回归模型的向量-矩阵形式

$$y = Xr + \varepsilon \tag{3}$$

其中

$$X = \begin{pmatrix} x_{11} & x_{12} & \cdots & x_{1n} \\ x_{21} & x_{22} & \cdots & x_{2n} \\ \vdots & \vdots & & \vdots \\ x_{m1} & x_{m2} & \cdots & x_{mn} \end{pmatrix}, \quad r = \begin{pmatrix} r_1 \\ r_2 \\ \vdots \\ r_n \end{pmatrix}, \quad y = \begin{pmatrix} y_1 \\ y_2 \\ \vdots \\ y_m \end{pmatrix}, \quad \varepsilon = \begin{pmatrix} \varepsilon_1 \\ \varepsilon_2 \\ \vdots \\ \varepsilon_m \end{pmatrix} \tag{4}$$

按照最小二乘准则,参数 r 的估计值(仍记作 r)满足

$$X^{\mathrm{T}}Xr = X^{\mathrm{T}}y \tag{5}$$

当矩阵 $X^{\mathrm{T}}X$ 可逆时,由代数方程组(5)可得到 r 的唯一解

$$r = (X^{\mathrm{T}}X)^{-1}X^{\mathrm{T}}y \tag{6}$$

用5支球队循环赛为例说明如何写出 X,y. $n=5$ 支球队进行 $m=10$ 场比赛,其结果如表2上三角的10个正负分差表示,构造 X,y 时比赛场次顺序 k 是任意的,为方便起见按从左到右、自上而下的顺序排列,按照(2)式的定义得到表3.

表3 5支球队循环赛每场的胜负及绝对分差

k	x_1	x_2	x_3	x_4	x_5	y
1	−1	1	0	0	0	26
2	−1	0	1	0	0	2
3	1	0	0	−1	0	2
4	−1	0	0	0	1	10
5	0	1	−1	0	0	12
6	0	1	0	−1	0	8
7	0	−1	0	0	1	2
8	0	0	1	1	0	4
9	0	0	−1	0	−1	5
10	0	0	0	−1	1	13

由表3可直接写出胜负矩阵 X 和绝对分差向量 y

$$X = \begin{pmatrix} -1 & 1 & 0 & 0 & 0 \\ -1 & 0 & 1 & 0 & 0 \\ 1 & 0 & 0 & -1 & 0 \\ -1 & 0 & 0 & 0 & 1 \\ 0 & 1 & -1 & 0 & 0 \\ 0 & 1 & 0 & -1 & 0 \\ 0 & -1 & 0 & 0 & 1 \\ 0 & 0 & -1 & 1 & 0 \\ 0 & 0 & 1 & 0 & -1 \\ 0 & 0 & 0 & -1 & 1 \end{pmatrix}, \quad y = \begin{pmatrix} 26 \\ 2 \\ 2 \\ 10 \\ 12 \\ 8 \\ 2 \\ 4 \\ 5 \\ 13 \end{pmatrix} \tag{7}$$

模型求解 对于这样定义的 $\boldsymbol{X},\boldsymbol{y}$,从方程(6)能得到评分 $\boldsymbol{r}$ 的唯一解吗?

胜负矩阵 $\boldsymbol{X}$ 的每一行(对应于每一场比赛)都只有 1 和 -1 两个非零数值,行和显然等于 0.记 $\boldsymbol{X}^{\mathrm{T}}\boldsymbol{X}=\boldsymbol{S}=[s_{ij}]_{n\times n}$,$\boldsymbol{S}$ 是对称矩阵,且

$$s_{ij}=\sum_{k=1}^{m}x_{ki}x_{kj},\quad i,j=1,2,\cdots,n \tag{8}$$

由(8)式可知,$\boldsymbol{S}$ 的对角元素 s_{ii} 是 i 在 m 场比赛中的出场次数,非对角元素 s_{ij} 是 i 与 j 交手次数的负值.$\boldsymbol{S}$ 称场次矩阵,其每一行的行和等于 0.

记 $\boldsymbol{X}^{\mathrm{T}}\boldsymbol{y}=\boldsymbol{z}=[z_1,z_2,\cdots,z_n]^{\mathrm{T}}$, 有

$$z_i=\sum_{k=1}^{m}x_{ki}y_k,\quad i=1,2,\cdots,n \tag{9}$$

$\boldsymbol{X}^{\mathrm{T}}$ 第 i 行 $x_{ki}=1$ 或-1,对应 i 的胜场或负场,与绝对分差 y_k 的乘积对 k 求和,得到的 z_i 正是 i 的累积得分与累积失分之差,即累积分差.$\boldsymbol{z}$ 称累积分差向量,其分量和也等于 0.于是方程(5)可表示为

$$\boldsymbol{Sr}=\boldsymbol{z},\quad \boldsymbol{S}=\boldsymbol{X}^{\mathrm{T}}\boldsymbol{X},\quad \boldsymbol{z}=\boldsymbol{X}^{\mathrm{T}}\boldsymbol{y} \tag{10}$$

对于(7)式给出的 5 支球队循环赛的 $\boldsymbol{X}$ 和 $\boldsymbol{y}$,计算可得

$$\boldsymbol{S}=\boldsymbol{X}^{\mathrm{T}}\boldsymbol{X}=\begin{pmatrix}4&-1&-1&-1&-1\\-1&4&-1&-1&-1\\-1&-1&4&-1&-1\\-1&-1&-1&4&-1\\-1&-1&-1&-1&4\end{pmatrix},\quad \boldsymbol{z}=\boldsymbol{X}^{\mathrm{T}}\boldsymbol{y}=\begin{pmatrix}-36\\44\\-9\\-19\\20\end{pmatrix} \tag{11}$$

这个结果可以验证上面对 $\boldsymbol{S}$ 和 $\boldsymbol{z}$ 的表述.实际上,$\boldsymbol{S}$ 可以根据上述 s_{ij} 的含义直接得到,不必用 $\boldsymbol{X}$ 计算,$\boldsymbol{z}$ 与表 2 最后一列相同,也可直接写出.

现在的问题是,由于矩阵 $\boldsymbol{S}$ 的行和为 0,不可逆,由方程(10)无法直接求解 $\boldsymbol{r}$.怎么办呢?

梅西提出的解决问题的一种办法是对 $\boldsymbol{r}=[r_1,r_2,\cdots,r_n]^{\mathrm{T}}$ 加一个约束,比如令 n 支球队的评分之和等于某个常数 c, 用向量表示为

$$\boldsymbol{e}^{\mathrm{T}}\boldsymbol{r}=c,\quad \boldsymbol{e}=[1,1,\cdots,1]^{\mathrm{T}} \tag{12}$$

求解方程(10)(12)即可得到评分向量 $\boldsymbol{r}=[r_1,r_2,\cdots,r_n]^{\mathrm{T}}$.

对于(11)式给出的 5 支球队循环赛的 $\boldsymbol{S}$ 和 $\boldsymbol{z}$,按照方程(10)和(12)并取常数 $c=0$,求解可得评分 $\boldsymbol{r}=[-7.2,\ 8.8,\ -1.8,\ -3.8,\ 4.0]^{\mathrm{T}}$, 依评分决定的排名为 B,E,C,D, A.

评分出现负数是由于取评分之和 $c=0$ 所致.若取 $c=36$ 可得 $\boldsymbol{r}=[0.0,16.0,5.4,3.4,11.2]^{\mathrm{T}}$, 比较这两个 $\boldsymbol{r}$ 不难看出,其差别不过是 $\boldsymbol{r}$ 加一常数向量 $a\boldsymbol{e}$ 作数值平移.也就是说,一支球队评分的大小没有任何意义,只有两队之间的评分差,作为二者得分差的估计值,才是衡量两队实力的标准.

模型讨论 你注意到吗? 回归模型得到的评分 $\boldsymbol{r}=[-7.2,\ 8.8,\ -1.8,\ -3.8,\ 4.0]^{\mathrm{T}}$ 与累积分差 $\boldsymbol{z}$ 成比例.而 $\boldsymbol{z}$ 并不需要计算 $\boldsymbol{X}^{\mathrm{T}}\boldsymbol{y}$ 就可以统计得到(如表 2 最后一列),那么用这个模型计算评分还有什么用呢?

评注 建立回归模型的关键是自变量用 1 和 -1 来定义比赛胜负的双方,因变量取两队的绝对分差.利用分差建模得到的各队的评分,可以作任意大小的数值平移,这与 6.7节代数模型用特征向量得到的评分,可以作任意尺度的比例变换具有明显不同的特征.

实际上,对于如表 1 给出的循环赛,场次矩阵 $\boldsymbol{S}$ 呈(11)式那样的标准形式,即对角元素是每队相同的出场次数,非对角元素均为 −1,这时 $\boldsymbol{r}$ 与 $\boldsymbol{z}$ 必成比例.但是对于非循环赛,一般不会出现这种情况.

如果表 1 中 B,E 两队尚未比赛,那么将重新对 5 支球队进行评分和排名.经查,在表 3 中 B,E 两队的比赛是第 $k=7$ 场,需在(7)式的 $\boldsymbol{X}$ 和 $\boldsymbol{y}$ 中去掉第 7 行,重新计算场次矩阵 $\boldsymbol{S}$ 和累积分差向量 $\boldsymbol{z}$,得到

$$\boldsymbol{S}=\begin{pmatrix} 4 & -1 & -1 & -1 & -1 \\ -1 & 3 & -1 & -1 & 0 \\ -1 & -1 & 4 & -1 & -1 \\ -1 & -1 & -1 & 4 & -1 \\ -1 & 0 & -1 & -1 & 3 \end{pmatrix} \quad \boldsymbol{z}=\begin{pmatrix} -36 \\ 46 \\ -9 \\ -19 \\ 18 \end{pmatrix} \tag{13}$$

按照方程(10)和(12)并取常数 $c=0$ 计算可得评分 $\boldsymbol{r}'=[-7.200\,0,\ 11.066\,7,\ -1.800\,0,-3.800\,0,1.733\,3]^{\mathrm{T}}$,排名仍为 B,E,C,D,A,$\boldsymbol{r}'$并不与 $\boldsymbol{z}$ 成比例.

模型检验及预测 可以用每两队的评分差(即得分差的估计值)与实际得分差的一致程度,对模型结果进行检验.需要注意的是,建模中用的是绝对分差,而检验时应该采用实际得分差(正负分差).

对于 5 支球队循环赛的结果,可作如表 4 的对比.

表 4 5 支球队循环赛评分差与实际得分差的对比

	A:B	A:C	A:D	A:E	B:C	B:D	B:E	C:D	C:E	D:E
得分差	−26	−2	2	−10	12	8	−2	−4	5	−13
评分差	−16	−5.4	−3.4	−11.2	10.6	12.6	4.8	2	−5.8	−7.8

由表 4 可知 10 场比赛中只有 4 场的评分差与实际得分差的误差在 5 分之内,且有 2 场的误差大于 8 分,模型检验结果并不好.

去掉一两场比赛数据重新建模,用求解得到的评分差预测比赛的得分差,可作为模型预测.如由 B,E 两队尚未比赛时得到的评分 $\boldsymbol{r}'$计算两队的评分差为 $r_2-r_5=11.066\,7-1.733\,3=9.333\,4$,而表 4 中两队比赛的实际得分差为−2.预测误差相当大.

评注 众所周知,增加样本数量是减少回归模型的估计误差、提高模型预测精度的有效途径,所以统计模型更适用于双方交手次数较多的比赛,如双循环赛、双方交手 3 次或 4 次的比赛.

对于 5 支球队循环赛这个虚拟的例子,模型检验及预测的结果都较差,只能说明当样本的数据量(即比赛场次)太少时,统计回归模型有其天然的劣势.

模型拓展 注意到上面的模型采用的是每一场比赛的分差,而非双方的得分.假如一场比赛的比分是 100∶90,另一场是 60∶50,两场的分差都是 10 分,但是体育常识告诉我们,前一场比赛双方的进攻能力都强,防守能力都弱,而后一场正好相反.利用分差建立的模型显然不能反映这两场比赛的区别,但是只要对方程(10)中的 $\boldsymbol{S}$, $\boldsymbol{r}$, $\boldsymbol{z}$ 逐一分解,就可解决这个问题.

将反映球队 i 实力的评分 r_i 分解为进攻实力评分 p_i 与防守实力评分 q_i 之和,即 $r_i=p_i+q_i$,相应的评分向量 $\boldsymbol{r}=\boldsymbol{p}+\boldsymbol{q}$,$\boldsymbol{p}$ 是进攻评分向量,$\boldsymbol{q}$ 是防守评分向量.i 的累积分差 z_i(可正可负)分解为累积得分 $u_i(\geqslant 0)$与累积失分 $v_i(\geqslant 0)$之差,即 $z_i=u_i-v_i$,相应的累

积分差向量 $\boldsymbol{z}=\boldsymbol{u}-\boldsymbol{v}$, $\boldsymbol{u}$ 是累积得分向量,$\boldsymbol{v}$ 是累积失分向量.将场次矩阵 $\boldsymbol{S}$ 分解为 $\boldsymbol{S}=\boldsymbol{S}_1-\boldsymbol{S}_2$,其中 $\boldsymbol{S}_1$ 为对角矩阵,取 $\boldsymbol{S}$ 的对角元素,表示各队的出场次数,$\boldsymbol{S}_2$ 为非对角矩阵,取 $\boldsymbol{S}$ 的非对角元素并去掉负号,表示各队相互交手的次数.

经上述分解,将方程(10)写作

$$(\boldsymbol{S}_1-\boldsymbol{S}_2)(\boldsymbol{p}+\boldsymbol{q})=\boldsymbol{u}-\boldsymbol{v} \tag{14}$$

即

$$\boldsymbol{S}_1\boldsymbol{p}-\boldsymbol{S}_2\boldsymbol{q}-\boldsymbol{S}_2\boldsymbol{p}+\boldsymbol{S}_1\boldsymbol{q}=\boldsymbol{u}-\boldsymbol{v} \tag{15}$$

并可以分解成两个方程

$$\boldsymbol{S}_1\boldsymbol{p}-\boldsymbol{S}_2\boldsymbol{q}=\boldsymbol{u} \tag{16}$$

$$\boldsymbol{S}_2\boldsymbol{p}-\boldsymbol{S}_1\boldsymbol{q}=\boldsymbol{v} \tag{17}$$

方程(16)表示,球队的进攻评分乘以比赛场数,减去对手的防守评分之和,等于该队的累积得分;方程(17)表示,对手的进攻评分之和,减去该队的防守评分乘以比赛场数,等于该队的累积失分.

由于评分 $\boldsymbol{r}$ 已由(10)(12)式解出,若先从原始比分得出累积得分 $\boldsymbol{u}$,则只需将 $\boldsymbol{r}=\boldsymbol{p}+\boldsymbol{q}$ 即 $\boldsymbol{q}=\boldsymbol{r}-\boldsymbol{p}$ 代入(16)式,得

$$(\boldsymbol{S}_1+\boldsymbol{S}_2)\boldsymbol{p}=\boldsymbol{S}_2\boldsymbol{r}+\boldsymbol{u} \tag{18}$$

解出 $\boldsymbol{p}$ 后再计算 $\boldsymbol{q}$.或者类似地有

$$(\boldsymbol{S}_1+\boldsymbol{S}_2)\boldsymbol{q}=\boldsymbol{S}_1\boldsymbol{r}-\boldsymbol{u} \tag{19}$$

解出 $\boldsymbol{q}$ 后再计算 $\boldsymbol{p}$.

与 $\boldsymbol{r}$ 可以加一常数向量 $a\boldsymbol{e}$ 作数值平移一样,$\boldsymbol{p}$,$\boldsymbol{q}$ 也可加常数向量 $a\boldsymbol{e}$,表明只有两队之间的进攻评分之差与防守评分之差才分别是他们进攻与防守得分差的估计值,并且,某队的进攻评分与另一队的防守评分之差可作为双方比赛中前者得分的估计值,

可以按照进攻评分 $\boldsymbol{p}$ 和防守评分 $\boldsymbol{q}$ 分别对各队的进攻实力与防守实力排名.

对于 5 支球队循环赛已经得到的评分为 $\boldsymbol{r}=[-7.2, 8.8, -1.8, -3.8, 4.0]^{\mathrm{T}}$.由表 1 的比分数据统计得出累积得分为 $\boldsymbol{u}=[285, 347, 317, 318, 331]^{\mathrm{T}}$.对(13)式给出的场次矩阵 $\boldsymbol{S}$,可分解为

$$\boldsymbol{S}_1=\begin{pmatrix}4&0&0&0&0\\0&4&0&0&0\\0&0&4&0&0\\0&0&0&4&0\\0&0&0&0&4\end{pmatrix},\quad \boldsymbol{S}_2=\begin{pmatrix}0&1&1&1&1\\1&0&1&1&1\\1&1&0&1&1\\1&1&1&0&1\\1&1&1&1&0\end{pmatrix} \tag{20}$$

将 $\boldsymbol{S}_1$, $\boldsymbol{S}_2$, $\boldsymbol{r}$, $\boldsymbol{u}$ 代入方程(18)计算,得到进攻评分 $\boldsymbol{p}=[30.816\,7, 46.150\,0, 39.683\,3, 40.683\,3, 42.416\,7]^{\mathrm{T}}$, 排名 B,E,D,C,A,防守评分 $\boldsymbol{q}=[-38.016\,7, -37.350\,0, -41.483\,3, -44.483\,3, -38.416\,7]^{\mathrm{T}}$, 排名 B, A,E,C,D.值得注意的是,A 的总评分和进攻评分都排在末位,防守评分却排名第 2.

为了对这个拓展的模型进行检验,用 i 的进攻评分 p_i 减去 j 的防守评分 q_j,作为 i,j 比赛中 i 得分的估计值,与实际得分比较,得到的结果如表 5(括号内是实际得分).

评注 在基于分差建立的模型中，又将评分分解为进攻评分和防守评分，不仅能衡量球队的进攻实力与防守实力，而且可以得出每两支球队比分的估计值，进行预测，不失为该模型的又一特色.

表 5 5 支球队循环赛进攻、防守评分差与实际得分的对比

a_{ij}	A(j=1)	B(j=2)	C(j=3)	D(j=4)	E(j=5)
A(i=1)	0	68.166 7(62)	72.300 0(75)	75.300 0(80)	69.233 3(68)
B(i=2)	84.166 7(88)	0	87.633 3(92)	90.633 3(89)	84.566 7(78)
C(i=3)	77.700 0(77)	77.033 3(80)	0	84.166 7(75)	78.100 0(85)
D(i=4)	78.700 0(78)	78.033 3(81)	82.166 7(79)	0	79.100 0(80)
E(i=5)	80.433 3(78)	79.766 7(80)	83.900 0(80)	86.900 0 (93)	0

由表 5 可知 20 个得分中竟有 15 个评分差与实际得分的误差在 5 分之内，出乎意料.

拓展阅读 9-1 评分与排名的聚合方法

对研究对象进行评分与排名，是应用领域颇为广泛的实际问题，本书介绍了 3 个数学模型：代数模型、Markov 链模型和统计模型.与根据数学定理且需满足一定条件建立的代数模型、Markov 链模型相比，利用线性回归建立的统计模型，不需要任何先决条件，更为简单明了，便于接受.当然也存在明显的不足，一是球队的评分基本上取决于与各个对手比赛的累积分差，而没有区分不同对手实力的强弱；二是需要较大的样本数据量.

将几个模型得到的评分与排名加以聚合，构成一个新的结果，见拓展阅读 9-1.

评注 对于同样的实际问题有不同的建模方法，学习时不仅应了解、掌握其建模过程，更要仔细研究其应用的条件，分析它们的优点和不足.

复习题

1. 在表 1 数据表示的 5 支球队循环赛中，若排名前两位的 B，E 两队再比赛 2 场，结果为 85：84，80：95，重新对 5 支球队进行评分和排名.

2. 对表 1 表示的 5 支球队的比分数据，设 B，C 两队尚未比赛，重新计算各队的进攻评分和防守评分，根据评分对 B，C 两队的比赛得分进行预测.

3. 为了求解方程(10)需对 $\boldsymbol{r}$ 加一个约束，除了增加(12)式，还可令某个分量 r_i 等于任意指定的常数.试用这种方法对 5 支球队循环赛(表 1)进行评分和排名，并与(10)(12)式得到的结果比较.

9.4 酶促反应

酶是一种具有特异性的高效生物催化剂，绝大多数的酶是活细胞产生的蛋白质.酶的催化条件温和，在常温、常压下即可进行.酶催化的反应称为酶促反应，要比相应的非催化反应快 $10^3 \sim 10^{17}$ 倍.酶促反应动力学简称酶动力学，主要研究酶促反应的速度与底物(即反应物)浓度以及其他因素的关系.在底物浓度很低时酶促反应是一级反应；当底物浓度处于中间范围时，是混合级反应；当底物浓度增加时，向零级反应过渡.

某生化系学生为了研究嘌呤霉素在某项酶促反应中对反应速度与底物浓度之间关系的影响，设计了两个实验，一个实验中所使用的酶是经过嘌呤霉素处理的，而另一个实验所用的酶是未经嘌呤霉素处理过的，所得的实验数据见表 1.试根据问题的背景和这些数据建立一个合适的数学模型，来反映这项酶促反应的速度与底物浓度以及嘌呤霉素处理与否之间的关系[6].

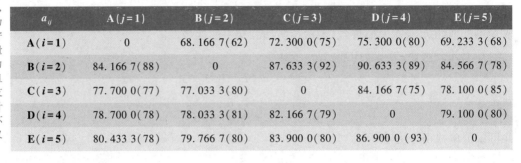

表 1 嘌呤霉素实验中的反应速度与底物浓度数据

底物浓度/ppm[1]		0.02		0.06		0.11		0.22		0.56		1.10	
反应速度	处理	76	47	97	107	123	139	159	152	191	201	207	200
	未处理	67	51	84	86	98	115	131	124	144	158	160	—

分析与假设 记酶促反应的速度为 y，底物浓度为 x，二者之间的关系写作 $y=f(x,\boldsymbol{\beta})$，其中 $\boldsymbol{\beta}$ 为参数.由酶促反应的基本性质可知，当底物浓度较小时，反应速度大致与浓度成正比（即一级反应）；而当底物浓度很大，渐近饱和时，反应速度将趋于一个固定值——最终反应速度（即零级反应）.下面的两个简单模型均具有这种性质：

Michaelis-Menten 模型

$$y=f(x,\boldsymbol{\beta})=\frac{\beta_1 x}{\beta_2+x} \tag{1}$$

指数增长模型

$$y=f(x,\boldsymbol{\beta})=\beta_1(1-\mathrm{e}^{-\beta_2 x}) \tag{2}$$

图 1 和图 2 分别是表 1 给出的经过嘌呤霉素处理和未经处理的反应速度 y 与底物浓度 x 的散点图，可以知道，模型(1)，(2)与实际数据得到的散点图是大致符合的.下面只对模型(1)进行详细的分析，将模型(2)留给有兴趣的读者（复习题）.

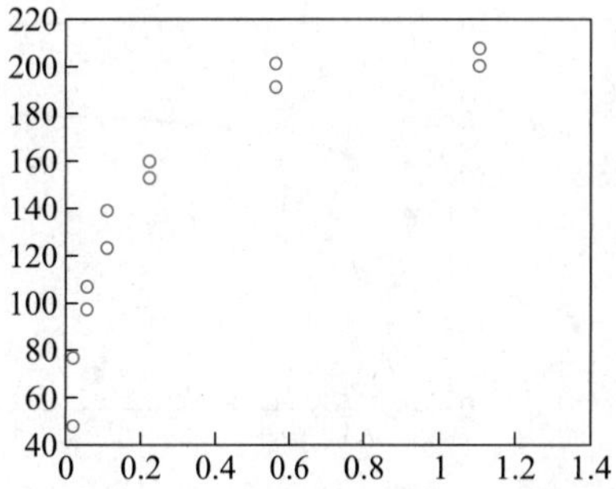

图 1 y 对 x（经处理）的散点图

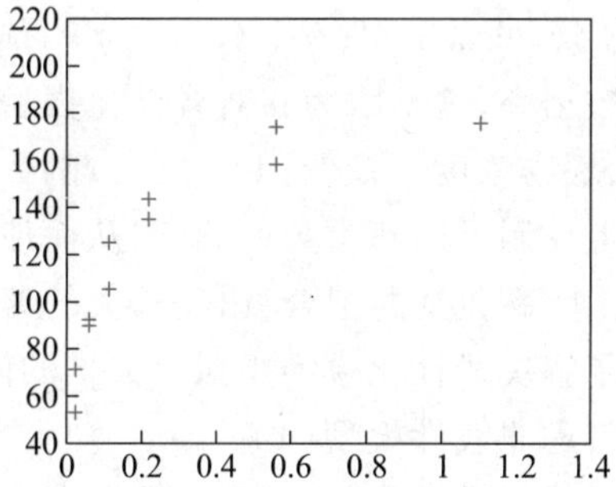

图 2 y 对 x（未经处理）的散点图

首先对经过嘌呤霉素处理的实验数据进行分析（未经处理的数据可同样分析），在此基础上，再来讨论是否有更一般的模型来统一刻画处理前后的数据，进而揭示其中的联系.

线性化模型 模型(1)对参数 $\boldsymbol{\beta}=(\beta_1,\beta_2)$ 是非线性的，但是可以通过下面的变量代换化为线性模型

$$\frac{1}{y}=\frac{1}{\beta_1}+\frac{\beta_2}{\beta_1}\frac{1}{x}=\theta_1+\theta_2 u \tag{3}$$

模型(3)中的因变量 $1/y$ 对新的参数 $\boldsymbol{\theta}=(\theta_1,\theta_2)$ 是线性的.

对经过嘌呤霉素处理的实验数据，作出反应速度的倒数 $1/y$ 与底物浓度的倒数 $u=$

① 1 ppm = 0.001‰.

评注 从机理分析和实验数据看，反应速度与底物浓度的关系是非线性的. 可先用线性化模型来简化参数估计，如果能得到满意的结果当然很好，否则可将线性化模型的参数估计结果作为初值，再做非线性回归.

$1/x$ 的散点图(图 3)，可以发现在 $1/x$ 较小时有很好的线性趋势，而 $1/x$ 较大时则出现很大的起落.

如果单从线性回归模型的角度作计算，很容易得到线性化模型(3)的参数 θ_1,θ_2 的估计和其他统计结果(见表 2)以及 $1/y$ 与 $1/x$ 的拟合图(图 3).再根据(3)式中 β 与 θ 的关系得到 $\beta_1=1/\theta_1,\beta_2=\theta_2/\theta_1$，从而可以算出 β_1 和 β_2 的估计值分别为 $\hat{\beta}_1=195.802\ 0$ 和 $\hat{\beta}_2=0.048\ 4$.

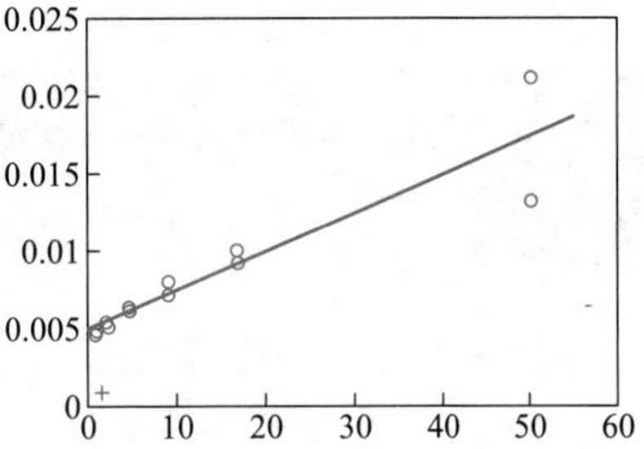

图 3 $1/y$ 与 $1/x$ 的散点图和回归直线

程序文件 9-9 酶促反应线性化模型和非线性模型 prog0903a.m

表 2 线性化模型(3)参数的估计结果

参数	参数估计值($\times10^{-3}$)	参数置信区间($\times10^{-3}$)
θ_1	5.107 2	[3.538 6, 6.675 8]
θ_2	0.247 2	[0.175 7, 0.318 8]
$R^2=0.855\ 7$	$F=59.297\ 5$ $p<0.000\ 1$	$s^2=3.580\ 6\times10^{-6}$

程序文件 9-10 酶促反应非线性模型子程序 prog0903a1.m

将经过线性化变换后最终得到的 β 值代入原模型(1)，得到与原始数据比较的拟合图(图 4).可以发现，在 x 较大时 y 的预测值要比实际数据小，这是因为在对线性化模型作参数估计时，底物浓度 x 较低($1/x$ 很大)的数据在很大程度上控制了回归参数的确定，从而使得对底物浓度 x 较高数据的拟合，出现较大的偏差.

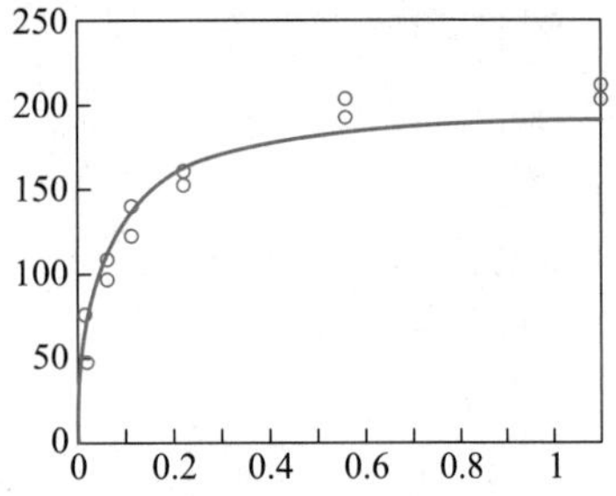

图 4 用线性化得到的原始数据拟合图

为了解决线性化模型中拟合欠佳的问题，我们直接考虑非线性模型(1).

非线性模型及求解 可以用非线性回归的方法直接估计模型(1)中的参数 β_1 和 β_2.模型的求解可利用 MATLAB 统计工具箱进行，得到的数值结果见表 3.

表 3 非线性模型(1)参数的估计结果

参数	参数估计值	参数置信区间
β_1	212.683 7	[197.204 5, 228.162 9]
β_2	0.064 1	[0.045 7, 0.082 6]

评注 在非线性模型参数估计中，用不同的参数初值进行迭代，可能得到差别很大的结果(它们都是拟合误差平方和的局部极小点)，也可能出现收敛速度等问题，所以合适的初值是非常重要的.

拟合的结果直接画在原始数据图(图 5)上.程序中的 nlintool 用于给出一个交互式画面(图 6)，拖动画面中的十字线可以改变自变量 x 的取值，直接得到因变量 y 的预测值和预测区间，同时通过左下方 Export 下拉式菜单，可输出模型的统计结果，如剩余标准差等，本例中剩余标准差 $s=10.933\ 7$.

从上面的结果可以知道,对经过嘌呤霉素处理的实验数据,在用 Michaelis-Menten 模型(1)进行回归分析时,最终反应速度为$\hat{\beta}_1=212.6837$.还容易得到,反应的"半速度点"(达到最终反应速度一半时的底物浓度 x 值)恰为$\hat{\beta}_2=0.0641$.以上结果对这样一个经过设计的实验(每个底物浓度做两次实验)已经很好地达到了要求.

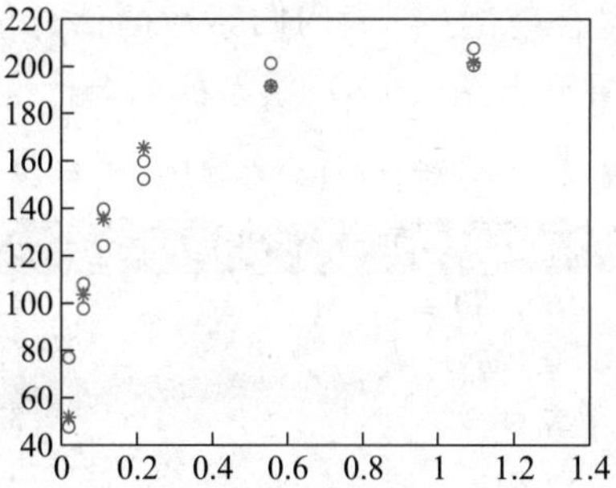

图 5 模型(1)的预测图

(o——原始数据;*——拟合结果)

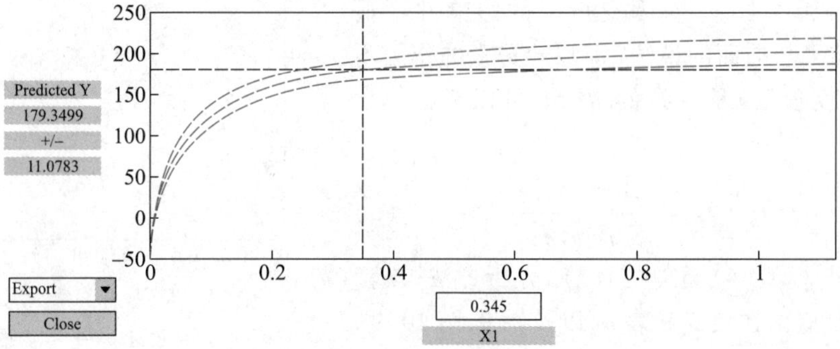

图 6 模型(1)的预测及结果输出

混合反应模型 酶动力学知识告诉我们,酶促反应的速度依赖于底物浓度,并且可以假定,嘌呤霉素的处理会影响最终反应速度参数 β_1,而基本不影响半速度参数 β_2.表 1 的数据(图 1、图 2 更为明显)也印证了这种看法.模型(1)的形式可以分别描述经过嘌呤霉素处理和未经处理的反应速度与底物浓度的关系(两个模型的参数 $\boldsymbol{\beta}$ 会不同),为了在同一个模型中考虑嘌呤霉素处理的影响,我们采用对未经嘌呤霉素处理的模型附加增量的方法,考察混合反应模型

$$y=f(\boldsymbol{x},\boldsymbol{\beta})=\frac{(\beta_1+\gamma_1x_2)x_1}{(\beta_2+\gamma_2x_2)+x_1} \tag{4}$$

其中自变量 x_1 为底物浓度(即模型(3)中的 x),x_2 为一示性变量(0-1 变量),用来表示是否经嘌呤霉素处理,令 $x_2=1$ 表示经过处理,$x_2=0$ 表示未经处理;参数 β_1 是未经处理的最终反应速度,γ_1 是经处理后最终反应速度的增长值,β_2 是未经处理的反应的半速度点,γ_2 是经处理后反应的半速度点的增长值(为一般化起见,这里假定嘌呤霉素的处理也会影响半速度点).

评注 引入示性变量描述定性上不同的处理水平对模型参数的影响,是一种简明的建模方法.

混合模型的求解和分析 仍用 MATLAB 统计工具箱来计算模型(4)的回归系数 β_1,β_2,γ_1 和 γ_2. 为了给出合适的初始迭代值,从实验数据我们注意到,未经处理的反应速度的最大实验值为 160,经处理的最大实验值为 207,于是可取参数初值 $\beta_1^0=170,\gamma_1^0=60$;又从数据可大致估计未经处理的半速度点约为 0.05,经处理的半速度点约为 0.06,我们取 $\beta_2^0=0.05,\gamma_2^0=0.01$.

与模型(1)相似,得到混合模型(4)的回归系数的估计值与其置信区间(表 4)、拟合结果(图 7),及预测和结果输出图(图 8),模型的剩余标准差 $s=10.4000$.

程序文件 9-11
酶促反应混合模型
prog0904b.m

表 4 非线性模型(4)参数的估计结果

参数	参数估计值	参数置信区间
β_1	160.280 2	[145.846 6, 174.713 7]
β_2	0.047 7	[0.030 4, 0.065 0]
γ_1	52.403 5	[32.413 0, 72.394 1]
γ_2	0.016 4	[-0.007 5, 0.040 3]

程序文件 9-12
酶促反应混合模型子程序 1
prog0904b1.m

程序文件 9-13
酶促反应混合模型子程序 2
prog0904b2.m

然而,从表 4 可以发现,γ_2 的置信区间包含零点,这表明参数 γ_2 对因变量 y 的影响并不显著,这一结果与前面的说法(即嘌呤霉素的作用不影响半速度参数)是一致的. 因此,可以考虑简化模型

$$y=f(\boldsymbol{x},\boldsymbol{\beta})=\frac{(\beta_1+\gamma_1 x_2)x_1}{\beta_2+x_1} \tag{5}$$

采用与模型(4)类似的计算、分析方法,模型(5)的结果概括在表 5 和表 6,以及图 9、图 10 中,模型(5)的剩余标准差 $s=10.5851$.

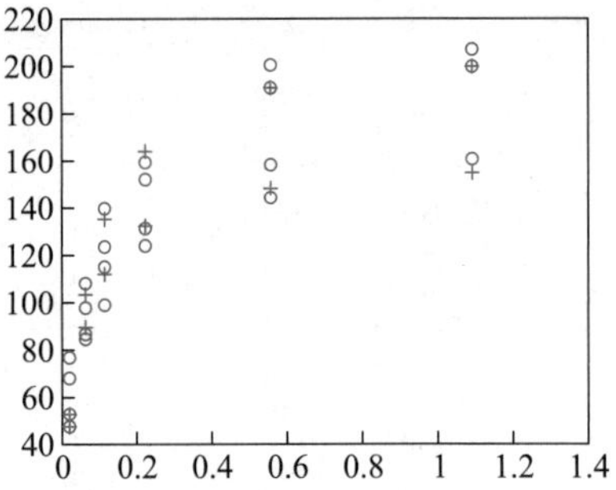

图 7 模型(4)的预测图

(○——原始数据;+——拟合结果)

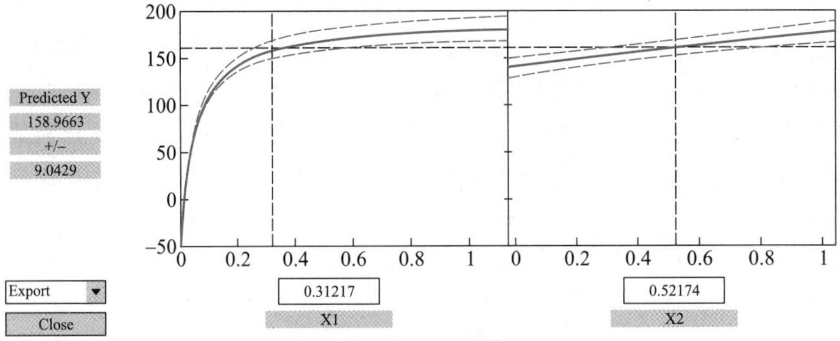

图 8 模型(4)的预测及结果输出

表 5 非线性模型(5)参数的估计结果

参数	参数估计值	参数置信区间
β_1	166.602 5	[154.488 6, 178.716 4]
β_2	0.058 0	[0.045 6, 0.070 3]
γ_1	42.025 2	[28.941 9, 55.108 5]

表 6 模型(4)与(5)预测值与预测区间的比较(预测区间为预测值±Δ,全部数据见运行程序文件 9-11 后的输出结果)

实际数据	模型(4)预测值	Δ(模型(4))	模型(5)预测值	Δ(模型(5))
67	47.344 3	9.207 8	42.735 8	5.444 6
51	47.344 3	9.207 8	42.735 8	5.444 6
⋮	⋮	⋮	⋮	⋮
200	200.968 8	11.044 7	198.183 7	10.181 2

混合模型(4)和(5)不仅有类似于模型(1)的实际解释,同时把嘌呤霉素处理前后酶促反应的速度之间的变化体现在模型之中,因此它们比单独的模型具有更实际的价值.另外,虽然模型(5)的某些统计指标可能没有模型(4)的好,比如模型(5)的剩余标准差略大于模型(4),但由于它的形式更简单明了,易于实际中的操作和控制,而且从表 6 中数据可以发现,虽然两个模型的预测值相差不大,但模型(5)预测区间的长度明显比模型(4)的短.因此,总体来说模型(5)更为优良.

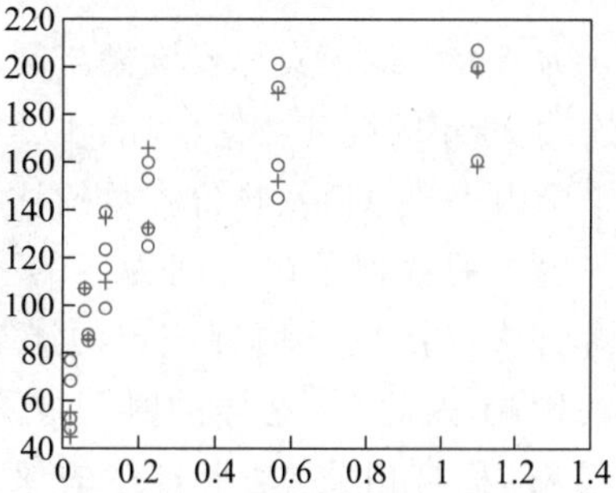

图 9 模型(5)的预测图

(○——原始数据;+——拟合结果)

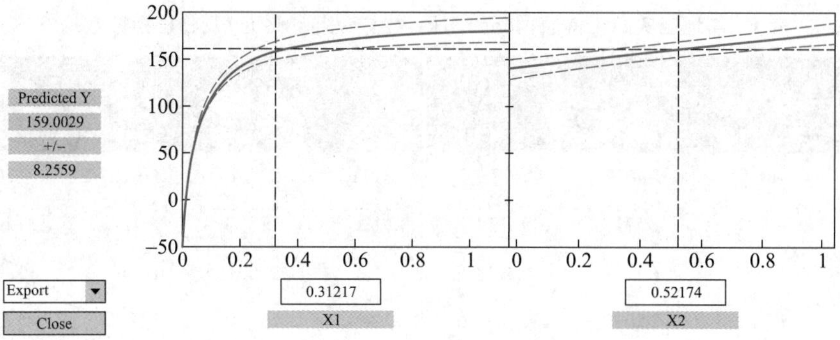

图 10 模型(5)的预测及结果输出

可进一步研究的模型 假如在实验中当底物浓度增加到一定程度后,反应速度反而有轻微的下降(在本例中只有一个数据点如此),那么可以考虑模型

$$y=f(x,\boldsymbol{\beta})=\frac{\beta_1 x}{\beta_2+x+\beta_3 x^2} \tag{6}$$

或引入混合模型

$$y=f(\boldsymbol{x},\boldsymbol{\beta})=\frac{(\beta_1+\gamma_1 x_2)x_1}{(\beta_2+\gamma_2 x_2)+x_1+(\beta_3+\gamma_3 x_2)x_2^2} \tag{7}$$

有兴趣的读者可以尝试一下,会发现用这些模型可以改善模型(4)和(5)的残差图中表现出来的在各个浓度下残差散布不均匀的现象.

评注 评价线性回归模型拟合程度的统计检验一般无法直接用于非线性模型.如统计量 F 不能用于拟合度的显著性检验,但是 R^2 和 s 仍然可以在通常意义下作为非线性回归模型拟合程度的度量.

复习题

在酶促反应中，如果用指数增长模型 $y=\beta_1(1-e^{-\beta_2 x})$ 代替 Michaelis-Menten 模型，对经过嘌呤霉素处理的实验数据作非线性回归分析，其结果将如何？更进一步，若选用模型 $y=\beta_1(e^{-\beta_3 x}-e^{-\beta_2 x})$ 来拟合相同的数据，其结果是否比指数增长模型有所改进？试作出模型的残差图进行比较.

9.5 投资额与生产总值和物价指数

为研究某地区实际投资额与国内生产总值(GDP)及物价指数的关系，收集了该地区连续20年的统计数据(见表1)，目的是由这些数据建立一个投资额的模型，根据对未来国内生产总值及物价指数的估计，预测未来的实际投资额.

表1的数据是以时间为序的，称**时间序列**.由于投资额、国内生产总值、物价指数等许多经济变量均有一定的滞后性，比如，前期的投资额对后期投资额一般有明显的影响.因此，在这样的时间序列数据中，同一变量的顺序观测值之间的出现相关现象(称自相关)是很自然的.然而，一旦数据中存在这种自相关序列，如果仍采用普通的回归模型直接处理，将会出现不良后果，其预测也会失去意义，为此，我们必须先来诊断数据是否存在自相关，如果存在，就要考虑自相关关系，建立新的回归模型[51,71].

表1 某地区实际投资额(亿元)与国内生产总值(亿元)及物价指数数据

年份序号	投资额	国民生产总值	物价指数	年份序号	投资额	国民生产总值	物价指数
1	90.9	596.7	0.716 7	11	229.8	1 326.4	1.057 5
2	97.4	637.7	0.727 7	12	228.7	1 434.2	1.150 8
3	113.5	691.1	0.743 6	13	206.1	1 549.2	1.257 9
4	125.7	756.0	0.767 6	14	257.9	1 718.0	1.323 4
5	122.8	799.0	0.790 6	15	324.1	1 918.3	1.400 5
6	133.3	873.4	0.825 4	16	386.6	2 163.9	1.504 2
7	149.3	944.0	0.867 9	17	423.0	2 417.8	1.634 2
8	144.2	992.7	0.914 5	18	401.9	2 631.7	1.784 2
9	166.4	1 077.6	0.960 1	19	474.9	2 954.7	1.951 4
10	195.0	1 185.9	1.000 0	20	424.5	3 073.0	2.068 8

基本的回归模型 首先仿照前几节的方法建立普通的回归模型.记该地区第 t 年的投资额为 y_t，国内生产总值为 x_{1t}，物价指数为 x_{2t}(以第10年的物价指数为基准，基准值为1)，$t=1,2,\cdots,n(=20)$.因变量 y_t 与自变量 x_{1t} 和 x_{2t} 的散点图见图1和图2.

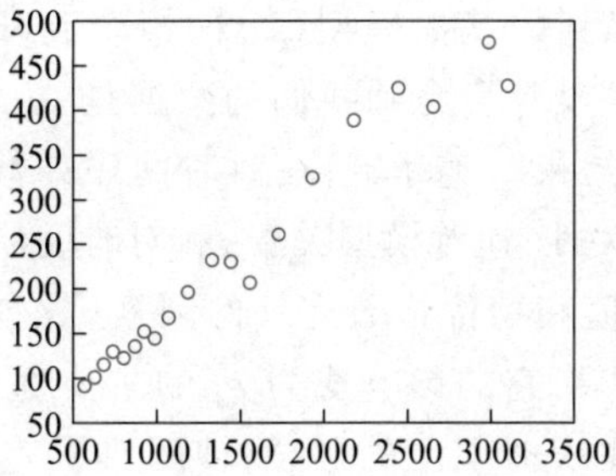

图 1 y_t 对 x_{1t} 的散点图

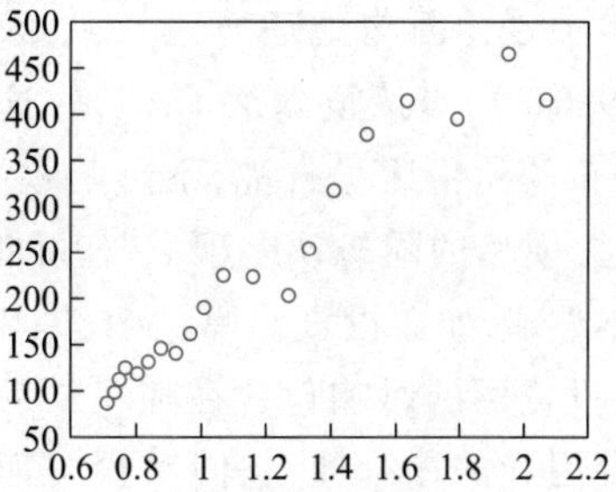

图 2 y_t 对 x_{2t} 的散点图

可以看出,随着国内生产总值的增加,投资额增大,而且两者有很强的线性关系,物价指数与投资额的关系也类似,因此可建立多元线性回归模型

$$y_t=\beta_0+\beta_1x_{1t}+\beta_2x_{2t}+\varepsilon_t \tag{1}$$

模型(1)中除了国内生产总值和物价指数外,影响 y_t 的其他因素的作用都包含在随机误差 ε_t 内,这里假设 ε_t(对 t)相互独立,且服从均值为 0 的正态分布,$t=1,2,\cdots,n$.与前几节不同的是,为了后面模型记号的考虑,这里的变量均加了下标 t.

程序文件 9-14
投资额与生产总值和物价指数
prog0905.m

根据表 1 的数据,对模型(1)直接利用 MATLAB 统计工具箱求解,得到的回归系数估计值及其置信区间(置信水平 $\alpha=0.05$)、检验统计量 R^2,F,p,s^2 的结果见表 2.

表 2 模型(1)的计算结果

参数	参数估计值	参数置信区间
β_0	322.725 0	[224.338 6, 421.111 4]
β_1	0.618 5	[0.477 3, 0.759 6]
β_2	−859.479 0	[−1 121.475 7, −597.482 3]
$R^2=0.990\ 8$	$F=919.852\ 9$	$p<0.000\ 1$　　$s^2=161.7$

将参数估计值代入(1)得到

$$\hat{y}_t=322.725+0.618\ 5x_{1t}-859.479x_{2t} \tag{2}$$

交互式画面见图 3,由此可以给出不同水平下的预测值及其置信区间,通过左下方 Export 下拉式菜单,可输出模型的统计结果,如剩余标准差 $s=12.716\ 4$.

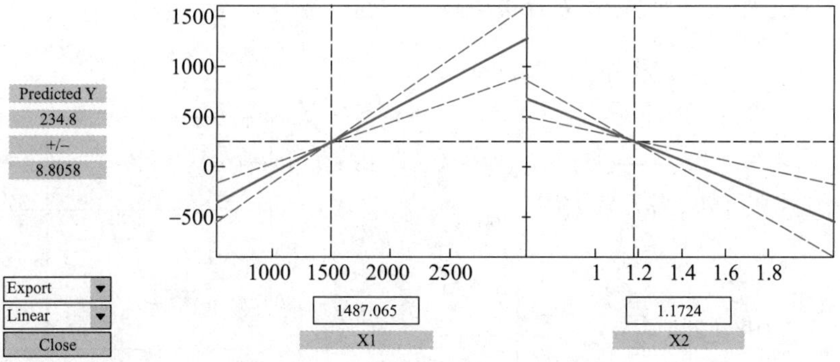

图 3 模型(2)的输出

自相关性诊断与处理方法 从表面上看得到的基本模型(2)的拟合度非常之高($R^2=0.990\ 8$),应该很满意了.但是,这个模型并没有考虑到我们的数据是一个时间序列(将表1的年份序号打乱,不影响模型(2)的结果).实际上,在对时间序列数据做回归分析时,模型的随机误差项 ε_t 有可能存在相关性,违背模型关于 ε_t(对时间 t)相互独立的基本假设.如在投资额模型中,国内生产总值和物价指数之外的因素(比如政策等因素)对投资额的影响包含在随机误差 ε_t 中,如果它的影响成为 ε_t 的主要部分,则由于政策等因素的连续性,它们对投资额的影响也有时间上的延续,即随机误差 ε_t 会出现(自)相关性.

残差 $e_t=y_t-\hat{y}_t$ 可以作为随机误差 ε_t 的估计值,画出 e_t-e_{t-1} 的散点图,能够从直观上判断 ε_t 的自相关性.模型(2)的残差 e_t 可在计算过程中得到,如表3,数据 e_t-e_{t-1} 散点图如图4,可以看到,大部分点子落在第1,3象限,表明 ε_t 存在正的自相关.

表3 模型(2)的残差 e_t

t	e_t	t	e_t	t	e_t	t	e_t
1	15.130 6	6	−20.171 0	11	−4.346 8	16	18.425 0
2	5.728 1	7	−11.306 2	12	8.072 9	17	9.531 1
3	2.468 2	8	−6.473 3	13	6.400 6	18	−14.934 9
4	−4.842 1	9	2.411 9	14	10.101 0	19	2.008 5
5	−14.567 7	10	−1.673 7	15	18.690 0	20	−20.652 1

为了对 ε_t 的自相关性作定量诊断,并在确诊后得到新的结果,我们考虑如下的模型:

$$y_t=\beta_0+\beta_1x_{1t}+\beta_2x_{2t}+\varepsilon_t,\quad \varepsilon_t=\rho\varepsilon_{t-1}+u_t \tag{3}$$

其中 ρ 是自相关系数,$|\rho|<1$,u_t 相互独立且服从均值为零的正态分布,$t=2,\cdots,n$.

模型(3)中若 $\rho=0$,则退化为普通的回归模型;若 $\rho>0$,则随机误差 ε_t 存在正的自相关;若 $\rho<0$,存在负的自相关.大多数与经济有关的时间序列数据,在经济规律作用下,一般随着时间的推移有一种向上或向下变动的趋势,其随机误差表现出正相关趋势.

Durbin-Watson 检验(以下简称 D-W 检验)是一种常用的诊断自相关现象的统计方法.首先根据模型(1)得到的残差计算 DW 统计量:

$$DW=\frac{\sum_{t=2}^{n}(e_t-e_{t-1})^2}{\sum_{t=1}^{n}e_t^2} \tag{4}$$

经过简单的运算可知,当 n 较大时,

$$DW\approx 2\left(1-\frac{\sum_{t=2}^{n}e_te_{t-1}}{\sum_{t=1}^{n}e_t^2}\right) \tag{5}$$

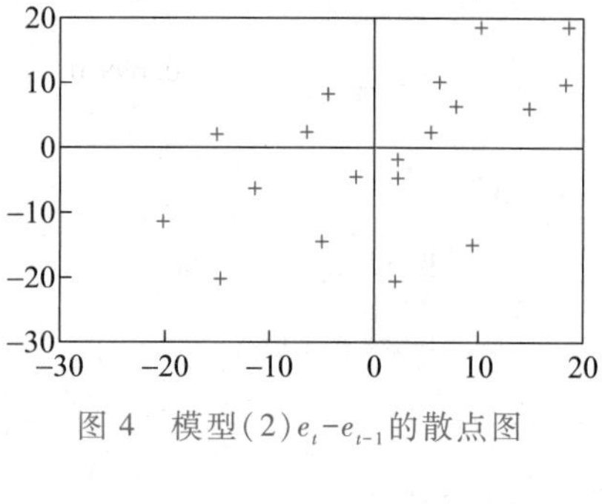

图4 模型(2) e_t-e_{t-1} 的散点图

而(5)式右端的 $\sum_{t=2}^{n} e_t e_{t-1} \Big/ \sum_{t=1}^{n} e_t^2$ 正是自相关系数 ρ 的估计值 $\hat{\rho}$,于是

$$DW \approx 2(1-\hat{\rho}) \tag{6}$$

由于 $-1 \leqslant \hat{\rho} \leqslant 1$,所以 $0 \leqslant DW \leqslant 4$,并且,若 $\hat{\rho}$ 在 0 附近,则 DW 在 2 附近,ε_t 的自相关性很弱(或不存在自相关);若 $\hat{\rho}$ 在 ±1 附近,则 DW 接近 0 或 4,ε_t 的自相关性很强.

要根据 DW 的具体数值确定 ε_t 是否存在自相关,应该在给定的检验水平下,依照样本容量和回归变量数目,查 D-W 分布表,得到检验的临界值 d_L 和 d_U,然后由图 5 中 DW 所在的区间来决定[71].

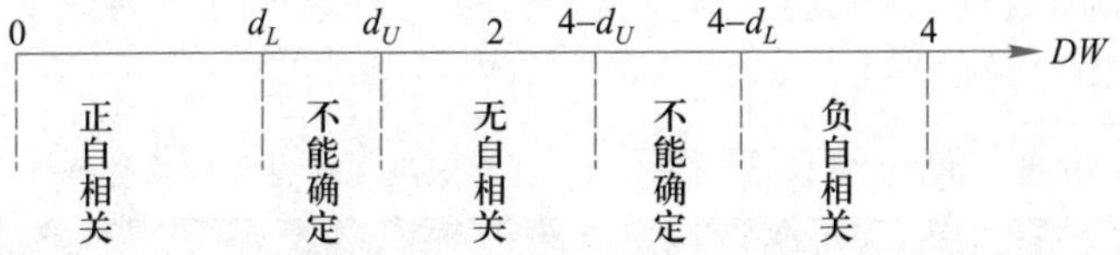

图 5 与 DW 值对应的自相关状态

评注 经 D-W 检验认为普通回归模型(2)的随机误差存在自相关,由(4)(7)式估计出自相关系数 ρ 后,采用变换(8)的方法得到模型(9),称为广义差分法.这种方法消除了原模型随机误差的自相关性,得到的(9)式是一阶自相关模型.

如果检验结果判定存在自相关,就应该采用模型(3),其中 ρ 可由(6)式估计,即

$$\hat{\rho} = 1 - \frac{DW}{2} \tag{7}$$

作变换

$$y_t^* = y_t - \rho y_{t-1}, \quad x_{it}^* = x_{it} - \rho x_{i,t-1}, \quad i = 1, 2 \tag{8}$$

则模型(3)化为

$$y_t^* = \beta_0^* + \beta_1 x_{1t}^* + \beta_2 x_{2t}^* + u_t, \quad \beta_0^* = \beta_0(1-\rho) \tag{9}$$

其中 u_t 相互独立且服从均值为 0 的正态分布,所以(9)是普通的回归模型.

加入自相关后的模型 利用表 3 给出的残差 e_t,根据(4)式计算出 $DW = 0.875\,4$,对于显著性水平 $\alpha = 0.05$, $n = 20$, $k = 3$(回归变量包括常数项的数目),查 D-W 分布表[71],得到检验的临界值 $d_L = 1.10$ 和 $d_U = 1.54$.现在 $DW < d_L$,由图 5 可以认为随机误差存在正自相关,且 ρ 可由(7)式估计得 $\hat{\rho} = 0.562\,3$.

以 ρ 的估计值代入(8)式作变换,利用变换后的数据 y_t^*, x_{1t}^*, x_{2t}^* 估计模型(9)的参数,得到的结果见表 4.

表 4 模型(9)的计算结果

参数	参数估计值	参数置信区间
β_0^*	163.490 5	[1 265.459 2, 2 005.217 8]
β_1	0.699 0	[0.575 1, 0.824 7]
β_2	−1 009.033 3	[−1 235.939 2, −782.127 4]
$R^2 = 0.977\,2$	$F = 342.898\,8$	$p < 0.000\,1$ $s^2 = 96.58$

当然应该对模型(9)也作一次自相关检验,即诊断随机误差 u_t 是否还存在自相关.从模型(9)的残差可以计算出 $DW = 1.575\,1$,对于显著性水平 $\alpha = 0.05$, $n = 19$, $k = 3$,检

验的临界值为 $d_L=1.08$ 和 $d_U=1.53$.现在 $d_U<DW<4-d_U$,由图 5 可以认为随机误差不存在自相关.因此,经变换(8)得到的回归模型(9)是适用的.

最后,将模型(9)中的 $y_t^*, x_{1t}^*, x_{2t}^*$ 还原为原始变量 y_t, x_{1t}, x_{2t},得到的结果为

$$\hat{y}_t=163.4905+0.5623y_{t-1}+0.699x_{1t}-0.3930x_{1,t-1}-1009.0333x_{2t}+567.3794x_{2,t-1} \tag{10}$$

结果分析及预测 从机理上看,对于带滞后性的经济规律作用下的时间序列数据,加入自相关的模型(10)更为合理,而且在本例中,衡量与实际数据拟合程度的指标——剩余标准差从原模型(2)的 12.716 4 减小到 9.827 7.我们将模型(10)、模型(2)的计算值 $\hat{y}_t$ 与实际数据 y_t 的比较,以及两个模型的残差 e_t,表示在表 5 和图 6、图 7 上,可以看出模型(10)更合适些.

表 5 模型(10)、模型(2)的计算值 $\hat{y}_t$ 与残差 e_t(全部数据见运行程序文件 9-14 后的输出结果)

t	y_t(实际数据)	$\hat{y}_t$(模型(10))	$\hat{y}_t$(模型(2))	e_t(模型(10))	e_t(模型(2))
2	97.400 0	98.468 2	91.671 9	-1.068 2	5.728 1
3	113.500 0	113.559 6	111.031 8	0.059 6	2.468 2
⋮	⋮	⋮	⋮	⋮	⋮
20	424.500 0	438.188 6	445.152 1	-13.688 6	-20.652 1

评注 D-W 检验和广义差分法在经济数据建模中有广泛的应用,也存在明显的不足:若 DW 的数值落在"不能确定"区间,则需增加数据量或改用其他方法;若原始数据序列存在高阶自相关,则需反复使用 D-W 检验和广义差分,直至判定不存在自相关为止.

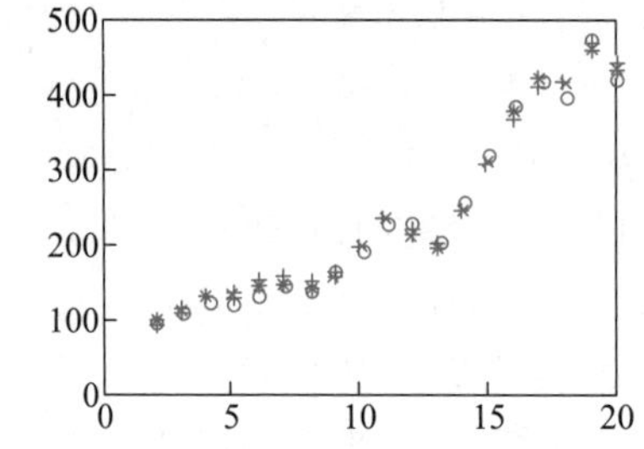

图 6 模型(10),(2)的预测图

(○——y_t;∗——$\hat{y}_t(10)$;+——$\hat{y}_t(2)$)

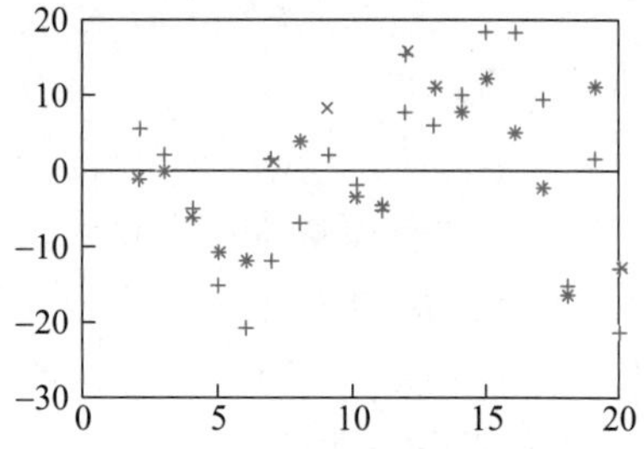

图 7 模型(10),(2)的残差图

(∗——$e_t(10)$;+——$e_t(2)$)

当用模型(10)或(2)对未来的投资额 y_t 作预测时,需先估计未来的国内生产总值 x_{1t},物价指数 x_{2t},比如,设 $t=21$ 时 $x_{1t}=3312$,$x_{2t}=2.1938$,容易由模型(10)得到 $\hat{y}_t=469.7638$,由模型(2)得到 $\hat{y}_t=485.6720$.模型(10)的 $\hat{y}_t$ 较小,是由于上一年的实际数据 $y_{t-1}=424.5$ 过小的作用所致,而在模型(2)中它不出现.

复习题

某公司想用全行业的销售额作为自变量来预测公司的销售额,下表给出了 1977—1981 年公司销售额和行业销售额的分季度数据(单位:百万元).

(1) 画出数据的散点图,观察用线性回归模型拟合是否合适.

(2) 建立公司销售额对全行业销售额的回归模型,并用 D-W 检验诊断随机误差项的自相关性.

(3) 建立消除了随机误差项自相关性后的回归模型[51].

年	季	t	公司销售额 y	行业销售额 x	年	季	t	公司销售额 y	行业销售额 x
1977	1	1	20.96	127.3	1979	3	11	24.54	148.3
	2	2	21.40	130.0		4	12	24.30	146.4
	3	3	21.96	132.7	1980	1	13	25.00	150.2
	4	4	21.52	129.4		2	14	25.64	153.1
1978	1	5	22.39	135.0		3	15	26.36	157.3
	2	6	22.76	137.1		4	16	26.98	160.7
	3	7	23.48	141.2	1981	1	17	27.52	164.2
	4	8	23.66	142.8		2	18	27.78	165.6
1979	1	9	24.10	145.5		3	19	28.24	168.7
	2	10	24.01	145.3		4	20	28.78	171.7

9.6 冠心病与年龄

冠心病是一种常见的心脏疾病，严重地危害着人类的健康.到目前为止，其病因尚未完全研究清楚，医学界普遍认同的、重要的易患因素是高龄、高血脂、高血压、糖尿病、动脉粥样硬化及家族史等.多项研究表明，冠心病发病率随着年龄的增加而上升，在冠心病的流行病学研究中，年龄也是最常见的混杂因素之一.

为了更好地说明冠心病发病率与年龄的关系，医学家们对 100 名不同年龄的人进行观察，表 1 中给出了这 100 名被观察者的年龄及他们是否患冠心病的部分数据（其中冠心病一行中，1 代表被观察者患冠心病，0 代表不患冠心病）.本节的目的是根据这些数据建立数学模型，来分析冠心病发病率与年龄的关系，并进行统计预测[25].

表 1　100 名被观察者的年龄与是否患冠心病的部分数据（全部数据见程序文件 9-15）

序号	1	2	…	100
年龄	20	23	…	69
冠心病	0	0	…	1

程序文件 9-15
冠心病与年龄
prog0906.m

分析与假设　假设这 100 名被观察者是独立选取的，记 x 为被观察者的年龄，Y 为被观察者患冠心病的情况（$Y=1$ 表示患冠心病，$Y=0$ 表示未患冠心病），显然，Y 是一个 0-1 变量.利用表 1 的数据作出 Y 对 x 的散点图（见图 1）.

从图 1 容易看出，直接对上述数据建立像前面几节那样的回归模型是行不通的，需要对数据进行预处理.

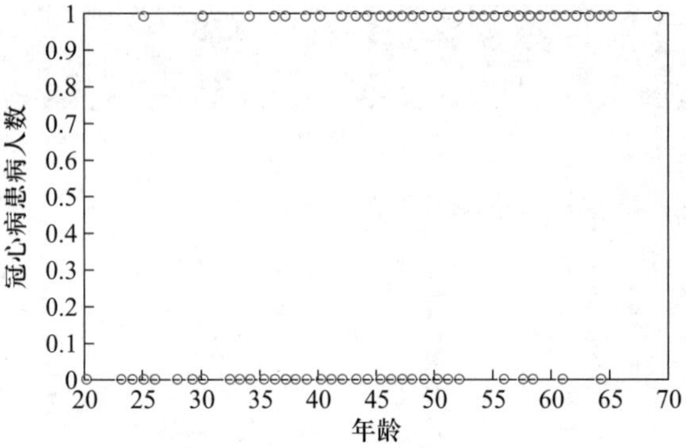

图1　冠心病患病人数与年龄的散点图

数据预处理的一种方法是将被观察者按年龄段进行分组,并统计各年龄段中患冠心病的人数,及患病人数占该年龄段总人数的比例(以下简称患病比例).为方便起见,我们将年龄分成 8 个年龄段,分段后的数据见表 2.

表 2　各年龄段的冠心病患病人数及比例

年龄段	年龄段中点	人数	患冠心病人数	患病比例
20~29	24.5	10	1	0.1
30~34	32	15	2	0.13
35~39	37	12	3	0.25
40~44	42	15	5	0.33
45~49	47	13	6	0.46
50~54	52	8	5	0.63
55~59	57	17	13	0.76
60~69	64.5	10	8	0.80
合计		100	43	0.43

为考察患病比例与年龄的关系,首先根据表 2 数据作出患病比例对各年龄段中点的散点图(见图 2,为方便起见,散点的横坐标均简单地取各年龄段的中点).

从图 2 可以看出,冠心病患病比例随年龄的增大而递增,大致是一条介于 0 与 1 之间的 S 形曲线,这条曲线应该怎样用回归方程来确定呢? 表 2 和图 2 中的患病比例实际上就是年龄为 x 时(以下均取年龄段的中点) Y 的平均值,用(条件)期望的符号记作

$$y=E(Y\mid x) \tag{1}$$

患病比例 y 是年龄 x 的函数,其取值在区间$[0,1]$上.如果用普通的方法建立回归方程,那么很容易求得其线性回归曲线或更接近于 S 形曲线的 3 次多项式回归曲线(分别见图 3 和图 4),其回归模型的形式为

$$y=\beta_0+\beta_1x+\beta_2x^2+\beta_3x^3+\varepsilon \tag{2}$$

其中随机误差 ε 服从均值为 0 的正态分布,特别地,当 $\beta_2=\beta_3=0$ 时为一元线性回归模型.

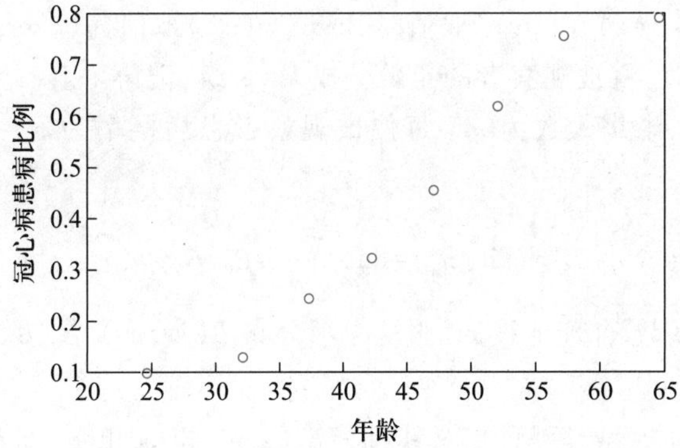

图 2 冠心病患病比例对年龄段中点的散点图

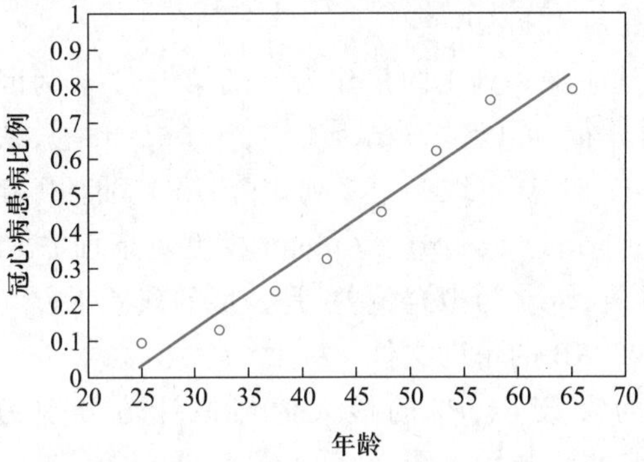

图 3 y 对 x 的线性回归曲线

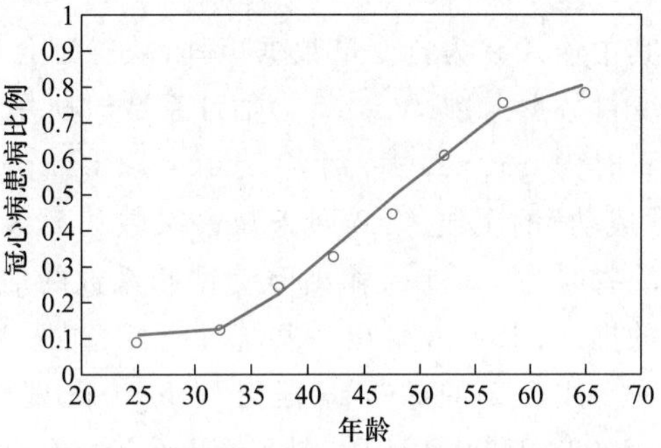

图 4 y 对 x 的三次多项式回归曲线

然而在上述模型中,给定 x 时 Y 只能取 0,1 两个值,ε 不具有正态性,其方差也依赖于 x,具有异方差性,这些都违反了普通回归分析的前提条件.因此,当 Y 为一个二分类(或多分类)变量而不是连续变量时,用前几节介绍的普通的回归分析是不适合的,需要用到新的回归模型.

logit 模型 下面用 $\pi(x)$ 表示年龄为 x 的被观察者患冠心病的概率,即

$$\pi(x)=P(Y=1\mid x) \tag{3}$$

显然 Y 的(条件)期望为 $E(Y|x)=\pi(x)$,(条件)方差为 $D(Y\mid x)=\pi(x)(1-\pi(x))$.由(1)式可知,$\pi(x)$ 即为该年龄段的患病比例 y.

为了寻求患病概率 $\pi(x)$ 与年龄 x 之间、形如图 2 的 S 形曲线的函数关系,并注意到 $\pi(x)$ 在 $[0,1]$ 区间取值,可以建立如在第 5 章多次用到的 logistic 模型(如 5.1 节(9)式的变形)

$$\pi(x)=\frac{e^{\beta_0+\beta_1 x}}{1+e^{\beta_0+\beta_1 x}} \tag{4}$$

将模型(4)写作

$$\ln\frac{\pi(x)}{1-\pi(x)}=\beta_0+\beta_1 x \tag{5}$$

(5)式左端可看作 $\pi(x)$ 的变换,记作 $\operatorname{logit}(\pi(x))=\ln\dfrac{\pi(x)}{1-\pi(x)}$,称为 logit 模型或

logistic 回归模型.当 $\pi(x)$ 在 $[0,1]$ 取值时,$\operatorname{logit}(\pi(x))$ 取值为 $(-\infty,+\infty)$.

在数据预处理时,将被观察者的年龄分成 $k=8$ 组,记第 i 组 $(i=1,2,\cdots,k)$ 年龄为 x_i,被观察人数为 n_i,患病人数为 m_i,每位被观察者患病概率为 $\pi_i=m_i/n_i$,这时 logit 模型具有如下形式①:

$$\operatorname{logit}(\pi_i)=\ln\frac{\pi_i}{1-\pi_i}=\beta_0+\beta_1 x_i \tag{6}$$

其中 β_0,β_1 是回归系数.合理地设 m_i 服从二项分布 $B(n_i,\pi_i)$,β_0,β_1 可用最大似然法估计得到[25].

模型求解 logit 模型是一种广义线性模型(generalized linear model),可利用 MATLAB 统计工具箱中的命令 glmfit 求解,通常的使用格式为:

```
b=glmfit(x,y,'distr','link')
```

或

```
[b,dev,stats]=glmfit(x,y,'distr','link')
```

其中输入 x 为自变量数据矩阵,缺省时会自动添加一列 1 向量作为 x 的第 1 列;y 为因变量数据向量;distr 为估计系数时所用的分布,可以是 binomial,poisson 等,缺省时为 normal;特别当 distr 取 binomial 时,y 可取一个 2 列矩阵,第 1 列为观察"成功"的次数,第 2 列为观察次数;link 取 logit,probit(probit 模型见下面)等,缺省时为 logit.输出 b 为回归系数的估计值;dev 为拟合偏差,是一般的残差平方和的推广;stats 输出一些统计指标,详见 MATLAB 的帮助文件.

用表 2 的数据编程得到 logit 模型中的参数 β_0,β_1 的最大似然估计值分别为 -5.038 2和 0.105 0. 图 5 给出了 logistic 回归曲线与散点图.

表 3 给出自变量为 x 时因变量 y 的预测值及置信度为 95%的置信区间.

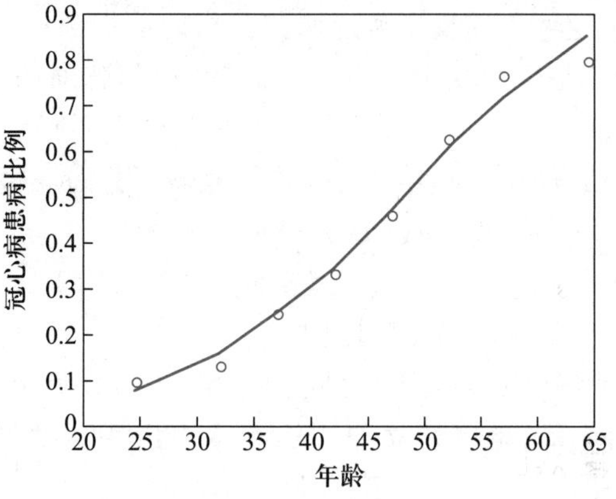

图 5 logistic 回归曲线与散点图

模型评价与结果分析 首先我们看到,logit 模型(5)的右端是年龄 x 的线性函数,如果加入 x 的二次项后,是否能显著地提高模型的拟合程度呢?即考虑模型

① 当 $m_i=0$ 或 $m_i=n_i$ 时,可用修正公式 $\pi_i=\dfrac{m_i+0.5}{n_i+1}$ 来计算.

$$\text{logit}(\pi(x)) = \ln \frac{\pi(x)}{1-\pi(x)} = \beta_0 + \beta_1 x + \beta_2 x^2 \tag{7}$$

计算得到 β_0,β_1,β_2 的估计值分别为 -5.350 6,0.119 4 和 -0.000 2,其中 β_2 的 p 值为 0.937 1,表示模型中引入 x^2 项并不能显著提高拟合程度.

其次,处理这类问题的另一种广义线性模型是 probit 模型,其形式为

$$\pi(x) = \Phi(\beta_0 + \beta_1 x) \tag{8}$$

$$\text{probit}(\pi(x)) = \Phi^{-1}(\pi(x)) = \beta_0 + \beta_1 x \tag{9}$$

其中 Φ 是标准正态概率分布函数,它也是 S 形曲线.利用 MATLAB 统计工具箱中的命令 glmfit 求解时,只需将 logit 改为 probit 即可.

用表 2 数据计算得到 probit 模型系数 β_0,β_1 的估计值分别为 -2.993 3 和 0.062 4,标准差分别为 0.601 1 和 0.012 8,拟合偏差为 0.652 9.y 的预测值及置信区间与 logit 模型的结果比较见表 3,拟合曲线比较见图 6,可以发现这两个模型的拟合程度不相上下.

表 3 probit 模型与 logit 模型预测值的比较

年龄段	年龄 x	患病比例	预测值 (logit)	预测值 (probit)	置信区间 (logit)	置信区间 (probit)
20~29	24.5	0.1	0.078 3	0.071 5	[0.028 2,0.199 2]	[0.019 7,0.192 4]
30~34	32	0.13	0.157 4	0.159 5	[0.078 8,0.289 8]	[0.076 0,0.287 6]
35~39	37	0.25	0.240 0	0.246 9	[0.146 1,0.368 3]	[0.151 3,0.367 7]
40~44	42	0.33	0.348 1	0.354 8	[0.245 8,0.466 6]	[0.255 2,0.465 6]
45~49	47	0.46	0.474 4	0.475 9	[0.362 5,0.589 1]	[0.369 0,0.584 6]
50~54	52	0.63	0.604 1	0.599 4	[0.472 0,0.722 7]	[0.474 2,0.715 0]
55~59	57	0.76	0.720 7	0.713 5	[0.566 8,0.835 7]	[0.566 6,0.831 4]
60~69	64.5	0.80	0.850 1	0.848 9	[0.685 5,0.936 6]	[0.685 4,0.943 0]

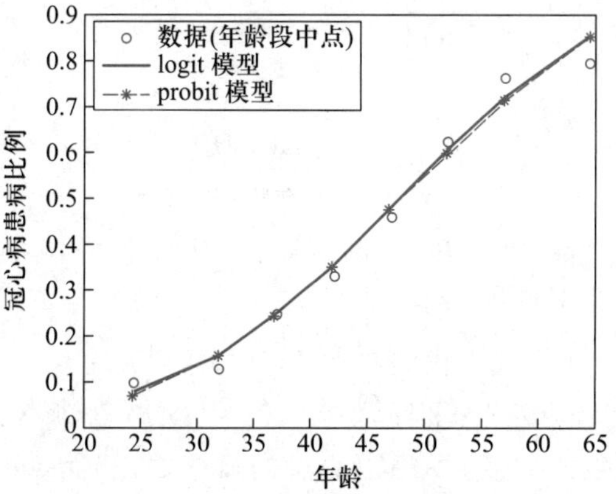

图 6 probit 模型与 logit 模型的拟合比较

模型预测与进一步分析 通过上述分析可知,对于我们的问题和观察数据,logit模型

$$\operatorname{logit}(\hat{\pi}(x))=\ln\frac{\hat{\pi}(x)}{1-\hat{\pi}(x)}=-5.038\ 2+0.105\ 0x \tag{10}$$

是一个合适的模型,从(10)式能够给出任何年龄的人患冠心病的概率及相应的置信区间.例如,图7给出了年龄分别为20,30,40,50,60,70,80的人患冠心病的概率,以及置信度为95%的置信区间.

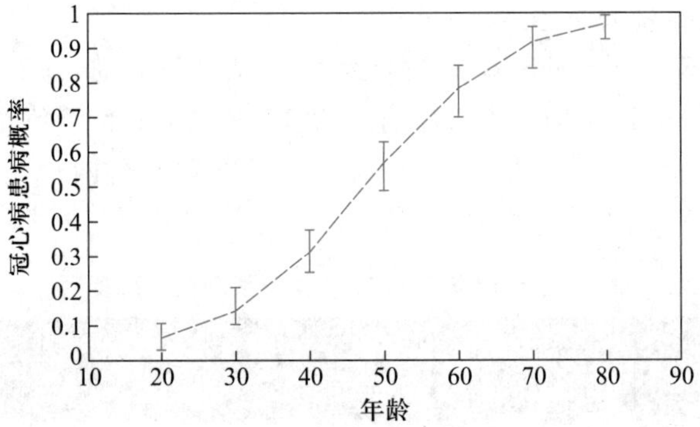

图7 不同年龄的人患冠心病的概率的预测(竖线为置信区间)

logit模型的另一个好处是其中的回归系数 β_1 有很好的直观解释.logit模型与统计中odds(发生比或优势)的概念有密切的联系,所谓odds就是事件的发生概率与不发生概率之比.本节中,若记odds(x)为年龄 x 的人患与不患冠心病的概率之比,则

$$\operatorname{odds}(x)=\frac{\pi(x)}{1-\pi(x)} \tag{11}$$

于是logit模型可以表示为

$$\operatorname{odds}(x)=\mathrm{e}^{\beta_0+\beta_1 x} \tag{12}$$

当年龄增加1岁时odds比(发生比率或优势比)为

$$\frac{\operatorname{odds}(x+1)}{\operatorname{odds}(x)}=\frac{\mathrm{e}^{\beta_0+\beta_1(x+1)}}{\mathrm{e}^{\beta_0+\beta_1 x}}=\mathrm{e}^{\beta_1} \tag{13}$$

于是

$$\beta_1=\ln\frac{\operatorname{odds}(x+1)}{\operatorname{odds}(x)} \tag{14}$$

即 β_1 为自变量增加1个单位时odds比的对数.$\beta_1>0$ 时,$\mathrm{e}^{\beta_1}>1$,x 每增加1个单位,odds比会相应增加,且对任意正整数 k,有

$$\operatorname{odds}(x+k)=\mathrm{e}^{k\beta_1}\operatorname{odds}(x) \tag{15}$$

在模型(10)中 $\beta_1=0.105\ 0$,可以算出一个20岁的青年人患冠心病的概率仅为 $\hat{\pi}(20)=0.050\ 3$,且发生比(患与不患冠心病的概率之比)为 $\operatorname{odds}(20)=0.059\ 3$,说明这个年龄的人患冠心病几乎是不太可能的,年龄增加1岁患病概率的变化很小.10年后,30岁人的发生比就变成 $\operatorname{odds}(30)=\mathrm{e}^{10\times\beta_1}\times 0.059\ 3=0.169\ 5$,发生比(可解释作危险

率)增大到 20 岁时的 2.857 7 倍,而到 60 岁时,$\text{odds}(60)=e^{40\times\beta_1}\times0.059\ 3=3.954\ 5$,危险率是 20 岁的 $e^{40\times\beta_1}=66.686\ 3$ 倍.可见回归系数 β_1 在 logit 模型中有着重要的意义.这一点在 probit 模型中是无法体现的.

最后,在 logit 模型中,人们常常感兴趣的是,x 取何值时 $\pi(x)=0.5$.由模型(10)求解 $\hat{\pi}(x^*)=0.5$,可得 $x^*=47.98$.这就是说,当你到 48 岁时,患冠心病的概率就会大于不患冠心病的概率,要格外小心了!

上面只涉及因变量是 0-1 变量且只有一个自变量的情形,对多个自变量 $x_1,\cdots,x_m$ 的情形,logit 模型和 probit 模型的一般形式分别为

$$\text{logit}(\pi(\boldsymbol{x}))=\ln\frac{\pi(\boldsymbol{x})}{1-\pi(\boldsymbol{x})}=\beta_0+\sum_{i=1}^{m}\beta_i x_i \tag{16}$$

$$\text{probit}(\pi(\boldsymbol{x}))=\Phi^{-1}(\pi(\boldsymbol{x}))=\beta_0+\sum_{i=1}^{m}\beta_i x_i \tag{17}$$

其中 $x_1,\cdots,x_m$ 可以是数值变量,也可以是分类变量(如 $x_1=1$ 表示男性,$x_1=0$ 表示女性等),其分析与处理方式类似于一元的情形.

评注 因变量是定性变量的回归分析作为一种有效的数据处理方法已被广泛应用,尤其在医学、社会调查、生物信息处理等领域.这类回归模型属于广义线性模型的研究范畴.

在建立多元 logit 模型和 probit 模型时,可以借鉴逐步回归的思想,在初始模型中一个个地加入自变量,包括某个自变量的二次或高次项(如(7)式),也包括某些自变量的交叉变量,并且实时地进行模型比较检验,以便选择与数据拟合较好的模型.

另外,当因变量是(特别是有序)多分类指标变量时,如观察结果为"无、轻、中、重"不同等级的数据,可以采用(有序)多分类 logit 模型[25].

复习题

将程序文件 9-15 的冠心病数据按每 5 岁为一年龄段进行分组,重新建立患病比例与年龄的 logit 模型和 probit 模型,并进行分析和比较.

9.7 蠓虫分类判别

生物学家 Grogan 和 Wirth 曾就两种蠓虫 Af 和 Apf 的鉴别问题进行研究,他们根据蠓虫的触角长和翅长对蠓虫进行了分类,这种分类方法在生物学上是常用的.研究中他们对已经确定类别的 6 个 Apf 蠓虫与 9 个 Af 蠓虫的触角长和翅长分别进行了测量,结果见表 1.

表 1 蠓虫的触角长和翅长原始数据

Apf 蠓虫样本		Af 蠓虫样本		待判样本 x	
触角长	翅长	触角长	翅长	触角长	翅长
1.14	1.78	1.24	1.72	1.24	1.80
1.18	1.96	1.36	1.74	1.29	1.81
1.20	1.86	1.38	1.64	1.43	2.03
1.26	2.00	1.38	1.82		

续表

Apf 蠓虫样本		Af 蠓虫样本		待判样本 x	
触角长	翅长	触角长	翅长	触角长	翅长
1.28	2.00	1.38	1.90		
1.30	1.96	1.40	1.70		
		1.48	1.82		
		1.54	1.82		
		1.56	2.08		

我们的任务是利用这份数据来建立一种区分两种蠓虫的模型,用于对已知触角长和翅长的待判蠓虫样本进行识别,并着重讨论以下问题:

- 根据表1中给出的Apf蠓虫和Af蠓虫样本数据建立模型,以便正确区分这两类蠓虫;
- 用建立的模型对表1中已知触角长和翅长的3个待判蠓虫样本进行判别;
- 如果Apf蠓虫是某种疾病的载体毒蠓,Af蠓虫是传粉益蠓,在这种情况下是否需要修改所用的分类方法,如何修改?

问题背景 本问题改编自1989年美国大学生数学建模竞赛的赛题,实际中经常会遇到这类数学建模问题,比如医生在掌握了以往各种疾病(如流感、肺炎、心肌炎等)指标特征的情况下,根据一个新患者的各项检查指标来判定他患有哪类疾病,又如已知不同类型飞机的雷达反射波的各项特征指标,来判定一架飞机属于哪种类型.这种在已知样本分类的前提下,利用已有的样本数据建立判别模型,用来对未知类别的新样本进行分类的问题属于统计学中的**判别分析**.目前,判别分析已经成为数据挖掘、机器学习、模式识别(语音识别、图像识别、指纹识别、文本识别)等应用领域的重要理论基础.

蠓虫分类判别属于判别分析,可以通过生物学家给出的9个Af蠓虫与6个Apf蠓虫作为训练样本,利用这些蠓虫的触角长和翅长的数据,建立关于指标的判别函数和判别准则,由此对新的蠓虫样本进行分类,并且利用判别准则进行回判或交互验证,以估计误判率.下面先利用距离判别方法建立比较简单的模型,再用Bayes判别方法处理需要区分毒蠓和益蠓的特殊情况.

问题分析 对表1蠓虫样本的数据作散点图(图1),观察图形发现,Apf蠓虫的数据点集中在图的左上方, Af蠓虫的数据点集中在图的右下方,而3个待判样本处于两类点之间.这表明每类蠓虫的触角长和翅长两个指标之间是相关的.直观的判别方法应该是,找一条直线把这两类点分开,将它作为Apf蠓虫和Af蠓虫的分界线,依此构成判别准则,用于确定3个待判样本属于哪一类.

距离判别模型的基本思路 假设Apf蠓虫和Af蠓虫的训练样本分别来自总体 G_1 和 G_2,蠓虫的指标记作2维向量 $\boldsymbol{x}=(x^{(1)},x^{(2)})^{\mathrm{T}}$, 是平面上的一个点,其中 $x^{(1)}, x^{(2)}$ 分别为蠓虫的触角长和翅长.距离判别模型的基本思路是,恰当地定义每个总体的中心,以及每个样本与中心的距离;计算待判样本与两个中心的距离,以距离较近作为判别准则.[31]

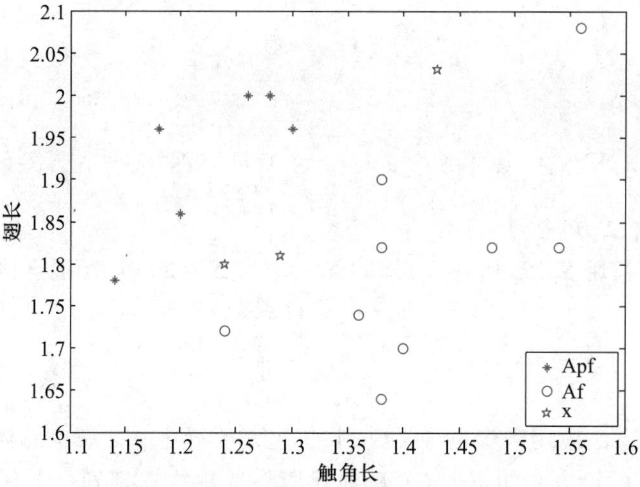

图 1 螺虫样本数据的散点图(☆表示待判样本)

设总体 G 的期望值向量为 $\boldsymbol{\mu}$,协方差矩阵为 $\boldsymbol{\Sigma}$.显然,取 $\boldsymbol{\mu}$ 为总体的中心.至于距离,我们不用通常的欧氏距离,而采用统计学的马氏(Mahalanobis)距离.样本 $\boldsymbol{x}$ 到总体 G 的马氏距离定义为

$$d(\boldsymbol{x},G)=\sqrt{(\boldsymbol{x}-\boldsymbol{\mu})^{\mathrm{T}}\boldsymbol{\Sigma}^{-1}(\boldsymbol{x}-\boldsymbol{\mu})} \tag{1}$$

应该指出,马氏距离考虑了指标 $x^{(1)}$(触角长)和 $x^{(2)}$(翅长)之间的相关性及各自取值的分散性,而欧氏距离则把两个指标视为完全独立的变量,所以在制定判别准则时采用马氏距离更加合理.显然,当 $\boldsymbol{\Sigma}$ 为单位矩阵时,马氏距离与欧氏距离等价.

记总体 G_1 和 G_2 的期望值向量分别为 $\boldsymbol{\mu}_1$ 与 $\boldsymbol{\mu}_2$,协方差矩阵分别为 $\boldsymbol{\Sigma}_1$ 与 $\boldsymbol{\Sigma}_2$.对给定的样本 $\boldsymbol{x}$,分别计算 $\boldsymbol{x}$ 到总体 G_1 和 G_2 的马氏距离的平方 $d^2(\boldsymbol{x},G_1)$ 和 $d^2(\boldsymbol{x},G_2)$.依据距离就近的原则,若 $d^2(\boldsymbol{x},G_1)\leqslant d^2(\boldsymbol{x},G_2)$,则判定 $\boldsymbol{x}\in G_1$;否则判定 $\boldsymbol{x}\in G_2$.由于

$$d^2(\boldsymbol{x},G_2)-d^2(\boldsymbol{x},G_1)=(\boldsymbol{x}-\boldsymbol{\mu}_2)^{\mathrm{T}}\boldsymbol{\Sigma}_2^{-1}(\boldsymbol{x}-\boldsymbol{\mu}_2)-(\boldsymbol{x}-\boldsymbol{\mu}_1)^{\mathrm{T}}\boldsymbol{\Sigma}_1^{-1}(\boldsymbol{x}-\boldsymbol{\mu}_1) \tag{2}$$

若记

$$W(\boldsymbol{x})=\frac{1}{2}\left(d^2(\boldsymbol{x},G_2)-d^2(\boldsymbol{x},G_1)\right) \tag{3}$$

则判别准则等价于

$$\begin{cases}\boldsymbol{x}\in G_1, & \text{如果 } W(\boldsymbol{x})\geqslant 0\\ \boldsymbol{x}\in G_2, & \text{如果 } W(\boldsymbol{x})<0\end{cases} \tag{4}$$

称 $W(\boldsymbol{x})$ 为距离判别函数,它一般是 $\boldsymbol{x}$ 的二次函数,而当 $\boldsymbol{\Sigma}_1=\boldsymbol{\Sigma}_2=\boldsymbol{\Sigma}$ 时容易证明

$$W(\boldsymbol{x})=\boldsymbol{a}^{\mathrm{T}}(\boldsymbol{x}-\boldsymbol{\mu}),\quad \boldsymbol{a}=\boldsymbol{\Sigma}^{-1}(\boldsymbol{\mu}_1-\boldsymbol{\mu}_2),\quad \boldsymbol{\mu}=\frac{1}{2}(\boldsymbol{\mu}_1+\boldsymbol{\mu}_2) \tag{5}$$

这时 $W(\boldsymbol{x})$ 是 $\boldsymbol{x}$ 的一次函数,称为**线性距离判别函数**,并称 $\boldsymbol{a}$ 为**判别系数**.

螺虫分类的距离判别模型 在实际应用中,总体的期望值向量 $\boldsymbol{\mu}_1,\boldsymbol{\mu}_2$ 及协方差矩阵 $\boldsymbol{\Sigma}_1,\boldsymbol{\Sigma}_2$ 需要用训练样本数据来估计.设样本 $\boldsymbol{x}_{1k}(k=1,2,\cdots,n_1)$ 取自 G_1,$\boldsymbol{x}_{2k}(k=1,2,\cdots,n_2)$ 取自 G_2,分别计算样本的均值向量 $\overline{\boldsymbol{x}}_1,\overline{\boldsymbol{x}}_2$

$$\bar{\boldsymbol{x}}_1=\frac{1}{n_1}\sum_{k=1}^{n_1}\boldsymbol{x}_{1k},\quad \bar{\boldsymbol{x}}_2=\frac{1}{n_2}\sum_{k=1}^{n_2}\boldsymbol{x}_{2k} \tag{6}$$

和协方差矩阵 $\boldsymbol{S}_1,\boldsymbol{S}_2$

$$\boldsymbol{S}_1=\frac{1}{n_1-1}\sum_{k=1}^{n_1}(\boldsymbol{x}_{1k}-\bar{\boldsymbol{x}}_1)(\boldsymbol{x}_{1k}-\bar{\boldsymbol{x}}_1)^{\mathrm{T}},\quad \boldsymbol{S}_2=\frac{1}{n_2-1}\sum_{k=1}^{n_2}(\boldsymbol{x}_{2k}-\bar{\boldsymbol{x}}_2)(\boldsymbol{x}_{2k}-\bar{\boldsymbol{x}}_2)^{\mathrm{T}} \tag{7}$$

作为 $\boldsymbol{\mu}_1,\boldsymbol{\mu}_2$ 及 $\boldsymbol{\Sigma}_1,\boldsymbol{\Sigma}_2$ 的估计.

当 $\boldsymbol{\Sigma}_1\neq\boldsymbol{\Sigma}_2$ 时,用 $\boldsymbol{S}_1,\boldsymbol{S}_2$ 代替(2)式的 $\boldsymbol{\Sigma}_1,\boldsymbol{\Sigma}_2$.当 $\boldsymbol{\Sigma}_1=\boldsymbol{\Sigma}_2$ 时,用混合协方差矩阵

$$\boldsymbol{S}_w=\frac{(n_1-1)\boldsymbol{S}_1+(n_2-1)\boldsymbol{S}_2}{n_1+n_2-2} \tag{8}$$

代替(5)式的 $\boldsymbol{\Sigma}$.

为了将上述方法应用到蠓虫分类判别,首先需要确定 Apf 蠓虫总体 G_1 和 Af 蠓虫 G_2 是否具有相同的协方差矩阵,这关系到我们将选用线性判别函数还是二次判别函数,为此需要先作两总体 G_1 和 G_2 协方差矩阵的一致性检验(Box M 检验),即检验假设

$$H_0:\boldsymbol{\Sigma}_1=\boldsymbol{\Sigma}_2,\quad H_1:\boldsymbol{\Sigma}_1\neq\boldsymbol{\Sigma}_2$$

由多元统计的结果可以知道,对于 2 维总体,该假设检验的统计量为①

$$M^*=(1-c)M\sim\chi^2(3)$$

其中 $M=(n_1+n_2-2)\ln|\boldsymbol{S}_w|-(n_1-1)\ln|\boldsymbol{S}_1|-(n_2-1)\ln|\boldsymbol{S}_2|$,$c=\frac{13}{18}\left(\frac{1}{n_1-1}+\frac{1}{n_2-1}-\frac{1}{n_1+n_2-2}\right)$.

对给定的检验水平 α,计算概率 $p_0=P(M^*>\chi^2_\alpha(3))$,若 $p_0<\alpha$ 则拒绝 H_0,否则接受 H_0.在蠓虫分类问题中,若取 $\alpha=0.05$,经编程计算,$p_0=0.4359>0.05$,故接受原假设 H_0,可以用线性判别函数进行分类.

评注 距离判别模型的思路简单、直观,线性判别函数是最常用的.只是两总体协方差矩阵的一致性检验需用到总体正态分布的假定,实际上有时较难处理.

程序文件 9-16
蠓虫分类判别
prog0907.m

根据表 1 的蠓虫样本数据,按照(5)—(8)式编程计算②,输出的判别系数 $\boldsymbol{a}=(-58.2364,38.0587)^{\mathrm{T}}$,常数项为 5.8715,故线性距离判别函数为

$$W(\boldsymbol{x})=-58.2364x^{(1)}+38.0587x^{(2)}+5.8715 \tag{9}$$

判别直线 $W(\boldsymbol{x})=0$ 的图形见图 2. 3 个待判蠓虫样本的判别结果见表 2,其结论是:待判蠓虫样本 1 属于 Apf 蠓虫,而样本 2 和 3 均属于 Af 蠓虫.从图 2 也可直接给出这个结果.

表 2 3 个待判蠓虫样本的距离判别结果

待判蠓虫序号	触角长 $x^{(1)}$	翅长 $x^{(2)}$	判别函数值 $W(\boldsymbol{x})$	判别结果
1	1.24	1.80	2.1640	Apf
2	1.29	1.81	-0.3673	Af
3	1.43	2.03	-0.1475	Af

① 这里假定总体 G_1 和 G_2 服从正态分布.

② MATLAB 中的函数命令 classify 可用于对未知类别样本的距离判别和一些特定的 Bayes 判别,详见帮助系统.

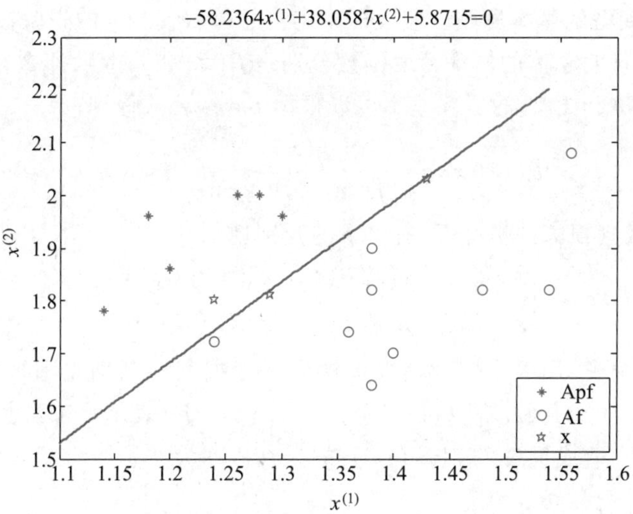

图 2 距离判别直线及样本判别结果图

模型检验 对于距离判别函数比如蠓虫分类判别(9)式的有效性,通常有下面两种检验方法:

方法一 回代误判法

将取自总体 G_1 的 n_1 个训练样本和 G_2 的 n_2 个训练样本,逐个回代到判别函数中并判定其归属.若原本属于 G_1 被误判属于 G_2 的样本个数为 n_{12},原本属于 G_2 被误判属于 G_1 的样本个数为 n_{21},则回代误判率的估计值为 $\hat{p}=\dfrac{n_{12}+n_{21}}{n_1+n_2}$.

对于蠓虫分类判别问题,经编程计算,$n_{12}=n_{21}=0$,故回代误判率的估计值为 0.

方法二 交叉验证法

从来自总体 G_1 的 n_1 个训练样本中,每次拿出一个作为验证样本,其余 n_1-1 个与来自总体 G_2 的 n_2 个一起,作为训练样本用于建立判别准则,用验证样本进行检验.然后换一个作为验证样本.在总共 n_1 次检验中误判的样本个数记为 n_{12}^*.对来自总体 G_2 的 n_2 个训练样本完成同样的步骤,在总共 n_2 次检验中误判的样本个数记为 n_{21}^*,则交叉验证误判率的估计值为 $\hat{p}^*=\dfrac{n_{12}^*+n_{21}^*}{n_1+n_2}$.

对于蠓虫分类判别问题,经编程计算,$n_{12}^*=0$, $n_{21}^*=1$,因为 $n_1+n_2=15$,所以交叉验证误判率的估计值为 1/15.

距离判别方法虽然简单、直观,应用较广,但也有明显的缺点,一是没有考虑在整体环境中两个总体出现的概率会有不同;二是没有涉及误判造成的损失的影响.在蠓虫分类问题中已经指出,Apf 蠓虫是某种疾病的载体毒蠓,Af 蠓虫是传粉益蠓.这两种蠓虫在自然界中出现的概率应该是不一样的,并且,将毒蠓 Apf 误判成益蠓 Af 的危害要比将益蠓 Af 误判成毒蠓 Apf 的危害更大.基于这些考虑,需要在模型中引入总体类别的先验概率和误判造成的损失函数,于是有下面的 Bayes 判别模型.[31]

评注 模型检验的回代误判法虽然简单,但是建立与检验判别准则使用相同的样本,往往会低估误判率.交叉验证法虽计算量较大,但克服了回代法的缺点,是一种较好的检验方法.

Bayes 判别模型的基本思路 假设样本来自总体 G_1 和 G_2 的先验概率分别是 p_1 和 $p_2(p_1+p_2=1)$，并且两总体的概率密度函数分别是 $f_1(\boldsymbol{x})$ 和 $f_2(\boldsymbol{x})$，那么在取到样本 $\boldsymbol{x}$ 以后，它属于总体 $G_i(i=1,2)$ 的后验概率可以根据 Bayes 公式得到

$$P(G_i \mid \boldsymbol{x})=\frac{p_i f_i(\boldsymbol{x})}{p_1 f_1(\boldsymbol{x})+p_2 f_2(\boldsymbol{x})}, \quad i=1,2 \tag{10}$$

因此，在不考虑误判损失的情况下，有以下的判别规则

$$\begin{cases}\boldsymbol{x}\in G_1, & \text{如果 } P(G_1 \mid \boldsymbol{x})\geqslant P(G_2 \mid \boldsymbol{x})\\ \boldsymbol{x}\in G_2, & \text{如果 } P(G_1 \mid \boldsymbol{x})<P(G_2 \mid \boldsymbol{x})\end{cases} \tag{11}$$

若考虑误判损失，用 R_1,R_2 分别表示样本 $\boldsymbol{x}$ 根据某种判别规则被判入总体 G_1 和 G_2 的取值集合$(R_1\cup R_2=\Omega)$. 用 $L(j \mid i)(i,j=1,2)(i\neq j)$ 表示将来自总体 G_i 的样本 $\boldsymbol{x}$ 误判入 $\boldsymbol{G}_j$ 的损失，造成损失 $L(j \mid i)(i\neq j)$ 的误判概率为

$$P(j \mid i)=P(\boldsymbol{x}\in R_j \mid \boldsymbol{x}\in G_i)=\int_{R_j} f_i(\boldsymbol{x})\,\mathrm{d}\boldsymbol{x}, \quad i,j=1,2 \tag{12}$$

因此，总误判损失的期望（平均误判损失）为

$$ECM(R_1,R_2)=L(2 \mid 1)P(2 \mid 1)p_1+L(1 \mid 2)P(1 \mid 2)p_2 \tag{13}$$

一个合理的判别准则是最小化 $ECM(R_1,R_2)$.

可以证明，最小化 $ECM(R_1,R_2)$ 的判别准则为

$$\begin{cases}\boldsymbol{x}\in G_1, & \text{如果 } f_1(\boldsymbol{x})L(2 \mid 1)p_1\geqslant f_2(\boldsymbol{x})L(1 \mid 2)p_2\\ \boldsymbol{x}\in G_2, & \text{如果 } f_1(\boldsymbol{x})L(2 \mid 1)p_1< f_2(\boldsymbol{x})L(1 \mid 2)p_2\end{cases} \tag{14}$$

称为 **Bayes 判别准则**.

特别地，当总体 $G_1\sim N(\boldsymbol{\mu}_1,\boldsymbol{\Sigma}_1)$，$G_2\sim N(\boldsymbol{\mu}_2,\boldsymbol{\Sigma}_2)$，且 $\boldsymbol{\Sigma}_1=\boldsymbol{\Sigma}_2=\boldsymbol{\Sigma}$ 时，经过简单的计算，可知(14)式等价于以下的 Bayes 判别准则

$$\begin{cases}\boldsymbol{x}\in G_1, & \text{如果 } W_B(\boldsymbol{x})\geqslant\beta\\ \boldsymbol{x}\in G_2, & \text{如果 } W_B(\boldsymbol{x})<\beta\end{cases} \tag{15}$$

其中

$$W_B(\boldsymbol{x})=\left(\boldsymbol{x}-\frac{\boldsymbol{\mu}_1+\boldsymbol{\mu}_2}{2}\right)^{\mathrm{T}}\boldsymbol{\Sigma}^{-1}(\boldsymbol{\mu}_1-\boldsymbol{\mu}_2), \quad \beta=\ln\frac{L(1 \mid 2)p_2}{L(2 \mid 1)p_1} \tag{16}$$

$W_B(\boldsymbol{x})$ 称为 **Bayes 判别函数**，与(5)式定义的线性距离判别函数完全一致，因此当阈值 $\beta=0$ 时，Bayes 判别准则与线性距离判别准则等价，而这正是既不考虑样本的先验概率（即 $p_1=p_2$）、也不考虑误判损失（即 $L(1 \mid 2)=L(2 \mid 1)$）的特殊情况.

蠓虫分类的 Bayes 判别模型 假定 Apf 蠓虫总体服从二维正态分布，$G_1\sim N(\boldsymbol{\mu}_1,\boldsymbol{\Sigma}_1)$，Af 蠓虫总体 $G_2\sim N(\boldsymbol{\mu}_2,\boldsymbol{\Sigma}_2)$①. 前面已经验证 $\boldsymbol{\Sigma}_1=\boldsymbol{\Sigma}_2=\boldsymbol{\Sigma}$，Bayes 判别函数 $W_B(\boldsymbol{x})$ 与(9)式表示的线性距离判别函数 $W(\boldsymbol{x})$ 完全相同，对待判蠓虫进行判别时只需考虑阈值 β 的影响.

实际上，总体 G_1 和 G_2 的先验概率可以利用历史资料和经验进行估计，一种常见的

---

① 这个假定可以通过二维正态分布 Q-Q 图检验来验证，但考虑到样本数太小，不妨认为它是基本合理的.

做法是取为训练样本个数的比例,即令 Apf 蠓虫的先验概率 $p_1=\frac{n_1}{n_1+n_2}=0.4$,Af 蠓虫的先验概率 $p_2=\frac{n_2}{n_1+n_2}=0.6$.考虑到将毒蠓 Apf 误判成益蠓 Af 的危害更大,可设 $L(2\mid 1)=\alpha L(1\mid 2)$,其中参数 $\alpha>1$,于是阈值 $\beta=\ln\left(\frac{3}{2\alpha}\right)$,Bayes 判别函数为

$$W_B(\boldsymbol{x})=-58.2364x^{(1)}+38.0587x^{(2)}+5.8715 \tag{17}$$

而 Bayes 判别准则为

$$\begin{cases}\boldsymbol{x}\in G_1, & \text{如果 } W_B(\boldsymbol{x})\geqslant\ln\left(\dfrac{3}{2\alpha}\right)\\ \boldsymbol{x}\in G_2, & \text{如果 } W_B(\boldsymbol{x})<\ln\left(\dfrac{3}{2\alpha}\right)\end{cases} \tag{18}$$

分别取 $\alpha=1.5,2,2.5$ 等,用 Bayes 判别准则对待判蠓虫进行判别,结果见表 3.

表 3 不同误判损失下的判别结果

待判蠓虫序号	触角长 $x^{(1)}$	翅长 $x^{(2)}$	判别函数值 $W_B(x)$	判别结果 ($\alpha=1.5$)	判别结果 ($\alpha=2.0$)	判别结果 ($\alpha=2.5$)
1	1.24	1.80	2.164 0	Apf	Apf	Apf
2	1.29	1.81	−0.367 3	Af	Af	Apf
3	1.43	2.03	−0.147 5	Af	Apf	Apf

当 $\alpha=1.5$ 时,三个待判样本的 Bayes 判别法的判别结果完全与距离判别法的结果一致,当 $\alpha=2$ 时,待判样本 3 被判别为 Apf 蠓虫,而当 $\alpha=2.5$ 时,待判样本 2 和 3 均被判别为 Apf 蠓虫,这充分反映了考虑到误判造成损失的 Bayes 判别法的作用,也说明了 Bayes 判别法要比距离判别法更切合实际.

评注 蠓虫分类识别的距离判别模型和 Bayes 判别模型,是两分类的判别,可以推广到多分类的判别.拓展阅读 9-1 将介绍 Fisher 判别模型.还有逐步判别法、k 近邻判别法、支持向量机及主成分判别法等.判别分析建模在高维数据分类研究、数据挖掘和人工智能中起着非常重要的作用.

经编程计算,对上述三种 α 的不同取值,Bayes 判别的回代误判率的估计值为 0,事实上可以验证,当 $\alpha\in[0.0129,3.6189]$ 时,回代误判率的估计值均为 0.其交叉验证误判率的估计值,有兴趣的读者可以自行编程得到.

复习题

1. 假定 Apf 蠓虫总体与 Af 蠓虫总体的协方差矩阵不相等,对问题中所给的蠓虫数据,重新估计三个待判样本到两总体的距离,并进行分类判别.

2. 如果已经确认了三个待判蠓虫样本 1,2 和 3 分别属于 Apf 蠓虫、Af 蠓虫和 Af 蠓虫,请再次用距离判别法对新发现的蠓虫样本 $\boldsymbol{x}=(1.35,1.88)^{\mathrm{T}}$ 进行判别,并写出线性距离判别函数.

拓展阅读 9-2
蠓虫分类的 Fisher 判别模型

9.8 学生考试成绩综合评价

某高校数学系为开展研究生的推荐免试工作,对报名参加推荐的 52 名学生已修过的 6 门课的考试分数统计如表 1.这 6 门课是:数学分析、高等代数、概率论、微分几何、

抽象代数和数值分析，其中前 3 门基础课采用闭卷考试，后 3 门为开卷考试.

数据文件 9-4
学生考试成绩

表 1 52 名学生的原始考试成绩(全部数据见数据文件 9-4)

学生序号	数学分析	高等代数	概率论	微分几何	抽象代数	数值分析	总分
A_1	62	71	64	75	70	68	410
A_2	52	65	57	67	60	58	359
⋮	⋮	⋮	⋮	⋮	⋮	⋮	⋮
A_{52}	70	73	70	88	79	69	449

在以往的推荐免试工作中，该系是按照学生 6 门课成绩的总分进行学业评价，再根据其他要求确定最后的推荐顺序.但是这种排序办法没有考虑到课程之间的相关性，以及开闭卷等因素，丢弃了一些信息.我们的任务是利用这份数据建立一个统计模型，并研究以下问题：

- 如何确定若干综合评价指标来最大程度地区分学生的考试成绩，并在不丢失重要信息的前提下简化对学生的成绩排序；
- 在学生评价中如何体现开闭卷的影响，找到成绩背后的潜在因素，并科学地针对考试成绩进行合理排序.

问题分析 考试成绩是目前衡量学生学业水平最重要的标准，对于多门课的成绩，通常的方法是用总分作为排序的定量依据.这样做虽然简化了问题，但失去了许多有用的信息.若用 x_1,x_2,x_3,x_4,x_5,x_6 分别表示数学分析、高等代数、概率论、微分几何、抽象代数和数值分析的分数，那么 6 维向量 $\boldsymbol{x}=(x_1,x_2,\cdots,x_6)^{\mathrm{T}}$ 表示一个学生的 6 门课的分数，平均分相当于各门课分数的等权平均值，是将一个 6 维的数据简单地化为一维指标.能不能不用这样的平均分，而是寻找一组权重 $\boldsymbol{a}_1=(a_{11},a_{12},\cdots,a_{16})^{\mathrm{T}}$，将加权后的平均分数 $y_1=\sum\limits_{j=1}^{6}a_{1j}x_j$ 作为评价一个学生综合成绩的指标呢？

当然希望选取合适的 $\boldsymbol{a}_1$ 使 y_1 能尽可能多地反映原变量 $\boldsymbol{x}$ 的信息，即最大程度地区分学生的成绩.我们知道，一个变量的方差越大，它的区分性就越大，因此取 $\boldsymbol{a}_1$ 使 y_1 的方差最大，并且可以要求 $\boldsymbol{a}_1$ 是单位向量，即 $\boldsymbol{a}_1^{\mathrm{T}}\boldsymbol{a}_1=1$.这样选择的原变量 $\boldsymbol{x}$ 的线性组合 y_1 在统计上称为第一主成分(即第一个综合变量).用 y_1 代替 $\boldsymbol{x}$，评价指标就从 6 维降到了 1 维.

如果 y_1 反映的原变量 $\boldsymbol{x}$ 的信息还不够充分，则可以提取新的信息，构造第二主成分 $y_2=\boldsymbol{a}_2^{\mathrm{T}}\boldsymbol{x}$，在 y_2 与 y_1 所提供的信息不重叠(即不相关)的条件下，选取 $\boldsymbol{a}_2$ 使 y_2 的方差最大.用 y_1,y_2 代替 $\boldsymbol{x}$，评价指标降到 2 维.依此类推，这种解决问题的方法就是统计中主成分分析的基本思路.

为了直观地描述这样的降维过程，假定只有数学分析和高等代数两门课的成绩，即 2 维数据，全体学生的成绩可用散点图表示，如图 1 中的符号+(其横坐标、纵坐标分别是数学分析和高等代数的分数).这些数据点大多集中在一个向上斜置的椭圆内，表明两门课的分数有较强的正相关性.椭圆的长轴(实线)与短轴(虚线)相互垂直，显然，在长轴方向数据变化较大，在短轴方向数据变化较小，选用长轴方向的 1 维变量就包含了 2 维数据的大部分信息,而寻求这样的新变量可以通过变量代换(即坐标旋转)来完成.

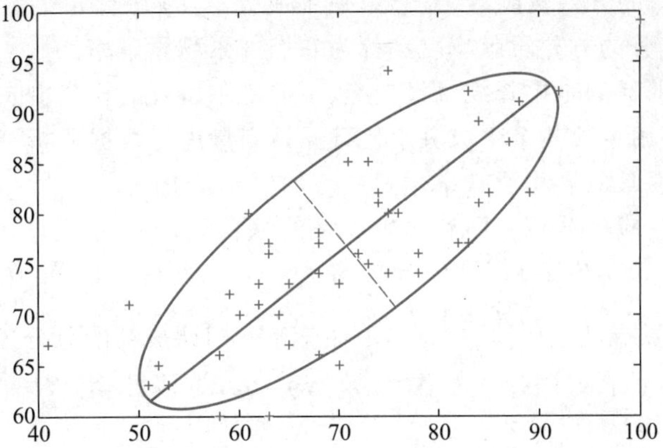

图 1 2 维数据(数学分析和高等代数的分数)降维示意图

主成分分析和因子分析是用统计学解决这个问题的两种方法[34],下面先简单介绍它们的基本思路,再用来处理学生成绩的综合评价.

主成分分析的基本思路 按照统计学的观点,将学生各门课(假定是 p 门)的分数视为一个 p 维随机变量,记作 $\boldsymbol{x}=(x_1,x_2,\cdots,x_p)^{\mathrm{T}}$,假设 $\boldsymbol{x}$ 的期望向量 $E(\boldsymbol{x})=\boldsymbol{\mu}$ 和协方差矩阵 $\mathrm{Cov}(\boldsymbol{x})=\boldsymbol{\Sigma}$ 为已知.用一组单位向量 $\boldsymbol{a}_1,\boldsymbol{a}_2,\cdots,\boldsymbol{a}_p$ 构造 $\boldsymbol{x}$ 的 p 个线性组合,称为**主成分** $\boldsymbol{y}=(y_1,y_2,\cdots,y_p)^{\mathrm{T}}$,有

$$\begin{cases} y_1=a_{11}x_1+a_{12}x_2+\cdots+a_{1p}x_p=\boldsymbol{a}_1^{\mathrm{T}}\boldsymbol{x} \\ y_2=a_{21}x_1+a_{22}x_2+\cdots+a_{2p}x_p=\boldsymbol{a}_2^{\mathrm{T}}\boldsymbol{x} \\ \cdots\cdots\cdots\cdots \\ y_p=a_{p1}x_1+a_{p2}x_2+\cdots+a_{pp}x_p=\boldsymbol{a}_p^{\mathrm{T}}\boldsymbol{x} \end{cases} \tag{1}$$

简记作

$$\boldsymbol{y}=\boldsymbol{A}\boldsymbol{x},\quad \boldsymbol{A}=(\boldsymbol{a}_1,\boldsymbol{a}_2,\cdots,\boldsymbol{a}_p)^{\mathrm{T}} \tag{2}$$

$\boldsymbol{a}_1,\boldsymbol{a}_2,\cdots,\boldsymbol{a}_p$ 称为**主成分(载荷)系数**.一般要求各个主成分 $y_1,y_2,\cdots,y_p$ 之间互不相关,即协方差矩阵 $\mathrm{Cov}(\boldsymbol{y})$ 为对角矩阵,记作 $\boldsymbol{\Lambda}=\mathrm{diag}(\lambda_1,\lambda_2,\cdots,\lambda_p)$,且第一主成分 y_1 是 $\boldsymbol{x}$ 的一切线性组合中方差最大的,第二主成分 y_2 是与 y_1 不相关的 $\boldsymbol{x}$ 的线性组合中方差最大的,依此类推.

怎样确定主成分系数 $\boldsymbol{a}_1,\boldsymbol{a}_2,\cdots,\boldsymbol{a}_p$ 呢? 按照 $\boldsymbol{y}$ 的协方差矩阵应为对角阵的要求,有

$$\mathrm{Cov}(\boldsymbol{y})=\mathrm{Cov}(\boldsymbol{A}\boldsymbol{x})=\boldsymbol{A}\mathrm{Cov}(\boldsymbol{x})\boldsymbol{A}^{\mathrm{T}}=\boldsymbol{A}\boldsymbol{\Sigma}\boldsymbol{A}^{\mathrm{T}}=\boldsymbol{\Lambda}=\mathrm{diag}(\lambda_1,\lambda_2,\cdots,\lambda_p) \tag{3}$$

因为 $\boldsymbol{x}$ 的协方差矩阵 $\boldsymbol{\Sigma}$ 通常是对称正定矩阵,根据线性代数的基本定理,一定存在一组单位正交特征向量 $\boldsymbol{a}_1,\boldsymbol{a}_2,\cdots,\boldsymbol{a}_p$ 构成的正交矩阵 $\boldsymbol{A}$,使(3)式成立,且若 $\boldsymbol{\Sigma}$ 的特征根(也是 $\boldsymbol{\Lambda}$ 的特征根)按照大小排序 $\lambda_1\geqslant\lambda_2\geqslant\cdots\geqslant\lambda_p\geqslant 0$,则 $\boldsymbol{a}_1,\boldsymbol{a}_2,\cdots,\boldsymbol{a}_p$ 为其对应的单位正交特征向量.

记 $\boldsymbol{\Sigma}$ 的特征根之和为 $\lambda=\sum\limits_{j=1}^{p}\lambda_j$,则主成分 $y_1,y_2,\cdots,y_p$ 的方差之和与原始变量

评注 原始变量 $x_1,x_2,\cdots,x_p$ 之间的相关性越强,主成分包含的信息越集中,用主成分代替原始变量的效果越好.相反,如果 $x_1,x_2,\cdots,x_p$ 相互独立,其协方差阵 $\boldsymbol{\Sigma}$ 为对角阵,主成分就是它自己,所以,原始变量独立性越强,主成分分析的效果越差.

$x_1, x_2, \cdots, x_p$ 的方差之和均等于 λ,可见 p 个互不相关的主成分包含了原始数据中的全部信息,但主成分所包含的信息更为集中.并且,第 j 主成分 y_j 的方差占全部方差的比例为 λ_j/λ,称为 y_j 的方差贡献率,显然第一主成分 y_1 的方差贡献率最大,其余的依次递减.前 m 个主成分的方差贡献率之和称为它们的**累积贡献率**.

主成分分析的目的是要降维,所以一般不会使用所有的 p 个主成分,在信息损失不太多的情况下,可用少数几个主成分来代替原始变量进行数据分析.究竟需要多少个主成分来代替呢?通常取累积贡献率达到 80%的前 m 个即可.

学生成绩的主成分分析 回到学生成绩的综合评价问题,记 $x_{ij}(i=1,2,\cdots,n,\ j=1,2,\ \cdots,p)$ 为第 i 位学生第 j 门课的分数,$\boldsymbol{X}=(x_{ij})_{n\times p}$ 为分数数据矩阵(对于表 1,$n=52$,$p=6$).记 $\boldsymbol{x}_i=(x_{i1},x_{i2},\cdots,x_{ip})^{\mathrm{T}}(i=1,2,\cdots,n)$,是 p 维随机变量 $\boldsymbol{x}$ 的一个观测值,均值向量 $\bar{\boldsymbol{x}}=\frac{1}{n}\sum_{i=1}^{n}\boldsymbol{x}_i=(\bar{x}_1,\bar{x}_2,\cdots,\bar{x}_p)^{\mathrm{T}}$ 作为 $E(\boldsymbol{x})=\boldsymbol{\mu}$ 的估计值,$\boldsymbol{X}$ 的协方差矩阵 $\boldsymbol{S}=\frac{1}{n-1}\sum_{i=1}^{n}(\boldsymbol{x}_i-\bar{\boldsymbol{x}})(\boldsymbol{x}_i-\bar{\boldsymbol{x}})^{\mathrm{T}}$ 作为 $\mathrm{Cov}(\boldsymbol{x})=\boldsymbol{\Sigma}$ 的估计值.

为方便起见,样本协方差矩阵 $\boldsymbol{S}$ 的特征根与相应的单位正交特征向量仍分别记为 λ_i 和 $\boldsymbol{a}_i(i=1,2,\cdots,p)$.计算 $\boldsymbol{S}$ 的特征根并按大小排序为 $\lambda_1\geqslant\lambda_2\geqslant\cdots\geqslant\lambda_p\geqslant 0$,其对应的单位正交特征向量就是主成分系数 $\boldsymbol{a}_1,\boldsymbol{a}_2,\cdots,\boldsymbol{a}_p$.

MATLAB 中作主成分分析的函数命令是 princomp,调用格式为:

```
[COEFF, SCORE, LATENT] = princomp(X)
```

其中输入参数 X 是 $n\times p$ 阶观测数据矩阵,每一行对应一个观测值,每一列对应一个变量.输出参数 COEFF 是主成分的 $p\times p$ 阶系数矩阵,第 j 列是第 j 主成分的系数向量;SCORE 是 $n\times p$ 阶得分矩阵,其第 i 行第 j 列元素是第 i 观测值、第 j 主成分的得分;LATENT是 X 的特征根按大小排序构成的向量.[①]

值得注意的是,princomp 函数对观测数据进行了中心化处理,即 $\boldsymbol{X}$ 的每一个元素减去其所在列的均值,相应地,其输出也是中心化的主成分系数.

用协方差矩阵或相关系数矩阵进行主成分分析的函数命令是 pcacov,调用格式见 MATLAB 帮助系统.

对于数据文件 9-4 的考试成绩数据矩阵,首先计算均值向量 $\bar{\boldsymbol{x}}$ 和协方差矩阵 $\boldsymbol{S}$,得

$$\bar{\boldsymbol{x}}=(\bar{x}_1,\bar{x}_2,\bar{x}_3,\bar{x}_4,\bar{x}_5,\bar{x}_6)^{\mathrm{T}}$$
$$=(70.903\,8,76.576\,9,71.807\,7,74.769\,2,67.826\,9,61.384\,6)^{\mathrm{T}}$$

程序文件 9-17
学生考试成绩综合评价
prog0908.m

$$\boldsymbol{S}=(s_{ij})_{6\times 6}$$
$$=\begin{pmatrix} 163.382\,7 & 97.880\,1 & 113.569\,4 & -67.297\,1 & -67.487\,6 & -71.550\,5\\ 97.880\,1 & 86.641\,0 & 82.054\,3 & -35.746\,6 & -39.623\,7 & -37.206\,6\\ 113.569\,4 & 82.054\,3 & 113.296\,5 & -35.986\,4 & -43.877\,1 & -54.356\,0\\ -67.297\,1 & -35.746\,6 & -35.986\,4 & 192.455\,5 & 90.253\,4 & 88.168\,9\\ -67.487\,6 & -39.623\,7 & -43.877\,1 & 90.253\,4 & 88.498\,9 & 67.342\,4\\ -71.550\,5 & -37.206\,6 & -54.356\,0 & 88.168\,9 & 67.342\,4 & 122.672\,7 \end{pmatrix} \tag{4}$$

① 在 MATLAB 2021 版本中,该命令更新为 pca,功能相同,详见 MATLAB 帮助系统.

由 MATLAB 编程计算出协方差矩阵 $\boldsymbol{S}$ 的特征根,进而得到各主成分的方差贡献率,以便确定主成分的个数,具体结果见表 2.从图像上观测主成分的方差累积贡献率也是常见的办法之一,只要图 2 中的曲线达到方差解释为 80%的位置,即可确定所需主成分的个数.

表 2 协方差矩阵的特征根与贡献率

S 的特征根	贡献率	累积贡献率
469.681 6	61.081 2	61.081 2
173.952 5	22.622 2	83.703 4
58.510 0	7.609 1	91.312 5
29.252 7	3.804 3	95.116 7
21.416 3	2.785 1	97.901 9
16.133 4	2.098 1	100.000 0

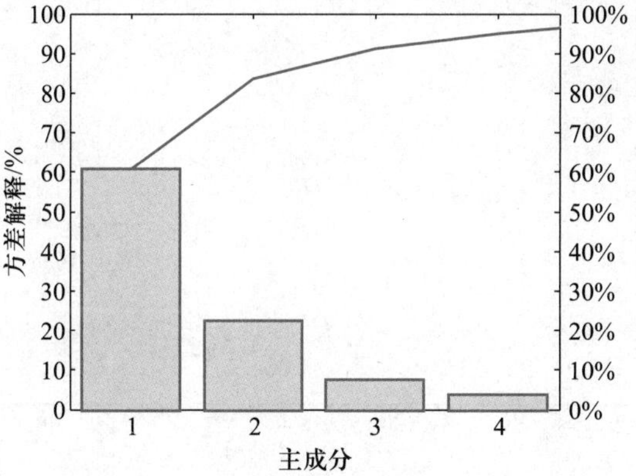

图 2 方差解释图

前两个主成分的累积贡献率为 83.703 4%,所以只取两个主成分是合适的.根据主成分系数矩阵的输出结果,可得第一主成分与第二主成分分别为

$$\begin{aligned} y_1 &= 0.515\,7x_1^* + 0.332\,1x_2^* + 0.387\,9x_3^* - 0.453\,4x_4^* - 0.345\,8x_5^* - 0.385\,0x_6^* \\ y_2 &= 0.381\,2x_1^* + 0.348\,2x_2^* + 0.414\,7x_3^* + 0.677\,0x_4^* + 0.222\,3x_5^* + 0.231\,8x_6^* \end{aligned} \tag{5}$$

这里 x_j^* 是 x_j 的中心化数据,即 $x_j^* = x_j - \bar{x}_j, j = 1, 2, \cdots, 6$.

结果分析 在(5)式中第一主成分对应的系数符号前 3 个均为正,后 3 个均为负,系数绝对值相差不大.由于前 3 个系数正好对应 3 门闭卷考试分数,后 3 个对应开卷考试分数,如果一个学生第一主成分的得分是个很大的正数,说明他更擅长闭卷考试,反之,如果得分是一个绝对值很大的负数,就说明他在开卷科目考试中有很好的表现.如果得分接近于 0,则说明开闭卷对该学生无所谓.因此,第一主成分实际上反映了开闭卷考试的差别,可理解为“成绩的开闭卷成分”.第二主成分对应的系数符号均为正,只有微分几何课程对应的系数比其他课程略大,反映了学生各门课程成绩的某种均衡性,可理解为“成绩的均衡成分”.

通过以上分析可知,为了综合评价考试成绩,需要知道每个学生在这两个主成分上的得分.根据得分矩阵的输出结果,将52名学生的第一主成分、第二主成分的得分以及成绩总分列于表3,第一、第二主成分的得分散点图如图3.

评注 利用主成分分析无须考察6门课程的具体成绩,只要对原始分数做恰当的线性组合,就可以找到两个指标(主成分),在不丢失重要信息的前提下,最大程度地区分学生的成绩.还可以直接从主成分的得分出发,构造合适的函数对学生进行评价、聚类或判别.

评注 如果将原始变量作标准化处理,则协方差矩阵变为相关系数矩阵.但是用这两个矩阵得到的主成分系数一般是不同的(复习题1).如果原始数据的量纲相同且数量级相差不悬殊时,建议不要对数据作标准化处理.

表3 第一、第二主成分得分表(全部数据见运行程序文件9-17后的输出结果)

学生序号	成绩总分	第一主成分得分	第二主成分得分
A_1	410	−12.874 8	−6.401 1
A_2	359	−11.803 7	−25.162 0
⋮	⋮	⋮	⋮
A_{52}	449	−15.149 4	10.866 3

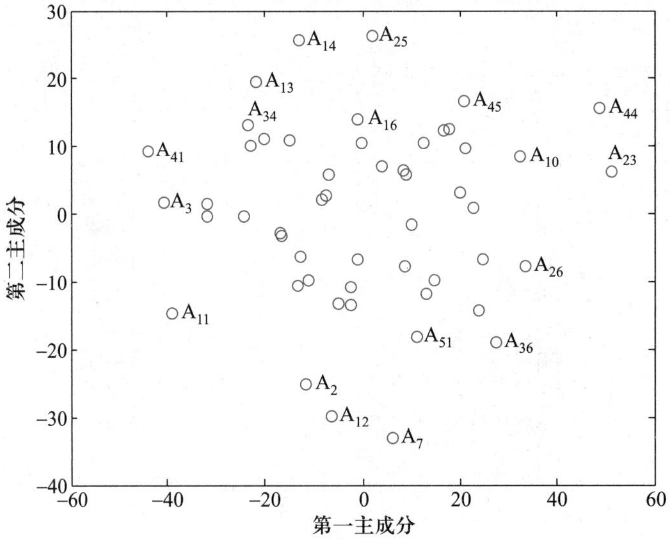

图3 前两个主成分得分散点图

由图3可以直观地发现,从第一主成分来看,学生 A_{23}, A_{44}, A_{26}, A_{10} 具有较大的正数,说明他们擅长于闭卷考试,体现在三门基础课数学分析、高等代数和概率论有较好的成绩,学生 A_{41}, A_3, A_{11} 有绝对值较大的负数,说明他们更擅长于开卷考试;从第二主成分来看,学生 A_{25}, A_{14}, A_{13} 具有较大的正数,说明他们6门课程比较均衡,成绩也较好,而学生 A_7, A_{12}, A_2 有绝对值较大的负数,说明各科成绩均不太理想.

因子分析的基本思路 与主成分分析中构造原始变量 $x_1, x_2, \cdots, x_p$ 的线性组合 $y_1, y_2, \cdots, y_p$(见(1)式)不同,因子分析是将原始变量 $x_1, x_2, \cdots, x_p$ 分解为若干个因子的线性组合,表示为

$$\begin{cases} x_1 = \mu_1 + a_{11} f_1 + a_{12} f_2 + a_{13} f_3 + \cdots + a_{1m} f_m + \varepsilon_1 \\ x_2 = \mu_2 + a_{21} f_1 + a_{22} f_2 + a_{23} f_3 + \cdots + a_{2m} f_m + \varepsilon_2 \\ \cdots\cdots\cdots\cdots \\ x_p = \mu_p + a_{p1} f_1 + a_{p2} f_2 + a_{p3} f_3 + \cdots + a_{pm} f_m + \varepsilon_p \end{cases} \tag{6}$$

简记作

$$\boldsymbol{x} = \boldsymbol{\mu} + \boldsymbol{A}\boldsymbol{f} + \boldsymbol{\varepsilon} \tag{7}$$

其中 $\boldsymbol{\mu}=(\mu_1,\mu_2,\cdots,\mu_p)^{\mathrm{T}}$ 是 $\boldsymbol{x}$ 的期望向量,$\boldsymbol{f}=(f_1,f_2,\cdots,f_m)^{\mathrm{T}}$ **称公共因子向量**,$\boldsymbol{\varepsilon}=(\varepsilon_1,\varepsilon_2,\cdots,\varepsilon_p)^{\mathrm{T}}$ 称**特殊因子向量**,均为不可观测的变量,$\boldsymbol{A}=(a_{ij})_{p\times m}$ 称为**因子载荷矩阵**,a_{ij}是变量 x_i 在公共因子 f_j 上的载荷,反映 f_j 对 x_i 的重要度.通常对模型(6)作如下假设:f_j 互不相关且具有单位方差;ε_i 互不相关且与 f_j 互不相关,$\mathrm{Cov}(\boldsymbol{\varepsilon})=\boldsymbol{\psi}$ 为对角阵.在这些假设下,由(7)式可得

$$\mathrm{Cov}(\boldsymbol{x})=\boldsymbol{A}\boldsymbol{A}^{\mathrm{T}}+\boldsymbol{\psi},\quad \mathrm{Cov}(\boldsymbol{x},\boldsymbol{f})=\boldsymbol{A} \tag{8}$$

对因子模型(6),每个原始变量 x_i 的方差都可以分解成共性方差 h_i^2 与特殊方差 σ_i^2 之和,其中 $h_i^2=\sum\limits_{j=1}^{m}a_{ij}^2$反映全部公共因子对变量 x_i 的方差贡献,$\sigma_i^2=D(\varepsilon_i)$(即 $\boldsymbol{\psi}$ 的对角线上的元素)是特殊因子对 x_i 的方差贡献.显然,$\sum\limits_{i=1}^{p}h_i^2=\sum\limits_{i=1}^{p}\sum\limits_{j=1}^{m}a_{ij}^2$是全部公共因子对 $\boldsymbol{x}$ 总方差的贡献,令 $b_j^2=\sum\limits_{i=1}^{p}a_{ij}^2$,则 b_j^2 是公共因子 f_j 对 $\boldsymbol{x}$ 总方差的贡献,b_j^2 越大,f_j 越重要,称 $\dfrac{b_j^2}{\sum\limits_{i=1}^{p}(h_i^2+\sigma_i^2)}$ 为 f_j 的**贡献率**.特别地,若 $\boldsymbol{x}$ 的各分量已经标准化,则有 $h_i^2+\sigma_i^2=1$,故 f_j 的贡献率为$\dfrac{b_j^2}{p}=\dfrac{\lambda_j}{p}$,其中 λ_j 是 $\boldsymbol{x}$ 的相关系数矩阵的第 j 大特征根.

根据模型(7),(8)式计算因子载荷矩阵 $\boldsymbol{A}$ 的过程比较复杂,并且这个矩阵不唯一,只要 $\boldsymbol{T}$ 为 m 阶正交矩阵,则 $\boldsymbol{AT}$ 仍为该模型的因子载荷矩阵.矩阵 $\boldsymbol{A}$ 左乘正交矩阵 $\boldsymbol{T}$ 相当于作因子旋转,目的是找到简单结构的因子载荷矩阵,使得每个变量都只在少数的因子上有较大的载荷值,即只受少数几个因子的影响.通常,在因子分析模型建立后,还需要对每个样本估计公共因子的值,即所谓因子得分.对于以上详细的分析过程,读者可参考基础知识 9-3.

学生成绩的因子分析模型 学生的分数数据矩阵 $\boldsymbol{X}$ 的均值向量 $\bar{\boldsymbol{x}}$ 和协方差矩阵 $\boldsymbol{S}$ 已由(4)式给出,为了分析因子模型公共因子的存在,一般先计算出 $\boldsymbol{X}$ 的相关系数矩阵

基础知识 9-3
因子分析的基本内容

$$\boldsymbol{R}=\begin{pmatrix} 1.0000 & 0.8133 & 0.8347 & -0.3795 & -0.5612 & -0.5054\\ 0.8133 & 1.0000 & 0.8188 & -0.2737 & -0.4474 & -0.3568\\ 0.8347 & 0.8188 & 1.0000 & -0.2437 & -0.4382 & -0.4611\\ -0.3795 & -0.2737 & -0.2437 & 1.0000 & 0.6916 & 0.5738\\ -0.5612 & -0.4474 & -0.4382 & 0.6916 & 1.0000 & 0.6463\\ -0.5054 & -0.3568 & -0.4611 & 0.5738 & 0.6463 & 1.0000 \end{pmatrix} \tag{9}$$

从 $\boldsymbol{R}$ 中的相关系数可以发现,变量 x_1,x_2,x_3 之间具有较强的正相关性,相关系数均在 0.8 以上,变量 x_4,x_5,x_6 之间也存在较强的正相关性,而这两组之间的相关性就没有组内的大,因此,有理由相信它们的背后都会有一个或多个共同因素(公共因子)在驱动,需要用因子分析方法来解释.

为了确定公共因子个数 m,计算相关系数矩阵 $\boldsymbol{R}$ 的特征根.$\boldsymbol{R}$ 的 6 个特征根按大小排列为 $\lambda_1=3.7099,\lambda_2=1.2604,\lambda_3=0.4365,\lambda_4=0.2758,\lambda_5=0.1703,\lambda_6=0.1470$.

前2个公共因子的累积贡献率为$(\lambda_1+\lambda_2)/6=0.8284$，超过80%，因此，认为公共因子个数$m=2$是合适的.实际上，一个经验的确定$m$的方法，是将$m$定为$\boldsymbol{R}$中大于1的特征根个数，这与上面得到的结果一致.

MATLAB中利用数据矩阵$\boldsymbol{X}$进行因子分析的函数命令是factoran，调用格式为：

```
[lambda, psi, T, stats, F] = factoran(X, m)
```

其中输入参数 `X` 与主成分分析命令 `princomp` 相同，`m` 为公共因子个数，需满足$(p-m)^2\geqslant p+m$.输出参数 `lambda` 是$p\times m$的因子载荷矩阵，其第i行第j列的元素是第i变量在第j公共因子上的载荷，默认是用最大方差旋转法计算的；参数 `psi` 是p维列向量，对应p个特殊方差的最大似然估计；参数 `T` 为m阶（旋转后的）因子载荷旋转矩阵；参数 `stats` 是对原假设H_0（给定因子数m）做检验的统计量，其中p值若大于显著性水平α，则接受H_0；参数 `F` 是$n\times m$因子得分矩阵，每一行对应一个样本的m个公共因子的得分.这个函数命令也可以输入协方差矩阵或相关系数矩阵，调用格式见MATLAB帮助系统.

输入分数数据矩阵$\boldsymbol{X}$和$m=2$，调用 `factoran` 函数命令，在输出的检验信息中 `stats.p=0.5060>0.05`，可知在显著性水平$\alpha=0.05$下接受$H_0:m=2$.根据因子载荷矩阵的输出结果可以得到

$$\begin{cases}x_1^*=0.8492f_1-0.3628f_2+\varepsilon_1^*\\x_2^*=0.8637f_1-0.2093f_2+\varepsilon_2^*\\x_3^*=0.8987f_1-0.2043f_2+\varepsilon_3^*\\x_4^*=-0.1014f_1+0.8073f_2+\varepsilon_4^*\\x_5^*=-0.3093f_1+0.8196f_2+\varepsilon_5^*\\x_6^*=-0.3147f_1+0.6686f_2+\varepsilon_6^*\end{cases}\tag{10}$$

其中x_i^*为x_i的标准化，即$x_i^*=\dfrac{x_i-\bar{x}_i}{\sqrt{s_{ii}}}$，$i=1,2,\cdots,6$，$\bar{x}_i$，$s_{ii}$由(4)式给出.由此不难转换为原始变量$x_i$的因子分析模型.(10)式中特殊方差的估计也可以得到：$D(\boldsymbol{\varepsilon}^*)=(0.1473,0.2101,0.1505,0.3380,0.2326,0.4540)^{\mathrm{T}}$.

结果分析 在(10)式中第一公共因子f_1与数学分析、高等代数、概率论三门课程有很强的正相关，说明f_1对这3门课的解释力非常高，而对其他3门课就没那么重要了；第二公共因子f_2与微分几何、抽象代数和数值分析有很强的正相关，其解释恰好与f_1相反.由于数学分析、高等代数、概率论是数学系学生最重要的基础课，所以我们将f_1取名为“基础课因子”，而微分几何、抽象代数与数值分析均为开卷考试，f_2又恰好是解释这3门课，为了区分考试类型的不同，不妨将f_2叫作“开闭卷因子”.f_1和f_2的方差贡献率分别为$\lambda_1/6=0.6183$和$\lambda_2/6=0.2101$，f_1的影响要比f_2大得多.

每位学生的因子得分也可以在函数命令 `factoran` 的输出中得到，其结果列于表4.由于只有2个公共因子，以基础课因子f_1的得分为横轴，开闭卷因子f_2的得分为纵轴，画出因子得分的散点图，见图4.

表 4 公共因子得分表(全部数据见运行程序文件 9-17 后的输出结果)

学生序号	成绩总分	因子 f_1 得分	因子 f_2 得分
A_1	410	-0.775 0	0.057 1
A_2	359	-1.966 7	-1.350 9
⋮	⋮	⋮	⋮
A_{52}	449	0.161 7	1.284 6

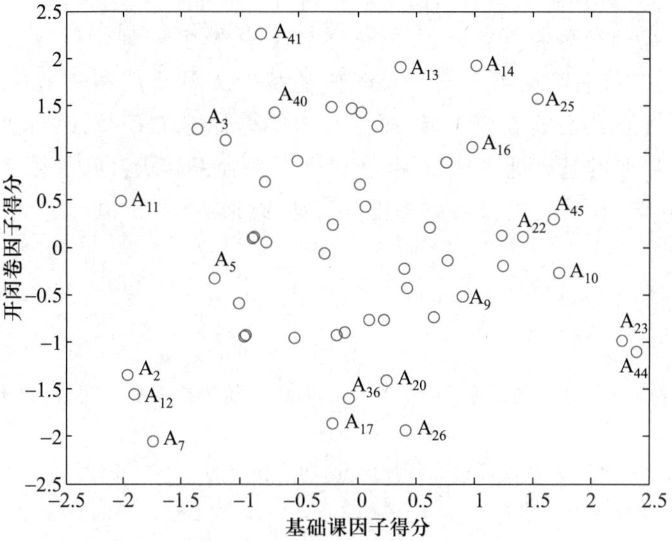

图 4 因子得分散点图

从图 4 可以发现,学生 A_{44}、A_{23}、A_{10} 在 f_1 上有较高的得分,说明他们 3 门基础课的成绩表现非常好,而学生 A_{11}、A_2、A_{12} 在 f_1 上的得分偏低,3 门基础课的表现不够好.学生 A_{41}、A_{14}、A_{13} 在 f_2 上有较高的得分,他们较擅长于开卷考试,而学生 A_7、A_{26}、A_{17} 的 f_2 的得分偏低,说明他们在开卷考试中表现不够理想.

以 2 个公共因子 f_1 和 f_2 的方差贡献率所占的比重加权,可以构造一个因子综合得分

$$F(f_1,f_2)=c_1 f_1+c_2 f_2 \tag{11}$$

这里权重 $c_1=\dfrac{\lambda_1}{\lambda_1+\lambda_2}=0.746\ 4$,$c_2=\dfrac{\lambda_2}{\lambda_1+\lambda_2}=0.253\ 6$,由(11)式计算出每位学生的因子综合得分值,并按得分值的大小对学生进行排序.为便于比较,将考试总分及排序一起列入表 5.

表 5 因子综合得分排名与排序结果(全部数据见运行程序文件 9-17 后的输出结果)

学生序号	成绩总分	总分排名	因子综合得分	因子综合得分排名
A_1	410	34	-0.564 0	39
A_2	359	51	-1.810 5	50
⋮	⋮	⋮	⋮	⋮
A_{52}	449	14	0.446 4	16

小结 主成分分析与因子分析的主要思想，是采取降维手段来降低数据的复杂程度.因子分析从数据的协方差矩阵或相关系数矩阵出发，寻找潜在的起支配作用的因子.和主成分分析相比，因子分析可以使用因子旋转技术，在数据解释方面更有优势.这两种方法都是数据挖掘与人工智能领域的重要工具.

从表5可以看到，在总成绩排名前10名的同学中，有8人的因子综合得分的排名也在前10名，在总成绩排名后10名的同学中，有9人的因子综合得分的排名也在后10名；反过来，在因子综合得分排名前10名的同学中，有8人的总成绩的排名也在前10名，在因子综合得分排名后10名的同学中，也有8人的总成绩的排名在后10名；并且这两种排名次序差异不超过5名的比例为61.54%，具有较好的吻合度.

两种排名次序差异较大的如学生 A_3，总分排名为29，综合因子得分排名为44，相差15名，分析发现该学生的基础课因子 f_1 得分排名仅为48，尽管在3门开卷考试中的表现不错（因子 f_2 得分排名为10），由于综合得分中 f_1 占了约75%的权重，虽然总分排名不错，但因子综合得分就要差些了.再看一个极端的例子，如学生 A_{44}，其总分排名第7，而因子综合得分排名高居第2，分析该学生的基础课因子 f_1 和开闭卷因子 f_2 的得分情况，发现在 f_1 上的得分排在第1名，而在 f_2 上的得分排在第45，说明他极不擅长开卷考试，好在他有极好的基础课考试成绩，使得因子综合得分跃升到了第2名.看来，利用因子综合得分排名，比传统的排名方法更具有科学性与参考价值.

复习题

1. 假定原始数据 $\boldsymbol{X}$ 的协方差矩阵 $\boldsymbol{S}=\begin{pmatrix}1 & 4\\ 4 & 100\end{pmatrix}$，若将原始数据 $\boldsymbol{X}$ 标准化，得到相关系数矩阵 $\boldsymbol{R}=\begin{pmatrix}1 & 0.4\\ 0.4 & 1\end{pmatrix}$.分别计算 $\boldsymbol{S}$ 和 $\boldsymbol{R}$ 的特征根和特征向量，构造相应的2个主成分，你会发现二者有很大差别.试做出解释.

2. 在制定服装标准过程中对100名成年男子的身材进行了测量，共6项指标：身高 x_1、坐高 x_2、胸围 x_3、臂长 x_4、肋围 x_5、腰围 x_6，样本相关系数矩阵为

$$\boldsymbol{R}=\begin{pmatrix}1 & 0.80 & 0.37 & 0.78 & 0.26 & 0.38\\ 0.80 & 1 & 0.32 & 0.65 & 0.18 & 0.33\\ 0.37 & 0.32 & 1 & 0.36 & 0.71 & 0.62\\ 0.78 & 0.65 & 0.36 & 1 & 0.18 & 0.39\\ 0.26 & 0.18 & 0.71 & 0.18 & 1 & 0.69\\ 0.38 & 0.33 & 0.62 & 0.39 & 0.69 & 1\end{pmatrix}$$

试给出主成分分析表达式，并对主成分做出解释.

3. 同第2题数据，试给出因子分析表达式，并对因子做出解释.

9.9 葡萄酒的评价

数据文件9-5至9-7
葡萄酒的评价1—3

问题提出 确定葡萄酒质量时一般是通过聘请一批有资质的评酒员进行品评.每个评酒员在对葡萄酒进行品尝后对其分类指标打分，然后求和得到其总分，从而确定葡萄酒的质量.酿酒葡萄的好坏与所酿葡萄酒的质量有直接的关系，葡萄酒和酿酒葡萄检测的理化指标会在一定程度上反映葡萄酒和葡萄的质量.数据文件9-5给出了某一年份一些葡萄酒的评价结果，数据文件9-6，9-7分别给出了该年份这些葡萄酒的和酿酒葡萄的成分数据.请尝试建立数学模型讨论下列问题：

1. 分析数据文件 9-5 中两组评酒员的评价结果有无显著性差异,哪一组结果更可信?

2. 根据酿酒葡萄的理化指标和葡萄酒的质量对这些酿酒葡萄进行分级.

3. 分析酿酒葡萄与葡萄酒的理化指标之间的联系.

4. 分析酿酒葡萄和葡萄酒的理化指标对葡萄酒质量的影响,并论证能否用葡萄和葡萄酒的理化指标来评价葡萄酒的质量?

上面是 2012 年全国大学生数学建模竞赛 A 题,本节将参考发表在《工程数学学报》第 29 卷增刊一(2012)上的 5 篇竞赛优秀论文,以及王经民教授的文章[88]和周义仓教授的评析[98],仅以红葡萄酒为例对问题 1 和问题 2 进行分析研究.

问题 1 的分析 葡萄酒的质量是通过评酒员的品尝评分得到评价的,数据文件 9-5 给出了两组评酒员(每组 10 位)对 27 种红葡萄酒酒样的外观、香气、口感和整体平衡四个方面的评分,表 1(除了最后一行)是第一组评酒员对红葡萄酒酒样 1 评分的原始数据.将每位评酒员对酒样 1 的各项评分求和得到总分(表 1 最后一行),再将 10 个总分取平均值得到 62.7 分,作为第一组评酒员对红葡萄酒酒样 1 的评分.

表 1 葡萄酒酒样品尝评分表(第一组评酒员对红葡萄酒酒样 1 的评分)

酒样品 1		评酒员 1 分数	评酒员 2 分数	评酒员 3 分数	评酒员 4 分数	评酒员 5 分数	评酒员 6 分数	评酒员 7 分数	评酒员 8 分数	评酒员 9 分数	评酒员 10 分数
外观分析 15	澄清度 5	1	2	3	2	4	3	2	3	2	1
	色调 10	4	6	8	6	10	6	8	6	6	4
香气分析 30	纯正度 6	4	5	2	3	5	5	5	4	6	4
	浓度 8	4	6	2	4	7	7	6	4	8	6
	质量 16	10	14	8	10	14	14	14	10	16	12
口感分析 44	纯正度 6	2	3	3	2	4	2	3	4	3	3
	浓度 8	4	4	2	4	6	2	7	4	6	6
	持久性 8	5	5	4	5	6	5	6	5	6	5
	质量 22	10	13	10	10	13	10	13	13	13	13
平衡/整体评价 11		7	8	7	8	8	7	8	8	8	8
总分 100		**51**	**66**	**49**	**54**	**77**	**61**	**72**	**61**	**74**	**62**

由于评酒员对于葡萄酒样品的品尝评分属于感官评价,也可能存在个人评酒风格等方面的差别,若不同评酒员之间的这些主观因素差异过大,会导致他们对于同一样品的评价悬殊,影响酒样的质量鉴定,因此需要对主观因素的影响程度进行检验.对于评分的影响因素和偏差性分析,可以通过多因素方差分析等方法来实现.在问题 1 中通过检验两组评酒员的评分有无显著性差异,进而再通过对可信度的处理,判断哪组评价结果更为可信.一个好的评价结果应该是评酒员对同一酒样评分的差距小,且对不同酒样评分的区分度大.

数据预处理 为建立合理的数学模型,首先要处理数据文件中的缺失数据和异常数据,由于不同评酒员对同一样本相同项目的打分值差别不会太大,可采用常见的均值替换法,即用剔除异常数据后取剩余数据的平均值来替换异常或填补缺失数据.如红葡萄酒第一组4号评酒员给酒样20的评分中缺色调数据,可用该酒样其他评酒员色调评分的平均值补入.

在利用方差分析及可信度检验等方法研究问题1时,依据的是每位评酒员对每个酒样的总评分,不再考虑外观、香气等方面的分数,因此需要将数据文件9-5的全部原始数据加工,先计算两组每位评酒员对每个酒样的总分,再计算每组评酒员对每个酒样的平均分,作为该组对每个酒样的评分.表2是第一组评酒员对27种红葡萄酒酒样的平均分与均方差.

表2 第一组评酒员对27种红葡萄酒酒样的平均分与均方差

酒样号	1	2	3	4	5	6	7	8	9
平均分	62.7	80.3	80.4	68.6	73.3	73.2	71.5	72.3	81.5
均方差	9.64	6.31	6.77	10.39	7.87	7.73	10.18	6.63	5.74
酒样号	10	11	12	13	14	15	16	17	18
平均分	74.2	70.1	53.9	74.6	73	58.7	74.9	79.3	59.9
均方差	5.51	8.41	8.93	6.70	6.00	9.25	4.25	9.38	6.87
酒样号	19	20	21	22	23	24	25	26	27
平均分	78.6	79.2	77.1	77.2	85.6	78	69.2	73.8	73
均方差	6.88	3.91	10.77	7.11	5.70	8.65	8.04	5.59	7.06

描述性统计分析 将两组评酒员对27种红葡萄酒酒样的平均分作图,如图1.可以直观地看出,两组相比,第一组的平均分普遍地高,最高分和最低分也出现在第一组中,酒样23得分最高,感官上是好酒,酒样12得分最低,酒比较差;整体地看,第一组的平均分对27种酒样的变化范围要比第二组大,从而对酒样之间的区分度更明显.

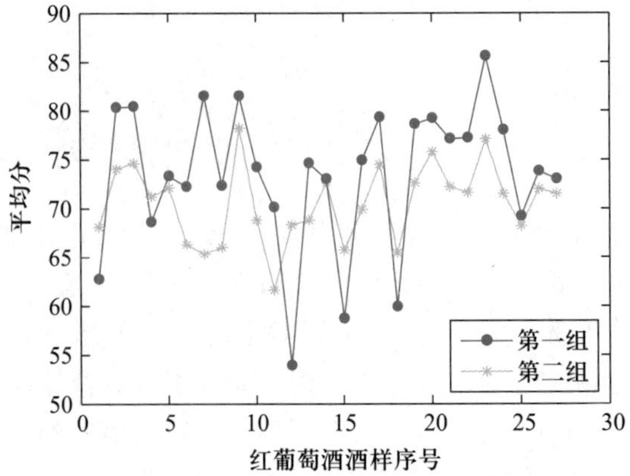

图1 两组评酒员对红葡萄酒样评分的平均分图

将两组评酒员对 27 种红葡萄酒酒样(按酒样)评分的均方差作图,如图 2(a).可以看出,第一组评酒员对酒样 20,16 的评分较为一致,对酒样 4,7,21 的评分差距较大;整体地看,对多数酒样第一组评分的均方差比第二组大,表明第一组评酒员之间对酒样评价的分歧较大.两组评酒员对 27 种酒样(按评酒员)评分的均方差作图,如图 2(b),虽然第一组大多数评酒员对酒样评分的均方差比第二组大,但是由此给出第二组比第一组评价结果更可信的结论,其理由还是不够充分[98],需要更进一步地分析.

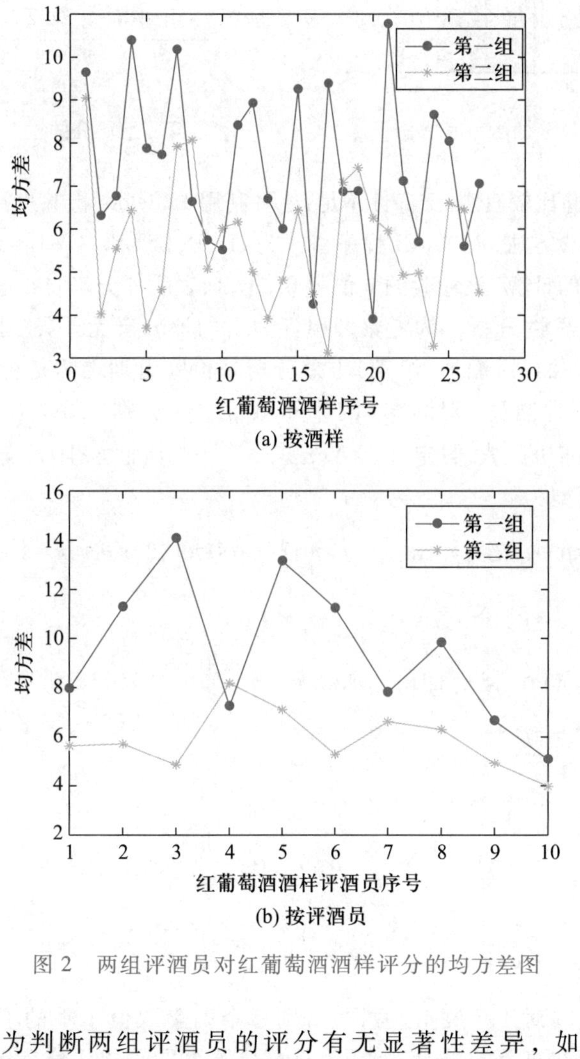

图 2 两组评酒员对红葡萄酒酒样评分的均方差图

正态性检验 为判断两组评酒员的评分有无显著性差异，如果采用方差分析等参数统计方法，一般先要对相关数据做正态检验，下面以第二组评酒员对红葡萄酒样的评分数据为例说明. 首先可利用 MATLAB 做第二组评分的频率直方图，如图 3，基本符合正态分布的特征，进一步可画出评分的正态检验 Q-Q 图如图 4，发现 Q-Q 图上的点近似在一条直线上，可以认为第二组的评分来自正态总体.

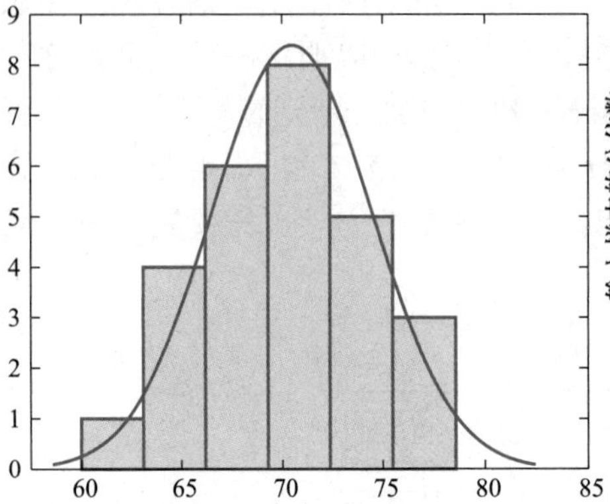

图3 第二组评分的频率直方图

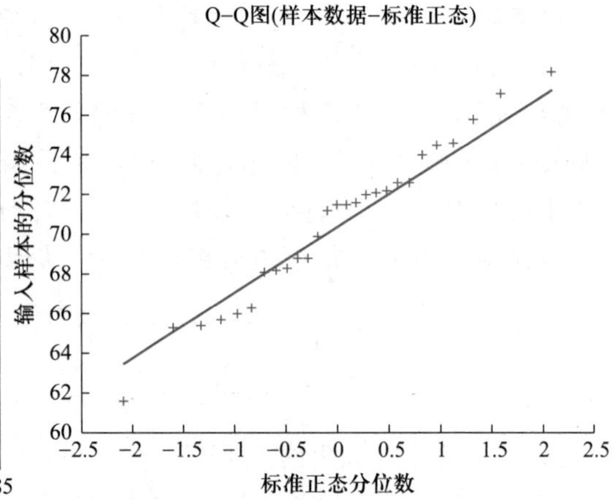

图4 第二组评分的正态检验 Q-Q 图

上述图示性检验比较直观,严谨性不足,还可利用 Lilliefors 检验进行验证,它是一种常见的非参数正态检验方法.MATLAB 程序格式为[H,P,LSTAT,CV] = lillietest(X,alpha),通过对第二组评分的计算,该检验的 p 值为 0.337 1,表明评分来自正态总体(复习题1).

评价结果的差异性分析 为考察两组评酒员的评分有无差异,比较直观、常用的方法是采用三因素(评酒员、酒样、组别)方差分析来检验组别之间是否有显著性差异.

记 x_{ijk}为第 k 组评酒员 i 对酒样 j 的评分,$\alpha_i,\beta_j,\gamma_k$ 分别为评酒员 i、酒样 j、第 k 组对评分的效应,ε_{ijk}为随机因素.假定 $x_{ijk}\sim N(\mu_{ijk},\sigma^2)$,相互独立,且无交互作用的影响,则三因素方差分析模型为

$$\begin{cases}x_{ijk}=\mu+\alpha_i+\beta_j+\gamma_k+\varepsilon_{ijk}, \quad i=1,2,\cdots r, j=1,2,\cdots,s,k=1,2,\cdots t\\ \sum\limits_{i=1}^{r}\alpha_i=0,\ \sum\limits_{j=1}^{s}\beta_j=0,\ \sum\limits_{k=1}^{t}\gamma_k=0\\ \varepsilon_{ijk}\sim N(0,\sigma^2),\text{且相互独立}\\ \mu_{ijk}=\alpha_i+\beta_j+\gamma_k\end{cases} \tag{1}$$

其中

$$\mu=\frac{1}{rst}\sum_{i=1}^{r}\sum_{j=1}^{s}\sum_{k=1}^{t}\mu_{ijk},\quad \alpha_i=\frac{1}{st}\sum_{j=1}^{s}\sum_{k=1}^{t}\mu_{ijk}-\mu$$
$$\beta_j=\frac{1}{rt}\sum_{i=1}^{r}\sum_{k=1}^{t}\mu_{ijk}-\mu,\quad \gamma_k=\frac{1}{rs}\sum_{i=1}^{r}\sum_{j=1}^{s}\mu_{ijk}-\mu \tag{2}$$

该模型可以检验对于评酒员、酒样、组别三个因素取值水平的不同组合,酒样评分的均值之间是否存在显著差异,而问题1只要检验组别间的评分有无显著差异,所以可只作如下的假设检验,原假设(无显著差异)为

$$H_0:\gamma_k=0,\quad k=1,2,\cdots,t \tag{3}$$

记 $\bar{x}=\frac{1}{rst}\sum\limits_{i=1}^{r}\sum\limits_{j=1}^{s}\sum\limits_{k=1}^{t}x_{ijk}$为评分的总平均值,在无交互作用的方差分析中,需将评分的总离差平方和 SS_T 分解为

$$SS_T=\sum_{i=1}^{r}\sum_{j=1}^{s}\sum_{k=1}^{t}(x_{ijk}-\bar{x})^2=SS_\alpha+SS_\beta+SS_\gamma+SS_e \tag{4}$$

其中 $SS_\alpha,SS_\beta,SS_\gamma,SS_e$ 分别是评酒员、酒样、组别和随机因素引起的离差平方和，用来刻画各因素对总离差平方和的影响程度，根据多因素方差分析构造检验统计量进行 F 检验.当(3)式的假设 H_0 成立时有

$$F_\gamma=\frac{\dfrac{SS_\gamma}{t-1}}{\dfrac{SS_e}{(r-1)(s-1)}}\sim F(t-1,(r-1)(s-1)) \tag{5}$$

(5)式表示由数据计算出的 F_γ 服从 $F(t-1,(r-1)(s-1))$ 分布.组别因素产生的 F_γ 值越大，组别对评分的效应就越大，反之亦然.统计上，衡量 F_γ 值大小的标准是在一定显著性水平 α 下，将 F_γ 值与 F 分布的临界值相比较.

对于经过数据预处理的评分 $x_{ijk}, i=1,2,\cdots r, j=1,2,\cdots,s, k=1,2,\cdots t$，有 $r=10$（评酒员），$s=27$（酒样），$t=2$（组别），利用 MATLAB 程序 anovan 计算，表 3 只列出输出中反映组别之间差异程度的相关指标[88].

表 3 红葡萄酒样评价的三因素方差分析中组别因素指标

方差源	离差平方和(SS)	自由度(df)	均方(MS)	F 值(F_γ)	临界值 ($\alpha=0.01$)
组别 (SS_γ)	871.47	1	871.47	25.75	6.69
误差 (SS_e)	7 972.50	234	34.075		
总和	41 459.08	539			

表 3 表明两组评分的 F_γ 值 25.75 大于临界值 6.69，拒绝原假设 H_0，即两组的评分有显著差异.（复习题 2）

评注　仅比较两组评酒员的评分可以使用更简单的统计检验方法如 t 检验等，而多因素方差分析则能检验两组及以上评价者的结果之间是否有显著差异.

评价结果的可信度分析　对两组评酒员的评分，如何评判哪一组的结果更可信，需要一定的评判准则，一般认为酒样间的质量是有差异的，大多数评酒员可以比较准确地给予评价并加以区分.因此一个比较可行的评判准则是，不同评酒员对同一酒样评价结果的一致性要高，且同一评酒员对不同酒样的区分度要明显.为此只需分别对两组（每组 10 位评酒员）的 27 个样本的评分进行双因素方差分析（基本原理和方法与上述三因素方差分析相同）.某组评酒员对同一酒样得到的 F_α 值越小，该组评价结果的一致性就越高；而某组评酒员对不同酒样得到的 F_β 值越大，该组评价结果的区分度就越明显. F_α 和 F_β 的计算只需将(5)式的分子分别置换为 $SS_\alpha/(r-1)$ 和 $SS_\beta/(s-1)$.

根据上述准则一个简便的评判方法是：将每组对酒样的 F_β 值与对评酒员的 F_α 值的比值记为 $FF=F_\beta/F_\alpha$，哪一组的 FF 越大，该组评价结果的可信度就越大.表 4 是双因素方差分析的部分输出结果①，可由此计算第一组评酒员的 $FF^{(1)}=11.463/7.250=1.581$，第二组的 $FF^{(2)}=7.190/15.451=0.465$，结论是第一组评酒员对红葡萄酒样评价结果更可信（复习题 3）.

① 见《工程数学学报》第 29 卷增刊一(2012)刘思豪等同学的论文.

表 4 红葡萄酒样评分的双因素方差分析中评酒员、酒样因素指标

	方差源	SS	df	MS	F
第一组	评酒员	3 084.642	9	342.738	7.250
	酒样	14 090.39	26	541.938	11.463
	方差源	SS	df	MS	F
第二组	评酒员	3 060.774	9	340.086	15.451
	酒样	4 114.341	26	158.244	7.190

进一步分析表 4 的两组检验结果,可以发现第二组来自评酒员的方差贡献 *MS* 显著高于来自酒样的 *MS*,说明相对于各酒样之间质量造成的评价差异,评酒员之间因为评酒风格等主观因素造成的差异更显著些.

为合理平衡评酒员之间的异质性导致的评价结果之间的差异,可以对评酒员的原始感官数据进行相应的处理,以降低评酒员的评分的系统误差,真实反映酒样之间的差异.置信区间调整法是一种常见的方法,其主要想法是通过确定指标的置信区间,对不隶属于置信区间内的值进行逐步调整,使得同一类别的数据最终均处于置信区间内,从而降低评酒员之间的主观差异性[83].

可信度的排序分析 对于同组的每位评酒员,将其对 s 个酒样的评分由高到低排序,记其秩次为 1, 2, …, 当多个酒样有相同秩次时,取其秩次的平均值作为它们共同的秩次①.记评酒员 i 对酒样 j 评分的秩次为 $r_{ij}(i=1,2,\cdots,r,\ j=1,2,\cdots,s)$,酒样 j 的总秩和为 $R_j=\sum_{i=1}^{r} r_{ij}$.再对 R_j 由小到大对 s 个酒样排序,记其秩次为 1, 2, …, 酒样 j 按总秩和的排序称为综合秩次,用 r_j^* 表示.

两组评酒员对于红葡萄酒酒样的综合排序结果如图 5.

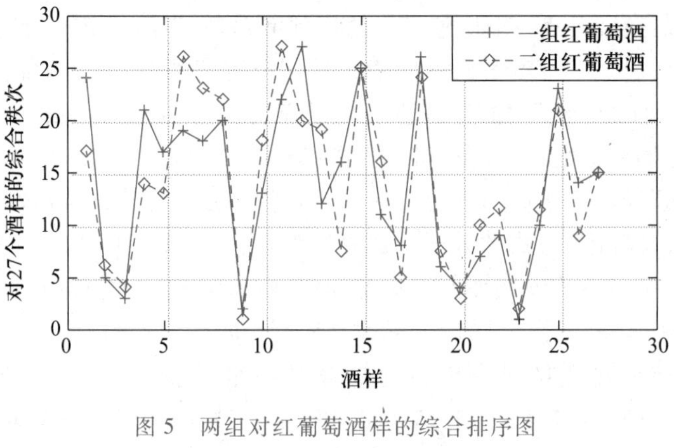

图 5 两组对红葡萄酒样的综合排序图

① 如果有 2 个酒样评分都排第 3,那么它们的秩次都是 3.5,评分比它们小的酒样,秩次从 5 向下排.

一个良好的评价结果中评酒员之间的差异应该尽可能小,即对每位评酒员的秩次与综合秩次尽量一致.记

$$D_i=\frac{1}{s}\sum_{j=1}^{s}(r_{ij}-r_j^*)^2,\quad D=\frac{1}{r}\sum_{i=1}^{r}D_i \tag{6}$$

其中 D_i 为组内评酒员 i 的排序与该组综合排序的方差,D 为组内评酒员的平均组内方差.直观地看,要比较哪组的评价结果更可信,可以考察哪组的平均组内方差更小.

通过计算得到两组评酒员对红葡萄酒样的平均组内方差为,第一组 $D^{(1)}=39.57$,第二组 $D^{(2)}=40.21$,表明第一组的评价结果略优.

Kendall 协同系数一致性检验 Kendall 协同系数(Kendall coefficient of concordance,记作 W)是对评价结果一致性的度量指标,衡量多个样品以秩次表示时,全体评价者对样品评分的一致性程度,从而确定评价者的可信度.

仍记 r 为评酒员人数,s 为酒样数,R_j 为酒样 j 的总秩和,按照定义

$$W=\frac{\sum_{j=1}^{s}R_j^2-\frac{1}{s}\left(\sum_{j=1}^{s}R_j\right)^2}{\frac{1}{12}\left[r^2(s^3-s)-r\sum_{i=1}^{r}T_i\right]},\quad T_i=\sum_{l=1}^{g_i}(f_{il}^3-f_{il}) \tag{7}$$

式中 T_i 是排序中含有相同等级时的调整项,其中评酒员 i 的排序中有 g_i 个相同等级,且第 l 个相同等级中有 f_{il} 个相同的秩次.若评酒员 i 的结果中无相同等级,则 $T_i=0$.

Kendall 协同系数满足 $0\leqslant W\leqslant 1$,$W=1$ 表示全体评价者对样品的评分完全一致,$W=0$ 则表示完全不一致.通常,$W>0.8$ 表明一致性很好,$W<0.2$ 表明一致性较差.

Kendall 协同系数一致性检验的原假设为 $W=0$,当 r 充分大时在原假设下的检验统计量为 $\chi^2=r(s-1)W\sim\chi^2(s-1)$,给定显著性水平 α,可查自由度为 $s-1$ 的 χ^2 分布的临界值,对原假设进行检验.

对红葡萄酒两组评酒员的评价结果,计算相应的 W 及统计量 χ^2 值结果如表 5.

评注 采用了两种方法.一是利用评分作评酒员和酒样的双因素方差分析,属于参数统计检验,二是先对评分由大到小排序,称为秩次,再对秩次进行一致性检验,属于非参数统计检验,当无法获知总体参数及分布类型信息时常采用后者.

表 5 红葡萄酒样评价的 Kendall 协同系数与一致性检验

	第一组评酒员	第二组评酒员	χ^2_{s-1} 临界值($\alpha=0.05$)
W 值	0.519 4	0.454 9	
χ^2 值	135.0	118.3	15.4

评注 上面用不同方法对两组评酒员的可信度进行分析,相比于数据的描述性分析(图 1,图 2),评酒员和酒样的双因素方差分析,以及 Kendall 协同系数与一致性检验更具有说服力.

从表 5 可知,两组评酒员的 χ^2 值均大于临界值($\alpha=0.05$),拒绝原假设 $W=0$,且第一组的 Kendall 协同系数与 χ^2 值都大于第二组,表明第一组评酒员的评价结果更为可信.

问题 2 的分析 数据文件 9-6 给出 27 个酿酒红葡萄的样品以及它们的 30 个一级理化指标,要求根据这些指标以及与酿酒葡萄相对应的葡萄酒的质量,对酿酒葡萄进行分级.假设酿酒红葡萄样品编号与红葡萄酒酒样的编号一致,需要先依据红葡萄各个理化指标的相近程度,将 27 个红葡萄样品分成几类,然后考虑问题 1 中葡萄酒酒样质量的评价结果,对红葡萄样品的分类结果再进行分级.

数据文件 9-6 酿酒红葡萄的理化指标中还有 27 个二级指标，经统计分析发现，其中的一级指标氨基酸总量，可看作其下属 17 个二级指标的线性和，其他如白藜芦醇、黄酮醇、还原糖等几组一级指标也是如此，L＊，a＊和 b＊ 是能直观感知色彩的一级指标，可不考虑其下属二级指标.综上，最终选取酿酒红葡萄样品的 30 个一级指标作为理化指标的研究对象.

由于选取的理化指标较多，且指标之间存在一定的相关性，如酸的浓度会影响 pH 值、pH 值会影响花色苷的浓度等，若全都直接纳入分析既复杂也难以取舍，因此先通过主成分分析用较少的综合指标（即主成分）代替原始指标，以达到降维并消除原指标间多重共线性的目的.在得到酿酒葡萄样品的主成分后，再通过聚类分析对酿酒葡萄样品进行分类.

主成分降维处理 数据文件 9-6 给出的原始数据是酿酒红葡萄 27 个样品、30 个一级理化指标的数值（有的指标有几个测量值，取其平均），由于诸指标的量纲不同，数值差别很大，可采用 MATLAB 程序 Zscore 对原始数据作标准化（零均值、单位标准差）处理.然后按照 9. 8 节介绍的主成分分析的步骤，对 30 个指标进行主成分分析，得到 8 个主成分及其方差累积贡献率，结果由表 6 给出.

表 6 酿酒红葡萄主成分分析表

主成分	主要理化指标	方差累积贡献率/%
第一主成分	蛋白质、花色苷、DPPH 自由基、总酚、单宁、葡萄总黄酮、百粒质量、果梗比、出汁率、果皮颜色 L＊	23. 22
第二主成分	氨基酸总量、总糖、还原糖、可溶性固形、干物质含量	39. 69
第三主成分	柠檬酸、白藜芦醇、可滴定酸、果皮颜色 a＊、果皮颜色 b＊	52. 15
第四主成分	苹果酸、多酚氧化酶活力、褐变度、pH	61. 61
第五主成分	VC 含量、固酸比、果穗质量	68. 28
第六主成分	黄酮醇	74. 08
第七主成分	果皮质量	78. 81
第八主成分	酒石酸	83. 04

从表 6 知，8 个主成分的累积贡献率为 83. 04%，具有统计学上的意义，可认为这 8 个主成分能很好地解释红葡萄的质量这一综合指标.第一主成分代表红葡萄的结构与颜色，第二主成分体现味感，第三主成分主要是风味与色泽，第四主成分代表氧化程度等，各个主成分都有实际意义，表明分析结果比较可靠.

得到各个主成分系数和方差贡献率后，由 MATLAB 程序可计算 27 个样品在 8 个主成分方向的标准化得分值，记作 y_{ik}，$i=1,2,\cdots,n(n=27)$，$k=1,2,\cdots,p(p=8)$，作为下面主成分聚类分析的基础.

主成分聚类分析 聚类分析是一种无监督学习方法，用于将相似的样品（或变量）归为一类.基本思路是通过衡量样品之间的相似性或距离，将它们划分为不同的类，使得同一类的样品更加相似，而不同类的样品差异较大.

问题 2 主要采用 Q 型聚类分析方法,用距离来度量 n 个样品之间的相似程度,每个样品有 p 个(主成分)指标从不同方面描述其性质,形成一个 p 维向量.如果把 n 个样品看成 p 维空间中的 n 个点,则两个样品间相似程度可用 p 维空间中两点间的距离来度量,常用的有 Euclid 距离、Mahalanobis 距离等.根据数据的特点选择适当的聚类算法,系统聚类法是常用的方法之一,尤其适用于样品数不多且类数不确定的情形.系统聚类法需要度量样品间的距离和类与类之间的联接程度,聚类时采用自下而上的聚合方法.先将每个样品都作为单独的一类,然后根据类间的联接程度(也用距离表示),将距离最小的两类并为一个新类,再计算新类与其他类的距离,又将距离最小的两类并为一新类,直至将 n 个样品合并成一类,或者达到适当数量的类别为止[31].

利用主成分降维处理得到酿酒红葡萄 27 个样品、8 个主成分的标准化得分值 y_{ip},对红葡萄样品进行 Q 型聚类分析.由于各个主成分之间是不相关的,可以直接采用 Euclid 距离定义样品之间的距离

$$d_{ij}=\left(\sum_{k=1}^{p}|y_{ik}-y_{jk}|^2\right)^{1/2},\quad i,j=1,2,\cdots,n \tag{8}$$

聚类过程中采用 Ward 离差平方和法度量类间的距离,定义

$$D_{KL}=\frac{n_K n_L}{n_K+n_L}\tilde{d}_{KL}^2 \tag{9}$$

为类与类之间离差平方和,其中 n_K,n_L 分别为第 K 类和第 L 类中样品的个数,$\tilde{d}_{KL}^2$ 为该两类重心之间的欧氏距离的平方.如果聚类合理,则同类样品间离差平方和较小,类与类之间离差平方和较大,且每次合并类别时,离差平方和会增大,选择使得增加值最小的两类进行合并.

MATLAB 计算样品间距离的程序格式为 Z=pdist(Y,'metric'),其中输入 Y 是 $n\times p$ 数据矩阵,'metric'指定对矩阵 Y 计算样品间距离的公式,输出 Z 为包含距离信息的 $n(n-1)/2$维向量.计算类间联接矩阵的程序格式为 W=linkage(Z,'method','distance'),其中输入 Z 由 pdist 返回,'method'指定使用的联接方法,'distance'为可选参数,缺省时默认使用 Euclid 距离,输出 W 为包含聚类树信息的 $(n-1)\times3$ 矩阵,其中每一行代表一个类的合并过程.第 1 列和第 2 列分别表示被合并的两个类的索引,第 3 列表示合并后类之间的距离或相似度.绘制聚类图的程序格式为 H=dendrogram(W),用于聚类分析结果的可视化,生成的聚类图最下边表示样品,然后一级一级往上聚集,最终成为一类.程序格式为 T=cluster(W,cutoff),从联接输出 W 中创建聚类,其中 cutoff 为定义生成聚类的阈值,一般指最大分类数目.

酿酒红葡萄的聚类与分级 对酿酒红葡萄 27 个样品、8 个主成分的标准化得分值,用(8)(9)式进行层次聚类,得到聚类图如图 6,可以观察到整个聚类过程及其效果.图中每个节点代表一个聚类,纵轴中节点的高度表示两个聚类合并的距离或相似性的度量值,节点之间的距离越大,越不应该合并到一起.

考虑到实际中对酿酒红葡萄的分级不要过多,不妨在聚类图中将阈值设为 4,将图 6 中样品编号从左到右将其分为 4 类,具体聚类结果由表 7 第 1,2 列给出(样品编号按数字顺序重新排列).

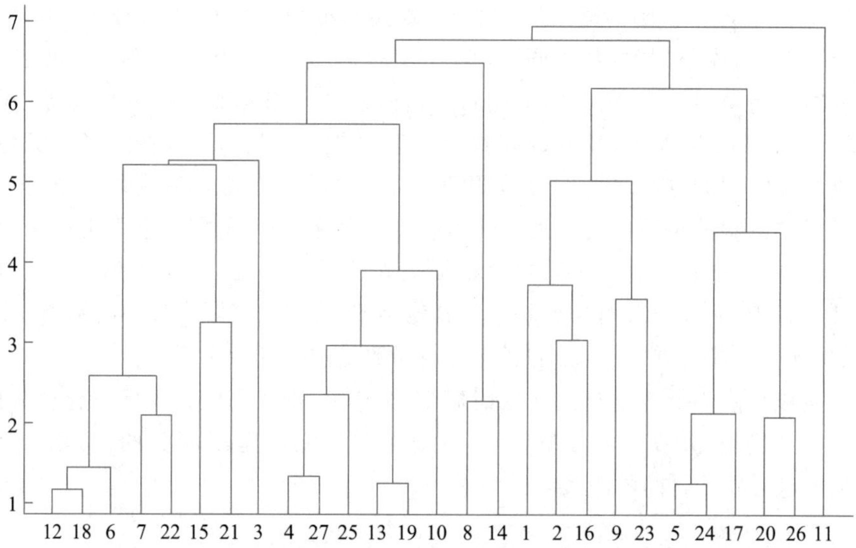

图6 酿酒红葡萄主成分聚类

最后,考虑问题1中红葡萄酒酒样质量的评价结果,对红葡萄样品的分类结果进行分级.由于对红葡萄酒酒样第一组评酒员的评判结果更可信,所以用第一组的10位评酒员评分的平均分(见表2)代表红葡萄酒的质量,以此作为衡量酿酒红葡萄分级的标准,最终得到的分级结果由表7第3,4列给出(复习题4).

表7 酿酒红葡萄样品聚类与分级结果

聚类类别	酿酒红葡萄样品编号	平均分	质量级别
1	3,4,6,7,10,12,13,15,18,19,21,22,25,27	70.72	三级
2	8,14	72.65	二级
3	1,2,5,9,16,17,20,23,24,26	76.86	一级
4	11	70.10	四级

复习题

1. 对两组评酒员对白葡萄酒酒样的评价结果作描述性统计分析和正态性检验.
2. 用三因素方差分析检验两组评酒员对白葡萄酒酒样的评价结果有无显著性差异.
3. 用双因素方差分析对两组评酒员的白葡萄酒酒样的评价结果作可信度分析,确定哪一组更为可信.
4. 对酿酒白葡萄进行聚类与分级.

第9章训练题

1. 电影院调查电视广告费用和报纸广告费用对每周收入的影响,得到数据如下表,建立回归模型并进行检验,诊断异常点的存在并进行处理.

每周收入	96	90	95	92	95	95	94	94
电视广告费用	1.5	2.0	1.5	2.5	3.3	2.3	4.2	2.5
报纸广告费用	5.0	2.0	4.0	2.5	3.0	3.5	2.5	3.0

2. 营养学家为研究食物中蛋白质含量对婴儿生长的影响，按照食物中蛋白质含量的高低，调查了两组三岁以内婴儿的身高(单位:cm)，见下表.

高蛋白食物组

年龄/岁	0.2	0.5	0.8	1.0	1.0	1.4	1.8	2.0	2.0	2.5	2.5	2.7	3.0
身高/cm	54	55	63	66	69	73	82	83	80	91	93	94	94

低蛋白食物组

年龄/岁	0.2	0.4	0.7	1.0	1.0	1.3	1.5	1.8	2.0	2.0	2.4	2.8	3.0
身高/cm	51	52	55	61	64	65	66	69	68	69	72	76	77

(1) 分别用两组数据建立蛋白质高、低含量对婴儿身高的回归模型，解释所得结果.

(2) 怎样检验蛋白质含量的高低对婴儿的生长有无显著影响? 检验结果如何?

3. 在有氧锻炼中人的耗氧能力 y(单位:mL/(min·kg)) 是衡量身体状况的重要指标，它可能与以下因素有关:年龄 x_1，体重 x_2(单位:kg)，1 500 m 跑用的时间 x_3(单位:min)，静止时心率 x_4(单位:次/min)，跑步后心率 x_5(单位:次/min).对 24 名 38 至 57 岁的志愿者进行了测试，结果如下表(全部数据见数据文件 9-8).试建立耗氧能力 y 与诸因素之间的回归模型.

数据文件 9-8
第 9 章训练题 3 耗氧能力

序号	y	x_1	x_2	x_3	x_4	x_5
1	44.6	44	89.5	6.82	62	178
2	45.3	40	75.1	6.04	62	185
⋮	⋮	⋮	⋮	⋮	⋮	⋮
24	54.7	50	70.9	5.35	48	146

(1) 若 $x_1 \sim x_5$ 中只许选择 1 个变量，最好的模型是什么?

(2) 若 $x_1 \sim x_5$ 中只许选择 2 个变量，最好的模型是什么?

(3) 若不限制变量个数，最好的模型是什么? 你选择哪个作为最终模型，为什么?

(4) 对最终模型观察残差，有无异常点? 若有，剔除后如何?

4. 一个医药公司的新药研究部门为了掌握一种新止痛剂的疗效，设计了一个药物试验，给 24 名有同种病痛的患者使用这种新止痛剂的以下 4 个剂量中的某一个:2,5,7 和10(g)，并记录每个患者病痛明显减轻的时间(单位:min).为了解新药的疗效与患者性别和血压有什么关系，试验过程中研究人员把患者按性别及血压的低、中、高三档平均分配来进行测试.通过比较每个患者血压的历史数据，从低到高分成 3 组，分别记作 0.25,0.50 和 0.75.试验结束后，公司的记录结果见下表(性别以 0 表示女,1 表示男)(全部数据见数据文件 9-9).请你为公司建立一个模型，根据患者用药的剂量、性别和血压组别，预测出服药后病痛明显减轻的时间.

数据文件 9-9
第 9 章训练题 4 止痛剂疗效

患者序号	减轻时间/min	用药剂量/g	性别	血压组别
1	35	2	0	0.25
2	43	2	0	0.50
⋮	⋮	⋮	⋮	⋮
24	5	10	1	0.75

5. 调查了 12 名 6 至 12 岁正常儿童的体重、身高和年龄，如下表.

序号	体重/kg	身高/m	年龄	序号	体重/kg	身高/m	年龄
1	27.1	1.34	8	7	30.9	1.39	10
2	30.2	1.49	10	8	27.8	1.21	9
3	24.0	1.14	6	9	29.4	1.26	10
4	33.4	1.57	11	10	24.8	1.06	6
5	24.9	1.19	8	11	36.5	1.64	12
6	24.3	1.17	7	12	29.1	1.44	9

（1）建立直接用身高 x_1 和年龄 x_2 预测儿童体重 y 的回归模型.

（2）考虑 $x_3=x_1^2$，$x_4=x_2^2$，$x_5=x_1x_2$ 等候选变量，用逐步回归建立预测儿童体重的模型.

6. 下表列出了某城市 18 位 35~44 岁经理的年平均收入 x_1 千元，风险偏好度 x_2 和人寿保险额 y 千元的数据，其中风险偏好度是根据发给每个经理的问卷调查表综合评估得到的，它的数值越大就越偏爱高风险.研究人员想研究此年龄段中的经理所投保的人寿保险额与年均收入及风险偏好度之间的关系.研究者预计，经理的年均收入和人寿保险额之间存在着二次关系，并有把握地认为风险偏好度对人寿保险额有线性效应，但对风险偏好度对人寿保险额是否有二次效应以及两个自变量是否对人寿保险额有交互效应，心中没底.

请你通过表中的数据来建立一个合适的回归模型，验证上面的看法，并给出进一步的分析.

序号	y	x_1	x_2	序号	y	x_1	x_2
1	196	66.290	7	10	49	37.408	5
2	63	40.964	5	11	105	54.376	2
3	252	72.996	10	12	98	46.186	7
4	84	45.010	6	13	77	46.130	4
5	126	57.204	4	14	14	30.366	3
6	14	26.852	5	15	56	39.060	5
7	49	38.122	4	16	245	79.380	1
8	49	35.840	6	17	133	52.766	8
9	266	75.796	9	18	133	55.916	6

7. 某地人事部门为研究中学教师的薪金与他们的资历、性别、教育程度及培训情况等因素之间的关系，要建立一个数学模型，分析人事策略的合理性，特别是考察女教师是否受到不公正的待遇，以及她们的婚姻状况是否会影响收入.为此，从当地教师中随机选了 3 414 位进行观察，然后从中保留

了 90 个观察对象，得到了下表给出的相关数据．尽管这些数据具有一定的代表性，但是仍有统计分析的必要．现将表中数据的符号介绍如下（全部数据见数据文件 9-10）：

数据文件 9-10
第 9 章训练题 7 教师薪金

Z——月薪（单位：元）；X_1——工作时间（单位：月）；$X_2=1$——男性，$X_2=0$——女性；$X_3=1$——男性或单身女性，$X_3=0$——已婚女性；X_4——学历（取值 0~6，值越大表示学历越高）；$X_5=1$——受雇于重点中学，$X_5=0$——其他；$X_6=1$——受过培训的毕业生，$X_6=0$——未受过培训的毕业生或受过培训的肄业生；$X_7=1$——已两年以上未从事教学工作，$X_7=0$——其他．注意组合 $(X_2,X_3)=(1,1),(0,1),(0,0)$ 的含义．

（1）进行变量选择，建立变量 $X_1\sim X_7$ 与 Z 的回归模型（不一定包括每个自变量），说明教师的薪金与哪些变量的关系密切，是否存在性别和婚姻状况上的差异．为了数据处理上的方便，建议对薪金取对数后作为因变量．

（2）除了变量 $X_1\sim X_7$ 本身之外，尝试将它们的平方项或交互项加入模型中，建立更好的模型．

	Z	X_1	X_2	X_3	X_4	X_5	X_6	X_7
1	998	7	0	0	0	0	0	0
2	1 015	14	1	1	0	0	0	0
⋮	⋮	⋮	⋮	⋮	⋮	⋮	⋮	⋮
90	2 000	464	1	1	2	1	1	0

8. Logistic 增长曲线模型和 Gompertz 增长曲线模型是计量经济学等学科中的两个常用模型，可以用来拟合销售量的增长趋势．

记 logistic 增长曲线模型为 $y_t=\dfrac{L}{1+a\mathrm{e}^{-kt}}$，记 Gompertz 增长曲线模型为 $y_t=L\mathrm{e}^{-b\mathrm{e}^{-kt}}$，这两个模型中 L 的经济学意义都是销售量的上限．下表中给出的是某地区、某时段高压锅的销售量（单位：万台），为给出此两模型的拟合结果，请考虑如下的问题：

（1）logistic 增长曲线模型是一个可线性化模型吗？如果给定 $L=3\ 000$，是否是一个可线性化模型？如果是，试用线性化模型给出参数 a 和 k 的估计值．

（2）利用（1）所得到的 a 和 k 的估计值和 $L=3\ 000$ 作为 logistic 模型的拟合初值，对logistic模型做非线性回归．

（3）取初值 $L^{(0)}=3\ 000, b^{(0)}=30, k^{(0)}=0.4$，拟合 Gompertz 模型．并与 logistic 模型的结果进行比较．

t/年	y	t/年	y
0	43.65	7	1 238.75
1	109.86	8	1 560.00
2	187.21	9	1 824.29
3	312.67	10	2 199.00
4	496.58	11	2 438.89
5	707.65	12	2 737.71
6	960.25		

9. 下表给出了某工厂产品的生产批量与单位成本（单位：元）的数据，从散点图可以明显地发现，生产批量在 500 以内时，单位成本对生产批量服从一种线性关系，生产批量超过 500 时服从另一种线性关系，此时单位成本明显下降．希望你构造一个合适的回归模型全面地描述生产批量与单位成本的关系．

生产批量	650	340	400	800	300	600	720	480	440	540	750
单位成本	2.48	4.45	4.52	1.38	4.65	2.96	2.18	4.04	4.20	3.10	1.50

10. 在一项调查降价折扣券对顾客的消费行为影响的研究中，商家对 1 000 个顾客发放了商品折扣券和宣传资料，折扣券的折扣比例分别为 5%，10%，15%，20%，30%，每种比例的折扣券均发放了 200 人，现记录他们在一个月内使用折扣券购物的人数和比例数据如下表：

折扣比例/%	持折扣券人数	使用折扣券人数	使用折扣券人数比例
5	200	32	0.160
10	200	51	0.255
15	200	70	0.350
20	200	103	0.515
30	200	148	0.740

(1) 对使用折扣券人数比例先作 logit 变换，再对使用折扣券人数比例与折扣比例，建立普通的一元线性回归模型.

(2) 直接利用 MATLAB 统计工具箱中的 glmfit 命令，建立使用折扣券人数比例与折扣比例的 logit 模型.与(1)做比较，并估计若想要使用折扣券人数比例为 25%，则折扣券的折扣比例应该为多大？

11. 人类的性别是由基因决定的，乌龟的性别主要是由什么因素决定的呢？科学研究表明，决定幼龟性别的最关键的因素是乌龟蛋孵化时的温度.为了研究温度是如何影响幼龟的雌雄比例，美国科学家对某一类乌龟的孵化过程作了试验.试验在 5 个不同的恒定温度下进行，每个温度下分别观察 3 批乌龟蛋的孵化过程，得到的数据如下：

温度/℃	乌龟蛋个数	雄龟个数	雌龟个数	雄龟比例
27.2	10	1	9	10%
	8	0	8	0%
	9	1	8	11.1%
27.7	10	7	3	70%
	6	4	2	66.7%
	8	6	2	75%
28.3	13	13	0	100%
	9	6	3	66.7%
	8	7	1	87.5%
28.4	10	7	3	70%
	8	5	3	62.5%
	9	7	2	77.8%
29.9	11	10	1	90.9%
	8	8	0	100%
	9	9	0	100%

建立幼龟性别比和孵化温度之间的 logit 模型，并求出在孵化温度多大时，孵化出的幼龟的性别比例恰好为 1∶1.分析温度每升高 1℃，幼龟性别的变化情况.

12. 下表列出了某年 54 个国家或地区男子径赛纪录的数据（全部数据见数据文件9-11）.

数据文件 9-11
第 9 章训练题 12
男子径赛纪录

（1）求标准化变量的前两个主成分，并给出主成分及由这两个主成分解释的（标准化）样本总方差的累积百分比，并解释这两个主成分.

（2）把这 54 个国家或地区按它们在第一主成分的得分排序，这种排序与你最初对不同国家或地区的运动水平的看法是否一致？

（3）对标准化变量作因子分析，解释公共因子的含义.

（4）根据因子得分说明，哪些国家或地区的短跑项目具有优势，哪些国家或地区的长跑项目更具有优势.

54 个国家或地区男子径赛纪录 单位：s

序号	国家或地区	100 m	200 m	400 m	800 m	1 500 m	5 000 m	10 000 m	马拉松
1	阿根廷	10.23	20.37	46.18	106.2	220.8	799.8	1 659	7 774.2
2	澳大利亚	9.93	20.06	44.38	104.4	211.8	775.8	1 651.8	7 650.6
3	奥地利	10.15	20.45	45.8	106.2	214.8	795.6	1 663.2	7 933.2
⋮	⋮	⋮	⋮	⋮	⋮	⋮	⋮	⋮	⋮
54	美国	9.78	19.32	43.18	102.6	207.6	778.2	1 632.6	7 522.8

更多案例……

9-1 牙膏的销售量

9-2 教学评估

9-3 艾滋病疗法的评价及疗效的预测

第10章 博弈模型

在第4章中,我们介绍了解决决策问题的优化模型(数学规划模型),这类模型的三个基本要素是:决策变量(寻求的决策是什么)、目标函数(需要优化的目标是什么)、约束条件(决策面临哪些限制条件).对单一决策者(个体或组织)如何做出最有利于自己的决策的问题,优化建模是一类重要和有效的方法.但当存在多个决策者,每个决策者有自己的决策变量和目标函数,并且一个决策者的决策变量以某种形式出现在另一个决策者的目标函数中时,决策者之间的决策行为相互影响,就不能用一般的优化模型进行建模和求解了.这种决策主体的决策行为发生直接相互作用的多人决策问题一般称为博弈或对策(game),研究博弈模型及其均衡问题的理论称为**博弈论**或**对策论**(game theory).博弈论对这类问题进行建模和求解提供了有效方法,其基本假定是所有决策主体是完全理性的,每个决策主体都希望最优化自己的个人目标,与整个系统的整体目标不一定一致.

博弈可以分为合作博弈和非合作博弈,其主要区别在于决策者的决策行为相互作用时,当事人能否达成一种有约束力的协议.如果有,就是合作博弈;如果没有,就是非合作博弈.对于合作博弈,决策者面临的主要问题是如何分享合作带来的成果.对于非合作博弈,每个决策者都面临如何选择自己的行动,即决策变量应该取什么值,更一般地说,每个决策者要制定自己的行动战略,即选择自己的行动规则,这一规则决定在什么情况下自己应该采取什么行动.根据所有决策者的决策是同时做出的、还是按一定先后顺序做出的,非合作博弈可以分为静态博弈和动态博弈;根据决策者在决策时所掌握的信息的多少,非合作博弈可以分为完全信息博弈和不完全信息博弈.本章前4节属于非合作博弈,后2节属于合作博弈.

博弈论的内容非常丰富,目前已经成为微观经济学的基本分析工具,在军事、政治、企业管理和社会科学中的应用也日益广泛.与本书中其他章节的思路类似,我们在本章不准备介绍博弈论的完整理论,而是通过一些具体例子介绍几个基本的博弈模型.

10.1 点球大战

在很多体育比赛项目中,双方队员需要斗智斗勇,相互博弈,此时博弈模型是分析双方策略的重要工具.本节以点球大战为例进行说明.

问题背景 足球比赛中的点球大战紧张刺激、扣人心弦,我们会对扑住点球的守门员交口称赞,也会为未能进球的罚球队员扼腕惋惜.假设罚点球时不考虑罚球队员把球踢向中路以及守门员停在球门中间扑救的情况,那么罚球队员有两种基本策略:把球踢向左侧或者右侧;守门员也有两种基本策略:扑向左侧或者右侧.实战中罚球队员和守门员几乎是同时做出射门和扑球的决策,因为罚球队员踢出的球速非常快,守门员若想看到球的方向后再扑救,肯定来不及.我们可能会认为,罚球队员会完全随机地把球踢向左侧或右侧,即踢向左侧或右侧的概率各为50%;守门员也会完全随机地向左或向右扑球，即扑向左侧或右侧的概率各为50%.

果真如此吗？如果不是，射门方向和扑球方向应该有什么规律？[14][23]

问题分析 为了回答这个问题，应该先弄清楚射门方向和扑球方向确定后，进球的概率分别是多少.为方便起见，方向以其中一人如防守队员的位置为基准.通常会认为，只要射门方向和扑球方向一致（都是左侧或者都是右侧），进球的概率就一样；只要方向不一致，进球的概率也一样.如果真是这样，根据直觉就可以知道，罚球队员应该完全随机地把球踢向左侧或右侧，守门员也没有理由不完全随机地向左或向右扑球.但有人通过对实战中大约1 400次罚球的统计分析，得到的进球概率（不妨称为经验概率）却不是这样，见表1.

表1 根据实战统计得到的进球概率（依赖于射门和扑球方向）

罚球队员	守门员	
	扑向左侧	扑向右侧
踢向左侧	0.58	0.95
踢向右侧	0.93	0.70

由表1不仅看到“射门和扑球方向不一致时进球概率要比方向一致时大得多”这个完全合乎逻辑的现象，而且可以注意到，射门和扑球方向都是右侧时的进球概率比都是左侧时有显著的增加.基于这样的统计数据，射门方向和扑球方向应该不会是完全随机的.显然，能否进球及进球的概率取决于两个队员（决策者）的决策，二者的决策是相互影响的.假设所有决策者都知道以上信息（博弈论中一般称为**共同知识**），两名队员同时做出决策，这样的博弈称为**完全信息的静态博弈**.

模型建立 完全信息的静态博弈模型包括三个基本要素：参与人（player，也译为局中人，即决策者）的集合，每个参与人的**策略空间**（决策变量的取值范围），以及每个参与人的**效用函数**（决策的目标函数）.

点球大战的博弈中参与人集合可以用$N=\{1,2\}$表示，1表示罚球队员，2表示守门员.罚球队员可能的策略记作$a_1\in A_1=\{1,2\}$，1，2分别表示把球踢向左侧和右侧；守门员可能的策略记作$a_2\in A_2=\{1,2\}$，1，2分别表示扑向左侧和右侧.A_1和A_2分别是参与人1和2的策略空间.

对于双方每一种策略组合(a_1,a_2)，用$u_1(a_1,a_2)$表示罚球队员一次射门的期望得分（进球得1分，不进球得0分），实际上等于进球概率，可作为罚球队员的效用函数.由表1，$u_1(a_1,a_2)$可以用矩阵

$$\boldsymbol{M}=(m_{ij})_{2\times 2}=\begin{pmatrix}0.58 & 0.95\\ 0.93 & 0.70\end{pmatrix} \tag{1}$$

表示，即$u_1(i,j)=m_{ij}$，$\boldsymbol{M}$称为罚球队员的**支付矩阵**（payoff matrix，也译为收益矩阵、赢得矩阵等）.类似地，守门员的效用函数用$u_2(a_1,a_2)$表示，显然有$u_2(a_1,a_2)=-u_1(a_1,a_2)$，于是其支付矩阵是$-\boldsymbol{M}$.在对策中双方都力求通过决策行动使己方的效用函数最大化.本例是两人之间的博弈，且具有完全竞争性质，即一方所得正是对手所失，这种对策一般称为**零和博弈**.

纯策略 Nash 均衡 用 a_1^*, a_2^* 分别表示罚球队员和守门员应该选择的策略,由于双方都希望通过决策使自己的效用函数达到最大,所以 a_1^*, a_2^* 应该满足

$$u_1(a_1^*, a_2^*) \geqslant u_1(a_1, a_2^*), u_2(a_1^*, a_2^*) \geqslant u_2(a_1^*, a_2), a_1 \in \{1,2\}, a_2 \in \{1,2\} \quad (2)$$

在博弈论中这样的策略组合 $\boldsymbol{a}^* = (a_1^*, a_2^*)$ 称为(纯策略)Nash 均衡(Nash equilibrium),其含义是,如果对方不改变策略,每一方的策略选择都是最优的.每一方都不会偏离这个策略,因为单方面地偏离不能使自己的效用得到提升.

对于由(1)给出的效用函数,通过枚举不难验证这样的策略组合即(纯策略)Nash 均衡不存在:对于(2)式,(1,2)和(2,1)满足关于 u_1 的不等式,即 $u_1(1,2)=0.95>u_1(2,2)=0.70$, $u_1(2,1)=0.93>u_1(1,1)=0.58$;(1,1)和(2,2)满足关于 u_2 的不等式,即 $u_2(1,1)=-0.58>u_2(1,2)=-0.95$, $u_2(2,2)=-0.70>u_2(2,1)=-0.93$,但(1,2),(2,1),(1,1),(2,2)都不能同时满足(2)的所有关系.以上结果与"射门和扑球方向不一致只对罚球队员有利、方向一致只对守门员有利,因而不存在对双方均有利的策略"这样的常识完全符合.

对于点球大战而言,什么情况下才会存在(纯策略)Nash 均衡呢? 让我们虚拟一个进球概率,将表 1 中的 0.95 改为 0.65,则双方的效用函数如表 2 所示(其中两个数字分别是罚球队员和守门员的得分),可以验证,对于策略组合 $\boldsymbol{a}^*=(a_1^*, a_2^*)=(2,2)$,由于 $u_1(2,2)=0.70>u_1(1,2)=0.65$,使得双方的效用函数 $u_1(a_1^*, a_2^*)$ 和 $u_2(a_1^*, a_2^*)$ 满足(2)式,即 $\boldsymbol{a}^*$ 为纯策略 Nash 均衡.实际上我们虚拟了这样一种情况:即便守门员扑向右侧,罚球队员踢向左侧时的进球概率还小于踢向右侧时的进球概率(可能是一位向左踢不准的队员),于是罚球队员踢向右侧时得分更高(不论守门员扑向哪一侧),而守门员自然是扑向右侧更有利,所以 $\boldsymbol{a}^*=(2,2)$ 是对双方最优的策略.

表 2 双方的效用函数(根据虚拟的进球概率)

罚球队员	守门员	
	扑向左侧	扑向右侧
踢向左侧	0.58,-0.58	0.65,-0.65
踢向右侧	0.93,-0.93	0.70,-0.70

混合策略 Nash 均衡 对于不存在纯策略 Nash 均衡的博弈问题,如对(1)式的 $\boldsymbol{M}$ 给出的效用函数,可以考虑双方随机地采取行动,即双方都对每一种策略赋予一定的概率,形成**混合策略**.设罚球队员采取策略 i 的概率为 $p_i(i=1,2)$,守门员采取策略 j 的概率为 $q_j(j=1,2)$,记行向量 $\boldsymbol{p}=(p_1,p_2)$, $\boldsymbol{q}=(q_1,q_2)$,满足

$$0 \leqslant p_i \leqslant 1,\ \sum_{i=1}^{2} p_i = 1,\ 0 \leqslant q_i \leqslant 1,\ \sum_{i=1}^{2} q_i = 1 \quad (3)$$

的概率向量 $\boldsymbol{p}, \boldsymbol{q}$ 分别构成罚球队员和守门员的**混合策略空间**,记为 S_1, S_2.

在混合策略下双方的效用函数用**期望效用**定义,记作

$$U_1(\boldsymbol{p},\boldsymbol{q}) = \sum_{i=1}^{2}\sum_{j=1}^{2} p_i m_{ij} q_j = \boldsymbol{p}\boldsymbol{M}\boldsymbol{q}^{\mathrm{T}},\quad U_2(\boldsymbol{p},\boldsymbol{q}) = -U_1(\boldsymbol{p},\boldsymbol{q}) \quad (4)$$

将(2)式中的效用 u_1, u_2 改成期望效用 U_1, U_2,可以类似地定义(混合策略)Nash 均衡.

显然,前面 A_1 的每一个策略 $i(=1,2)$ 是罚球队员混合策略的特例(采取策略 i 的概率为 1),称为**纯策略**,A_1 称为**纯策略空间**.A_2 类似.

模型求解 罚球队员希望最大化期望效用 $U_1(\boldsymbol{p},\boldsymbol{q})$,所面临的决策问题是

$$\max_{\boldsymbol{p}\in S_1} U_1(\boldsymbol{p},\boldsymbol{q})=\boldsymbol{pMq}^{\mathrm{T}} \tag{5}$$

而守门员希望最大化 $U_2(\boldsymbol{p},\boldsymbol{q})$,面临的决策等价于

$$\min_{\boldsymbol{q}\in S_2} U_1(\boldsymbol{p},\boldsymbol{q})=\boldsymbol{pMq}^{\mathrm{T}} \tag{6}$$

与一般的优化模型不同,这里双方各有一个优化问题,而且决策存在相互影响,双方各自控制部分决策变量,难以用第 4 章介绍的数学规划方法直接求解.

罚球队员怎样在不能控制 $\boldsymbol{q}$ 的情况下使 $\boldsymbol{pMq}^{\mathrm{T}}$ 最大?守门员怎样在不能控制 $\boldsymbol{p}$ 的情况下使 $\boldsymbol{pMq}^{\mathrm{T}}$ 最小?双方都希望使自己的效用最大化,而且他们都知道,不管己方怎么做,对方总是会采取策略使己方的效用尽量小,所以己方在采用一定的策略时得到的效用,总是可能得到的效用当中最小的那个,而最优策略应该使得己方最小的效用达到最大.

由此,罚球队员所面对的决策问题(5)可以转化为

$$\max_{\boldsymbol{p}\in S_1} \min \boldsymbol{pM} \tag{7}$$

注意 $\boldsymbol{pM}$ 是一个向量,这里 min 是对 $\boldsymbol{pM}$ 的所有元素取极小.

类似地,守门员所面对的决策问题(6)转化为

$$\min_{\boldsymbol{q}\in S_2} \max \boldsymbol{Mq}^{\mathrm{T}} \tag{8}$$

求解得到的最优解(精确到三位小数)为 $p_1=0.383, p_2=0.617$,最优值为 0.796.类似地得到(8)的最优解为 $q_1=0.417, q_2=0.583$,最优值也是 0.796.理论上可以证明,对于双方效用 U_1, U_2 之和为 0 的零和博弈,(7)(8)两个优化问题的最优值是一样的.

这个最优解(策略组合)具有如下重要性质:没有任何一方通过单方面地偏离这一组合中自己的策略,可以提高自己的期望效用.也就是说,它就是(混合策略)Nash 均衡.

模型检验 按照 Nash 均衡的要求,罚球队员应该以 38.3%的概率向左侧踢球,61.7%的概率向右侧踢球,而守门员以 41.7%的概率向左侧扑球,58.3%的概率向右侧扑球.这个结果是否与实战中罚球队员和守门员的行为基本一致?有人收集了 400 多次实际罚球的数据,统计分析发现罚球队员大约以 40%的概率向左侧踢球,60%的概率向右侧踢球,而守门员以 42%的概率向左侧扑球,58%的概率向右侧扑球.可见,博弈论模型的结果是实际情况的一个较好的近似.

评注 表 1 是对多场比赛数据统计得到的进球概率,而每个罚球队员和守门员的身体素质和运动水平有所差异,进球概率自然不同,Nash 均衡也会不同.对于特定的点球大战,如果有出场的罚球队员和守门员以前对阵时进球的统计数据,可以预测其应采用的最佳混合策略.

在上面的零和博弈中,双方的支付矩阵是 $\boldsymbol{M}$ 和 $-\boldsymbol{M}$.更一般地,也可以将 $-\boldsymbol{M}$ 中的每个元素加上一个常数后作为守门员的支付矩阵,如加上常数 1 时,效用的含义是不进球的概率,可视为守门员的期望得分,这时博弈一般称为**常数和博弈**.可以想到,由于二者效用之和为常数,双方仍然是严格竞争的,这时上面的求解方法依然有效.

复习题

1.“田忌赛马”是一个家喻户晓的故事:战国时期,齐国将军田忌经常与齐王赛马,设重金赌注.孙膑发现田忌与齐王的马脚力都差不多,可分为上、中、下三等.于是孙膑对田忌说:“您只管下大赌注,

我能让您取胜."田忌相信并答应了他,与齐王用千金来赌胜.比赛即将开始,孙膑对田忌说:"现在用您的下等马对付他的上等马,拿您的上等马对付他的中等马,拿您的中等马对付他的下等马."三场比赛完后,田忌只有一场不胜而另两场胜,最终赢得齐王的千金赌注.

(1) 分析这个故事中还隐含了哪些信息,并思考何时可以建模为一个博弈问题,何时只是一个简单的单人决策问题.

(2) 如果齐王和田忌约定比赛开始前双方同时决定马的出场顺序,并且以后不可改变,这个博弈是否存在纯战略 Nash 均衡? 如果不存在,求出该博弈模型的混合战略 Nash 均衡.

2. 一场棒球比赛即将开赛,击球手已经出场,等待投球手上场.准备上场的投球手可能投出快球、弧线球、变速球、叉指快速球,而该击球手可以猜测投球手会投出哪种球而做好应对准备.过去的经验数据显示,不同投球方式和应对方式下该击球手的平均得分不同,并且得分还依赖于投球手是右手投球队员还是左手投球队员(分别参见下表).如果你是教练员,你应该派右手投球手还是左手投球手出场?

击球手	右手/左手投球手			
	快球	弧线球	变速球	叉指快速球
快球	0.337/0.353	0.246/0.185	0.220/0.220	0.200/0.244
叉指快速球	0.283/0.143	0.571/0.333	0.339/0.333	0.303/0.253
弧线球	0.188/0.071	0.347/0.333	0.714/0.353	0.227/0.247
变速球	0.200/0.300	0.227/0.240	0.154/0.254	0.500/0.450

10.2 拥堵的早高峰

交通拥堵是现代城市生活中司空见惯的现象,它可以理解为出行者之间相互博弈的结果.本节通过一个简单的博弈模型对拥堵的早高峰现象进行分析.

问题背景 小王最近高兴地搬进了某居民区的新居,但上班的公司位于新技术开发区,居民区与公司之间没有公共交通,每天只能开私家车上班.居民区与开发区之间有高速公路连接,如果没有拥堵,20 min 就可以到达公司.但高速公路的出口在上班早高峰时段非常拥堵,虽然公司要求早上 8:30 上班,小王刚开始的几天每天 8:00 从居民区出发,8:30 以后才到公司;后来他改为 7:30 出发,结果8:00以前就到了公司.在路上拥堵的时间耗费更多汽油,而迟到后公司要扣工资,早到了又浪费时间(早到的时间不算在工作时间之内).小王想,自己应该几点出发去上班呢?

问题分析 在不考虑交通事故等突发因素的情况下,道路拥堵本质上是由于一段时间内车辆出行的实际需求超过了道路允许的通行能力(供给)而必然出现的现象.对于纵横交错的复杂道路网络,每条道路的通行能力与车流密度有关,而且由于车流不断分流和汇合,每条道路上的需求也不容易界定,理论上进行分析比较困难.我们这里只考虑一种非常简单的情形,假设从居民区到公司的高速道路没有分叉、没有其他道路与其交汇.这样就可以合理地假设每天早高峰的出行需求是一个常数(不妨设每天通过这条道路去上班的人每人驾驶一辆车),并且出口是这条道路唯一可能的拥堵点(称为瓶颈),瓶颈处单位时间最多只能通过一定数量的车辆,超过这个上限的车辆就出现排队现象.即使对于这样简单的情形,小王一个人的决策(何时出发去上班)也不能简单地决定他何时到达公司.显然,道路是否拥堵、拥堵程度如何还取决于其他人的行为(其他人何时出发去上班).同一时刻出发的人越多,在出口处的排队时间就越长.因此出行者之间的决策是相互影响的,这类问题也可以用完全信息的静态博弈进行建模和分析.

按照上述分析,不妨认为处于开发区的公司位于高速公路出口处,忽略从出口到公司所需的时间,而出口是公路上唯一的拥堵点(瓶颈).对小王与住在同一居民区开车到公司上班的所有出行者来说,出发到达公路出口的时间相同,都是 20 min(忽略瓶颈处的车辆排队对此路程和所需时间的微小影响).这个常数对整个问题的分析、求解没有本质的影响,可以不做考虑.这样,每个出行者上班所需的时间就等于他在公路出口处排队等待的时间.

每个出行者需要做的决策是从居民区出发的时刻,使得自己每天的效用函数最大,这等价于每天的总出行成本最小.成本怎样衡量呢? 排队等待时间过长不好,按照小王的经验,早到、晚到公司也不好,所以可认为每人的总出行成本包括等待成本、早到成本和迟到成本.尽管每个人出发和在公路出口排队等待的时刻不同,从而有人会早到公司、有人会正点到达,也有的会迟到,但是在经过一段时间的尝试、磨合之后,所有出行者的决策将处于 Nash 均衡状态,即每个人的总出行成本相同,都达到最小.

在 10.1 节纯策略 Nash 均衡的讨论中,每个参与人的策略只取有限个离散值,而对于拥堵的早高峰问题,每个参与人的决策是出门去上班的时间这样一个连续变量.根据 Nash 均衡(策略组合)的本质是任一参与人单方面地偏离该策略均不能使自己的效用得到提升,可以将 Nash 均衡的概念推广到纯策略空间是无限集合的情形.

本节的问题就是要在 Nash 均衡状态下建立出行者出发时刻的分布规律.[2]

模型假设 在 Nash 均衡状态下作以下具体假设:

1) 公司对所有出行者要求的上班时刻为 t^*,每天早高峰有 n 辆完全相同的车通过高速公路去公司,公路出口的最大通行能力为 s(单位时间最多通过的车辆数).

2) 早高峰时段(从在出口排队的第一辆车开始到最后一辆车为止)出口处一直处于拥堵状态,记从居民区第一辆车的出发时刻为 t_1,最后一辆车的出发时刻为 t_2,正点时刻 t^* 到公司的车的出发时刻为 t_0,$t_1 \leqslant t_0 \leqslant t_2$.

3) 出行者出发时刻的分布规律用时刻 t 累计出发的车辆数描述,记为$F(t)$($t_1 \leqslant t \leqslant t_2$);时刻 t 出口处的车辆数(排队长度)记为 $Q(t)$,且 $Q(t_1)=Q(t_2)=0$;时刻 t 累计通过出口(即到达公司)的车辆数为 $G(t)$.由于 n 较大,把 $F(t)$,$Q(t)$,$G(t)$当成连续量(可取任意非负实数值)处理.

4) 单位时间的等待成本(耗油等)记为 α,早到成本(浪费时间等)记为 β,迟到成本(罚金等)记为 γ,且 $\gamma>\alpha>\beta>0$;总出行成本是这些成本之和,并且每个出行者的总出行成本相同.

模型建立 记时刻 t 出发的车辆在公路出口处排队等待的时间为 $T(t)$,由假设 1)—3)可知

$$T(t)=Q(t)/s \tag{1}$$

$T(t)$ 也就是时刻 t 出发的车辆到达公司的时间.

对于正点时刻 t^* 到达公司的车辆,其出发时刻为

$$t_0=t^*-T(t_0) \tag{2}$$

如果 $t<t_0$,时刻 t 出发的车辆早到的时间记为 $E(t)$,则

$$E(t)=t^*-T(t)-t \tag{3}$$

如果 $t>t_0$,时刻 t 出发的车辆晚到的时间记为 $L(t)$,则

$$L(t)=t+T(t)-t^* \tag{4}$$

按照假设 4),时刻 t 出发的每个出行者花费的总成本为

$$C(t)=\alpha T(t)+\beta E(t)+\gamma L(t) \tag{5}$$

当 $t<t_0$,将(1)和(3)代入(5)得到

$$C(t)=\beta(t^*-t)+\frac{\alpha-\beta}{s}Q(t) \tag{6}$$

根据假设 4)所有早到的出行者的成本相同,即 $C(t)$ 与 t 无关,所以 $\mathrm{d}C/\mathrm{d}t=0$. 对(6)求导并得到 $Q(t)$ 后,再利用 $Q(t_1)=0$ 可得

$$Q(t)=\frac{\beta s}{\alpha-\beta}(t-t_1) \tag{7}$$

当 $t>t_0$,将(1)(4)式代入(5)式得到

$$C(t)=\gamma(t-t^*)+\frac{\alpha+\gamma}{s}Q(t) \tag{8}$$

根据假设 4)所有晚到的出行者成本相同,类似于(7)式的推导,并利用 $Q(t_2)=0$ 得到

$$Q(t)=\frac{\gamma s}{\alpha+\gamma}(t_2-t) \tag{9}$$

由(7)(9)式可知,排队长度 $Q(t)$ 是分段线性函数,并且在 $t=t_0$ 点 $Q(t)$ 是连续的.

由假设 3)时刻 t 累计出发的车辆数 $F(t)$ 等于通过出口车辆数 $G(t)$ 与排队长度 $Q(t)$ 之和,即

$$F(t)=G(t)+Q(t) \tag{10}$$

因为出口处从 t_1 到 t_2 一直处于拥堵状态(否则显然不是 Nash 均衡),时刻 t 累计通过出口的车辆数 $G(t)=s(t-t_1)$,将 $G(t)$ 及(7)(9)式的 $Q(t)$ 一起代入(10)可得

$$F(t)=\begin{cases} s(t-t_1)+\dfrac{\beta s}{\alpha-\beta}(t-t_1)=\dfrac{\alpha s}{\alpha-\beta}(t-t_1), & t_1\leqslant t\leqslant t_0 \\ s(t-t_1)+\dfrac{\gamma s}{\alpha+\gamma}(t_2-t)=\dfrac{\alpha s}{\alpha+\gamma}t+\left(\dfrac{\gamma s}{\alpha+\gamma}t_2-st_1\right), & t_0<t\leqslant t_2 \end{cases} \tag{11}$$

这就是出行者出发时刻的分布规律.可以看出 $F(t)$ $(t_1\leqslant t\leqslant t_2)$ 也是分段线性函数,且在区间端点有 $F(t_1)=0$,$F(t_2)=s(t_2-t_1)$.在已知成本参数 α,β,γ 及 t^*,n,s 的条件下,需要确定的只是区间端点 t_1,t_2 以及 t_0 的值.

模型求解 为了求出 t_1,t_2,t_0 的值,需要找到它们应满足的 3 个方程.

由假设1),2)容易得到区间$[t_1,t_2]$的长度为

$$t_2-t_1=\frac{n}{s} \tag{12}$$

因为$Q(t)$在时刻t_0是连续的,在(7)(9)中以$t=t_0$代入可得

$$\frac{t_2-t_0}{t_0-t_1}=\frac{\beta(\alpha+\gamma)}{\gamma(\alpha-\beta)} \tag{13}$$

这给出了t_0对区间$[t_1,t_2]$划分的比值.

根据(1)(2)式并将$t=t_0$代入(7)得(若代入(9)结果是等价的)

$$t_0=\frac{\alpha-\beta}{\alpha}t^*+\frac{\beta}{\alpha}t_1 \tag{14}$$

求解方程组(12)~(14)可以得到

$$t_1=t^*-\frac{\gamma}{\beta+\gamma}\frac{n}{s} \tag{15}$$

$$t_2=t^*+\frac{\beta}{\beta+\gamma}\frac{n}{s} \tag{16}$$

$$t_0=t^*-\frac{\beta\gamma}{\alpha(\beta+\gamma)}\frac{n}{s} \tag{17}$$

(15)—(17)式给出了t_1,t_2,t_0与参数$\alpha,\beta,\gamma,t^*,n,s$的关系.因为$\gamma>\beta>0$,所以$t^*-t_1>t_2-t^*$.

下面计算时刻t出发的每个出行者花费的总成本.对于$t\leqslant t_0$,由(6)(7)(15)式可得

$$C(t)=\frac{\beta\gamma}{\beta+\gamma}\frac{n}{s} \tag{18}$$

对于$t\geqslant t_0$,由(8)(9)(16)式得到的结果相同.$C(t)$与t无关,即任意时刻出发的出行者花费的总成本相同,正是均衡状态的结果.于是n个人出行的总成本为

$$\mathrm{TC}=\frac{\beta\gamma}{\beta+\gamma}\frac{n^2}{s} \tag{19}$$

表明总成本与单位时间的等待成本α和t^*无关(请思考一下这是为什么).

结果分析 在图1中按照(11)式画出时刻t累计出发的车辆数$F(t)$(折线OBD),及时刻t累计通过出口(即到达公司)的车辆数$G(t)$(直线OD),每一线段的斜率已在图中标出,显然OB段的斜率大于BD段的斜率.

对于任意时刻t由(10)式可知,折线OBD与直线OD之间的垂直距离表示出口处排队的车辆数$Q(t)$,而这两条线之间的水平距离表示在出口处的排队等待时间$T(t)$.时刻t_0对应B点,$t=t_0$出发的人等待时间(BC段的长度)最长,但是能够正点t^*到达公司.$t<t_0$(OB段)出发的人都会早到,$t>t_0$(BD段)出发的人都会迟到.

由图所表示的等待时间$T(t)$可以清楚地看出,三角形OBD的面积$S_{\triangle OBD}$正好对应

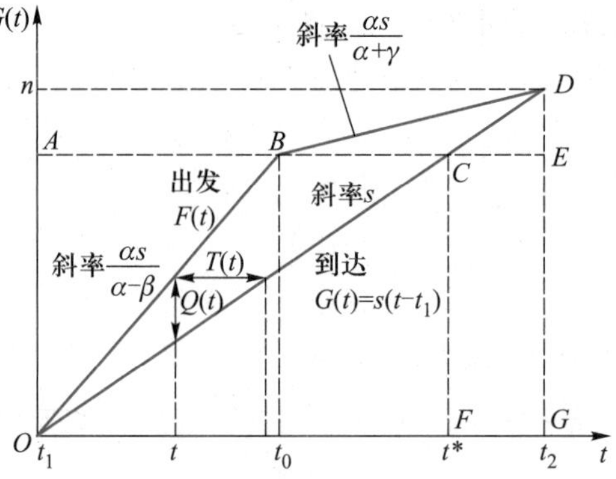

图 1 累计的出发车辆数 $F(t)$ 与到达车辆数 $G(t)$

于所有人的等待时间之和.根据简单的几何关系：$S_{\triangle OBD}=S_{\triangle OBC}+S_{\triangle BCD}=BC\cdot OA/2+BC\cdot DE/2=BC\cdot DG/2$，又 $BC=t^*-t_0$，$DG=n$，利用(17)式可得所有人的总等待成本是

$$\mathrm{TTC}=\alpha S_{\triangle OBD}=\frac{\beta\gamma}{\beta+\gamma}\frac{n^2}{2s} \tag{20}$$

与(19)式比较可知 TTC = TC/2，即总等待成本正好是总成本的一半，那么另一半应该就等于总的早到和迟到成本之和.在图 1 中，$\triangle OCF$ 的面积 $S_{\triangle OCF}$ 对应于总的早到时间之和，而 $\triangle CDE$ 的面积 $S_{\triangle CDE}$ 对应于总的迟到时间之和.读者容易对此进行计算和验证.

根据以上分析，无论小王什么时候从居民区出发，他的出行成本都是一样的.如果他早些出发或者晚些出发，虽然可以减少在出口的排队等待时间，但要么会早到公司浪费时间，要么会迟到被罚款.如果他希望正点到公司，就需要在路上忍受更长时间的车辆排队.

模型应用 为了减少大家在上班路上的拥堵时间，有人建议管理部门对早高峰时段通过高速公路出口的车辆按照拥堵程度收取“拥堵费”.这一建议是否真的有效？如果有效，拥堵费又应该按照什么标准收取为好？

首先我们分析一下，如果有一个权威的计划人员为所有出行车辆进行统一规划(即所谓的“集中决策”)，希望使所有人出行的总成本最小(称为“系统最优”)，那么车辆应该如何出发？由于排队等待时间完全是浪费，因此应尽量避免；此外，应该使瓶颈资源得到充分利用，即车流应保持连续且瓶颈全程处于满负荷状态；第一辆车早到的成本应等于最后一辆车晚到的成本，否则可以将部分车流从一端移动到另一端而降低总成本.这表明，系统最优决策其实很简单，就是从 t_1 到 t_2 的任意时刻($t_1\leqslant t\leqslant t_2$)，单位时间内出发的车辆数正好等于瓶颈的通行能力 s.从图 1 中看，就是使累计的出发车辆数 OBD 与 OCD 线重合.由于完全消除了等待成本，而早到成本和迟到成本不变，因此系统最优值将等于(19)式 TC 的一半，即可以节省一半的成本.

但是在没有权威的计划人员的情况下，是否存在一种在瓶颈处的收费方案，使得出行者的行为与“系统最优”一致呢？如果能够实现这一目标，我们通常说整个系统达到了协调.对社会整体来说，这应该是比较理想的状态.

可以想象，如果管理部门规定对任何排队的车辆收取一个足够高的固定拥堵费，以至于任何人偏离系统最优的出行方案都将增加其成本(因此也是达到了 Nash 均衡状态),那么将不会有车辆排队(因此管理部门实际上也收不到拥堵费),从而实现系统最优.但这种方案将导致不同时刻出发的车辆的出行成本不同,似乎不太公平,是一种变相的、强制性的计划行为.

考虑到 t 时刻($t_1 \leqslant t \leqslant t_2$)出发的车辆将于 $t+T(t)$ 时刻到达公司,导致的早到成本是 $\beta E(t)=\beta[t^*-t-T(t)]$(当 $t<t_0$)或者晚到成本是 $\gamma L(t)=\gamma[t+T(t)-t^*]$(当 $t>t_0$),为了消除排队(此时要求对于任意 $t(t_1 \leqslant t \leqslant t_2)$,对应的 $T(t)=0$,即出发时间就是到达时间),收费方案可以考虑对每辆车"虚拟地"收取一个固定费用 a,然后对早到成本和晚到成本分别进行补偿,让每辆车的出行成本都相同(等于 a).具体来说,一种精细的收费方案是:管理部门制定一个与到达时刻 t 相关的收费方案,即对时刻 t 到达瓶颈(出口)的车辆所收取的实际费用为

$$p(t)=\begin{cases}0, & \text{当 } t<t_1\\ a-\beta(t^*-t), & \text{当 } t_1 \leqslant t<t^*\\ a-\gamma(t-t^*), & \text{当 } t^* \leqslant t \leqslant t_2\\ 0, & \text{当 } t>t_2\end{cases} \tag{21}$$

其中 a 是一个常数,表示每辆车在收费后的最终出行成本,此时瓶颈处不会出现排队(请读者对此进行证明).例如,如果取常数 $a=C(t)=(n/s)\beta\gamma/(\beta+\gamma)$,则每个出行者的成本与收费前相同,而管理部门却可以收取到拥堵费(读者容易验证此时 $p(t) \geqslant 0$),可以说是一种双赢的方案(车辆不再出现排队等待现象,管理部门收到拥堵费).

评注　模型作了很多简化,很多学者对其做了推广,如考虑多个瓶颈、更为复杂的道路网络[3];出行者并不是完全相同的,每个人的参数 α,β,γ 可能不同,上班时间也不一定相同;瓶颈的通行能力受到气候等因素影响而有一定随机性等.

从实际实施的角度出发,(21)的收费方案也存在一定缺陷:因为收费额随时刻 t 实时变化,对收费系统有较高的要求.随着智能交通设施不断完善,这一困难可能会被逐步克服.也可以考虑分为若干离散时段分别收费(同一时段收费相同)来近似实现这一精细的收费方案(如最简单地分为两段,分别对早到和迟到车辆收取不同费用),这在实际中比较容易实施(可以减缓但不能完全消除排队).

复习题

1. 在收费方案(21)中,如果选择 $a<(n/s)\beta\gamma/(\beta+\gamma)$,每个出行者的实际成本与不收费时相比还有所降低,但此时不能保证 $p(t) \geqslant 0$,即对于靠近 t_1 和 t_2 的某些 t 有 $p(t)<0$,这意味着管理部门对最早出发和最晚出发的一部分车辆应补贴 $|p(t)|$;但只要 a 不是太小,扣除补贴后,管理部门最终仍可能收取到一定的拥堵费.请你计算对于任意的 a,管理部门实际收到的总的拥堵费(扣除补贴后)为多少.为了保证管理部门"不亏本",相应的 a 最小为多少?

2. 考虑如下 Y 字形的道路网,两个小区分别有 n_1,n_2 辆车从各自小区到目的地上班,小区 1 的车辆可以直接进入下游瓶颈,而小区 2 的车辆要先通过上游瓶颈,上下游瓶颈的通行能力分别为每单位时间 s_2,s_d.假设所有车辆都希望不迟到(迟到成本非常高),建立相应的数学模型,求出早高峰时的均衡结果(包括每个小区的车辆出发率,每个瓶颈前的车辆到达率和每个瓶颈后的车辆通过率,每个小区每辆车的出行成本、总出行成本等).根据上述计算结果,说明如果只增加上游瓶颈的通行能力 s_2,什么情况下将会导致总出行成本增加而不是减少.[3]

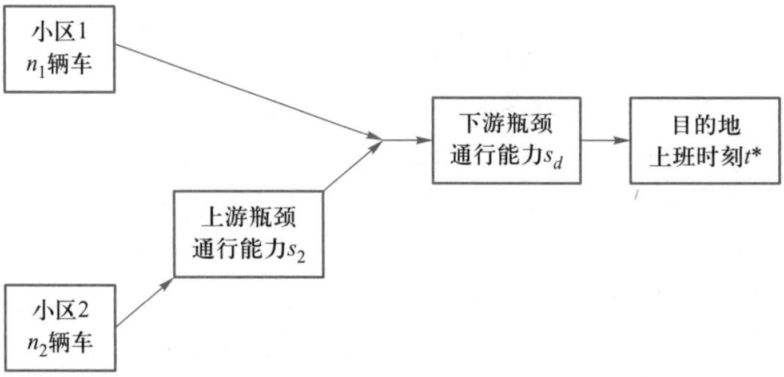

10.3 “一口价”的战略

案例精讲 10-1
“一口价”的战略

问题背景 外出旅游时人们常常为了买一点纪念品，与商店或小商贩们反复地讨价还价，很浪费时间.当然，也有人把这当作一种乐趣，又另当别论.有家纪念品商店为了节省顾客和商家双方的宝贵时间，推出了一项新的销售策略：双方同时给出报价，如果顾客的出价不低于商家的卖价，则成交，并且成交价等于双方报价的平均值；否则不成交.在这种“一口价”的情况下，双方应该如何报价？

模型假设 1. 商家知道商品对自己的真实价值 v_s，也就是可以卖出的最低价格；顾客知道商品对自己的真实价值 v_b，也就是可以支付的最高价格.

2. 商家不知道商品对顾客的真实价值 v_b，但知道其概率分布；顾客不知道商品对商家的真实价值 v_s，但也知道其概率分布.

3. 不妨假设 v_s, v_b 都服从$[0,1]$上的均匀分布.

4. 对一组给定的(v_s, v_b)如果以价格 p 成交，该交易对商家和顾客的效用分别为 $p-v_s, v_b-p$；如果不成交，双方的效用均为 0.商家和顾客都希望最大化自己的期望效用.

5. 以上信息为双方所共有.

模型建立 记商家的战略为 $p_s(v_s)$，即当商家认为商品的价值为 v_s 时，他给出卖价 $p_s(v_s)$；记顾客的战略为 $p_b(v_b)$，即当顾客认为商品的价值为 v_b 时，他给出报价 $p_b(v_b)$.自然地，$p_b(v_b)$和 $p_s(v_s)$都应该是定义在$[0,1]$区间上、取值也在$[0,1]$区间上的非减函数.

对于任意给定的 $v_s \in [0,1]$，商家的报价 $p_s(v_s)$应该使其期望利润最大.因为只有 $p_b(v_b) \geqslant p_s(v_s)$时才能成交，成交后商家的利润为$(p_s(v_s)+p_b(v_b))/2-v_s$，而不成交时利润为 0，所以 $p_s(v_s)$应满足

$$\max_{p_s}\left\{\frac{p_s+E[p_b(v_b) \mid p_b(v_b) \geqslant p_s]}{2}-v_s\right\}P\{p_b(v_b) \geqslant p_s\} \tag{1}$$

这里 $E[\ ]$表示的是条件 $p_b(v_b) \geqslant p_s$ 下 $p_b(v_b)$的条件期望，$P\{\ \}$表示事件的概率.

类似地，对于任意给定的 $v_b \in [0,1]$，顾客的报价 $p_b(v_b)$应该使其期望赢得最大，成交后顾客的赢得为 $v_b-(p_s(v_s)+p_b(v_b))/2$，不成交时赢得为 0，所以$p_b(v_b)$应满足

$$\max_{p_b}\left\{v_b-\frac{p_b+E[p_s(v_s) \mid p_b \geqslant p_s(v_s)]}{2}\right\}P\{p_b \geqslant p_s(v_s)\} \tag{2}$$

如果战略组合$(p_s(v_s),p_b(v_b))$同时满足(1)和(2),则是双方的一个均衡.对于这个博弈问题存在很多均衡,下面介绍其中两个比较简单的均衡.

单一价格均衡 设定(0,1)区间上一个数x,商家如果认为商品的价值$v_s\leqslant x$,则报价x,否则报价为1;顾客如果认为商品的价值$v_b\geqslant x$,则报价x,否则报价为0.这种价格战略可表示为

$$p_s(v_s)=\begin{cases}x, & v_s\leqslant x\\ 1, & v_s>x\end{cases} \tag{3}$$

$$p_b(v_b)=\begin{cases}x, & v_b\geqslant x\\ 0, & v_b<x\end{cases} \tag{4}$$

战略组合$(p_s(v_s),p_b(v_b))$是否同时满足(1)和(2)呢?答案是肯定的.

首先,可以注意到成交价格只能发生在价格x.

此外,从商家的角度看,如果顾客坚持战略(4),则商家在$v_s\leqslant x$时报价x是他的最优反应.因为报价低于x显然使自己的利润降低(假设能成交);而报价高于x则不能成交,自己本来可以从成交中获得的利润不能实现.如果$v_s>x$,则成交会使商家利润为负,商家当然不希望成交,而报价为1可以保证不成交(连续分布下双方都报价1的可能性为0,可以不考虑).因此战略(3)是商家对顾客的战略(4)的最优反应.

同理,如果商家坚持战略(3),战略(4)是顾客的最优反应.因此,(3)和(4)给出的战略组合是一个均衡,称为单一价格均衡.

对一组给定的(v_s,v_b),当$v_s<v_b$时称交易是有利的,因为此时一定存在$p\in(v_s,v_b)$,当双方以价格p交易时,对双方都是有利的(由模型假设4),交易给双方带来的效用之和(即v_b-v_s)称为交易价值.在给定的战略组合下,能够实际发生的交易的期望价值与有利的全部交易的期望价值的比值称为该战略的**交易效率**.

下面分析单一价格战略的交易效率.显然,当且仅当$v_s\leqslant x\leqslant v_b$时交易实际上才能发生.若$v_s,v_b$都服从[0,1]上的均匀分布,图1中对角线上的三角形是交易有利的区域,而只有标出“交易”的矩形才是交易实际发生的区域,所以交易效率为

$$\eta=\frac{\displaystyle\int_x^1\int_0^x(v_b-v_s)\,\mathrm{d}v_s\mathrm{d}v_b}{\displaystyle\int_0^1\int_0^{v_b}(v_b-v_s)\,\mathrm{d}v_s\mathrm{d}v_b}=3x(1-x)\leqslant\frac{3}{4} \tag{5}$$

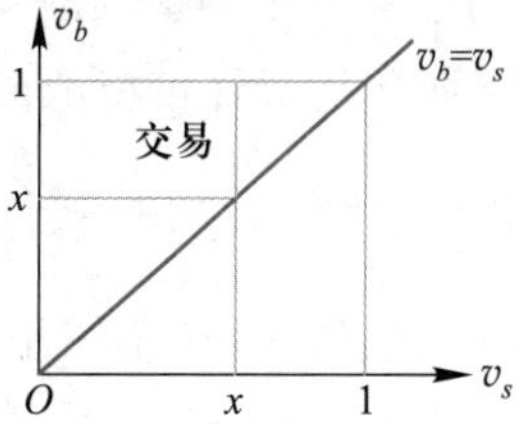

图1 单一价格战略的交易效率

显然当$x=0.5$时交易效率最大,但最大效率也只有3/4.

线性价格均衡 假设商家和顾客的报价分别是商品对二者价值的线性函数,表示为

$$p_s(v_s)=a_s+c_sv_s \tag{6}$$

$$p_b(v_b)=a_b+c_bv_b \tag{7}$$

让我们看看能否确定其中的系数(不妨假设均为正数)a_s,c_s,a_b,c_b,使这个战略组合$(p_s(v_s),p_b(v_b))$同时满足(1)和(2),即构成一个均衡.

假设商家的战略为(6),由假设3知p_s服从$[a_s,a_s+c_s]$上的均匀分布.此时对于给

定的 v_b，顾客的最优反应就是寻找满足(2)式的 p_b. 当 $p_b\in[a_s,a_s+c_s]$ 时，$P\{p_b\geqslant p_s(v_s)\}=(p_b-a_s)/c_s$，$E[p_s\mid p_b\geqslant p_s]=(a_s+p_b)/2$，于是(2)式为

$$\max_{p_b}\left\{v_b-\frac{p_b+(a_s+p_b)/2}{2}\right\}\cdot\frac{p_b-a_s}{c_s}\tag{8}$$

这是一个二次函数的优化，其最优解为

$$p_b=\frac{2}{3}v_b+\frac{1}{3}a_s\tag{9}$$

类似地，假设顾客的战略为(7)，则对于给定的 v_s，当 $p_s\in[a_b,a_b+c_b]$ 时，由(1)式可得商家的最优反应为

$$p_s=\frac{2}{3}v_s+\frac{1}{3}(a_b+c_b)\tag{10}$$

比较(6)(7)(9)(10)式，可以解出

$$a_b=\frac{1}{12},\quad a_s=\frac{1}{4},\quad c_b=c_s=\frac{2}{3}\tag{11}$$

即线性价格战略(6)(7)为

$$p_s(v_s)=\frac{2}{3}v_s+\frac{1}{4}\tag{12}$$

$$p_b(v_b)=\frac{2}{3}v_b+\frac{1}{12}\tag{13}$$

理论上来说，在考虑端点条件时，上述(12)式应该只对 $p_s(v_s)\in[a_b,a_b+c_b]=\left[\frac{1}{12},\frac{3}{4}\right]$，即 $v_s\leqslant\frac{3}{4}$ 有效，(13)式应该只对 $p_b(v_b)\in[a_s,a_s+c_s]=\left[\frac{1}{4},\frac{11}{12}\right]$，即 $v_b\geqslant\frac{1}{4}$ 有效，否则双方总有一方不会愿意成交. 考虑到 $v_s>\frac{3}{4}$ 或 $v_b<\frac{1}{4}$ 时即使按(12)(13)式报价，也一定不会成交，因此，由(12)(13)式确定的战略$(p_s(v_s),p_b(v_b))$是整个[0,1]区间上的一个均衡的战略组合(参见图 2).

下面分析线性价格战略的交易效率. 显然，当且仅当 $p_s(v_s)\leqslant p_b(v_b)$ 时交易实际上才能发生，将(12)(13)式代入得到交易条件为 $v_b\geqslant v_s+\frac{1}{4}$，在图 3 上标出了有利的交易中实际发生的区域(小三角形)，所以其交易效率为

$$\eta=\frac{\int_{\frac{1}{4}}^{1}\int_{0}^{v_b-\frac{1}{4}}(v_b-v_s)\,\mathrm{d}v_s\mathrm{d}v_b}{\int_{0}^{1}\int_{0}^{v_b}(v_b-v_s)\,\mathrm{d}v_s\mathrm{d}v_b}=\frac{27}{32}>\frac{3}{4}\tag{14}$$

可见，线性价格战略的交易效率大于单一价格战略的交易效率. 更有意义的是，比较图 1 和图 3 可以看出，线性价格战略中包含了所有交易价值大于 1/4 的交易，交易有利但不能成交的都是交易价值不大的. 而在单一价格战略中，有些交易价值很小的交易成交了，也有些交易价值很大的却未能成交(即使取 $x=1/2$，也可能漏掉交易价值接近 1/2 的交易).

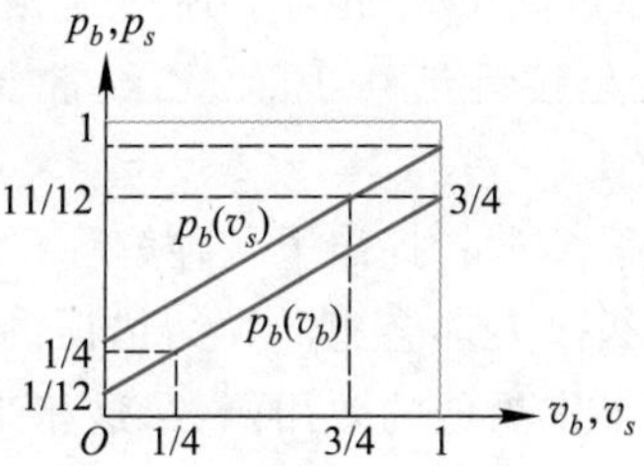

图 2 均衡的线性价格战略

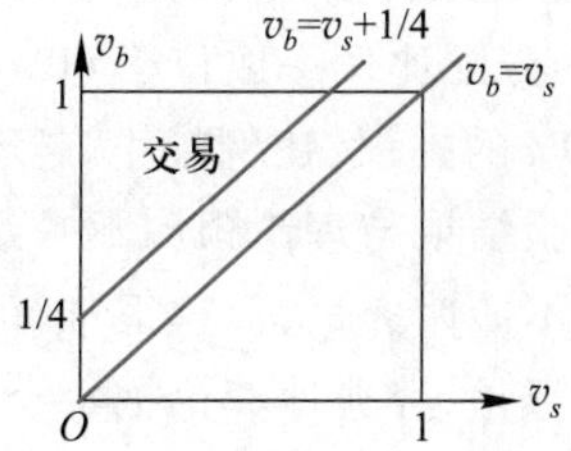

图 3 线性价格战略的交易效率

评注 是否存在比线性战略均衡的交易效率更高的 Bayes 均衡？已经证明不存在使所有有利的交易都发生的均衡战略组合，这一结论对一般的连续分布也成立，表明与信息完全（对称信息）的情形相比，信息的不完全（非对称信息）降低了交易效率.

这里讨论的模型一般称为双向拍卖[22]，是一个同时出价的博弈（静态博弈），而且信息不完全（双方的真实价值是各自的私有信息，对方只知道其分布），所以是一个不完全信息静态博弈.可以看出，这个问题不仅是对某个具体交易（给定的 v_s,v_b）提供报价决策，而是要对所有可能的 v_s,v_b 提供一个报价方案（$p_s(v_s),p_b(v_b)$），这才是一个均衡（战略组合）.对不完全信息静态博弈，这样的均衡一般称为 Bayes 均衡或 Bayes-Nash 均衡.

复习题

1. 两个投标人为获得某件物品竞标，每个投标人知道自己对该物品的估值，但不知道对手的估值，只知道对手的估值服从[0,1]区间上的均匀分布.投标采用最高价格密封拍卖，即两个投标者分别同时向物品的拥有者秘密地、一次性地给出自己的报价，然后物品的拥有者（拍卖者）从中选择报价最高者成交（如果两个投标人给出的报价相同，则等概率地随机选择一个成交），成交的竞标者向拍卖者支付的费用等于自己的报价.试建模分析两个投标人的均衡报价策略，并将结果推广到多于两个投标人的情形.

2. 继续考虑第 1 题中的问题，但假设投标采用次高价格密封拍卖，即成交的竞标者向拍卖者支付的费用等于除自己的报价外其他人的最高报价.试建模分析投标人的均衡报价策略，并比较两种拍卖形式下拍卖者的期望收益.

10.4 不患寡而患不均

案例精讲 10-2 不患寡而患不均

问题背景　互不相识的甲乙两人获得了总额一定的一笔财富（如 100 元），假设双方决定按如下程序分配：首先由甲（“提议者”）拿出一个分配提议——分给乙 s 元钱，剩下的 $1-s$ 留给甲自己；其次，由乙（“反应者”）决定是否接受这个提议，如果接受，则按此分配，否则双方什么也得不到（如 100 元钱被其他人没收）.

分配程序是公开的，两人决策有先后，所以是一个很简单的完全信息动态博弈.假设双方都只关心自己的所得，即各自的效用等于自己所得，按照经典博弈论的理论，轮到乙决策时，乙应该接受甲给出的任何分配提议，因为他如果不接受提议，就什么也得不到.于是甲应该提议 $s=0$，即均衡结果是：$s=0$，乙接受.如果对乙来讲要求他接受时的效用严格大于不接受时的效用，则 $s=1$ 分钱也就可以了.

这个博弈称为最后通牒博弈（ultimatum game），学者们为了检验现实中人们是否会真的按照经典博弈论导出的均衡进行决策，在世界各地对于不同性别、不同文化、不同富裕程度的人进行了大量实验.结果表明,绝大多数人的决策与上述均衡相差很远.首先,甲提议的分配比例一般位于40%~50%,而不是接近于0;其次,乙经常会拒绝甲给出的低于20%的提议,比例越小,越容易被乙拒绝.

对于实验结果与理论预测不一致的矛盾,有很多学者提出了各种解释,如认为这是因为实验者不懂博弈论,但这很难解释为什么这么多人都会犯同样的错误.一种比较有说服力的解释是,经典博弈论把每个参与者的赢得作为他的效用函数,这相当于认为人们只关心自己的实际所得,即人是"绝对自私"而且"完全理性"的,而现实中人们在决策时不仅仅考虑自己的得失,还关注自己的感受,例如人们可能还具有"利他"与"互惠"思想,特别是还会关注分配是否公平.中国有句老话"不患寡而患不均",就是表达类似的道理.下面介绍一个考虑这种公平性的模型[19].

模型假设与建立 设甲乙二人按如下程序分配总额为1的财富:甲提议分给乙 $s(0\leqslant s\leqslant 1)$,自己留 $1-s$;乙如果接受提议,则甲乙二人所得分别为 $x_1=1-s, x_2=s$,否则 $x_1=x_2=0$.

在构造两人的效用函数时,假定他们除了考虑自己的所得 x_1, x_2 以外,还都偏爱公平,具体表现为:如果某人所得比对方少,他因"愤怒"使效用降低;如果某人所得比对方多,他因"愧疚"也使效用降低.用 $\alpha_1, \alpha_2(\geqslant 0)$ 分别表示两人的"愤怒"系数,$\beta_1, \beta_2(\geqslant 0)$ 分别表示两人的"愧疚"系数,并且不妨假设 $\alpha_i\geqslant\beta_i, i=1,2$.建立两人的效用函数为

$$U_i(x_1,x_2)=x_i-\alpha_i\max\{x_j-x_i,0\}-\beta_i\max\{x_i-x_j,0\},\quad i=1,2,j=3-i \tag{1}$$

还可以进一步假设 $\beta_i<1/2$,否则,当 i 的所得比对手 j 多,即 $x_i>x_j=1-x_i$ 时,i 的效用函数是 $x_i-\beta_i(x_i-x_j)=\beta_i-(2\beta_i-1)x_i$,关于 i 自己的所得 x_i 的系数非正,因此 i 宁愿将自己多得的部分(即使是很小的一部分)全部让给对方,这种过分"愧疚"的情形一般也是不符合实际的.

由于财富的分配 x_1, x_2 实际上只与 s 有关,所以下面将效用函数(1)简记为 $U_1(s)$ 和 $U_2(s)$.

模型求解 首先讨论乙的最优反应.对于给定的 s,如果他不接受,则 $x_1=x_2=0, U_1(s)=U_2(s)=0$.

如果乙接受,即 $x_1=1-s, x_2=s$.若 $s\geqslant 1/2$,则 $x_2\geqslant x_1$,于是

$$U_2(s)=s-\beta_2(2s-1) \tag{2}$$

由 $\beta_2<1/2$ 可知(2)式中的 $U_2(s)\geqslant 1/2>0$,所以乙的最优反应是接受.

若 $s\leqslant 1/2$,则 $x_2\leqslant x_1$,于是

$$U_2(s)=s-\alpha_2(1-2s)=(1+2\alpha_2)s-\alpha_2 \tag{3}$$

仅当(3)式中的 $U_2(s)\geqslant 0$,即 $s\geqslant\alpha_2/(1+2\alpha_2)$ 时,乙的最优反应才是接受;否则,乙不会接受.记 $\bar{s}(\alpha_2)=\alpha_2/(1+2\alpha_2)$,容易看出 $0\leqslant\bar{s}(\alpha_2)<1/2$.

可以发现,当 $s=1/2$ 时(2)和(3)是一致的,所以特例 $s=1/2$ 放到上面的哪种情况讨论都是一样的,以下也类似,不再特别说明.

现在讨论甲的决策.由于乙不接受时双方的效用都是0,而甲显然有可行的提议可以让乙接受并且使自己的效用为正(如 $s=1/2$),所以只需要考虑乙接受提议的情形.分两种情况讨论:

情况 1 甲知道乙的“愤怒”系数 α_2.

若 $s\geqslant 1/2$,则 $x_2\geqslant x_1$,于是

$$U_1(s)=1-s-\alpha_1(2s-1) \tag{4}$$

$U_1(s)$ 在 $s^*=1/2$ 时达到最大值 1/2,所以只需要讨论 $s\leqslant 1/2$ 且 $s\geqslant \overline{s}(\alpha_2)$ 的情况.此时 $x_2\leqslant x_1$,于是

$$U_1(s)=1-s-\beta_1(1-2s)=1-\beta_1+(2\beta_1-1)s,\qquad \overline{s}(\alpha_2)\leqslant s\leqslant 1/2 \tag{5}$$

$U_1(s)$ 是 s 的线性函数,由 $\beta_1<1/2$ 知最优值在左端点取得,于是甲的最佳决策 s^* 应该是

$$s^*=\overline{s}(\alpha_2)=\alpha_2/(1+2\alpha_2) \tag{6}$$

可见,甲提议给乙的比例为 $\overline{s}(\alpha_2)$,严格小于 50%.此外,$\overline{s}(\alpha_2)$ 是乙的“愤怒”系数 α_2 的增函数,α_2 越大,甲提议分给乙的份额就会越高,这是符合人们直觉的.

情况 2 甲不知道乙的“愤怒”系数 α_2,但知道 α_2 的概率分布.

若 $s\geqslant 1/2$,则 $x_2\geqslant x_1$,因为此时乙一定会接受甲的提议,甲的效用仍如(4)式所示,在 $s^*=1/2$ 时达到最大值 1/2,所以仍只需要讨论 $s\leqslant 1/2$ 的情况.

甲知道 $s\geqslant \overline{s}(\alpha_2)$ 时乙才会接受甲的提议,且 $s\geqslant \overline{s}(\alpha_2)=\alpha_2/(1+2\alpha_2)$ 等价于 $\alpha_2\leqslant s/(1-2s)$.若设 α_2 的概率分布函数为 $F(\alpha_2)$,且 $F(\underline{\alpha})=0$, $F(\overline{\alpha})=1$[①],则甲可以推测乙接受甲的提议 s 的概率 p 为

$$p=\begin{cases}0, & s\leqslant \overline{s}(\underline{\alpha})\\ F(s/(1-2s)), & \overline{s}(\underline{\alpha})<s<\overline{s}(\overline{\alpha})\\ 1, & s\geqslant \overline{s}(\overline{\alpha})\end{cases} \tag{7}$$

这个概率是关于 s 的非减函数,即甲提议的 s 越大,越可能被乙接受,这与实验中观察到的现象完全吻合.

于是由(5)式和(7)式,如果甲提议 s,其期望效用为

$$EU_1(s)=\begin{cases}0, & s\leqslant \overline{s}(\underline{\alpha})\\ [1-\beta_1+(2\beta_1-1)s]F(s/(1-2s)), & \overline{s}(\underline{\alpha})<s<\overline{s}(\overline{\alpha})\\ 1-\beta_1+(2\beta_1-1)s, & s\geqslant \overline{s}(\overline{\alpha})\end{cases} \tag{8}$$

甲应该最大化(8)式表示的期望效用.考虑到 $\beta_1<1/2$ 及(8)式中 $EU_1(s)$ 是连续函数,只需要考虑在区间 $\overline{s}(\underline{\alpha})<s\leqslant \overline{s}(\overline{\alpha})$ 上最大化 $[1-\beta_1+(2\beta_1-1)s]F(s/(1-2s))$ 即可,其最优解 s^* 就是甲的最优战略.

与情况 1 类似,甲提议给乙的比例不超过 $\overline{s}(\overline{\alpha})$,严格小于 50%.

---

① 严格地说,$\underline{\alpha}=\max\{\alpha\mid F(\alpha)=0\}$, $\overline{\alpha}=\min\{\alpha\mid F(\alpha)=1\}$.

评注 这个模型对公平性进行了量化,很好地解释了实验结果与理论预测不一致的矛盾.通过建立数学模型解释存在的现象,这是建模的重要功能之一.可以相信,如果一个模型能够很好地解释存在的现象,这个模型应该对未来的现象也具有很强的预测能力.

二人分配财富的模型可以推广到有 n 个参与人,记参与人 i 得到的财富为 x_i,$\boldsymbol{x}=(x_1,x_2,\cdots,x_n)$,定义 i 的效用函数为

$$U_i(\boldsymbol{x})=x_i-\alpha_i\frac{1}{n-1}\sum_{j\neq i}\max\{x_j-x_i,0\}-$$

$$\beta_i\frac{1}{n-1}\sum_{j\neq i}\max\{x_i-x_j,0\},\quad i=1,2,\cdots,n \tag{9}$$

其中 α_i,β_i 的含义与前面相同.与二人情形假设 $\beta_i<1/2$ 类似,对于多人情形一般假设 $\beta_i<1$,主要理由是:当 i 的所得比其他人多而其他人所得相同,即对任意 $j\neq i$,$x_i>x_j=(1-x_i)/(n-1)$ 时,i 的效用函数是

$$U_i(\boldsymbol{x})=x_i-\beta_i\frac{1}{n-1}\sum_{j\neq i}(x_i-x_j)=x_i-\beta_i\left(x_i-\frac{1-x_i}{n-1}\right)$$

$$=\frac{\beta_i}{n-1}+\left(1-\frac{n\beta_i}{n-1}\right)x_i \tag{10}$$

为了避免该效用函数关于 i 自己的所得 x_i 的系数非正(过分"愧疚"的情形),一般假设 $1-\frac{n\beta_i}{n-1}>0$,即 $\beta_i<\frac{n-1}{n}<1$.

复习题

按照本节介绍的公平性概念,建立考虑公平性的博弈模型,分析如下具有多个(至少两个)"反应者"的最后通牒博弈:首先由一个唯一指定的"提议者"提出一个分配提议——从总量为1的财富中分给反应者 s,剩下的 $1-s$ 留给提议者自己;其次,由 $n-1$ 个"反应者"同时决定自己是否接受这个提议,如果没有人接受,则所有参与者什么也得不到;如果至少有一个人接受,则所有接受的反应者以等概率地(如通过抓阄)得到 s,提议者得到 $1-s$.假设(9)式定义的 $\beta_i<(n-1)/n$,给出这个博弈的均衡[18].

10.5 效益的合理分配

在经济或社会活动中若干实体(如个人、公司、党派、国家等)相互合作结成联盟或集团,常能比他们单独行动获得更多的经济或社会效益.确定合理地分配这些效益的方案是促成合作的前提.先看一个简单例子.

甲乙丙三人经商.若单干,每人仅能获利1元;甲乙合作可获利7元;甲丙合作可获利5元;乙丙合作可获利4元;三人合作则可获利11元.问三人合作时怎样合理地分配11元的收入.

人们自然会想到的一种分配方法是:设甲乙丙三人各得 x_1,x_2,x_3 元,满足

$$x_1+x_2+x_3=11 \tag{1}$$

$$x_1,x_2,x_3\geqslant 1,\quad x_1+x_2\geqslant 7,\quad x_1+x_3\geqslant 5,\quad x_2+x_3\geqslant 4 \tag{2}$$

(2)式表示这种分配必须不小于单干或二人合作时的收入.但是容易看出(1)(2)式有许多组解,如$(x_1,x_2,x_3)=(5,3,3),(4,4,3),(4,3.5,3.5)$等.于是应该寻求一种圆满的分配方法.

上例提出的这类问题称为 **n 人合作对策**(cooperative n-person game).L.S.Shapley① 1953 年给出了解决该问题的一种方法,称 **Shapley 值**[59].

***n* 人合作对策和 Shapley 值** n 个人从事某项经济活动,对于他们之中若干人组合的每一种合作(为统一起见,单人也视为一种合作),都会得到一定的效益,当人们之间的利益是非对抗性时,合作中人数的增加不会引起效益的减少.这样,全体 n 个人的合作将带来最大效益.n 个人的集合及各种合作的效益就构成 n 人合作对策,Shapley 值是分配这个最大效益的一种方案.正式的定义如下.

设集合 $I=\{1,2,\cdots,n\}$,如果对于 I 的任一子集 s 都对应着一个实值函数$v(s)$,满足

$$v(\varnothing)=0 \tag{3}$$

$$v(s_1\cup s_2)\geqslant v(s_1)+v(s_2),\quad s_1\cap s_2=\varnothing \tag{4}$$

称$[I,v]$为 n 人合作对策,v 为对策的**特征函数**.

在上面所述经济活动中,I 定义为 n 人集合,s 为 n 人集合中的任一种合作,$v(s)$为合作 s 的效益.

用 x_i 表示 I 的成员 i 从合作的最大效益 $v(I)$ 中应得到的一份收入.$\boldsymbol{x}=(x_1,x_2,\cdots,x_n)$叫作合作对策的**分配**(imputation),满足

$$\sum_{i=1}^{n} x_i=v(I) \tag{5}$$

$$x_i\geqslant v(i),\quad i=1,2,\cdots,n \tag{6}$$

请读者解释(6)式的含义.显然,由(3)(4)式定义的 n 人合作对策$[I,v]$通常有无穷多个分配.

Shapley 值由特征函数 v 确定,记作 $\boldsymbol{\Phi}(v)=(\varphi_1(v),\varphi_2(v),\cdots,\varphi_n(v))$.对于任意的子集 s,记 $x(s)=\sum\limits_{i\in s} x_i$,即 s 中各成员的分配.对一切 $s\subset I$,满足 $x(s)\geqslant v(s)$的 x 组成的集合称$[I,v]$的**核心**(core).当核心存在时,即所有 s 的分配都不小于 s 的效益,可以将 Shapley 值作为一种特定的分配,即 $\varphi_i(v)=x_i$.

Shapley 首先提出看来毫无疑义的几条公理,然后用逻辑推理的方法证明,存在唯一的满足这些公理的分配 $\boldsymbol{\Phi}(v)$,并把它构造出来.这里只给出 $\boldsymbol{\Phi}(v)$的结果,Shapley 公理可参看[8].

Shapley 值 $\boldsymbol{\Phi}(v)=(\varphi_1(v),\varphi_2(v),\cdots,\varphi_n(v))$为

$$\varphi_i(v)=\sum_{s\in S_i} w(|s|)[v(s)-v(s\backslash i)],\quad i=1,2,\cdots,n \tag{7}$$

$$w(|s|)=\frac{(n-|s|)!\ (|s|-1)!}{n!} \tag{8}$$

---

① L.S.Shapley(1923—2016) 美国数学家、经济学家,在数学经济学、对策论方面有突出贡献,2012 年获诺贝尔经济学奖.

其中 S_i 是 I 中包含 i 的所有子集，$|s|$ 是子集 s 中的元素数目（人数），$w(|s|)$ 是加权因子，$s\backslash i$ 表示 s 去掉 i 后的集合.

我们用这组公式计算本节开始给出的三人经商问题的分配，以此解释公式的用法和意义.

甲乙丙三人记为 $I=\{1,2,3\}$，经商获利定义为 I 上的特征函数，即 $v(\varnothing)=0, v(1)=v(2)=v(3)=1, v(1,2)=7, v(1,3)=5, v(2,3)=4, v(I)=11$. 容易验证 v 满足(3)，(4). 为计算 $\varphi_1(v)$ 首先找出 I 中包含 1 的所有子集 S_1：$\{1\},\{1,2\},\{1,3\},I$，然后令 s 跑遍 S_1，将计算结果记入表 1. 最后将表中末行相加得 $\varphi_1(v)=13/3$. 同法可计算出 $\varphi_2(v)=23/6$，$\varphi_3(v)=17/6$. 它们可作为按照Shapley值方法计算的甲乙丙三人应得的分配.

让我们通过此例对(7)式作些解释. 对表 1 中的 s，比如 $\{1,2\}$，$v(s)$ 是有甲（即 $\{1\}$）参加时合作 s 的获利，$v(s\backslash 1)$ 是无甲参加时合作 s（只剩下乙）的获利，所以 $v(s)-v(s\backslash 1)$ 可视为甲对这一合作的"贡献". 用 Shapley 值计算的甲的分配 $\varphi_1(v)$ 是，甲对他所参加的所有合作（S_1）的贡献的加权平均值，加权因子 $w(|s|)$ 取决于这个合作 s 的人数. 通俗地说就是按照贡献取得报酬.

表 1 三人经商中甲的分配 $\varphi_1(v)$ 的计算

s	1	$\{1,2\}$	$\{1,3\}$	I
$v(s)$	1	7	5	11
$v(s\backslash 1)$	0	1	1	4
$v(s)-v(s\backslash 1)$	1	6	4	7
$\|s\|$	1	2	2	3
$w(\|s\|)$	1/3	1/6	1/6	1/3
$w(\|s\|)[v(s)-v(s\backslash 1)]$	1/3	1	2/3	7/3

小结 Shapley 值方法以严格的公理为基础，在处理合作对策的分配问题时具有公正、合理等优点. 需要注意的是，在定义特征函数时需要知道集合 $I=\{1,2,\cdots,n\}$ 的每一个子集 s 获得的效益.

Shapley 值方法可以有效地处理经济和社会合作活动中的利益分配问题. 请看下例.

污水处理费用的合理分担 沿河有三城镇 1，2 和 3，地理位置如图 1 所示. 污水需处理后才能排入河中. 三城镇既可以单独建立污水处理厂，也可以联合建厂，用管道将污水集中处理（污水应由河流的上游城镇向下游城镇输送）. 用 Q 表示污水量（单位：t/s），L 表示管道长度（单位：km），按照经验公式，建立处理厂的费用为 $P_1=73Q^{0.712}$（千元），铺设管道费用为 $P_2=0.66Q^{0.51}L$（千元）. 已知三城镇污水量为 $Q_1=5, Q_2=3, Q_3=5$，L 的数值如图 1 所示. 试从节约总投资的角度为三城镇制定污水处理方案. 如果联合建厂，各城镇如何分担费用[44]？

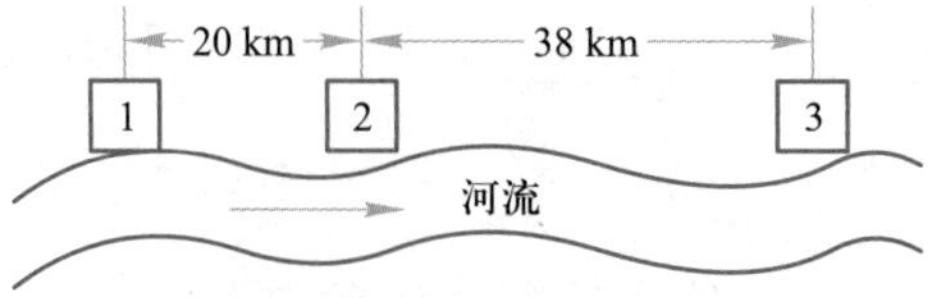

图 1 三城镇地理位置示意图

三城镇污水处理共有以下 5 种方案,计算出投资费用以作比较.

1）分别建厂.投资分别为

$C(1)=73\times5^{0.712}=230$, $C(2)=160$, $C(3)=230$,总投资 $D_1=C(1)+C(2)+C(3)=620$.

2）1,2 合作,在城 2 建厂.投资为

$C(1,2)=73\times(5+3)^{0.712}+0.66\times5^{0.51}\times20=350$,总投资 $D_2=C(1,2)+C(3)=580$.

3）2,3 合作,在城 3 建厂.投资为

$C(2,3)=73\times(3+5)^{0.712}+0.66\times3^{0.51}\times38=365$,总投资 $D_3=C(1)+C(2,3)=595$.

4）1,3 合作,在城 3 建厂.投资为

$C(1,3)=73\times(5+5)^{0.712}+0.66\times5^{0.51}\times58=463$,这个费用超过了 1,3 分别建厂的费用 $C(1)+C(3)=460$.合作没有效益,不可能实现.

5）三城合作,在城 3 建厂.总投资为 $D_5=C(1,2,3)=73\times(5+3+5)^{0.712}+0.66\times5^{0.51}\times20+0.66\times(5+3)^{0.51}\times38=556$.

比较结果以 $D_5=556$ 千元最小,所以应选择联合建厂方案.下面的问题是如何分担费用 D_5.

总费用 D_5 中有 3 部分:联合建厂费 $d_1=73\times(5+3+5)^{0.712}=453$;城 1 至 2 的管道费 $d_2=0.66\times5^{0.51}\times20=30$;城 2 至 3 的管道费 $d_3=0.66\times(5+3)^{0.51}\times38=73$.城 3 提出,$d_1$ 由三城按污水量比例 5∶3∶5分担,d_2,d_3 是为城 1,2 铺设的管道费,应由他们担负;城 2 同意,并提出 d_3 由城 1,2 按污水量之比 5∶3分担,d_2 则应由城 1 自己担负;城 1 提不出反对意见,但他们计算了一下按上述办法各城应分担的费用:

城 3 分担费用为 $d_1\times\frac{5}{13}=174$;

城 2 分担费用为 $d_1\times\frac{3}{13}+d_3\times\frac{3}{8}=132$;

城 1 分担费用为 $d_1\times\frac{5}{13}+d_3\times\frac{5}{8}+d_2=250$.

结果表明城 2,3 分担的费用均比他们单独建厂费用 $C(2)$,$C(3)$ 小,而城 1 分担的费用却比 $C(1)$ 大.显然,城 1 不能同意这种分担总费用的办法.

为了促成三城联合建厂以节约总投资,应该寻求合理分担总费用的方案.三城的合作节约了投资,产生了效益,是一个 n 人合作对策问题,可以用 Shapley 值方法圆满地分配这个效益.

把分担费用转化为分配效益,就不会出现城 1 联合建厂分担的费用反比单独建厂费用高的情况.将三城镇记为 $I=(1,2,3)$,联合建厂比单独建厂节约的投资定义为特征函数.于是有

$$
\begin{aligned}
&v(\varnothing)=0, v(1)=v(2)=v(3)=0\\
&v(1,2)=C(1)+C(2)-C(1,2)=230+160-350=40\\
&v(2,3)=C(2)+C(3)-C(2,3)=160+230-365=25\\
&v(1,3)=0\\
&v(I)=C(1)+C(2)+C(3)-C(1,2,3)\\
&\quad\;\;=230+160+230-556=64
\end{aligned}
$$

评注 对于 n 个成员合作对策的分配问题,Shapley 值方法需要知道所有 2^n 个子集获得的效益,实际上常常做不到,这就限制了它的应用范围.当掌握的信息较少时处理这类分配问题有另一类方法.参见更多案例 10-3.

三城联合建厂的效益为 64 千元.用 Shapley 值作为这个效益的分配,城 1 应分得的份额 $\varphi_1(v)$ 的计算结果列入表 2,得到 $\varphi_1(v)=19.7$.类似地算出 $\varphi_2(v)=32.1$, $\varphi_3(v)=12.2$.可以验证 $\varphi_1(v)+\varphi_2(v)+\varphi_3(v)=64=v(I)$.看来,城 2 从总效益 64 千元中分配的份额最大,你能从城 2 的地理位置与合作对策的角度解释这个结果吗?

表 2 污水处理问题中 $\varphi_1(v)$ 的计算

s	1	$\{1,2\}$	$\{1,3\}$	I
$v(s)$	0	40	0	64
$v(s\backslash 1)$	0	0	0	25
$v(s)-v(s\backslash 1)$	0	40	0	39
$\|s\|$	1	2	2	3
$w(\|s\|)$	1/3	1/6	1/6	1/3
$w(\|s\|)[v(s)-v(s\backslash 1)]$	0	6.7	0	13

最后,在联合建厂方案总投资额 556 千元中各城的分担费用为:城 1 是 $C(1)-\varphi_1(v)=230-19.7=210.3$;城 2 是 $C(2)-\varphi_2(v)=127.9$;城 3 是 $C(3)-\varphi_3(v)=217.8$.

复习题

1. 某甲(农民)有一块土地,若从事农业生产可收入 1 万元;若将土地租给某乙(企业家)用于工业生产,可收入 2 万元;若租给某丙(旅店老板)开发旅游业,可收入 3 万元:当旅店老板请企业家参与经营时,收入达 4 万元.为促成最高收入的实现,试用 Shapley 值方法分配各人的所得.

2. 证明由(7)(8)式给出的 Shapley 值 $\boldsymbol{\Phi}(v)$ 满足 $\varphi_i(v)\geqslant v(i)$, $i=1,2,\cdots,n$.

10.6 加权投票中权力的度量

在许多经济或政治机构中,为了保证每个参与者有平等的权力,在进行投票选举和表决提案等活动时,通常采取"一人一票"的方式,以显示投票和表决的公正性.然而还有不少不宜采用按人头计票的情况,如在股份制公司的一些机构中,每位股东投票和表决权的大小常由他们占有的股份多少决定.又如一些国家、地区的议会、政府,甚至总统的产生,是由这些国家、地区所属的州、县等各个区域推出的代表投票决定的,而这些代表投票的权重又取决于他们代表的那个区域的人口,这种看似公平的办法在一些情况下也会出现矛盾,引起质疑.

美国的总统选举是一个典型案例.根据美国宪法,总统选举不是全民普选,而是实行选举人制度.总统候选人获得全国 50 个州和华盛顿特区共 538 张选举人票数的一半以上即可当选,各州拥有的选举人票数与该州在国会拥有的参、众议员人数相等.参议员每州 2 位,众议员人数则根据各州人口比例来确定,而各州人口的悬殊使得各州选举人票的数量相差很大,如人口众多的加利福尼亚州的选举人票多达 55 张,人口较少的阿拉斯加州只有 3 张.

各州的选举人如何投票呢？原来，总统候选人先在各州内实行普选，获得相对多数选票的候选人将得到该州的全部选举人票，这就是在 48 个州和华盛顿特区实行的“胜者全得”原则.这样，在加利福尼亚州以微弱多数普选获胜的总统候选人可得到全部 55 张选举人票.如果有几个人口多的州出现这种情况，总统选举的结果就可能违反全国多数人的意愿，即在各州累计得票最多的总统候选人在选举人投票中反而不能获胜.美国历史上曾多次发生这种情况，在 2000 年布什与戈尔进行的竞选中，戈尔最终败给布什就是一例.

选举人制度在美国已经历了 200 多年的发展与演变.近年来，虽然要求改革的呼声不断，但由于多种因素的制约，改革始终无法进行.

为了叙述的方便，本节考察的对象可以解释为：由若干区域（如省、县、镇等）组成的某个机构中，每区都有代表任职，其数量按照各区人口的比例分配，在机构进行投票选举和表决时，每区的全体代表投相同的票.这种情况等价于每区各派一位代表（也称投票人），按照他们所代表的各区人口比例赋予他们以投票的权重，这就是加权投票的含义.股份制公司中股东以所占有的股份为权重来投票也属于这种情况.

如何度量每位代表的投票对最终结果的影响力（不妨称为投票人的权力），本节根据对策论的方法引入一个模型，介绍两种合理的数量指标，并且通过实例给出它们的应用，最后研究如何调整投票人的权重，使他们的权力大致与他们所代表的各区人口成比例[44].

加权投票与获胜联盟　本节研究的对象称为加权投票，先看一个虚拟的例子.

例 1　假设一个县有 5 个区，记作 A，B，C，D，E，人口（单位：千人）分别为 60，20，10，5，5，每区出一位代表，按照人口比例分配各区代表的投票权重为 12，4，2，1，1，总权重 20.按照简单多数规则决定投票结果，即当投赞成票代表的权重之和超过 10（总权重的一半）时，投票结果即为赞成（以下表述为决议通过）.显然，A 区的代表是一位独裁者，他可以决定投票结果，其他各区代表都成了摆设.

为了改变这种情况，将 A 区分成人口相等的 3 个子区 A1，A2，A3，于是一共 7 个区，按人口比例分配，每区一位代表的投票权重为 4，4，4，4，2，1，1.如果仍按简单多数规则决定投票结果，那么可以决定投票结果的区域集合除了[A1，A2，A3]外，还有[A1，A2，B]，[A1，A3，C，D]，[A1，B，C，E]，[A1，A3，B，D]，等等.

加权投票可描述如下：一个系统由 n 个投票人的集合 $N=\{A,B,C,\cdots\}$ 及他们的投票权重（均为正数）$w_1,w_2,\cdots,w_n$ 构成，投票规则规定，当投赞成票的投票人权重之和达到或超过事先给定的正数 q 时，决议通过.具有这种构造及规则的系统称为**加权投票系统**，记作 S，用 $S=[q;w_1,w_2,\cdots,w_n]$ 表示，其中 q 称为**定额**（quota），若记 $w=w_1+w_2+\cdots+w_n$，一般假定 $w/2<q\leqslant w$.在简单多数规则并且权重取整数的情况，q 为大于 $w/2$ 的最小整数.

像例 1 那样，若 n 个区的人口比例为 $\boldsymbol{p}=(p_1,p_2,\cdots,p_n)$，按照这个比例直接赋予各位代表的投票权重，称为直接比例加权投票系统.例 1 中的 2 个系统分别记作 $S^{(1)}=[11;12,4,2,1,1]$ 和 $S^{(2)}=[11;4,4,4,4,2,1,1]$.

权重之和达到或超过定额 q 的投票人子集称为**获胜联盟**(winning coalition).获胜联盟如果没有它的一个真子集也是获胜联盟,那么称它为**极小获胜联盟**.在系统 $S^{(2)}$ 中,[A1,A2,B],[A1,A3,C,D]都是极小获胜联盟,而[A1,A3,B,D]是获胜联盟,却不是极小的.所有获胜联盟的集合称**获胜联盟集**,记作 W,**极小获胜联盟集**记作 W_m.一个加权投票系统 $S=[q;w_1,w_2,\cdots,w_n]$ 也可以用投票人集合 N 和获胜联盟集 W 表示,记作 $G=(N,W)$,在对策论中是一个合作对策.

评注 任何一个构造和规则有明确定义的投票系统,都可用极小获胜联盟来描述,进而常常可以表示成加权投票系统.

极小获胜联盟在加权投票系统中起着重要作用.再看一个例子.

例 2 某系的一个委员会由主任、教授、学生各一人组成,依次记作 A,B,C,投票权重为 w_1,w_2,w_3.考察以下几种加权投票系统:

1. $S^{(1)}=[3;3,1,1]$.只有一个极小获胜联盟,$W_m=([A])$,主任是独裁者,教授、学生的投票对结果没有任何影响,可以说他们没有权力,这样的投票人称为傀儡(dummy).

2. $S^{(2)}=[2;1,1,1]$.任何 2 人组成极小获胜联盟,$W_m=([AB],[AC],[BC])$,3 人的权力相同.

3. $S^{(3)}=[4;2,2,1]$.只有一个极小获胜联盟,$W_m=([AB])$,学生不在其中,是傀儡,而主任和教授的权力相同.

4. $S^{(4)}=[3;2,1,1]$.有 2 个极小获胜联盟,$W_m=([AB],[AC])$,主任虽不是独裁者,但每一个极小获胜联盟都有他,表明主任有否决权,而教授和学生的权力相同.

可以看出,给定一个加权投票系统 S,能够写出极小获胜联盟集 W_m,由 W_m 也容易写出获胜联盟集 W.实际上,我们常常用获胜规则描述一个投票过程,如某系务会由一位主任和两位教师组成,投票结果由主任和至少一位教师决定,主任有否决权.由此首先写出的是 $N=\{A,B,C\}$,$W_m=([AB],[AC])$,$W=([AB],[AC],[ABC])$,这里 A 是主任,B,C 是教师.而根据这样的 N,W_m 或 W 可以得到不同的加权投票系统,如上面的 $S^{(4)}=[3;2,1,1]$,$[5;3,2,2]$等.

分析例 2 的加权投票系统及其极小获胜联盟可以看出,每个投票人的投票对系统投票结果的影响,并不直接依赖于他的投票权重,如 $S^{(1)}$ 中主任的权重不过是教授或学生的 3 倍,却能完全操纵结果,$S^{(3)}$ 中学生的权重是主任或教授的一半,却对结果毫无影响力.

显然,每个投票人对投票结果的影响力才是他在系统中权力或地位最重要的度量.若用 $\boldsymbol{k}=(k_1,k_2,k_3)$ 描述例 2 加权投票系统中 3 位投票人的(相对)权力,作初步分析就可看出,在 $S^{(1)},S^{(2)},S^{(3)}$ 中投票人要么有权,且权力相同,可以用 1 表示,要么无权,用 0 表示,于是对于 $S^{(1)}$ 有 $\boldsymbol{k}^{(1)}=(1,0,0)$,$S^{(2)}$ 有 $\boldsymbol{k}^{(2)}=(1,1,1)$,$S^{(3)}$ 有 $\boldsymbol{k}^{(3)}=(1,1,0)$,而对于 $S^{(4)}$,$\boldsymbol{k}^{(4)}$ 如何得到呢?因为教授和学生的权力相同,可以令 $k_2=k_3=1$,显然 k_1 应该大一些,等于多少合适呢?

实际上在加权投票系统中,除了很简单的情况外,找到公平、合理的度量投票人权力的办法并不那么容易.下面介绍两种度量投票人权力的数量指标——Shapley 指标和 Banzhaf 指标,统称**权力指标**(power index).

Shapley 权力指标 对于前面讨论的加权投票系统 $S=[q;w_1,w_2,\cdots,w_n]$ 或其对策论的表述 $G=(N,W)$,必有空集 $\varnothing\notin W$,$N\in W$,且若 $R,T\in N$,$R\subset T$,$R\in W$,则 $T\in W$.下

面先列出作为度量投票人权力的数量指标应该具有的性质：

1. 对于每个投票人 i 有一个非负实数 k_i 作为他的权力指标；
2. 当且仅当 $i \notin W_m$ 即 i 是傀儡时，$k_i = 0$；
3. 若权重 $w_i > w_j$，则 $k_i \geqslant k_j$；
4. 若投票人 i 和 j 在 W 中"对称"（通过下面例子解释），则 $k_i = k_j$；
5. $\sum\limits_{i \in N} k_i = 1$（这种归一化不是必需的）.

满足这些性质的数量指标并不唯一，Shapley 权力指标（或称 Shapley-Shubik 权力指标）是常用的一个.下面先通过例 2 由主任 A、教授 B、学生 C 构成的加权投票系统 $S^{(4)} = [3;2,1,1]$，看看这个指标是如何得到的.

首先写出 3 位投票人的全排列 ABC，ACB，BAC，BCA，CAB，CBA.对第 1 个排列 ABC，由左向右依次检查：从 A 增至 AB 时，[AB]变为获胜联盟，B 下画以横线；对第 2 个排列 ACB，从 A 增至 AC 时，[AC]变为获胜联盟，C 下画以横线；…… 对第 6 个排列 CBA，从 CB 增至 CBA 时，[CBA]变为获胜联盟，A 下画以横线.这样得到

$$\mathrm{A\underline{B}C} \qquad \mathrm{A\underline{C}B} \qquad \mathrm{B\underline{A}C} \qquad \mathrm{BC\underline{A}} \qquad \mathrm{C\underline{A}B} \qquad \mathrm{CB\underline{A}}$$

A 下有 4 条横线，B，C 下各有 1 条横线，于是系统 $S^{(4)}$ 的 Shapley 指标是(4,1,1)，可归一化为(4/6,1/6,1/6).

评注 Shapley 指标作为对策论中著名的 Shapley 值方法的副产品，被数学界广泛接受.有人认为 Shapley 指标适于投票系统的评价，代表已经选出，他们的立场已为众人所知.

一般地，对于有 n 个投票人的加权投票系统，写出投票人的共 $n!$ 个全排列，然后对每一个排列由左向右依次检查，若某位投票人加入时该集合变成获胜联盟，称该投票人为**决定者**(pivot).将每位投票人在所有排列中的成为决定者的次数 $\boldsymbol{\xi}$ 除以排列数 $n!$，定义为他们在系统中的 **Shapley 权力指标**，记作 $\boldsymbol{\varphi} = \boldsymbol{\xi}/n!$，$\boldsymbol{\varphi} = (\varphi_1, \varphi_2, \cdots, \varphi_n)$.再看一个例子.

例 3 某股份有限公司的 4 个股东分别持有 40%、30%、20%、10%的股份，公司的决策必须经持有半数以上股份的股东的同意才可通过，求这 4 个股东在公司决策中的 Shapley 指标.

4 个股东依次记作 A，B，C，D，上述问题可归结为加权投票系统 $S = [6;4,3,2,1]$，为计算系统的 Shapley 指标，写出 4 个股东的 $4! = 24$ 个全排列，对每一个排列找出决定者，下画横线，如下：

$$\begin{array}{cccccc}
\mathrm{A\underline{B}CD} & \mathrm{A\underline{B}DC} & \mathrm{A\underline{C}BD} & \mathrm{A\underline{C}DB} & \mathrm{AD\underline{B}C} & \mathrm{AD\underline{C}B} \\
\mathrm{B\underline{A}CD} & \mathrm{B\underline{A}DC} & \mathrm{BC\underline{A}D} & \mathrm{BC\underline{D}A} & \mathrm{BD\underline{A}C} & \mathrm{BD\underline{C}A} \\
\mathrm{C\underline{A}BD} & \mathrm{C\underline{A}DB} & \mathrm{CB\underline{A}D} & \mathrm{CB\underline{D}A} & \mathrm{CD\underline{A}B} & \mathrm{CD\underline{B}A} \\
\mathrm{DA\underline{B}C} & \mathrm{DA\underline{C}B} & \mathrm{DB\underline{A}C} & \mathrm{DB\underline{C}A} & \mathrm{DC\underline{A}B} & \mathrm{DC\underline{B}A}
\end{array}$$

统计出 A，B，C，D 成为决定者的次数 $\boldsymbol{\xi} = (10,6,6,2)$，Shapley 指标为 $\boldsymbol{\varphi} = (5/12, 3/12, 3/12, 1/12)$.

可以通过例 2 的 $S^{(4)}$ 和例 3 检查 Shapley 指标满足上面的 5 条性质，其中 1，2，3，5 是显然的，对于性质 4，考察投票人在获胜联盟集 W 或极小获胜联盟集 W_m 中的对称性.例 2 的 $S^{(4)}$ 中 $W = ([AB],[AC],[ABC])$，B 和 C 对称，$\varphi_2 = \varphi_3$；例 3 中 $W_m = ([AB],[AC],[BCD])$，B 和 C 对称，$\varphi_2 = \varphi_3$.而如果事先判断出 B 和 C 对称，则上面 24 个排列中可以只保留 B 在 C 之前的那些，减至如下 12 个：

$$\mathrm{A\underline{B}CD} \qquad \mathrm{A\underline{B}DC} \qquad \mathrm{AD\underline{B}C} \qquad \mathrm{B\underline{A}CD} \qquad \mathrm{B\underline{A}DC} \qquad \mathrm{BC\underline{A}D}$$

$$\mathrm{BC\underline{D}A}\qquad \mathrm{BD\underline{A}C}\qquad \mathrm{BD\underline{C}A}\qquad \mathrm{DA\underline{B}C}\qquad \mathrm{DB\underline{A}C}\qquad \mathrm{DB\underline{C}A}$$

统计出 A,B(和 C),D 成为决定者的次数 $\boldsymbol{\xi}=(5,6,1)$,其中 6 为 B 和 C 分享,所以 Shapley 指标与上相同.

Banzhaf 权力指标 这是另一个常用的权力指标,让我们仍然通过例 2 的加权投票系统 $S^{(4)}=[3;2,1,1]$,看看它是如何得到的.

首先写出 $S^{(4)}$ 的获胜联盟集 $W=([\mathrm{AB}],[\mathrm{AC}],[\mathrm{ABC}])$,对于 W 中的每个获胜联盟,检查每位投票人是否**决定者**,即这个联盟是否由于他的加入才获胜的,若是,下画以横线,于是得到

$$\underline{\mathrm{AB}}\qquad \underline{\mathrm{AC}}\qquad \mathrm{\underline{A}BC}$$

A 下有 3 条横线,B,C 下各有 1 条横线,于是系统 $S^{(4)}=[3;\ 2,1,1]$的 Banzhaf 指标是(3,1,1),可归一化为(3/5,1/5,1/5).注意到它与 $S^{(4)}$ 的 Shapley 指标(4,1,1)或(4/6,1/6,1/6)不同,并且这两个指标都与投票人的权重(2,1,1)不一样.

两个指标虽然都是由投票人成为决定者的次数决定,但是 Shapley 指标是在投票人的**排列**中检查,而 Banzhaf 指标是在投票人的**组合**(获胜联盟)中检查.

评注 Banzhaf 指标在道理上更浅显,容易口头解释,更易为实际工作者接受.有人认为 Banzhaf 指标适于投票系统的设计,在代表尚未选出之前,假定所有投票意愿的等可能性是合理的.

一般地,对于有 n 个投票人的加权投票系统,写出它的获胜联盟集 W,然后对于每一个联盟检查每位投票人是否决定者,将每位投票人在 W 中成为决定者的次数 $\boldsymbol{\eta}$ 归一化,定义为他们在系统中的 **Banzhaf**[①]**权力指标**,记作 $\boldsymbol{\beta}=(\beta_1,\beta_2,\cdots,\beta_n)$.

让我们计算例 3 加权投票系统 $S=[6;\ 4,3,2,1]$的 Banzhaf 指标.

写出 S 的获胜联盟集 $W=([\mathrm{AB}],[\mathrm{AC}],[\mathrm{ABC}],[\mathrm{ABD}],[\mathrm{ACD}],[\mathrm{BCD}],[\mathrm{ABCD}])$,在 W 中的每一个检查每位投票人,是决定者的下画以横线,得到

$$\underline{\mathrm{AB}}\qquad \underline{\mathrm{AC}}\qquad \mathrm{\underline{A}BC}\qquad \mathrm{\underline{AB}D}\qquad \mathrm{\underline{AC}D}\qquad \underline{\mathrm{BCD}}\qquad \mathrm{ABCD}$$

统计出 A,B,C,D 成为决定者的次数 $\boldsymbol{\eta}=(5,3,3,1)$,归一化后 Banzhaf 指标为 $\boldsymbol{\beta}=(5/12,3/12,3/12,1/12)$,与前面得到的 Shapley 指标 $\boldsymbol{\varphi}$ 相同 .从这里也可以检查 Banzhaf 指标满足上面的 5 条性质.

加权投票与权力指标的应用 给出两个应用案例.

例 4 在某些国际拳击比赛中,设两个 5 人裁判组,每位裁判一票,先由第 1 组判,若第 1 组以 5∶0或 4∶1判选手甲胜,则甲胜;若第 1 组以 3∶2判选手甲胜,则由第 2 组再判,除非第 2 组以 0∶5或 1∶4判选手甲负,其他情况最终都判甲胜.试将以上裁判规则用加权投票系统表示,并计算 Shapley 指标和 Banzhaf 指标.

设两组 10 人同时裁判,组成集合 $N=\{\mathrm{A,A,A,A,A,B,B,B,B,B}\}$,其中 A 是第 1 组,B 是第 2 组.根据裁判规则这一系统的极小获胜联盟为:第 1 组的 4 位裁判;第 1 组的 3 位裁判加上第 2 组的 2 位裁判;第 1 组的 2 位裁判加上第 2 组的 4 位裁判,记作 $W_m=([4\mathrm{A}],[3\mathrm{A}2\mathrm{B}],[2\mathrm{A}4\mathrm{B}])$.可以合理地将加权投票系统取为 $S=[q;a,a,a,a,a,$

---

① J.F.Banzhaf Ⅲ(1940—) 获 MIT 电机工程学士学位(1962)和哥伦比亚大学法学博士学位(1965),现为乔治华盛顿大学法学教授.早在攻读博士学位期间就发现了直接比例加权投票系统的缺点,并研究了已存在的 Shapley 权力指标.于 1965 年发表文章提出后来以他的名字命名的 Banzhaf 指标,以 1964 年新泽西州参议院选举为例说明其应用.稍后,芝加哥大学著名社会学家 J.S.Coleman 在另外的背景下独立地提出同样的指标,有时该指标也称 Banzhaf-Coleman 指标.

1,1,1,1,1],其中 a,q 为大于 1 的整数,且 a,q 应满足 $4a\geqslant q,3a+2\geqslant q,2a+4\geqslant q,3a+1<q,\cdots$.容易看出,只需简单地取 $a=2,q=8$ 即可.于是上面的两组裁判办法等价于:令第 1 组 5 位裁判的权重各为 2,第 2 组 5 位裁判的权重各为 1,一起裁判,按简单多数规则执行.

按照这样的规则裁判 A 的权力刚好是裁判 B 的 2 倍吗?下面计算系统的 Shapley 指标和 Banzhaf 指标时,将 5 个 A 看作可分辨的,但仍记作 A,5 个 B 也是如此.

对于 Shapley 指标,5 个 A 和 5 个 B 的全排列共 10! 个.为了得到某个 B 在所有排列中成为决定者的次数,只需计算(3A1B)$\underline{B}$ 和(2A3B)$\underline{B}$ 的排列数,其中下划横线的为决定者 B,横线前括号内应取全排列,横线后字母省略,仍取全排列.它们的排列数是 $C_5^3C_4^1 4!5!$ 和 $C_5^2C_4^3 4!5!$.于是某个 B 的 Shapley 指标为 $\frac{4!\ 5!}{10!}(C_5^3C_4^1+C_5^2C_4^3)=\frac{4}{63}=0.0635$,而某个 A 的 Shapley 指标就很容易得到,为 $\frac{1}{5}\left(1-\frac{4}{63}\times 5\right)=0.1365$.系统的 Shapley 指标为 $\boldsymbol{\varphi}=(0.1365,0.1365,0.1365,0.1365,0.1365,0.0635,0.0635,0.0635,0.0635,0.0635)$.

对于 Banzhaf 指标,需要写出 A,B 可能成为决定者的那些获胜联盟类型和个数,由此计算 A,B 为决定者(下画横线)的次数(表 1).

表 1 Banzhaf 指标中计算决定者次数

获胜联盟类型	4$\underline{A}$	4$\underline{A}$1B	3$\underline{A}$2$\underline{B}$	3$\underline{A}$3B	2$\underline{A}$4$\underline{B}$	2$\underline{A}$5B
联盟个数	5	25	100	100	50	10
A 为决定者次数	20	100	300	300	100	20
B 为决定者次数	0	0	200	0	200	0

在获胜联盟中 A 为决定者的次数与 B 为决定者的次数之比 840:400,归一化后的 Banzhaf 指标为 $\boldsymbol{\beta}=(0.1355,0.1355,0.1355,0.1355,0.1355,0.0645,0.0645,0.0645,0.0645,0.0645)$.

评注 两种权力指标常常给出相同或近似的结果,而从理论上区分它们的数学公理既不直观,在使用时也不具说服力,实际应用中公理化方法并不能解决选择哪个指标的问题.

两个权力指标相差无几,也与权重基本一致.

从计算过程可以看出,由于 Shapley 指标自然就是归一的,可以在 A,B 中选一个较容易的计算(读者不妨试算 A,看看有多繁),Banzhaf 指标没有这种归一性,A,B 都要计算.

例 5 "团结就是力量"吗?在加权投票系统中通过结盟能加强权力吗?下面虚拟一个议会的例子来分析.为了叙述的简便我们采用民主党、共和党这样的词汇.

在 40 位议员组成的议会中民主党(记作 M)占 11 席,共和党(记作 G)占 14 席,其余 15 席属于独立人士(记作 D).投票采取简单多数规则,21 票通过.用 Shapley 指标来度量议员的权力.

最初是每位议员都独立投票,系统记作 $S^{(1)}=[21;1,1,\cdots,1]$,其中有 40 个 1,不必计算就知道每位议员(投票人)的 Shapley 指标相等($\varphi_i=1/40,i=1,\cdots,40$),民主党议员的 Shapley 指标之和为 $\varphi_M=11/40=0.275$,共和党议员为 $\varphi_G=14/40=0.350$,独立人士为 $\varphi_D=15/40=0.375$.

如果民主党 11 位议员结盟，推出 1 位代表作为投票人，系统记作 $S^{(2)}=[21;11,1,\cdots,1]$，除民主党 M 的权重为 11 外，其中 29 人均为 1.对于这种特殊的系统，为计算 M 的 Shapley 指标 φ_M，不必写出所有 30!个排列，而只考察 M 在 30 个投票人中的位置，如图 1 的直线.当 M 在第 11 到第 21 的任一位置加入排列时，M 成为决定者，$21-11+1=11$ 个位置在总共 30 个位置中的比例即为 $\varphi_M=11/30=0.367$.共和党议员的 Shapley 指标之和由余下的 19/30 中按照14∶15与独立人士分享，于是 $\varphi_G=(19/30)\times(14/29)=0.306$，独立人士 $\varphi_D=0.327$.显然，民主党议员通过结盟增加了权力，共和党和独立人士的权力则有所减少.

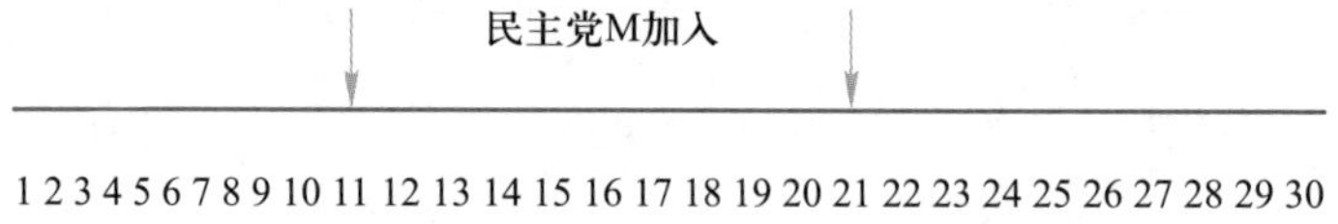

图 1 计算民主党投票人 M 的 Shapley 指标的图示

如果民主党议员的结盟诱使共和党 14 位议员也结盟，推出 1 位代表作为投票人，系统记作 $S^{(3)}=[21;11,14,1,\cdots,1]$，其中有 15 个 1，共 17 位投票人.将图 1 用直线表示民主党投票人 M 的加入，推广到在平面上用 x 轴和 y 轴分别表示民主党投票人 M 和共和党投票人 G 的加入，如图 2.图上格子点的坐标(i,j)表示 M 在第 i 位置加入，G 在第 j 位置加入，因为 $i\neq j$，所以共 $17\times17-17=272$ 个点，点(i,j)与它左下方的方格相对应，用方格表述更为清晰.

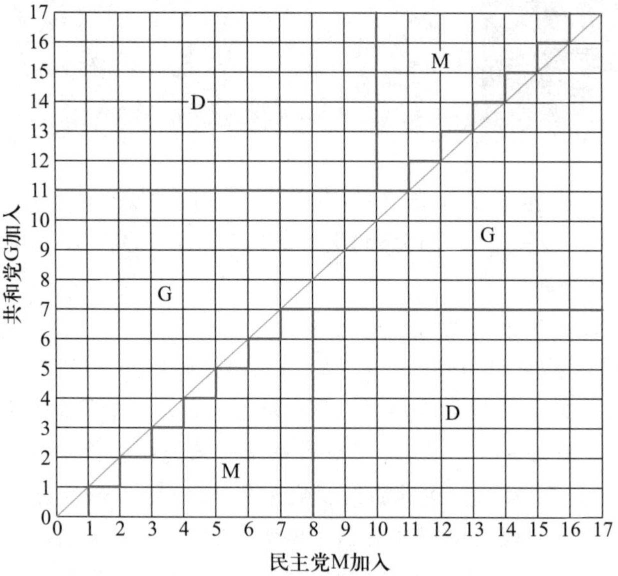

图 2 计算民主党 M 和共和党 G 的 Shapley 指标的图示

图中对角线以下的方格表示 G 在 M 之前加入，注意到 M 和 G 的权重 $w_M=11$，$w_G=14$ 和定额 $q=21$，可知当 $j\leqslant7$，$i\leqslant8$ 时 M 成为决定者，$j\leqslant7$，$i>8$ 时独立人士 D 为决定者，若 $j>7$ 则 G 为决定者.对角线以上的方格表示 M 在 G 之前加入，做类似的分析得到 M，G，D 为决定者的区域，如图中字母所示.数一下各区域的方格分别为 49，100，123，于是

$\varphi_M=49/272=0.180$, $\varphi_G=100/272=0.368$, $\varphi_D=0.452$.

顺便指出,用图2的方式进行计算的一个好处是,当除两个主要投票人(M和G)之外第3方(D)的人数很大时,可以用各个区域面积的比例近似得到Shapley指标.

将上面几种情况下得到的民主党M和共和党G的Shapley指标用表2列出,其中共和党结盟、民主党不结盟的数据是按照类似图1的方法得到的.

表2 民主党和共和党不同结盟情况下的Shapley指标

	共和党G不结盟	共和党G结盟
民主党M不结盟	$\varphi_M=0.275$ $\varphi_G=0.350$	$\varphi_M=0.204$ $\varphi_G=0.519$
民主党M结盟	$\varphi_M=0.367$ $\varphi_G=0.306$	$\varphi_M=0.180$ $\varphi_G=0.368$

可以看出,不论民主党是否结盟,共和党议员联合起来总比单干要好.而共和党一旦结盟,民主党议员不联合更好.不过从民主党的角度看,应该尽量保持原来大家都是单干的局面,不要率先结盟,贪图一时的胜利,反而会诱使共和党也结盟,结果会败得很惨——远不如全都单干的情况.

有意思的是,从独立人士的角度看,虽然若只有民主党或只有共和党结盟自己都有损失,但如果两个党均结盟,反而可得渔翁之利.

调整加权投票系统 在加权投票系统中我们已经多次看到各位投票人的权重与他们的两种权力指标不相符的情况.如果各位投票人的权重是直接按照各区域的人口比例赋予的,这种情况就表明投票人对投票结果的权力与他所代表的人口比例出现失调.如在例1中将C,D,E这3个区合并为F,则A,B,F的人口(单位:千人)为60,20,20,人口比例为$\boldsymbol{p}=(3,1,1)$,若按人口比例赋予3个区投票人的权重,并用简单多数规则(定额$q=3$),得到的系统与例2的$S^{(1)}=[3;3,1,1]$相同,其Banzhaf指标$\boldsymbol{\beta}=(1,0,0)$与人口比例相差甚远.

要使Banzhaf指标$\boldsymbol{\beta}$与$\boldsymbol{p}$一致,只需将$[3;3,1,1]$调整为$[3;2,1,1]$即可,因为前面已得到它的$\boldsymbol{\beta}=(3/5,1/5,1/5)$.这就是说,虽然A区的人口是B区的3倍,但是赋予A区投票人的权重只应是B区的2倍,在简单多数规则下可使投票人的权力正好与他们的人口比例相同(在归一化的意义下).

当然,这样的加权投票系统不是唯一的.比如,若仍按人口比例赋予权重,而将定额改为$q=4$,则系统$[4;3,1,1]$仍有$\boldsymbol{\beta}=(3/5,1/5,1/5)$.其实,还可以写出很多个$\boldsymbol{\beta}$相同的系统,如$[17;9,8,8]$,$[51;50,49,1]$,$[51;48,26,26]$等,虽然其权重和定额各不相同,系统内部权重有的还相差很大,但是它们有相同的极小获胜联盟集$W_m=([\mathrm{AB}],[\mathrm{AC}])$,而正是极小获胜联盟的结构确定了Banzhaf指标.

若n个区的人口比例为$\boldsymbol{p}=(p_1,p_2,\cdots,p_n)$,调整加权投票系统的目的是,寻求一组权重和定额,使加权投票系统$S=[q;w_1,w_2,\cdots,w_n]$的Banzhaf指标$\boldsymbol{\beta}$与人口比例$\boldsymbol{p}$(在归一化的意义下)相近似,且当n较大时近似程度很高.下面用一个例子说明调整的方法.

例6 回到例1,5个区A,B,C,D,E的人口(单位:千人)分别为60,20,10,5,5,比例$\boldsymbol{p}=(12,4,2,1,1)$.若以$\boldsymbol{p}$为权重,用简单多数规则$q=11$,加权投票系统$S=[11;12,4,2,1,1]$的Banzhaf指标显然是$\boldsymbol{\beta}=(1,0,0,0,0)$.下面在权重不变而

增大定额 q 的情况下，借助分析极小获胜联盟的办法，寻找 $\boldsymbol{\beta}$ 与 $\boldsymbol{p}$ 相近似的加权投票系统.

令 $q=12$，则 $S=[12;12,4,2,1,1]$，仍然有 $\boldsymbol{\beta}=(1,0,0,0,0)$.

令 $q=13$，则 $S=[13;12,4,2,1,1]$，极小获胜联盟集 $W_m=([AB],[AC],[AD],[AE])$，B，C，D，E 的权力相同，即 $\beta_2=\beta_3=\beta_4=\beta_5$，与要求相差甚远.

令 $q=14$，则 $S=[14;12,4,2,1,1]$，极小获胜联盟集 $W_m=([AB],[AC],[ADE])$，B，C 的权力相同，即 $\beta_2=\beta_3$，与要求相差也远.

令 $q=15$，则 $S=[15;12,4,2,1,1]$，极小获胜联盟集 $W_m=([AB],[ACD],[ACE])$，从这些集合的结构可以知道，A，B，C，D，E 之间的权力大小的次序为 $\beta_1>\beta_2>\beta_3>\beta_4=\beta_5$，与人口比例 $\boldsymbol{p}=(12,4,2,1,1)$ 的大小次序相同，是一个有希望的选择，可仔细计算它的 Banzhaf 指标.

令 $q=16$，则 $S=[16;12,4,2,1,1]$，极小获胜联盟集 $W_m=([AB],[ACDE])$，C，D，E 的权力相同，即 $\beta_3=\beta_4=\beta_5$，结果又变坏了.

根据以上的分析，对最有希望的 $S=[15;12,4,2,1,1]$ 计算 Banzhaf 指标 $\boldsymbol{\beta}$，结果是 $\boldsymbol{\beta}=(11/21,5/21,3/21,1/21,1/21)$，可以说是人口比例 $\boldsymbol{p}=(12,4,2,1,1)$ 的一个不错的近似.

当 n 较大时，调整加权投票系统的过程可以借助计算机，通过人机交互方式完成. 一种可行的方法是：

首先定义 Banzhaf 指标 $\boldsymbol{\beta}$ 与人口比例 $\boldsymbol{p}$ 之间的"距离"（$\boldsymbol{\beta}$，$\boldsymbol{p}$ 可看作 n 维空间的两个点），作为衡量二者一致程度的指标. 按照实际需要确定一个"阈值"，然后按以下步骤迭代地进行：

评注 近年来有人提出与"计量经济学"类似的新学科——"计量政治学". 在加权投票系统中定义量化的权力指标，是将数学应用于社会政治领域的一个有意义的范例.

1）给出权重 $w_1,w_2,\cdots,w_n$ 和定额 q 的一个初始值，通常权重可取 $\boldsymbol{p}$ 或其近似，q 取稍大于 $w/2$ 的数；

2）编程计算 Banzhaf 指标 $\boldsymbol{\beta}$ 及 $\boldsymbol{\beta}$ 与 $\boldsymbol{p}$ 的距离，当距离小于阈值时停止，否则转 3；

3）改变 $w_1,w_2,\cdots,w_n$ 和 q，转 2.

迭代过程中的难点在尚没有调整 $w_1,w_2,\cdots,w_n$ 和 q 的好方法. 每调整一次权重和定额，必须使极小获胜联盟的结构有所变化，$\boldsymbol{\beta}$ 才有可能改进，而怎样检查极小获胜联盟结构的变化则是需要仔细考虑的.

拓展阅读 10-1
Shapley，Banzhaf 两种权力指标的公理化和概率解释

复习题

1. 记投票人集合为{A，B，C，…}，研究加权投票系统 S 与极小获胜联盟集 W_m 的关系：

（1）设 S 为 $[4;2,2,1,1]$，$[5;3,2,2,1]$，$[3;2,1,1,1]$，写出相应的 W_m.

（2）设 W_m 为 $([ABC],[ABD],[ACD])$，$([AB],[AC],[AD])$，$([ABC],[ABD])$，写出相应的 S.

（3）由 S 到 W_m 是存在且唯一的吗？由 W_m 到 S 是存在且唯一的吗？考察 $W_m=([AB],[BC],[CD])$.

2. 例 5 中由民主党 M(11 席)、共和党 G(14 席)和独立人士 D(15 席)并按简单多数规则投票组成的议会中，分别就 M 和 G 结盟与不结盟各种情况计算 Banzhaf 指标，得出类似表 2 的结果.

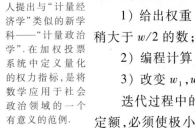

第 10 章训练题

1. 1943 年 2 月,第二次世界大战中的新几内亚战役处于关键阶段,日军决定从新不列颠附近的岛屿调派援兵.日军运输船可以沿新不列颠北侧航行,但是可能会遇上下雨,能见度也较差;或者沿岛屿的南侧航行,天气会比较好.不论哪种路线都需要三天时间.如果他们希望有个好天气,当然应该选择沿南部走的路线.但是战争期间日军指挥部希望运输船暴露在由西南太平洋盟军空军司令肯尼将军指挥的美军攻击火力下的时间尽可能少.在这样的条件下日军应该选择哪条路线?

和日军一样,此刻肯尼将军也面临着困难的选择.盟军情报部门已经侦察到日本护卫舰队在新不列颠远侧集结.肯尼将军当然希望轰炸日军船队的天数达到最大.但是美军没有足够的侦察机兼顾南北两条路线,而无法尽早侦察到日本运输船的航行路线.因此,肯尼将军只能将大量的侦察机集中在南部或者北部路线上.肯尼将军应该怎么做呢?

如果盟军将侦察机集中在南部路线上,日军也选择南部路线,则盟军可以轰炸日军三天;而若日军选择北部路线,则盟军只能轰炸日军一天.如果盟军将侦察机集中在北部路线上,则无论日军选择哪条路线,盟军可以轰炸日军两天.

(1) 建立博弈模型描述双方指挥官的决策问题.

(2) 求出该博弈模型的纯战略 Nash 均衡,并查阅当时的历史,看看双方的行动是否确实与此一致.

2. 2004 年美国总统选举即将开始前,两位候选人布什和克里都把拉票的重点转移到了竞争异常激烈的宾夕法尼亚、俄亥俄、佛罗里达三个州.民意调查显示,当时布什在这三个州赢得选举的可能性分别是 20%,60% 和 80%.为了赢得整个选举,布什必须至少赢得其中两个州.假设如果两人同时到某个州拉票,则对每个州获胜的概率没有影响;如果两人到不同州拉票,则候选人在其所到访的州获胜的概率将增加 10%.由于剩余的时间只能允许每位候选人到其中一个州拉票,那么他们应该分别选择到哪个州[22]?

(1) 建立博弈模型描述两位候选人的决策问题.

(2) 求出博弈模型的纯战略 Nash 均衡.

3. 我们经常见到媒体报道:一些不文明现象或违法行为发生在众目睽睽之下,却无人出面阻止或干预.如果不考虑这类事件的复杂的社会、道德等因素,你能否完全从数学的角度通过建立博弈模型来定量分析一下这种“人多未必势众”的现象?具体来说,希望你的模型回答下面的问题:假设有多个人正在目睹某个不文明现象或违法行为,那么当目睹人数增加时,有人出面阻止或干预的可能性是增加了还是减少了?

4. 同类型的商家经常会出现“扎堆”现象,形成各式各样的商品城,如“书城”“灯具城”等.人们有时不得不跑很远的路去这类商品城,于是会抱怨:如果他们大致均匀地分布到城市的不同地点,难道不是对商家更为有利可图,也更方便顾客?请你以下面的问题为例,做出适当的假设,进行建模分析:某海滨浴场准备设立两个售货亭,以供海滩上游泳和休闲的人购买饮用水和小食品等.那么,这两个售货亭的店主会分别将售货亭设立在哪里?

5. 分析两个完全类似的国家对某种商品的关税税率设定问题,假设每个国家对该商品的需求与价格间成线性减函数关系,两国博弈的顺序为:(1) 两个国家的政府各自制定关于该商品的进口关税税率;(2) 两个国家各有一家企业决定生产该商品的数量(设两家企业的单件生产成本相同,并且不考虑固定成本),其中一部分供国内消费,一部分供出口(设运输成本可忽略不计).每家企业关注的是最大化自己的利润，而每个国家关注的是最大化本国的社会总福利，包括本国消费者享受到的消费者剩余（如果消费者用价格 p 购得一件他愿意出价 v 购买的商品，他的剩余为 $v-p$）、企业利润和关税收入[21].

（1）建模并求出这个博弈的均衡.

（2）如果两国政府联合起来决策，希望最大化两国的社会总福利之和，结果有什么不同？特别是，关税税率是会提高还是会下降？

6. 有两家企业同时向政府申请投资某个项目，对企业 $i(i=1,2)$ 这个项目申请得到批准后的价值（利润）为 v_i.假设政府的态度是：如果两家企业中没有任何一家放弃申请，则一直不批准这个项目，并且申请期间每单位时间向两家企业各收取1个单位的申请费，直到其中一家放弃申请后，将项目批给未放弃的企业.如果同时放弃，可以通过公平的抽签过程让两家企业中的一家得到项目，机会都是50%.

（1）如果 $v_i(i=1,2)$ 是共同信息，问两家企业应该采用什么策略？

（2）如果 v_i 是企业 i 的私有信息，对方只知道其服从 $[0,1]$ 上的均匀分布，问两家企业应该采用什么策略？

7. 在一条东西向的笔直河流的南岸，依次分布着三个村庄 A，B，C，村庄 B 位于 A，C 之间，与 A，C 距离相等.现有两个商家，都计划选择三个村庄中的一个开一家杂货店.村庄 A，B，C 分别住着 200 人，200 人，120 人，假设所有人都只到离他最近的杂货店购物（如果他到两家杂货店的距离相等，就完全随机地选择一家）.两个商家的杂货店应分别开在哪个村庄？当村庄 B 的人数发生变化时，结果是否会发生变化？

8. 奇数个席位的理事会由三派组成，议案表决实行过半数通过方案.证明在任一派都不能操纵表决的条件下，三派占有的席位不论多少，他们在表决中的权重都是一样的.

9. 对于 n 人投票系统 $S=[q;1,1,\cdots,1]$，其中有 n 个 1，设 n 为奇数，$q=(n+1)/2$，证明当 n 很大时，每人的绝对 Banzhaf 指标 β' 与 $1/\sqrt{n}$ 成正比（参考拓展阅读 10-1　Shapley，Banzhaf 两种权力指标的公理化和概率解释）.

10. 对于加权投票系统 $S=[q;w_1,w_2,w_3]$，设 $w_1\geqslant w_2\geqslant w_3$，$q>w/2$，说明只有 5 种极小获胜联盟集，对应于 4 种不同的 Banzhaf 指标 $\boldsymbol{\beta}$.

11. 联合国安理会由 5 个常任理事国和 10 个非常任理事国组成，仅当全部常任理事国和至少 4 个非常任理事国投赞成票时决议方能通过.试将这种规则表示为一个加权投票系统，并计算、比较它的 Shapley 指标和 Banzhaf 指标.

12.（1）设某公司一个大股东控制股份的 40%，其余 60% 由 6 位小股东平分，按照控股的简单多数规则运作，计算大股东的 Shapley 指标.如果 60% 由 60 位、600 位……小股东平分的话，大股东的 Shapley 指标如何变化，讨论小股东无穷多的极限情况.

（2）若有两个主要股东分别控制股份的 3/9 和 2/9，其余 4/9 由很多小股东平分，仍按控股的简单多数规则运作，计算两个主要股东的 Shapley 指标，分析结果.

（3）作为（2）的一般化，两个主要股东 A，B 分别控制股份的 x 和 y（都小于 1/2），其余由很多小股东平分，按控股的简单多数规则运作，用作图的方法计算 A，B 的 Shapley 指标.

更多案例……

10-1　进攻与撤退的抉择

10-2　让报童订购更多的报纸

10-3　合理分配效益的另一类模型

参考文献

[1] Alevras D, Padberg M W. Linear Optimization and Extensions: Problems and Solutions. Berlin: Springer, 2001.

[2] Arnott R, Andre P, Lindsey R. Economics of a Bottleneck. Journal of Urban Economics, 1990, 27: 111-130.

[3] Arnott R, Andre P, Lindsey R. Properties of Dynamic Traffic Equilibrium Involving Bottlenecks, Including a Paradox and Metering. Transportation Science, 1993, 27: 148-160.

[4] Balinski M L, Young H P. Fair Representation. Washington D.C.: Brookings Institution Press, 2001.

[5] Bartholomew D J. Stochastic Models for Social Processes. London: Wiley, 1967.

[6] Bates D M, Watts D G. Nonlinear Regression Analysis and Its Applications. New York: John Wiley & Sons, 1988.

[7] Bender E A.数学模型引论.朱尧辰,徐伟宣,译.北京:科学普及出版社,1982.

[8] Berry J S. Teaching and Applying Mathematical Modeling. Chichester: Ellis Horwood/ John Wiley & Sons, 1984.

[9] Bradley S P, Hax A C, Magnanti T L. Applied Mathematical Programming. Reading, MA: Addison-Wesley Pub. Comp., 1977.

[10] Braun M.微分方程及其应用.张鸿林,译.北京:人民教育出版社,1980.

[11] Brin S, Page L. The Anatomy of a Large-Scale Hypertextual Web Search Engine. Computer Networks and ISDN Systems, 1998, 33: 107-117.

[12] Burghes D N, Borrie M S. Modeling with Differential Equations. Chichester: Ellis Horwood, 1981.

[13] Burghes D N, Huntley I, McDonald J. Applying Mathematics: A Course in Mathematical Modeling. Chichester: Ellis Horwood, 1982.

[14] Chiappori A, Levitt S, Croseclose T. Testing Mixed-Strategy Equilibria When Players Are Heterogeneous: The Case of Penalty Kicks in Soccer. American Economics Review, 2002, 92: 1138-1151.

[15] Clark C W. Mathematical Bioeconomics. Wiley, 1990.

[16] Edwards D, Hamson M. Guide to Mathematical Modeling. California: CRC Press, 1990.

[17] Ernst L R. Apportionment Methods for the House of Representatives and the Court Challenges. Management Science, 1994, 40(10): 1207-1227.

[18] Fehr E, Schmidt K M. A Theory of Fairness, Competition, and Cooperation. The Quarterly Journal of Economics, 1999, 114: 817-868.

[19] Flaspohler D C, Dinkheller A L. German Tanks: A Problem in Estimation. The Mathematics Teacher, 1999, 92: 724-728.

[20] Floudas C A, et al. Handbook of Test Problems in Local and Global Optimization. Dordrecht: Kluwer Academic Publishers, 1999.

[21] Gibbons R. Game Theory for Applied Economists (also called A Primer in Game Theory), Princeton: Princeton University Press, 1992.

[22] Gillman R, Housman D. Models of Conflict and Cooperation. Providence: American Mathematical Society, 2009.

[23] Giordano F, Fox W, Horton S.数学建模.5 版.叶其孝,姜启源,等,译.北京:机械工业出版社,2013.

[24] Hannum R C, Cabot A N.博弈数学.杨维宁,译.台北:扬智文化事业有限公司,2012.

[25] Hosmer D W, Lemeshow D. Applied Logistic Regression. New York: Wiley, 1989.

[26] Huntley I D, James D J G. Mathematical Modeling, A Source Book of Case Studies. London: Oxford University Press, 1990.

[27] Hwang C L, Yoon K. Multiple Attribute Decision Making-Methods and Applications. Berlin/Heidelberg/New York: Springer-Verlag, 1981.

[28] Isaacson E de St Q., Isaacson M de St Q. Dimensional Methods in Engineering and Physics. London: Edward Arnold, 1975.

[29] James D.J.Q., J.J.MeDonald, Case Studies in Mathematical Modeling. Cheltenham: Stanley Thornes Ltd., 1981.

[30] Johnson R A. Estimating the Size of a Population. Teaching Statistics, 1994, 16: 50-52.

[31] Johnson R A, Wichern D W. Applied Multivariate Statistical Analysis. 6th ed. New York: Prentice Hall, 2007.中译本:陆璇,等,译,实用多元统计分析.6 版.北京:清华大学出版社,2008.

[32] Kapur J N. Mathematical Modeling. New York: John Wiley & Sons, 1988.

[33] Keener J P. The Perron-Frobenius Theorem and the Ranking of Football Teams. SIAM Review, 1993, 35(1): 80-93.

[34] Keller J B. Optimal Velocity in a Race. The American Mathematical Monthly, 1974, 81: 474.

[35] Klima R E. Mathematics and Fairness in Democratic Election. UMAP/ILAP Modules 2009: Tools for Teaching, 55-100.

[36] Kutner M H, Nachtsheim C J, Neter J. Applied Linear Regression Models, 4th ed. New York: McGraw-Hill Comp., 2004.影印版:应用线性回归分析.4 版.北京:高等教育出版社,2005.

[37] Langville A N, Meyer C D. A Survey of Eigenvector Methods for Web Information Retrieval. SIAM Review, 2005, 47(1): 135-161.

[38] Langville A N, Meyer C D. Google's PageRank and Beyond. Princeton: Princeton University Press, 2006.

[39] Langville A N, Meyer C D. Who's#1? The Science of Rating and Ranking. Princeton: Princeton University Press, 2012.中译本:郭斯羽译,谁排第一? 关于评价和排序

的科学.北京:机械工业出版社,2014.

[40] Levin S A, Hallan T G, Gross L J. Applied Mathematical Ecology. Berlin: Springer-Verlag, 1989.

[41] Lucas W F.微分方程模型.朱煜民,等,译.长沙:国防科技大学出版社,1988.

[42] Lucas W F.离散与系统模型.长沙:国防科技大学出版社,1996.

[43] Lucas W F.生命科学模型.长沙:国防科技大学出版社,1996.

[44] Lucas W F.政治及有关模型.长沙:国防科技大学出版社,1996.

[45] Massey K. Statistical Models Applied to the Rating of Sports Teams. Bachelor's thesis, Bluefield College, 1997.

[46] Meger W J. Concept of Mathematical Modeling. New York: McGraw-Hill Book Company, 1985.

[47] Menand S. Applied Logistic Regression Analysis, 2nd ed. London: SAGE Pub., 2002. 中译本:李俊秀译,应用 Logistic 回归分析(第二版),上海:格致出版社/上海人民出版社,2016.

[48] Mesterton-Gibbons M. A Concrete Approach to Mathematical Modeling. California: Addison-Wesley, 1989.

[49] Meyer C D. Matrix Analysis and Applied Linear Algebra. Philadelphia: SIAM, 2000.

[50] Mooney D D, Swift R J. A Course in Mathematical Modeling. Washington DC: The Mathematical Association of America, 1999.

[51] Neter J., W. Wasserman, M. H. Kutner, Applied Linear Regression Models. Chicago: R. D. Irwin, 1983.

[52] Nolan D, Speed T. Stat Labs, Mathematical Statistics Through Applications. Berlin: Springer, 2000.

[53] O'Connell A A. Logistic Regression Models for Ordinal Response Variables. London: SAGE Pub., 2006. 中译本:赵亮员译,定序因变量的 logistic 回归模型,上海:格致出版社/上海人民出版社,2012.

[54] Oliveira-Pinto F, Conolly B W. Applicable Mathematics of Non-Physical Phenomena. Chichester: Ellis Horwood, 1982.

[55] Osborne M J. An Introduction to Game Theory. London: Oxford University Press, 2004.

[56] Pielou E C.数学生态学.卢泽愚,译.北京:科学出版社,1988.

[57] Pritchard W. G., Mathematical Models of Running. SIAM Review, 1993, 35(3): 359-379.

[58] Ruggles R, Brodie H. An Empirical Approach to Economic Intelligence in World War Ⅱ. Journal of the American Statistical Association, 1947, 42: 72-91.

[59] Saaty T L. The Analytic Hierarchy Process. New York: McGraw-Hill Company, 1980.

[60] Saaty T L. Rank Generation, Preservation, and Reversal in the Analytic Hierarchy Decision Process. Decision Sciences, 1987, 18(2): 157-177.

[61] Saaty T L. Rank from Comparisons and from Ratings in the Analytic Hierarchy/Network Processes. European Journal of Operational Research, 2006, 168: 557-570.

[62] Saaty T L, Alexander J M. Thinking with Models. Oxford: Pergamon Press, 1981.
[63] Saaty T L, Vargas L G. Models, Methods, Concepts & Applications of the Analytic Hierarchy Process (Second Edition). New York: Springer Science&Business Media, 2012.
[64] Schrage L. Optimization Modeling with LINGO. 6th ed. Chicago: LINDO Systems Inc., 2006.
[65] Selco J I, Beery J L. Saving a Drug Poisoning Victim. UMAP/ILAP Modules, 2000.
[66] Winston W L. Operations Research. 影印版. 北京: 清华大学出版社, 2004.
[67] 蔡志杰. 高温作业专用服装设计. 数学建模及其应用, 2019, 8(1): 44-52.
[68] 陈珽. 决策分析. 北京: 科学出版社, 1987.
[69] 冯元桢. 血液循环. 湖南: 湖南科学技术出版社, 1986.
[70] 谷超豪等. 数学物理方程. 2 版. 北京: 高等教育出版社, 2002.
[71] 何晓群. 刘文卿, 应用回归分析. 北京: 中国人民大学出版社, 2001.
[72] 胡运权. 运筹学习题集. 修订版. 北京: 清华大学出版社, 1995.
[73] 姜启源. 多属性决策应用中几种主要方法的比较. 数学建模及其应用, 2012, 1(3): 16-28.
[74] 姜启源. 层次分析法应用过程中的若干问题. 数学的实践与认识, 2013, 43(23): 156-168.
[75] 姜启源, 谢金星. 数学建模案例选集. 北京: 高等教育出版社, 2006.
[76] 姜启源, 谢金星. 实用数学建模——基础篇. 北京: 高等教育出版社, 2014.
[77] 姜启源, 谢金星. 实用数学建模——提高篇. 北京: 高等教育出版社, 2014.
[78] 姜启源, 谢金星, 邢文训, 等. 大学数学实验. 2 版. 北京: 清华大学出版社, 2011.
[79] 姜启源, 邢文训, 谢金星, 等. 大学数学实验. 北京: 清华大学出版社, 2005.
[80] 蒋维楣, 等. 空气污染气象学. 南京: 南京大学出版社, 2021.
[81] 孔敏, 等. 抢渡长江最优路径的讨论. 数学的实践与认识, 2005, 35(7): 136-140.
[82] 李华, 胡奇英. 预测与决策教程. 北京: 机械工业出版社, 2012.
[83] 李华, 等. 葡萄酒感官评价结果的统计分析方法研究. 中国食品学报, 2006, 6(2): 126-131.
[84] 梁昆淼, 等. 数学物理方法. 5 版. 北京: 高等教育出版社, 2020.
[85] 刘元亮, 等. 科学认识论与方法论. 北京: 清华大学出版社, 1987.
[86] 石宝峰. 普惠金融视角下小微贷款信用风险决策评价理论、模型与应用. 北京: 中国农业出版社, 2023.
[87] 谭永基, 蔡志杰, 俞文此. 数学模型. 上海: 复旦大学出版社, 2005.
[88] 王经民, 王灿, 张京芳. 葡萄酒质量的评价模型. 数学建模及其应用, 2013, 2(2): 72-78.
[89] 王五一. 博彩经济学. 北京: 人民出版社, 2011.
[90] 王志勇, 杨旭, 吴嘉津. 中小微企业信贷策略研究. 数学建模及其应用, 2021, 10(1): 80-91.
[91] 谢金星, 薛毅. 优化建模与 LINDO/LINGO 软件. 北京: 清华大学出版社, 2005.
[92] 谢云荪, 张志让. 数学实验. 北京: 科学出版社, 1999.

[93] 徐玖平,吴巍.多属性决策的理论与方法.北京:清华大学出版社,2006.

[94] 杨启帆,边馥萍.数学模型.杭州:浙江大学出版社,1990.

[95] 叶其孝."抢渡长江"问题的数学建模和求解.工程数学学报,2003,20(7):123-130.

[96] 尤晓伟,张恩杰,张青富.现代道路交通工程学.北京:清华大学出版社,北京交通大学出版社,2008.

[97] 运筹学编写组.运筹学.北京:清华大学出版社,2005.

[98] 周义仓.2012年CUMCM A题解答评析.数学建模及其应用,2013,2(1):60-66.

[99] 周义仓等.全国大学生数学建模竞赛赛题精选.北京:高等教育出版社,2022.

读者意见反馈

为收集对教材的意见建议，进一步完善教材编写并做好服务工作，读者可将对本教材的意见建议通过如下渠道反馈至我社。

咨询电话　400-810-0598

反馈邮箱　hepsci@pub.hep.cn

通信地址　北京市朝阳区惠新东街4号富盛大厦1座
高等教育出版社理科事业部

邮政编码　100029